中国科学院年鉴

（2014）

中国科学院科学传播局　编

科学出版社
北京

内 容 简 介

《中国科学院年鉴（2014）》全面、系统反映了中国科学院2013年各方面工作，分综合情况、学部与院士工作和院直属单位情况三部分。综合情况主要记录中国科学院领导、机构变更、规划与战略、科研管理、重大科技成果、队伍建设与人才培养、基础设施与支撑条件、科技成果转移转化与院地合作、国际合作、基本建设、科学传播、2013年大事记等内容；学部与院士工作主要记录学部领导机构、院士名单、院士增选和外籍院士增选、咨询评议工作、科学道德建设、学术与出版工作、科学普及与教育工作、陈嘉庚科学奖基金会工作等内容；院直属单位情况全面介绍分院机构、科研机构、学校及公共支撑单位、其他机构以及院直接投资的控股企业情况等。

本年鉴各种资料的截止时间为2013年12月31日。

图书在版编目(CIP)数据

中国科学院年鉴. 2014 / 中国科学院科学传播局编. —北京：科学出版社，2014. 12

ISBN 978-7-03-042401-3

Ⅰ. ①中… Ⅱ. ①中… Ⅲ. ①中国科学院-2014-年鉴 Ⅳ. ①G322. 21-54

中国版本图书馆CIP数据核字（2014）第259037号

责任编辑：王海光 李 悦 王 静 / 责任校对：胡小洁

责任印制：肖 兴 / 封面设计：陈 敬

科学出版社 出版

北京东黄城根北街16号

邮政编码：100717

http://www.sciencep.com

中国科学院印刷厂 印刷

科学出版社发行 各地新华书店经销

*

2014年12月第 一 版 开本：787×1092 1/16

2014年12月第一次印刷 印张：26 1/2

字数：600 000

定价：98.00元

中国科学院年鉴（2014）编辑委员会

目　录

综合情况

学部与院士工作

院直属单位情况

综 合 情 况

中国科学院主要领导

（2013 年）

院　　长　白春礼

副 院 长　施尔畏　李静海　詹文龙　丁仲礼　阴和俊　张亚平

党组书记　白春礼

党组副书记　方　新

中纪委驻院纪检组组长　李志刚

党组成员　施尔畏　李静海　詹文龙　阴和俊　张亚平　李志刚　何　岩　邓麦村

秘 书 长　邓麦村

副秘书长　何　岩　曹效业　谭铁牛　潘教峰　邓　勇　吴建国

中国科学院院部机关机构

(2013年1月—2013年5月)

办公厅(党组办)

主　任　李　婷

副主任　廖方宇　赵　彦

院安全保卫保密办公室主任　吴立光

处　室:综合处、秘书处(院总值班室)、文书档案处、信息宣传处、安全保卫处、保密处、财务处、信息化工作处(ARP项目办公室)、机关事务管理处

院士工作局

局　长　周德进

副局长　王敬泽

处　室:综合处(陈嘉庚科学奖办公室)、咨询工作处、学术活动处、数理化学办公室、生命地学办公室、技术信息办公室、科学文化处

基础科学局

局　长　刘鸣华

副局长　黄　敏

院大科学装置办公室副主任　吴　钰

处　室:综合规划处、数学物理科学处、化学与交叉科学处、天文力学空间科学处、大科学工程与核科学处

下　设:香山科学会议办公室

生命科学与生物技术局

局　长　许瑞明

副局长　苏荣辉

院农业项目办公室常务副主任　段子渊

处　室:综合规划处、生物医学处、工业生物技术处、农业基地办公室(院农业项目办公室)、整合生物学处

下　设：人与生物圈秘书处

资源环境科学与技术局

局　长　范蔚茗
副局长　冯仁国　王　凡
处　室：综合规划处、固体地球科学处、大气海洋科学处、国土与遥感处、生态与环境处

高技术研究与发展局

局　长　王越超
副局长　刘桂菊　戴博伟　于英杰
处　室：综合规划处、综合技术处、信息技术处、光电空间处、材料化工处、能源处

院地合作局

局　长　孙殿义
副局长　陈文开
处　室：综合规划处、东北京津合作处、东部合作处、中南部合作处、西部合作处、科技副职工作办公室

规划战略局

局　长　潘教峰（兼）
副局长　张　凤
处　室：综合处、规划处、管理创新与评估处、战略情报处、政策研究室

计划财务局

局　长　孔　力
副局长　潘　锋　曹　凝
处　室：综合规划处、财务制度处、预算管理处、资产财务处、项目管理处、科研基地处、科技条件处、知识产权管理处

人事教育局

局　长　李和风

副局长 苗　鸿　陈晓峰　王海波（挂职）

处　室：综合规划处、领导干部处、干部监督处、人才处、机构与岗位管理处、薪酬与社会保障处、教育与培训处、机关人事处（机关党委办公室）

基本建设局

局　长 吴建国（兼）

副局长 孔繁文（正局级）

处　室：财务综合处、投资处、规划与房地产处、计划与工程管理处

国际合作局

局　长 谭铁牛（兼）

副局长 曹京华　邱华盛

处　室：综合处、国际合作规划处、国际组织处、亚非合作处、美大合作处、欧洲合作处、港澳台办公室

京区党委

书　记 何　岩（兼）

常务副书记 马　扬

副书记 肖建春　王秀琴

处　室：与北京分院（筹）合署办公

中央纪律检查委员会驻院纪检组

组　长 李志刚

副组长 李　定

监察审计局

局　长 李　定

院巡视办公室主任 郭建军

副局长 孙中和　袁　东

处　室：综合办公室、纪检监察一室、纪检监察二室、党风建设室、审计监察室

离退休干部工作局

局　长　孙建国

副局长　李　杰　曹以玉

处　室：综合处、组织调研处、宣教活动处、机关离休干部处、机关退休干部处

京区纪委

书　记　马　扬

副书记　肖建春

机关党委

书　记　李和风（兼）

常务副书记　陈　光

副书记　沈宏根　郭建军（兼）

机关纪委

书　记　郭建军（兼）

中国科学院院部机关机构[①]

(2013 年 5 月—2013 年 12 月)

办公厅（党组办）

主　任　汪克强

副主任　廖方宇[②]　吴立光　吴　钰　黄从利[③]

院安全保卫保密办公室主任　吴立光（兼）

处　室：综合处、政策研究室（重点工作督查室）、秘书处（院总值班室）、文书处、安全保卫处、保密处、财务处、机关事务管理处

学部工作局

局　长　李　婷

副局长　王敬泽

处　室：综合处（陈嘉庚科学奖基金会办公室）、咨询与科普教育处、学术与文化处、数理化学办公室、生命地学办公室、技术信息办公室

前沿科学与教育局

局　长　许瑞明

副局长　刘桂菊　陈晓峰　黄　敏

处　室：综合处（香山科学会议办公室）、教育处、数理化学处、生命科学处、地球科学处、技术科学处、重点实验室处

重大科技任务局

局　长　王越超

副局长　苏荣辉　戴博伟　于英杰

处　室：综合处、综合技术处、光电空天处、信息海洋处、材料能源处、资环生物处

---

① 中国科学院 2013 年 5 月启动实施院机关科研管理改革，8 月院机关内设机构调整方案获中央编办批复。其中，学部工作局、发展规划局、人事局 5 月至 8 月更名待批；前沿科学与教育局、重大科技任务局、科技促进发展局、条件保障与财务局、科学传播局 5 月至 8 月筹建期

② 廖方宇 2013 年 12 月免职

③ 黄从利 2013 年 12 月任职

科技促进发展局

局　长 严　庆

副局长 冯仁国　段子渊　陈文开

处　室：综合处、农业科技办公室、生物技术处、资源环境处、高技术处、科技合作处（科技副职办公室）、知识产权管理处

发展规划局

局　长 潘教峰（兼）

副局长 张　凤

处　室：综合处、规划管理处、评估奖励处、智库建设处、制度法规处

条件保障与财务局

局　长 吴建国（兼）

副局长 潘　锋　曹　凝　王　凡　聂常虹

处　室：综合处、基建办公室、重大设施处、预算制度处、资产财务处、投资处、科技条件处、信息化工作处、后勤保障处

人事局

局　长 李和风

副局长 苗　鸿　陈　光　王海波①　董伟锋②

处　室：综合处、领导干部处、人才处、机构与岗位管理处、薪酬与社会保障处、继续教育与培训处、机关人事处（机关党委办公室）

国际合作局

局　长 谭铁牛（兼）

副局长 曹京华　邱华盛

处　室：综合处、国际组织处（TWAS 中国中心、人与生物圈秘书处）、亚非合作处、美大合作处、欧洲合作处、港澳台办公室

---

① 王海波 2013 年 10 月挂职期满

② 董伟锋 2013 年 12 月任职

科学传播局

局　长　周德进

副局长　赵　彦

处　室：综合处、新闻联络处、政务信息处、科普与出版处

京区党委

书　记　何　岩（兼）

常务副书记　马　扬

副书记　肖建春　王秀琴

处　室：与北京分院（筹）合署办公

中央纪律检查委员会驻院纪检组

组　长　李志刚

副组长　李　定

监察审计局

局　长　李　定

副局长　郭建军　孙中和　袁　东

院巡视工作办公室主任　郭建军（兼）

处　室：综合办公室、巡视室、纪检监察一室、纪检监察二室、审计监察室、党风建设室

离退休干部工作局

局　长　孙建国

副局长　李　杰　曹以玉

处　室：综合处（局值班室）、组织调研处、宣教活动处、机关离休干部处、机关退休干部处

京区纪委

书　记　马　扬

副书记 肖建春

机关党委

书　记 李和风（兼）
常务副书记 陈　光（兼）
副书记 沈宏根[①] 郭建军（兼）

机关纪委

书　记 郭建军（兼）

① 沈宏根2013年8月退休

中国科学院院属机构变更

截至2013年12月31日，中国科学院直属事业单位124个，包括：科学研究机构104个（含3个植物园）；学校及公共支撑机构4个（其中学校2个、技术支撑机构2个）；院与分院管理机构12个；其他机构4个。中国科学院直属事业单位的下属法人单位25个。中国科学院直接投资的控股企业21家。另外，院设非法人单元126个。

综　述

2013 年，中国科学院围绕改革创新发展，认真学习贯彻习近平总书记视察中国科学院时的重要讲话精神，研究制定" 率先行动" 计划；推进院机关科研管理改革，着力强化协同、理顺关系、提高效能；进一步凝练" 一三五" 规划，加快实施战略性先导科技专项；围绕为民务实清廉和反对" 四风" 要求，深入开展党的群众路线教育实践活动。一年来，中国科学院科技创新取得重要进展，产出了一批重大创新成果；在人才队伍、智库建设、国际化战略、科教融合、资源配置和条件保障、科学传播、党建和创新文化建设等方面都取得显著成绩。

一、规划战略

（一）研究制订“率先行动”计划

为落实习近平总书记2013 年 7 月 17 日视察中科院时提出的“率先实现科学技术跨越发展，率先建成国家创新人才高地，率先建成国家高水平科技智库，率先建设国际一流科研机构”的要求，贯彻党的十八大和十八届三中全会精神，中国科学院研究制定了“率先行动”计划，作为统揽中国科学院当前和今后一个时期改革创新发展的行动纲领，明确了未来 10—20 年的改革发展思路、目标任务和主要改革举措。

（二）全面推进“一三五”规划实施

全面推进院属单位“一三五”规划实施，完善了规划组织实施责任体系，进一步明确和细化了“一三五”管理层级和各级管理责任，加强“一三五”规划全过程管理。逐项确定了全院已签署任务书的院属单位“一三五”规划中“重大突破”和“重点培育方向”的牵头负责部门和协调配合推进部门；通过规范任务书签署、规划动态调整的机制和流程，强化了研究所对实施“一三五”规划的法人主体责任；加强规划管理力度，建立规划年度计划管理制度，推动研究所将规划工作逐步细化成年度计划，不断聚焦并落实重大产出。同时深入推进重大产出导向的评价奖励改革；2013 年组织开展了 15 个研究所“一三五”专家诊断评估，建立完善了研究所“一三五”诊断评估工作规范，探索评估结果的使用和整改机制；探索建立了中国科学院部署重大项目中期检查和验收工作的新模式，突出实质贡献、目标完成情况和第三方评价；优化中国科学院杰出科技成就奖评审方式，明确了 6 类重大成果产出和重要创新思想产出的评奖标准。

（三）启动卓越创新中心建设

2013 年中国科学院决定启动卓越创新中心建设，研究制定了卓越创新中心建设组织实施方案，明确了组织遴选、咨询评议、综合协调、审议决策、签署合同等 5 个环节的设立程序。2013 年首批正式启动了量子信息与量子科技前沿、青藏高原地球科学、粒子物理前沿、脑科学、钍基熔盐堆核能系统等 5 个卓越创新中心。

（四）完成院机关科研管理改革

2013 年，中国科学院启动和完成了院机关科研管理改革，主要采取了四方面的重大措施。一是改革院机关科研管理体系和运行机制，根据“科学、协同、规范、高效”的要求，坚持一件事情一个部门负责的原则，优化院机关管理职能，完善科研管理组织体系、管理模式和运行机制，扩大研究所和科研人员创新自主权，进一步释放和激发创新活力。二是设立科研业务管理和综合职能管理两个序列。科研业务管理序列按照科技创新活动性质及其功能特点，组建设置前沿科学与教育局、重大科技任务局、科技促进发展局等 3 个科研业务管理部门，业务管理按科技创新价值链和学科领域两个维度构成矩阵式管理模式；综合职能管理序列设置 10 个综合职能部门。三是新设院教育委员会、科学思想库建设委员会、学术委员会、发展咨询委员会等 4 个委员会，统筹全院科教资源、院士群体和科技专家智力资源，将科技创新、思想库建设、人才培养和发展战略等有机统一起来，形成相互衔接、互为支撑的系统，从宏观层面整体谋划和推进全局与长远发展。四是精简机构，机关部门和内设处室数量、局处级岗位设置和机关编制都有所减少。

二、科研工作

（一）承担和设立重大科技任务

2013 年，国家批准立项农业、能源、信息、资源环境、健康、材料、制造与工程、综合交叉、重大科学前沿 9 个领域 91 个国家重点基础研究发展计划（973 计划项目），其中，中国科学院作为第一承担单位或第一依托部门的项目 20 项，占全国项目的 21.98%。2013 年，国家批准立项蛋白质、量子调控、纳米技术、发育与生殖、全球变化、干细胞六个领域 40 个国家重大科学研究计划，中国科学院承担了 14 项，占全国项目的 35%。青年科学家专题 32 个项目立项，中国科学院承担了 15 项，占全国项目的 46.9%。2013 年国家杰出青年基金项目中国科学院获批 60 项，总经费 11 820 万元。重点项目中国科学院获批 134 项，总经费 40 684.2 万元。面上项目中国科学院获批 1923 项，总经费 154 023 万元。青年科学基金项目中国科学院获批 1935 项，总经费 48 311.2 万元。海外及港澳学者合作研究项目中国科学院获批 25 项，总经费 1580 万元。2013 年，中国科学院牵头组织国家高技术产业化项目 10 项，分别属于信息安全、下一代互联网、智能制造装备、电子信息产业振兴和技术改造等专项，获国家补助资金 1.6 亿元，带动投资共计 4.745 亿元。

（二）科研工作取得重要进展

1. 前沿科学领域重要进展

（1）数理化学领域

成功证明玻尔兹曼（Boltzmann）方程的流体动力学极限；实验实现了拓扑绝缘体

中“量子反常霍尔效应”；在国际上首次实现测量器件无关的量子密钥分发；实现最高分辨率单分子拉曼成像；首次揭示神秘氢键；夺取 X 射线极亮天体研究的“圣杯”；首次高精度测定银河系本地臂；发现含有四个夸克的新共振结构 Zc（3900）；发现缺中子新核素 205Ac 等。

（2）生命科学领域

禽流感病毒传播机制研究、冠状病毒研究、神经炎症研究等领域取得重要进展；揭示了表观遗传信息的遗传规律；解析趋化因子受体 CCR5 的晶体结构，揭示了艾滋病毒感染人体细胞的机制；发现外侧缰核中的 βCaMKII 导致抑郁症的核心症状；揭示多年生草本植物弯曲碎米荠成花诱导的分子机理；发现免疫系统内钙离子“帮助”清除病原体的新奥秘；解析叶酸转运蛋白结构与转运机制等。

（3）地球科学领域

建立了目前最大的有关灵长类演化的系统分析矩阵，将类人猿的起源时间前推了 1000 万年；早期鸟类研究取得系列新进展；极地生态环境对气候变化与人类活动的响应；获得铁方镁石地幔温压下的弹性；对两个慢速日冕物质抛射（CME）碰撞后的能量转换的数值模拟；热带降水对全球变暖响应机；热带降水对全球变暖响应机制；美国东部下面埋藏着的热点路径；岸边带可能是厌氧氨氧化反应的热区。

（4）技术科学领域

世界唯一实用化深紫外全固态激光器研制成功；钠信标激光国外外场试验成功；开发出超硬超稳定金属制备新法；高质量石墨烯材料的控制制备取得重大突破；极端强场超快科学前沿研究取得重要突破；新型介孔基纳米生物材料取得进展；国际首套 MW 级超临界空气储能系统研制成功；迄今为止全球最大规模 5MW/10MWh 全钒液流电池储能系统成功实现商业应用。

2. 重大任务领域重要进展

“潜龙一号”无人无缆潜器（AUV）技术；先进集成电路工艺及装备；网络新媒体服务技术；国产自主百万门级抗辐照 FPGA 研制及上星在轨应用验证；抗 ED 一类新药 TPN729 获准进入临床研究；蓝藻水华监测预警及湖泊水源地保护关键技术研发及应用；强流质子加速器超导腔取得重大突破；“实践十六号”卫星用国产 Ka 波段空间行波管放大器；太阳高分辨力层析成像技术研究；“快舟一号”1.2m 分辨率相机；在国际上首次成功完成星地量子通信地基验证试验；上海 65 米射电望远镜研制项目通过综合验收；探月工程二期“嫦娥三号”任务。

3. 科技促进发展领域重要进展

构建西藏农牧结合技术体系，促进了农牧民增收；西藏樟木口岸滑坡勘查评估与综合防治方案；狐尾藻生物防控水体氮磷污染技术示范；青海三江源自然保护区生态保护和建设工程（一期）生态成效综合评估；芦山地震灾区资源环境承载能力评价；高光效种植模式推广成效显著；启动渤海粮仓示范工程，科技服务农业生产；推动全国盐碱地分类治理；面向全球农情遥感速报系统为决策提供支撑；初步建成天津农业物联网；新型乙烯聚合催化剂技术取得重要进展；纳米绿色印刷成套技术及装备研发取得重要突破；农资物联网助推我国农资现代经营服务网络体系建设效果凸显；铁基浆态床高温费托合成油技术推广应用进展顺利；甲醇制烯烃技术（DMTO）产业化取得显著经济和社会效益；甲醇制聚甲氧基二甲醚（DMM）实现万吨级工业示范；1.5MW 超临界压缩空气储能系统；赖氨酸工业菌株创新；新型 TIM-barrel 异戊二烯转移酶（PcrB）结构解析；丁二酸生物制造技术；长链二元酸生产新技术进展；重要中草药的化学与生物活性成分研究；药物分子毒理学研究及新药安全性评价关键技术的应用和国际认可。

4. *获 2013 年度国家科学技术奖励情况*

张存浩院士获得 2013 年度国家最高科学技术奖。中国科学院作为第一完成单位或第一完成人获自然科学奖一等奖 1 项、二等奖 16 项，获技术发明奖二等奖 12 项（含专用项目 3 项，略）、获科技进步奖一等奖 2 项（含创新团队 1 项）、二等奖 6 项（含专用项目 1 项，略），其中物理研究所、中国科学技术大学完成的“40K 以上铁基高温超导体的发现及若干基本物理性质研究”，在国家自然科学奖一等奖连续 3 年空缺后获得该奖；2 名与中国科学院合作的外籍专家获中华人民共和国国际科学技术合作奖。

三、人力资源管理

（一）人力资源管理研究

2013 年，中国科学院依托人力资源管理研究会开展了系列调研，加强人力资源管理研究。开展了“研究所人力资源管理标准体系实施方法研究”、“基于科技领军人才竞争态势的分析研究”、“新时期中国科学院流动人员管理机制研究”、“中国科学院工作人员收入分配中存在问题的研究”等专题调研，为全院人才战略和政策的制定提供建议和科学依据。

（二）领导班子与干部队伍建设

认真贯彻执行中央《党政领导干部选拔任用工作条例》，坚持德才兼备、以德为先、群众公认、注重实绩等干部选任原则，严格按照干部选任条件和工作程序，扎实做好院属单位领导班子的考核和干部选任工作。2013 年，开展了 39 个院属单位班子换届（届中）考核，对 26 个院属单位进行了党委换届，对 17 个院属单位领导班子进行了个别调整，组建了 3 个新建研究所理事会。全年新提任所（局）级领导干部 55 人，免职 34 人，交流 24 人。配合做好院机关科研管理改革中的内设机构调整工作，对院机关 9 个内设机构的领导班子进行了调整，调整干部 24 人。组织开展了 9 个单位的“一报告两评议”以及 25 个单位的“所长履行干部选拔任用工作职责离任检查”。严格执行研究所“干部选聘工作有关事项报告”制度。

（三）科技创新人才培养与引进

2013 年度全国增选的 53 位中国科学院院士中，中国科学院所属单位当选 24 人；另有 5 人当选中国工程院院士。2013 年，通过第九批“千人计划”共引进海外高层次人才 80 人，其中“千人计划”创新人才 22 人，“青年千人”52 人，“外专千人”1 人，

“千人计划”新疆项目5人。2013年，中组部公布了第一批“万人计划”入选名单，其中中国科学院王贻芳、周忠和、卢柯3人入选杰出人才，占全国总数的50%；17人入选科技创新领军人才；38人入选青年拔尖人才。2013年，中国科学院新增“百人计划”入选者112人，其中“引进国外杰出人才”96人，国内“百人计划”6人，项目“百人计划”3人，自筹“百人计划”7人。

加强“中国科学院青年创新促进会”工作，2013年新入选会员394人，累计给予约3.4亿元的专项经费支持。加强“西部之光”人才培养工作，2013年，中国科学院共支持“西部之光”计划各类人才项目262个。2013年，获“中国科学院王宽诚教育基金”资助和奖励的学者共计104人。

（四）教育与培训工作

在研究所自评估的基础上，首次对全院95个研究所的继续教育与培训工作进行了评估。2013年成立院教育委员会，加强和改进院教育工作宏观管理。推进国科大基础学院建设，深入推动科教融合，加强国科大基础学院和课程体系建设，为研究生培养提供优质教育资源。中国科学院大学申请和筹备招收本科生。支持上海科技大学的筹建。继续实施院科教结合及教育国际合作项目。

2013年，全院共录取研究生18 599人，其中博士生7069人，硕士生11 530人；共授予博士学位5904人，硕士学位7105人。

四、对外交流与合作

（一）院地合作工作成效显著

2013年，中国科学院通过科技成果转移转化，使地方企业当年新增销售收入3105.79亿元，利税425.83亿元。中国科学院与重庆市共建的中国科学院重庆绿色智能技术研究院、与福建省共建的中国科学院海西研究院筹建工作稳步推进，筹建工作基本完成。新开辟学科领域47个；新建实验室8个、工程中心2个、转化平台2个；新吸引海外人才77人；新承担各类科研项目604项，总经费达到8.79亿元；新转移转化成果52项，取得经济社会效益100.46亿元。

截至2013年，中国科学院先后与地方政府合作共建了31个产业技术创新与育成中心、8个技术转移中心、5个科技园。2013年，44个院级转化型非法人单元稳步健康发展，年度转化项目964个，实现销售收入277亿元，孵化企业202个，为社会培训23 897人次。

建设创新联盟，促进协同创新。2013年，与地方科学院互派转、兼职挂职干部53人，为地方科学院培训科技骨干1041人，联合培养、进修120人，联合承担国家项目数15项，联合承担院支持项目数50项，联合承担地方科技项目数49项，获得中科院外投资金额524万元，开展交流活动198次，共建转化及研发平台数44个。

（二）全院国际化推进战略启动实施

2013年启动国际化推进战略，稳步实施“发展中国家科教合作拓展工程”，持续拓展深化双多边实质性长效合作。制定了《发展中国家科教合作拓展工程实施方案》和《境外机构管理暂行办法》、《CAS-TWAS院长奖学金计划实施管理办法》、《发展中国家访问学者计划实施管理办法》、《发展中国家科技培训班计划实施管理办法》等一系列与中国科学院国际化发展相配套的管理办法。实施了“CAS-TWAS院长奖学金资助计划”、“发展中国家访问学者计划”和“TWAS-CAS卓越中心建设计划”。

2位外国科学家获中国科学院2013年度“国际科技合作奖”。评出5对中外青年学者获得“青年国际合作奖”，资助“爱因斯坦讲席教授”20名、“外国专家特聘研究员”308名和“外籍青年科学家”111名。其中，28位外籍青年科学家获得国家自然科学基金委“外国青年学者研究基金”项目。通过“新疆周边地区人才引进计划”吸引6位中亚国家的科学家来院工作。“发展中国家科技培训班计划”共资助9个培训班。

全年出访近17 000人次，来访逾16 000人次，举办多边和双边国际学术会议283个，新签、续签15个院级国际合作协议启动境外科教机构建设4个，启动重点对外合作项目21项。

（三）推动与港澳台地区的科技合作

继续加强高层往来，推动两岸开展常态化、制度化交流，大力促进两岸科技产业交流与合作。2013年度“台湾青年学者访问计划”共有14名台湾青年学者获得支持。在大陆召开系列性两岸学术会议20个，全年因公赴台人数近1000人次 。组织实施了中国科学院与香港地区联合实验室的第四次评估，对获得香港裘搓基金会资助的中国科学院5项合作项目匹配了支持经费。

（四）院所投资企业稳步发展

2013年中国科学院及所属科研院所投资企业积极应对行业市场环境变化，努力实现年度经营目标。2013年全院纳入统计范围的477家（按集团合并数）院、所投资企业营业收入2934亿元，同比增长8.9%；利润总额121亿元，同比增长25.0%；资产总额3058亿元，同比增长14.0%；院经营性国有资产权益230亿元，同比增长10.9%。其中，国科控股持股企业实现营业收入2544亿元，同比增长7.0%；利润总额85亿元，同比增长26.3%；资产总额2258亿元，同比增长9.8%；国科控股权益112亿元，同比增长11. 2%。截至2013年底，院、所两级投资企业中共有22家上市公司。

五、学部工作

2013年，进一步改进了增选工作，强调了增选纪律和工作要求，确保院士增选工作顺利完成。选举产生了53名中国科学院院士和9名中国科学院外籍院士，院士队伍的学科、年龄和性别结构都得到了进一步优化。

提前部署重点咨询项目并加强研究支撑。全年向国务院报送咨询报告 13 份，院士建议 8 份，收到国家领导批示 20 余次。另外，还从管理层面制定了《中国科学院学部咨询评议立项及结题评审办法》，瞄准重大选题进行评审评议，进一步提升了咨询报告的质量。

在学部主席团的领导下，注重弘扬科学精神，开展“科学道德与学风建设”宣讲工作。学部学术工作稳步推进，重点部署了“拓扑绝缘体与未来信息技术”等 20 余项学科发展战略研究项目；发挥“科学与技术前沿论坛”和“技术科学论坛”交流学术、激发创新、引领前沿、促进学科交叉和培养人才的作用，召开了“陆海统筹论碳汇”等 15 场学术论坛，113 篇论坛报告在《中国科学》刊载；重点抓好“决策咨询”、“学术引领”和“科学文化”三大系列成果的出版，出版了《中国科学家思想录》丛书（1—8 辑）、《微纳电子学》等 5 本“中国学科发展战略”丛书以及《马大猷传》等 5 本院士传记。

继续发挥科普资源的优势，在“科学与中国”院士巡讲中，精心组织设计了“创新驱动发展”和“生态文明建设”两个巡讲主题，有效地提升了学部科普工作的时代性和针对性。全年共举办 129 场“科学与中国”科普报告会。

六、科教基础设施建设

2013 年，根据国家批准中国科学院的“十二五”科教基础设施建设规划实施方案，组织项目单位编报可行性研究报告。全年共编报完成 9 个整体项目（包括 32 个子项目），其中 26 个子项目顺利通过专家的现场评估。

实验室建设稳步推进。截至 2013 年底，已有 10 个国家重点实验室通过了科技部组织的建设验收，其余 4 个计划 2014 年验收。同时新批准了 31 个院重点实验室，使院重点实验室总数达到 185 个。

2013 年材料科学领域国家重点实验室评估中，中国科学院 4 个参评，3 个良好，1 个较差。工程科学领域国家重点实验室评估中，中国科学院 2 个参评，1 个优秀，1 个良好。中国科学院 7 个国家工程研究中心参加国家发改委组织的评估，全部通过了评估。

重大科技基础设施建设与管理工作进展顺利。2013 年底，中国科学院承担重大科技基础设施建设共获国家级奖项 30 余项，其中国家科学技术进步奖特等奖 1 项、一等奖 6 项。设施运行成果共获国家级奖励 10 余项，其中国家自然科学奖一等奖 1 项、二等奖 5 项。截至 2013 年底，中国科学院负责运行的设施有 13 个，在建设施 11 个。国家重大科技基础设施项目——X 射线自由电子激光试验装置可研报告获得国家发改委批复。

2013 年是中国科学院“十二五”信息化各项工作全面实施的一年。在院机关信息化应用、全院统一认证基础设施和院网网络安全监测平台建设、科研信息化基础设施支撑能力等方面取得显著成效。此外，“科技云”、“管理云”、“教育云”三类云集初现雏形并显现成效，提升科研信息化基础设施支撑能力。

持续推动院文献情报系统向知识服务转型。组织开展科技发展态势监测、分析和研究，正式出版《世界主要国立科研机构概况》、《国际科学技术前沿报告 2013》等重要研究报告。跟踪重要领域战略计划和动态等，编发《科学研究动态监测快报》（13 个专辑）282 期，《国际重要科技信息专报》和特刊共 47 期。加强科研一线信息用户能力培养，47 个研究所建立学科情报服务机制和团队，产出学科领域态势分析、专利技术分析等报告 141 份。60 个研究所的 350 个实验室或课题组建成个性化知识平台。

调整野外站网络，形成了中国科学院野外站网络体系，包括四大网络和七个专项观测网络。签署了《国家林业局中国科学院全面战略合作框架协议》。召开了 CERN 年会，针对生态学发展动态、野外站联盟发展战略、野外站建设以及监测技术进展等主题展开研讨。

2013 年，中国科学院科学植物园年内新增植物 8778 种（次），定植成活率达到 90%。发表 SCI 收录的学术论文 545 篇，出版专著 20 部，先后完成了《中国入侵植物志》、《中国主要暖季型草坪草种质资源的研究与利用》、《广西特有植物》（第一卷）等专著的编研工作。获得授权专利 93 项，审定、登录植物新品种 32 个。全年吸引了 800 余万人次进入植物园游览参观。

生物标本馆（博物馆）系统注重对周边国家或地区生物资源的考察与收集，特别是对中国近海、周边海域以及南极海域的考察，填补了中国海洋研究的多项空白。共组织考察采集活动 230 余次，采集标本 42 万余号，馆藏量达到 1733 万余号，数字化标本信息量达到 844 万余号，模式标本达到 30 余万号。出版专著 24 部，发表论文 400 余篇。接待各界公众 56 万人次，成为生物类科学普及的重要资源提供单位。

规划与战略

2013年，中国科学院认真落实习近平总书记重要讲话精神，深入贯彻党的十八大和十八届三中全会精神，研究制订了“率先行动”计划，提出了未来15年的改革发展思路、目标任务和主要改革举措。组织开展战略研究，全面推进“一三五”规划实施，启动首批卓越创新中心建设，推进重大产出导向的评价奖励改革，完善战略性先导科技专项管理，推进院机关科研管理改革。

一、整体情况

研究制订“率先行动”计划。2013年7月17日，中共中央总书记、国家主席、中央军委主席习近平视察中国科学院并发表重要讲话，充分肯定中国科学院60多年的创新成就，高度评价中国科学院是一支党、国家、人民可以依靠、可以信赖的国家战略科技力量，要求中国科学院“率先实现科学技术跨越发展，率先建成国家创新人才高地，率先建成国家高水平科技智库，率先建设国际一流科研机构”。为落实习近平总书记“四个率先”要求，贯彻党的十八大和十八届三中全会精神，中国科学院研究制订了“率先行动”计划，作为统揽中国科学院当前和今后一个时期改革创新发展的行动纲领，明确了未来15年的改革发展思路、目标任务和主要改革举措。

推进“一三五”规划全面实施。2013年，为全面推进院属单位“一三五”规划实施，完善了规划组织实施责任体系，进一步明确和细化了“一三五”管理层级和各级管理责任，加强“一三五”规划全过程管理。按照一件事明确一个主要负责部门和推进措施最有利的原则，对全院已签署任务书的院属单位“一三五”规划中的271项重大突破和452项重点培育方向，逐项确定了牵头负责部门。通过规范任务书签署、规划动态调整的机制和流程，强化了研究所对实施“一三五”规划的法人主体责任。加强规划管理力度，建立规划年度计划管理制度，推动研究所将规划工作逐步细化成年度计划，不断聚焦并落实重大产出。

启动卓越创新中心建设。为加快促进科技跨越发展，2013年中国科学院决定启动卓越创新中心建设，旨在建成一批中国科学院最具代表性的学术高地，达到国内同领域领先地位，成为同领域具有重要国际影响、特色鲜明、独树一帜的世界级研究中心。为保证建设工作的科学有序，研究制定了卓越创新中心建设组织实施方案，明确了组织遴选、咨询评议、综合协调、审议决策等环节的设立程序。经过近一年的谋划和严格遴选，首批正式启动了量子信息与量子科技前沿、青藏高原地球科学、粒子物理前沿、脑科学、钍基熔盐堆核能系统等5个卓越创新中心。

组织开展战略研究。圆满完成中央交办的一批重大课题研究，形成研究报告和政策建议。正式发布《科技发展新态势与面向2020年的战略选择》研究报告，通过《院刊》中英文版深度解读研究报告的观点，包括未来10年世界可能发生的22项重大科技事件及中国可能发生的 19 项重大科技突破，产生了广泛影响。

完善战略性先导科技专项管理。落实中央 6 号文件的要求，中国科学院完善了先导专项等重大项目管理模式，建立健全项目决策、执行、评价相对独立的运行机制，明晰权责、规范流程、加强监管，完善先导专项管理制度体系，修订形成了《中国科学院战略性先导科技专项管理办法》及 A 类先导专项管理、B 类先导专项管理、经费管理、人员管理、中期检查和结题验收等 5 个相关实施细则。

推进重大产出导向的评价奖励改革。在总结 2012 年评估试点经验基础上，2013 年组织开展了 15 个研究所“一三五”专家诊断评估，来自国内外 156 位相关领域知名专家分别参加了现场评估，其中国际专家比例占 73%。专家组从研究所的特色优势、当前人才状况与研究质量、研究生教育以及管理等多个角度进行了诊断，分析了研究所定位和核心优势，对科研和管理工作提出了改进意见建议。通过评估，重大产出的价值导向得到研究所和科研人员广泛认同，同时建立并完善了研究所“一三五”诊断评估工作规范，探索评估结果的使用和整改机制，评价结果对规划实施和调整的支撑作用更加显现。探索建立了中国科学院部署重大项目中期检查和验收工作的新模式，突出实质贡献、目标完成情况和第三方评价。优化中国科学院杰出科技成就奖评审方式，明确了 6 类重大成果产出和重要创新思想产出的评奖标准，有效发挥一线和院外专家作用，并将评奖周期由两年一评调整为一年一评。

二、院机关科研管理改革

为落实党中央国务院有关领导同志对中国科学院深化科技体制改革的要求，适应政府职能转变的新趋势和当代科技交叉融合协同发展的新特征，建立与中国科学院“三位一体”发展架构相适应的体制机制，深入推进“创新 2020”、“一三五”规划等重大改革发展举措，中国科学院党组积极谋划、部署、推进院机关科研管理改革。

从 2013 年年初开始，中国科学院党组多次研究和部署院机关改革问题，成立机关改革工作小组，经过深入调研、反复讨论、认真研究，制定了院机关改革方案，经党组会议审议通过。2013 年 5 月 10 日，院机关召开机关改革动员会，宣布机关改革方案和有关政策措施，中国科学院院长、党组书记白春礼做了重要讲话，进行动员和部署，标志着院机关改革工作全面启动。

这次院机关科研管理改革的目标和总体思路是：以党的十八大、全国科技创新大会和全国“两会”精神为指导，以实现科学、协同、规范、高效的机关管理为目标，以理顺关系、强化协同、提高效能为着力点，改革院机关管理，为推进“创新 2020”和“一三五”发展规划的全面深入实施，保障科技创新跨越发展总体目标的实现，提供有力的组织指挥系统和中枢管理支撑。院机关科研管理改革主要采取了四方面的重大措施。

一是改革院机关科研管理体系和运行机制，根据“科学、协同、规范、高效”的要求，坚持一件事情一个部门负责的原则，优化院机关管理职能，完善科研管理组织体系、管理模式和运行机制，扩大研究所和科研人员创新自主权，进一步释放和激发创新活力。

二是设立科研业务管理和综合职能管理两个序列。科研业务管理序列按照科技创新活动性质及其功能特点，组建设置前沿科学与教育局、重大科技任务局、科技促进发展局等 3 个科研业务管理部门，业务管理按科技创新价值链和学科领域两个维度构成矩阵式管理模式；综合职能管理序列设置 10 个综合职能部门。

三是新设发展咨询委员会、学术委员会、教育委员会、科学思想库建设委员会等 4 个委员会，统筹全院科教资源、院士群体和科技专家智力资源，将科技创新、思想库建设、人才培养和发展战略等有机统一起来，形成相互衔接、互为支撑的系统，从宏观层面整体谋划和推进全局与长远发展。

四是精简机构，机关部门和内设处室数量、局处级岗位设置和机关编制都有所减少。

截至 2013 年 5 月底，完成各部门机构组建及人员调整。之后，对院层面设立的各类领导小组、委员会等非常设机构进行了重新清理，对各部门办事流程进行了梳理和规范。至此，院机关改革基本完成。

此次院机关改革是中科院科研管理机构和职能调整优化的重大举措，受到国家有关领导的高度肯定，受到社会各界的充分认可，得到院内广大干部职工的广泛支持。这为中国科学院全面深入实施“创新 2020”，加快实现“四个率先”，提供了重要的体制基础和组织保障。

三、院设委员会

发展咨询委员会。为使中国科学院科技创新工作面向国家战略需求，面向世界科学前沿，不断做出基础性、战略性和前瞻性的创新贡献，在服务创新驱动发展中发挥骨干引领作用，中国科学院党组决定成立中国科学院发展咨询委员会，主要对中国科学院重大战略提供咨询评议，对长远发展提供咨询建议。发展咨询委员会主要由国家有关部门领导、国内高水平科技专家和科技管理专家组成。首批发展咨询委员会委员共 22 位，中国科学院院长、党组书记白春礼担任主任。

委员会一般每年召开一次全体会议。委员们还可就中国科学院改革创新发展的重大问题进行专题调研或战略研究；到中国科学院研究所进行调研、考察和指导工作；就中国科学院发展战略和改革创新等重点工作提出意见或建议等。

发展咨询委员会在办公厅设立秘书处，负责处理委员会的日常事务，负责与各位委员的沟通联系、提供支撑和服务。

2013 年 9 月 24 日，发展咨询委员会第一次会议在北京召开。会议宣布发展咨询委员会成立，白春礼院长向各位委员颁赠聘书，报告中国科学院近期重点工作进展情况、学习贯彻习近平总书记视察中科院的重要讲话精神及下一步工作考虑；与会委员就中国科学院的改革创新发展，特别是如何落实习近平总书记提出的“四个率先”要求等重点工作进行了热烈的讨论。

发展咨询委员会的成立，是中国科学院贯彻“民主办院、开放兴院、人才强院”

战略所采取的重要举措，也是落实“四个率先”、加快改革创新发展的根本要求。发展咨询委员会的成立及其作用的发挥，将为中国科学院面向未来的改革创新发展提供重要的指导和支持。

学术委员会。学术委员会的主要职能是开展院科技发展战略研究咨询，以及受院委托的有关院重大科技决策的学术咨询和评议，加强全院学术规范建设，其工作机构为学部工作局。2013 年，研究制定了《中国科学院学术委员会条例》，在实践中初步探索建立了定性和定量评议相结合、项目同行专家主审和委员专家集体讨论相结合的咨评工作机制，保证了咨评工作的客观公正。高效完成了院委托的 10 项第二批战略性先导专项（B 类）和院 10 个“卓越创新中心”的学术咨评工作，很好地发挥了第三方咨询的作用。

教育委员会。2013 年 7 月，中国科学院成立教育委员会，院长办公会审议通过了院教育委员会条例和第一届教育委员会组成人员。9 月，教育委员会召开了第一届第 1 次全体会议，白春礼出席会议并讲话，院教育委员会主任、副院长丁仲礼主持会议，会议部署了院教育工作重点任务。教育委员会的主要职能是对全院教育工作进行统筹规划、宏观协调指导和评议督促，其办公室设在前沿科学与教育局。

科学思想库建设委员会。为落实“率先建成国家高水平科技智库”要求，加强国家科学思想库建设，成立了中国科学院科学思想库建设委员会，负责统筹、规划、协调全院科学思想库相关研究、资源、队伍和平台建设工作，组织开展全局性、战略性、综合性的重大研究，其办公室设在发展规划局。制定《中国科学院科学思想库建设委员会工作方案》和《中国科学院科学思想库建设委员会条例》。2013 年 10 月 21 日召开思想库建设委员会第一次会议，研讨院思想库建设和发展思路，明确重点任务。

科 研 管 理

一、国家重大科技任务

（一）国家重点基础研究发展计划（973 计划）项目

2013 年，国家批准立项农业、能源、信息、资源环境、健康、材料、制造与工程、综合交叉、重大科学前沿 9 个领域 91 个项目。其中，中国科学院作为第一承担单位或第一依托部门的项目 20 项，占全国项目的 21.98%（表 1）。

表 1　中国科学院 2013 年 973 计划项目立项情况

序号	项目名称	首席科学家	第一承担单位	依托部门
1	小麦产量和品质性状的全基因组选择研究	张爱民	中国科学院遗传与发育生物学研究所	中国科学院
2	人工光合成太阳能燃料的基础	李　灿	中国科学院大连化学物理研究所	中国科学院
3	微型能源动力系统的科学问题	赵黛青	中国科学院广州能源研究所	中国科学院
4	网络大数据计算的基础理论及其应用研究	华云生	中国科学院计算技术研究所	中国科学院
5	安全攸关软件系统的构造与质量保障方法研究	张　健	中国科学院软件研究所	中国科学院
6	华南大规模低温成矿作用	胡瑞忠	中国科学院地球化学研究所	中国科学院、国土资源部
7	东南丘陵区红壤酸化过程与调控原理	沈仁芳	中国科学院南京土壤研究所	中国科学院
8	大气污染物的理化特征及其与气候系统相互作用	廖　宏	中国科学院大气物理研究所	中国科学院
9	雷电重大灾害天气系统的动力-微物理-电过程和成灾机理	郄秀书	中国科学院大气物理研究所	中国科学院、中国气象局
10	肿瘤异质性演化机制与个体治疗策略的生物学研究	吴仲义	中国科学院北京基因组研究所	中国科学院

续表

序号	项目名称	首席科学家	第一承担单位	依托部门
11	海洋工程装备材料腐蚀与防护关键技术基础研究	李晓刚	中国科学院宁波材料技术与工程研究所	宁波市、中国科学院
12	高性能聚酰亚胺薄膜和纤维材料制备中的结构与性能调控	杨士勇	中国科学院化学研究所	中国科学院
13	资源节约型高性能稀土永磁材料设计和可控制备	沈保根	中国科学院物理研究所	中国科学院
14	新型高性能稀土发光材料的科学基础及应用	张洪杰	中国科学院长春应用化学研究所	中国科学院
15	2.8—4.0微米室温高性能半导体激光器材料和器件制备研究	王庶民	中国科学院上海微系统与信息技术研究所	中国科学院、上海市
16	油页岩高效油气炼制与过程节能科学基础	许光文	中国科学院过程工程研究所	中国科学院
17	不确定信息下多体导航与控制的系统理论和数学基础	孙振东	中国科学院数学与系统科学研究院	中国科学院
18	高温高密核物质形态研究	马余刚	中国科学院上海应用物理研究所	中国科学院、上海市
19	强流高功率离子加速器物理及技术先导研究	赵红卫	中国科学院近代物理研究所	中国科学院
20	核幔耦合作用与亚年代至世纪尺度地球自转及磁场变化关系研究	倪四道	中国科学院测量与地球物理研究所	中国科学院

（二）国家重大科学研究计划

国家批准立项蛋白质、量子调控、纳米技术、发育与生殖、全球变化、干细胞六个领域40个项目，中国科学院承担了14项，占全国项目的35%。青年科学家专题32个项目立项，中国科学院承担了15项，占全国项目的46.9%（表2）。

表2 中国科学院2013年国家重大科学研究计划项目立项情况

序号	项目名称	首席科学家	第一承担单位	依托部门
1	蛋白质复合体和膜蛋白结构生物学中的新技术和新方法研究	刘志杰	中国科学院生物物理研究所	中国科学院
2	肿瘤代谢异常的关键蛋白质作用机制及其分子调控网络	高　平	中国科学技术大学	中国科学院

续表

序号	项目名称	首席科学家	第一承担单位	依托部门
3	过渡金属氧化物异质结在多场调控下的新奇物性及器件研究	金奎娟	中国科学院物理研究所	中国科学院
4	新型高品质微腔中的光子与电子态耦合	程　亚	中国科学院上海光学精密机械研究所	中国科学院、上海市科学技术委员会
5	密闭舱室环境安全保障纳米复合材料	唐智勇	国家纳米科学中心	中国科学院
6	典型人工纳米材料的水环境过程、生物效应及其调控研究	刘思金	中国科学院生态环境研究中心	中国科学院
7	神经元迁移、形态发生和微环路形成的调控机制	张永清	中国科学院遗传与发育生物学研究所	中国科学院
8	精子发生与成熟的表观遗传调控	陈德桂	中国科学院上海生命科学研究院	中国科学院、上海市科学技术委员会
9	植物胚胎及种子发育的机理研究	刘春明	中国科学院植物研究所	中国科学院
10	西南山地典型生态系统植物多样性对气候变化的响应	李德铢	中国科学院昆明植物研究所	中国科学院、云南省科学技术厅
11	亚欧内陆荒漠生态系统对全球变化的响应特征与区域生态安全	刘学军	中国科学院新疆生态与地理研究所	新疆维吾尔自治区科学技术厅、中国科学院
12	成体神经干细胞的命运决定机制与功能研究	王晓群	中国科学院生物物理研究所	中国科学院
13	单倍体干细胞的建立、维持和应用	李劲松	中国科学院上海生命科学研究院	中国科学院、上海市科学技术委员会
14	细胞命运维持与转化的表观遗传调控作用与机制研究	王秀杰	中国科学院遗传与发育生物学研究所	中国科学院
青年科学家专题				
1	燃气轮机高效清洁柔和燃烧机理及燃烧室基础研究	张哲巅	中国科学院工程热物理研究所	中国科学院
2	城市边界层理化结构与成霾交互作用机制研究	孙业乐	中国科学院大气物理研究所	中国科学院

续表

序号	项目名称	首席科学家	第一承担单位	依托部门
3	表观遗传调控的中央杏仁核 GABA 神经环路与慢性神经痛	张　智	中国科学技术大学	中国科学院
4	西天山石炭-二叠纪构造演化与浅成低温成矿系统	蔡克大	中国科学院新疆生态与地理研究所	新疆维吾尔自治区、中国科学院
5	新型紫外/深紫外硼酸盐非线性光学材料的设计与制备研究	杨志华	中国科学院新疆理化技术研究所	新疆维吾尔自治区
6	光催化体系表界面电子态的耦合与演化规律研究	江　俊	中国科学技术大学	中国科学院
7	复杂生物大分子复合体的低温电镜高分辨三维重构及功能研究	孙　飞	中国科学院生物物理研究所	中国科学院
8	NOD 样受体的免疫生物学及其相关疾病机制研究	周荣斌	中国科学技术大学	中国科学院
9	高轨道 d 电子体系的高压研制与强自旋-轨道耦合研究	龙有文	中国科学院物理研究所	中国科学院
10	合成气转化制备优质液体燃料的高效金属纳米催化剂研究	曾　杰	中国科学技术大学	中国科学院
11	叶片发育极性建成的调控网络研究	焦雨铃	中国科学院遗传与发育生物学研究所	中国科学院
12	淋巴细胞发育中的基因转录后调节网络研究	常　兴	中国科学院上海生命科学研究院	中国科学院、上海市
13	森林生态系统活性氮循环机制及其环境效应研究	白　娥	中国科学院沈阳应用生态研究所	中国科学院
14	稻田生态系统对大气［CO_2］升高的高应答机制及其可持续性研究	朱春梧	中国科学院南京土壤研究所	中国科学院、江苏省
15	体细胞重编程过程中的表观遗传调控研究	陈捷凯	中国科学院广州生物医药与健康研究院	中国科学院

（三）国家自然科学基金项目

2013 年国家杰出青年基金项目中国科学院获批 60 项，总经费 11 820 万元。重点项目中国科学院获批 134 项，总经费 40 684.2 万元。面上项目中国科学院获批 1923 项，总经费 154 023 万元。青年科学基金项目中国科学院获批 1935 项，总经费 48 311.2 万元。海外及港澳学者合作研究项目中国科学院获批25项，总经费1580万元。

（四）国家高技术产业化项目

2013年，中国科学院牵头组织国家高技术产业化项目10项（表3），分别属于信息安全、下一代互联网、智能制造装备、电子信息产业振兴和技术改造等专项，获国家补助资金1.6亿元，带动投资共计4.745亿元。

表3　中国科学院2013年牵头组织的国家高技术产业化项目

项目名称	专项名称	批准文号	承担单位
物联网标识管理公共服务平台	2012年物联网技术研发及产业化专项	发改办高技［2013］1253号	中国科学院计算机网络信息中心
基于云计算面向社会公众开展的恶意代码查杀服务	2012年信息安全专项	发改办高技［2013］1309号	北京明朝万达科技有限公司、中国科学院软件研究所
基于云计算的WEB安全管理可信验证公共服务	2012年信息安全专项		北龙中网（北京）科技有限责任公司
面向移动智能终端的安全管理和防护服务	2012年信息安全专项		中国科学院信息工程研究所
面向新型铜冶炼工艺过程的智能成套测控系统研发与示范应用	2013年智能制造装备发展项目	发改办高技［2013］2519号	中国科学院沈阳自动化研究所
中国科学院声学所智能电视产业链公共服务平台	2013年电子信息产业振兴和技术改造中央投资项目	发改办高技［2013］1723号	中国科学院声学研究所、中国科学院信息工程研究所
基于国产高分辨率卫星的新疆区域资源环境监测区域示范	2013年卫星及应用产业发展专项	发改办高技［2013］2140号	中国科学院遥感与数字地球研究所
中国互联网络信息中心域名体系IPv6升级改造	下一代互联网应用示范工程专项	发改办高技［2013］2622号	中国互联网络信息中心
互联网域名管理技术国家工程实验室	信息化能力建设专项	发改办高技［2013］2685号	中国科学院计算机网络信息中心
基础研究大数据服务平台应用示范	高技术服务业研究开发及产业化专项	发改办高技［2014］648号	中国科学院计算机网络信息中心

（五）国家科技重大专项

“嫦娥三号”首次实现了我国在月球表面无人巡视探测。中国科学院承担了地面应用、有效载荷和甚长基线干涉测量（VLBI）等任务；配套研制的激光三维成像敏感器、测距敏感器和着陆器缓冲拉伸杆，保障了探测器安全软着陆；研制的全景相机、地形地貌相机顺利实现着陆器、巡视器两器互拍，为工程圆满成功发挥了重要作用。

“天宫一号”与“神舟十号”交会对接圆满成功。中国科学院牵头承担空间应用系统研制任务，实时监测并准确提供空间环境预报，配套研制的手控交会对接 TV 摄像机、激光雷达转台、舱内照明灯等，发挥了重要作用。

中国科学院在国家科技重大专项任务中发挥了骨干和关键作用，取得了一批创新进展和重要成果。

（六）国家重大科研仪器设备研制专项

积极组织策划，争取财政部重大科研装备研制项目。2013 年，组织完成了“超分辨显微光学核心部件及系统研制”、“高功率纳秒激光器及精密探测仪器研制”实施方案编制及立项评审等工作，并获得财政部支持，项目总经费 3.1 亿元。

加强国家重大研制项目过程管理，促进成果产出。由中国科学院承担的国家重大科研装备研制项目“深紫外固态激光源前沿装备研制”在北京通过验收，使我国成为全球唯一能够制造实用化深紫外全固态激光器的国家。该项目的顺利实施，建立了具有国际先进水平的 KBBF 晶体生长、加工、光学性能测试评估平台和深紫外全固态激光光源研发平台，并应用研制的深紫外激光拉曼光谱仪、深紫外激光光发射电子显微镜等 8 台重大仪器设备，在石墨烯、高温超导、拓扑绝缘体、宽禁带半导体和催化剂等领域获得了一系列重要研究成果，已在《科学》（*Science*）和《自然》（*Nature*）系列刊物发表文章 6 篇，使我国在深紫外领域的装备研制及科研水平均处于国际领先地位。同时，在项目实施过程中，中国科学院发挥了多学科优势和建制化的组织优势，将科学原理、工程技术、市场开发与管理四位一体结合起来，打造了“晶体-光源-装备-科研-产业化”自主创新链，为学科交叉面广、跨度大、探索性和工程性强的原创性重大科研装备创新积累了经验，探索了独具特色、卓有成效的管理机制和模式，并通过《中国科学院简报》为我国科研项目管理提供借鉴。

2013 年，继续积极组织基金委、科技部重大仪器设备研制专项项目推荐工作。在院重大科研装备研制专项领导小组的领导下，经过全院上下共同努力，中国科学院获得科技部、基金委支持 9 个项目，支持经费达 3.4 亿元。

二、战略性先导科技专项

（一）A 类先导专项

按照主管院领导“实地调研、专题研讨、深入推进”管理思路，实地调研 30 多个研究所，覆盖全部A类先导专项。为确保重大科技成果产出，提出了“目标清、可考核、用得上、有影响”的十二字要求；同时新设立各专项领导小组办公室，建立行政指挥线和科技指挥线，成立专项协调组、总体组和监理组。完成了实施细则等文件编制，进一步加强过程管理，对专项实行动态调整，要求“签好两书”（任务书、责任书）、“开好两会”（二月年度总结会、八月工作推进会）、“做好两查”（监理检查、经费检查）。

持续推进“干细胞与再生医学研究”等6个第一批A类先导专项深入实施，取得阶段性成果。

1. 干细胞与再生医学研究

①自体骨髓细胞回输治疗6例艾滋伴发肝硬化病人，有效恢复病人白蛋白水平和$CD4^{+}T$细胞数量；②新型胶原功能生物材料已获国际专利授权，在动物实验中效果显著；③转分化获得人功能肝细胞，为第三代人工肝提供种子细胞；④在干细胞研究方面发表高水平论文36篇（影响因子>10），申请专利28项，PCT专利2项，授权专利6项。

2. 未来先进核裂变能

（1）钍基熔盐堆核能系统（TMSR）

①建成国际上规模最大的氟锂钠钾熔盐高温试验回路；②完成10MW固态及2MW液态TMSR堆概念设计并通过评审；③初步确定建设地址。

（2）加速器驱动次临界洁净核能系统（ADS）

①突破低β超导腔等关键技术，完成250MeV、10mA超导质子加速器物理设计；②完成2.5兆瓦有窗铅铋靶物理设计，提出新概念方案；③完成10兆瓦铅铋冷却反应堆物理设计，提出新概念堆型，基本建成国际上最大铅铋冷却反应堆铅铋回路热工实验平台。

3. 空间科学

硬X射线调制望远镜有效载荷转入正样阶段，量子科学实验卫星、暗物质粒子探测卫星、“实践十号”返回式科学实验卫星等开展初样研制。落实空间科学卫星工程相关任务，明确发射、测控经费渠道和计划，落实了运载火箭采购模式。

4. 应对气候变化的碳收支认证及相关问题

形成了我国新的能源利用、自然过程及土地利用等碳排放核算方法论，修正了部分关键参数（如碳氧化因子），初步形成了我国特色排放因子，其中能源利用碳排放比国际计算值低10%—15%。

5. 面向感知中国的新一代信息技术研究

①突破海云安防关键技术，在重点领域和重点地区发挥重要作用；②联合国内6大电视机企业，牵头实施“智能电视产业链公共服务平台建设”项目；③联合华为公司共同申请海云服务器的核心专利群（共150余项，其中6项为国际专利）。

6. 低阶煤清洁高效梯级利用

建成万吨级甲醇制DMM工业装置并运行；万吨级MTP试验装置完成主体设备安装；山西潞安集团投资3.8亿启动10万吨/年基础油和重质蜡工业示范，研发工作由中国科学院山西煤炭化学研究所院煤化所牵头。

完成“纳米”等4个第二批A类先导专项实施方案论证及征求科技部意见，顺利启动实施；完成“个性化药物”等2个第三批专项的实施方案论证，积极沟通科技部等有关部门，推动专项尽早实施。

（二）B类先导专项

已启动实施的国家数学与交叉科学中心、量子系统的相干控制、脑功能联结图谱研究、青藏高原多层圈相互作用及其资源环境效应、超导电子器件应用基础研究、大气灰霾追因与控制等六个B类战略性先导科技专项组织有序，总体进展良好，逐步建立了以领衔科学家负责制为核心的运行管理机制，取得了一批重要成果。在量子系统的相干控制方面，实现了世界最高品质的确定性量子点单光子源相关；在脑功能联结图谱研究方面，发展了可广泛应用于多种神经联结网络的新型神经细胞双色钙成像技术；在大气灰霾追因与控制方面，利用自主研制的大气灰霾数值模式初步实现了天气中短期预报预警；青藏高原多层圈相互作用及其资源环境效应的相关研究，对季风系统形成与演化具有重要的启示意义；在超导电子器件应用基础研究方面，全自主超导纳米线单光子探测器件（SNSPD）探测效率达国际先进水平。

开展了第二批B类战略性先导科技专项的组织策划和遴选评审。函评环节邀请了94位国内外同行专家，分别对13个候选专项的定位、合理性、科学性、可行性和研究基础等进行了通讯评议；会评环节邀请了26位院内外战略科学家，对候选专项进行了整体评议及初步遴选；院学术委员会组织了咨询专家组，对会评遴选出的候选专项进行了学术咨评；经院长办公会审议，确定了海斗深渊前沿科技问题研究与攻关、拓扑与超导新物态调控、生物超大分子复合体的结构、功能与调控、宇宙结构起源——从银河系的精细刻画到深场宇宙的统计描述、页岩气勘探开发基础理论与关键技术、作物病虫害的导向性防控—生物间信息流与行为操控、功能pi-体系的分子工程、动物复杂性状的进化解析与调控、典型污染物的环境暴露与健康危害机制、土壤-生物系统功能及其调控等10个专项作为第二批B类战略性先导科技专项，分步组织实施启动。

三、中国科学院部署项目

（一）前沿科学方面院部署项目

院机关改革后，前沿科学与教育局承接原四个业务局部署的前沿科技项目，做好相应项目管理工作，将原四个业务局拟部署的26个前沿部署项目完成了立项程序。

同时，经过认真研讨，确定前沿科学与教育局重点项目部署“与研究所‘一三五’规划结合、重点支持跨所跨领域项目、重点支持青年科学家”等原则。根据该原则并统筹考虑与先导及973计划等项目的关系，前沿科学与教育局部署了“人感染H7N9禽流感疫情研究”、“中美高能物理合作基金”等一批项目。

（二）重大任务方面院部署项目

2013 年，重点部署了先进医疗仪器设备核心部件及关键技术研发、规模储能关键技术研发与示范预先研究、面向战略性新兴产业关键材料研究、“嫦娥三号”任务探测数据科学应用研究、盐湖卤水若干战略性元素提取、燃机高温透平叶片研制与验证以及先进生物制造工程菌株的构建与应用等项目。

（三）科技促进发展方面院部署项目

科技促进发展局于 2013 年 5 月组建，根据其主要职能，原来院各局部署的重点部署项目、创新集群、全国科学院联盟项目、西部行动计划专项、院地合作项目、农业扶贫专项等归口到科发局。其中重点部署项目，原 4 个专业局（基础、生物、资环和高技术）归口到科技促进发展局的项目共 67 项。创新集群项目包括已启动的“西藏区域创新平台建设”和“现代农业示范计划”；西部行动计划专项已进入第三个执行期，围绕西部资源开发与利用、生态建设示范、工程及数据平台建设等三个领域，共部署项目 19 项，院拨经费总计 1. 19 亿元。院地合作项目主要包括：分院部署项目、战略性新兴产业项目、新疆专项项目、与大企业合作项目等经费。其中 13 个分院（含育成中心）十二五部署了一批产业化项项目，共计 312 个项目，目前院投资规模 10 011 万元；2011 年起陆续部署了战略性新兴产业项目，其中 231 个项目，目前院投资规模 26 036. 4 万元；2011 年起部署新疆专项产业化项目，共计 52 个项目，目前院投资规模 2799 万元；2013 年为加强与金川、东方电气等大企业的合部署的项目，共计 9 个项目，目前院投资规模 405 万元。全国科学院联盟项目共部署 59 个项目，院投资规模 2795 万元，其中专业领域分会部署了合作项目，其中项目 18 个，院投资总规模 970 万元。北京分院等 7 个分院联合省科学院部署合作项目（含建设科学院联盟平台建设经费），共计项目 41 个，院投资总规模 1825 万元。

重大科技成果

一、2013 年度获国家科技奖

根据《国务院关于2013 年度国家科学技术奖励的决定》（国发［2014］2 号），中国科学院共获2013 年度国家科学技术奖励40 项（人）。其中，大连化学物理研究所张存浩院士获国家最高科学技术奖；中国科学院作为第一完成单位或第一完成人获自然科学奖一等奖1 项、二等奖16 项，获技术发明奖二等奖12 项（含专用项目3 项），获科学技术进步奖一等奖2 项（含创新团队1 项）、二等奖6 项（含专用项目1 项），其中物理研究所、中国科学技术大学完成的“40K 以上铁基高温超导体的发现及若干基本物理性质研究”，在国家自然科学奖一等奖连续3 年空缺后获得该奖；中国科学院推荐的2 名外籍专家获中华人民共和国国际科学技术合作奖。

（一）国家最高科学技术奖获得者

张存浩 男，1928 年2 月出生于天津，山东无棣人，1947 年毕业于中央大学化工系，1948 年留学美国，1950 年获美国密歇根大学硕士学位。1950 年回国后，历任中国科学院大连化学物理研究所所长，国家自然科学基金委员会主任，中国科学院学部主席团成员及化学部主任，中国科协副主席，国务院学位委员会委员，国际纯粹与应用化学联合会执行局成员等职。现任中国科学院大连化学物理研究所研究员。1980 年当选中国科学院化学部学部委员（院士），1992 年当选第三世界科学院院士。

张存浩院士是我国著名物理化学家，我国高能化学激光的奠基人、分子反应动力学的奠基人之一。

20 世纪50 年代，张存浩与合作者研制出水煤气合成液体燃料的高效熔铁催化剂，乙烯及三碳以上产品产率均超过当时国际最高水平。60 年代，致力于固液和固体火箭推进剂及发动机的研究，与合作者首次提出固体推进剂燃速的多层火焰理论，比较全面完整地解释了固体推进剂的侵蚀燃烧和临界流速现象。70 年代，开创了我国高能化学激光的研究领域，主持研制出我国第一台氟化氢/氘化学激光器，整体性能指标达到当时世界先进水平。

20 世纪80 年代以来，张存浩开拓和引领了我国短波长高能化学激光的研究和探索。1983 年，与合作者开展脉冲氧碘化学激光器研究；1985 年，在国际上首次研制出放电引发脉冲氧碘化学激光器，效率及性能处于世界领先地位；1992 年，研制出我国第一台连续波氧碘化学激光器，整体性能处于国际先进水平，为推动我国化学激光领域的快速发展发挥了至关重要作用。

张存浩院士还注重化学激光的机理和基础理论研究。20 世纪80 年代，他领导的研究团队率先开展了化学激光新体系和新“泵浦”反应的研究；开展了以双共振多光子电离光谱技术研究分子激发态光谱和分子碰撞传能动力学。取得了多项国际先进或领先的研究成果。在国际上首创研究极短寿命分子激发态的“离子凹陷光谱”方法，并用该方法首次测定了氨分子预解离激发态的寿命为100飞秒。该成果被*Science*杂志主编列为亚洲代表性科研成果之一。在国际上首次观测到混合电子态的分子碰撞传能过程中的量子干涉效应，并明确此量子干涉效应本质上是一种物质波的干涉。这项成果被评为2000年中国十大科技进展新闻。

张存浩院士一贯注重科技人才的培养，几十年来，他积极创造和提供有利条件，促进团队中一批中青年骨干成长为具有国际影响的科学家。在任国家自然科学基金委员会主任期间，积极推动制定资助青年科学家成长的政策和制度，营造有利于创新的科研环境，为优秀青年科学家的快速成长提供了良好发展空间。

（二）国家自然科学奖一等奖（1项）

项目名称：40K以上铁基高温超导体的发现及若干基本物理性质研究

主要完成人：赵忠贤（中国科学院物理研究所）
陈仙辉（中国科学技术大学）
王楠林（中国科学院物理研究所）
闻海虎（中国科学院物理研究所）
方　忠（中国科学院物理研究所）

推荐单位：中国科学院

作为宏观量子现象的超导电性具有重要的基础科学研究价值和巨大的应用前景，探索新的高温超导体是各国科学家长期追求的目标。铁基高温超导体的发现是继铜氧化物高温超导体之后最重要的进展。中国科学院物理研究所和中国科学技术大学的“40K以上铁基高温超导体的发现及若干基本物理性质研究”项目团队基于长期积累做出了大量原创性的工作，取得了突破性进展，赢得了国际学术界的广泛认可，引领和推动了铁基超导及相关领域的研究和发展，激发了世界范围内新一轮高温超导研究的热潮。

主要成果包括：

1. 首次突破麦克米兰极限温度，确定铁基超导体为新一类高温超导体。继2008年日本科学家报道临界温度26K的LaFeAsO1-xFx超导体之后，项目组用钐、铈取代镧，首次发现常压下临界温度高于40K的超导电性，突破了麦克米兰极限温度，随后用镨取代镧使临界温度达到52K，确定铁基超导体为新一类高温超导体，引发了世界范围内的研究热潮。

2. 合成系列铁基高温超导体并确认为第二个高温超导家族，创造并保持铁基超导体临界温度的最高纪录。利用高温高压方法在国际上率先合成一系列临界温度在50K以上的铁基超导体REFeAsO1-xFx（RE=Pr，Nd，Sm，Gd）。发现氧缺位实现高温超导电性，高压合成了系列REFeAsO1-x（RE=La，Ce，Pr，Nd，Sm，Gd，Tb，Ho，Y）铁基高温超导体。在Sm-1111体系中创造了55K临界温度的最高纪录。确认铁基超导体为第二个高温超导家族。在国际上率先合成出以空穴型载流子为主的La1-xSrxFeAsO超导体。此外，还发现了其他几种新型铁基材料，扩充了铁基超导体的结构类型。

3. 基于若干基本物理性质的研究，确认了铁基超导体的非常规性，为理解铁基超导电性起到了奠基性的作用。首次提出铁基超导体母体具有自旋密度波（SDW）态，预言了其条纹状反铁磁结构并被实验证实。在国际上率先生长出多种高质量单晶，并开展输运、磁性、能谱等系统物性研究及国际合作。揭示了SDW相变引起的电子结构重组和费米面能隙打开，发现了SDW温度之上磁化率与温度的线性关系，建立了SmFeAsO1-xFx和Ba1-xKxFe2As2体系的相图，发现了超导电性和反铁磁序的竞争与共存特征，研究了同位素置换对超导临界温度和SDW相变温度的影响，指出了铁基超导体的多带特性。

发表的8篇代表性论文SCI他引3801次，最高单篇他引823次，20篇主要论文SCI他引5145次。主要完成人在国际会议作特邀报告160余次。论文发表后被国际知名学术刊物*Science*、*Nature*、*Physics Today*、*Physics World*等进行专门评述或作为亮点跟踪报道。*Science*发表了题为《新超导体将中国物理学家推到最前沿》的专题评述。

（三）国家自然科学奖二等奖（16项）

项目名称：若干重要的可压缩欧拉方程整体解研究

主要完成人：黄飞敏（中国科学院数学与系统科学研究院）

王　振（中国科学院武汉物理与数学研究所）

推荐专家：吴文俊

该项目属应用数学的基础研究领域，解决了一维等温气体动力学方程组大初值弱解的整体存在性这一长期悬而未决的数学难题，被德国数学文摘认为“填补了一项空白”，获美国工业与应用数学学会杰出论文奖，这是中国大陆学者首次获得此项奖励。创新点是将补偿列紧理论和复分析方法有机地结合在一起。该项目发表的8篇代表性论文SCI他引110次。该项研究获国家自然科学基金委杰出青年基金资助，第一完成人获得中国科学院青年科学家奖。

项目名称：大样本恒星演化与特殊恒星的形成

主要完成人：韩占文（中国科学院云南天文台）

陈雪飞（中国科学院云南天文台）

孟祥存（中国科学院云南天文台）

王　博（中国科学院云南天文台）

推荐单位：云南省

该项目开创并系统发展了大样本恒星演化理论，这一理论成功地解决了以往恒星演化理论不能解释现代高精度高分辨率、大样本观测结果的难题，并将恒星研究和星系研究紧密结合起来，是对恒星演化理论的重要拓展。

在此基础上，该项目对特殊恒星的形成做出了一系列奠基性的工作，先后建立了热亚矮星、Ia型超新星前身星、双白矮星等重要天体的形成模型，使特殊恒星的研究获得突破性进展。例如，建立的热亚矮星双星模型迅速成为该领域的主流模型，被国际同行称为“权威理论”和“标准图像”。

最终，该项目将特殊恒星应用于星系研究，建立了椭圆星系的紫外超模型，解决了困扰人们38年的椭圆星系紫外辐射来源问题。紫外辐射是椭圆星系的基本性质，也是解决椭圆星系形成和演化的关键问题。该项目的这一研究开拓了星系研究的新思路、新方法。

该项目的研究成果被写入德国Springer出版社和英国剑桥大学出版社出版的十余本教科书和专著，如《恒星物理学》、《星震学》、《系外行星手册》等。

项目名称：北京谱仪II实验发现新粒子

主要完成人：金　山（中国科学院高能物理研究所）
李卫国（中国科学院高能物理研究所）
房双世（中国科学院高能物理研究所）
季晓斌（中国科学院高能物理研究所）
闫沐霖（中国科学技术大学）

推荐单位：中国科学院

该项目利用北京正负电子对撞机上北京谱仪II实验所采集的J/ψ粒子数据，在强子谱研究中发现了质子–反质子质量阈值增长结构X（1860）和X（1835）等新粒子。这是首次在以中国科学家为主进行的实验中发现的新粒子，在国际上引起了强烈反响，国际权威《粒子数据手册》首次收录X（1835）等新粒子。这些新粒子可能来自于超出夸克模型的多夸克态等新型强子，对它们的深入研究无疑将加深人们对自然界基本规律的认识。北京谱仪II实验在新型强子寻找的国际前沿热点研究领域做出了重要贡献。

项目名称：有机小分子和金属不对称催化体系及其协同效应研究

主要完成人：龚流柱（中国科学技术大学）
蒋耀忠（中国科学院成都有机化学研究所）
吴云东（北京大学）
宓爱巧（中国科学院成都有机化学研究所）
唐　卓（中国科学院成都有机化学研究所）

推荐单位：安徽省

手性物质广泛应用于多种领域，不对称催化是创造手性物质的高效方法。完成人设计了一系列新型手性有机小分子、双金属及有机小分子与金属联用催化剂，建立了高立体选择性的反应，揭示了“协同效应”在催化反应中的作用机制，实现了手性化合物的高效合成。该项目发表的20篇核心论文包括*PNAS* 1篇，*JACS* 9篇，*Angew Chem* 4篇，被SCI他引2126次，单篇SCI他引最高315次。相关成果多次被*Nature China*和*Angew Chem Highlights*等杂志作为亮点评论。

项目名称：高分子复合材料微加工制备及其物理与化学问题

主要完成人：杨振忠（中国科学院化学研究所）
徐　坚（中国科学院化学研究所）
陈永明（中国科学院化学研究所）

推荐单位：中国科学院

该项目属化学学科中“高分子材料学”和“高聚物聚集态结构”领域。对于高分子复合材料，多尺度微结构和宏观形态控制是其重要问题，直接影响材料功能集成及智能化发展。团队围绕复杂结构微球和纳米孔复合膜材料两种典型形态深入研究，提出软物质通过特殊作用诱导物质优先定位生长控制微结构和组分的空间位点分布，同时结合模板合成控制宏观形态的基本方法，揭示物理与化学机制，为高分子复合材料的多层次结构控制和复合功能化提供指导。发展了制备微胶囊的普适方法，并已实现中试制备，效果显著。

项目名称：基于手性膦氮配体的不对称催化

主要完成人：侯雪龙（中国科学院上海有机化学研究所）
戴立信（中国科学院上海有机化学研究所）
游书力（中国科学院上海有机化学研究所）
严小霞（中国科学院上海有机化学研究所）
彭　谦（中国科学院上海有机化学研究所）

推荐单位：上海市

该成果围绕手性膦氮配体的设计并着眼于解决不对称催化中一些重要科学问题，在科技部973计划、国家自然科学基金委重点项目、杰出青年基金和中国科学院“百人计划”等项目资助下开展了系统的创新性研究。从手性配体作用的认识和不对称催化过程的理解着手，设计合成了一系列具有不同骨架，不同电子效应和立体效应以及不同手性组合的手性膦氮配体，在不对称催化反应领域中取得了多个世界领先成果。20篇重要论文被他引1253次，8篇代表性论文他引500次，单篇最高他引226次，获中国发明专利授权5项，并在重要国内外学术会议做大会报告、邀请报告30余次。这些工作对有机化学，尤其是不对称催化领域的发展起到了重要的推动作用。

项目名称：硬骨鱼纲起源与早期演化研究

主要完成人：朱　敏（中国科学院古脊椎动物与古人类研究所）
赵文金（中国科学院古脊椎动物与古人类研究所）
贾连涛（中国科学院古脊椎动物与古人类研究所）
卢　静（中国科学院古脊椎动物与古人类研究所）
乔　妥（中国科学院古脊椎动物与古人类研究所）

推荐单位：中国科学院

该项目属于科学研究、技术服务和地质勘查业领域，通过深入研究发现于我国志留系-泥盆系中大量珍稀的早期硬骨鱼类和鱼石螈类化石，为解开硬骨鱼纲起源、内鼻孔起源、四足动物起源之谜提供了重要线索和资料，并进一步支持了中国南方是肉鳍鱼类起源与早期分化中心的假说。这些成果为解决演化生物学领域一些长期争论不休的重大理论问题提供了关键实证，有力地推动了国际上对硬骨鱼纲起源与早期演化这一重要研究方向的探索。项目成果除在该领域得到重视外，在生物学和地质学中也获得较高引用，并开始被国外权威教科书所采用。

项目名称：华北克拉通早期陆壳形成与演化
主要完成人：翟明国（中国科学院地质与地球物理研究所）
郭敬辉（中国科学院地质与地球物理研究所）
彭　澎（中国科学院地质与地球物理研究所）
推荐单位：中国科学院

该项目属地质学基础研究领域。该项目首次发现了可以作为板块构造标志的古元古代高压变质岩，在华北构建了完整的早前寒武纪下地壳地质剖面，重建了18亿年前大火成岩省，提出了以多阶段克拉通化为特征的早期大陆生长演化机制，为进一步理解矿产资源的分布规律提供了理论依据。该研究大大提升了我国前寒武纪地质学的国际地位与影响。20篇核心论文被他引1456次，8篇代表性论文被SCI他引529次。

项目名称：黄土区土壤-植物系统水动力学与调控机制
主要完成人：邵明安（中国科学院水利部水土保持研究所）
张建华（香港中文大学）
上官周平（中国科学院水利部水土保持研究所）
黄明斌（中国科学院水利部水土保持研究所）
康绍忠（西北农林科技大学）
推荐单位：中国科学院

土壤-植物系统水动力学与调控机制是黄土高原农业与生态的核心科学问题。通过在黄土高原长期的试验研究，提出了测定土壤水文学参数的新方法，获得了土壤水分运动方程的分析解；阐明了干旱逆境下土壤-植物根-冠间信号产生、运输及其对地上部水分的调控机制；建立了SPAC水分运动模型，形成了系统的SPAC水运转理论；构建了适于旱区土壤-植被系统水分管理的调控理论与技术途径，为旱区农业和生态系统水调控提供了重要理论依据。8篇代表性论文被SCI他引419次，单篇最高SCI他引174次，有关成果被编入美国大学的教科书*Soil Physics*（第6版）、*The Nature and Properties of Soils*（第14版）和*Methods of Soil Analysis*等权威著作。

项目名称：被子植物有性生殖的分子机理研究
主要完成人：杨维才（中国科学院遗传与发育生物学研究所）
石东乔（中国科学院遗传与发育生物学研究所）
刘　洁（中国科学院遗传与发育生物学研究所）
唐祚舜（中国科学院遗传与发育生物学研究所）
李红菊（中国科学院遗传与发育生物学研究所）
推荐单位：中国科学院

有性生殖是植物生活周期的重要环节，包括配子体发生、识别、受精和胚胎发育等过程，其产物是种子和果实。本项目以拟南芥为模式，通过分子遗传学手段，克隆了

SPL、*SWAs*、*GFA*、*CCG* 和 *GRP23* 等多个控制植物生殖发育的关键基因，发现 *SPL* 转录调控是体细胞向生殖细胞分化的关键，而调控 RNA 加工和核糖体发生是胚囊发育的重要机制，首次揭示了胚囊中央细胞在花粉管导向中的重要作用。对这些自然规律的认识有助于了解农作物种子发育和产量形成的机制。

项目名称：干细胞多能性与重编程机理研究

主要完成人：裴端卿（中国科学院广州生物医药与健康研究院）
潘光锦（清华大学）
秦宝明（中国科学院广州生物医药与健康研究院）
秦大江（中国科学院广州生物医药与健康研究院）
张小飞（中国科学院广州生物医药与健康研究院）

推荐单位：广东省

该项目紧密围绕着干细胞多能性的维持和调控、iPS 重编程机理这两大关键问题，取得了一系列具有原创性的研究成果和突破：①首次发现了干细胞核心调控因子 Oct4、Sox2、Nanog 维持多能性各自关键的结构基础以及相应的调控机理；首次发现了 FoxD3，Nanog 和 Oct4 形成的负反馈调控环路。该研究成果已经成为多能性转录调控网络理论的重要组成部分，也为转录因子诱导 iPS 技术的出现奠定了基础。②率先采用非转基因小鼠体细胞成功实现 iPS 诱导；发现脑膜细胞具有较高诱导效率，是研究重编程的极佳模型；成功诱导获得猪的 iPS 细胞。这些研究有效地推动了 iPS 技术在国内外的普及和发展。③首创性地将维生素 C 使用到 iPS 诱导过程中，提高超过 100 倍的诱导效率，并阐明了其分子机制。该成果发表后得到 *Scientific American* 杂志专题报道形式的高度评价，奠定本团队的国际影响力，目前维生素 C 已广泛应用于提高重编程效率及 iPS 细胞质量的各项研究中。

项目名称：DC 细胞活化调控与 Th 细胞分化机制在免疫相关疾病中的研究

主要完成人：孙　兵（中国科学院上海生命科学研究院）
施木德（中国科学院上海生命科学研究院）
邓位文（中国科学院上海生命科学研究院）
吴晓东（中国科学院上海生命科学研究院）
刘智多（中国科学院上海生命科学研究院）

推荐单位：中国科学院

该项目主要探讨 DC 细胞活化调控的新机制中发现调控 NF-κB 和 IRF3/7 的信号通路分别在控制炎症和抗病毒过程中的重要作用；并发现了新的转录因子 DEC2，Th 细胞分化的新机制以及 Th 细胞辅助 B 细胞产生抗体在抗病毒方面的重要作用。对防治自身免疫性疾病、过敏性疾病和感染性疾病有重要科学意义。成果在 *Nat Immunol* 等国际顶尖免疫学杂志上发表后，他引 300 余次，被国内外同行高度关注。

项目名称：若干重要中草药的化学与生物活性成分的研究

主要完成人：岳建民（中国科学院上海药物研究所）
丁　健（中国科学院上海药物研究所）
杨升平（中国科学院上海药物研究所）
张　华（中国科学院上海药物研究所）
樊成奇（中国科学院上海药物研究所）

推荐单位：上海市

化学成分和药效物质基础不明是长期困扰中草药资源综合利用和国际化的关键科学问题。同时，对中草药的化学研究也是发现新药和药物先导物的重要途径。根据中草药成分复杂和研究中易产生重复等特点，通过多学科交叉和集成创新，形成以传统用途为启示、化学结构为导向的研究策略，有效地提高了发现新结构活性物质的效率。在此基础上，该项目紧密围绕关键科学问题开展工作，取得了具有国际影响的系列研究成果，主要包括：阐明55种中草药的主要化学组成，获得了大量结构多样化的新化合物；发现重要生物活性物质62个，药物先导物11个，阐明了多个中草药的药效物质基础；揭示了土槿皮酸类成分等抗肿瘤的构效关系。对中草药综合利用和新药开发具指导作用。

项目名称：高效光/电转换的新型有机光功能材料

主要完成人：张晓宏（中国科学院理化技术研究所）
李述汤（香港城市大学）
张秀娟（中国科学院理化技术研究所）
陶斯禄（中国科学院理化技术研究所）
张成义（中国科学院理化技术研究所）

推荐单位：中国科学院

该项目属于材料科学基础及材料合成与加工工艺研究领域。围绕有机光电分子及分子有序聚集体两个材料结构层次开展系统性研究工作，取得的主要成果包括：①提出了采用芳环基团构筑蓝色有机电致发光（OLED）材料的分子设计新策略，发展了系列新型OLED高效蓝色发光材料，为解决OLED蓝色发光材料效率低的瓶颈问题，设计高效蓝色OLED材料提供了重要科学依据。②提出了具有较大空间位阻结构的高效磷光发光材料的结构设计新策略，发展了系列高效磷光OLED发光材料，为解决该类材料高电流密度下效率低，高掺杂浓度下发光猝灭严重等问题提供了科学依据。③提出了控制生长高性能有机一维微纳单晶结构的普适性新策略，实现了其形貌及光电性能的调控，为解决经典高性能有机光电分子一维微纳单晶结构生长和形貌调控的难题提供了重要科学依据。④提出了一维有机单晶微纳结构的定向及图案化制备的新策略，为解决一维微纳单晶结构有序和图形化排布的难题，实现利用高迁移率有机单晶材料构筑新型高性能光/电转换器件奠定了科学基础。

该项目共发表SCI论文112篇，11篇为影响因子（IF）>9.0的材料及材料化学类权威期刊论文，71篇为IF>3.0的论文；8篇代表性论文平均IF达11.7，SCI他引509次，均为正面引用。

项目名称：热电材料的多尺度微观结构调控与性能优化

主要完成人：陈立东（中国科学院上海硅酸盐研究所）
张文清（中国科学院上海硅酸盐研究所）
史　迅（中国科学院上海硅酸盐研究所）
唐新峰（武汉理工大学）
张清杰（武汉理工大学）

推荐单位：中国科学院

热电转换材料在清洁能源、特种电源与制冷技术领域具有重要的应用价值。决定热电材料性能的电输运和热输运特性之间存在相互依存、相互矛盾的本征关联，如何获得同时具有优异电性能和极低热导率的高性能热电材料是本领域的难题。该项目通过原子、纳米、亚微米和微米尺度上多层次微观结构的设计与调控，有效引入声子和电子不同尺度的选择性散射机制，实现了电、热输运的协同优化。发现了宽频声子散射效应，提出了笼状结构热电化合物的设计原理，建立了纳米复合热电材料原位反应制备新方法，设计合成了系列高性能热电材料。

项目名称：纳米结构金属力学行为尺度效应的微观机理研究

主要完成人：武晓雷（中国科学院力学研究所）
魏悦广（中国科学院力学研究所）
洪友士（中国科学院力学研究所）

推荐单位：中国科学院

项目属固体力学研究领域。首次通过系统的实验和分子动力学模拟研究，揭示出纳米金属中变形孪晶和偏位错的形成机理以及与晶界的交互作用机制；发现并阐明纳米孪生变形的反尺度效应和纳米晶大应变条件下的加工硬化机制；获得偏位错与晶界及孪晶界交互作用的强韧机制。成果产生了重要国际影响并获得大量引用和跟踪，8 篇代表论文被 SCI 刊物他人引用 420 次。

（四）国家技术发明奖二等奖（共 12 项，其中 3 项专项略）

项目名称：果实采后绿色防病保鲜关键技术的创制及应用

主要完成人：田世平（中国科学院植物研究所）
蒋跃明（中国科学院华南植物园）
秦国政（中国科学院植物研究所）
郜海燕（浙江省农业科学院）
孟祥红（中国科学院植物研究所）
郑小林（中国科学院植物研究所）

推荐单位：中国科学院

该研究成果是针对我国果实采后腐烂损失严重、品质劣变快、防病困难和保鲜期短等关键问题和技术难点，通过十几年系统研究果实采后病害发生规律、病原菌致病机理、果实抗性应答机制等基础理论，创制了以生物源、天然源防病为核心的果实采后绿色保鲜关键技术，为提高病害防控的有效性和安全性拓展了新思路，开创了新途径。在甜樱桃、芒果、葡萄、枇杷、桃、梨、沙糖橘和杨梅等果实上应用，取得了显著的经济效益和社会效益。

项目名称：基于生物生存策略的有毒动物中药功能成分定向挖掘技术体系

主要完成人：赖　仞（中国科学院昆明动物研究所）
熊郁良（中国科学院昆明动物研究所）
张　云（中国科学院昆明动物研究所）
肖昌华（中国科学院昆明动物研究所）
王婉瑜（中国科学院昆明动物研究所）

推荐单位：云南省

有毒动物中药（如毒蛇、胡蜂、蟾蜍、牛虻）在传统药物中占重要地位，但其活性成分物质基础和作用机理相当复杂。本项目以有毒动物生存策略为理论指导，在世界上首次集成创新形成“基于生物生存策略的有毒动物中药功能成分定向挖掘技术体系”。通过该技术体系获得完全自主知识产权的800多种活性多肽，揭示这类药材发挥功效的物质基础和作用机制；为这类药材安全使用提供指导及其中药现代化和创新药物研发打下坚实基础，获发明专利30项，两个新药和一个消毒剂，产生了良好科学、社会和经济效益。

项目名称：工业钒铬废渣与含重金属氨氮废水资源化关键技术和应用

主要完成人：曹宏斌（中国科学院过程工程研究所）
李鑫钢（天津大学）
林　晓（中国科学院过程工程研究所）
张　懿（中国科学院过程工程研究所）
宁朋歌（中国科学院过程工程研究所）
刘晨明（中国科学院过程工程研究所）

推荐单位：环境保护部

针对工业钒铬废渣处理，开发出资源化与无害化的关键技术：①研发出钒铬高效绿色分离的萃取新体系，解决了中间层防控的理论与技术瓶颈，实现钒铬深度分离的关键性技术突破；②研发出一种半连续的反萃工艺与设备，实现钒铬萃取/反萃长期稳定运行；③研发出药剂强化热解络合精馏技术和抗结垢-高操作弹性塔内件，实现99%以上的氨和重金属循环利用，降低能耗，确保废水稳定达标；④建立了处理钒铬废渣的清洁工艺与集成系统，形成具有完全自主知识产权的钒铬废渣高值化清洁利用与含重金属氨氮废水资源化、无害化工艺包。项目技术支撑建成示范工程12项，累计减排重金属废渣超过5.5万吨，达标处理废水近300万吨，回收氨2万吨、钒镍铬钼等重金属4500吨，节水超过50万吨，同时创造直接经济效益超过10亿元。

项目名称：新型甲醇羰基化催化剂的结构设计及工业应用

主要完成人：袁国卿（中国科学院化学研究所）
宋勤华（中国科学院化学研究所）
钱庆利（中国科学院化学研究所）
邵守言（中国科学院化学研究所）
李峰波（中国科学院化学研究所）
潘　科（中国科学院化学研究所）

推荐单位：中国石油和化学工业联合会

乙酸是一种重要的基础有机化工原料。甲醇羰基化工艺是以煤和天然气为初始原料制备乙酸的绿色化工生产技术。该项目在新型羰基合成催化剂的结构设计和制备方面取得突破性进展，50余项发明专利组成完整的知识产权体系，催化剂性能达到世界先进水平，多种新型催化剂结构被美国《化学文摘》赋予CAS登记号。该项目催化剂不仅在江苏索普、河南顺达、宁夏英力特等多家化工企业实现应用，并首次技术转移到海外市场。近年来累计产乙酸708.7万吨，约占国内总产量的1/3，销售额231.4亿元，利润19.8亿元，税收11.2亿元。

项目名称：KBBF族晶体深紫外非线性光学特性的发现、晶体生长与激光应用

主要完成人：陈创天（中国科学院理化技术研究所）
许祖彦（中国科学院物理研究所）
王继扬（山东大学）
王晓洋（中国科学院理化技术研究所）
李如康（中国科学院理化技术研究所）
唐鼎元（中国科学院福建物质结构研究所）

推荐单位：中国科学院

该项目属无机非金属材料领域，涉及人工晶体与激光器技术。该项目发现了氟硼铍酸钾（KBBF）族晶体的深紫外非线性光学特性，发明了晶体生长新方法和激光变频棱镜耦合器件，在国际上首次通过倍频效应实现了深紫外激光的有效输出，并形成了小批量生产能力，研制出两个系列的实用化、精密化深紫外全固态激光源，成功用于研制光电子能谱仪、光发射电子显微镜等9种国际首创先进科学仪器，并在其上做出了一批国际前沿的研究成果。该项目属原创发明，主要技术指标国际领先，核心技术拥有自主知识产权，具有重要的学术意义和社会效益。

项目名称：基于生物敏感膜的便携式传感器关键技术及应用

主要完成人：蔡新霞（中国科学院电子学研究所）
崔大付（中国科学院电子学研究所）
赖平安（中华人民共和国北京出入境检验检疫局）
刘春秀（中国科学院电子学研究所）
何　伟（北京怡成生物电子技术有限公司）

蔡浩原（中国科学院电子学研究所）

推荐单位：中国科学院

项目属于电子仪器领域，经过十余年研究，取得以下重大创新和突破：提出了“纳米功能材料-锇聚合物电子媒介体-复合酶”检测反应新机制；发明了微电极阵列集成化制备新工艺；发明了电化学和光学多参数生物传感器检测新方法及其仪器技术。拥有系统的知识产权，获发明专利授权31项；主要指标达到同类技术的国际先进水平，检测时间、取样量和参数量等指标优于国际先进的同类技术；相关产品在医疗卫生、食品安全等领域进行了广泛应用，近三年新增销售额5.3亿元，取得了显著的经济和社会效益，促进了我国企业成为生物传感器国际销售市场领先企业；推动了我国传感技术进步，技术前景广阔，将在国民经济和国家安全方面发挥重要作用。

项目名称：高精度微纳结构掩模制造核心技术

主要完成人：刘　明（中国科学院微电子研究所）

谢常青（中国科学院微电子研究所）

叶甜春（中国科学院微电子研究所）

陈宝钦（中国科学院微电子研究所）

卞福良（无锡华润微电子有限公司）

龙世兵（中国科学院微电子研究所）

推荐单位：中国科学院

该发明属信息领域。掩模是集成电路和微纳制造的“模具”和基准，是其发展和性能提升的重要基础。该项目在高精度/高效率兼顾的制造技术、多元化衬底上大高宽比纳米结构制造技术、复杂结构图形的高保真自动处理和移相掩模增强技术等方面取得多项突破，发明了成套高精度掩模制造技术。形成了掩模行业13项国家标准，授权发明专利36项，软件著作权2项。发表学术论文107篇，SCI他引287次。核心发明进行了量产实施，形成了6种规格，覆盖8个技术节点，用户覆盖全国并出口到欧美。

项目名称：高速半导体激光器制备、测试与耦合封装技术

主要完成人：祝宁华（中国科学院半导体研究所）

余向红（武汉电信器件有限公司）

朱洪亮（中国科学院半导体研究所）

谢　亮（中国科学院半导体研究所）

黄晓东（武汉光迅科技股份有限公司）

推荐单位：中国科学院

申请人发明相关专利12项，制定发布行业标准10项。核心发明技术为：发明了一种高速半导体激光器封装用陶瓷插针、配置电路、光电模块电串扰抑制结构和固化方法；发明了借助保护层的取样光栅制作方法、异质掩埋波导结构的制作技术；定义了激光器动态P-I特性曲面，获取了的动态特性参数。近三年销售额达3.56亿元。2010年中国科学院半导体研究所研制的高速激光器达到了当时的国际领先水平。系列产品成功

应用于多个国家重要项目，并已取得良好的社会及经济效益。

项目名称：高场静磁装备设计理论和关键技术及应用

主要完成人：王秋良（中国科学院电工研究所）
胡新宁（中国科学院电工研究所）
戴银明（中国科学院电工研究所）
严陆光（中国科学院电工研究所）
许建益（宁波健信机械有限公司）
汪建华（武汉工程大学）

推荐单位：北京市

系统地构建了极端高场电磁装备设计理论和方法。发明了高精度高场静磁结构与先进制备和层次组装技术、热感应超临界氦自激振荡冷却技术等，解决了其设计、制造、集成和适应苛刻环境运行等关键技术难题。成果获得中国发明专利 17 项，美国专利 1 项，软件著作权 4 项，发表 SCI 论文 100 余篇、中英文专著四部，SCI 他引 1225 次。成果已应用于物理测量、医疗和国防设备等，为科学研究、国防安全和人类健康作出了重要贡献；技术满足包括中、美、英、德、澳等多国用户需求，提升了我国高端仪器与装备核心竞争力，具备批量生产能力。

（五）国家科学技术进步奖一等奖（2 项）

项目名称：上海光源国家重大科学工程

主要完成单位：中国科学院上海应用物理研究所、中国科学院高能物理研究所、中国科学技术大学、中国科学院长春光学精密机械与物理研究所、中国科学院沈阳科学仪器股份有限公司、中国科学院理化技术研究所、中国科学院近代物理研究所、中国科学院西安光学精密机械研究所、中国科学院合肥物质科学研究院、上海现代建筑设计（集团）有限公司

推荐单位：上海市、中国科学院

上海光源是我国迄今建成的规模最大的国家重大科学装置。它是一台性能优异的第三代同步辐射光源，由 432 米周长储存环、3.5GeV 增强器、150MeV 直线加速器、7 条首批光束线站及配套公用设施等组成。

上海光源历经十年优化设计和预制研究，于 2004 年 12 月破土动工。约 300 人的光源团队，在 300 多个单位的协助下，经过大规模技术攻关与系统集成，于 2009 年 4 月按期、高质量地完成了建设任务。上海光源研制过程中，自主研发了近百项关键技术，有力地推动了我国相关科学技术的发展，其主要创新点为：①通过低发射度储存环、2Hz 增强器和单束团直线加速器的众多关键技术突破和系统集成创新，光源总体性能进入国际领先行列，使我国光源亮度提高了 10 000 倍；②突破第三代光源高性能光束线站技术瓶颈，大幅提升了我国光源的实验技术能力；③攻克上海软土地基微振动极不利条件对光源稳定性带来的世界性难题，实现了亚微米束流轨道与光束位置稳定度。

上海光源成为我国第一个进入国际领先行列的大型多学科研究平台，大幅提升了我国在蛋白质结构、材料和催化剂等方面的实验研究能力，促进了我国多个学科的快速发展，特别是蛋白质结构生物学的跨越式发展。

上海光源运行四年多来，已提供实验用光超过12万小时，涵盖生命、材料、环境等十多个学科领域。用户来自全国298家单位，共计6589人。用户成果显著，已发表研究成果1247篇，其中，SCI一区论文212篇，包括*Nature*、*Science*、*Cell*三种国际顶级刊物论文26篇。已有二十几家企业利用上海光源进行技术开发，取得良好效益。

创新团队：中国科学院合肥物质科学研究院超导托卡马克创新团队

主要成员：李建刚、万宝年、万元熙、傅鹏、张晓东、宋云涛、肖炳甲、武玉、赵燕平、高翔、胡立群、龚先祖、刘甫坤、姚达毛、胡建生

主要支持单位：中国科学院合肥物质科学研究院

推荐单位：中国科学院

中国科学院合肥物质科学研究院超导托卡马克创新团队长期从事磁约束核聚变研究。自20世纪90年代起，该团队率先在国内开展超导磁约束核聚变研究以来，发扬“自力更生、艰苦奋斗、勇于创新、甘于奉献”的精神，改造建成了能够实现长脉冲物理实验的科学研究装置HT-7，使我国成为世界上第四个掌握超导托卡马克装置技术的国家；克服了国际缺乏全超导托卡马克建设经验的困难，自主研制了世界上首台全超导非圆截面托卡马克核聚变实验装置EAST和16个国际领先或先进的实验系统。通过集成创新，在EAST上成功实现了411秒、中心等离子体密度大于$2\times10^{19}m^{-3}$、中心电子温度大于2000万度的高温等离子体，远超欧盟和日本最长为60秒的高参数偏滤器等离子体记录，使我国稳态托卡马克聚变研究走到世界前沿。团队在聚变领域取得了系列国际领先成果，推动了该领域科技发展，受到了国内外同行的高度评价：“EAST是全世界聚变工程的非凡业绩，是世界聚变能开发的杰出成就和重要里程碑。”

自2004年以来，团队作为国内主要承担单位参与了ITER国际合作项目，并通过国际招标竞争承担了多项高难核心任务。团队敢于挑战，推翻了原国际热核试验堆ITER电源、超导馈线等重大系统和部件的不合理设计，以新的设计方法以及经过实验验证的技术，证明了中国设计的正确性与合理性，并被ITER国际组所采纳。实现了系列设计和制造技术的突破，自行设计研制的ITER高温超导大电流引线成为ITER参加七方中首个通过测试验收的ITER原型件，其性能指标位居世界领先水平，ITER大电流超导导体实现100%国产化，使得中国ITER采购包的研制进展位列ITER七方的前列。

团队已成为国际上先进水平的托卡马克创新团队，多人在国际聚变领域担任领衔或重要的职位。在多年的大科学工程运行中，团队注重具有创新思维和创造能力的团队文化建设，形成了完整而严谨的大科学工程管理模式，适用于工程建设、实验运行等；提倡广迎四海的开放精神，开展着全方位且富有实效的国际合作，自主建造的EAST平台已成为国际重要的核聚变研究基地，被美国能源部列为美国磁约束聚变合作的首选装置。团队开展的广泛产学研合作、社会服务和公益活动，取得了显著的经济和社会效益。目前，该团队正在积极开展我国下一代超导聚变堆的设计和相关预研，努力为聚变

能应用做出自己最大的贡献。

（六）国家科学技术进步奖二等奖（共6项，其中专项1项略）

项目名称：基因的故事——解读生命的密码

主要完成人：陈润生、刘夙、范春萍、樊潞平、尹传红

推荐单位：中国科学院

该项目是一线科学家、优秀科普作家、实力派科普出版策划人通力合作，打造的前沿科技科普图书精品。本书以清晰的线索、简练的形式、系统性比喻手法，全面地呈现了截至出版时间的基因科学重要前沿进展，使读者能够通过一本小书领会基因科学的整体面貌、重要知识点及基因科技所可能给人类生产、生活方方面面带来的影响，以及新发现的人文价值。该书出版以来，已获得包括国家科技进步奖在内的5个重要奖项，累计销售2万多册，发行范围遍布全国，受到了广大读者的欢迎。

项目名称：神光II多功能高能激光系统

主要完成人：朱健强、朱俭、朱宝强、戴亚平、李学春、马伟新、范薇、刘仁红、林贤平、彭增云

主要完成单位：中国科学院上海光学精密机械研究所、中国工程物理研究院上海激光等离子体研究所

推荐单位：中国科学院

为满足我国惯性约束聚变领域主动诊断激光系统的迫切需求，2002年在国家863计划等项目的支持下研制神光II多功能高能激光系统。在受到美国技术封锁情况下，第九路的研制挑战激光技术的多项物理极限，在集成波导前端、大口径主放大、终端靶场和全程光束调控等分系统方面取得若干技术创新。第九路是目前我国唯一可为物理实验提供探针光的高能激光装置，为我国国防事业做出了重要贡献。第九路成果促成了该领域我国向发达国家单项最高金额的高新技术出口，相关经济效益达3.2176亿元。该成果授权发明专利21项，其中美国发明专利1项，发表科技论文125篇，培养研究生86名。

项目名称：曙光高效能计算机系统关键技术及应用

主要完成人：孙凝晖、张佩珩、聂华、安学军、霍志刚、王普勇、陆健、沙超群、谭光明、李根国

主要完成单位：中国科学院计算技术研究所、曙光信息产业（北京）有限公司、上海超级计算中心、国家超级计算深圳中心

推荐单位：中国科学院

高性能计算机是推动科技创新、经济发展，保障国防安全的重要工具，一直是世界各国竞相争夺的科技战略制高点。曙光高效能计算机在异构计算、超高密度刀片式节点、机群系统软件和并行算法设计等方面取得了关键技术的突破，显著提升了我国高性能计算机的系统研制、应用推广和产业化的整体水平，是当时世界上速度最快、性价比

最好的机群系统，使我国在高端产业市场占有率上超过了IBM、HP等国际著名公司。曙光5000A在2008年11月发布的Top500排行榜上是除美国以外当时世界上最快的计算机，并以180.6TFlops的Linpack值名列第十；曙光6000（星云）在2010年6月发布的Top500排行榜上理论峰值速度名列第一，并以1.27PFlops的Linpack值排名第二。

项目名称：药物分子毒理学研究及新药安全性评价关键技术的应用和国际认可

主要完成人：任进、宫丽崑、戚新明、刘永珍、邢国振、金毅、李明、郑维君、栾洋

主要完成单位：中国科学院上海药物研究所

推荐单位：中国科学技术协会

任进博士带领团队开创建立了以分子毒理学新技术为基础的药物安评平台，突破了长期以来我国药物安全评价体系得不到国际认可、毒性机制研究水平低的关键瓶颈：首次揭示了多个传统中药活性成分的肝、肾毒性作用新机制，获得国际认可，为中药的安全使用提供了重要依据；完成了国内外180余种、近600药次的新药安评项目，其中我国新药46项，获得14项新药证书或临床批件，产生了巨大的经济效益和社会效益；率先实现安评平台与国际接轨，成为我国首个通过OECD两个成员国瑞典和比利时GLP认证、首次通过英国药监权威机构（MHRA）实验审计的安评中心，成为国家“重大新药创制”科技重大专项平台建设取得的标志性成果，对我国新药进入国际主流市场起到重要推动作用。

项目名称：硬岩高应力灾害孕育过程的机制、预警与动态调控关键技术

主要完成人：冯夏庭、吴世勇、陈炳瑞、张春生、张传庆、李元辉、李邵军、王立君、董金奎、石长岩

主要完成单位：中国科学院武汉岩土力学研究所、雅砻江流域水电开发有限公司、东北大学、中国水电顾问集团华东勘测设计研究院、中国有色集团抚顺红透山矿业有限公司、山东黄金矿业（玲珑）有限公司、山东黄金归来庄矿业有限公司

推荐单位：中国科学院

项目属于深部工程技术领域，自主研发了硬岩微破裂信息实时有效捕获技术，提出了岩石破裂类型识别的P波发育度指标和改进矩张量方法，建立了高应力灾害风险估计与预警的综合集成方法，提出了减少能量集中⇒预释放与转移能量⇒吸收能量等高应力灾害主动调控“三步走”的学术思想和优化设计方法，建立了高应力灾害孕育过程动态调控方法和技术体系。研究成果在国内外多个金属矿山及深部岩石工程获得了成功应用，取得了显著的经济效益和社会效益。

（七）国家级国际科学技术合作奖

赫伯特·雅克勒（Herbert Jackle），德国籍，男，1949年7月生。发育生物学家，现任德国马普学会副主席兼生物物理化学研究所所长，享有欧洲科学院院士、德国科学

院院士等多个学术称号，荣获德国联邦总统创新奖等多项奖励。由中国科学院推荐。

赫伯特·雅克勒教授专注于运用模式生物研究生化途径和调控网络的分子机制，先后在 *Nature*、*Cell*、*Science* 等学术刊物上发表论文近 200 篇，出版学术论著 53 部，是引领当代果蝇发育生物学学科发展的代表性人物。

雅克勒教授高度重视同中国的合作。自 20 世纪 80 年代起他便以学者的身份多次到中国讲学，为中国培养留学生。他出任马普学会副主席后，不断拓宽同中国的合作领域，并一步步把双方合作推向深入。2005 年，在中德双方的共同努力和其积极促进下，中国科学院和德国马普学会在上海联合构建了一个新型的国际化研究机构：中科院—马普学会计算生物学伙伴研究所，标志着中德双方科技合作达到了一个新的水平。这一国际合作研究所的建立，为中国吸引和凝聚了一支高水平的国际科研人才队伍，建立了中国在国际计算生物学研究领域的比较优势，为深化中国对外科技合作、完善对外科技合作政策起到了积极而重要的示范作用。

日列布佐夫（G. A. Zherebtsov），俄罗斯籍，男，1938 年 9 月生。空间物理学家，俄罗斯科学院院士，发表论文 240 余篇，是俄罗斯空间天气领域的奠基人之一。曾获俄罗斯祖国服务奖、俄罗斯政府荣誉奖以及列宁 100 周年劳动英雄奖等多项荣誉。由中国科学院推荐。

日列布佐夫教授在担任俄罗斯科学院西伯利亚分院日地物理研究所所长期间，积极推动俄罗斯科学院和中国科学院的科研合作。俄方日地物理所在高纬度地区空间天气的研究与中国科学院国家空间科学中心在中低纬度空间天气的研究有很强的互补性。2001 年，在日列布佐夫教授的推动下，双方共同建立了中俄空间天气联合研究中心，在双边合作框架下，中俄科学家积极开展交流互访，成功申请合作基金 20 余项，合作发表论文 80 余篇，举办双边研讨会 11 次。目前参与中俄空间天气联合研究学术交流的俄方单位已涵盖俄罗斯主要空间天气研究机构。2012 年 4 月，由日列布佐夫教授牵头，俄罗斯科学院日地物理研究所与中国科学院国家空间科学中心签署了第三期中俄空间天气联合研究中心合作协议与大纲，为未来五年双方合作奠定了基础。

日列布佐夫教授还积极促进双方在地基观测设备方面的数据交换，支持中国科学院“子午圈计划”向北延伸，并在国际上率先与中国科学院签署了“国际子午圈计划”。

二、2013 年度重大科技成果

（一）前沿科学方面重大科技成果

玻尔兹曼（Boltzmann）方程的流体动力学极限 1912 年，希尔伯特提出了玻尔兹曼方程的希尔伯特展开方法，从形式上说明了玻尔兹曼方程的一阶近似是可压缩欧拉方程。但是从数学上严格证明这一极限过程具有很大的挑战性，它受到许多著名数学家，如菲尔兹奖得主 P. L. Lions 和 C. Villani 等的关注。数学与系统科学研究院的研究人员通过构造了两类全新的双曲波，并利用多尺度方法，成功地证明了一般黎曼（Riemann）解情形，玻尔兹曼方程到可压缩欧拉（Euler）方程的流体动力学极限，从而在希尔伯特第六问题的研究上取得了重要进展。论文在 *SIAM Journal on Mathematical Analysis* 发表。

实验实现拓扑绝缘体中“量子反常霍尔效应” 物理研究所和清华大学组成的团队合作攻关，克服了薄膜生长、磁性掺杂、门电压控制、低温输运测量等多道难关，一步一步实现了对拓扑绝缘体的电子结构、长程铁磁序以及能带拓扑结构的精密调控，利用分子束外延方法生长出了高质量的 Cr 掺杂 $(Bi, Sb)_2Te_3$ 拓扑绝缘体磁性薄膜，并在极低温输运测量装置上首次成功地观测到了“量子反常霍尔效应”，为拓扑量子物态和效应的应用奠定了基础。这是国际上该领域的一项重要科学突破，对于该物理效应从理论研究到实验观测的全过程，都是由我国科学家独立完成。论文在 *Science* 发表。

在国际上首次实现测量器件无关的量子密钥分发 量子密钥分发在理论上具有无条件安全性。然而，由于原始方案要求使用理想的单光子源和单光子探测器，在现实条件下很难实现，导致现实的量子密钥分发系统可能存在各种各样的安全隐患。中国科学技术大学潘建伟与清华大学马雄峰联合研究小组，利用高效低噪声上转换单光子探测器，在国际上首次实现了测量器件无关的量子密钥分发，成功解决了现实环境中单光子探测系统易被黑客攻击的安全隐患，大大提高了现实量子密钥分发系统的安全性。论文在《物理评论快报》(*Physical Review Letters*) 发表。该工作入选美国物理学会的“2013 年国际物理学重大进展”。

实现最高分辨率单分子拉曼成像 中国科学技术大学侯建国院士和董振超研究员领导的研究团队在高分辨化学识别与成像领域取得重大突破，在国际上首次实现了 0.5nm 分辨的单个卟啉分子的拉曼成像。他们利用纳腔等离激元“天线”的宽频、局域与增强特性，通过频谱匹配调控，将光学光谱探测推进到前所未有的亚纳米水平，使单分子尺度的化学识别成为现实。这对于了解微观世界，特别是微观反应机制和包括 DNA 测序在内的高分辨生物分子成像，具有极其重要的科学意义和实用价值。论文在 *Nature* 发表。成果入选“2013 年中国十大科技进展”和“2013 年中国科学十大进展”。

首次揭示神秘氢键 氢键是自然界中广泛存在的分子间相互作用形式之一，虽然其强度较弱，但是对物质的性质有重要影响。目前对氢键研究方法，如红外和拉曼光谱、核磁共振等缺乏空间分辨信息，难以在分子尺度直接探测分子间相互作用。国家纳米科学研究中心的研究人员利用原子力显微镜技术首次在实空间观测到分子间氢键作用，据此精确解析了分子间氢键的构型，实现了对键角和键长的直接测量。论文在 *Science* 发表。结果入选 *Nature* 2013 年度科学图片、美国化学会《化学化工新闻》评选的 2013 年 9 大化学重要事件，以及“2013 年中国科学十大进展”。

中国学者夺取 X 射线极亮天体研究的“圣杯” 国际天体物理研究对 X 射线极亮源的本质一直未有定论，其关键与难点为系统中心黑洞质量的确定。由于其科学重要性及技术难度大，中心黑洞质量的精确测量被誉为 X 射线极亮源研究领域的“圣杯”。国家天文台刘继峰研究员领导国际团队成功申请到 8 米大型双子望远镜以及 10 米凯克望远镜各 20 小时的观测时间，对 M101 ULX-1 进行了研究，并确认其中心天体为一个质量与恒星可比拟的黑洞。此项工作是国际上对 X 射线极亮源动力学质量的首次、也是目前唯一一例成功测量；同时通过对该系统 X 射线谱的特性进行分析，观测现象突破了现有

“经典”黑洞吸积理论框架的范畴。论文在 *Nature* 发表。

银河系本地臂首获高精度测定 银河系是一个旋涡星系，经典的密度波理论认为银河系只能存在 2 条或 4 条旋臂，而本地臂所在位置不可能存在主臂形式的旋臂结构，本地臂以往一直被认为是主臂的一个凸起。紫金山天文台徐烨研究员与其合作团队利用国际上最高空间分辨率的甚长基线干涉阵（VLBA）研究发现，银河系本地臂的形态和运动学都与主臂类似，长 5 kpc（千秒差距），宽 1 kpc，其整体运动比银河系转动慢 5 km/s。这是天文学历史上首次精确测定银河系旋臂结构及其三维运动，该结果对传统的密度波理论是一个巨大挑战。论文在 *The Astrophysics Journal* 发表。

发现含有四个夸克的新共振结构 Zc（3900） 高能物理研究所北京正负电子对撞机上的北京谱仪（BESIII）实验国际合作组发现一个带电类粲偶素粒子 Zc（3900），其中至少含有四个夸克，极可能是科学家们长期寻找的超出传统夸克模型的奇特强子。随后 BESIII 合作组又发现了 Zc（3900）的伴随态 Zc（4020）。该成果被国际物理学顶级期刊、美国物理学会主编的《物理》杂志选为 2013 年国际物理学领域重要成果第一名。BESIII 实验已步入奇特态强子研究领域的国际最前列。

发现缺中子新核素^{205}Ac 远离 β 稳定线核素的合成及衰变性质的研究是原子核物理研究的一个十分重要的研究领域。在目前的反应机制下，近质子滴线核素的产生截面已接近实验技术的极限。从 1998 年发现质子数 $Z=89$ 的 Ac 最缺中子的同位素^{206}Ac 之后的十几年中，国际上在该核区均未成功合成过新核素。近代物理研究所实验物理中心超重核研究组利用兰州重离子加速器充气反冲核谱仪 SHANS 实验装置，采用 α 衰变链的能量-时间-位置关联测量技术，首次合成并鉴别了^{205}Ac。测量了该核素的 α 衰变能量和半衰期，确定了^{206}Ac 核素基态衰变性质。

禽流感病毒传播机制研究取得重要进展 微生物研究所高福研究组通过对 H7N9 禽流感病毒进行了分子进化及溯源研究，为判断其来源和潜在风险做出有效的预警；证明了 H7N9 禽流感病毒能够感染人是由于获得人源受体结合能力及其结构基础，但人际传播能力依然有限，主要是从禽到人；揭示了 HA 蛋白上的几个突变使高致病性 H5N1 禽流感病毒获得空气传播能力的分子机制。耐药研究证明感染人的主流 H7N9 病毒并未出现耐药性，因此常用的达菲等抗流感药物仍然能有效用于临床治疗。这一系列研究成果为禽流感病毒的有效防控提供了重要的理论依据，相继发表在 *Science*、*Cell Research* 上。

冠状病毒研究取得重要进展 SARS 冠状病毒（Severe acute respiratory syndrome coronavirus，SARS-CoV）和中东呼吸道综合征冠状病毒（Middle East Respiratory Syndrome coronavirus，MERS-CoV）分别是 2002—2003 年和 2012—2013 年在中国和中东引起人类严重呼吸道症状的 2 种高致病性病毒。微生物研究所高福研究团队首次鉴定了 MERS-CoV 的 S 蛋白与受体结合的区域，并成功解析了受体结合域单体以及配体/受体复合物的蛋白质分子结构，为设计靶向病毒侵入的小分子药物提供了重要的参考。武汉病毒研究所石正丽研究团队近期成功分离到一株蝙蝠 SARS 样冠状病毒，该病毒与 SARS 病毒有更近的亲缘关系，和 SARS 病毒一样能利用 ACE2 作为其功能受体，并且能感染人、猪、猴以及蝙蝠的多种细胞，该项结果为中华菊头蝠是 SARS 冠状病毒的自然宿主提供了更直接的证据，对蝙蝠源新发疾病的预防和控制具有重要意义。这两项研究

成果分别在 *Nature* 发表。

神经炎症研究领域取得重要进展 上海生命科学研究院神经科学研究所周嘉伟研究组发现，星形胶质细胞的多巴胺 D2 受体下降会导致大脑的慢性神经炎症，促进帕金森病的发生和发展。该成果揭示了星形胶质细胞的多巴胺 D2 受体在神经炎症抑制过程中的重要作用，对理解脑老化的成因和建立以星形胶质细胞多巴胺 D2 受体为基础的脑老化和神经退行性疾病防治的新方法具有重要的科学意义和社会意义。论文在 *Nature* 发表。

揭示表观遗传信息的遗传规律 北京基因组研究所刘江课题组以斑马鱼为模型，发现子代完全继承精子的甲基化图谱，而抛弃卵子的图谱；同时揭示，继承的精子图谱是一个全能性的表观遗传图谱，可以指导胚胎的发育。此研究揭示除 DNA 序列可以遗传到子代外，精子的甲基化图谱也可以传递到子代中，意味着表观遗传信息的变异在调控胚胎发育、表型，甚至疾病的过程中也起重要作用；引发了关于表观遗传信息对进化驱动作用的新思考。论文在 *Cell* 发表。

趋化因子受体 CCR5 的晶体结构揭示艾滋病毒感染人体细胞的机制 上海药物研究所吴蓓丽研究组解析了 CCR5 与抗艾滋病毒药物马拉维若的复合物晶体结构，揭示了马拉维若在 CCR5 分子中的精确结合位点，并阐明该药物分子阻断 CCR5 与艾滋病毒结合的变构调节机制。此外，比较 CCR5 和 CXCR4 的结构，推测了两种共受体可选择性结合不同类型艾滋病毒的主要原因和结构基础，有助于深入理解艾滋病毒感染人体的分子机制。论文在 *Science* 发表。

发现外侧缰核中的 βCaMKII 导致抑郁症的核心症状 上海生命科学研究院神经科学研究所胡海岚研究组使用蛋白定量质谱在天生抑郁大鼠的缰核中发现 βCaMKII 的表达显著上调。通过在老鼠的外侧缰核定点注射病毒载体发现，过表达 βCaMKII 可以诱导正常老鼠表现出快感缺失与行为绝望等抑郁症的核心症状，而敲减 βCaMKII 则可逆转抑郁表型。该研究最终提示，外侧缰核中 βCaMKII 的表达上调通过促进 GluR1 上膜等变化导致缰核过度兴奋，从而增强了对下游脑区的抑制，进而导致了抑郁表型，为理解抑郁症的病理及治疗提供了新的视角和分子靶点。论文在 *Science* 发表。

多年生草本植物弯曲碎米荠成花诱导的分子机理 上海生命科学研究院植物生理生态研究所王佳伟研究组通过对弯曲碎米荠（Cardamine flexuosa）的研究，解析了多年生草本植物“年年岁岁花相似”的分子机理。发现弯曲碎米荠体内存在一个感受植物年龄的小分子 RNA。它的表达量随着年龄的增长而逐渐降低。当这一小分子 RNA 降低到一定阈值以下后，植物开始感受冬季低温，在次年春天开花坐果。这一分子机制确保了多年生草本植物可以在获得足够生物量后繁衍后代，对精确调控越冬农作物开花时间，提高产量具有重要理论意义。论文在 *Science* 发表。

发现免疫系统内钙离子“帮助”清除病原体的新奥秘 上海生命科学研究院生物化学与细胞生物学研究所/国家蛋白质科学中心（上海）许琛琦研究组最新发现 T 细胞被抗原活化后引起钙离子大量内流，钙离子在细胞质膜周围形成高浓度的钙离子微区。这些钙离子能够直接结合细胞质膜中的酸性磷脂，中和它们的负电荷，从而解除酸性磷脂对 T 细胞抗原受体（TCR）的功能屏蔽，帮助 TCR 活化，将比较弱的抗原刺激信号放大，使得 T 细胞获得完全的效应功能。这种机制大大提高了 T 细胞对抗原的敏感性。论文在 *Nature* 发表。

解析叶酸转运蛋白结构与转运机制 上海生命科学研究院植物生理生态研究所张鹏课题组首次解析了叶酸能量耦合因子型（ECF）转运蛋白复合体的结构。结构分析揭示了转运过程中叶酸特异性识别和能量耦合的分子基础，提出了 ECF 转运蛋白跨膜转运的分子机制：即底物结合蛋白通过在膜内的翻转转运底物。ECF 转运蛋白复合体的生理功能为水解 ATP 驱动维生素的跨膜转运，属于一类新的 ABC 转运蛋白。叶酸 ECF 转运蛋白是该类转运蛋白中的典型代表。论文在 *Nature* 发表。

将类人猿的起源时间前推了 1000 万年 古脊椎动物研究所倪喜军研究员领导的国际团队发现了迄今已知最古老的灵长类骨架化石，在观测了 1000 多个解剖学特征的基础上，建立了目前最大的有关灵长类演化的系统分析矩阵。结果表明，新发现的化石灵长类属于一个新的属种，即阿喀琉斯基猴（*Archicebus achilles*），该物种在系统演化树上非常接近类人猿与跗猴型灵长类开始分道扬镳的关键节点，是与类人猿共同祖先关系最近的姊妹类群。此前已知的最早的类人猿化石距今约 4500 万年，而阿喀琉斯基猴的发现则表明，类人猿与其他灵长类的分异时间应早在 5500 万年之前，由此把类人猿的起源时间前推了 1000 万年。相关研究论文发表在 *Nature* 上，成果入选“2013 年中国十大地质科技进展”，评为 *Discover* 杂志 2013 年 100 项重大科学新闻。

早期鸟类研究取得系列新进展 古脊椎动物研究所徐星研究员等通过定量分析似鸟恐龙和早期鸟类的皮肤特征揭示出丝状足羽出现、大型腿羽出现、大型足羽退化以及足部鳞片出现这一演化序列，推测腿羽演化与早期鸟类运动系统演化的相关性，并推测在早期鸟类演化过程中，羽毛向鳞片的转化可能由基因表达模式变化导致。论文在 *Science* 发表。古脊椎动物研究所周忠和院士领导的国际团队课题组结合了化石形态、现生鸟类胚胎发育以及基因表达模式资料，分析了鸟类手指演化过程的复杂性，强调了异位同型机制在鸟类手指演化过程中的作用。论文在 *Nature* 和 *Science* 上发表。

极地生态环境对气候变化与人类活动的响应 中国科学技术大学孙立广研究组通过合作考察，对美国、澳大利亚南极站采集的样品研究后发现罗斯海企鹅数量在小冰期呈高水平，表明企鹅对气候响应的多样性；发现现代和古代企鹅食谱显著差异并提出人类捕杀海豹和鲸鱼造成南大洋磷虾过剩，从而影响海洋生态系统的新观点。对极地海洋生物对气候和人类活动响应的研究方法与成果进行了系统总结和评述。论文在 *Earth-Science Review* 发表。

获得铁方镁石地幔温压下的弹性 中国科学技术大学吴忠庆教授的国际合作团队利用第一性原理计算研究了高温高压下铁自旋转变对铁方镁石弹性的影响，解释了不同实验在自旋转变对横波波速影响存在分歧的成因，指出 Murakami 等外延的铁方镁石横波波速数据存在极大的误差，由此得出的下地幔主要是钙钛矿的结论是不可靠的，相反地幔岩是很好的下地幔成分模型。这些系统完整的铁方镁石高温高压弹性数据为我们进一步利用自旋转变效应理解地幔波速横向变化、限定地球内部成分提供了关键的基础。论文在 *Physical Review Letters* 发表。

对两个慢速日冕物质抛射（CME）碰撞后的能量转换的数值模拟 空间科学与应

用研究中心冯学尚团队利用 COIN-TVD MHD 区域组合模式及等离子团日冕物质抛射模型模拟了发生在 2008 年 11 月 2 日的两个相互作用的慢速日冕物质抛射事件，通过数值分析日冕物质抛射的动能、磁能、内能及势能在碰撞前后的变化趋势。结果表明：两个日冕物质抛射碰撞后动能比碰撞前增加了 3%—4%，而碰撞过程中增加的动能主要由日冕物质抛射的磁能及内能转化而来。论文在 *Geophysical Research Letters* 发表。

热带降水对全球变暖响应机制 大气物理研究所黄荣辉院士团队基于 CMIP5 多模式集合结果，研究了热带降水对全球变暖响应机制。研究指出：在全球变暖下，海温增暖较多的地区会有上升运动异常，从而引起降水增加；反之，在海温增加较少的地区有下沉运动异常盒降水减少。同时，气候平均的上升运动将全球变暖下更湿的大气抬升引起降水增加。海温变化和气候平均环流分别控制了动力和热力变化过程，二者叠加共同形成了热带降水变化的季节和空间分布型。论文在 *Nature Geoscience* 发表。

南海北部东沙中层分离流及其动力机制 南海海洋研究所王东晓团队基于多年南海开放航次观测资料（CTD、ADCP、走航 ADCP 等）发现南海北部陆架区域存在一支东北向的中层流，并且这支流在流经东沙岛时，会发生明显的与等深线分离的现象，即向深水区域流动。采用高分辨率区域模型再现了这支分离流，并从涡度平衡的角度分析发现，JEBAR 和行星涡度平流是涡度平衡的主导项。这支深层东向边界流与东沙以东深层西向等深流在东沙附近汇聚，是东沙快速沉积体产生的物理解释。研究成果以 Research Article 形式发表在 *Journal of Geophysical Research：Oceans* 上。

美国东部下面埋藏着的热点路径 测量与地球物理研究所储日升研究员与国内外学者合作，分析了美国地震阵列记录到的海量地震波形数据，发现下岩石圈存在一个约 40 公里厚，200 公里宽的低速带。结合肯塔基州发现的金伯利岩和近 100 百万年北美板块的运动，研究团队提出了一个热点路径的假设。该热点路径可能与新马德里裂谷带中生代晚期的重新活动有关，也可能造成美国东部的地震活动。此项成果表明地震学与地球动力学交叉研究对于理解地幔及地壳演化过程的重要性。研究成果发表在 *Nature Geoscience* 上。

岸边带可能是厌氧氨氧化反应的热区 生态环境研究中心祝贵兵研究团队，在前期稻田、河流和人工湿地研究基础上，根据厌氧氨氧化反应底物和岸边带生物地球化学特征，提出“岸边带可能是厌氧氨氧化反应的热区”假设，并在现场实验中得到验证，同步发现该反应热区能够显著减少温室气体 N_2O 的释放。这是自然界首次报道厌氧氨氧化反应的热区及热区效应。研究成果发表在 *Nature Geoscience* 上。

世界唯一实用化深紫外全固态激光器研制成功 理化技术研究所联合物理研究所、大连化学物理研究所等多家单位承担的国家重大科研装备“深紫外固态激光源前沿装备研制项目”通过验收，成功研制出 9 种国际首创的深紫外固态激光前沿装备。该项目的实施是我国自主研发高精尖仪器的一个成功范例，属于源头创新工作，使我国成为世界唯一能够制造实用化精密化深紫外固态激光源的国家，并获得中、美、日核心专利。目前，我国科学家已应用该系列装备获得了一系列重要成果，使我国深紫外领域的科研水平处于国际领先地位。主要论文在 *Nature* 发表。成果入选“2013 年中国十大科技进展”。

钠信标激光国外外场试验成功 理化技术研究所与光电技术研究所在 TMT（正研制的国际最大光学望远镜项目，口径 30 米）安排下，在加拿大成功完成钠信标外场试验，被 TMT 评价为“巨大进展”，自此打破美国在该技术对中国的禁运。该技术利用特定要求的高精准 589 纳米黄激光与海拔 80—105 公里大气顶层钠原子作用形成“人造星”——钠信标，作为参考源校正对天成像时大气造成的波前畸变，提高成像质量。

开发出超硬超稳定金属制备新法 金属研究所开发了一种工艺简单、可控性强的加工技术，解决了纳米金属材料制备过程中普遍存在的无法同时提高硬度和热稳定性的难题，适用于铝、铁、镍及其合金等多种工程材料，可以提高材料的表层综合性能和整体性能，具有重要的工业应用价值。研究人员选择镍进行加工，结果获得了具有小角度晶界、平均厚度 20 纳米的纳米层片结构，其硬度高达 6.4GPa，远高于现有纳米金属镍的硬度（3.0GPa），并且发生晶粒粗化的温度也要比以往加工的镍材料至少高 40℃，从硬度到热稳定性均突破了此前加工技术的极限。论文在 *Science* 发表。

高质量石墨烯材料的控制制备取得重大突破 金属研究所实现了单晶石墨烯的结构和边界控制，从原子尺度上揭示了其生长机制，并提出了制备高质量单晶石墨烯的策略。同时，还提出了可低成本大量制备石墨烯材料的“插层-膨胀-剥离”新方法，很好保留了石墨烯的本征结构和性能，具有产率高、生产周期短、性能稳定、易于放大、生产环境友好等特点。该方法大量制备的石墨烯可用于锂硫电池，极大地提高了锂硫电池的库伦效率、循环稳定性和倍率性能，还可用于散热和抗静电、防腐蚀功能涂层等，有望获得实际应用。

极端强场超快科学前沿研究取得重要突破 上海光学精密机械研究所解决了高量级泵浦条件下大口径高增益啁啾脉冲放大器寄生振荡抑制等关键科学技术问题，成功研制世界最高峰值功率的激光系统，峰值功率可达 2PW（1PW 即 10^{15} W），对应脉冲宽度 26fs（1fs 即 10^{-15}s），脉冲时间对比度提升方面突破了世界性技术难题达到 ~10^{11}。同时，开拓发展了基于强场电离诱导的分子荧光光谱技术重构低能占据轨道的全光学方法，并首次通过测量取向依赖的分子荧光信号成功获取了 CO_2 分子的 HOMO-1 和 HOMO-2 低能轨道信息。该研究将有力地推动飞秒化学、阿秒物理等前沿科学与应用领域的发展。论文在 *Physical Review Letters* 发表。

新型介孔基纳米生物材料取得进展 上海硅酸盐研究所实现了利用单分散 MSNs 为载体的直接靶向癌细胞核的药物输运，不仅提高药效，而且有效克服癌细胞多药耐药性。成功合成系列稀土氟化物/介孔氧化硅复合纳米颗粒，在获得多模式医学成像效果的同时，实现对肿瘤的红外光药物控释、热疗结合放疗以及化疗结合放疗等的肿瘤协同治疗。

国际首套 MW 级超临界空气储能系统研制成功 工程热物理研究所在国际上首次提出超临界压缩空气储能技术。该技术具有完全自主知识产权，具有高效、高储能密度等优点，解决了传统压缩空气储能系统（CAES）受地理条件和化石燃料限制的应用瓶颈，效率比传统 CAES 的高 10—20 个百分点，储能密度为传统 CAES 的 18 倍。已在超临界空气流动与传热机理、新型空气储能系统总体设计、超高负荷涡轮和压缩机内部流动与传热机理方面取得了突破。2013 年成功研制了国际首套 MW 级超临界压缩空气储能系统，通过重大课题验收。申请或授权国内外专利50余项。

迄今为止全球最大规模5MW/10MWh全钒液流电池储能系统成功实现商业应用 由大连化学物理研究所提供技术支撑，大连融科储能技术发展有限公司承建的迄今为止全球最大规模5MW/10MWh全钒液流电池储能系统，顺利通过了用户单位和辽宁电网公司对实现风电功率平滑输出、跟踪计划发电功能、就地及远程监控调度响应能力、能量效率及储能容量等指标的全面严格的测试评价，成功并网运行。各项性能指标均符合合同要求，技术水平国际领先。这对于建立我国全钒液流电池储能产业，支撑可再生能源的普及应用具有重大意义。

（二）重大任务方面重大科技成果

“潜龙一号”无人无缆潜器（AUV） 主要完成单位：中国科学院沈阳自动化研究所、中国科学院声学研究所、哈尔滨工程大学。“潜龙一号”无人无缆潜器是在《国际海域资源研究开发十二五规划》重点项目资助下，研制成功的国内首台具有自主知识产权的实用型6000米AUV深海装备。该装备的研制是以提高AUV的实用性、可靠性、安全性、智能控制水平、探测功能及探测效率为目标，突破了AUV布放回收、深海导航与定位、高智能控制、深海探测等关键技术，实现了海底地形地貌、地质结构探测和海底流场、环境参数测量等功能。2013年10月在东太平洋海域成功完成应用性试验，最大下潜深度5162米，针对我国多金属结核勘探区海底潜行作业近30小时，完成了海底声学、水文等综合调查测线92.1公里，获得了约33平方公里的探测数据。“潜龙一号”不仅创下了我国自主研制水下无人无缆潜器深海作业的新纪录，同时为海洋科学研究及资源勘探开发与开采提供了必要的基础资料，提升了我国在国际海域资源勘探开发中的话语权，是我国深海装备技术发展的重要标志，得到中央电视台等主流媒体的关注。

先进集成电路工艺及装备 主要完成单位：中国科学院微电子研究所、中国科学院光电研究院。集成电路制造工艺和装备技术已成为制约我国自主创新发展的主要瓶颈问题之一，中国科学院微电子研究所和光电研究院长期致力于集成电路关键核心技术的创新研究，取得了一系列重要研究成果。微电子研究所已完成了150多项单项技术的研发并实现工艺集成，22nm先导工艺研发成果开始生产转移开发，相关专利许可给武汉新芯集成电路制造有限公司，这是我国集成电路先进工艺的第一把“保护伞”；面向16nm技术代的体硅FinFETs逻辑工艺在国内首次研发出用于16nm技术代的物理栅长在25nm的体硅FinFETs器件。光电研究院针对极大规模集成电路光刻技术和产业发展需求，开展准分子激光关键技术攻关，通过国内外技术合作，突破了系统设计、高重频运转、窄线宽光谱控制、大能量激光放大、系统集成测试等核心关键技术，在国内首次研发了光刻用ArF准分子激光器原理样机，填补了我国在光刻准分子光源技术领域的空白，形成自主知识产权保护，突破了美、日厂商的技术垄断。

网络新媒体服务技术 主要完成单位：中国科学院声学研究所。在中国科学院NICT战略先导项目支持下，中国科学院声学研究所在网络新媒体服务技术领域取得了一系列重要进展。在新媒体网络服务交互、能力开放及管控技术方面，采用协议与内容适配、网络特征提取等多屏服务交互技术，实现了多屏融合服务；采用管控能力与业务映射管理等技术，实现了对话音业务、高/标清直播电视、VOD、互联网业务等服务，同时通过开放 API 接口，屏蔽网络特征，实现对精细化管控能力的开放，项目成果在海南等服务节点进行了系统验证，将为新媒体服务网络及智能云电视产业链的建设提供技术支撑。智能语音识别技术方面，声学研究所与阿里巴巴集团合作研发的支付宝智能客服语音平台于 2013 年 5 月上线。该系统能够自动将用户打进客服系统电话语音转成文字，实现了自动语音派单等客服业务。系统突破了用户自然对话风格语音/多地区口音识别等关键技术，解决了与支付宝客服已有 IVR 平台无缝对接等工程难题，显著提升客服业务工作效率，大幅度降低企业成本，社会效益显著。该成果是声学所继为百度、腾讯提供语音识别核心技术之后，在电信平台的又一成功合作案例。

国产自主百万门级抗辐照 FPGA 研制及上星在轨应用验证　主要完成单位：中国科学院电子学研究所。中国科学院电子学研究所全正向自主设计完成多款高性能百万门级抗辐照 FPGA，实现了核心技术的自主可控。其中，“慧芯二号”型百万门级 FPGA 于 2012 年 10 月搭载实践九号卫星，首次实现了国产百万门级抗辐照芯片的空间在轨验证，在轨期间未发生单粒子功能中断或闩锁现象，在深空轨道上成功完成了数据处理任务。“慧芯二号高速型”百万门级 FPGA 采用定制固化的创新技术，有效地解决了空间单粒子翻转问题，替代国外产品应用于“试验五号”卫星的核心单机进行在轨验证。2013 年 11 月发射至今，国外同等级产品已检测到 6 次单粒子翻转事件，电子所产品未检测到单粒子翻转事件。

抗 ED 一类新药 TPN729 获准进入临床研究　主要完成单位：中国科学院上海药物研究所、上海特化医药科技有限公司、河南天方药业有限公司、山东特珐曼药业有限公司。1.1 类新药 TPN729 及其片剂，于 2013 年 6 月 25 日获得国家食品药品监督管理局签发的药物临床试验批件，获准进入 I 期临床试验。TPN729 为高选择性 5 型磷酸二酯酶（PDE5）抑制剂，是计算机辅助药物设计与药物化学紧密结合的成果。在建立计算机辅助药物设计平台和磷酸二酯酶体内外活性筛选平台过程中发现该候选药物。该药可用于勃起功能障碍（ED）和肺动脉高压（PAH）的治疗，本次获批的为 ED 适应证。TPN729 具有活性高、选择性好、药效明确、毒性低、药代动力学性质优良等特点，可以降低目前临床已有 PDE5 抑制剂的不良反应，有望成为我国首个具有自主知识产权的抗 ED 1.1 类创新药物，目前已进入临床试验阶段。

蓝藻水华监测预警及湖泊水源地保护关键技术研发及应用　主要完成单位：中国科学院南京地理与湖泊研究所、中国科学院上海微系统与信息技术研究所、中国科学院大连化学物理研究所、中国科学院遥感与数字地球研究所。针对蓝藻水华暴发、迁移堆积、厌氧分解，进而污染水源地水质并引发供水危机，该项目研发集成以下技术，为大型湖泊水源地安全供水提供了技术经济性强的系统解决方案，保障供水安全。①提出越冬休眠、春季复苏、夏季生长和上浮漂移蓝藻水华形成的四阶段理论，确定蓝藻水华形成的主导生态因子及其阈值，筛选出蓝藻水华及其污染物监测监控指标体系及其监测监控方法。②建立了遥感、水面实时在线和人工巡测空地一体化的监测网络，研制了拥有自主知识产权的叶绿素光纤在线监测传感器，开发了具有自主知识产权的中程网数据采集与传输技术，构建了蓝藻水华监测监控体系。③研发了基于无结构网格的浅水湖泊三维水动力学模型，并耦合蓝藻生长及迁移模型，形成湖泊水源地蓝藻水华预测技术系统，可对大型湖泊内 24—72 小时蓝藻水华发生概率与地点及翌年蓝藻水华情势准确预测。④研发了隐没式柔性围隔与气幕挡藻技术，根据预测信息，可及时有效阻隔蓝藻水华漂移进入水源地；利用鲢鱼滤食原理发明了鳃式过滤器，并据此研制了大型仿生式水面蓝藻清除装置，对堆积的蓝藻水华进行高效无害处理。

强流质子加速器超导腔取得重大突破 主要完成单位：中国科学院近代物理研究所。“未来先进核裂变能——ADS 嬗变系统”是中国科学院第一批启动的 A 类先导专项。其目标是解决制约世界核能发展的核废料处置问题，同时充分利用可裂变的核资源，打破我国铀资源缺乏的局面。半波长型（HWR）纯铌超导腔是装置三大系统中的超导质子直线加速器最为核心的部件之一。射频超导腔具有很高的加速梯度和很低的功率损耗，是未来高功率强流加速器的关键技术，属于目前国际先进加速器技术的前沿领域。尤其是极低 β 超导腔的性能和发展，正在受到广泛的关注。目前，国际上只有少数实验室成功研制了半波长纯铌超导腔。

中国科学院近代物理研究所直线加速器研究中心何源研究员带领的团队在国际合作受阻的情况下，利用国内资源，历时两年多自主研发的纯铌超导半波长谐振腔于 2013 年 3—7 月通过了垂直测试和验收。该腔体的 β＝0.1，频率＝162.5MHz，在 4.2K 温度下经过测试，腔体内的加速电场 Eacc 达到 8.3MV/m，腔体品质因数 Q0 为 4.1×10^8。三只超导腔体的测试结果表明其性能指标已达到稳定可靠。来自高能物理研究所、北京大学、上海应用物理研究所和哈尔滨工业大学的测试专家组认为该腔技术指标优于国际上已公布的极低 β HWR 超导腔的最好水平。项目组成员受邀在特斯拉技术合作关于连续波超导射频的国际会议（TTC meeting on CW-SRF）和 2013 年国际超导射频大会（SRF2013）上做了报告。该超导腔体的成功研制，标志着 ADS 先导专项关键技术研究的一项突破性进展，是我国超导高频技术研究领域的一项重要成果。

“实践十六号”卫星用国产 Ka 波段空间行波管放大器 主要完成单位：中国科学院电子学研究所。“实践十六号”卫星中继终端用 Ka 波段行波管放大器首次开机成功，工作正常。这是目前国内中大功率量级的毫米波行波管的首次上天应用。行波管放大器所配备自主研发的电源为目前国内在轨最高电压产品。

太阳高分辨力层析成像技术研究 主要完成单位：中国科学院光电技术研究所。在国家高技术计划和国家自然科学基金天文联合基金重点项目的支持下，中国科学院光电技术研究所在云南天文台的大力协助下，成功研制太阳活动区多波段同时成像试验系统，并对 37 单元太阳自适应光学（AO）系统进行了技术升级。相较于夜天文自适应光学系统，太阳自适应光学系统白天采用可见光波段观测，视宁度较夜间差，无论在空间带宽还是时间带宽上，太阳自适应光学系统的要求都更高。课题组突破了高帧频相关夏克—哈特曼波前探测、高速波前实时处理控制以及多波段太阳高分辨力同时成像等技术难题，于 2013 年 6 月 16 日在 1 米新真空太阳望远镜（云南抚仙湖）上实现了对太阳扩展目标的低阶自适应光学校正，获得了太阳活动区多波段高分辨力层析图像，目前，课题组正致力于研制 151 单元高阶太阳自适应光学系统，为 1 米新真空太阳望远镜配备

151 单元自适应光学系统，将使其成为太阳观测的利器，利用其获得的高质量观测数据，太阳物理学家将对太阳磁场的产生、太阳磁场活动、色球和日冕的结构等物理问题开展深入研究，不断完善人们对太阳活动现象物理本质的理解，促进太阳物理研究的进一步发展。

“快舟一号”1.2m 分辨率相机 主要完成单位：中国科学院长春光学精密机械与物理研究所。“快舟一号”1.2m 分辨率相机是“快舟一号”卫星的有效载荷。通过中科院支撑技术项目“微小卫星高分辨率成像光学系统”的研制，完成了光机结构微小型设计、主三镜共光轴检测技术、星载一体化设计和离轴三反相机调偏流技术等关键技术攻关。2013 年 9 月 25 日成功发射，相机在 270km 轨道高度，地面像元分辨率优于 1.2m，地面幅宽大于 19km。发射 11 小时完成对南美智利地区的首次成像，图像层次分明，像质清晰，创造了我国遥感卫星成像的最快纪录，突破了以往入轨后三天拍照的模式。1.2m 相机是国内目前在轨运行的分辨率最高的民用相机，用于我国应急灾害监测光学遥感。在轨拍摄的大量图像数据在近期国内外热点事件得到了很好的应用。

在国际上首次成功完成星地量子通信地基验证试验 主要完成单位：中国科学技术大学、中国科学院上海技术物理研究所、中国科学院光电技术研究所。量子密钥分发是最先有望实用化的量子信息技术。目前，以光纤为信道的量子密钥分发的距离已基本到达极限，而地面间自由空间的量子密钥分发也很难实现更远的距离。因此要实现更远距离的甚至是全球任意两点的量子密钥分发，基于低轨道卫星的量子密钥分发成为最有潜力和可行性的方案。

中国科学技术大学潘建伟院士及其同事彭承志等，与中国科学院上海技术物理研究所王建宇、光电技术研究所黄永梅等组成的协同创新团队，经过多年的技术攻关，利用旋转平台来模拟低轨道卫星的角速度和角加速度，利用热气球来模拟随机振动和卫星姿态，利用百公里地面自由空间信道来模拟星地之间高衰减链路信道，在国际上首次成功实现了星地量子密钥分发的全方位的地面验证，为未来实现基于星地量子通信的全球化量子网络奠定了坚实的技术基础。该研究成果于 5 月 1 日以长文形式发表在国际权威学术期刊《自然·光子学》（*Nature Photonics*）杂志上。

上海 65 米射电望远镜研制项目通过综合验收 主要完成单位：上海天文台。上海 65 米射电望远镜研制项目是中科院和上海市的“院市合作”重大项目。该望远镜于 2008 年 10 月立项，2013 年按计划完成了项目第一阶段任务。2013 年 12 月 2 日，通过了中国科学院及上海市科委联合组织的项目验收会，专家组认为该项目高质量完成了任务指标要求，成功研制了一架亚洲最大口径的全可动射电望远镜，系统性能指标全部达到并大部分优于任务书规定的技术指标。验收会后，举行了简短的命名仪式，正式命名为：“天马望远镜”。

2013 年 12 月 2 日起，65 米射电望远镜作为主力测站全程参加了“嫦娥三号”的 VLBI 测定轨观测，以其高灵敏度大幅提高了 VLBI 测量精度和定轨定位精度，为“嫦娥三号”的月面软着陆和落月后的巡视器和着陆器精密定位做出了重要贡献。

探月工程二期“嫦娥三号”任务 主要完成单位：国家天文台、上海天文台、空间科学与应用研究中心、高能物理研究所、电子学研究所、长春光学精密机械与物理研究所、上海技术物理研究所、上海光学精密机械研究所、光电技术研究所、西安光学精密机械研究所、云南天文台、新疆天文台、合肥物质科学院固体物理研究所、紫金山天文台、上海硅酸盐研究所、大连化学物理研究所、新疆理化技术研究所等。2013 年 12 月 2 日，“嫦娥三号”探测器在西昌卫星发射中心成功发射，14 日安全实现月面软着陆，15 日成功实施两器分离和互拍，获取了清晰图像，标志着“嫦娥三号”工程任务取得了圆满成功。中国科学院作为三个最重要的承研部门之一，在“嫦娥三号”任务中承担了六个方面的任务：一是科学目标的提出；二是地面应用系统的研制建设和运行；三是探测器系统中有效载荷分系统的研制；四是测控系统中 VLBI 测轨分系统的研制建设和任务执行；五是为多个系统提供一系列核心关键的配套产品；六是科学目标的实现。2013 年，中国科学院 17 家研究所全部按时保质地完成了“嫦娥三号”任务的研制建设和任务执行，为“嫦娥三号”任务的圆满成功做出了重要贡献。①地面应用系统完成了软硬件的研制交付和遥科学探测实验室的建设，进行了正样数据对接试验、巡视器遥操作演练与无线联试、部分有效载荷科学验证试验以及系统演练。在第一月昼的任务执行期间，地面应用系统接收数据正常，数据处理、显示正常，截至 12 月底执行任务总工作时长 360 小时，接收科学探测数据 70. 5GB，归档各级数据 465. 96GB，经处理形成了珍贵的影像资料，为后续全面开展科学探测任务和科学数据的应用研究工作打下了坚实基础。目前，地面应用系统仍在执行“嫦娥三号”科学探测数据的接收处理工作。②有效载荷分系统完成全部产品的研制并交付探测器系统总体。在任务执行期间，“嫦娥三号”所搭载的八台有效载荷陆续开机进行了月面测试，获取了大量有效的科学数据，工况良好。③VLBI测轨分系统完成了关键技术研究和系统建设改造。在任务执行期间，圆满完成了关键测控事件，并进行了月面精密定位，特别是 VLBI 中心准实时提供测量数据的滞后时间缩短为 1 分钟，并引入了上海 65 米射电望远镜参与测定轨任务，测量精度相对于“嫦娥二号”任务有很大提高。④圆满完成了激光三维成像敏感器、激光测距敏感器；着陆缓冲机构拉伸杆；星敏感器光学系统，导航、避障相机光学系统，箭载摄像装置；高温多层隔热组件、高温合金抗氧化涂层、柔性薄膜热控材料、镁合金微弧氧化涂层、阳极氧化热控涂层、高摩擦抗冷焊涂层、碳化硅光学部件、氧化镝晶体等；肼分解催化剂；深冷处理技术等大量关键配套产品的研制，并在任务执行期间，为“嫦娥三号”任务的圆满成功提供了重要保障。⑤目前，中国科学院组建的“嫦娥三号”任务科学应用核心团队正在对“嫦娥三号”任务科学探测数据进行了分析应用和深化研究。

（三）科技促进发展方面重大科技成果

构建西藏农牧结合技术体系，促进了农牧民增收 针对促进西藏农牧民增收的农牧结合发展模式的各关键环节，中国科学院地理科学与资源研究所开展了大量研究和探索，通过集成农牧结合技术体系、创新农牧民经营组织运作机制，开展了西藏典型村落农牧结合生产模式的产业化经营示范。项目实施一年来，农牧民增收效果初现，三个示范村 415 户 2170 人通过土地入股、集体土地规模化经营等多种形式的联合，带动农户家庭畜牧业生产水平的提高，全年共实现新增经济收益 88. 3 万元，显著增加了农牧民的现金收入，户均增收2128元，得到了广大农牧民的热情拥护。各级党政领导多次莅临示范村检查指导，对项目运作模式、平台建设、长效机制建设等予以高度评价。项目取得的初步进展也得到了西藏主流媒体的高度关注，扩大了社会影响。

西藏樟木口岸滑坡勘查评估与综合防治方案 西藏樟木镇是中国和尼泊尔唯一的边境贸易口岸，也是西藏唯一一个国家一类陆路通商口岸。由于地形条件限制，樟木镇建在特大型滑坡区上，地质灾害频发。受西藏自治区政府的委托，中国科学院成都山地灾害与环境研究所、地质与地球物理研究所等单位重点研究了樟木口岸滑坡的结构特征、活动历史、形成机制和外围灾害影响，评估了其稳定性、影响因素和发展趋势，提出了“主体灾体重点整治，周边灾体辅助治理；市政建筑加强加固，贸易新区分流减压；治理工程专业监测，城镇建设科学管控”的综合治理思路，设计了详细的综合治理方案。研究成果得到西藏自治区党委、政府的高度认可。

狐尾藻生物防控水体氮磷污染技术示范 养殖业废弃物排放引起的养分流失已经成为我国环境污染物来源的主体之一。中国科学院亚热带农业生态研究所研发了以氮磷富集植物狐尾藻为主的污染源头生态减控技术体系，可使养殖废水中化学需氧量（COD）、氨氮、总磷的去除率达95%以上，同时狐尾藻还可用作高蛋白饲料。依托该项技术，已在长沙建立了16家养殖废弃物污染减控示范工程和4个小流域养殖废弃物污染集中减控示范工程，以及在养殖废弃物污染重点区域嘉兴、绍兴等建立了示范工程，通过示范废弃物污染减控效果显著，污染治理效果受到技术示范区养殖户、各级政府和科技部门的广泛关注和认可。该项技术操作简易，污染治理的后期运营成本低，在封闭小流域、平原水系网，以及污染湖泊等水体氮磷污染治理方面有很好的推广应用前景。

青海三江源自然保护区生态保护和建设工程（一期）生态成效综合评估 综合应用地面观测、遥感监测和模型模拟相结合的技术方法，在构建综合评估指标体系和生态本底的基础上，中国科学院地理科学与资源研究所联合青海省有关单位对《青海三江源自然保护区生态保护和建设总体规划》一期工程生态成效开展了连续9年的科学监测与评估，完成了生态成效综合评估工作。评估结论指出，该区“生态系统退化趋势得到初步遏制，重点生态建设工程区生态状况好转，但生态建设任务的长期性、艰巨性依然存在”。该结论对国务院批准《青海三江源生态保护和建设二期工程规划》发挥了重要作用。中国科学院与青海省将进一步加强科技合作，完善生态监测预警预报体系，加强能力建设，实现对二期工程的有效监测，以及对生态环境变化与自然灾害的预警预报，为生态规划长远目标的实现提供可靠的科技支撑。

芦山地震灾区资源环境承载能力评价 2013年4月20日，四川省雅安市芦山县发生7.0级强震，造成了严重的人员伤亡与经济财产损失。根据《芦山地震灾后恢复重建工作方案》的分工安排，中国科学院地理科学与资源研究所、成都山地灾害与环境研究所等高质量地完成了芦山地震灾区资源环境承载能力评价工作，被《芦山地震灾后恢复重建总体规划》采纳，为该规划编制提供了重要的基础性支撑。这是中国科学院继汶川地震、甘肃舟曲泥石流、玉树地震之后，连续第四次承担国家重大自然灾害灾区的资源环境承载能力评价任务。正是基于这些经验，中国科学院专家提交的《关于创新地震灾区援建方式和机制的建议》得到了习近平总书记的批示。

高光效种植模式推广成效显著 中国科学院东北地理与农业生态研究所配套集成了垄向垄距调整、玉米休耕轮作培肥地力、水稻智能化育秧、全程机械化生产，以及病虫害生物防治、肥料缓释控失技术等增产技术，结合各地生产实际形成了一套全新的作物高光效新型种植模式。2013 年该高光效种植模式在吉林省、黑龙江省、沈阳军区农副业基地及黑龙江农垦系统大面积示范推广，总计示范面积 284.6 万亩。推广高光效种植模式已写入 2013 年吉林省一号文件和政府工作报告，作为推动农业发展、保障农民增收的重要措施。

启动渤海粮仓示范工程，科技服务农业生产 2013 年 4 月 9 日，科技部、中国科学院联合河北省、山东省、辽宁省和天津市共同启动“渤海粮仓科技示范工程”。“渤海粮仓科技示范工程”集成中科院土肥水种等农业关键技术，在河北、山东、辽宁、天津等地 25 个县，以核心区、示范区和辐射区三区联动方式推动，目标是在 2011 年产量的基础上，实现 2017 年增粮 30 亿 kg、2020 年增粮 50 亿 kg 的增产能力，建成“渤海粮仓”。2013 年渤海粮仓科技示范工程取得可喜进展。目前在我国第一个异交不亲和玉米新品种培育、耐盐碱高产小麦新品系培育、微咸水灌溉技术示范等方面，取得重要进展。在山东实现盐碱地当年种植小麦产量达到 303kg，玉米产量 313kg，盐碱地种植小偃 81 比当地主栽品种增产 22.9%。在河北、山东、天津、辽宁的 27 个县市建立了 36 个试验示范基地，总面积 4 万多亩①，示范面积 28 万亩。

推动全国盐碱地分类治理 基于前期工作和调研基础，中国科学院组织专家，调研和形成了全国盐碱地分类治理技术示范的建议，并向国务院报送了《全国盐碱地分类治理技术示范》报告，得到李克强总理、张高丽副总理、刘延东副总理、汪洋副总理的重要批示。

面向全球农情遥感速报系统为决策提供支撑 2013 年 11 月 20 日，中国科学院遥感与数字地球研究所首次面向全球发布《全球农情遥感速报（中英双语版）》。该报告评估了全球粮食主产区和主要产粮国 2012—2013 年小麦、玉米、大豆与水稻的产量，并对粮食主产区与主产国的环境和生产要素进行了细致分析。全球农情遥感速报系统将面向全球同步发布中、英文季报。《全球农情遥感速报（中英版）》的首次发布，为全球与各国粮食贸易提供了重要的农情信息，标志着中国成为少数几个开展全球农情遥感监测的国家，有利于加强全球粮食安全合作。

初步建成天津农业物联网 2013 年 9 月 24 日，天津市人民政府、农业部、中国科学院就共同推进天津市农业物联网建设与发展，在天津签署了《共同推进天津市农业物联网建设合作框架协议》，标志着天津市农业物联网完成初步建设。天津市人民政府作为农业物联网区域试验的实施主体，负责农业物联网区域试验平台的运营管理；农业部负责农业物联网建设指导并提供必要支持；中国科学院负责农业物联网重大技术攻关和全面技术支撑。中国科学院将充分发挥多学科综合优势，重点在农业普适化感知、云计算、大数据处理等方面进行关键技术研发、集成及示范，并配合开展产业应用推广。物

---

① 1 亩≈666.7m^2

联网区域试验平台初步建立了开放架构的“全要素、全系统、全过程”资源集成中心、专业支撑平台与行业应用示范平台，对农业生产经营主体、科研机构、管理部门进行农业物联网的开发应用提供了技术支撑，具有较强的实用性和推广价值。

新型乙烯聚合催化剂技术取得重要进展　超高分子质量聚乙烯（UHMWPE）具有耐冲击、耐磨损、自润滑性、耐低温、耐腐蚀等优异性能，但由于加工困难，阻碍了其推广应用。中国科学院上海有机化学研究所针对 UHMWPE 的制备开发了新型单中心催化剂技术并完成了催化剂的中试生产。催化剂技术获得中国、欧洲发明专利授权。该技术制备的 UHMWPE 链支化度低、加工性能突出。与九江中科鑫星新材料有限公司合作，成功实现了挤出专用 UHMWPE 树脂的规模化生产，实现了纯 UHMWPE 树脂的管材、型材挤出加工。在中国科学院知识创新工程重要方向项目的支持下，中国科学院上海有机化学研究所与中国科学院宁波材料技术与工程研究所合作，成功进行了纺丝生产线试验，获得高强、高模量纤维；该树脂还能够提高纺丝液浓度，大幅降低纤维成本，为拓展其应用领域提供了空间。

纳米绿色印刷成套技术及装备研发取得重要突破　中国科学院化学研究所研制成功纳米绿色打印制版技术及绿色印刷产业技术，开发了专用纳米转印材料、超亲水版材，并与沈阳新松机器人自动化公司、中国科学院长春光学精密机械与物理研究所、丹东金丸集团、北大方正电子公司等单位合作研制了绿色打印制版专用设备及配套软件，实现了纳米材料印刷柔性电路、射频天线及物联网等应用。在中科纳新公司建成了纳米绿色打印制版中试示范线，具备年产 30 万升纳米复合转印材料、百万平方米超亲水板材生产能力。制定转印材料产品标准 1 项、板材产品标准 1 项、原材料检验及相关标准 18 项，获授权发明专利 20 余项。上述技术已在北京、山东、四川、辽宁等省市得到应用，为印刷行业的绿色化发展提供了核心关键技术支撑。

农资物联网助推我国农资现代经营服务网络体系建设效果凸显　中国科学院物联网研究发展中心牵头，全面落实中国科学院与中华全国供销合作总社共建“农资现代经营服务网络体系”战略合作协议，组织中国科学院合肥物质科学研究院、计算机网络信息中心、软件研究所、遥感与数字地球研究所、地理科学与资源研究所、半导体研究所等协同攻关，建立了农资溯源 EPC 编码行业标准、全国农资网络地图、现代农资经营服务大数据中心 3 大技术支撑体系；突破了低成本、高可靠、防复印隐形二维码，大面积、低成本、快速、实时土壤肥力建模，病、虫、草害图像自动识别等关键技术；开发完成了全国农资全程溯源与防伪平台、农资交易电子商务平台、农资售后技术服务平台、农资智能物流优化调度平台，取得近 100 项自主知识产权，全面服务供销总社业务管理，全国大型仓储、物流与经营企业，直营与加盟农资经营网点，庄稼医院、农民专业合作社等各层面用户 20 多万，取得显著的经济与社会效益。

铁基浆态床高温费托合成油技术推广应用进展顺利　在伊泰、潞安和神华三个示范厂稳定运行的基础上进一步实现产业化推广，正在执行 6 个大型煤制油项目，采用本技术的市场占有率达 90% 以上，引领我国煤制油行业的健康发展。其中神华宁煤 400 万吨/年煤制油项目和潞安 100 万吨/年高硫煤清洁利用电热一体化示范项目已开工建设。催化剂生产基地（一期 1.2 万吨/年）也已开工建设，将满足 1200 万吨/年的煤制油产能对催化剂的需求。

甲醇制烯烃技术（DMTO）产业化取得显著经济和社会效益 乙烯、丙烯等低碳烯烃是重要化工原料。目前，我国主要用石油为原料来生产乙烯。近年来，国际市场原油价格不断攀升，而我国又是煤炭相对丰富的国家，实现从煤炭—合成气—甲醇—低碳烯烃的工业化规模转化，使我国烯烃生产原料多元化，是事关我国化学工业可持续发展的重大课题。中国科学院大连化学物理研究所经过多年潜心攻关，在甲醇制烯烃技术方面取得一系列可喜的突破。进入商业化运营阶段以来，经过近三年的推广，目前已通过技术许可方式在国内签订了20套工业装置的合同。全部建成后，将形成甲醇制1126万吨烯烃/年的产能，约占我国目前烯烃总产能的三分之一，拉动投资约2500亿元。

甲醇制聚甲氧基二甲醚（DMM）实现万吨级工业示范 聚甲氧基二甲醚（DMM）具有十六烷值高，与柴油互溶性好等特点，将其作为添加剂加入柴油后呈现显著的节油效果，已被国际公认为新型清洁柴油添加组分。我国富煤少油，利用非石油路线生产清洁燃料对于我国能源结构的调整、保障我国的能源安全、实现经济社会可持续发展具有重要战略意义。中国科学院兰州化学物理研究所羰基合成与选择氧化国家重点实验室，经过数年的研究，开发出了一种以离子液体为催化剂，甲醇和三聚甲醛为原料合成清洁柴油组分聚甲氧基甲缩醛（国际上简称为DMM3-8）的新技术。2013年，研究所与企业合作建成了国际首套万吨级甲醇制新型清洁柴油组分聚甲氧基二甲醚（DMM）工业示范装置，实现连续稳定运行，形成以离子液体为催化剂高效合成聚甲氧基二甲醚的成套技术，下一步将开展20万吨工业示范装置的建设。

1.5MW超临界压缩空气储能系统 7月16日，中国科学院工程热物理所研发的1.5MW超临界压缩空气储能系统通过北京市科委组织的验收。该系统是国际首套MW级超临界压缩空气储能系统，也是我国首套MW级压缩空气储能系统，到目前已运行超过600小时。被验收专家组评价为“各项指标均达到或优于验收指标，是我国压缩空气储能技术领域一项重要突破，达到国际领先水平。”

赖氨酸工业菌株创新 我国是世界最大的L-赖氨酸生产国，然而，赖氨酸菌种生产水平远低于国外先进水平，且普遍存在知识产权问题，成为制约企业发展的瓶颈。中国科学院天津工业生物技术研究所孙际宾研究员课题组与国内企业和科研机构紧密合作，通过对7种工业菌株和23种实验室菌株的基因组解析、细胞网络模型的构建与模拟，提出了赖氨酸高产可能的机制和遗传改造策略；通过理性设计解除了赖氨酸代谢途径关键酶的反馈抑制，突破了赖氨酸工业的核心知识产权保护；通过系统代谢工程，获得了赖氨酸生产的重要知识产权菌种；通过发展高通量筛选模型，进一步提升了工程菌株的生产性能。最终赖氨酸盐酸盐对葡萄糖的转化率比原菌株提高10%以上。新菌株已经在合作单位中粮生物化学（安徽）股份有限公司的生产线上使用，为公司实现节能减排30%以上，实际节粮9%，节支超过500元/吨赖氨酸盐酸盐产品。已申请中国专利一项，正在进行PCT专利的申请。

新型TIM-barrel异戊二烯转移酶（PcrB）结构解析 PcrB是一个潜在的新药物靶点。中国科学院天津工业生物技术研究所郭瑞庭课题组和伊利诺伊大学香槟分校（University of Illinois at Urbana-Champaign，UIUC）、台湾“中央研究院”的课题组合作，在 PcrB 的研究方面取得了突破性进展，得到了来源于枯草芽孢杆菌和金黄色葡萄球菌 PcrB 的酶蛋白结构以及与底物的复合体结构。PcrB 属于最新发现的一类异戊二烯转移酶，这类酶都采用了 TIM-barrel 的构型。与其属于同一家族的还有 GGGPS 和 MoeO5，之前的研究表明 GGGPS 的 W99 将其异戊二烯底物的长度限制在 20C，而 MoeO5 的 λ3 loop 将异戊二烯底物长度限制在 15C。而 PcrB 的晶体结构显示其异戊二烯长链底物的结合通道是开放型的，这使得它能够容纳更长的底物（35C）。定点突变研究发现，D14 与 Mg 离子和焦磷酸的结合相关，而底物结合通道底部的 Y104 与异戊二烯底物长度的识别相关。通过 G1P 和 FsPP 结合位周围氨基酸的分析以及与 GGGPS 和 MoeO5 的结构对比发现，Y118、Y158 和 E160 是参与该酶催化的重要氨基酸，并且 E160 是其直接催化氨基酸。该研究为新药物靶点及其抑制剂的开发提供了方向，研究成果已经被 *Chem Bio Chem* 接收，并被评为重点封面文章。

丁二酸生物制造技术　丁二酸是一种优秀的平台化合物，以石油为原料获得。中国科学院天津工业生物技术研究所张学礼研究员课题组以大肠杆菌为出发菌株，使用系统代谢工程技术，结合丁二酸合成途径的理性改造和菌株的进化代谢，构建出一个高效生产丁二酸的大肠杆菌细胞工厂。使用简单无机盐培养基和厌氧批式发酵，丁二酸产量达 123g/L，转化率达 1.02g/g 葡萄糖，技术指标达到国际先进水平。在 10 立方米发酵罐中成功完成中试，预计将丁二酸的生物制造成本降低至万元每吨。该细胞工厂也能高效利用秸秆水解液和木薯水解液发酵生产丁二酸。该技术目前已转让给山东兰典生物科技股份有限公司，预计 2014 年建成万吨级的丁二酸产业化生产线，此后将扩大至年产 50 万吨丁二酸及年产 10 万吨 PBS 塑料的工业化生产线。

长链二元酸生产新技术进展　中国科学院微生物研究所转移转化中心针对长链二元酸产业化中存在的瓶颈问题，开展了菌种改造、发酵工艺优化、提取精制和下游产品开发等四方面相对独立而又紧密关联的工作。解析了菌种的基因组及转录组信息，构建了有效的遗传操作系统；以可再生原料——月桂酸甲酯替代十二碳烷烃发酵生产十二碳二元酸获得成功，完成了以棕榈酸甲酯为原料生产十六碳二元酸的发酵条件优化；开发出一种新型无溶剂精制法，从而替代了影响下游产品聚合的乙酸，产品纯度达 98% 以上；成功开发出一种新型低倾点长链二元酸酯作为耐低温润滑油的基础油产品。

重要中草药的化学与生物活性成分研究　中国科学院上海药物研究所以岳建民、丁健、杨升平、张华、樊成奇为主要成员的科研团队开展的《若干重要中草药的化学与生物活性成分的研究》，创新性地建立了以中草药传统用途为基础，化学结构导向的研究策略，对 55 种富含生物碱和萜类的重要中草药品种进行了深入的化学和生物活性成分研究，取得了系列具有显著国际影响的研究成果，包括：阐明了 55 种重要中草药的化学成分，获得了大量结构新颖和多样化的生物碱和萜类，其中新结构 507 个，特别是发现新骨架化合物 38 个；发现各类具有重要活性的化合物 62 个，药物先导结构 11 个，阐明了多个中草药的药效物质基础；揭示了土槿皮酸类和二萜原酸酯类抗肿瘤等活性的构效关系，获 2013 年度国家自然科学奖二等奖。

药物分子毒理学研究及新药安全性评价关键技术的应用和国际认可　中国科学院上海药物研究所以任进、宫丽崑、戚新明、刘永珍为主要成员的团队，开展的《药物分子毒理学研究及新药安全性评价关键技术的应用和国际认可》研究项目，针对若干传统常用中药活性成分，从分子、细胞和动物水平上进行了深入系统的分子毒理学研究，首次揭示了多个常用中药的肾脏、肝脏、生殖毒性作用机制和靶点，为中药的安全使用提供了科学依据；完成了300余种先导化合物的早期毒性筛选，提高了新药研发的成功率；率先实现了新药安全性平台与国际接轨，成为我国首个通过瑞典和比利时两个OECD成员国GLP认证和英国药监权威机构（MHRA）实验审计的新药安全性评价，成为国家“重大新药创制”科技重大专项平台建设取得的标志性成果，获2013年度国家科学技术进步奖二等奖。

三、中国科学院杰出科技成就奖

2013年，共评出中国科学院杰出科技成就奖10项（1项个人，9项集体），其中3项为专用项目。

1. 大亚湾反应堆中微子实验研究集体

研究集体所在单位：中国科学院高能物理研究所

研究集体主要科技贡献：大亚湾反应堆中微子实验取得重大科学成果，发现了新的中微子振荡模式，测量了θ_{13}，对粒子物理学影响深远。高能所提出了原创性实验方案。研究集体与海外合作者一起，经过8年的准备和建设，建成了国际领先水平的中微子实验站，完成了高质量的数据获取和物理分析，取得重大成果。大亚湾实验使得我国的中微子科学研究一步跨入国际先进行列，并将继续保持领先地位。大亚湾实验使得我国的中微子科学研究一步跨入国际先进行列，并将继续保持领先地位。

研究集体突出贡献者及主要科技贡献：

王贻芳　提出了大亚湾实验的科学目标、整体方案和创新性的探测器设计，领导完成了实验的设计、建造与物理分析工作。

曹　俊　完成了大亚湾实验的具体方案设计，领导完成了中心探测器设计、液闪研制，以及物理分析，为论文的通讯作者。

杨长根　大亚湾实验的建议人之一，在方案设计、探测器研制中做出了多项创新性工作，为θ_{13}的精确测量做出了重要贡献。

研究集体主要完成者：衡月昆、李小男、庄红林、王铮、张浩云、张家文、温良剑、刘江来、周莉、丁雅韵、白景芝、刘丽冰、陈和生、马宇蒨、王萌、陈少敏、胡涛

2. 水稻高产优质性状的分子基础及其应用研究集体

研究集体所在单位：中国科学院遗传与发育生物学研究所

研究集体主要科技贡献：水稻是世界上最重要的粮食作物之一，在我国农业生产中具有举足轻重的地位。面对提高水稻产量和品质的双重挑战，该研究集体成员综合运用遗传学、基因组学、分子生物学、生物化学、细胞生物学、作物育种学等方法对水稻产量与品质相关的重要农艺性状的调控机理进行了系统深入的研究，并将取得的基础研究成果应用于水稻高产优质的分子育种，育成了一系列优异水稻新品种。近五年来，该研

究集体在水稻株型建成的分子机理及调控网络解析、重要农艺性状的全基因组关联分析、高产优质品种的分子选育、栽培稻的起源与驯化、水稻资源发掘利用等方面取得了一系列创新性的重大研究成果，形成了完善的理论体系，代表了我国在相关研究领域的国际领先水平，具有重要的国际影响；为解决水稻生产中的瓶颈问题做出了突出的贡献，产生了重大经济效益和社会影响。该研究集体的合作及取得的成果是面向国家重大需求和国际前沿科学问题密切合作、集体协同创新的典范。

研究集体突出贡献者及主要科技贡献：

李家洋　率先提出水稻品种分子设计的理念，在水稻功能基因组研究中取得一系列开创性成果，并前瞻性地将其应用于水稻育种。

韩　斌　在水稻基因组精确测序、重要农艺性状的全基因组关联分析及栽培稻的起源和驯化等研究上取得系统性原创性成果。

钱　前　致力于水稻重要种质资源的创新性挖掘及遗传群体的创建和遗传分析，对促进水稻功能基因组学和分子育种研究发挥了重要作用。

研究集体主要完成者：朱旭东、王永红、黄学辉

3. 持久性有机污染物研究集体

研究集体所在单位：中国科学院生态环境研究中心

研究集体主要科技贡献：持久性有机污染物（POPs）已对全球环境和健康构成严重威胁。该团队在 POPs 领域开展了长期系统的研究，是国际 POPs 研究领域最活跃的团队之一。团队提出的若干理论与方法不仅引领了学科发展，而且发展了一系列实用技术和标准，在国家 POPs 控制以及国际履约中发挥了重要的科技支撑作用；提出的垃圾焚烧、金属冶炼等行业 POPs 控制技术方案得到采纳和应用。5 年来，团队突破经典理论，发现了 POPs 自由基反应分子毒理若干新机制；创新 POPs 分析方法，创制新仪器，建立了若干高灵敏分析检测技术；发现了若干新型 POPs，开辟了 POPs 研究新方向；发明的二恶英阻滞技术在工程示范中展示了良好的应用前景。

研究集体突出贡献者及主要科技贡献：

江桂斌　集体的组织者和领导者，在创新 POPs 分析方法，创制新仪器等方面取得了一系列突破性进展，开辟了发现新 POPs 研究方向。

郑明辉　发明的焚烧烟气二恶英阻滞技术已得到工程应用，提出我国二恶英排放清单，在国家二恶英防治及履约中发挥了重要作用。

朱本占　突破经典理论，发现了不依赖铁离子催化的羟基自由基产生新机制，在 POPs 致毒机制研究方面有重要学术贡献。

研究集体主要完成者：徐晓白、王子健、张淑贞、张庆华、郭良宏、汪海林、刘景富、蔡亚岐、王亚韡、杜宇国、张爱茜、景传勇、赵斌、刘思金、秦占芬、宋茂勇、刘文彬

4. 功能纳米结构及其器件研究集体

研究集体所在单位：中国科学院物理研究所

研究集体主要科技贡献：以单原子/分子或它们的聚集体为基本单元，使之成为实用的纳米功能器件是当今科学技术与产业界的共同追求。为了实现这一目标，针对该领域中的一些前沿基础科学与应用问题，该研究集体自 2003 年以来，以国家基金委的“优秀创新团队”为基础与起点，在单自旋、单电子、单原子与单分子层次上构造功能纳米量子结构，将其应用于锂离子动力电池和未来信息等器件中，做出了一系列居国际前沿或领先水平的重大原创性工作。基于这些基础性的成果，开发出高性能锂离子动力电池（循环寿命和功率密度均比同类产品提升一倍），通过了法国 UGAP 认证，在电动车辆上获得广泛应用，近 2000 组电池用于 MIA 纯电动轿车，并已推广应用到城市混合动力公交车、轨道交通车辆和大规模工业储能等重要领域。

研究集体突出贡献者及主要科技贡献：

高鸿钧　领导并组织实施了主要研究工作。在单自旋、单电子、单原子等层次上实现了纳米量子结构及其原理性器件的构造与物性调控。

陈小龙　作为主要成员参与了石墨烯等低维材料的生长及其机制方面的基础研究工作。

黄学杰　作为主要成员开发出高性能锂离子动力电池，并已推广应用到城市混合动力公交车和轨道交通车辆等重要领域。

研究集体主要完成者：李泓、杜世萱、张广宇、胡勇胜、申承民、谷林、时东霞、王业亮、杨蓉、王刚、肖文德、郭海明、郭丽伟、陈立泉

5. “蛟龙号”载人潜水器控制与声学系统研究集体

研究集体所在单位：中国科学院沈阳自动化研究所

研究集体主要科技贡献：中科院沈阳自动化研究所和声学研究所研究集体研制的“蛟龙号”载人潜水器控制与声学系统，具有自主知识产权，是支撑“蛟龙号”实现深海自动航行和悬停定位、高速水声通信、精细地形测绘、安全系统控制等功能的关键系统，实现了“蛟龙号”“三大国际领先技术优势”中的两项。“蛟龙号”的成功研制，使我国成为世界上第五个掌握大深度载人深潜技术的国家。2012 年“蛟龙号”成功下潜到 7062 米，创造了同类型潜器新的世界纪录。2013 年转入试验性应用后，采集了丰富的海底样品，发现了新的物种，并且经受住了 5 年 70 余次的下潜考验，标志着我国载人深潜技术和深海资源勘探能力达到国际先进水平。

研究集体突出贡献者及主要科技贡献：

王晓辉　蛟龙号副总设计师，控制系统负责人，负责总体设计与实现，提出了基于工业以太网结构的控制系统集成方案。

朱　敏　蛟龙号副总设计师，声学系统负责人，作为核心人员参与完成了总体方案设计、水声通信算法研究和系统研制。

郭　威　负责控制系统课题的实施，解决了应急运动控制等诸多关键技术，构建了控制系统的硬件平台及半物理仿真平台。

研究集体主要完成者：杨波、刘开周、朱维庆、张艾群、张东升、祝普强、徐立军、赵洋、刘烨瑶、崔胜国、傅翔、武岩波、李彬、任福琳、刘晓东、于开洋、俞建成

6. 丹参多酚酸盐项目研究集体

研究集体所在单位：中国科学院上海药物研究所

研究集体主要科技贡献：中药现代化研究对我国的人口健康、社会和经济的可持续发展有着重要的战略意义。丹参多酚酸盐项目研究团队创造性地提出以丹参乙酸镁为核心研制丹参新制剂的设想，通过十多年的艰辛努力，成功研制了“成分明确、质量可控、机理清楚、疗效确切、使用安全”的丹参多酚酸盐及其粉针剂，相关技术获得了中国及美国专利的授权。作为中药注射剂，首次开展了丹参多酚酸盐的多成分药代动力学研究，首次在临床试验中采用国际标准运动试验证实疗效，并首个完成大规模Ⅳ期临床研究。该成果被列入国家发改委中药现代化的示范项目，同时被中国制药行业评为最具市场竞争力医药品种，并获得了国家技术发明奖二等奖等科技奖励。2006 年投产至今，已创造巨大的社会经济效益，2012 年实现销售突破 20 亿元，今年预计销售额突破 30 亿元。该项成果对我国中药现代化、特别是中药注射剂的研究具有显著的促进、示范和带动作用。

研究集体突出贡献者及主要科技贡献：

王逸平　药理学负责人，领导并组织实施了丹参多酚酸盐的心血管药理活性、机制和药代研究，阐明了丹参乙酸镁的重要作用。

宣利江　药学负责人，为丹参药理作用物质基础、制备工艺、质量标准以及产业化等方面研究，做出了突出贡献。

研究集体主要完成者：徐亚明、王唯、顾云龙

7. 干细胞多能性调控机理与转化研究集体

研究集体所在单位：中国科学院动物研究所

研究集体主要科技贡献：以周琪研究员为学术带头人的“干细胞多能性调控机理与转化研究集体”，在干细胞相关基础与转化研究方面取得了多项引领性的研究成果，主要包括首次证明完全重编程的诱导多能性干细胞具有与胚胎干细胞相同的多能性水平，该成果被评价为“诱导多能性干细胞领域里程碑式的工作”；发现可以鉴别干细胞多能性的分子标识及其调控机制；实现了不同胚层细胞间的转分化；建立了单倍体胚胎干细胞系并获得首个存活的单倍体胚胎干细胞转基因动物，开辟了基因功能研究新途径等。相关研究成果分别于 2009 年和 2012 年两次入选年度中国科学十大进展，其中一项成果入选美国《时代周刊》评选的年度十大医学突破，对于提升我国干细胞研究的国际影响力作出了重要贡献。

研究集体突出贡献者及主要科技贡献：

周　琪　集体的组织者和领导者，负责提出总体研究方向、制定研究方案、组织项目实施等；在各主要方面都做出创新贡献。

研究集体主要完成者：赵小阳、李伟、王秀杰、曾凡一、王柳、刘蕾、张映、佟曼、骆观正、杨维、万海峰

四、科技论文与著作

（一）科技论文、专利与成果情况

科技论文发表质量不断提升。利用 SCI（科学引文索引）、EI（工程索引）和 ISTP（科技会议录索引）三大国际检索工具，于 2013 年对 2012 年度科技论文进行检索，中国科学院科技人员作为第一作者被国际三大检索系统收录的论文 30 750 篇，比 2011 年增加 4.4%。其中，被 SCI（扩展版）收录论文 18 357 篇，比 2011 年增加 1807 篇；被 EI 收录论文 10 301 篇，比 2011 年减少 503 篇；被 CPCI-S 收录论文 2092 篇，比 2011 年增加 6 篇。

SCI（光盘版）被引论文 35 171 篇，比 2011 年增加 5715 篇，被引次数达 134 453（2007—2011 年 SCI 收录中国科学院论文在 2012 年被引用情况），比 2011 年增加 18.1%。中国科学院被引用论文平均被引证次数为 3.82 次。

中国科学院科技人员被 1998 种国内科技期刊收录论文 12 164 篇，比 2011 年增加 1390 篇。

专利申请量持续增长。2013 年度，中国科学院专利申请 13 292 件，专利申请总量比上年增长 20.53%。其中，国内发明专利申请 11 392 件，比上年增长 18.13%，实用新型专利申请 1282 件，外观设计专利申请 36 件；国外专利申请 582 件。

专利授权 6383 件，比上年增长 6.85%。其中，国内发明专利授权 4944 件，实用新型专利授权 1220 件，外观设计专利授权 40 件；国外专利授权 179 件，比上年增长 80.1%。

2013 年度上报院科技成果登记 482 项，比上年增长 10.8%。其中，基础理论成果 139 项，占成果登记总数的 28.8%；应用技术成果 334 项，占成果登记总数的 69.3%；软科学成果 9 项，占成果登记总数的 1.9%。

（二）专著情况

2013 年，科研机构出版科技专著 327 种，达 16 383 万字。其中译成外文 73 种，达 1434 万字。大专院校教科书 5 种，达 379 万字。科普著作 35 种，达 510 万字。

队伍建设与人才培养

一、人才队伍建设

2013 年，中国科学院进一步深入贯彻落实《国家中长期人才发展规划纲要(2010—2020 年)》，结合实施“创新 2020”人才发展战略，全面落实“十二五”人才队伍建设规划提出的各项任务，加大工作力度，切实推进中国科学院人事人才工作不断创新与持续发展。

（一）人力资源管理研究

2013 年，中国科学院依托人力资源管理研究会开展了系列调研，加强人力资源管理研究。开展了“研究所人力资源管理标准体系实施方法研究”、“基于科技领军人才竞争态势的分析研究”、“新时期中国科学院流动人员管理机制研究”、“中国科学院工作人员收入分配中存在问题的研究”等专题调研，为全院人才战略和政策的制定提供建议和科学依据。

（二）领导班子与干部队伍建设

认真贯彻执行中央《党政领导干部选拔任用工作条例》，坚持德才兼备、以德为先、群众公认、注重实绩等干部选任原则，严格按照干部选任条件和工作程序，扎实做好院属单位领导班子的考核和干部选任工作。2013 年，开展了 39 个院属单位班子换届(届中）考核，对 26 个院属单位进行了党委换届，对 17 个院属单位领导班子进行了个别调整，组建了 3 个新建研究所理事会。全年新提任所（局）级领导干部 55 人，免职 34 人，交流 24 人。配合做好院机关科研管理改革中的内设机构调整工作，对院机关 9 个内设机构的领导班子进行了调整，调整干部 24 人。

按照中组部的要求，完成了第 13 批 5 位博士服务团成员的任满考核工作，新遴选了 6 位第 14 批博士服务团成员到西部地区、革命老区任职。

继续贯彻实施干部选拔任用工作“四项监督制度”，组织开展了 9 个单位的“一报告两评议”以及 25 个单位的“所长履行干部选拔任用工作职责离任检查”；严格执行研究所“干部选聘工作有关事项报告”制度，不断规范中层干部选拔任用工作行为。认真贯彻落实“两项法规”等制度规定，强化对干部的日常管理和监督。

（三）机构编制与岗位管理

2013 年，国家启动了事业单位分类工作。中国科学院党组高度重视，精心组织、认真谋划，建立了院党组领导、院分类改革领导小组牵头、院机关相关部门具体落实、院属各事业单位积极参与的工作机制，深入全院上下进行调查研究，广泛征求意见建议，积极与国家相关部门进行沟通，稳妥推进中国科学院分类工作。

为适应院机关科研管理改革的要求，对院设非法人单元重新确定了主管部门。变更确认了123个院设非法人单元的主管部门。2013年，中国科学院新成立了中国科学院第二军医大学转化医学研究院、中国科学院上海临床研究中心、中国科学院北京转化医学研究院、中国科学院四川转化医学研究医院、中国科学院贵州现代资源技术研究与成果转化中心、中国科学院银川科技创新与产业育成中心、中国科学院西北生物农业中心、中国科学院生物与化学交叉研究中心等8个院设非法人单元。

为适应新形势下中国科学院人事管理的发展要求，对现行工作人员兼职管理规定进行了修订和完善，出台了《中国科学院工作人员兼职管理规定》。

根据分院新时期发展要求以及中国科学院新的岗位管理规定，围绕院机关科研管理改革后的工作需要，在充分调研的基础上，修订并出台了《中国科学院关于分院机关岗位管理的指导意见》。

（四）薪酬与福利管理

通过全院ARP薪酬系统，监督检查院属各单位职工工资收入发放情况，规范研究所职工工资发放过程，规范研究所法定代表人年薪及所领导兼职取薪的管理。编报全院职工工资收入统计分析报告。积极争取国家有关部门的政策支持，完善宏观调控，使中国科学院职工工资收入保持适度增长。提高了中国科学院艰苦边远地区和西藏地区的研究所和野外台站工作人员和离退休人员的艰边津贴。

按照属地化政策，对新疆、山西、长春、海南、上海、河北、甘肃和广东等8个省（自治区、直辖市）的30个院属单位或台站的1.68万人年离退休人员补贴进行了测算和调整，提高了他们的离退休待遇，约占全院离退休人员的37%。调研全国各地退休人员补贴的有关情况，形成了《中国科学院离退休人员补贴等有关情况的报告》。

稳步推进全院社会保险相关工作。推动各单位为引进的外籍人才建立基本养老、基本医疗、失业、工伤和生育等社会保险，推动京区、南京、西宁和兰州等单位参加工伤保险。

加强薪酬岗位管理骨干培训，组织了院属单位薪酬岗位新聘人员的政策培训班。利用院人力资源管理研究会华东分会和西北分会、南京分院等平台，宣讲和解读薪酬和社会保障政策。通过多层次的政策培训，提高院属单位薪酬管理人员的政策水平和执行力。

（五）科技创新人才培养与引进

1. 两院院士增选情况

2013年度全国增选的53位中国科学院院士中，中国科学院所属单位当选24人，占45.3%；另有5人当选中国工程院院士，占全国增选总人数的9.8%。

截至2013年底，中国科学院共有中国科学院院士303人，占全国总数的40.4%；中国工程院院士61，占全国总数的7.6%。

2. 高层次人才培养与引进工作

（1）稳步推进“千人计划”

2013年，通过第九批“千人计划”共引进海外高层次人才80人，其中“千人计划”创新人才 22 人，“青年千人”52 人，“外专千人”1 人，“千人计划”新疆项目 5 人。

截至 2013 年底，通过前九批“千人计划”，中国科学院共引进“顶尖千人”3 人；“千人计划”创新人才 192 人，占全国总数的 10.4%；“青年千人”202 人，占全国总数的 28.2%；“外专千人”13 人，占全国总数的 10.1%；“千人计划”新疆项目 7 人，占全国总数的 58.3%。已支持全职到岗的“千人计划”创新人才专项经费共计 1.6 亿元。

（2）大力实施“万人计划”

2013 年，中组部公布了第一批“万人计划”入选名单，其中中国科学院王贻芳、周忠和、卢柯等 3 人入选杰出人才，占全国总数的 50%；17 人入选科技创新领军人才，占全国总数的 23.6%；38 人入选青年拔尖人才，占全国总数的 19.1%，自然科学类的 23.8%。

（3）创新发展“百人计划”

2013 年，根据中国科学院“创新 2020”人才发展战略和新时期人才培养引进的新需要，结合院机关科研管理改革，对“百人计划”进行了政策调整，进一步简政放权、规范管理、加强监督，保持和提升“百人计划”的优秀品牌和影响力。

2013 年，中国科学院新增“百人计划”入选者 112 人，其中“引进国外杰出人才”96 人，国内“百人计划”6 人，项目“百人计划”3 人，自筹“百人计划”7 人。组织了第十一届“百人计划”入选者国情、院情研讨班，共有 146 位入选者参加。组织召开了第八届“百人学者论坛”学术年会。

截至 2013 年底，中国科学院“百人计划”入选者共计 2145 人。其中，“引进国外杰出人才”1655 人，国内“百人计划”312 人，项目“百人计划”145 人，自筹“百人计划”33 人。

3. 青年人才培养与支持

（1）加强“中国科学院青年创新促进会”工作

继续加大“中国科学院青年创新促进会”的建设，2013 年新入选会员 394 人，会员总数达 1378 人，累计给予约 3.4 亿元的专项经费支持。召开了 2013 年度会员大会，选举产生了青促会第二届理事会成员。

（2）“西部之光”人才培养工作

2013 年，中国科学院共支持“西部之光”计划各类人才项目 262 个。其中，联合学者项目 10 项、重点和一般项目 98 项、西部博士资助项目 142 项、资助在职博士研究生 12 人，资助总金额达 4843 万元。此外，还对 2009 年度“西部之光”重点和一般项目给予 120 万元的后续支持。接收“西部之光”访问学者 29 人，资助经费 87 万元。

（3）“王宽诚教育基金项目”实施情况

2013 年，获“中国科学院王宽诚教育基金”资助和奖励的学者共计 104 人。其中 40 人获国际会议项目资助；64 人获得王宽诚人才奖（10 人获得“西部学者突出贡献奖”，50 人获得“卢嘉锡青年人才奖”，2 人获得“优秀女科学家奖”，2 个团队获得“科技成果转移转化团队突出贡献奖”）；组织举办了以生物医药、老年健康为主题的科技成果转移转化培训班 1 次。

（4）支撑和管理人才培养与支持

2013 年，经专家评审，共 39 人获得相应支持，其中，“现有关键技术人才” 19 人，“引进杰出技术人才” 10 人，“技术能手” 10 人。

截至 2013 年底，中国科学院累计支持“现有关键技术人才” 84 人，“引进杰出技术人才” 44 人，共有 50 人获得“中国科学院技术能手”荣誉称号。

（5）人才国际交流与培养

2013 年，举办中国科学院第三届“人才发展主题日”暨海外人才走进科学院系列活动；继续实施“创新团队国际合作伙伴计划”、“海外评审专家项目”、“外国专家特聘研究员计划”、“外籍青年科学家计划”、“爱因斯坦讲席教授计划”、“发展中国家访问学者计划”、“公派留学计划”等，吸引海外优秀学者，促进国际合作和人才培养。

（六）继续教育与培训

在研究所自评估的基础上，首次对全院 95 个研究所的继续教育与培训工作进行了评估。全院 67% 的研究所建立了相应的管理办法和工作流程，88% 的研究所年度培训计划完成率达 100%。

2013 年，院资助示范性、跨所公需培训项目 64 期；设立 10 个精品培训项目，扶持具有共性需求且特色鲜明的培训项目，取得了较好的效果。

2013 年，北京分院国家级继续教育基地 9 个培训点共培训 6112 人。中国科学技术大学成为中国科学院第二个国家级专业技术人才继续教育基地。

认真组织实施“创新人才培训计划”，拓展中国科学院境外培训的培训对象。2013 年支持 8 个专业技术类团组赴境外培训，帮助科技人员解决目前科研工作中的难点问题和困难。

2013 年，全院共举办科研和管理类培训班 2700 多期，累计培训 33.5 万人次。其中，培训急需紧缺和关键岗位的骨干人才 3777 人，年度完训率达到 158%。

二、人才教育培养

成立院教育委员会。2013 年 7 月，院成立教育委员会，院长办公会审议通过了院教育委员会条例和第一届教育委员会组成人员。9 月，教育委员会召开了第一届第 1 次全体会议；院教育委员会主任丁仲礼副院长主持会议，白春礼院长出席会议并作重要讲话；会议部署了院教育工作重点任务。

加强和改进院教育工作宏观管理。按照院教育委员会部署，组织开展院教育发展规划战略研究，提出与“创新 2020”发展规划相适应的教育发展战略路径与举措。积极与财政部沟通，争取将中国科学院大学教育经费财政拨款渠道划转到国家教育预算，同时，进一步明确了院内教育经费管理决策机制。

推进中国科学院大学基础学院建设。深入推动科教融合，加强中国科学院大学基础学院和课程体系建设，为研究生培养提供优质教育资源。推动中国科学院大学基础学院实行院长负责制，完善研究生课程体系，加强教师队伍建设，改进授课方式，支持教学实验平台建设，支持专任教师到研究所开展科研工作。

中国科学院大学申请和筹备招收本科生。积极与教育部沟通协调，申请中国科学院大学招收本科生。2013 年 7 月，向教育部正式提交申请报告。组织中国科学院大学培养本科拔尖创新人才的专家论证会，完善教育培养方案。2013 年 10 月，教育部组织本科教育专家组对中国科学院大学进行实地考察评议。

支持上海科技大学的筹建。2013 年 9 月，上海科技大学获得教育部批准设立，并依托中国科学院上海地区研究所招收了首届近 300 名研究生。2013 年 11 月，院党组审议通过了上海科技大学章程及领导机构。

继续实施院科教结合及教育国际合作项目。支持中国科学技术大学与相关研究所联合举办“科技英才班”11 个，支持合肥物质科学技术中心、上海张江科教园科教协同创新示范中心建设。与教育部协同组织实施“科教结合协同育人行动计划”；共同举办暑期学校、大学生夏令营、学术论坛等活动。继续实施中欧联合培养博士研究生计划，派出联合培养博士研究生 70 名，并完善相关管理机制。

学生培养情况。2013 年，全院共录取研究生 18 599 人，其中博士生 7069 人，硕士生 11 530 人；共授予博士学位 5904 人，硕士学位 7105 人。2013 年，全院共评选出 100 篇中国科学院优秀博士学位论文，100 位优秀研究生指导教师，院长特别奖 50 人，院长优秀奖 300 人。中国科学技术大学 5 篇博士论文入选全国优秀博士学位论文。

基础设施与支撑条件

一、实验室、工程中心建设与管理

（一）实验室建设与管理

1. 重点实验室建设

国家重点实验室建设 2011 年 10 月 13 日，科技部下发《关于批准建设心血管疾病等 49 个国家重点实验室的通知》（国科发基〔2011〕517 号），正式批准中国科学院建设 14 个国家重点实验室（表 4）。截至 2013 年底，已有 10 个国家重点实验室通过了科技部组织的建设验收，其余 4 个计划 2014 年验收。

表 4 2011 年新建国家重点实验室验收情况

序号	实验室名称	依托单位	验收时间
1	发光学及应用	长春光学精密机械与物理研究所	2012 年
2	复杂系统管理与控制	自动化研究所	2013 年
3	计算机体系结构	计算技术研究所	2013 年
4	理论物理	理论物理研究所	2013 年
5	核探测与核电子学	高能物理研究所、中国科学技术大学	2013 年
6	高温气体动力学	力学研究所	2013 年
7	真菌学	微生物研究所	2013 年
8	分子发育生物学	遗传与发育生物学研究所	2013 年
9	细胞生物学	上海生命科学研究院	2013 年
10	荒漠与绿洲生态	新疆生态与地理研究所	2013 年
11	大地测量与地球动力学	测量与地球物理研究所	计划 2014 年
12	森林与土壤生态	沈阳应用生态研究所	计划 2014 年
13	热带海洋环境	南海海洋研究所	计划 2014 年
14	同位素地球化学	广州地球化学研究所	计划 2014 年

院重点实验室建设 为加强中国科学院科研基地建设，促进新建研究所科研工作开展和人才队伍建设，根据院长办公会审议通过的《中国科学院重点实验室“十二五”发展规划》，经过相关评审审批程序，2013 年中国科学院批准了 31 个院重点实验室（表 5），使院重点实验室总数达到 185 个。

表 5 2013 年新建院重点实验室名单

序号	实验室名称	依托单位
1	流固耦合系统力学	力学研究所
2	凝聚态理论与计算	物理研究所
3	高精度核谱学	近代物理研究所
4	微观界面物理与探测	上海应用物理研究所
5	受体结构与功能	上海药物研究所
6	藻类生物学	水生生物研究所
7	微生物生理与代谢工程	微生物研究所
8	热带植物资源可持续利用	西双版纳热带植物园
9	电离层空间环境	地质与地球物理研究所
10	海洋环境腐蚀与生物污损	海洋研究所
11	环境生物技术	生态环境研究中心
12	云降水物理与强风暴	大气物理研究所
13	网络数据科学与工程	计算技术研究所
14	复杂航天系统电子信息技术	空间科学与应用研究中心
15	月球与深空探测	国家天文台
16	电磁空间信息	中国科学技术大学
17	空间主动光电技术	上海技术物理研究所
18	分子影像	自动化研究所
19	特殊环境功能材料与器件	新疆理化技术研究所
20	资源地层学与古地理学	南京地质古生物研究所
21	北方资源植物	植物研究所
22	山地表生过程与生态调控	成都山地灾害与环境研究所
23	功能纳米结构设计与组装	福建物质结构研究所
24	大豆分子设计育种	东北地理与农业生态研究所
25	藏药研究	西北高原生物研究所
26	绿色印刷	化学研究所
27	网络化控制系统	沈阳自动化研究所
28	生物磁共振分析	武汉物理与数学研究所
29	海洋新材料与应用技术	宁波材料技术与工程研究所
30	行星科学	上海天文台、紫金山天文台
31	生物基材料	青岛生物能源与过程研究所

2. 重点实验室评估

国家重点实验室评估 2013年11月13日，科技部公布了2013年材料、工程领域国家重点实验室评估结果（表6）。

材料科学领域国家重点实验室评估结果是：4个被评为优秀、1个为免评优秀、16个被评为良好、1个被评为较差；中国科学院4个参评，3个良好，1个较差。工程科学领域国家重点实验室评估结果是：11个被评为优秀、28个被评为良好、2个被要求整改、2个处于建设期的实验室延期验收；中国科学院2个参评，1个优秀，1个良好。

表6 2013年中国科学院国家重点实验室参加国家评估结果

序号	实验室名称	依托单位	参评领域	评估结果
1	高性能陶瓷和超微结构	上海硅酸盐研究所	材料	良好
2	固体润滑	兰州化学物理研究所	材料	良好
3	信息功能材料	上海微系统与信息技术研究所	材料	良好
4	金属腐蚀与防护	金属研究所	材料	较差
5	火灾科学	中国科学技术大学	工程	优秀
6	岩土力学与工程	武汉岩土力学研究所	工程	良好

院重点实验室评估 2013年是化学领域院重点实验室的评估年。化学领域共有16个院重点实验室参加了本次评估，评出A类实验室3个、B类实验室10个、C类实验室3个（表7）。

表7 2013年化学领域院重点实验室评估结果

序号	实验室名称	依托单位	评估结果
1	有机固体	化学研究所	A
2	分离分析化学	大连化学物理研究所	A
3	分子纳米结构与纳米科技	化学研究所	A
4	光化学	化学研究所	B
5	光化学转换与功能材料	理化技术研究所	B
6	纳米生物效应与安全性	高能物理研究所、国家纳米科学中心	B
7	胶体与界面科学	化学研究所	B
8	分子识别与功能	化学研究所	B
9	天然产物有机合成化学	上海有机化学研究所	B
10	活体分析化学	化学研究所	B
11	软物质化学	中国科学技术大学	B
12	有机氟化学	上海有机化学研究所	B
13	纳米标准与检测	国家纳米科学中心	B

续表

序号	实验室名称	依托单位	评估结果
14	西北特色植物资源化学	兰州化学物理研究所	C
15	干旱区植物资源化学	新疆理化技术研究所	C
16	纤维素化学	广州化学有限公司	C

（二）国家工程实验室和国家工程中心建设

1. 国家工程实验室

2013 年 11 月，受国家发改委委托，中国科学院组织专家对遥感与数字地球研究所承担的遥感卫星应用国家工程实验室进行了验收。

2013 年 11 月，受国家发改委委托，中国科学院组织专家对信息工程研究所承担的信息内容安全技术国家工程实验室进行了验收。

2013 年 11 月，国家发改委批复同意由中国科学院计算机网络信息中心承担建设互联网域名管理技术国家工程实验室。

表 8　中国科学院国家工程实验室名单

工程实验室名称	项目法人单位名称	批准时间
甲醇制烯烃	大连化学物理研究所	2008. 6. 6
中药标准化技术	上海药物研究所	2008. 6. 13
工业酶	微生物研究所	2008. 6. 13
煤炭间接液化	山西煤炭化学研究所	2008. 7. 4
湿法冶金清洁生产技术	过程工程研究所	2008. 11. 28
遥感卫星应用	遥感与数学地球研究所	2008. 11. 28
信息内容安全技术	信息工程研究所	2008. 11. 28
真空技术装备	沈阳科学仪器研制中心有限公司	2008. 11. 29
碳纤维制备技术	山西煤炭化学研究所	2009. 2. 26
土壤养分管理	南京土壤研究所	2011. 8. 17
互联网域名管理技术	计算机网络信息中心	2013. 11. 4

2. 国家工程中心建设

目前，国家发改委已在中国科学院建设了 11 个国家工程研究中心，科技部已在中国科学院建设了 20 个国家工程技术研究中心（表 9）。2013 年中国科学院 7 个国家工程研究中心参加国家发改委组织的评估，全部通过了评估。

表 9　中国科学院国家工程中心名单

序号	工程中心名称	依托单位	批准部门
1	机器人技术国家工程研究中心	沈阳自动化研究所	国家发改委
2	高档数控国家工程研究中心	沈阳计算技术研究所有限公司	国家发改委
3	精细石油化工中间体国家工程研究中心	兰州化学物理研究所	国家发改委
4	膜技术国家工程研究中心	大连化学物理研究所	国家发改委
5	工程塑料国家工程研究中心	理化技术研究所	国家发改委
6	基础软件国家工程研究中心	中科方德软件有限公司	国家发改委
7	信息安全共性技术国家工程研究中心	中科信息安全共性技术国家工程研究中心有限公司	国家发改委
8	光电子器件国家工程研究中心	半导体研究所	国家发改委
9	高性能均质合金国家工程研究中心	金属研究所	国家发改委
10	手性药物国家工程研究中心	成都有机化学有限公司	国家发改委
11	燃料电池及氢源技术国家工程研究中心	大连化学物理研究所	国家发改委
12	国家网络新媒体工程技术研究中心	声学研究所	科技部
13	国家生化工程技术研究中心	过程工程研究所	科技部
14	国家遥感应用工程技术研究中心	遥感与数字地球研究所	科技部
15	国家并行机工程技术研究中心	计算技术研究所	科技部
16	国家高性能计算机工程技术研究中心	曙光信息产业股份有限公司	科技部
17	国家专用集成电路设计工程技术研究中心	自动化研究所	科技部
18	中国岩土工程研究中心	武汉岩土力学研究所	科技部
19	国家卫星定位系统工程技术研究中心	测量与地球物理研究所	科技部
20	国家淡水渔业工程技术研究中心	水生生物研究所	科技部
21	国家金属腐蚀控制工程技术研究中心	金属研究所	科技部
22	国家真空仪器装置工程技术研究中心	沈阳科学仪器中心	科技部
23	国家催化工程技术研究中心	大连化学物理研究所	科技部
24	国家光栅制造与应用工程技术研究中心	长春光学精密机械与物理研究所	科技部
25	国家节水灌溉工程技术研究中心	水土保持与生态环境研究中心	科技部
26	国家天然药物工程技术研究中心	成都生物研究所	科技部
27	国家光电子晶体材料工程研究中心	福建物质结构研究所	科技部
28	国家环境光学监测仪器中心	合肥物质院安光所	科技部
29	国家荒漠-绿洲生态建设工程技术研究中心	新疆生态与地理研究所	科技部

续表

序号	工程中心名称	依托单位	批准部门
30	国家半导体泵浦激光工程技术研究中心	北京国科世纪激光技术有限公司、光电研究院	科技部
31	国家海洋腐蚀防护工程技术研究中心	海洋研究所	科技部

二、重大科技基础设施建设与管理

中国科学院是承担我国重大科技基础设施建设和运行的主要力量，按照主要用途，设施可分为三类：第一类是用于科学技术前沿领域或前沿研究方向的专用研究设施。第二类是为多学科领域的科学研究提供支撑的大型公共实验设施。第三类是用于公益性科学研究的公益科技设施。截至 2013 年底，中国科学院承担重大科技基础设施建设共获国家级奖项 30 余项，其中国家科学技术进步奖特等奖 1 项，一等奖 6 项。设施运行成果共获国家级奖励 10 余项，其中国家自然科学奖一等奖 1 项，二等奖 5 项。依托重大科技基础设施，我国在物质科学前沿、物理、生命科学、材料科学、化学化工、医学、地球科学、资源环境等领域前沿研究水平大幅提高，获得丰硕成果，特别是具有国际影响力的应用研究成果日益增多。

（一）重大科技基础设施基本情况

截至 2013 年底，中国科学院负责运行的设施有 13 个，在建设施 11 个（表 10）。

表 10　中国科学院重大科技基础设施

运行	在建
子午工程	强磁场实验装置（试运行）
上海光源	海洋科学综合考察船
中国西南野生生物种质资源库	航空遥感系统
“实验 1”科学考察船	500 米口径球面射电望远镜
北京正负电子对撞机	武汉生物安全实验室
郭守敬望远镜	中国遥感卫星地面站站网
超导托卡马克核聚变实验装置	蛋白质科学研究（上海）设施
兰州重离子研究装置	超导托卡马克辅助加热系统
合肥同步辐射装置	散裂中子源
神光高功率激光实验装置	大亚湾反应堆中微子实验
中国遥感卫星地面站	X 射线自由电子激光试验装置
遥感飞机	
长短波授时系统	

（二）X 射线自由电子激光试验装置获得国家发改委批复

2013 年 11 月，国家重大科技基础设施项目——X 射线自由电子激光试验装置可研报告获得国家发改委批复。项目法人单位为中国科学院上海应用物理研究所，建设地为上海市张江高科技园区，主体建筑的建筑面积约 5500 平方米。项目总投资为 1.9927 亿元，全部由国家投资解决。该项目为我国建设 X 射线自由电子激光用户装置进行预先研究，实验验证级联高增益谐波放大模式的可行性，检验并掌握相关关键技术，进行人才和技术储备，确定 X 射线自由电子激光发展的技术路线，为我国 X 射线自由电子激光用户装置建设提供技术储备和支撑。

（三）运行设施获得丰硕成果

北京正负电子对撞自运行以来，取得了一批在国际高能物理界有影响的重要研究成果。中国遥感卫星地面站在南水北调、西气东输等重大工程决策、国土资源和生态环境调查、农作物估产、灾害分析监测、资源勘测等方面发挥了不可替代的作用。遥感飞机为北京成功举办奥运会完成了重要的航空遥感监测任务，完成了多项重要的环境监测、灾情报告以及灾后重建工作的遥感监测任务，为国家生态环境变化与恢复评估、灾后重建等需要提供了丰富的科学数据。

上海光源生物大分子晶体学线站用户新成果 *Science* 上发表。2013 年 10 月 10 日，清华大学生命科学学院柴继杰教授研究组、中国科学院遗传与发育研究所周俭民研究员研究组和英国诺维奇科技园圣斯伯利实验室的 Cyril Zipfel 教授研究组合作，在 *Science* 在线发表题为《细菌模式分子鞭毛蛋白活化拟南芥模式识别受体 FLS2 及共受体 BAK1 复合物的结构基础》（*Structural basis for flg22-induced activation of the Arabidopsis FLS2-BAK1 immune complex*）的研究论文，首次报道了植物模式识别受体 FLS2 及共受体 BAK1 与细菌模式分子鞭毛蛋白保守基序 flg22 三元复合物晶体结构，并通过结构分析和体内外生化实验揭示了该复合物活化的分子机制。

在郭守敬望远镜（LAMOST）运行和发展中心全体工作人员和相关单位的共同努力下，LAMOST 已于 2013 年 6 月 15 日圆满完成正式巡天第一年的观测任务。包括先导巡天和第一年正式巡天的光谱数据——DR1 数据集于 8 月 26 日正式释放，供国内用户和国外合作者使用。DR1 释放光谱数共计 220 万，其中还包括 108 万颗恒星光谱参数星表，它是目前世界上最大的恒星光谱参数星表。

（四）在建设施进展顺利

海洋科学综合考察船：2013 年海洋科学综合考察船“科学”号在各级领导的关怀和支持下，建设与试运行工作有序开展。全年，“科学”号执行试验航次 4 项，累计在航 197 天、航程 20 835 海里，船舶历经多种天气和海况的考验、工艺性能得到了进一步验证，操控支撑系统、船载探测与实验系统的技术指标得到检验和完善，并获大量调查海域的数据资料。在此基础上，项目同步推进国家验收的各项准备工作，适时建立船舶运维、海上调查与管理协调“三位一体”的运行机制。期间，中国科学院副院长丁仲礼、张亚平等同志登船调研，对项目建设和试运行情况给予良好评价。

EAST 辅助加热系统：2013 年，托卡马克核聚变实验装置辅助加热系统项目进展顺利。该项目包括三个组成部分：低杂波电流驱动系统、中性束注入系统和新电源实验大楼。其中，低杂波电流驱动系统和中性束注入系统均已经完成研制、安装和调试等工作，并已完成与 EAST 其他系统的联调，2014 年上半年将正式投入 EAST 实验运行。新电源实验大楼和外围辅助工程已经全部竣工。2013 年 1 月 29 日，项目经理部组织专家开展工艺测试，测试结果表明两个系统均已达到设计指标。11 月 12 日，院条件保障与财务局组织召开项目验收启动暨工艺测试会，两个系统均顺利通过专家组现场测试。

稳态强磁场：稳态强磁场实验装置自 2010 年部分磁体和系统陆续建成并投入运行，实现了“从第三年起进入边建设、边运行”这一重要阶段目标，已对百余家单位 600 多个课题开放、取得了系列重要研究成果。2013 年水冷磁体 WM4 实验创下纪录（机器研究获得 27.53T 的磁场强度）；超导磁体 SM4 及磁共振成像系统投入运行，已利用此平台开展研究并取得初步成果。水冷磁体 WM1、WM2、WM3 建成、陆续投入运行；混合磁体内水冷磁体比特片加工完成；混合磁体外超导磁体股线全部到货，正在加工，外杜瓦、冷屏和低温阀箱等关键部件加工基本完成；超导磁体 SM1 组装基本结束；用于高场磁体的 25T 磁共振谱仪到位。

蛋白质（上海）研究设施：上海设施工程建设各项工作有序推进，2013 年，全面完成技术系统大型设备进场、开箱检查、设备安装、调试、验收相关准备工作。2013 年 5 月，第一台大型设备进场；6 月 300kV 冷冻透射电镜进场；7 月 900M 核磁设备进场；12 月最后一台转盘式共聚焦显微镜进场并完成安装调试。截至 2013 年底，大型设备基本完成安装调试工作；小型设备基本完成采购到货工作。建成设施的建安系统的设计建设任务，包括所有单体建筑、总体、绿化及水、电、气、通讯等市政配套内容，组织并通过了市安质监总站的验收。

散裂中子源：2013 年中国散裂中子源（CSNS）工艺设备的预制研究基本结束，进入设备的批量生产阶段，水、电、空调、起重等通用设备开始安装。CSNS 工程招投标任务量大且集中，本着最大限度节省工程经费、保证工程质量的原则，2013 年共完成 50 万元以上公开招标项目 37 个，中标金额累计 21 718 万元。在参建各方的共同努力下，CSNS 项目克服了种种不利因素和困难，2013 年土建工程完成投资约 2.45 亿元，占合同总造价的 46.7%。工程质量可控，无安全事故。排风中心、冷冻站、测试实验楼 1 和 2、维修站及仓库、辐射防护楼、综合实验楼和综合服务楼共 8 栋单体已交付使用。110kV 专用变电站已建成并投入使用。

FAST 望远镜：2013 年，FAST 工程现场设备基础施工全面开展，部分工艺系统如主动反射面、馈源支撑、测量与控制等进场施工。随着工程推进，FAST 工程进一步加强现场管理，确保各项工程保质、按时完成。召开工程科技委第二次会议，对工程科学和技术进展进行审议。逐步推进贵州射电天文台建设，取得了事业单位法人证书和组织机构代码证。馈源支撑塔基础工程顺利通过五方验收，馈源支撑塔工程进入现场安装阶段。索网与圈梁基础工程顺利通过专家组验收，有效地保证了主动反射面系统的主体工程建设。圈梁合拢分块对接工作顺利完成，标志着历时八个多月的圈梁制造、安装工程已完成主体内容。

（五）积极推进重大科技基础设施的开放共享

中国科学院非常重视发挥重大科技基础设施国家平台的作用，积极探索设施的运行管理和开放共享，已经建立并逐步完善符合设施特点、有利于开放共享的管理机制与管理规范。并科学合理地配置设施资源，提高资源使用效益，努力使这些装置成为全国科技工作者共享共用的多学科交叉研究平台。例如，北京正负电子对撞机、郭守敬望远镜等专用研究设施，主要通过共享实验数据实现开放。遥感飞机、遥感卫星地面站、子午工程等公益基础设施则通过向专业用户上传数据，提供决策支撑。

三、科技基础设施

（一）信息化建设

2013年是中国科学院“十二五”信息化各项工作全面实施的一年。全院信息化工作一年来紧密结合“创新2020”的要求，周密组织、突出重点，在院机关信息化应用、全院统一认证基础设施和院网网络安全监测平台建设、科研信息化基础设施支撑能力等方面取得显著成效。此外，“科技云”、“管理云”、“教育云”三类云集初现雏形并显现成效。主要工作进展如下。

1. 着力推进院机关信息化应用

2013年，院级移动会议系统成功应用于院长办公会、秘书长办公会等院机关会议，全年支撑院级会议达20余次。通过该系统，参会人员可使用平板电脑终端查看会议日程、跟随会议进程、查看当前会议材料以及历史参会资料等，会议系统的预览功能可随时看到更新后的会议资料，会后还可以从网站上进行查询浏览，减少了纸张浪费，免去了印刷大量纸质会议材料的过程。2013年中国科学院应用院移动会议系统开会共计30次，节约纸张约35万页（按每次会议25人次、所有会议文档正反打印计算），在院级会议上基本上实现了无纸化目标。后续系统将增加议题征集、上传、审核及会后督查等功能，并继续强化系统的安全性。

为配合院机关机构改革，落实院领导关于“院ARP系统及网站群应迅速完成相应调整，适应新的管理体系，支持各方迅速开展工作和交接”的指示精神，中国科学院于2013年5月组织制订了信息化应用支持应急解决方案，组建了专门保障团队。针对院机关机构设置、职能定位、岗位布局等方面的变化，及时在系统内部做了相应调整，并重新梳理各项管理业务流程，确保院机关各部门在机构调整后的新管理体系下有效应用ARP和网站群系统，实现了信息化应用的平稳过渡。

院机关管理体制改革后，科学传播局充分运用新媒体技术，有效推进了科学传播体系建设。2013年5月，开通了“中科院之声”官方微博和官方微信，官方微博粉丝数量达38.5万，官方微信关注者人数接近1万名，院网络化信息发布平台在信息整合与共享方面发挥了积极作用。2013年12月，通过“12302”短彩信号码平台，手机报面向全院正式发送，每期超过 12 000 份。手机报编发平台由中国科学院自行开发建设，打通了手机报与院网站、微博、微信编辑平台的关联，在信息传播和互动方面取得了明显成效。

2. 建成全院统一认证基础设施和院网网络安全监测平台

2013 年初步完成中国科技网安全服务平台建设，具备了对中国科学院全网安全态势、全网安全资产情况、全网安全探针运行情况、全球安全攻击分布情况以及全院安全风险漏洞分布情况的分析展示能力，大大提升了安全保障水平。

通过中国科技网安全服务平台，可实现对中国科技网各用户单位的网络安全事件监控，安全事件发现率大幅提高。同时，中国科技网安全服务平台具备网络安全风险评估自服务能力，院属单位可利用平台对授权范围内主机进行风险评估任务下发和查看。此外，安全信息共享与分析中心实现了对互联网网络安全情况的通报，包括互联网最新网络攻击等安全威胁信息资料、重要漏洞分析和处置报告、重要互联网网络安全事件分析和处置报告等。

目前，中国科技网安全服务平台已在 92 个研究所部署采集引擎；截至 2013 年 11 月，中国科技网网络安全应急响应小组通过中国科技网安全基础设施监测并处理安全事件 1392 起，与去年同期通过人工监控方式相比增加了 856 起。

此外，建成院统一认证基础设施并在院机关投入应用，强化了中国科学院 ARP 及各部门内部应用系统的安全性，提升了机关工作平台及 ARP 平台的便利性和用户友好度。目前，院统一认证设施能支持各类认证方式，具备支持全院 3 万人的能力，成为中国科学院信息化基础设施的有机组成部分。

3. 提升科研信息化基础设施支撑能力

2013 年，中国科学院承担的基于下一代互联网科研信息化基础设施建设和应用示范工程建设任务基本完成，网络带宽、网络安全设备、存储环境及数据处理能力全面提升。

全面完成了中国科技网与国际、国内科研网络间 10Gbps 的总带宽高速互联，实现了统一管理和感知监控。直接支持全院 109 个研究所升级为 IPv6 网络，从核心网、城域网、用户网到应用桌面全面支持 IPv4/IPv6，并通过 10G 环状骨干网络使 10 个高性能计算中心、10 个海量数据资源中心、40 个大科学装置和野外台站等科研基础设施高速互联。全面升级了支持 IPv6 网络的网络安全设备，建成科研信息化基础设施安全管理平台，实现了安全事件统一收集、关联分析、多形式事件展示与报告等。

建成了一个存储容量达 22PB、覆盖全国、分布式海量数据云存储网络，有效支持了科研数据存储、备份、长期保存以及数据密集型计算的需求。

建成的基于下一代互联网科研信息化基础设施，为中国 e-VLBI、上海光源远程实验与数据传输、中国陆地生态系统通量观测研究网络、黑河流域遥感-地面观测同步试验与综合模拟、青海湖保护区生态系统与野生动物保护监测等 5 个重大应用提供支持，有力支撑了科研协同创新活动。

4. 三类云集初现雏形并显现成效

基于云计算服务理念，全院“科技云”统一服务门户开始提供一站式“按需分配”

的信息化支撑服务，大大方便了科研人员应用全院信息化各类资源及服务，并面向全院开放“科技云”服务接入规范及接口开发标准，推进了全院科研信息化服务体系建立。其中，数据云存储服务已正式面向全院提供服务，总容量达6PB。中国科学院面向学科领域的8个“科技领域云”项目建设效果初显，初步实现了学科和领域的资源共享，直接服务科技创新活动，提高科研协作效率，其中高能领域云很好地支撑了2012年大亚湾中微子实验的物理分析。

“管理云”完成了基础环境建设，搭建了管理云数据中心，搭建了“管理云基础设施服务平台”，实现了资源监控统计、日志管理、调度管理、权限管理等功能；建立了信息资源目录体系，形成了《科研管理信息资源分类标准》。

此外，“教育云”基础设施环境建成运行，将依托中国科学院大学雁栖湖校区高速稳定的网络环境和机房环境，全面支撑中国科学院教育信息化应用；采用云服务模式，所级继续教育系统已在全院74个院属单位部署应用，计划于2014年初部署到全院。

（二）野外台站网络

通过对中国科学院野外站网络的调整，形成了中国科学院野外站网络体系，包括四大网络和六个专项观测网络。四大网络包括中国生态系统研究网络（CERN）、高寒区地表过程与环境观测研究网络（HORN）、日地空间环境观测研究网络（STERN）和近海海洋观测研究网络（OMORN），六个专项观测网络包括：区域大气本底观测研究网络（大气本底网CAS-RAW）、中国陆地生态系统通量观测研究网络（通量网ChinaFLUX）、中国物候观测网（物候网CPON）、遥感试验与地面观测网络（遥感网CAS-RSON）、大地测量观测网络（大地测量网CAS-GORN）、陆面过程观测网络（陆面过程网CAS-LASON）。

野外站网络体系将进一步加强规范管理，成立各网络的科学委员会、制订科学委员会活动条例，管理工作制度化，实行年度总结、年报、年会和综合评估等制度，提高野外监测数据的质量，逐步推进数据资源的共享。加大野外站对外开放的力度，成为服务于科技创新和四个率先的技术支撑平台。

2013年，野外站联盟工作得到了全面推进。白春礼院长与赵树丛局长签署了《国家林业局中国科学院全面战略合作框架协议》，中国科学院将与国家林业局深化合作，协同创新，建设全国植物园联盟、野外站联盟，共同支撑国家“科技兴林”战略的全面实施。在此框架指导下，中国科学院原资环局与国家林业局科技司、中国农业科学院科技局先后签署了“生态系统定位观测研究合作框架协议”和“中国农业生态系统观测研究网络联盟协议”，按照优势互补原则，根据生态系统类型，成立了森林生态系统观测研究野外站联盟、荒漠-草地生态系统观测研究野外站联盟、湿地生态系统观测研究野外站联盟、农田生态系统观测研究野外站联盟和高寒区地表过程与环境监测研究野外站联盟，五个联盟分别由国家林业局、中国农业科学院、西藏自治区，中国气象局、中国农业大学，武汉大学等，以及中国科学院相关野外站组成。联盟的宗旨是“联合合作、资源共享、优势互补、协同创新”，在联盟的规划指导下，进行规范观测，实现资源共享、数据共享，共同拓展发展空间，提高我国相关研究的创新能力和服务国家建设的支撑能力，并针对共同关心的科技问题进行联合研究，实现部门间“协同创新”。

2013 年，各联盟建设工作相继启动，这标志着部门间的野外站协同研究、合作共建、对接交流等的全面展开，各部门野外站共同研讨联盟发展思路、联盟工作章程、监测规范标准等问题，为推动联盟实质性进展打下基础。森林、荒漠–草原、湿地、农田、高寒各联盟按照各自野外站类型、特点，研究联盟工作思路，部署了联盟发展规划的编写，在充分研讨的基础上，搭建出规划框架和发展思路，明确了未来十年联盟的目标和任务、监测标准规范、数据管理、人才培养、重要成果产出等。

2013 年，召开了 CERN 年会，针对生态学发展动态、野外站联盟发展战略、野外站建设以及监测技术进展等主题展开研讨。施尔畏副院长出席会议并发表重要讲话，他指出：台站建设要坚持面向世界、面向未来、面向现代化；重点支持先进方法、技术和设备在野外台站的应用，探索实现野外台站监测自动化、信息化、网络化；以提高能力、质量、效益为出发点，用好既有台站的人力、物力资源，把野外台站建设好；提前启动野外台站的“十三五”规划，从战略角度思考建设目标、科研目标、产出目标，集中人力、资金、装备资源，在新的历史条件下实现新的突破。各台站要做好自身谋划，站在国家高度规划自身目标，适时调整体制、机制和布局，提高科学水平，适应国家发展。他强调，野外台站是研究所不可或缺的有机组成部分，研究所是野外台站的建设主体、责任主体、管理主体，研究所要坚持长期为野外台站提供支持，以保障台站顺利运行、数据连续有效积累。

（三）植物园、标本馆

2013 年，中国科学院植物园根据国家对植物资源的战略需求，在科学研究、物种保育与新品种培育以及植物科学知识传播等方面取得了可喜的进展。年内新增植物 8778 种（次），定植成活率达到 90%。发表 SCI 收录的学术论文 545 篇，出版专著 20 部，先后完成了《中国入侵植物志》、《中国主要暖季型草坪草种质资源的研究与利用》、《广西特有植物》（第一卷）等多部专著的编研工作。获得授权专利 93 项，审定、登录植物新品种 32 个。各植物园精心策划并开展了丰富多彩的科学知识宣传与教育活动，吸引了 800 余万人次进入植物园游览参观。植物园“名园名花展”系列科普活动持续开展、渐成品牌。通过对东非、东南亚及南美等国内外重点地区的生物多样性调查，植物资源交换遍及 60 个国家和地区。成功召开了中国植物园联盟建设启动会，为促进国内植物园的协同创新奠定了坚实的基础。

生物标本馆（博物馆）系统在继续开展国内重要地区生物资源考察的同时，注重对周边国家或地区生物资源的考察与收集，特别是对中国近海、周边海域以及南极海域的考察，填补了中国海洋研究的多项空白。共组织考察采集活动 230 余次，采集标本 42 万余号，馆藏量达到 1733 万余号，数字化标本信息量达到 844 万余号，模式标本达到 30 余万号。出版专著 24 部，发表论文 400 余篇。依托馆藏资源承担的在研项目 200 余项，举办相关重要会议 2 次，获得各种集体或个人奖励近 20 项。标本借阅超过 1.7 万份次，交换或赠送标本 2.9 万份次。举办各式各样的专场科普活动近 200 次，接待各界公众 56 万人次，成为生物类科学普及的重要资源提供单位。

（四）文献情报

2013 年，持续推动院文献情报系统向知识服务转型，推进院所协同服务机制，加强数字资源保障与服务平台建设，不断提高文献情报工作对科技创新的支撑力度。

组织开展科技发展态势监测、分析和研究，正式出版《世界主要国立科研机构概况》、《国际科学技术前沿报告 2013》等重要研究报告。跟踪重要领域战略计划和动态等，编发《科学研究动态监测快报》(13 个专辑）282 期，《国际重要科技信息专报》共 47 期，并报送院、局领导参阅，若干重要特刊呈报国家和有关部门。

加强科研一线信息用户能力培养，开拓学科情报研究、个性化知识平台、研究所知识资产管理等服务，提升文献情报系统对科技创新一线和科技管理一线的支撑和服务能力。47 个研究所建立学科情报服务机制和团队，产出学科领域态势分析、专利技术分析等报告 141 份。60 个研究所的 350 个实验室或课题组建成个性化知识平台。机构知识库体系覆盖 103 家研究所，数据总量达 52 万条。战略研究信息集成服务平台和科技发展态势自动监测系统上线。组织开展年度院文献情报高级专业岗位任职能力认证，完成 2012 年全院研究所文献情报服务水平监测报告，组织开展科研教育开放信息创新应用大赛。全面落实支持省级科学院共享中国科学院文献情报服务的措施，成立有 17 家省级科学院参加的“全国科学院联盟文献情报分会”。牵头推进中国参与国际高能物理开放出版资助联盟（SCOAP3），协调组织国内图书馆参与 SCOAP3。

截至 2013 年 12 月 31 日，共引进数据库 155 个，全院研究所可共享的全文电子资源中，外文期刊 17 997 种（包含集成开放获取期刊 9957 种），外文图书 45 948 卷/册，外文工具书 6026 卷/册，外文会议录 35 718 卷/册，外文学位论文 414 772 篇，外文行业报告 1 833 078 篇；中文图书 338 468 种/364 865 册，中文期刊 14 168 种，中文学位论文 2 150 366 篇。2013 年全院全文数据库和二次文摘数据库的使用量分别为 4032. 41 万次和 1374. 32 万次。

四、科研装备与技术监督

（一）科研装备建设工作

1. *积极落实修缮购置专项*

2013 年，在“十二五”修购专项规划指导下，经院所两级共同努力，精心组织，完成了 2013 年修缮购置专项资金的申报及争取工作，落实财政部仪器设备类修购专项经费 11. 82 亿元。其中，大型仪器区域中心共申报 5. 8 亿元，获得支持 4. 3 亿元（占申报的 74%）。

加强修购专项执行过程管理，为进一步争取和落实专项资金提供保障。建立修购专项管理体系，完善从项目实施、设备运行到项目验收系列管理流程，为修购专项顺利实施提供保障；强化工作组作用，严格执行财政部定期进度报告制度，督促研究所按计划逐步推进专项实施，2013 年修购专项预算完成 98. 8%；以装备项目管理办公室为依托，加强项目的验收管理，全年共完成2011年度15个项目、2012年度158个项目的验收工作。

2. 深入推进技术支撑系统建设

继续推进所级公共技术服务中心的建设工作。2013年，按照成熟一批启动一批的原则，组织专家对10个所级中心进行了现场评估，择优支持了4个所级公共技术服务中心，使中国科学院择优支持的所级中心数量达到了65个。

跟踪支持北京机加工服务平台、北京中科科仪仪器研制服务平台和EDA中心三个工艺服务型区域中心，为中国科学院仪器设备研制、功能开发、技术改造提供重要支撑。

继续推进全院大型仪器共享网的建设。完成智能卡系统的改进，与研究所管理紧密结合，推动共享网智能卡系统建设。进一步完善和发展共享服务网络，结合院所两级中心建设，加强培训与交流，及时总结开放情况，推动上网仪器的开放共享工作，使国内最大实验室仪器设备管理和服务系统建设取得新的进展。截至2013年10月底，全院90多个研究所、总值约52亿元的近4000台仪器设备实现了网上预约使用。

3. 稳步推进科研装备自主研制

加强院级研制项目的组织工作。继续推进生命科学、资源环境科学领域的科研装备研制工作。继续鼓励跨研究所合作研制。鼓励35岁以下青年科研人员积极参与装备研制工作。2013年，全院共受理院级研制项目294个，项目总经费12.2亿元，申请院资助约8.8亿元；批准59个项目，涉及41个院属单位，项目总经费23 024万元，院资助经费16 227万元。

4. 积极参与国家科技基础条件平台建设工作

进一步加强与科技部、财政部等部门的联系，积极参与平台建设工作。院属115个单位参加了科技部、财政部组织的以大型科学仪器设备、生物种质资源、科技数据库建设和研究实验基地等为主要内容的国家重大科技基础条件资源调查工作，并按要求全部完成填报和提交工作。

（二）技术监督工作

由中国科学院分管承担的国际、全国专业技术标准化技术委员会（ISO/TC202，微束、声学、超导、纳米、空间、遥感、光电测量）秘书处，根据国家标准化管理委员会的工作部署，继续开展相关领域的标准化工作。

“国家计量认证中国科学院评审组”依据国家认证认可监督管理委员会的年度计划，于2013年对中国科学院1个单一资质认定机构的首次评审，1个单一资质认定机构的复查评审，完成了3个二合一（资质认定/实验室认可）机构的复查评审。

“中国质量协会科学技术分会”秘书处在2013年期间共举办培训班21期，参加人数近1300人次。在“质量月”活动中，制作质量月宣传手册和宣传画，组织开展了质量报告会、质量培训、专题讲座等活动。

五、后勤体系建设

为切实解决广大科研人员在生活方面的后顾之忧，中国科学院党组提出并实施“3H工程”（Housing、Home、Health），制定后勤支撑体系规划，探索和创新“大后勤”模式，构建后勤支撑保障体系。2012年11月，正式印发了《中国科学院关于印发〈中国科学院后勤支撑体系规划〉的通知》（科发函字〔2012〕350号）。2013年4月，中国科学院正式启动了以各分院牵头，组织协调各研究所，因地制宜编制符合本地区发展实际的实施方案编制工作。2013年5月，正式成立后勤保障处，着力推进中国科学院高效有序的后勤保障平台建设。2013年11月21日，正式成立中国科学院后勤管理协会，为落实后勤支撑体系规划实施提供组织保障。2013年，是贯彻落实《中国科学院后勤支撑体系规划》的开局之年。紧密围绕后勤支撑体系规划的实施，中国科学院积极探索后勤支撑保障体系体制机制创新，初步形成了多部门协作、多区域联动的后勤支撑保障体系协同发展新格局。

科技成果转移转化与对外合作

一、院地合作工作

中国科学院坚持“创新科技、服务国家、造福人民”院地合作宗旨，坚持“地方政府满意、合作企业满意、老百姓满意”标准，充分发挥研究所主体作用，发挥分院区域统筹协调作用，通过科技成果转移转化、与地方共建研究机构和技术转移平台、实施面向地方科技需求的专项工程、加强人员交流与培养等多种形式，服务国家经济建设和社会发展。

（一）院地合作工作成效显著

按照企业为主体、市场为导向、产学研结合的技术创新体系建设要求，中国科学院与企业开展了多种形式的产学研合作。2013 年，中国科学院通过科技成果转移转化，使地方企业当年新增销售收入 3105.79 亿元，利税 425.83 亿元。院地合作促进科技成果转移转化的作用越来越显著。

（二）建设创新联盟，促进协同创新

全国科学院联盟建设有效推动了中国科学院与地方科学院的联合合作，在共同承担科学任务，开展合作研究，促进科技成果转化，培养创新创业人才，探索和实践科技与经济结合、协同创新的体制机制等方面取得积极进展。2013 年，与地方科学院互派转、兼职挂职干部 53 人，为地方科学院培训科技骨干 1041 人，联合培养、进修 120 人，联合承担国家项目数 15 项，联合承担院支持项目数 50 项，联合承担地方科技项目数 49 项，获得中科院外投资金额 524 万元，开展交流活动 198 次，共建转化及研发平台数 44 个。

（三）夯实工作基础，推进共建机构建设

中国科学院联合地方政府、企业、大学和其他科研机构等国家创新体系各单元，以提升服务经济社会发展能力为核心，完善科技布局、建设创新平台、承担科技任务、集聚优秀人才、创新体制机制、促进转移转化，扎实推进共建机构建设，服务经济发展的能力大幅提升。

2013 年，中国科学院与重庆市共建的中国科学院重庆绿色智能技术研究院、与福建省共建的中国科学院海西研究院筹建工作稳步推进，筹建工作基本完成。这两个共建研究所通过创新布局，新开辟学科领域 47 个；新建实验室 8 个、工程中心 2 个、转化平台 2 个；新吸引海外人才 77 人；新承担各类科研项目 604 项，总经费达到 8.79 亿元；新转移转化成果 52 项，取得经济社会效益 100.46 亿元。

截至 2013 年，中国科学院先后与地方政府合作共建了 31 个产业技术创新与育成中

心、8 个技术转移中心、5 个科技园。2013 年，44 个院级转化型非法人单元稳步健康发展，年度转化项目 964 个，实现销售收入 277 亿元，孵化企业 202 个，为社会培训 23 897人次。

二、经营性国有资产管理

2013 年，中国科学院国有资产经营有限责任公司（简称国科控股）围绕“持续提升管理，推动资源整合，促进企业创新”工作主题，进一步夯实公司本部和控股企业管理基础，务实开展控股企业战略协同和资源整合，积极推动企业创新发展，进一步优化资产配置、强化资本运营，进一步完善国有资产监管体系，各项重点工作有序推进。各持股企业积极应对行业市场环境变化，调整企业战略和策略，扎实推进经营管理工作，提高管理水平和经营质量，努力实现年度经营目标。

经预统计，2013 年全院纳入统计范围的 477 家（按集团合并数）院、所投资企业营业收入 2934 亿元，同比增长 8. 9%；利润总额 121 亿元，同比增长 25. 0%；资产总额 3058 亿元，同比增长 14. 0%；院经营性国有资产权益 230 亿元，同比增长 10. 9%。其中，国科控股持股企业实现营业收入 2544 亿元，同比增长 7. 0%；利润总额 85 亿元，同比增长 26. 3%；资产总额 2258 亿元，同比增长 9. 8%；国科控股权益 112 亿元，同比增长 11. 2%。截至 2013 年底，院、所两级投资企业中共有 22 家上市公司。

三、港澳台工作

继续加强高层往来，推动两岸开展常态化、制度化交流，大力促进两岸科技产业交流与合作。2013 年度“台湾青年学者访问计划”共有 14 名台湾青年学者获得支持。在大陆召开系列性两岸学术会议 20 个，全年因公赴台人数近 1000 人次 。组织实施了中国科学院与香港地区联合实验室的第四次评估，对获得香港裘搓基金会资助的中国科学院 5 项合作项目匹配了支持经费。联合实验室进一步推动中国科学院与香港地区开展实质性合作与交流，充分发挥各方互补优势，不断提高合作水平。

国 际 合 作

2013年，中国科学院国际合作工作紧密围绕“创新2020”中心任务和“一三五”目标，启动国际化推进战略，稳步实施“发展中国家科教合作拓展工程”，持续拓展深化双多边实质性长效合作，努力提升全院国际科技合作管理水平，各项工作进展顺利，成效显著。

全年出访近17 000人次，来访逾16 000人次，举办多边和双边国际学术会议283个，新签、续签15个院级国际合作协议（表11），启动境外科教机构建设4个，启动重点对外合作项目21项。

表11　2013年新签、续签国际合作协议

序号	协议名称	签署时间	签署地点
1	中国科学院与英国利兹大学谅解备忘录	2013年2月1日	函签
2	中国科学院与发展中国家科学合作协议	2013年2月6日	的里雅斯特
3	中国科学院与澳大利亚工业、创新、科研和高等教育部关于天文学合作谅解备忘录	2013年2月19日	堪培拉
4	中国科学院与法国农业、食品、动物健康与环境研究联合体博士生联合培养协议	2013年5月17日	北京
5	中国科学院与加拿大自然环境部关于资源可持续开发合作的《谅解备忘录》的执行安排	2013年5月22日	渥太华
6	中国科学院与法国科研中心合作框架协议	2013年6月28日	函签
7	中国科学院与美国明尼苏达大学董事会合作备忘录	2013年7月3日	北京
8	中国科学院与法国农科院合作框架协议	2013年7月5日	函签
9	中国科学院与澳联邦科工组织第4届联合执委会公报	2013年9月27日	墨尔本
10	中华人民共和国中国科学院与澳大利亚昆士兰州科学、信息技术、创新和艺术部关于科学技术合作的意向书	2013年9月28日	布里斯班
11	中国科学院与智利国家科学技术研究委员会关于合作发展天文学研究的谅解备忘录	2013年10月4日	北京

续表

序号	协议名称	签署时间	签署地点
12	中国科学院与加拿大国家研究理事会在科学技术及创新领域的合作意向书	2013 年 10 月 29 日	北京
13	中国科学院与丹麦诺和诺德公司合作补充协议	2013 年 11 月 1 日	函签
14	中国科学院与英国联合利华公司合作谅解备忘录	2013 年 11 月 21 日	北京
15	中国科学院与法国科研中心博士生联合培养合作协议	2013 年 12 月 2 日	巴黎

（一）全院国际化推进战略启动实施，开局良好

中国科学院国际化推进战略全面启动实施，国际化发展战略政策研究、体制机制建设进一步深化。以深化与发展中国家的科技合作、率先走向发展中国家作为突破口，启动了国际化推进战略的分步实施工作。成立了“国际化战略专家咨询委员会”，开展了国际化指标体系设计与本底情况调查，为中国科学院国际化推进战略特别是“发展中国家科教合作拓展工程”的实施提供了政策和机制保障。

启动实施了“发展中国家科教合作拓展工程”，在非洲、中亚、南美等地区先后启动了“中-非联合研究中心”、“中亚药物研发中心”、“中亚生态与环境研究中心”、“南美天文研究中心”等四个境外机构的建设工作，开创了中国科学院率先“走出去”发展的新局面。

制定了《发展中国家科教合作拓展工程实施方案》和《境外机构管理暂行办法》、《CAS-TWAS 院长奖学金计划实施管理办法》、《发展中国家访问学者计划实施管理办法》、《发展中国家科技培训班计划实施管理办法》等一系列与中国科学院国际化发展相配套的管理办法。

实施了“CAS-TWAS 院长奖学金资助计划”、“发展中国家访问学者计划”和“TWAS-CAS 卓越中心建设计划”，填补了过去中国科学院与发展中国家在科技人才引进和培养方面的不足和空白。全年共资助 242 名发展中国家科技人才到中国科学院大学、中国科技大学和各院属研究所学习、进修或工作。依托研究所，建立了 5 个 TWAS-CAS 卓越中心。

（二）重点国际科技合作工作持续全面推进，成效显著

2013 年，围绕中国科学院科技创新中心工作，以促进重大科技成果产出为导向，基于与各类国际合作伙伴的长效战略协作关系，通过高层互访、高层战略研讨会、学术会议、合作研究与人才培养等多种形式，依托多种渠道全面推进与全院的对外科技合作与交流活动。

围绕中国科学院战略部署，成功组织第二届中美能源科学合作协调委员会会议等重要双边会谈和系列专题或前沿科学双边研讨会，拓展战略伙伴关系和交流平台。同时以英国皇家学会主席访华为契机签署双边联合声明；与马普协会制定“骏马计划实施方案”；与美国能源部共同设立中美高能物理基金。

2 位外国科学家获中国科学院 2013 年度“国际科技合作奖”。中国科学院推荐的德国马普学会赫伯特·雅克勒教授和俄罗斯科学院日列布佐夫教授获 2013 年度国家“国际科技合作奖”和国家“友谊奖”。评出 5 对中外青年学者获得“青年国际合作奖”，资助“爱因斯坦讲席教授”20 名、“外国专家特聘研究员”308 名和“外籍青年科学家”111 名。其中，28 位外籍青年科学家获得基金委“外国青年学者研究基金”项目。通过“新疆周边地区人才引进计划”吸引 6 位中亚国家的科学家来院工作。“发展中国家科技培训班计划”共资助 9 个培训班。

与英国研究理事会、德国亥姆霍兹联合会、丹麦诺和诺德公司、澳大利亚科工组织和日本学术振兴会联合资助中国科学院与外方科学家的重点领域双边合作研究项目；协调研究所申请并获得 16 个科技部国际合作专项。

继续以“种子基金”方式，在前沿交叉及战略领域支持与发达国家开展对外合作项目，努力推动并帮助协调中国科学院研究所与发展中国家开展实质性合作研究。全年资助国际科技重点合作项目 42 项（表 12）。

表 12　2013 年资助的国际科技重点合作项目

序号	项目名称	承担单位
1	中日太阳电池标准测试	上海微系统与信息技术研究所
2	三元半导体的空间生长及热光电转换期间研究	上海硅酸盐研究所
3	基于诱导多能干细胞模型探索肌肉萎缩性侧索硬化症的分子机制和治疗	广州生物医药与健康研究院
4	河岸带植被恢复有效减少水土流失与水体污染	武汉植物园
5	空间科学先导专项背景型号项目科学目标的国际咨询与深化论证	空间科学与应用研究中心
6	中澳合作项目：提升作物产量并降低水氮消耗的试验与模拟研究	遗传与发育生物学研究所
7	中澳合作项目：基于同步辐射显微 CT 的肿瘤血管三维结构定量分析	上海应用物理研究所
8	中德合作项目：高效催化制氢集成技术的研发	大连化学物理研究所
9	中德合作项目：利用存储高电荷态离子开展核物理和原子物理交叉前沿实验研究	近代物理研究所
10	中德合作项目：高性能石墨烯场效应管阵列的研制及其在神经元网络分析中的应用	上海微系统与信息技术研究所

续表

序号	项目名称	承担单位
11	中德合作项目：中德动物源性链球菌分离株的适应性及跨种间感染的分子机制的比较研究	微生物研究所
12	中德合作项目：基于时间序列 SAR 理论的减灾及防灾技术研究	电子学研究所
13	中荷主题项目：通过调控 TCP 转录因子提高农作物的产量	植物研究所
14	中荷主题项目：植物健康与粮食安全相关真菌的 DNA 条形码及数据库的建立及使用	微生物研究所
15	中荷主题项目：细菌和真菌效应蛋白对植物免疫系统抑制作用的研究	遗传与发育生物学研究所
16	中荷主题项目：识别并改善生态服务系统以提高其对作物产量、粮食安全与农民增收的贡献	地理科学与资源研究所
17	中荷主题项目：微藻中淀粉与油脂合成的诱导原理及其高效控制方法	青岛生物能源与过程研究所
18	中日合作项目：强化厌氧组合新工艺处理抗生素废水	生态环境研究中心
19	中日合作项目：Si/SiGe 异质纳米线热电器应用	半导体研究所
20	中日合作项目：高性能锌黄锡矿结构化合物太阳能电池的溶液方法制备与研发	兰州化学物理研究所
21	循环流化床富氧燃烧技术	工程热物理研究所
22	学习记忆及脑功能障碍的遗传和环境机制	生物物理研究所
23	高参数长脉冲下的等离子体控制技术和实验	等离子体物理研究所
24	低成本小型化水质在线检测核心技术合作研究	微电子研究所
25	鳞翅目害虫斜纹夜蛾的遗传控制研究	上海生命科学研究院
26	离子液体清洁过程应用技术研究	过程工程研究所
27	干细胞治疗帕金森氏病：从基础研究到动物模型	上海生命科学研究院
28	矿业密集流域重金属风险预警与土壤修复	地理科学与资源研究所
29	空间目标全球光电观测网的建设	上海天文台
30	热工窑炉辐射节能材料的低成本规模化制备技术合作研发	理化技术研究所
31	亚洲腹地动物多样性研究–塔吉克斯坦和吉尔吉斯共和国动物多样性研究	动物研究所

续表

序号	项目名称	承担单位
32	白介素10和I型干扰素负调控抗结核免疫中的基础和转化研究	上海巴斯德研究所
33	人脑衰老的调控研究	上海生命科学研究院计算生物学研究所
34	中国与西班牙古人类化石对比及欧亚地区人类起源与演化	古脊椎动物与古人类研究所
35	近3500年以来中亚干旱区核心地带环境演变与文化演替关系的重建	新疆生态与地理研究所
36	静止轨道干涉式毫米波大气探测技术	空间科学与应用研究中心
37	东南亚重要国家生物多样性动态研究	西双版纳热带植物园
38	绿色建筑与绿色社区多能互补系统研发	上海高等研究院
39	印度洋周边邻近边缘水文气象实时观测站	南海海洋研究所
40	中尼典型山地生态系统遥感监测对比研究	成都山地灾害与环境研究所
41	印度尼西亚热带植物分类调查与生命之树重建的合作研究	植物研究所
42	循环流化床富氧燃烧技术	工程热物理研究所

加强与以发展中国家科学院（TWAS）为主的重点国际组织的合作，顺利举办TWAS三十周年北京论坛。重点拓展了与全球科研理事会（GRC）的合作，争取并筹备GRC2014年北京大会。

（三）各项常规管理工作和队伍建设顺利展开，收效明显

2013年，继续加强国际合作政策制定工作，《发展中国家科教合作拓展工程实施方案》和《境外机构管理暂行办法》、《CAS-TWAS院长奖学金计划实施管理办法》、《发展中国家访问学者计划实施管理办法》、《发展中国家科技培训班计划实施管理办法》等一系列与中国科学院国际化发展相配套的管理办法相继出台。

提升全院英文网站建设，着力加强外宣队伍能力建设，正确处置突发舆情事件，有效提升中国科学院国际显示度。

基本建设

一、基本建设项目批复情况

2013年，全院批复项目建议书10项，总建筑面积41.94万平方米，总投资34.68亿元，投资均由研究所多渠道筹措解决。

根据财政部批复下达的修购专项年度预算，2013年中国科学院批复修缮项目实施方案76项，修缮总建筑面积19万平方米；总投资6.27亿元，其中财政部安排修购专项资金4.05亿元，研究所多渠道筹措资金2.22亿元。

2013年，全院批复建设项目可行性研究报告25项，总建筑面积26.28万平方米，其中新建面积26.16万平方米，改造面积0.12万平方米；总投资13.69亿元，其中院投资1.52亿元，研究所多渠道筹措资金12.17亿元。

2013年中国科学院审批项目初步设计及概算33项，总建筑面积27.75万平方米；总投资18.03亿元，其中院投资1.85亿元，研究所多渠道筹措资金16.18亿元。

二、落实“十二五”建设投资及财政部修购专项工作

2013年，根据国家批准中国科学院的“十二五”科教基础设施建设规划实施方案，组织项目单位编报可行性研究报告。全年共编报完成9个整体项目（包括32个子项目），其中26个子项目顺利通过专家的现场评估。根据国家发改委批复的可行性研究报告，组织项目单位编制初步设计及概算相关文件。全年共上报8个整体项目（包括30个子项目）初步设计及概算，其中3个整体项目（10个子项目）顺利通过国家发改委组织的现场评审。同时，结合院“一三五”规划和先导性科技专项的部署，对实施方案进行了调整优化。

截至2013年底，院“十二五”科教基础设施建设项目可行性研究报告已批复8个整体项目（包括30个子项目）。批复的总建筑面积为67.52万平方米；总投资31.33亿元，其中中央预算内投资18.47亿元，研究所多渠道筹措资金12.86亿元。

2013年，编报完成2014年修购项目的申报计划，上报的2014年142个项目全部得到了财政部专项的支持，财政部安排的预算经费额度为4.53亿元。

三、基本建设投资计划

2013年，编制年度基本建设投资计划6批，涉及建设单位53个，建设项目37项。共计安排资金13.16亿元，其中院投资0.45亿元，预算内投资（大科学工程等）8.11亿元，其他专项2.14亿元，自筹2.46亿元。

四、基本建设投资完成情况

2013 年，基本建设完成投资 45. 18 亿元。其中：国家拨款资金 21. 23 亿元，院投资 1. 43 亿元，研究所多渠道筹措资金 22. 52 亿元。

完成的国家拨款资金中，包括科教基础设施改造建设项目投资 1. 08 亿元，大科学工程专项投资 4. 91 亿元，引进人才项目投资 0. 63 亿元，修购专项投资 3. 73 亿元，其他专项投资 10. 88 亿元。

五、工程建设及竣工情况

2013 年，新开工项目 83 项，其中科研及辅助用房改造建设项目 43 个，园区基础设施改造建设项目 33 个，“3H”工程人才周转公寓项目 7 个。新开工项目总建筑面积 34. 83 万平方米，其中：科研及辅助用房改造建设项目的改造面积 9. 43 万平方米。“3H”工程人才周转公寓项目建筑面积 25. 4 万平方米。

2013 年，新竣工项目 10 个，其中科研及辅助用房改造建设项目 9 个，教育设施及流动人员公寓改造建设项目 1 个。新竣工项目总建筑面积 43. 84 万平方米，新建面积 42. 96 万平方米，改造面积 0. 88 万平方米；其中科研及辅助用房改造建设项目新建面积 24. 55 万平方米，改造面积 0. 88 万平方米；教育设施及流动人员公寓改造建设项目新建面积 18. 42 万平方米。总投资：21. 38 亿元，其中国拨（中央预算内投资）12. 19 亿元（121 924 万元），中国科学院投资 9. 19 亿元。

六、工程验收情况

2013 年，组织并完成了北京、广州、合肥、兰州、上海、武汉、西安、新疆 8 个地区的 25 个建设单位，29 个基本建设项目验收工作，其中创新二期 3 项，创新三期 19 个，院投资 4 项，专项投资 1 项，自筹 2 项。

科 学 传 播

2013 年，中国科学院机关科研管理改革中成立了科学传播局，对全院科学传播工作实现了组织上的整合。在新的组织架构下，坚持科学传播围绕和服务于全院中心工作的理念，不断优化融合已有业务，积极拓展传播渠道，有力推进新闻宣传、政务信息、科普、科技出版、新媒体和舆情业务等工作。在全院上下共同努力下，成体系、有深度、多样化地宣传了中国科学院，取得了良好社会反响。

一、制定中国科学院科学传播工作总体思路

2013 年，紧密围绕新闻宣传、政务信息、科普、科技出版、新媒体和舆情业务开展深入、系统调研，梳理业务脉络，谋划资源整合，在广泛听取意见建议的基础上，制定了全院科学传播工作总体思路。明确了树立良好形象、传播科学文化、促进效能提升的重点职能，科学规划了优化融合业务、拓展信息来源、打造传播精品、完善传播渠道、加强队伍建设和健全工作体系等各项工作。

遵循新形势下传播工作规律，为进一步优化业务流程、整合传播资源，系统梳理科学传播相关规章制度，研究制定覆盖科学传播各项核心业务的《中国科学院科学传播工作管理办法（试行)》，对工作内容、工作体系、工作要求、工作程序、工作条件等进行了统一规范。

根据新形势下科学传播工作发展的客观需要，组织召开题为“移动互联网时代的信息采集与有效传播”的科学传播工作培训研讨会，着力增强院属各分院、各研究所领导对科学传播工作新理念、新举措的理解，着力解决全院当前科学传播工作中的“短板”问题，着力推动院属各分院、有关研究所舆情监测与应对、科研信息音视频采集与加工、新闻发言人制度建设与实践方面的工作，取得了良好效果。培训覆盖了来自各分院及合肥物质科学研究院、国家重大科技专项牵头单位、战略性先导科技专项 A 承担单位、重大科技基础设施建设与运维单位分管科学传播工作的所局级领导和部分处室负责人，共计 50 余人。

二、初步形成中国科学院新媒体平台布局

2013 年 5 月 31 日，“中科院之声”官方微博开通，以“传播科学、服务公众、交流信息、回应关切”为宗旨，全年累计发布微博 1907 条，粉丝数突破 29 万人，初步形成以科研进展、专家观点等原创性发布内容为主，以科普、期刊及科学史等知识性内容和重要活动专题发布等策划性内容为辅的内容更新模式。2013 年 6 月 4 日，“中科院之声”官方微信开通，全年发布信息 188 期，累计关注达 5000 人次，凝聚了一批忠实的关注和转载传播力量。

2013 年 12 月 6 日，“中科院之声”手机报启动试运行，年内面向院机关工作人员和院属各单位领导、办公室主任发送 3 期，未来将逐步承载重要政务传播职能。

2013 年，中国科学院网站群中英文主站建设和人员队伍建设继续加强，院网站群的影响力持续提升。据《中国政府网站互联网影响力评估报告（2013 年度）》，院网站在 70 个中央部门级网站序列中排名第 21，在 12 家国务院直属事业机构中排名第 2。

在此基础上，中国科学院新媒体战略思路逐渐明晰：横向上，形成以官方网站、微博为主，微信、手机报为辅的“中科院之声”中文新媒体发布平台，以及为全院国际化战略提供服务的英文社交媒体平台；纵向上，整合院内资源、加强风险管理，实现院属机构微博、微信等联动，建成统一规范、相互协作的新媒体群平台。

三、启动新闻宣传工作新探索

通过资源整合，有力地争取到中宣部、国新办等部门重要的政策支持和合作支撑。推动中宣部重点宣传习近平总书记对联想集团的重要批示；协助中宣部开展“万人计划”典型人物宣传；推动国新办将中国科学院对外宣传活动纳入其整体对外宣传计划。

在科学传播局的协调、院属相关单位的有力支撑下，全年共组织实施 5 期“走进中国科学院·记者暑期行”活动，共有记者 80 余人次参与报道，足迹遍及 7 个分院、合肥物质科学研究院及 16 家研究所、中国科学技术大学、中国科学院大学等单位，围绕科研仪器设备自主研制、野外台站、野外科考、技术转移转化、大科学工程等主题累计播发文字稿 81 篇、图片 148 幅、电视报道 30 多分钟，全方位、多视角宣传中国科学院。

多方位探索与媒体战略合作新渠道，取得显著成绩。2013 年度“科技盛典”活动成功举行，并将中国科学院承办方地位写入“科技盛典”活动纲领性文件；开展与人民日报、新华社、经济日报的深入合作，达成了长期开办中国科学院相关专题、专栏的合作协议。

同时，全院科学传播工作主动策划能力不断加强，有力保障了习总书记视察中国科学院的后续系列活动、机关科研管理改革、“嫦娥三号”、深紫外固态激光源项目验收等数十项重大事件的宣传效果。

四、优化完善政务信息工作模式

围绕高端思想库和智囊团建设，着力提升信息报送的策划、编辑水平。《中国科学院专报信息》共报送 231 期，总被采用 129 期，其中向中办报送信息被采用 102 期，被采用率达 50.2%，远高于 2012 年的 28.5%、2011 年的 26.7%，居各部委省市前列；获党和国家领导人批示 33 期。报请中办、国办政务信息部门同意，将《中科院知识创新工程简报》更名为《中国科学院简报》，报送范围由中央领导、各部委扩大至各省市区党委、政府，更名以来编发 8 期。

服务中国科学院科研及科研管理效能提升，着力加强内部深层次信息报送质量。围绕全院中心工作，持续聚焦重点、难点和冷门问题，开展深入研究，依托《要情》、《领导参阅材料》、《情况通报》发布相关信息，有效提升对中国科学院内外意见建议、参考信息汇集和报送的有效性。

五、深化科普工作品牌体系

“科技创新年度巡展”首次在中国科技馆进行了实体展，并应中国科协之邀在京外巡展，受众达60余万人次；“第九届公众科学日”在97个院属科研单位举行，参与院所数量创十年之最，吸引了线上线下20余万公众参与；“科技创新年度巡展”、“公众科学日”与“科学与中国”院士专家巡讲团、老科学家科普演讲团共同形成中国科学院科普“四大品牌”。此外，大量区域性科普工作品牌影响力持续提升。

首次开展全院范围科普项目征集，累计征集项目达157个，内容覆盖科普活动、科普作品、科普场馆、科学教育、科普软课题等，立足征集结果，对全院科普工作进行了系统梳理与调研，努力探索新形势下科普工作的激励机制和发展路径。

组织召开“科普工作研讨会暨网络科普培训会”，进一步理清科普工作组织管理体系，加强科普队伍建设和专业科普组织的能力建设。

六、稳步推进科技出版工作

持续开展推进全院科技期刊试点工作等举措，2013年院属期刊呈现出集群突破的发展态势：《细胞研究》影响因子（IF）达10.526，成为我国第一个IF突破10的期刊；学科排名位于Q1区期刊全国共有7种，中国科学院占了5种；其被SCI收录期刊数达71种，占全国53%。

院属英文期刊申报中国科技期刊国际影响力提升计划取得好成绩，2013年，全院共33种期刊获得了为期3年的经费支持，占支持期刊总数的47%，获支持期刊数和经费总量居各部委之首。

2013年，全院申报国家奖项成绩喜人：计有25种期刊获新闻出版广电总局“百强报刊”，占全国25%；3家出版单位入选国家新闻出版广电总局首批“数字出版转型示范单位”；4位出版骨干人才入选全国新闻出版行业第三批领军人才。

启动资源环境科技期刊集群建设试点，实现对该领域论文资源的语义描述、知识挖掘与关联揭示以及建立开放共享的交互式交流机制，进一步探索科技期刊数字出版模式，探索构建资源环境知识创新与服务的集成学术交流平台。

中国科学院 2013 年大事记

一　月

1.1　中国科学院院长白春礼正式就任发展中国家科学院（TWAS）院长。作为 TWAS 30 年历史上首位中国籍院长，白春礼在履新时表示将履行竞选时的承诺，全面提升 TWAS 的国际影响力，利用 TWAS 平台积极推动中国科技界与广大发展中国家科技界之间的务实合作。

1.13　中国科学院外籍院士林家翘先生因病医治无效在北京逝世，享年 97 岁。

1.15　中国科学院与 TCL 集团在北京签署战略合作框架协议。中国科学院院长、党组书记白春礼，TCL 集团公司董事长兼总裁李东生出席签约仪式并讲话。中国科学院副院长阴和俊和李东生代表双方签署战略合作框架协议。

1.19　中国科学院资深院士李敏华先生因病医治无效在北京逝世，享年 96 岁。

1.21　中国科学院 2013 年度工作会议在京召开。本次会议的主要任务是：学习贯彻党的十八大精神，围绕“创新 2020”跨越发展体系，致力重大突破，全面建设“三位一体”的中国科学院，总结 2012 年工作，部署 2013 年工作。中国科学院院长、党组书记白春礼作题为《全面贯彻落实党的十八大精神，建设“三位一体”中国科学院》的工作报告。会议期间，召开了新闻发布会，院长白春礼，副院长詹文龙、张亚平，党组成员、秘书长邓麦村出席发布会并分别通报了中国科学院改革科技评价体系的相关举措，促进科教融合、完善“三位一体”发展架构情况，国际化推进战略的思路与举措，以及 2012 年重大科技成果产出情况。

1.23　中国科学院宣布授予印度贾瓦哈拉尔·尼赫鲁先进科学研究中心拉奥教授、德国马普学会赫伯特·雅克勒教授和俄罗斯科学院日列布佐夫教授“2012 年度中国科学院国际科技合作奖”，中国科学院院长白春礼为获奖专家颁发获奖证书和荣誉奖章，并对上述获奖专家的推荐单位——中国科学院化学研究所、上海生命科学研究院、空间科学与应用研究中心给予表彰。

1.28　中国科学院与中国工程物理研究院在北京签署战略合作框架协议。中国科学院院长白春礼、中国工程物理研究院院长赵宪庚出席签约仪式并讲话，中国科学院副院长詹文龙主持签约仪式，中国科学院副院长阴和俊、中国工程物理研究院副院长张维岩代表双方签署战略合作框架协议。

1.28 印发《中共中国科学院党组关于印发〈贯彻落实〈八项规定〉、改进工作作风、密切联系群众的12项要求〉的通知》（科发党字〔2013〕3号）。

1.30 中共中央政治局常委、中央书记处书记刘云山代表习近平总书记和党中央，看望国家最高科学技术奖获得者吴良镛院士和师昌绪院士，向他们致以诚挚问候和新春祝福。

二　月

2.1 中智天文联合研究中心揭牌仪式在中国科学院国家天文台举行。中国科学院副院长詹文龙和智利驻华大使路易斯·施密特在仪式上分别致辞，并为中心揭牌。来自科技部、国家自然科学基金委、中国科学院各天文研究单位以及智利国家科委、智利大学、智利天文学会、智利驻华使馆的代表出席揭牌仪式。作为中国科学院实施发展中国家科教合作拓展工程的项目之一，该中心将通过与智利国家科委的合作搭建以智利为中心，辐射南美其他国家的长期、稳固、互利合作的天文科技平台，推动我国天文事业发展。

2.4—6 中国科学院院长白春礼出席在意大利罗马召开的TWAS院长办公会会议及TWAS咨询委员会会议。2月6日在TWAS总部的里亚斯特，TWAS执行主任Murenzi教授与谭铁牛副秘书长共同签署CAS-TWAS院长博士生奖学金协议，双方将每年共同支持140名发展中国家的学生到中国科学院攻读博士学位。

2.14 在国家科学技术奖励大会上，中国科学院院士郑哲敏获2012年度国家最高科学技术奖。作为第一完成人或完成单位，中国科学院获2012年国家科技奖22项，其中自然科学二等奖18项，占全国颁奖总数的43.9%；国家技术发明奖二等奖7项；科技进步奖一等奖1项、二等奖4项。由国家自然科学基金委员会、中国科学院联合推荐美国斯坦福大学化学系教授理查德·杰尔，中国科学院推荐的丹麦奥胡斯大学交叉学科纳米科学研究中心主任、丹麦皇家科学院院士弗莱明·贝森巴，美国俄亥俄州立大学教授、美国科学院院士、中国科学院外籍院士朗尼·汤普森，国际知名的粒子加速器专家、日本高能加速器研究机构名誉教授黑川真一教授获得中华人民共和国国际科技合作奖。

2.16 中国科学院资深院士徐僖先生因病医治无效在成都逝世，享年93岁。

2.17 中共中央政治局委员、国务委员刘延东到中国科学院高能物理研究所看望春节期间坚守在北京正负电子对撞机值守岗位上的科研人员，并向全国科技工作者致以新春问候。

2.17—22 詹文龙率团访问澳大利亚。代表团访问了澳大利亚天文台、澳大利亚联邦科工组织、澳大利亚国家教育科研部、澳大利亚天文联合组织等机构，在平方公里阵列望远镜（SKA）、南极天文研究及射电天文研究与技术等方面进行了广泛的交流和讨论。詹文龙与 Don Russell 部长共同签署了《中国科学院与澳大利亚工业、创新、科学、研究和高等教育部关于天文学的谅解备忘录》。

2. 18—24 中国科学院院长白春礼率团访问台湾。代表团访问了工业技术研究院和"中央研究院"。与工业技术研究院院长徐爵民举行了工作会谈，并与"中央研究院"院长翁启惠共同主持了两院学术交流研讨会。白春礼与翁启惠共同签署了两院《学术合作交流谅解备忘录》。

2. 24 中国科学院资深院士孙家钟先生因病医治无效在北京逝世，享年 84 岁。

三　月

3. 1 蒙古科学院副院长 T. Dorj 专程来京，代表蒙古科学院向中国科学院院长白春礼颁发蒙古科学院外籍院士证书和证章。

3. 2 中国科学院与长春市科技合作座谈会暨《院市共同推进长春高新技术产业开发区创新能力建设协议书》签字仪式在京举行。中国科学院副院长施尔畏，长春市委副书记、市长姜治莹出席会议并讲话。

3. 4 中国科学院科技支撑生态文明建设研讨会在京召开，中国科学院院长、党组书记白春礼出席会议并讲话。中国科学院 8 位相关领域专家围绕生态文明建设的科学内涵、重点任务，介绍了相关研究和工作基础，研讨了生态文明建设的科技需求，提出了落实建议。

3. 5 中国科学院院长白春礼与工业和信息化部部长苗圩代表双方签署《工业和信息化部中国科学院协同创新推进工业转型升级战略合作协议》，双方正式开启全面战略合作，协同推进我国工业转型升级。

3. 6 中国科学院与南京市科技合作座谈会在北京举行。中国科学院院长白春礼，江苏省委常委、南京市委书记杨卫泽出席并见证了院市战略合作协议及南京分院麒麟科技创新园签约。

3. 8 中国科学院院长白春礼会见了日本前文部大臣有马朗人和日本科学技术振兴机构（JST）理事长中村道治率领的代表团，双方希望今后能继续加强在科技政策、环境保护等方面的交流与合作。

3. 11 经十二届全国政协一次会议第四次全体会议通过，中国科学院田静、卢柯、严俊、沈文庆、周忠和、周健民、高鸿钧当选为中国人民政治协商会议第十二届全国委员会常务委员。

3. 12 中国科学院与安徽省科技合作座谈会在京举行，中国科学院院长、党组书记白春礼，安徽省委书记张宝顺、省长李斌出席座谈会，中国科学院副院长阴和俊、安徽省常务副省长詹夏来代表双方签署了共同申请建设国家重大科技基础设施项目“未来网络试验设施”的合作协议。

3.14 经十二届全国人大一次会议第四次全体会议通过，中国科学院丁仲礼、方新、王毅、姚建年、郭雷当选为第十二届全国人民代表大会常务委员会委员。

3.14 美国《科学》(*Science*) 杂志在线发表中国科学家观测到“量子反常霍尔效应”的重要成果。由中国科学院物理研究所和清华大学物理系组成的研究团队首次成功观测到“量子反常霍尔效应”，为拓扑量子物态和效应的应用奠定了基础。这是国际上该领域的一项重要科学突破，对于该物理效应从理论研究到实验观测的全过程，都是由我国科学家独立完成。

3.14 澳大利亚科学院院长 Suzanne Cory 致信中国科学院院长白春礼，祝贺他当选为澳大利亚科学院通讯院士（外籍院士）。根据澳大利亚科学院章程，通讯院士必须是生活在澳大利亚以外，已经取得国际公认科学成就并与澳大利亚科技界有密切联系的科学家，每年当选的通讯院士不超过两名。

3.14 印发《中国科学院外籍青年科学家计划管理办法》和《中国科学院外国专家特聘研究员计划管理办法》（科发际字〔2013〕31、32号）。

3.15 中国科学院与鞍钢集团公司在北京举行科技合作座谈并签署战略合作协议。中国科学院院长、党组书记白春礼，副院长施尔畏、李静海，鞍钢集团公司董事长张广宁，国务院国有资产监督管理委员会副主任黄丹华，四川省副省长刘捷，鞍钢集团公司总经理张晓刚出席。施尔畏、张晓刚代表双方签署战略合作协议。

3.18 美国芝加哥大学校长 Robert J. Zimmer 一行在上海市教委副主任、上海科学技术大学执行委员会副主席印杰的陪同下，访问中国科学院上海光源。

3.18 中国科学院与天津市科技合作座谈会暨《院市2013—2015年科技合作备忘录》签字仪式在京举行。中共中央政治局委员、天津市委书记孙春兰，中国科学院院长、党组书记白春礼出席会议并讲话。

3.20 印发《中国科学院发展中国家访问学者计划管理办法（暂行）》（科发际字〔2013〕33号）。

3.21—22 中国科学院2013年度纪检监察审计工作会议在京召开。会议的主题是：深入学习贯彻党的十八大、中央纪委二次全会精神，认真落实中央关于加强反腐倡廉建设的部署和院党组的要求，总结回顾2012年中国科学院党风廉政建设和反腐倡廉工作，研究部署2013年工作任务，扎实推进具有中国科学院特色的惩治和预防腐败体系建设，全面提升反腐倡廉建设科学化水平，为中国科学院改革创新发展提供更加有力的保障。

3.26 中国科学院高能物理研究所牵头的北京谱仪（BESIII）实验国际合作组利用国家重大科技基础设施北京正负电子对撞机上的北京谱仪的实验数

据发现了一个带电类粲偶素粒 Zc（3900），其中至少含有四个夸克，极可能是科学家们长期寻找的超出传统夸克模型的奇特强子。随后 BESIII 合作组又发现了 Zc（3900）的伴随态 Zc（4020）。该成果被国际物理学顶级期刊、美国物理学会主编的《物理》（*Physics*）杂志选为 2013 年国际物理学领域重要成果第一名。

3. 27　在国际科学院组织 2013 年全体大会上，中国科学院连任国际科学院组织执行委员会委员。

3. 28　第七届中国科学院学部主席团第四次会议在北京举行。中国科学院院长、学部主席团执行主席白春礼主持会议。会议听取了“改进和完善院士制度”重点任务有关情况、学部 2012 年咨询工作及《建设国家科学思想库总体方案》的汇报，审议了《负责任的转基因技术研发行为准则》。

3. 29　印发《中国科学院“发展中国家科学院优秀中心”支持计划实施管理办法（暂行）》（科发际字〔2013〕37 号）。

四　月

4. 2　中国科学院高能物理研究所曹俊获亚太物理学会联合会杨振宁奖，以表彰其在大亚湾中微子实验中所做出的杰出贡献。该奖项旨在鼓励亚太地区的青年科学家，推动亚太地区科研事业的发展。

4. 9　中国科学技术大学陈宇翱获得 2013 年欧洲物理学会授予的 2013 年度“菲涅尔奖”。

4. 9　科技部部长万钢在山东东营宣布，“渤海粮仓科技示范工程”正式启动。中国科学院副院长张亚平、中国科学院院士李振声和山东省委副书记、代省长郭树清出席启动会并讲话。“渤海粮仓科技示范工程”集成中国科学院土肥水种等农业关键技术，突破环渤海低平原区淡水资源匮乏、土地瘠薄盐碱的粮食增产瓶颈，在河北、山东、辽宁、天津等地的 25 个县以核心区、示范区和辐射区三区联动方式推动，提升粮食产量。

4. 13　中共中央政治局委员、国务院副总理刘延东在上海检查工作期间，在国家卫生和计划生育委员会主任李斌、上海市委书记韩正、上海市市长杨雄等陪同下，视察了中国科学院上海临床研究中心。

4. 14　《自然》（*Nature*）杂志在线发表了中国科学院上海生命科学研究院植物生理生态研究所张鹏课题组关于叶酸转运蛋白结构与转运机制的研究。研究首次解析了叶酸能量耦合因子型（ECF）转运蛋白复合体的结构，揭示了转运过程中叶酸特异性识别和能量耦合的分子基础，提出了 ECF 转运蛋白跨膜转运的分子机制。该研究工作不但使人们对 ABC 转运蛋白跨膜转运的机制有了全新的认识，而且使人们对维生素尤其是叶酸的跨膜转运过程有了深入了解。

4.14 中国科学院上海应用物理研究所陈金辉在美国物理学会年会上荣获George E Valley Jr. 奖，以表彰其在发现第一个反超核等重离子物理研究中所做出的重要贡献。该奖两年颁发一次，面向美国物理学会的所有领域和研究方向，旨在奖励青年物理学家所做出的杰出科学贡献和对所在的物理领域产生的重大影响。

4.22 由中国科学院遥感与数字地球研究所主办的第35届国际环境遥感大会在北京开幕，这是会议发起50年来首次在中国举办。全国政协副主席王钦敏出席大会开幕式，中国科学院院长、发展中国家科学院院长白春礼在大会开幕式上讲话。此次会议主题为“对地观测与全球环境变化”，来自50余个国家和地区的逾千名代表参加了大会。

4.26 法国总统弗朗索瓦·奥朗德访问上海巴斯德研究所，出席研究所新科研大楼启用仪式，中国科学院副院长张亚平陪同访问。中国外交部副部长宋涛、中国驻法国大使孔泉、上海市常务副市长屠光绍、中国科学院副院长张亚平陪同访问。在他们的见证下，上海巴斯德研究所分别与太仓市生物医药产业园、法国生物梅里埃集团、药明康德集团、天亿集团签订了科技成果转移转化合作意向书。

4.29 中国科学院院长白春礼会见日本化学会会长、日本理化学研究所全球研发网络主任玉尾皓平一行。2012年，白春礼院长被推选为日本化学会荣誉会士，玉尾皓平此行专程为白春礼院长颁发荣誉会士证书。

五　月

5.2 《科学》(*Science*) 杂志在线发表了中国科学院微生物研究所高福课题组关于高致病性禽流感H5N1跨种间传播机制的研究。该研究是国际上首次在分子水平对重要氨基酸突变导致H5N1病毒在哺乳动物间获得空气传播能力这一重要现象进行解析，是禽流感跨种传播研究领域的重要突破。

5.9 《细胞》(*Cell*) 杂志以封面形式发表了中国科学院北京基因组研究所刘江课题组关于表观遗传信息的遗传规律的相关研究。该研究揭示除DNA序列可以遗传到子代外，精子的甲基化图谱也可以传递到子代中，意味着表观遗传信息的变异在调控胚胎发育、表型、甚至疾病的过程中也起重要作用，引发了关于表观遗传信息对进化驱动作用的新思考。

5.10 中国科学院召开院机关干部会议，正式启动院机关科研管理改革工作。会议宣布了中国科学院机关改革方案、各部门领导班子组成、院领导分工，中国科学院院长、党组书记白春礼出席会议并讲话。这次院机关改革以党的十八大、全国科技创新大会和全国“两会”精神为指导，以实现科学、协同、规范、高效的机关管理为目标，以理顺关系、强化协同、提高效能为着力点，转变职能，打破旧的思维定势和工作惯性，抓大事、议长远、谋全局，促进学科交叉融合，减少具体事务管理，为推进“创新2020”和“一三五”发展规划的全面深入实施，保障科技创新跨越发展总体目标的实现，提供有力的组织指挥系统和中枢管理支撑。

5. 13 中国科学院上海有机化学研究所特聘研究员、美国斯克利普斯研究所教授余金权因其在有机合成中碳氢键活化的研究成果，与美国密西根大学Melanie S. Sanford 教授同时获得了2013年“赛克勒国际奖”。

5. 14 第七届中国科学院学部主席团第五次会议在北京举行。中国科学院院长、学部主席团执行主席白春礼主持会议。会议听取了各学部常委会关于2013年增选工作的汇报；审议了2013年增选工作有关事项；研究了中国科学院院士增选工作研究小组有关事宜。

5. 15 中国科学院-第二军医大学转化医学研究院召开第一次理事会。首届理事会由中国科学院副院长张亚平担任理事长，第二军医大学校长孙颖浩和中国科学院上海生命科学院院长李林担任副理事长。

5. 16 中国科学院青年人才座谈会在京召开。会议主题为：贯彻落实党的十八大精神，学习领会习近平总书记五四重要讲话精神，听取青年人才对中国科学院科技创新与管理、人才培养与发展环境等方面的意见，探讨新形势下青年人才培养工作的新思路。中国科学院院长、党组书记白春礼，副院长詹文龙出席座谈会并与参会青年人才代表进行了交流。

5. 16 印发《中国科学院发展中国家科技培训班计划实施管理办法》（暂行）（科发际字〔2013〕193号）。

5. 17 中国科学院与法国农业、食品、动物健康与环境研究联合体在北京签署博士生联合培养协议。

5. 18 中国科学院第九届公众科学日启动仪式暨“科学与中国”院士专家巡讲团专场报告会在中国科学院学术会堂举行。中国科学院副院长李静海出席启动仪式并讲话。中央国家机关青联和中国科学院青联委员、院内外专家学者、高校和中学师生等参加了启动仪式，并参观了中国科学院院史馆。

5. 18 中国科学院院士孙钟秀先生因病医治无效在南京逝世，享年77岁。

5. 21—29 中国科学院院长白春礼率团访问加拿大和德国。代表团访问了加拿大国家研究理事会、加拿大自然资源部和加拿大外交和对外贸易部。与加拿大自然环境部在去年签署关于自然资源可持续开发合作谅解备忘录基础上，双方共同签署了合作的《执行安排》。在德国期间，白春礼参加了5月27—29日在柏林举行的国际研究理事会第二届年度大会和管理理事会会议。

5. 23 中国科学院院士、中国科学院高能物理研究所研究员方守贤在第四届国际粒子加速器大会上获得亚洲未来加速器委员会的最高奖项——ACFA-IPAC终身成就奖。该奖项面向全球，表彰在粒子加速器领域做出杰出贡献的个人。

5.25 周光召基金会第六届科技奖励基金颁奖典礼在中国科学技术协会第十五届年会开幕式上举行，中国科学院青海盐湖研究所马培华及其领导的青海盐湖提锂科技团队获得“技术创新奖”，中国科学院高能物理研究所王贻芳获得“基础科学奖”。

5.30 印发《中国科学院关于印发〈中国科学院机关工作规则（试行）〉的通知》（科发办字〔2013〕63号）。

六　月

6.4 中国科学院、科技部和河北省在沧州市联合召开河北省“渤海粮仓科技示范工程”推进会。中国科学院院长、党组书记白春礼，副院长张亚平，中国科学院院士李振声和河北省政府副省长许宁、科技部农村司相关负责人出席并讲话。白春礼会见了河北省委书记周本顺、省长张庆伟，双方就全面落实院省合作协议，共同推进“渤海粮仓科技示范工程”达成共识。

6.6 中国植物园联盟建设启动会在北京召开。中国科学院院长白春礼，国家林业局局长赵树丛，住房和城乡建设部总工程师陈重出席会议，并为“中国植物园联盟”揭牌。中国植物园联盟是按照自愿参加的原则建立的我国植物园（包括树木园、药用植物园等）之间开展战略合作的公益性组织，旨在通过这一平台的桥梁纽带作用，发挥国内植物园各方优势，推进我国植物园的规范化建设和有序发展，完善植物园布局，加强植物园间物种资源、信息的共享与人员技术交流，促进中国植物园体系建立和创新能力的提升，服务于生态文明建设。

6.6 《自然》（*Nature*）杂志在线发表了中国科学技术大学科研人员在高分辨化学识别与成像领域取得的重大突破，在国际上首次实现了0.5nm分辨的单个卟啉分子的拉曼成像。

6.14 根据国务院统一部署中国科学院组织开展了科研生产安全大检查工作。此次检查历时三个月，并在年底开展了“回头看”活动。院属各单位积极响应认真落实实施，排查出各类隐患问题200多项。副院长阴和俊、秘书长邓麦村亲自带队抽查了40多个单位安全隐患排查和整改工作。此次大检查对维护中国科学院科研生产安全发挥了重要作用。

6.14 中国科学院资深院士高鸿先生因病医治无效在南京逝世，享年95岁。

6.17 2013年度拉马努金奖揭晓，中国科学院数学与系统科学研究院研究员田野获得了该奖项。拉马努金奖由理论物理国际中心（ICTP）和国际数学联盟（IMU）共同设立。

6.19　中国科学院第三届人才发展主题日暨海外人才走进科学院系列活动在京举行，一批优秀人才受到集中表彰。中国科学院副院长詹文龙、张亚平，秘书长邓麦村，副秘书长潘教峰、吴建国等出席。

6.20　中国科学院召开新闻发布会，正式发布《科技发展新态势与面向2020年的战略选择》战略研究报告。中国科学院院长白春礼，副院长李静海，中国科学院副秘书长潘教峰以及战略研究报告科技领域相关院士、专家出席发布会，通报了本项战略研究的相关情况、重要成果，就相关问题和记者进行互动。

6.20　中国科学院院长白春礼会见了来访的德国马普学会主席 Peter Gruss 教授一行，双方就包括“骏马计划”的实施工作、中国科学院-马普伙伴研究所的发展、国际科研机构改革、科普合作以及中国科学院-马普学会合作四十周年庆祝活动筹备等工作进行了商讨。

6.20　中国共产党优秀党员、国家最高科学技术奖获得者、中国科学院资深院士吴征镒先生因病医治无效在昆明逝世，享年97岁。

6.21　中国共产党优秀党员、杰出的水利水电工程专家和工程教育家、我国水利水电事业的主要开拓者之一，中国科学院、中国工程院资深院士张光斗先生因病医治无效在北京逝世，享年101岁。

6.24　中共中国科学院党组召开中心组学习（扩大）会议，传达学习中央党的群众路线教育实践活动工作会议精神。中国科学院院长、党组书记白春礼传达了习近平总书记和刘云山、赵乐际同志在中央党的群众路线教育实践活动工作会议上的重要讲话精神，并对中国科学院的教育实践活动提出要求。党组副书记方新主持会议。在京的党组成员、院机关副局级以上领导干部以及院机关党委有关同志出席。

6.28　中国科学院院长白春礼代表中国科学院与法国科研中心签署合作框架协议。

七　月

7.2　国家发展和改革委员会与中国科学院联合印发《科技助推西部地区转型发展行动计划（2013—2020年）》，以深入实施创新驱动发展战略和西部大开发战略，加强科技创新对西部地区经济社会发展的支撑能力，助推西部地区转型发展。

7.3　中国科学院院长白春礼会见来访的明尼苏达大学校长艾瑞克·卡勒一行。会谈后双方签署了新的合作谅解备忘录。

7.4　中国科学院印发《中国科学院杰出科技成就奖条例》、《中国科学院杰出科技成就奖条例实施细则》（科发规字〔2013〕76号）。

7. 8—11 中国科学院党组2013年夏季扩大会议在北京召开，这是在深入实施“创新2020”关键阶段、实施机关科研管理改革后、党的群众路线教育实践活动启动阶段召开的一次重要会议。会议旨在深入学习贯彻十八大精神及中央领导同志关于科技工作和中国科学院工作的重要讲话、重要批示精神，扎实深入推进科研管理改革和创新发展，研究部署深入开展党的群众路线教育实践活动。

7. 15 中国科学院以视频会议的形式传达了院党组2013年夏季扩大会议精神。中国科学院院长、党组书记白春礼出席会议并讲话，党组副书记方新主持会议。

7. 15 中国科学院认真贯彻落实中央党的群众路线教育实践活动工作会议和中央政治局专门会议精神，以视频会议的形式对全院党的群众路线教育实践活动进行了动员部署。中国科学院院长、党组书记、院群众路线教育实践活动领导小组组长白春礼代表院党组作动员报告，中央群众路线教育活动第28督导组组长王正福出席会议并讲话，副组长徐振寰对督导组工作进行了介绍和说明。

7. 17 中共中央总书记、国家主席、中央军委主席习近平视察中国科学院并发表重要讲话，充分肯定中国科学院60多年的创新成就，高度评价中国科学院是一支党、国家、人民可以依靠、可以信赖的国家战略科技力量，要求中国科学院“率先实现科学技术跨越发展，率先建成国家创新人才高地，率先建成国家高水平科技智库，率先建设国际一流科研机构”。当天下午，中国科学院院长、党组书记白春礼主持召开座谈会，深入学习习近平总书记的重要讲话精神。

7. 20 中国科学院院士王克明先生因病医治无效在济南逝世，享年74岁。

7. 23 “创新驱动发展，科技引领未来——中国科学院2013年度科技创新巡展”在中国科学技术馆开幕。中国科学院院长、党组书记白春礼，中国科学技术协会副主席、书记处书记、党组副书记程东红，中国科学院党组副书记方新、副秘书长吴建国以及科技部政策法规司、中国科学技术协会科普部、北京市科委、北京市科学技术协会、中国科学技术馆有关负责人出席开幕式。

7. 24 中国科学院与广东省在广州签署《共建创新型广东的合作协议》。中共中央政治局委员、广东省委书记胡春华，广东省委副书记、省长朱小丹与中国科学院院长、党组书记白春礼，副院长施尔畏一行在广州就省院全面战略合作举行会谈并签署协议。

7. 29 中国科学院学部召开学习贯彻习近平总书记重要讲话精神座谈会，中国科学院院长、党组书记、学部主席团执行主席白春礼出席会议并讲话。副院长李静海主持座谈会并传达了习近平总书记的重要讲话精神。来自中国科学院6个学部的14位院士代表以及院士工作局有关工作人员参加了会议。

7.30　中国科学院资深院士李正武先生因病医治无效在北京逝世，享年97岁。

八　月

8.1　中央机构编制委员会办公室批复（中央编办复字〔2013〕62号），同意中国科学院院机关部分内设机构职能调整及更名。2013年8月5日，中国科学院发文《中国科学院关于中国科学院机关内设机构调整的通知》（科发人字〔2013〕97号）进行调整，设置前沿科学与教育局、重大科技任务局、科技促进发展局、科学传播局，组建条件保障与财务局，院士工作局更名为学部工作局，规划战略局更名为发展规划局，人事教育局更名为人事局。

8.2　第四届库布其国际沙漠论坛在内蒙古鄂尔多斯市库布其召开，期间发布了中国科学院科技政策与管理科学研究所与联合国环境规划署、澳大利亚联邦科学与工业研究组织合作的研究报告——《中国资源效率：经济学与展望》。报告的新闻发布会由联合国环境规划署早期预警司司长Peter Gilruth主持，联合国副秘书长、联合国环境规划署执行主任Achim Steriner出席新闻发布会并讲话。

8.14　2013年度国际晶体生长协会最高奖之一Laudise奖在波兰华沙正式颁发，中国科学院院士、中国科学院理化技术研究所研究员陈创天获奖，这是中国科学家获得的首个国际晶体生长协会最高奖。

8.19　中国科学院与黑龙江省农垦总局在哈尔滨举行《现代农业示范工程科技合作框架协议》签字仪式，中国科学院副院长施尔畏和黑龙江省农垦总局副局长谭占龙分别代表双方签署了合作协议。双方将在作物高光效种植技术示范推广，玉米、水稻和大豆品种改良、新品种选育，绿色高值动植物新品种新技术新产品研发转化，精准农业技术体系研发示范等领域开展深入的合作，共同推进垦区现代农业升级和增加粮食产能建设，为国家现代农业体系建设提供示范样板和战略咨询。

8.23　中国科学院学术委员会成立会议在京召开，中国科学院院长、学部主席团执行主席白春礼为院学术委员会成员颁发聘书并讲话，副院长李静海主持会议。

8.28　中共中国科学院党组中心组围绕落实“创新为民”宗旨和“四个率先”要求举行党的群众路线教育实践活动专题学习（扩大）会，就科技支撑服务国家创新驱动发展战略进行学习和研讨。中国科学院院长、党组书记、院党的群众路线教育实践活动领导小组组长白春礼主持学习会，在京的党组中心组成员及相关部门负责人参加了学习会。

8.29　印发《中国科学院关于印发〈中国科学院发展咨询委员会工作条例〉的通知》（科发办字〔2013〕110号）。

8.30 中共中央政治局常委、国务院总理李克强专门邀请两院院士及有关专家到中南海，听取城镇化研究报告并与他们进行座谈。

8.30 中国科学院外国专家座谈会暨2012年青年科学家国际合作奖颁奖仪式在京召开，来自13个研究所的20位外国专家及其中方合作者参加了座谈会，中国科学院副院长张亚平出席会议，副秘书长谭铁牛宣读了2012年度《中国科学院青年科学家国际合作奖》的表彰决定，张亚平为获奖者颁发了奖杯及证书。

九　月

9.5 《科学》(*Science*)杂志在线发表了中国科学院微生物研究所高福课题组关于H7N9流感病毒流行病学与溯源进化规律研究方面研究，研究证明H7N9禽流感病毒由于获得人源受体结合能力及其结构基础，使得该毒株具备感染人的能力。通过H7N9禽流感病毒的溯源工作，为切断病毒重配与传播途径，控制病毒的扩散，做出了重要科技支撑。

9.6 中国科学院与台湾工业技术研究院共同主办的“第三届两岸产业科技交流论坛”在台湾举行，副院长詹文龙率团出席。论坛议题包括绿能技术、ICT应用技术和生医技术，还新增了知识产权议题。

9.6 “深紫外固态激光前沿装备研制项目”通过国家验收。中国科学院科研人员经过10余年努力，在国际上首先生长出大尺寸氟硼铍酸钾晶体，并率先发展出直接倍频产生深紫外激光的先进技术，研制成功深紫外固态激光源系列装备。这是我国自主研发高精尖仪器的成功范例，使我国成为世界上唯一能够制造实用化、精密化深紫外全固态激光器的国家。

9.6 印发《中国科学院关于印发〈中国科学院教育委员会条例〉的通知》(科发前字〔2013〕114号)。

9.8 中国科学院院长白春礼出席澳大利亚昆士兰大学在京主办的生物纳米创新国际会议开幕式并致辞，这是该会议首次在澳大利亚以外的国家举办。

9.10 由国务院发展研究中心、中国科学院、中国科学技术协会、北京市人民政府共同主办的2013年诺贝尔奖获得者北京论坛开幕式及发展中国家科学院（TWAS）30周年纪念分论坛等活动在京举行，中国科学院、发展中国家科学院院长白春礼出席活动并分别致辞。

9.11 中国科学院主席团成员、发展中国家妇女科学组织（OWSD）主席方新教授会见了来访的发展中国家科学院（TWAS）执行主任Murenzi教授。双方就发展中国家妇女科学组织（OWSD）2013年10月在阿根廷举行OWSD执行会议议程、OWSD奖学金计划、OWSD妇女科学奖的评选机制以及2014年在墨西哥举行OWSD第5次大会等进行了深入讨论，并达成共识。

9.12 《科学》(*Science*)杂志在线发表了中国科学院上海药物研究所吴蓓丽课题组关于艾滋病毒感染人体细胞的机制研究。该研究解析了 CCR5 与抗艾滋病毒药物马拉维若的复合物晶体结构，揭示了马拉维若在 CCR5 分子中的精确结合位点，并阐明该药物分子阻断 CCR5 与艾滋病毒结合的变构调节机制。此外，比较 CCR5 和 CXCR4 的结构，推测了两种共受体可选择性结合不同类型艾滋病毒的主要原因和结构基础，有助于深入理解艾滋病毒感染人体的分子机制。

9.13 中国科学院院长白春礼在北京会见了来访的英国皇家学会会长保罗·纳斯爵士一行。白春礼和保罗·纳斯分别代表中国科学院和英国皇家学会签署联合声明，强调双方将紧密协作，共同推动和支持两国的合作研究。

9.17 第七届中国科学院学部主席团第六次会议在北京举行，中国科学院院长、学部主席团执行主席白春礼主持会议。会议传达了习近平总书记视察中国科学院重要讲话精神，听取了 2013 年中国科学院院士增选工作进展及院士增选、外籍院士选举评审暨选举会议筹备工作等有关情况，会议还投票产生了 2013 年中国科学院外籍院士正式候选人名单，通报了中国科学院学术委员会有关情况等。

9.17 中国科学院学前教育联盟正式成立。学前教育联盟的成立是贯彻落实《中国科学院后勤支撑体系规划》的重要举措，是推进实施“3H 工程”的重要组成部分，将有效解决中国科学院广大科研人员子女入托入园问题，并将进一步提升中国科学院幼儿园教育水平，为科研人员子女提供更高质量的学前教育服务。

9.24 天津市人民政府、农业部、中国科学院就共同推进天津市农业物联网建设与发展，在天津签署了《共同推进天津市农业物联网建设合作框架协议》，中国科学院副院长施尔畏代表中国科学院签署了三方合作协议。根据协议，天津市人民政府作为农业物联网区域试验的实施主体，负责农业物联网区域试验平台的运营管理；农业部负责农业物联网建设指导并提供必要支持；中国科学院负责农业物联网重大技术攻关和全面技术支撑。

9.24 中国科学技术大学与清华大学联合研究小组，在国际上首次实现了测量器件无关的量子密钥分发，成功解决了现实环境中单光子探测系统易被黑客攻击的安全隐患，大大提高了现实量子密钥分发系统的安全性。该工作入选美国物理学会的“2013 年国际物理学重大进展”。

9.24 中国科学院教育委员会第一次会议在北京召开。中国科学院院长白春礼出席会议并讲话，副院长、教育委员会主任丁仲礼主持会议。会议部署了中国科学院大学基础学院建设、中国科学院大学招收本科生相关工作、进一步提高中国科学院研究生的生源质量等七项院教育工作重点任务。

9.25—10.1　中国科学院副院长张亚平率团访问澳大利亚和阿根廷，出席并主持了中国科学院与澳联邦科工业组织第四届联合指导委员会会议，双方签署了第4届联合执委会公报；与澳昆士兰州政府续签了合作意向书。在访问布里斯班时，张亚平与澳昆士兰州政府科学、信息技术、创新和艺术部长 Ian Walker 共同签署了《中国科学院与昆士兰州科技合作计划》，双方承诺在未来两年继续共同支持能源、健康、医疗和农业生物技术领域的合作研究项目。张亚平在阿根廷参加了发展中国家科学院（TWAS）第24届大会的部分活动。

9.30　中国科学院高能物理研究所王贻芳荣获美国物理学会潘诺夫斯基实验粒子物理学奖。该奖项面向全球实验粒子物理领域的科学家，每年颁发一次，以表彰和鼓励他们所做出的杰出贡献。这是我国科学家首次获得该奖项。

十　月

10.1—3　发展中国家科学院第24届院士大会在阿根廷举行，白春礼首次以发展中国家科学院院长身份主持会议，并致开幕词。会议选举出新院士52名，其中包括12名中国科学家。大会还公布了2013年TWAS-Lenovo科学奖和TWAS其他奖项的获奖者名单。白春礼和阿根廷科技部部长巴拉尼奥为来自中国、印度、智利、美国等国的18名获奖者颁奖。来自60多个国家和地区的300多位科学家、10多个国家的科技部部长及联合国教科文组织等国际机构代表参加了大会。

10.2　发展中国家妇女科学组织（OWSD）执委会会议在阿根廷举行。OWSD主席、中国科学院主席团成员方新出席并主持会议。会议决定OWSD第5届大会定于2014年9月17—20日在墨西哥首都墨西哥城举行，同时举行OWSD第4次执委会会议。

10.4—7　中国科学院院长白春礼率团访问智利，与智利国家科委主任、智利大学负责人举行了会谈，接受了智利大学授予的荣誉博士学位并发表演讲，出席了中国科学院与智利科委天文合作项目谅解备忘录签署仪式，并出席中国科学院南美天文中心揭牌仪式。

10.10　中国科学院院士黄润乾先生因病医治无效在昆明逝世，享年80岁。

10.16　中国科学院原副院长、国家最高科学技术奖获得者、中国科学院、中国工程院资深院士叶笃正先生因病医治无效在北京逝世，享年98岁。

10.16　钱三强百年诞辰暨钱三强何泽慧科技思想座谈会在中国科学院学术会堂举行。活动由中国科学院、中国科学技术协会、中国核工业集团公司共同主办。中国科学院院长、党组书记白春礼，中国核工业集团公司党组成员、副总经理杨长利，清华大学党委书记胡和平出席座谈会并讲话。

10.21 中国科学院科学思想库建设委员会在京召开第一次会议，中国科学院院长、党组书记白春礼出席会议，为委员颁发聘书并讲话，会议由中国科学院副院长、科学思想库委员会主任李静海主持。

10.22 中国科学院资深院士侯仁之先生因病医治无效在北京逝世，享年102岁。

10.23 应邀来华访问的俄罗斯总理梅德韦杰夫在访问安徽省合肥市期间，考察了中国科学院合肥物质科学研究院等离子体物理研究所、中国科学技术大学，并在中国科学技术大学发表演讲，同时受聘为该校荣誉教授。

10.28 中共中国科学院党组召开党的群众路线教育实践活动专题民主生活会，聚焦为民务实清廉和反对“四风”，按照“照镜子、正衣冠、洗洗澡、治治病”的总要求，紧密联系党组和党组成员思想、工作实际进行对照检查，以整风精神开展批评与自我批评，深刻剖析“四风”问题产生的根源，明确提出整改的思路和具体措施。

10.29 中国科学院院长白春礼会见了来访的加拿大国家研究理事会（NRC）主席 John McDougall 一行。双方签署了中国科学院与加拿大国家研究理事会合作意向书。

10.30 《自然》（*Nature*）杂志在线发表了中国科学院武汉病毒研究所石正丽课题组关于 SARS 冠状病毒溯源的研究。该课题组成功分离到一株蝙蝠 SARS 样冠状病毒，该项结果为中华菊头蝠是 SARS 冠状病毒的自然宿主提供了更直接的证据，对蝙蝠源新发疾病的预防和控制具有重要意义。

十一月

11.4—7 2013 年中国科学院院士增选评审暨选举会议在京召开。

11.8 第七届中国科学院学部主席团第七次会议在北京举行，中国科学院院长、学部主席团执行主席白春礼主持了会议。会议听取了各学部院士增选选举情况的汇报，审议批准了 2013 年中国科学院院士增选结果等。

11.10 第十届中澳科技研讨会在南京开幕。此次会议由中国科学院和澳大利亚科学院、澳大利亚技术科学与工程院联合主办，中国科学院紫金山天文台承办，主题为“天文和天体物理”。

11.13 中共中国科学院党组学习贯彻党的十八届三中全会精神会议在京召开。中国科学院院长、党组书记白春礼主持会议，传达了《中共中央关于全面深化改革若干重大问题的决定》和习近平总书记在全会第二次全体会议上重要讲话的主要内容，并就中国科学院学习贯彻全会精神提出要求；副院长、党组成员詹文龙传达了习近平总书记代表中央政治局所作工作报告的主要内容。

11.18 中共中国科学院党组召开党的群众路线教育实践活动专题党组会议暨第六次领导小组会议，听取并审议院教育实践活动一、二环节工作“回头看”情况的报告，审议院党组教育实践活动整改方案（含专项整改方案和制度建设计划方案），并传达了中央第28督导组对近期工作的有关要求，研究讨论了《中国科学院党的群众路线教育实践活动领导小组关于做好“整改落实、建章立制”环节工作的意见》审议稿，部署了下一环节工作。

11.20 印发《中国科学院战略性先导科技专项管理办法》及A类先导专项管理、B类先导专项管理、经费管理、人员管理、中期检查和结题验收等5个相关实施细则，规范战略性先导科技专项管理。

11.21 中国科学院资深院士黄量因病医治无效在美国逝世，享年93岁。

11.21 中国科学院后勤管理协会正式成立。后勤管理协会作为全院后勤管理工作的重要交流平台，是推进后勤支撑体系建设的重要组织保障，将为整体提升中国科学院后勤管理水平、保障能力和服务质量发挥积极的建设性作用。

11.21 中国科学院副院长李静海代表中国科学院与英国联合利华公司在北京签署合作谅解备忘录。

11.22 中国科学院在京召开院士座谈会，认真学习贯彻十八届三中全会精神。副院长李静海主持座谈会，来自中国科学院六个学部的12名院士参加了座谈会。

11.23—29 中国科学院院长白春礼率团访问巴西和厄瓜多尔。在巴西期间，白春礼以发展中国家科学院院长身份参加世界科学论坛指导委员会会议，并主持主题为“科学造福自然资源”的全体会议。

11.28 《自然》(*Nature*) 杂志发表了中国科学院国家天文台科研人员对X射线极亮天体M101 ULX-1的研究成果，确认其中心天体为一个质量与恒星可比拟的黑洞。此项工作是国际上对X射线极亮源动力学质量的首次、也是目前唯一一例成功测量。

11.29 中国科学院化学研究所宋延林研究员荣获第十二届毕昇奖印刷优秀新人奖。毕昇印刷奖于1986年开始设立，是我国印刷界最高奖项，主要奖励在长期的工作中，为中国印刷业的管理、科研、生产和教育做出卓越贡献者。

十二月

12.1 中国科学院近代物理研究所科研人员在原子核物理研究的重要研究领域——远离β稳定线核素的合成及衰变性质的研究中取得重要进展。该所科研人员利用兰州重离子加速器充气反冲核谱仪 SHANS 实验装置，采用 α 衰变链的能量-时间-位置关联测量技术，首次合成并鉴别了 205Ac，为 1998 年之后国际上在相关核区首次合成新的核素。

12. 16 中共中国科学院党组召开学习贯彻十八届三中全会精神辅导报告视频会议。中央党的十八届三中全会精神宣讲团成员、财政部副部长王保安应邀作辅导报告，中国科学院院长、党组书记白春礼主持报告会。

12. 16 中共中国科学院党组在京召开会议，传达学习 2013 年中央经济工作会议和中央城镇化工作会议精神。中国科学院院长、党组书记白春礼传达了习近平总书记、李克强总理分别在两个会议上发表的重要讲话精神，并就中国科学院学习贯彻会议精神提出了明确要求。

12. 16—17 中共中国科学院党组 2013 年冬季扩大会议在京召开。会议的主题是：认真学习贯彻党的十八大、十八届三中全会和中央经济工作会议、中央城镇化工作会议精神，深入贯彻落实习近平总书记视察中国科学院重要讲话精神，研究制定贯彻落实“四个率先”的政策举措，深入推进“创新 2020”和“一三五”规划，总结 2013 年工作，研究部署 2014 年重点工作任务。

12. 18 中国科学院数学与系统科学研究院研究人员完全解决了 Theta 对应理论中的两个基本问题之一的 Kudla-Rallis 守恒律猜想，论文被顶级期刊 *J. Amer. Math. Soc.* 发表，并被多次引用。Theta 对应理论是典型群经典不变量理论的极大发展，它由美国科学院院士 Howe 在 20 世纪 70 年代开创，在典型群无穷维表示论及 L-函数研究中有深刻应用。Theta 对应理论中有两个最基本的问题：Howe 对偶猜想和 Kudla- Rallis 守恒律猜想。

12. 19 中国科学院 2013 年当选院士证书颁发仪式暨座谈会在北京召开。座谈会由中国科学院副院长李静海主持，各专门委员会和各学部常委会主任或副主任以及新当选院士出席。中国科学院院长、学部主席团执行主席白春礼为新当选院士颁发了院士证书并讲话，各专门委员会主任或副主任分别介绍了学部咨询评议、科学道德和学风建设、学术交流和科学普及等方面的工作，新当选院士也在座谈会上纷纷发言并表示今后将认真履行院士义务、切实维护院士荣誉。

学部与院士工作

中国科学院学部领导机构

第七届中国科学院学部主席团

名誉主席　周光召　路甬祥

第七届中国科学院学部主席团

执行主席　白春礼

成　　员　（按姓氏笔画排序）

丁仲礼　马志明　王占国　叶培建　白春礼　朱作言
朱道本　许智宏　李　未　李衍达　李静海　杨　卫
何鸣元　沈文庆　陈运泰　陈宜瑜　陈　颙　林其谁
周其凤　赵忠贤　秦大河　顾秉林　程津培　詹文龙

第七届中国科学院学部主席团执行委员会

执行主席　白春礼

成　　员　（按姓氏笔画排序）

白春礼　朱道本　许智宏　李　未　李静海　沈文庆
陈宜瑜　陈　颙　周其凤　秦大河　顾秉林　詹文龙

秘 书 长　曹效业

第七届中国科学院学部主席团顾问（按姓氏笔画排序）

万　钢　马建堂　朱之鑫　李　伟　李安东　陈求发
陈宜瑜　陈奎元　周　济　袁贵仁　韩启德　谢伏瞻
谢旭人

中国科学院学部第五届咨询评议工作委员会

主　　任　沈文庆

副 主 任　吴国雄　周孝信　潘云鹤

委　　员　（按姓氏笔画排序）

王恩哥　方精云　安芷生　李家春　杨学军　吴国雄
吴培亨　吴硕贤　沈文庆　沈　岩　沈保根　陈晓亚
周孝信　段　雪　侯建国　高　松　郭华东　褚君浩
潘云鹤

中国科学院学部第五届咨询评议工作委员会顾问（按姓氏笔画排序）

王延觉　王春法　叶玉江　吕　薇　何鸣鸿　赵　路

姜静波　晋保平　谢冰玉　谢伏瞻　蔡　润　綦成元

中国科学院学部第五届科学道德建设委员会

主　任　许智宏
副主任　周　远　欧阳钟灿
委　员　（按姓氏笔画排序）
方荣祥　冯守华　朱作言　江桂斌　许智宏　孙义燧
李启虎　李德仁　怀进鹏　陈木法　林国强　林惠民
周　远　周卫健（女）　祝世宁　翟明国　薛其坤
欧阳钟灿

中国科学院学部第三届学术与出版工作委员会

主　任　秦大河
副主任　郑兰荪　饶子和
委　员　（按姓氏笔画排序）
于起峰　王　曦　朱作言　许宁生　李　林　李树深
杨玉良　郑兰荪　郑厚植　饶子和　洪茂椿　贺福初
秦大河　梅　宏　崔向群（女）　彭实戈　程时杰
傅伯杰　焦念志

中国科学院学部第一届科学普及与教育工作委员会

主　任　周其凤
副主任　石耀霖　何积丰
委　员　（按姓氏笔画排序）
石耀霖　叶培建　戎嘉余　朱　荻　朱邦芬　刘嘉麒
李　灿　吴一戎　何积丰　张　杰　张启发　陈凯先
陈建生　周其凤　南策文　侯凡凡（女）　郭光灿
康　乐

中国科学院数学物理学部第十五届常务委员会

主　任　詹文龙
副主任　李家春　陈建生　彭实戈　欧阳钟灿
委　员　（按姓氏笔画排序）
王恩哥　文　兰　邢定钰　朱邦芬　孙昌璞　李邦河
李家春　张伟平　陈和生　陈建生　欧阳钟灿
郑晓静（女）　洪家兴　徐至展　崔向群（女）
彭实戈　詹文龙

中国科学院化学部第十五届常务委员会

主　任　朱道本

副主任　江桂斌　周其凤　郑兰荪　侯建国

委　员　（按姓氏笔画排序）

万立骏　田中群　包信和　朱道本　江桂斌　李静海
张　希　张玉奎　陈小明　周其凤　周其林　郑兰荪
赵玉芬（女）　侯建国　姚建年　柴之芳　高　松

中国科学院生命科学和医学学部第十五届常务委员会

主　任　陈宜瑜

副主任　朱作言　陈晓亚　侯凡凡（女）　贺福初

委　员　（按姓氏笔画排序）

邓子新　朱作言　许智宏　沈　岩　张启发　陈　竺
陈宜瑜　陈晓亚　武维华　孟安明　赵国屏　侯凡凡（女）
饶子和　贺福初　郭爱克　韩启德　裴　钢

中国科学院地学部第十五届常务委员会

主　任　陈　颙

副主任　石耀霖　戎嘉余　吴国雄　周卫健（女）　傅伯杰

委　员　（按姓氏笔画排序）

石耀霖　戎嘉余　刘丛强　刘嘉麒　杨元喜　吴国雄
张　经　陈　颙　周卫健（女）　郑永飞　姚檀栋
贾承造　郭华东　陶　澍　符淙斌　傅伯杰　焦念志
翟明国　穆　穆

中国科学院信息技术科学部第十五届常务委员会

主　任　李　未

副主任　何积丰　李启虎　李树深　褚君浩

委　员　（按姓氏笔画排序）

王家骐　刘国治　许宁生　李　未　李启虎　李树深
杨学军　怀进鹏　何积丰　吴一戎　徐宗本　梅　宏
黄　维　黄民强　褚君浩

中国科学院技术科学部第十五届常务委员会

主　任　顾秉林

副主任　叶培建　吴硕贤　祝世宁　胡海岩　程时杰

委　员　（按姓氏笔画排序）

于起峰　王　曦　王光谦　叶培建　朱　荻　任露泉

李　天　吴硕贤　沈保根　张　泽　胡海岩　南策文
祝世宁　顾秉林　顾逸东　程时杰　赖远明

中国科学院院士增选工作研究小组成员组成名单

组　长　李静海

成　员　(按姓氏笔画排序)

朱作言　朱道本　李衍达　沈保根　陈建生　欧阳钟灿
周卫健　周　远　郑兰荪　胡海岩

中国科学院学部国际合作和外籍院士工作小组

组　长　李静海

成　员　(按姓氏笔画排序)

于　渌　戎嘉余　李　未　吴培亨　张　泽　陈运泰
欧阳钟灿　侯建国　饶子和　费维扬　曾益新　薛其坤

2013 年中国科学院院士名单

（2013 年 12 月 31 日统计，750 人。分学部按姓氏笔画排序）

数学物理学部（143 人）

丁伟岳 丁夏畦 于 敏 于 渌 万哲先 马志明 王乃彦
王广厚 王 元 王世绩 王业宁（女） 王 迅 王诗宬
王恩哥 王梓坤 王绶琯 王鼎盛 文 兰 方 成 方守贤
甘子钊 艾国祥 石钟慈 龙以明 叶叔华（女） 叶朝辉
田 刚 白以龙 邝宇平 冯 端 邢定钰 曲钦岳 吕 敏
朱邦芬 向 涛 刘应明 汤定元 孙义燧 孙昌璞 孙 鑫
严加安 苏定强 苏肇冰 李大潜 李方华（女） 李邦河
李安民 李荫远 李家明 李家春 李惕碚 李德平 杨 乐
杨应昌 杨国桢 杨福家 励建书 吴文俊 吴岳良 何祚庥
邹广田 闵乃本 汪承灏 汪景琇 沈文庆 沈学础 张仁和
张伟平 张 杰 张宗烨（女） 张恭庆 张家铝 张焕乔
张淑仪（女） 张涵信 张维岩 张裕恒 张殿琳 张肇西
陆启铿 陆 埮 陈十一 陈木法 陈永川 陈式刚 陈和生
陈佳洱 陈建生 陈恕行 陈难先 陈 彪 武向平 范海福
林 群 欧阳钟灿 欧阳颀 罗 俊 周又元 周光召 周向宇
周 恒 周毓麟 冼鼎昌 郑厚植 郑晓静（女） 赵光达
赵忠贤 赵政国 郝柏林 胡仁宇 胡和生（女） 俞昌旋
姜伯驹 洪家兴 洪朝生 贺贤土 袁亚湘 夏道行 徐至展
徐叙瑢 高鸿钧 郭尚平 郭柏灵 席南华 唐孝威 陶瑞宝
黄祖洽 龚昌德 鄂维南 崔向群（女） 章 综 彭实戈
葛墨林 程开甲 童秉纲 谢家麟 詹文龙 解思深 熊大闰
潘建伟 霍裕平 戴元本 魏宝文

化学部（共 128 人）

丁奎岭 万立骏 万惠霖 王方定 王佛松 王 夔 支志明
方维海 计亮年 卢佩章 申泮文 田中群 田 禾 田昭武
白春礼 包信和 冯小明 冯守华 朱起鹤 朱清时 朱道本
任詠华（女） 刘元方 刘有成 刘若庄 刘忠范 江 龙
江 明 江桂斌 江 雷 麦松威 严东生 严纯华 苏 锵

李永舫　李亚栋　李　灿　李洪钟　李静海　杨玉良　杨秀荣（女）
杨学明　吴云东　吴　奇　吴养洁　吴新涛　何国钟　何鸣元
佟振合　余国琮　闵恩泽　汪尔康　沙国河　沈之荃（女）
沈家骢　宋礼成　张玉奎　张礼和　张存浩　张　希　张俐娜（女）
张洪杰　张　涛　张乾二　陆婉珍（女）　陆熙炎　陈小明
陈庆云　陈凯先　陈俊武　陈洪渊　陈家镛　陈新滋　陈　懿
林励吾　林国强　卓仁禧　周同惠　周其凤　周其林　郑兰荪
赵玉芬（女）　赵东元　赵进才　胡宏纹　胡　英　查全性
段　雪　侯建国　俞汝勤　洪茂椿　费维扬　姚守拙　姚建年
袁　权　袁承业　柴之芳　钱逸泰　倪嘉缵　徐光宪　徐如人
徐晓白（女）　高　松　郭景坤　唐本忠　唐有祺　涂永强
黄乃正　黄本立　黄志镗　黄春辉（女）　黄维垣　曹　镛
麻生明　梁敬魁　彭少逸　蒋锡夔　韩布兴　程津培　程镕时
游效曾　谢毓元　谢　毅（女）　蔡启瑞　黎乐民　颜德岳
戴立信

生命科学和医学学部（共132人）

王大成　王文采　王正敏　王世真　王志珍（女）　王志新
王恩多（女）　毛江森　方荣祥　方精云　尹文英（女）
孔祥复　邓子新　石元春　卢永根　叶玉如（女）　田　波
印象初　匡廷云（女）　朱玉贤　朱兆良　朱作言　庄文颖（女）
庄巧生　刘以训　刘允怡　刘建康　刘新垣　许智宏　孙大业
孙汉董　孙曼霁　孙儒泳　苏国辉　李　林　李季伦　李振声
李家洋　李朝义　杨焕明　杨雄里　杨福愉　吴　旻　吴孟超
吴祖泽　吴常信　汪忠镐　沈允钢　沈自尹　沈　岩　沈善炯
张友尚　张永莲（女）　张亚平　张启发　张明杰　张学敏
张春霆　张树政（女）　张新时　陆士新　陈子元　陈文新（女）
陈可冀　陈　竺　陈宜张　陈宜瑜　陈晓亚　陈润生　陈　霖
武维华　林其谁　林鸿宣　尚永丰　金　力　金国章　周　俊
郑光美　郑守仪（女）　郑儒永（女）　孟安明　赵玉沛
赵尔宓　赵进东　赵国屏　赵继宗　段树民　侯凡凡（女）
饶子和　施一公　施教耐　施蕴渝（女）　洪国藩　洪德元
姚开泰　贺　林　贺福初　桂建芳　高　福　郭爱克　唐守正
唐崇惕（女）　黄路生　曹文宣　戚正武　龚岳亭　常文瑞
康　乐　梁栋材　梁智仁　隋森芳　葛均波　蒋有绪　韩启德
韩济生　韩家淮　韩　斌　程和平　舒红兵　童坦君　曾益新
曾　毅　谢华安　谢联辉　强伯勤　赫　捷　裴　钢　翟中和

薛社普　鞠　躬　魏于全　魏江春

地学部（共 124 人）

丁仲礼　丁国瑜　万卫星　马宗晋　马　瑾（女）　王　水
王成善　王会军　王铁冠　王　颖（女）　王德滋　文圣常
丑纪范　邓起东　石广玉　石耀霖　叶大年　叶嘉安　田在艺
冯士筰　戎嘉余　吕达仁　朱日祥　朱显谟　伍荣生　任纪舜
刘丛强　刘光鼎　刘昌明　刘宝珺　刘振兴　刘嘉麒　安芷生
许志琴（女）　许厚泽　孙　枢　孙鸿烈　苏纪兰　李小文
李吉均　李廷栋　李崇银　李德仁　李德生　李曙光　杨元喜
杨文采　肖序常　吴立新　吴国雄　吴新智　邱占祥　汪品先
汪集旸　沈其韩　张本仁　张国伟　张弥曼（女）　张　经
张培震　张彭熹　陆大道　陈　旭　陈运泰　陈俊勇　陈　骏
陈　颙　林学钰（女）　欧阳自远　金之钧　金振民　周卫健（女）
周成虎　周志炎　周秀骥　周忠和　於崇文　郑永飞　郑　度
赵其国　赵柏林　赵鹏大　胡敦欣　钟大赉　姚振兴　姚檀栋
秦大河　秦蕴珊　袁道先　莫宣学　贾承造　徐冠华　殷鸿福
高　山　高　俊　郭正堂　郭令智　郭华东　涂传诒　陶　澍
黄荣辉　龚健雅　常印佛　崔　鹏　符淙斌　巢纪平　彭平安
程国栋　傅伯杰　傅家谟　焦念志　舒德干　童庆禧　曾庆存
曾融生　谢学锦　翟明国　翟裕生　滕吉文　薛禹群　穆　穆
戴金星　魏奉思

信息技术科学部（共 88 人）

干福熹　王之江　王占国　王立军　王　圩　王守武　王守觉
王阳元　王启明　王育竹　王家骐　王　越　王　巍　尹　浩
包为民　匡定波　吕　建　朱中梁　刘永坦　刘国治　刘颂豪
刘盛纲　许宁生　李　未　李启虎　李树深　李衍达　杨芙清（女）
杨学军　吴一戎　吴宏鑫　吴培亨　吴德馨（女）　何积丰
沈绪榜　怀进鹏　宋　健　张　钹　张效祥　张景中　张　煦
张嗣瀛　陆元九　陆汝钤　陈国良　陈定昌　陈星旦　陈星弼
陈俊亮　陈桂林　陈翰馥　林为干　林惠民　林尊琪　金亚秋
周兴铭　周炳琨　周巢尘　郑有炓　郑建华　郑耀宗　郝　跃
保　铮　侯　洵　侯朝焕　姚建铨　秦国刚　夏建白　夏培肃（女）
徐宗本　郭光灿　郭　雷　黄民强　黄宏嘉　黄　维　黄　琳
梅　宏　龚旗煌　梁思礼　彭堃墀　董韫美　雷啸霖　简水生

阙端麟　　褚君浩　　谭铁牛　　薛永祺　　戴汝为

技术科学部（共 135 人）

丁　汉　　于起峰　　王大中　　王立鼎　　王光谦　　王自强　　王希季
王补宣　　王崇愚　　王淀佐　　王锡凡　　王　曦　　方岱宁　　卢　柯
卢　强　　叶恒强　　叶培建　　申长雨　　邢球痕　　过增元　　成会明
师昌绪　　朱位秋　　朱荻　　朱森元　　朱　静（女）　　伍小平（女）
任新民　　任露泉　　庄逢辰　　刘广均　　刘竹生　　刘宝镛　　刘维民
齐　康　　许学彦　　孙　钧　　孙家栋　　严陆光　　李　天　　李应红
李述汤　　李依依（女）　　李济生　　杨　卫　　杨叔子　　杨　槱
肖纪美　　吴良镛　　吴承康　　吴硕贤　　邱大洪　　邱　勇　　何满潮
余梦伦　　邹世昌　　闵桂荣　　汪　耕　　沈志云　　沈保根　　宋玉泉
宋振骐　　宋家树　　张兴钤　　张佑启　　张　泽　　张统一　　张楚汉
陈　达　　陈创天　　陈学俊　　陈祖煜　　陈能宽　　范守善　　林　皋
欧阳予　　金红光　　金展鹏　　周干峙　　周尧和　　周　远　　周孝信
周国治　　郑　平　　郑时龄　　郑哲敏　　赵淳生　　胡文瑞　　胡聿贤
胡海岩　　南策文　　柯　俊　　柳百新　　钟万勰　　钟香崇　　俞鸿儒
闻邦椿　　姜中宏　　祝世宁　　姚　熹　　都有为　　顾秉林　　顾诵芬
顾逸东　　徐采栋　　徐性初　　徐建中　　徐祖耀　　高镇同　　高德利
唐叔贤　　陶文铨　　黄克智　　曹春晓　　曹楚南　　彭一刚　　葛昌纯
韩祯祥　　程时杰　　程耿东　　温诗铸　　谢光选　　赖远明　　路甬祥
蔡其巩　　蔡睿贤　　雒建斌　　翟婉明　　熊有伦　　颜鸣皋　　潘际銮
薛其坤　　魏寿昆　　魏炳波

2013年中国科学院外籍院士名单

（2013年12月31日统计，72人。按英文姓氏首字母排序）

中文姓名	英文姓名	当选年份	国籍
若列斯·阿尔费罗夫	Zhores I. Alferov	2006	俄罗斯
克里斯汀·阿芒托	Christian Amatore	2013	法国
弗莱明·贝森巴赫	Flemming Besenbacher	2013	丹麦
伯奇费尔	Burrell Clark Burchfiel	1998	美国
钱煦	Shu Chien	2006	美国
卓以和	Alfred Y. Cho	1996	美国
朱棣文	Steven Chu	1998	美国
朱经武	Paul Ching-Wu Chu	1996	美国
蔡南海	Nam-Hai Chua	2006	新加坡
菲立普·希阿雷	Philippe G. Ciarlet	2009	法国
阿龙·切哈诺沃	Aharon Ciechanover	2013	以色列
万森·库尔提欧	Vincent Courtillot	2007	法国
盖伊·德泰	Guy Blaudin de Thé	2004	法国
罗伯特·迪金森	Robert E. Dickinson	2006	美国
法捷耶夫	Ludwig D. Faddeev	2007	俄罗斯
傅睿思（女）	Else Marie Friis	2002	丹麦
冯元桢	Yuan-Cheng Fung	1994	美国
萨姆韦尔·格里戈良	Samvel S. Grigorian	2006	俄罗斯
戴维·格罗斯	David Gross	2011	美国
艾伦·黑格	Alan J. Heeger	2007	美国
阿夫拉姆·赫什科	Avram Hershko	2011	以色列
何毓琦	Yu-Chi Ho	2000	美国
霍克弗尔特	Tomas Hökfelt	2000	瑞典
霍西金斯	Brian John Hoskins	2002	英国
胡正明	Chenming Calvin Hu	2007	美国
黄煦涛	Thomas S. Huang	2002	美国

续表

中文姓名	英文姓名	当选年份	国籍
饭岛澄男	Sumio Iijima	2011	日本
井口洋夫	Hiroo Inokuchi	2000	日本
简悦威	Yuet Wai Kan	1996	美国
高锟	Charles K. Kao	1996	美国
库什	Gurdev S. Khush	2002	印度
克劳斯·冯·克利钦	Klaus Von Klitzing	2006	德国
葛守仁	Ernest Shiu-Jen Kuh	1998	美国
李政道	Tsung-Dao Lee	1994	美国
杰马里·莱恩	Jean-Marie Lehn	2004	法国
黎念之	Norman N. Li	1998	美国
刘必治	Bede Liu	2011	美国
马佐平	Tso-Ping Ma	2009	美国
毛河光	Ho-kwang David Mao	1996	美国
马库斯	Rudolph A. Marcus	1998	美国
弗朗斯瓦·马蒂	Francois Mathey	2011	法国
米歇尔	Hartmut Michiel	2000	德国
莫里茨	Helmut Moritz	1998	奥地利
弗里德·穆拉德	Ferid Murad	2007	美国
野依良治	Ryoji Noyori	2011	日本
罗格·欧文	D. Roger J. Owen	2011	英国
雅各布·帕里斯	Jacob Palis	2013	巴西
蒲慕明	Muming Poo	2011	美国
拉奥	C. N. R. Rao	2013	印度
雷文	Peter H. Raven	1994	美国
罗伯塔·鲁德尼克	Roberta L. Rudnick	2011	美国
萨支唐	Chih-Tang Sah	2000	美国
沈元壤	Yuen-Ron Shen	1996	澳大利亚
肖荫堂	Yum-Tong Siu	2004	美国
彼得·史唐	Peter J. Stang	2006	美国
苏布拉·苏雷什	Subra Suresh	2013	美国

续表

中文姓名	英文姓名	当选年份	国籍
郎尼・汤姆森	Lonnie Thompson	2009	美国
丁肇中	Samuel C. C. Ting	1994	美国
徐立之	Lap-Chee Tsui	2009	加拿大
崔琦	Daniel Chee Tsui	2000	美国
王晓东	Xiaodong Wang	2013	美国
王中林	Zhong Lin Wang	2009	美国
迈克・沃特曼	Michael S. Waterman	2013	美国
托斯登・威塞尔	Torsten N. Wiesel	2004	美国
吴耀祖	Theodore Yao-Tsu WU	2002	美国
威利	Peter J. Wyllie	1996	英国
杨振宁	Chen Ning Yang	1994	美国
姚期智	Andrew Chi-Chih Yao	2004	美国
丘成桐	Shing-Tung Yau	1994	美国
理查德・杰尔	Richard N. Zare	2004	美国
张首晟	Shou-Cheng Zhang	2013	美国
哈迈德・泽维尔	Ahmed H. Zewail	2009	美国

2013 年逝世的中国科学院院士名单

姓名	学部	去世时间
李敏华	技术科学部	2013-01-19
徐　僖	化学部	2013-02-16
孙家钟	化学部	2013-02-24
孙钟秀	信息技术科学部	2013-05-18
高　鸿	化学部	2013-06-14
吴征镒	生命科学和医学学部	2013-06-20
张光斗	技术科学部	2013-06-21
王克明	技术科学部	2013-07-20
李正武	数学物理学部	2013-07-30
黄润乾	数学物理学部	2013-10-10
叶笃正	地学部	2013-10-16
侯仁之	地学部	2013-10-22

2013 年逝世的中国科学院外籍院士名单

英文姓名	中文姓名	国籍	去世时间
Chia-Chiao Lin	林家翘	美国	2013-01-13

院士增选和外籍院士增选工作

2013 年，进一步改进了增选工作，强调了增选纪律和工作要求，确保院士增选工作顺利完成。在制度建设上，修订并实施了《中国科学院院士增选工作实施细则》、《中国科学院院士增选工作中院士候选人行为守则》、《中国科学院院士增选工作中院士行为规范》、《中国科学院院士增选有效候选人材料公示办法（试行)》、《中国科学院院士增选投诉信处理办法》等一系列政策性规定，使增选工作顺利开展。在工作环节上为减少地方和部门利益对增选工作的影响，首次实行鼓励单一渠道推荐候选人，强调了推荐人以及推荐部门的责任；为排除非正常干扰，取消了初步候选人公示环节，增强了公示的有效性和针对性；为保证增选质量和保护候选人的合法权益，进一步规范和严肃了投诉信的处理，加强了对投诉内容的核查；为进一步严肃增选纪律，以主席团名义向全体院士发出相关通知。同时，加强正面宣传，呼吁社会理性看待院士增选。在外籍院士选举中，为优化和完善学科结构，探索以综合提名的方式推荐候选人，得到了院士们的认可并取得了较好的效果。学部工作局注重改进会风，缩短院士增选会议会期，取消了 VIP 接站。2013 年选举产生了 53 名中国科学院院士和 9 名中国科学院外籍院士，院士队伍的学科、年龄和性别结构都得到了进一步优化。

2013年当选中国科学院院士名单

（共53人，分学部以姓氏笔画为序）

数学物理学部（9人）

序号	姓名	年龄	专业	工作单位
1	向　涛	50	凝聚态理论	中国科学院物理研究所
2	孙　鑫	74	凝聚态物理	复旦大学
3	励建书	53	数学	香港科技大学
4	汪景琇	69	太阳物理	中国科学院国家天文台
5	陈十一	56	力学	北京大学
6	陈恕行	72	数学	复旦大学
7	欧阳颀	57	凝聚态物理	北京大学
8	周向宇	48	基础数学	中国科学院数学与系统科学研究院
9	赵政国	56	粒子物理与原子核物理	中国科学技术大学

化学部（9人）

序号	姓名	年龄	专业	工作单位
1	丁奎岭	47	有机化学	中国科学院上海有机化学研究所
2	方维海	57	物理化学	北京师范大学
3	冯小明	49	有机化学	四川大学
4	李永舫	64	高分子化学与物理	中国科学院化学研究所
5	杨秀荣（女）	67	分析化学	中国科学院长春应用化学研究所
6	张洪杰	59	无机化学	中国科学院长春应用化学研究所
7	张　涛	49	化工（工业催化）	中国科学院大连化学物理研究所
8	韩布兴	55	物理化学	中国科学院化学研究所
9	谢　毅（女）	45	无机化学	中国科学技术大学

生命科学和医学学部（9 人）

序号	姓名	年龄	专业	工作单位
1	金　力	50	进化遗传学	复旦大学
2	赵继宗	67	神经外科学	首都医科大学
3	施一公	46	生物物理学	清华大学
4	桂建芳	57	鱼类遗传育种	中国科学院水生生物研究所
5	高　福	51	病原微生物学与免疫学	中国疾病预防控制中心、中国科学院微生物研究所
6	韩家淮	53	细胞生物学	厦门大学
7	韩　斌	50	作物遗传与基因组学	中国科学院上海生命科学研究院
8	程和平	50	细胞生物学和生物物理学	北京大学
9	赫　捷	52	胸外科	中国医学科学院肿瘤医院

地学部（10 人）

序号	姓名	年龄	专业	工作单位
1	王成善	61	沉积学	中国地质大学（北京）
2	王会军	49	大气科学	中国科学院大气物理研究所
3	吴立新	46	物理海洋学	中国海洋大学
4	张培震	57	地震动力学	中国地震局地质研究所
5	陈　骏	58	地球化学	南京大学
6	金之钧	55	石油地质学	中国石油化工股份有限公司石油勘探开发研究院
7	周成虎	48	地图学与地理信息系统	中国科学院地理科学与资源研究所
8	郭正堂	49	新生代地质与环境	中国科学院地质与地球物理研究所
9	崔　鹏	55	自然地理学与水土保持学	中国科学院水利部成都山地灾害与环境研究所
10	彭平安	52	有机地球化学	中国科学院广州地球化学研究所

信息技术科学部（7 人）

序号	姓名	年龄	专业	工作单位
1	王立军	66	光电子学	中国科学院长春光学精密机械与物理研究所
2	王　巍	46	导航、制导与控制	中国航天科技集团公司第九研究院
3	尹　浩	53	通信网络与信息系统	中国人民解放军总参谋部第六十一研究所
4	吕　建	53	计算机软件	南京大学
5	郝　跃	55	微电子学	西安电子科技大学
6	龚旗煌	48	非线性光学、超快光子学	北京大学
7	谭铁牛	49	模式识别与计算机视觉	中国科学院自动化研究所

技术科学部（9 人）

序号	姓名	年龄	专业	工作单位
1	丁　汉	49	机械电子工程	华中科技大学
2	方岱宁	55	固体力学	北京大学
3	成会明	49	材料科学与工程	中国科学院金属研究所
4	刘维民	50	润滑材料与技术	中国科学院兰州化学物理研究所
5	李应红	50	航空推进技术	中国人民解放军空军工程大学
6	邱　勇	48	有机光电材料	清华大学
7	何满潮	57	矿山工程岩体力学	中国矿业大学（北京）
8	金红光	56	工程热物理	中国科学院工程热物理研究所
9	高德利	55	油气钻探与开采	中国石油大学（北京）

2013 年当选中国科学院外籍院士名单

（按英文姓氏首字母排序）

序号	姓名	年龄	国籍	工作单位	专业
1	克里斯汀·阿芒托 Christian Amatore	62	法国	法国巴黎高等师范学院	化学
2	弗莱明·贝森巴赫 Flemming Besenbacher	61	丹麦	丹麦奥胡斯大学	物理化学
3	阿龙·切哈诺沃 Aharon Ciechanover	66	以色列	南京大学	生物化学
4	雅各布·帕里斯 Jacob Palis	73	巴西	巴西国家纯数学与应用数学研究所	数学
5	拉　奥 C. N. R. Rao	79	印度	印度贾瓦哈拉尔·尼赫鲁先进科技研究中心	化学
6	苏布拉·苏雷什 Subra Suresh	57	美国	美国麻省理工学院	材料科学、固体力学
7	王晓东 Xiaodong Wang	50	美国	北京生命科学研究所	生物化学
8	迈克·沃特曼 Michael S. Waterman	71	美国	美国南加州大学、清华大学	计算生物学
9	张首晟 Shou-Cheng Zhang	50	美国	美国斯坦福大学	凝聚态/材料物理

咨询评议工作

根据我国经济社会发展的战略需求和面临的重点问题，提前部署重点咨询项目，并加强研究支撑。全年向国务院报送咨询报告13份，院士建议8份，收到国家领导批示20余次。完成了城镇化、药品安全、大数据、智能电网、图像传感网技术和土壤污染修复等重点咨询项目，受到中央领导的高度重视。李克强总理主持召开座谈会听取了城镇化咨询组的意见和建议；公安部专门邀请图像传感网技术咨询组座谈并研究合作事宜；中国科学院、中国工程院、美国科学院和美国工程院共同主办“中美智能电网发展战略和科技政策研讨会”，对中美智能电网相关议题进行了深入研讨；学部“科技与经济结合”咨询项目组到德国和瑞士调研了科技成果转化转移的经验和做法，促进了学部咨询课题研究的国际化进程。另外，还从管理层面制定了《中国科学院学部咨询评议立项及结题评审办法》，瞄准重大选题进行评审评议，进一步提升了咨询报告的质量。

科学道德建设

围绕学术诚信和当代大学生社会责任，在科研院所、大学开展“科学道德与学风建设”宣讲工作。组织开展纳米技术、干细胞技术、互联网技术等伦理问题研究，发布了《中国科学院主席团关于负责任的转基因技术研发行为的倡议》。学部道德委主任许智宏院士还在加拿大多伦多举行的第三届世界科研诚信大会开幕会上致辞并做了题为《科技伦理问题的考量与探索实践》的主题报告，向国际科学界介绍了中国科学院学部科学道德建设相关工作。

学术与出版工作

围绕国家战略需求和世界科技前沿，重点部署了“拓扑绝缘体与未来信息技术”等20余项学科发展战略研究项目；发挥“科学与技术前沿论坛”和“技术科学论坛”交流学术、激发创新、引领前沿、促进学科交叉和培养人才的作用，召开了“陆海统筹论碳汇”等15场学术论坛，113篇论坛报告在《中国科学》刊载；重点抓好“决策咨询”、“学术引领”和“科学文化”三大系列成果的出版，出版了《中国科学家思想录》丛书（1—8辑），《微纳电子学》等5本“中国学科发展战略”丛书以及《马大猷传》等5本院士传记。

科学普及与教育工作

在“科学与中国”院士巡讲中，精心组织设计了“创新驱动发展”和“生态文明建设”两个巡讲主题，有效地提升了学部科普工作的时代性和针对性。全年共举办129场“科学与中国”科普报告会。录制了6场“科学与中国——院士专家讲座”并在中国教育电视频道播出，启动生命科学系列科普片拍摄，完成首部“揭秘艾滋病”的摄制。

陈嘉庚科学奖基金会工作

通过加强推荐和评审环节的有效组织，高质量完成了2014年度陈嘉庚科学奖和陈嘉庚青年科学奖的评奖工作，评奖结果在12月6日“科技盛典”发布。陈嘉庚科学奖自2003年以来，首次评满6个奖项。为了进一步提高获奖项目的声誉和影响力，再次研究并修订了陈嘉庚科学奖的定位和标准。顺利完成理事会换届和法人及原始基金变更，陈嘉庚科学奖基金会连续三年年检合格。完成了《冯端》、《吴良镛》、《张存浩》、《刘盛纲》、《赵忠贤》等5部获奖科学家纪录片的制作并在上海电视台播出。编辑出版了《科技创新推动民族复兴——纪念陈嘉庚科学奖基金会成立10周年》纪念文集。与集美学校委员会共同创办“嘉庚论坛”。

院直属单位情况

分　院　机　构

北京分院（筹）

院　　长：何　岩（兼）
地　　址：北京市海淀区中关村南四街18号紫金数码园1号楼
邮政编码：100190
电　　话：010-62661266
传　　真：010-62661245
电子信箱：bjb@cashq. ac. cn
网　　址：http://www. bjb. cas. cn

中国科学院北京分院筹建于2005年3月1日，与中国科学院京区党委采用“同一机构、两块牌子”的形式合署办公。

北京分院是中国科学院机关的派出机构，负责联系和管理中国科学院在北京、天津、山西地区的44个研究机构，1个教育机构，2个公共支撑单位和1个新闻单位。

截至2013年底，北京分院系统共有在职职工22 765余人。其中专业技术人员19 719人，包括中国科学院院士170人，中国工程院院士23人。京区党委所属基层党组织57个，党员总人数40 020人。

2013年，北京分院京区党委按照院工作会议和院党建工作会议部署，以贯彻落实院机关改革精神，全面推进“一三五”规划实施为核心，在深入开展党的群众路线教育活动，全面加强领导班子领导科技创新的能力建设，着力推动重点领域的院地合作，不断提升京区党建工作科学化水平，发挥综合服务职能等方面取得新进展。

一、领导班子和后备干部队伍建设

1. 加强局所级领导干部思想建设。建立中心组学习报告和巡听制度，召开京区所长、书记学习习近平重要讲话座谈会；组织所级领导学习习近平在中央政治局第九次集体学习时重要讲话座谈会；组织学习十八届三中全会精神座谈会。

2. 加强京区单位党政领导班子建设。完成8个研究所的换届考核，4个研究所的届中考核，组织2个单位的副所长竞争上岗工作，对10位同志进行个别提任考核，对3位同志进行转正考核。配合企业党组参与3个公司的考核工作；完成10个单位的党委换届、6个单位的党委届中考核。

3. 加强局所级领导干部党风廉政建设。举办新任所级领导干部工作交流暨集体廉政谈话会议。督促分院所级领导干部严格按要求完成个人有关事项的报告，共计235份报告。做好关心关爱领导干部各项具体工作。

二、不断提升党建工作科学化水平

（一）认真履行院党的群众路线教育实践活动领导小组办公室职责

1. 承担院教育实践活动领导小组办公室工作。与院相关部门通力协作，做好各项工作的组织协调与落实，为全院教育实践活动有序深入开展提供有力保障。精心做好全院活动方案的设计谋划；加强与中央教育实践活动领导小组办公室、中央第28督导组的沟通协调，落实好“一周一报告”制度。参与组织院党的群众路线教育实践活动动员大会、总结大会、7次院教育实践活动领导小组工作会议。编印简报33余期，中央第28督导组督导的8个单位中，被“群众路线网”采纳40条，信息数量远远超过其他单位。中央督导组对中国科学院活动的总体实效给予了充分肯定。

2. 扎实推动京区单位教育实践活动。北京分院5个督导组深入基层单位260余次，设立群众意见箱，保障了活动顺利开展。召开京区所长书记深入开展教育实践活动座谈会。京区党委高度重视自身建设，通过组织召开高质量的民主生活会、组织生活会，牢固树立群众观点、不断提高履职尽责能力。

（二）加强宣传思想工作

深入贯彻全国宣传思想工作会议精神。认真宣传中国科学院贯彻中央“八项规定”和院党组12项要求，及时向中央国家机关工委汇报并在《人民日报》刊发。在十八届三中全会召开之际，收集中国科学院科技工作者思考与建议，形成4期《中科院专报信息》上报中办并被采用。推进京区各单位中心组学习，做好巡听。精心举办2场“求是论坛”。组织“我与十八大”主题征文活动。工委《学以资政》刊物连续两期均刊载白春礼院长讲话摘编。

（三）扎实推进基层党建工作

1. 开展“聚焦献力”主题活动。启动“向‘一三五’聚焦，为‘创新2020’献力”主题实践活动；以此为抓手，组织“学习十八大，建功‘一三五’”知识竞赛活动。编印《京区党委五年工作规划》。制订2013年度京区发展党员计划。

2. 加强党务干部培训。与院党校合作举办全院科研一线支部书记培训班、党办主任培训班；与井冈山大学合作举办了京区单位党办主任和纪检干部培训。

3. 抓好基层党建规范化建设。完成《基层党支部工作手册》，并印发给全院2550多个基层党支部。举办京区党建工作交流会暨“党建工作创新奖”评选。举办京区科研一线入党积极分子培训班。

（四）不断提升京区党的建设科学化水平

1. 贯彻落实党风廉政建设工作部署。编印《中国科学院京区2013年纪监审工作要点》和《中共中国科学院京区纪律检查委员会2013—2017五年工作规划》。按照中央《八项规定》及院党组《12项要求》，制定北京分院的实施细则，对分院各单位贯彻落实《八项规定》提出要求，分院系统各单位的“三公”经费的支出与去年同比降低2—3成。

2. 积极推进廉洁从业风险防控工作。遴选试点单位，给予重点指导和关注。组建北京分院纪检、审计2支核心团队。开展反腐倡廉课题调研。做好信访与案件查办工作。

3. 加强党外代表人士队伍建设。印发《中科院党组关于新形势下党外代表人士队伍建设的实施意见》。召开京区统战人士学习习近平重要讲话深入开展群众路线教育实践活动座谈会。举办“第十三期非中共科技骨干培训班”。召开非中共人大代表和政协委员交流座谈会。举办中国科学院北京·成都民主党派工作交流研讨会。举办归侨侨眷新春联欢会与侨界院士座谈会。举办“聚焦首都侨界代表人士—中央媒体走进中科院”座谈会。举办归侨侨眷工作座谈会。

（五）履行院创新文化建设办公室的职能

1. 调整完善院文明办、院创新文化建设办公室职能，联合开展基层调研并形成调研报告，为有关决策提供参考。与院思想政治工作研究会一道部署软课题研究，积极探索构建创新生态系统、推进创新文化建设的有效途径。完成4期《科苑人》编辑。

2. 积极向中国政研会推荐研究成果，其中，《培育创新文化：提升自主科技创新能力的必然选择》、《遵循企业特点，把握时代脉搏，创新思想政治工作方法》两篇论文获中国政研会优秀研究成果二等奖。

（六）履行院党建工作领导小组办公室的职能

组织召开全院党建工作会议，起草《院党组关于学习贯彻落实十八大精神全面提高党建工作科学化水平的意见》；起草《中国科学院2013年度党建工作要点》；起草《中共中国科学院党组关于深入学习贯彻习近平总书记系列讲话精神的通知》。

（七）做好全国党建研究会科研院所专委会秘书处工作

组织召开院党建研究会第一次全体理事大会，正式成立院党建研究会。召开党建研究会暨政研会年度会议。《在服务科技创新中全面提升党建工作科学化水平》获“全国党建研究会机关专业委员会2013年度优秀成果奖二等奖”。召开一届五次全体委员会议暨2012年度课题成果交流会。出版《科研院所党建》。

（八）充分发挥群众组织作用

圆满完成院团委、院妇工委、院体协和京区体协换届工作。京区95%以上基层单位按期召开职代会，为广大科研人员参政议政搭建良好平台。关心关爱职工，继续组织科研管理骨干休养、体检等工作，赴边远艰苦一线慰问台站职工。

三、深化合作基础，推动区域创新发展

1. 加强平台建设。与海淀区政府、中关村海淀园管委会共建中科海淀先进技术转移转化中心。推动“中科院国际技术转移合作区”在鼎好展区的建设，已吸引12家机构入住。中科天津电子信息产业园建设工作稳步推进，现入驻项目10余个，累计销售额超过20亿元。唐山中心促成技术转移项目16项，实现交易额1.3亿元，获得发明专利2项，还设立565万专项资金支持9家研究所的成果转化项目，带动企业资金2765万元。首都科技条件平台中科院研发实验服务基地2013年新增开放仪器设备2.27亿元，新增开放重点实验室9家，并连续第五年获得首都科技条件平台研发实验服务基地绩效考评第一名。

2. 推动合作区域重点工作。推动北京市召开专题会议，协调解决绿色打印产业化项目和纳米能源所建设中的重点问题；确定区域院地合作思路和未来发展重点，探索成立中科院科技成果转化基金；与天津市举行科技合作座谈会，签署《院市2013—2015年科技合作备忘录》；与天津科委共同调研挖掘重点项目，推动院市合作生产研发基地建设；组织申报天津市科委的院市合作专项，首批9个项目获得市科委资金支持（465万元）；组织9场专场对接会，推动中国科学院31个研究所和天津市216个企业建立对接；挂职干部搭桥梁；深入东丽区重点企业调研。

推动与内蒙古的合作，举行科技合作高层会谈；为鄂尔多斯大规模空气储能、煤制油等重大项目提供有力支撑；与自治区科技厅进一步修订完善院区科技合作“一二六”规划。

推动与河北省科学院共建工作。组织“科学与中国”院士专家巡讲团到冀学术交流活动；选派5名科技特派员，培训河北省科学院40余名科技人员；推动设立“河北省政府与中国科学院共建河北省科学院专项资金”；加强对院省5个合作项目督导和检查；推动与共建联合实验室工作。

3. 打造产业创新基地。与内蒙古共建“阿拉善沙生资源植物产业研发中心”，引入11个项目，投入资金近2000万元；与河北省共建的“秦皇岛技术创新成果转化基地”，有11家企业入驻；与太原市科技局完成“中国科学院与太原市科技合作专项管理办法”，积极推动一批项目落地转化。

四、发挥综合管理职能，服务基层科技创新

1. 加强对行政工作的指导、协调和服务。组织完成润中苑108套人才租赁住房入住工作，缓解科研人员住房压力。京区住房资金管理信息系统建成投入运行。推动办公用房权属登记工作，为光电院4幢办公楼办理产权证，其取证率达到100%。

2. 扎实推进审计工作。以风险防控为导向，实施经济责任审计16项，审计总金额119.76亿元，完成审计公告15项。

3. 做好基层人才队伍服务工作。为基层单位办理毕业生落户、京外调干报批、解决干部夫妻两地分居手续等近2500人次。完成京区单位在人社部备案梳理工作，与卫生部协调解决今后保留待遇的所局级领导高干医疗证办理问题。

（撰稿：侯兴宇　石亦菲　审稿：王秀琴）

沈阳分院

院　　长：包信和
地　　址：辽宁省沈阳市和平区三好街24号
邮政编码：110004
电　　话：024-23983356，024-23983359
传　　真：024-23983343
电子信箱：syb@mail.syb.ac.cn
网　　址：http://www.syb.cas.cn

一、基本情况介绍

中国科学院沈阳分院的前身是1951年成立的中国科学院东北分院，负责管理中国科学院驻东北的工业化学研究所等8个科研单位。1954年8月东北分院撤销，所属研究所归中国科学院

直接领导。1958 年 12 月，成立中国科学院辽宁分院，负责管理中国科学院在辽宁地区和地方的科研机构。1961 年 8 月辽宁分院撤销，所属科研机构划归辽宁省科委领导。1962 年 10 月恢复中国科学院东北分院，负责管理中国科学院在东北的科研单位。1970 年 8 月东北分院撤销，所属单位归地方领导。1978 年 5 月中央批准恢复成立中国科学院沈阳分院。

沈阳分院是中国科学院机关的派出机构，负责联络和协调中国科学院在辽宁地区的大连化学物理研究所、金属研究所、沈阳应用生态研究所、沈阳自动化研究所，驻山东省的海洋研究所、青岛生物能源与过程研究所、烟台海岸带研究所。

截至 2013 年底，沈阳分院系统共有在职职工 5074 人。其中高级研究人员 2033 人，包括中国科学院院士 19 人，中国工程院院士 8 人。

二、领导班子和后备干部队伍建设

完成了烟台海岸带所领导班子个别调整；配合国科控股完成了沈阳计算公司领导班子换届考核工作。

举办了沈阳分院第 27 期所级领导干部暑期学习班，31 位领导干部参加学习，院党组副书记方新、院人事局局长李和风莅临指导并作专题报告，深入学习习总书记视察中科院的重要讲话精神，贯彻落实院党组夏季扩大会精神，交流沟通各单位开展“创新 2020”和“一三五规划”执行情况等；完成分院系统 34 位所局级领导干部个人事项报告和党政正职年度工作报告。

完成沈阳自动化研究所、海洋研究所、青岛生物能源与过程研究所和烟台海岸带研究所的后备干部推荐；举办“沈阳分院系统中青年干部培训班；开展分院系统后备干部和中层干部情况调研，形成了《沈阳分院组织工作建设情况汇报》。

加强领导班子思想建设，认真落实所局级领导干部理论学习和双重组织生活会，30 名所局级领导干部撰写了理论学习文章；重点针对领导干部开展网上送学等多种形式和内容的警示教育。

三、党建、党群与创新文化建设

按照中央和院党组的统一部署，在院督导组的指导下，认真组织开展党的群众路线教育实践活动，既做好分院党组自身学习教育，同时又切实组织领导分院系统各单位开展活动，特邀院邓麦村秘书长做专题辅导报告、认真征求群众意见、深入查摆问题开展批评、扎实开展整改落实，聚焦反对“四风”和为民务实清廉，认真组织开展教育实践活动各个环节的“规定动作”和“自选动作”，解决了一批群众关心的热点问题，党员干部作风和精神面貌有了明显提升。

加强基层党建工作。指导沈阳计算公司、沈阳科仪公司党委换届改选；开展党员学习教育，组织党课报告；开展了基层党建工作调研；对机关党支部进行换届改选，开展党务干部培训等。

开展无党派人士队伍及工作情况进行调研，向辽宁省委统战部遴选推荐了 10 名优秀党外知识分子，作为在政治安排和实职安排后备人选；筹备成立分院系统党外知识分子联谊会。

加强创新文化建设。组织各单位开展全民健身活动，举办分院系统第二届职工乒乓球赛；组团参加院第三届职工乒乓球赛，获得混合团体赛第 5 名；举办分院政研会第十届年会，1 项成果获全国政研会优秀论文三等奖；认真组织开展定点扶贫，积极尝试科技扶贫取得一定进展。

科技宣传成效显著，全年在中央、地方主流媒体新闻报道 66 篇，其中头版 14 篇（头版头条 8 篇），提升了分院工作在地方的显示度和影响力；制作了《高科技与产业化》沈阳分院专刊。

四、院地合作

与辽宁省、山东省院地合作“一三五”重点任务进展顺利。丹东育成中心初具规模。积极推进分院与丹东市政府、省科技厅三家共建中科院丹东育成中心；已获得辽宁省科技厅专项支持经费 2300 万元；首批遴选的 4 个项目场地即将入驻。

与辽宁省科技厅成立联合工作组，推进高品质钢铁大铸坯在沈阳铸锻园等重点企业的产业化，已取得显著进展；工业物联网在冶金及石油行业的应用推进进展顺利；与省经信委联合推进中国科学院科技成果为辽宁重点产业集群的应用，共建研发平台6个，派驻人员开展技术合作137项。

在山东省，积极推动“黄河三角洲现代高效生态农业示范”、“合成橡胶轮胎产业化”等“一三五”规划任务的落实，通过举办中国科学院-山东省橡胶论坛产业技术论坛等活动促成多个合作项目；2013年“威高计划”立项5项，此前部分项目已实现产业化。

大力推进协同创新。与辽宁省经信委联合发布《关于中国科学院沈阳分院科技服务产业集群发展的若干意见》，联合推进与重点产业集群的合作；与山东省科学院的合作不断深化，加入和推动全国科学院联盟6个专业领域分会和培训联盟的建设工作；继续加强与丹东仪器仪表等12个产业基地的合作；推进与本钢集团、北方重工等多家大企业、山东省工程咨询院、农科院等合作；山东中心负责组织编制了山东信息通信研究院未来的五年发展规划，从顶层设计布局中科院与山东信息领域的合作；牵头组织推动中科院单位与山东相关合作企业申报重点产业化项目，获得国家863计划重大项目1项，获得资金850万元已经到位，获2013山东省自主创新成果转化专项3项，经费3000万元。

向铁岭等市派遣或续任5名科技副职，中国科学院2名科研管理人员到沈阳分院和青岛能源所挂职。继续开展沈阳市科技特派员行动，2013年完成派遣3批72人次科技特派员，累计共向沈阳市47家重点企业派遣11批304人次科技特派员。

完善技术转移转化网络体系建设。新建沈阳国家技术转移中心铁岭分中心、山东中心泰安分中心，在抚顺筹备建立石油化工专业转移转化平台和在淄博建立国家纳米中心-淄博产学研合作平台。

深入开展科学普及教育活动。大力推动科普工作的常态化，举行了“中国科学院在沈科研机构公众科学日”系列活动。

五、纪检、监察和审计

认真贯彻落实中央八项规定和院党组“12项要求”，制定分院改进工作作风细则，对机关作风建设和制度执行情况进行监督检查；对系统各所改进工作作风自查自纠情况进行检查；推进廉洁从业风险防控工作，组织3次所际间工作交流研讨会；加强科研项目经费审计，不断深化内部审计工作；完成院监审局重点课题研究。

六、院士联系工作

与辽宁省发改委联合组织开展“东北老工业基地振兴科技行动计划院士专家辽宁科技咨询”活动，组织了由10位院士、42位专家组成的6个专业团队深入8个产业集群34家重点企业，共做专题报告18场，开展技术咨询对接达成合作意向47项，推动设立1个院士工作站，21名院士专家被聘为科技顾问，形成院士咨询报告1份报送中科院和国家发改委。

联合辽宁省科技厅，组织7名院士专家对“辽宁省重大科技基础设施”项目进行咨询，并组织实地考察调研，已形成建议报告报省政府。

七、公共事务管理和协调

在院支持下，经分院牵头多方协调，金生园区实现社会化供热，解决了群众反映强烈的热点问题；积极推进系统后勤支撑体系建设规划方案制定，大力推进“3H”工程；组织开展分院系统办公室、人事、科技、纪监审、财务等相关业务学习研讨培训；综合协调分院系统档案二期进馆、安全保卫保密、信息化建设等工作。

（撰稿：王海冰　周　峰　审稿：马　思）

长春分院

院　　长：王利祥
地　　址：吉林省长春市人民大街7520号
邮政编码：130022
电　　话：0431-85380224
传　　真：0431-85384068
电子信箱：ccb@ms. ccb. ac. cn
网　　址：http://www. ccb. ac. cn

长春分院是中国科学院的派出机构，恢复成

立于1978年5月。长春分院的定位与任务是：配合院有关部门做好所在地区院属单位的领导班子建设和后备干部队伍建设，并组织指导党建和创新文化建设工作；组织开展中国科学院与吉、黑两省的院地合作；配合院有关部门负责所在地区院属单位的纪检、监察、审计工作，并指导和监督财务管理工作；联系和服务所在地区的中国科学院院士；承担院赋予的其他公共事务管理和协调工作，为相关单位提供必要的公共服务。分院系统现有4个院属单位：长春光学精密机械与物理研究所、长春应用化学研究所、东北地理与农业生态研究所和国家天文台长春人造卫星观测站。

2013年，长春分院认真组织实施《中科院与吉林省院地合作一三五规划》和《中科院与黑龙江省院地合作一三五规划》，在激光器及激光应用、微重型燃气轮机关键技术、智能传感器关键制造技术及产业化、玉米/水稻育种及推广示范等领域布局了一批项目。积极培育人参产业链关键技术及产业化、高性能纤维关键技术及产业化、微电子装备精密加工设备、LED显示及照明、OLED照明技术及产业化、激光熔覆设备产业化、新一代开放式全数字高档数控系统产业化等一批研发项目。

长春分院系统现有在职职工3467人，其中科技人员2591人；现有中国科学院院士10人，中国工程院院士1人，发展中国家科学院院士3人，设有博士点23个，硕士点37个，博士后流动站6个，现有在学研究生1682人。

一、领导班子和后备干部队伍建设

组织分院系统领导班子成员认真学习十八大报告、习近平总书记一系列重要讲话精神以及中科院党组的重大战略部署，提升领导班子的战略思维、决策能力。举办长春分院第22期所长书记研讨会，与会人员深入各所站调研“一三五”规划实施进展情况，并就开展党的群众路线教育实践活动情况、领导班子建设进行交流和研讨。

加强领导班子廉政建设。分院及各所站按照中央“八项规定”和院“12项要求”精神，制定了实施细则并严格执行。组织分院系统领导干部参观吉林省廉政教育多媒体展览。分院党政主要领导分别与长春光机所、东北地理所所长书记续签《党风廉政建设责任书》。

协助完成长春应化所领导班子换届考核。完成长春光机所党委、纪委换届分工及长春光机所后备干部调整工作。开展干部队伍建设工作调研，提交《长春分院干部队伍建设工作调研报告》。

二、党建、党群与创新文化建设

制定分院党组2013年工作要点。组织学习宣传贯彻党的十八大、十八届三中全会精神。召开分院党建暨思想政治工作研究会年会。完成了中共长春分院机关党委换届，组建了分院机关纪委。

深入开展党的群众路线教育实践活动。组织制定分院教育实践活动总体实施方案，召开分院教育实践活动动员大会；组织学习有关文件；广泛征求各方的意见建议；深入查摆“四风”方面存在的突出问题；注重边学边查边改；认真撰写对照检查材料；召开领导班子专题民主生活会，查找了在“四风”方面存在的主要问题，深入剖析了产生问题的根源，提出了整改措施，开展了批评与自我批评；通报了专题民主生活会情况；配合院督导组，认真履行分院党组的组织督导职责，推动分院各所站按时保质保量开展活动。

深化创新文化建设，营造良好的创新氛围。组织先进人物评选推荐，1人荣获“吉林省五一劳动奖章”。举办长春分院青年先锋颁奖典礼。切实落实离退休干部的政治和生活待遇。

三、院地合作

省院互动，开拓院地合作新局面。中国科学院与长春市在北京召开科技合作座谈会，双方签订《院市共同推进长春高新技术产业开发区创新能力建设协议书》。中国科学院与黑龙江省农垦总局在哈尔滨召开座谈会，双方签署《现代农业示范工程合作框架协议》。协助吉、黑两省完成《东北地区等老工业基地振兴战略10周年总结》，积极推动促进科技成果转化和平台建设的地方性政策出台。落实《国家发改委与中科院推动科技服务东北老工业基地行动计划（2012—2015）》，推动长春光学精密机械与物理研究所、长春应用化学研究所在国家发改委立项 2 项，合同额 1646 万元。

打造平台，提升服务区域产业技术创新能力。中国科学院东北科技创新中心围绕化工新材料、汽车电子、生物技术等领域，孵化了 10 家公司。中国科学院哈尔滨育成中心目前已孵化成立 15 家公司，建设了激光加工技术中心等 4 个技术服务平台。中国科学院松原农业技术集成示范基地积极推动中科田园现代农业产业园项目建设。中国科学院长春中俄科技园 2013 年新增 5 家企业入驻，组建中俄生物技术与生物工程中心联合实验室。中国科学院长春技术转移中心扎实推进吉林市、延边朝鲜族自治州、辽源市等地区的院地合作，新增转移转化项目 21 项。

集聚资源，服务地方经济发展。启动“院军合作——现代农业技术的县域集成与推广”中科院创新集群重点任务。组建了“吉林省汽车电子产业技术创新战略联盟”等 3 个联盟。开展玉米、水稻、大豆等新品种选育和大规模示范工作。高光效种植模式在吉林省推广面积达 200 万亩。2013 年与吉林省的“省院合作资金”项目额度由去年的 1000 万提升至 1500 万，共征集新项目 47 项，立项 25 项。黑龙江省省院合作资金共支持与中科院合作项目 10 项，支持资金共 400 万元。

四、纪检、监察和审计

召开纪监审工作总结会和交流会。到分院各所开展反腐倡廉重点工作督导调研，对相关工作提出了具体要求和操作建议。加强廉政教育，组织举办科研项目经费管理培训班。定期召开风险防控工作推进调度会，协调指导各所站扎实开展工作。对长春光学精密机械与物理研究所、长春应用化学研究所的 77 个科研项目开展审计。完成对长春应用化学研究所领导班子任期届满经济责任审计。对分院系统各单位改进作风执行情况进行了现场监督检查。协调指导各所站加强纪监审工作机构和队伍建设。开展科研课题经费风险评估研究。

五、院士联系工作

推动在四平市吉春制药公司成立张玉奎院士工作站，对四平市鹿产品开发利用产业的发展具有里程碑式的意义。协助院学部工作局举办了院生命科学与医学部、地学部常委会议。

六、公共事务管理和协调

制（修）订分院机关各项规章制度 56 个，完善风险防控工作流程 12 个并试行。组织对分院各单位进行了 3 次安全大检查。在院内率先提出并实施的“安全风险评估”工作在全院得到推广。组织接待地方政府、企业到研究所调研，推动合作。举办分院中层干部培训班、课题组长培训班、财务培训班等多个培训班，在机关管理人员中开展政策学习、案例分析和工作方法研讨。加强财务审核力度，规范各项报销手续。召开推动落实后勤支撑体系规划工作会议。完成分院机关办公楼维修改造。

受院人事局委派，完成了对 40 个所的继续教育与培训评估交流工作。

（撰稿：赵　军　李佰慧　审稿：甘建国）

上海分院

院　　长：江绵恒
常务副院长：朱志远（法人代表）
地　　址：上海市徐汇区岳阳路 319 号
邮政编码：200031
电　　话：021-64315135
传　　真：021-64374915
电子信箱：nieyy@shb. ac. cn
网　　址：http://www. shb. ac. cn

上海分院始于 1950 年 3 月经政务院批准成立的中科院华东办事处，接管并改造了原中央研究院和北平研究院在上海、南京的研究机构，1958 年 11 月成立上海分院，1961 年改为华东分院，1970 年中科院撤销分院体制，1977 年 11 月恢复成立中科院上海分院。

上海分院是中国科学院的派出机构，负责联系和管理中国科学院在上海、浙江、福建地区的研究院所。

上海分院系统现有14个法人研究机构：上海微系统与信息技术研究所、上海技术物理研究所、上海光学精密机械研究所、上海硅酸盐研究所、上海有机化学研究所、上海应用物理研究所、上海天文台、上海生命科学研究院、上海药物研究所、上海巴斯德研究所、福建物质结构研究所、宁波材料技术与工程研究所、城市环境研究所和上海高等研究院。上海分院系统有12个国家重点实验室、8个中科院重点实验室，以及中国科学院上海教育基地、中国科学院上海国家技术转移中心、中国科学院上海交叉学科研究中心。

截至2013年底，上海分院共有在职人员一万余人，其中固定人员9120多人，含专业技术人员6400多人，所占比例70%多，其中高级研究人员2476人。目前拥有的高端人才队伍中，有中国科学院院士53人，中国工程院院士13人，“千人计划”54人，国家杰出青年基金获得者138人，国家自然科学基金委创新群体19个，共189人次担任国家973计划项目首席科学家。

上海分院围绕“创新2020”，服务研究院所创新目标，以先导专项、国家重大科学设施及地方重大项目为对象，着力推进“一三五”规划实现。

全力支持和促进A类先导专项钍基熔盐堆核能系统项目平稳推进；促进国家蛋白质上海设施项目顺利建成；协调保障院市合作项目65米射电望远镜投入运行并完成“嫦娥三号”测轨任务；服务上海光源二期立项工作。推动落实城市建筑绿色能源集成创新示范工程（IDEA）等。

上海分院各研究所学科领域广泛，在优势研究领域有着长期的积累：在物质科学与技术领域，包括同步辐射、核科学与核技术、高能量密度物理、有机化学与有机材料、无机非金属材料和金属材料、天体物理、天文地球动力学和技术方法等；在信息科学与技术领域，包括通信技术、微电子技术、光电子技术、激光技术、红外技术等；在生命科学与技术领域，包括生物化学与分子生物学、细胞生物学、神经生物学、植物生理学、分子遗传学、创新药物和生物技术、病毒学与免疫学、健康营养研究等。同时加强学科交叉和融合，加强系统集成和提供解决方案的能力，在信息、新能源、新材料、空间、海洋、人口健康以及大科学工程等领域着力部署，不断提高创新能力和科研水平，取得了一个又一个标志着我国科技发展水平的重大成果。

一、领导班子和后备干部队伍建设

组织各所领导干部认真学习和深入领会中央领导对中科院科技创新工作提出的新要求，结合党的群众路线教育实践活动，通过联系点制度，与研究所领导班子加强沟通研讨，多方听取意见，促进理念更新，形成创新发展共识。

通盘推进领导班子建设。在2013年，共完成7个研究所领导班子换届考核和1个研究所领导班子届中考核，涉及提任和调整36名局级干部，占46.8%，其中包括13名党政一把手。完成高研院两委组建，3个研究所两委换届；针对新任两委领导加强专项培训，增强两委领导党建工作能力。

同时，完成换届研究所后备干部调整计划，向上海市推荐系统60名优秀年轻干部，其中20人被列为上海市重点关注对象，1人已提任；推进年轻干部的挂职和岗位锻炼，提升后备干部的能力。

二、党建、党群与创新文化建设

以沪区党委扩大会、专题报告会、党委纪委领导干部培训班、课题调研等形式，组织学习传达党的十八大精神，聚焦院党组战略部署，与研究所党委围绕创新目标，共谋共商党的工作，着力推进研究所“一三五”规划实施。

结合实际、提升党的工作属地化成效。开展党支部建设特色案例征集评选活动，实施党务干部“成长工程”，制订党务干部教育三年行动计划，举办第三期中青年骨干专题学习班，增强党组织的凝聚力和吸引力。

凝心聚力、构筑科技创新生态系统。坚持党建带群建，党群共建，工青妇组织依照各自章程开展各具特色的工作。积极推进民主党派自身建设，推进与党派市委沟通，成立中国科学院上海分院侨联组织。

三、院地合作

发挥上海分院组织协调作用，加强与地方政

府磋商，在积极推动平台建设，促进区域经济发展方面做了大量卓有成效的工作。

组建浦东科技园理事会，服务上海高等研究院、上海科技大学、新药筛选中心等创新平台，集群效应初现，上海浦东科技园得到快速发展。配合支持上海科技大学正式建校。推进新松机器人国际总部建设。

推进嘉定高新技术产业化基地项目建设。微技术创新中心启动建设，上海联影 MRI 等高端影像设备获国家的注册证。钠硫电池完成第一代电池 D120 的产品化定型，中试线基本建成。

依托“枫林联盟”推动徐汇生物产业基地拓展。上海临床中心完成了第一批国产高端医学影像设备的临床试验工作。上海药物研究所抗乙肝病毒一类候选新药异噻夫定胶囊即将完成 I 期临床研究。

积极支持宁波工业技术研究院、海西研究院的建设。宁波工业技术研究院二期主体工程完成，大部分已投入使用。海西研究院基础建设已完成施工合同造价的 90% 以上。

稳步推进中国科学院在浙江的转化平台建设。新建慈溪中心，宁波材料所生物医学工程研究所已入驻；嘉兴中心引进中国科学院海宁纳米电子中心，整合资源建设绿色化工新材料技术平台，获省级科技创新服务平台；上海硅酸盐所创新中心入驻湖州中心；台州中心引进电工所成立产业化公司；由微系统所研究团队组建的中科领航汽车电子公司落户杭州。

聚焦专业领域开展成果对接展示。2013 年，组织各类成果对接和展示会 21 次，仅浙江推介和展示项目数达 684 项，签约 46 项，达成意向 105 项，与去年相比分别增长了 212%、77% 和 239%。出色完成第十五届中国国际工业博览会各项工作。

四、纪检、监察和审计

以院纪检组调研督查为契机，以试点单位为牵引，以调研、交流、研讨会为载体，以现场观摩学习会为平台，全面整体推进各单位风险防控工作。形成多个典型案例，在院专项研讨会上经验交流。

以“强化廉洁从业意识，提升一流管理水平”为 2013 年廉政宣传主题，开展“送学上门”、党委主要领导讲党课、廉政金点子评选等一系列活动。结合研究所领导班子任期经济责任审计，全面开展科研经济业务真实性、合法性审计，加强科研经费的监管。认真贯彻落实中央“八项规定”和院 12 项要求，完善规章制度，为构建长效机制奠定了基础。

五、院士联系工作

上海分院充分调动院士积极性，发挥院士主体作用，努力提升咨询工作能力和水平。吸纳众多专家参与到院士的咨询研究中，加强咨询工作的网络建设，进一步拓展咨询工作的深度和广度，为国家决策和公众需求服务。

召开 2013 年中德前沿探索圆桌会议，以“重新审视电化学”为主题，讨论形成《电化学发展建议》。召开交叉学科论坛 12 期，搭建了跨学科交流平台。承办“H7N9 禽流感病毒跨种传播及预防措施”为主题的香山科学会议，邀请侯云德、钟南山、闻玉梅、李兰娟等院士，共商 H7N9 型禽流感研究和防控大计。

建立服务院士信息报送与反馈制度，形成服务院士的联动机制。帮助院士切实解决医疗困难，做好重大节日的慰问工作，组织院士考察上海航天工程基地、65 米射电望远镜等。协调落实顶尖千人朱健康院士科研用地事宜，做好上海市领军人才和地方千人计划的协调服务。

六、公共事务管理和协调

切实做好综合治理、保卫保密、基本建设、财务审计、外事、信息宣传、档案与 ARP 等各项工作。

推动落实“3H”工程。制定了面向“创新 2020”的《上海分院后勤支撑体系实施方案》。协调各方力量，克服各种困难，科嘉人才苑建设按期全面展开。协调完成“十二五”基建项目前期评估与筹备。

全年未发生重大安全事故和失泄密事件，保持系统“平安单位”光荣称号。协调服务研究所保密体系建设。做好基建核算、换届审计的财务支撑服务。

上海分院高度重视国际合作，积极开展全方

位、多层次、高水平的国际科技交流，多途径拓展国际合作局面，与全球20多个国家的430余个机构建立了友好合作关系，每年出访和接待来访人数都超过千余人次，有效提升了自身创新能力，扩大了国际影响力。

七、研究生教育基地建设

上海分院积极发挥资源优势，不断探索科教结合的新模式，培养造就了一大批素质高、重实践、综合能力强的创新创业人才。上海分院各研究所设有49个博士学位培养专业点、57个硕士学位培养专业点、20个博士后科研流动站。目前在学硕、博士生5000余人，其中博士生2700多人。

做好研究生教育工作，2013年为各所争取硕士研究生计划116名。全年承接355名应届生户籍落户的资格初审工作，获批261人。

（撰稿：黄辛审　审稿：王建宇）

南京分院

院　　长：周健民

地　　址：江苏省南京市北京东路39号

邮政编码：210008

电　　话：025-83376846

传　　真：025-83362239

电子信箱：ffzhu@njbas.ac.cn

网　　址：http://www.njb.cas.cn

中国科学院南京分院的前身是中国科学院华东办事处。1950年，中国科学院接管原中央研究院在南京的科研单位，成立了中国科学院华东办事处。1969年，华东办事处撤销，全部业务交由江苏省科技主管部门管理。1978年11月，经国务院批准恢复成立中国科学院南京分院。

南京分院是中国科学院的派出机构，负责联络和协调中国科学院驻苏的紫金山天文台、南京地质古生物研究所、南京土壤研究所、南京地理与湖泊研究所、南京天文仪器有限公司、国家天文台南京天文光学技术研究所、苏州纳米技术与纳米仿生研究所、苏州生物医学工程技术研究所和江苏省中国科学院植物研究所（双重领导）等单位，以及江苏省和江西省的院地合作工作。截至2013年底，南京分院共有在职职工2170人，其中科技人员1602人，包括中国科学院院士10人，研究员及正高级工程技术人员327人，副研究员及高级工程技术人员416人。

一、领导班子建设

（一）组织建设

加强所级领导班子选拔、管理和监督工作，在院党组领导下，顺利完成南京地质古生物研究所、南京天文仪器有限公司、紫金山天文台、南京地理与湖泊研究所换届考核，完成南京土壤研究所、南京地质古生物研究所、苏州生物医学工程技术研究所党委纪委换届选举及苏州医工所地方任职领导的考核工作。

（二）思想建设

紧抓群众路线教育实践活动有利契机，加强思想建设。认真学习总书记重要讲话和有关文件精神，领会精神实质。开好民主生活会，领导班子成员充分交换意见，坦诚交流思想，积极开展批评与自我批评，触动思想灵魂。

（三）作风建设

结合党的群众路线教育实践活动，分院党组带头加强理论学习、进一步统一思想、提高认识。党组成员深入各所联系点进行专题调研，广泛征求意见，对照征求到的意见和建议，研究分析原因，制定整改措施，切实解决实际问题。

二、党建及纪监审工作

大力加强党的建设，全力开展党的群众路线教育实践活动，以活动凝聚力量，狠抓干部作风建设，切实解决群众关心的实际问题。全力做好党务工作，同换届所领导班子签订《党风廉政建设责任书》，全面履行党风廉政建设职责；成立中科院党建暨政研会南京分院分会；加强统战工作，召开分院系统民主党派负责人会议，发挥民主党派建言献策、科技咨询等方面的作用。

分院纪检组对系统各单位贯彻落实中央“八项规定”精神和中国科学院“12项要求”的贯彻落实情况进行监督检查。深入推进廉洁从业风险防控和重点领域监督，组织编印《南京分院重点领域廉洁从业风险防控交流材料汇编》，为系统各单位相关领域廉洁从业风险防控体系建设提供参考和借鉴。南京分院继续保持自知识创新工程以来，重大违法违纪案件低举报率、零发案率的态势。

三、院地合作

（一）集聚创新资源，提升创新能力

1. 已有共建平台稳步发展。南京分院在苏五个平台型中心发展势头良好，已集聚1909人，本年度获研发经费8866万元，转化项目48个，孵化企业27个，技术转让收入1.3亿元，本年转移项目实现销售收入6.5亿元，利税5798万元。能源动力中心和物联网中心两个研究型中心已有1004人，2013年，共申请143项专利，软件著作权2项；专利获得授权75件；转让专利32件、许可专利9件。提案国际标准1项。本年成果技术转让收入2338万元，转移项目实现销售收入1040万元，利税183万元。

2. 一批所地共建创新载体成为区域产业创新发展的支撑平台。协调推动一批所地、所企共建平台落地：江苏中国科学院智能科学技术应用研究院、沈阳自动化研究所苏州研究院成立。张家港能源环境材料与装备研发中心、自动化所中自孵化器扬州研发中心、苏州纳米科技协同创新中心等获得认定，理化技术研究所、金属研究所、南京土壤研究所分别与靖江市联合成立科技成果转化中心及7个工程技术研究中心和2个院士工作站。海门中科创新科技园、中国科学院理化所（靖江）产业园分别落成。

（二）围绕地方科技和产业发展重点，拓宽渠道强化院市合作

促成中国科学院与南京市政府签署新一轮战略合作协议，动员30多名中国科学院高端人才申报了南京321人才计划，其中有十几名入选。协调促成软件所与南京市共建南京软件科技大学，即将签署三方协议。围绕节能环保产业，引进中科实业集团（控股）有限公司在盐城投资建设中科循环经济产业园。响应省政府推进苏北五市创新和人才支撑计划号召，积极调动力量，支援苏北发展。

（三）积极推动系统内研究所成果转化和产业化

纳米所转移转化授权发明专利3件，推进本所20项专利技术国际商业化运营进程，创立两家高技术产业化公司。苏州生物医学工程技术研究所成立全资公司，联合深圳分享投资设立了共计3亿元的“苏州分享高新医疗器械产业发展投资基金”，新成立两家公司。南京土壤研究所在广东、广西、湖北开展了万亩有机农业和生态高值农业模式示范推广。

（四）积极搭建院地交流平台，加强成果转化和人才交流

全年参与主办或组团参与了20多场各类科技对接活动，达成合作意向100多项；选聘南京分院40名科技人员成为首批江苏“企业创新岗”特聘专家；26名南京分院人才入选江苏省第六批科技镇长团；推荐就任科技副职3人，在任科技副职为地方引进院内项目43项，引进资金4480万元，组织开展各类对接活动128次，撰写各类调研报告42篇。

（五）加强与江西省合作，推进院省共建江西省科学院

围绕白春礼院长与强卫书记、鹿心社省长确定的院省合作两个重点突破，组织专家完成产业和区域发展科技需求调研，凝练重大合作项目，撰写调研报告；大力推进院省共建江西省科学院，建立定期会商制度。积极加强人才交流，选派4名挂职干部，派出江西省科学院人才参加联想学院实训班；3个项目已获得全国科学院联盟项目支持。

四、院士联系工作

紧密结合国家和地方战略需求，大力推进院士决策咨询、人才培养、支持企业发展和科学传播等工作，充分发挥院士群体科学思想库作用。组织院士考察调研，积极为省、市地方政府提供决策咨询；组织院士针对地方经济社会发展向省领导等建言献策，已形成制度。由院士提出的江苏中学教育改革意见报省政府，受到高度重视，有关部门专门到分院听取院士意见，并同院士座谈改革措施，院士建议被研究采纳和反馈。

全年组织不同性质的院士会议30多场，开

展咨询考察活动6次，接待多批企业来访，在院士和企业之间架起有效沟通桥梁。推进院士服务属地化，进一步落实院士待遇，细化院士医疗、保健和疗养“绿色通道”。坚持拜会看望院士，全年累计走访、慰问院士达300多人次。

五、公共事务管理和协调

1. 人才与统战工作。推荐南京分院系统14位同志当选或再次当选为国家、省人大代表、政协委员；53位同志新入选“333工程”；5位同志成为江苏省有突出贡献的中青年科技专家，7位同志入选江苏省本年度“双创计划”引进人才；2位同志参加江苏省妇代会、担任江苏省妇联执委；1位同志担任江苏省党外知识分子联谊会理事；1位同志担任江苏省侨联专委会副主任、4位同志担任理事，3位同志担任江苏侨界青年总会常务理事。

2. 全力推进新园区建设工作。南京分院麒麟科技园项目建设工作取得阶段性进展，完成了项目选址调整工作，已取得选址调整后的南京市规划局核发的《建设项目选址意见书》，建设用地由175亩增加到241.68亩，并通过了南京市、区国土部门的土地初审和预审。

3. 其他工作：进行了事业单位分类改革的申报工作；募集7万元资金扶贫，并组织专家两次赴涟水扶贫点进行科技咨询和指导；在教育工作上，南京分院系统4位外国留学生荣获首届南京市政府外国留学生奖学金；圆满完成了全年的安全保卫保密工作，被南京市公安局评为南京市安全保卫工作先进单位。

（撰稿：王京明　朱飞飞　审稿：谷孝鸿）

武汉分院

院　　长：袁志明
地　　址：湖北省武汉市武昌区小洪山
邮政编码：430071
电　　话：027-87197170
传　　真：027-87199480
电子信箱：whb@ms.whb.ac.cn
网　　址：http://www.whb.ac.cn

中国科学院武汉分院于1956年开始筹建，1958年7月正式成立。1961年与广州分院合并成立中国科学院中南分院，武汉分院调整为中国科学院中南分院武汉办事处。1969年中南分院撤销，1970年中南分院武汉办事处撤销。1978年经国务院批准恢复中国科学院武汉分院建制。

武汉分院是中国科学院机关的派出机构，负责联络和协调中国科学院在武汉地区的武汉岩土力学研究所、武汉物理与数学研究所、武汉病毒研究所、测量与地球物理研究所、水生生物研究所、武汉植物园和武汉文献情报中心。

2013年，武汉分院紧紧围绕“创新2020”跨越发展体系总体部署，以十八大和十八届三中全会精神为指导，认真履行职责，加强领导班子建设，全方位开展党的群众路线教育实践活动，推进协同创新，打造创新生态系统，推动研究所深入实施“一三五”规划，为形成重大科研产出提供有效支撑。

截至2013年底，武汉分院系统共有在职职工1966人。其中科技人员1544人，包括中国科学院院士8人、中国工程院院士1人。

一、以十八大精神为指导，大力加强领导班子建设

（一）加强干部思想作风建设

坚持各单位处以上干部参加的党组中心组（扩大）学习制度，利用成功入选首批院精品项目计划的“管理干部能力提升高级研修班”教育平台，组织系列报告会，促进各级领导干部领会十八大精神和习近平总书记视察中科院的讲话精神，提高政治理论水平和综合素养。

（二）扎实开展创新能力建设

以专题讲座、辅导报告及专题研讨的方式，努力提升分院系统领导、中层管理干部及管理骨干的政治理论、政策、管理水平及综合素质。坚持定期举办机关能力建设培训班，提高机关职工综合能力。

（三）深入推进党风廉政建设

一是在分院系统全面开展廉洁从业风险防控工作，做好四个方面工作。其一抓教育，将最新

案例精心制作成反腐倡廉宣传展板到各单位巡展。其二抓方案，帮助各单位选取比较急迫、重要和风险大的领域作为工作突破口。其三抓督导，保证各单位风险防控工作按计划推进。抓交流，促进先进经验和成果在各单位的推广运用。其四抓检查，保障风险防控计划的全面落实。二是对改进作风情况进行督促检查。促使各单位认真贯彻中央“八项规定”和中科院“12 项要求”，制定“三公经费”管理规范，保证“三公经费”开支大幅缩减。

二、以坚持群众路线为重点，努力提升党建工作水平

（一）在党的群众路线教育实践活动上下工夫

全面推进分院党的群众路线教育实践活动。一是组织中心组学习、专题辅导报告、集中讨论；二是以座谈会、个别访谈、意见箱、公开电话等多种方式，征求职工群众意见建议；三是梳理和查摆领导班子在“四风”方面存在的突出问题，组织召开专题民主生活会，查找问题根源；四是制定整改和专项整治方案，重点围绕领导班子和后备干部队伍建设、工作作风转变、群众关心的问题抓好整改。同时，派出 4 个督导组，加强对院属在汉各单位教育实践活动的督促和指导。

（二）在加强基层党组织建设上下工夫

成立武汉分院直属单位党委，从加强制度建设入手，制定了直属单位党委工作制度和会议制度。以建设“学习型、服务型、创新型”基层党组织为目标，积极探索建立健全创新基层党建工作机制，做好党支部书记培训等工作，努力提升党建工作水平。

三、以协同创新为举措，不断深化院地合作

（一）积极推动研究所与联盟单位开展科技合作

促成武汉文献情报中心与武汉市工程科学技术研究院联合共建“国家科学图书馆、武汉市工程科学技术研究院文献信息共享服务站”；测量与地球物理研究所和武汉市工程科学技术研究院共建 GPS 工程技术中心；推动武汉市工程科学技术研究院与上海高等研究院智慧城市合作项目；成功承办全国科学院联盟理事会第二次全体会议。

（二）支撑服务研究所产业化项目

支持武汉物数所在东湖高新区建设总面积约 12 000 平方米的高科技成果孵化基地建设，协调武汉市政府解决建设用地，帮助落实国家发改委重大专项及院省合作专项等项目经费支持。“超导核磁共振波谱仪”、“自动化超声波无损检测设备”、“CPT 原子钟”三个主要产业化项目 2013 年已实现产值 1.4 亿元。

推动等离子所与武汉烯王公司合作，ARA 和 DHA 两个工程化项目由嘉必优公司正式投入运行，各类技术指标达到国际先进水平，2013 年已实现销售收入 1.4251 亿元，利税 4900 万元。

组织苏州纳米技术与纳米仿生研究所、金属研究所和武汉南瑞联合完成关键技术研发，改良产品制作工艺，投产后将填补国内空白，为输电行业带来革命性变革。

（三）促进科技成果转移转化

加强和完善湖北育成中心、湖南转移中心建设，促进院地合作项目实施，取得良好成效。湖北中心已建设产业化平台 5 个，促成院企合作项目 169 项，育成企业 8 家，服务企业 1100 余家，带动企业投入超过 10 亿。湖南中心与长沙天心区共建长沙中科院文化创意与科技产业研究院。2013 年与湖南省签订科技合作项目 10 项，技术转移项目成交金额 5701 万元，争取国家重大科技计划专项 1 项，服务企业 30 家，解决技术难题 10 项。

组织院内 40 余家单位、百余位专家参加“2013 年中国光谷光电子博览会暨湖北省产学研合作洽谈会”、“2013 中国（长沙）科技成果转化交易会”，促成签约项目 8 项，签约金额 3300 万元。

（四）启动武汉分院创新科技园建设工作

为促进科技创新链和产业发展链深度融合，组织研究所共建武汉分院创新科技园。10 月，与武汉未来科技城建设办公室签订了项目投资合作协议，科技园建设正式启动。科技园一期 230 亩，

实施5个产业化项目，预计2014年开工建设。

（五）积极开展科学传播工作

成立科学普及部。与武汉市科协、市教育局建立“武汉院士专家进校园活动共建机制”，设立院士专家进校园活动专项资金，2013年共进行147场次科普演讲，受众约6万余人次。组织研究所开展各类科普活动45项，免费开放实验室和科普教育基地13个，接待参观和咨询10万余人次，编发科普宣传资料30种近17 000份，在社会上产生了较好影响。

四、以协调服务为抓手，努力为研究所发展提供支撑保障

（一）做好科技人才服务工作

做好引进人才的待遇落实、配偶工作交叉安置、子女入托入学等工作。加大与地方人才主管部门联系力度，推荐3人作为2013年中青年科技创新领军人才湖北省推荐人选，推荐5人参评地方人才奖项，21人进入地方人才项目、职称专家评审库。

（二）做好院士联系工作

一是继续做好“科学思维与决策”课程的组织工作。该课程共举办2期，邀请6位院士专家到省委党校授课，培训公务员学员600余人次。二是按照学部工作局要求，7月16—18日，组织对武汉地区相关高校2013年院士增选有效候选人材料公示情况进行实地抽查。三是做好院士生日节日慰问、生病看望，组织院士休假、体检，做好省有关部门与院士的沟通。

（三）促进研究所学科交叉融合

举办首届小洪山交叉学科论坛，同时开展三峡库区生态环境建设等课题的应用和研讨，推动分院各研究所开展学科交叉融合，推动水生生物研究所、武汉病毒研究所与地方共建“武汉市水环境安全中心”和“武汉市生物安全中心”等研究单元。

（四）抓好小洪山科教园区建设

以推进东区开发合作项目建设、小洪山人才苑工程建设项目为抓手，逐步完善科研生活配套基础设施改造建设。

（五）推进后勤支撑体系建设

在多方调研论证的基础上，认真编写《武汉分院后勤支撑体系建设实施方案》，成为全院后勤支持体系建设的试点单位。组织实施中科实业公司战略调整、岗位竞聘，推进后勤管理服务标准化建设以及集中统筹管理和统一采购服务，逐步实现从“办后勤”、“管后勤”到“买后勤”的转变。

（六）不断提升机关管理服务水平

以打造“服务品牌”为目标，组织机关职工能力建设培训，营造良好的学习氛围，提升服务研究所的水平。严格落实责任制度，认真抓好安全保卫保密工作，未出现重大安全事故和失泄密事件。开展信息化评估、ARP先导专项部署上线等工作，推进区域信息化应用工作。

（撰稿：洪成浩　王以豪　审稿：陈平平）

广州分院

院　　长：黄宁生
地　　址：广东省广州市先烈中路100号
邮政编码：510070
电　　话：020-87685256
传　　真：020-87685791
电子信箱：zwxx@gzb.ac.cn
网　　址：http://www.gzb.ac.cn

中国科学院广州分院于1956年筹建，1958年成立。1961年广州分院与武汉分院合并成立中南分院。1969年中南分院撤销。1978年5月恢复成立广州分院。

广州分院是中国科学院机关的派出机构，负责联系中国科学院的南海海洋研究所、华南植物园、广州能源研究所、广州地球化学研究所、亚热带农业生态研究所、广州生物医药与健康研究院、深圳先进技术研究院、三亚深海科学与工程研究所（筹）、广州化学有限公司、广州电子技术有限公司，共10个单位。

截至2013年底，广州分院职工总数3963人。其中科技人员3485人，包括中国科学院院士2人、中国工程院院士3人、俄罗斯科学院外籍院士1人、国际欧亚科学院院士3人。

一、领导班子建设

1. 完成领导班子换届及考核工作。2013 年完成了广州生物医药与健康研究院、华南植物园行政班子换届考核，亚热带农业生态研究所党委换届考核工作。协助中国科学院党组、广东省委组织部做好广州分院班子成员个别调整有关工作，广州分院院长黄宁生兼任广东省科技厅党组书记、厅长，周传忠任广州分院党组成员、副院长。加强后备干部日常管理，更新完善后备干部数据库，完成了亚热带农业生态研究所后备干部人选集中调整工作。

2. 加强领导干部培训学习。组织研究所领导及管理骨干赴英国参加为期 20 天的“广州分院科技创新管理培训班”，承办中国科学院所（局）级领导干部国情考察班赴广西考察，均取得圆满的学习效果。2013 年分院选派所属单位干部参加中科院所（局）级领导干部上岗培训班 4 人、出国（境）培训班 6 人、所（局）级领导干部国情考察班 4 人、党校特训班 2 人、中青年管理骨干进修班 4 人，参加广东省中青年领导干部进修班 2 人。

二、党建工作

1. 开展教育实践活动。根据中科院党组、广东省委关于党的群众路线教育实践活动的总体部署，8 月下旬启动中国科学院广州分院、广东省科学院党的群众路线教育实践活动，按照规定认真完成各阶段环节工作。同时，开展了有特色的“自选动作”，确保活动取得实效。此外，专门成立督导组，负责分院 2 个转制所教育实践活动的督促检查。中国科学院督导组认为：“班子分析对照材料写得非常好，臻于完美。系统、全面、深刻，堪称对照检查材料的典范。再次体现了广州分院领导班子优秀的政治思想素质，特别是分院党组在群众路线教育实践活动中高超的领导和组织能力。”

2. 推进党风廉政建设。推进廉洁从业风险防控工作，落实对重点领域特别是科研经费的监督和预防工作。组织开展以“严纪律、正作风、促廉洁”为主题的纪律教育学习月活动。落实中央八项规定，及时制订分院实施细则，并开展集中检查整治，取得一定成效。以内部审计为抓手，开展科研业务真实合法性审计，及时发现并制止不当行为，规范了科研经费管理。落实“三谈两述”制度，纪检组和所纪委对新任领导干部和中层干部任前廉政谈话 83 人。

三、院地合作工作

1. 贯彻落实中国科学院、广东省主要领导指示精神。6 月 6 日和 7 月 24 日，广东省委书记胡春华、中国科学院院长白春礼分别到广州分院考察调研。根据主要领导的指示精神，分院进一步聚焦院省合作，协助中国科学院制定了《加强中国科学院与广东省全面战略合作的工作方案（2013—2018 年）》。积极探索打通科技成果转移转化模式，打造能显著推动产业转型升级的“月亮工程”。加强基础前沿研究，谋划打造“卓越中心”的筹备工作。

2. 协调召开院省高层会议。7 月 24 日，广州分院协调召开了中国科学院广东省全面战略合作领导小组会议。会议全面回顾了院省合作 5 年以来取得的成绩，签署了《关于共建创新型广东的合作协议》。据统计，2009—2013 年院省合作实施项目 1423 项，累计新增产值 1627.9 亿元、利税 215.5 亿元。其中，2013 年实施项目 932 项、新增 165 项，新增销售收入 436 亿元，利税 46 亿元。新一轮院省合作领导小组由胡春华书记任名誉组长，朱小丹省长、白春礼院长任组长，陈云贤副省长、施尔畏副院长任副组长。

3. 协调推进国家重大科学基础设施建设工作。中国散裂中子源工程全面进入工程实施阶段，2013 年已完成土建工程经费 3 亿元。位于深圳大亚湾的中微子实验工程继 2012 年取得重大发现之后，广州分院积极参与选址在江门的中微子实验装置筹建工作，项目得到了广东省政府和相关部门的重视和支持，并获广东省发改委立项。

4. 积极推动珠三角地区企业转型升级。佛山育成中心 2013 年新增合作项目 211 项、创新载体平台 21 项，建设 4 年多以来育成企业 50 多家，带动产值超 500 亿元。云计算中心已孵化科技企业 10 家，带动产值 56.68 亿元。广州育成中心所在的广州工研院“一院三所”人员队伍已超600人，服务企业200多家，带动产值超过30亿元。深圳育成中心建设了包括机器人、低成本健康、电动汽车、云计算4大育成体系的孵化园区，2013年新增孵化高新企业17家，孵化高科技公司共116家。

5. 拓展与广西、海南及粤东西北地区的院地合作。落实推进中国科学院与广西区签署共同支持广西科学院建设发展协议，中国科学院选派干部挂职广西科学院副院长已到位，中国科学院国家科学图书馆与广西科学院共建“文献情报信息共享服务站”揭牌。广州分院与海南省国土环境资源厅签署《战略合作框架协议》，启动了三沙市土地利用总体规划等合作项目。广州分院分别与清远市、揭阳市签署了《战略合作协议》，先期启动高分子材料联合研发中心、揭阳中科金属科技研究院等5个平台建设。

四、为研究所服务

1. 做好重大科技任务的组织实施。2013年分院各单位共新增各类科研项目1611项、经费13.1亿元。其中，主持国家973计划项目2项。新增国家自然科学基金项目（含课题）344项、经费2.25亿元。承担地方政府的各类项目495项、获经费2.38亿元，与企业开展科技合作400项、经费2.60亿元。

2. 促进重大科研成果的培育和产出。2013年分院各单位共取得科技成果73项，获2013年国家自然科学奖二等奖1项、2013年广东省科学技术奖一等奖5项。获第十五届中国专利优秀奖4项，2013年广东省专利金奖3项、优秀奖2项。

3. 加强创新人才培育和引进。2013年分院新增中国科学院院士1人、中国工程院院士3人。入选广东省第二批“百名南粤杰出人才培养工程”3人、国家“万人计划”2人。新增国家973计划项目首席科学家2人、国家杰出青年基金获得者4人、国家优秀青年基金获得者5人、广东省杰出青年基金获得者6人。2013年中科院广州教育基地招收研究生620人，毕业研究生477人，在学研究生1942人。

五、其他工作

1. 配合做好全国科学院联盟工作。组织协调广东省科学院所属单位出席成立大会并参与各专业分会活动。积极推进联盟干部交流，中科院西安分院干部挂任广西科学院副院长、甘肃科学院干部挂任中国科学院深圳先进技术研究院副院长已到位。以联盟为合作契机，推动中国科学院相关研究所与省院合作。如广东省微生物研究所牵头联合中国科学院武汉水生生物研究所等承担惠州西湖水治理，广东省自动化所与中科院云计算中心共建工业过程控制云计算技术中心等。

2. 参与承办多个重要展会。广州分院代表中科院参与承办第十五届深圳高交会，组织中国科学院44家研究所、312个项目参展，获“优秀产品奖”25项，现场达成合作意向近100项，中国科学院被组委会授予“优秀组织奖”、“优秀展示奖”。广州分院代表中国科学院参加第十六届广州留交会，组织中国科学院15个研究所提供200多个招聘岗位。此外，还组织参加了第三届中国（广州）国际创新博览会、第二届中国惠州物联网·云计算技术应用博览会、首届广东科技成果与产业对接会等。

（撰稿：苗碧芸　审稿：郭　震　黄宁生）

成都分院

院　　长：张雨东
地　　址：四川省成都市人民南路四段9号
邮政编码：610041
电　　话：028-85223696
传　　真：028-85223719
电子信箱：bgs@cdb.ac.cn
网　　址：http://www.cdb.cas.cn

一、基本情况介绍

中国科学院成都分院前身是1958年3月成立的中国科学院四川分院，1962年机构调整更名为西南分院，1970年隶属四川省管理，1978年1月恢复重建后使用现名。

新时期，成都分院不断加强机关自身建设，努力服务院属成都、重庆地区8家单位及川、渝、藏区域经济、社会发展。负责组织协调的院属单位有：光电技术研究所、成都生物研究所、成都山地灾害与环境研究所、重庆绿色智能技术研究院、中国科学院成都有机化学有限公司、中国科学院成都信息技术有限公司、成都中科唯实仪器有限责任公司、中国科学院成都文献情报中心。

截至2013年底，成都分院系统共有在职职工近3000人。其中科技人员1800余人，包括中国科学院院士3人、中国工程院院士2人，研究员200余人、副研究员400余人。

二、领导班子和后备干部队伍建设

1. 领导班子建设。以选好配强班子为重点，着力抓好班子成员理想信念教育，全面突出凝聚力和创新能力，形成老中青结合、科研与管理搭配、党政协力的格局。完成光电技术研究所、成都生物研究所、成都山地灾害与环境研究所换届考核工作。

2. 后备干部队伍建设。坚持与领导班子建设的整体规划相结合，坚持与青年科技人才培养相结合，坚持近期使用与中长期培养相结合，完成分院机关、光电技术研究所、成都生物研究所后备干部集中调整工作。

3. 人才队伍建设。崔鹏入选2013年中国科学院院士，张雨东入选国家百千万人才工程，并获“有突出贡献中青年专家”荣誉称号，罗先刚、唐卓入选国家万人计划；成立中国科学院青年创新促进会成都分会，举办多期青年科技学术沙龙；争取到院和地方“西部之光”经费1188万元，59个青年团队获资助。

三、党建、党群与创新文化建设

1. 落实十八大精神，加强基层党组织建设。深入学习贯彻落实党的十八大和十八届三中全会精神。先后邀请院党组副书记方新、四川省委党校教授等作6场专题辅导报告。完成光电所、生物所、文献中心、有机公司、信息公司5个单位党委、纪委的换届工作；新成立成都分院机关党委，完善了分院系统党建工作组织体系。

2. 以解决“四风”问题为抓手，做好群众路线教育实践活动。制定开展教育实践活动实施方案，成立教育实践活动领导小组和督导组，在抓好分院党组和机关教育实践活动的同时，指导院属各单位深入扎实开展教育实践活动。组织党组成员积极开展思想政治理论学习、交心谈心、批评和自我批评，进一步强化群众观点和服务意识；广泛征求群众意见建议，认真查找“四风”方面存在的问题，召开专题民主生活会和回头看专题会议，全面推进整改落实和建章立制工作。

3. 加强党群共建，营造良好工作氛围。以学习型党组织建设为抓手，充分发挥工会、共青团、民主党派、老科协等群团作用，开展广泛调研、专题讲座、对口交流、科技扶贫等活动。与北京分院共同举办民主党派工作交流会；获“全国模范职工之家”、四川省老科协先进集体、院离退休工作宣传一等奖等荣誉；定点扶贫开江县，引进5个科技项目，争取政府与吸引社会投资1900多万元。

4. 强化支撑服务，扎实推进“3H”工程。人才宿舍项目顺利推进，完成勘察和设计招标、用地界址测绘、环评等工作；与分院幼儿园和附近中小学沟通，为系统职工子女入学提供一定优惠便利；与省人民医院协商，通过了《成都分院职工医疗保健方案》，使分院系统6000余名在职和离退休职工享受绿色通道。

四、院地合作

2013年，中国科学院与川、渝、藏开展科技合作项目666项，实现销售收入145.9亿元、利税20亿元、社会效益334.7亿元。成都分院首获中国产学研合作促进奖，实现历史性突破。

1. 高层领导深入对接交流，完善院地合作顶层战略设计。白春礼院长先后与四川省委书记王东明、西藏自治区党委书记陈全国等领导商谈院地合作战略规划，调研、视察重点合作项目；施尔畏副院长多次前往重庆、攀枝花、绵阳、德阳等地推动院地合作；邓麦村秘书长、何岩副秘书长围绕四川支柱产业、深入绵阳、攀枝花调研。

2. 积极争取地方资源，大力推进协同创新。成都分院组织域外12个研究所联合川企、高校向四川省科技厅成功申请12个项目，获批经费共计800万元；组织全院10个研究所申报省经信委技术创新项目10项，获批经费600余万元；

围绕绵阳科技城建设，依托中科集团等相关研究院所筹建绵阳“一中心、一园区”；加强院地人员挂职交流，科技副职17名，其中中国科学院派往地方15名。

3. 凝聚区域重大需求，提升科技合作影响力。重庆研究院与重庆市多家单位建立战略合作关系，包括石墨烯等一批项目正在转移转化；成都山地灾害与环境研究所西藏樟木口岸滑坡治理项目已全面查清滑坡影响机制和影响程度，并进行诊断评估，为西藏交通干线、城镇和水电工程减灾提供技术支撑和工程示范，预计投资达30亿元；成都山地灾害与环境研究所承担的芦山地震灾害环境承载力评价项目获得四川省委、省政府的高度评价；围绕攀西钒钛战略资源深度开发，组织9家院属单位前往攀钢开展调研对接，支持攀钢技术创新能力提升，一批项目正在组织策划中。

五、纪检、监察和审计

完成光电技术研究所、成都生物研究所、成都山地灾害与环境研究所任期经济责任审计和光电技术研究所、成都山地灾害与环境研究所科研业务财务收支审计，提出审计意见及建议24条；制定财务管理、科研经费管理、基建项目管理等方面风险防控制度18项，确定防控关键点，绘制流程图；按照中央“八项规定”和院“十二项要求”，分院系统各单位结合工作实际，分别制定下发了具体的实施细则（办法）并严格执行；对光电技术研究所等5家单位的会议、出访和公务招待等情况进行了抽查，未发现违纪违规行为。

六、院士联系工作

徐僖院士去世后，院士联络处代表分院领导及学部工作局多次看望慰问家属；邀请熊有伦院士为东方电气集团主要领导和科技骨干作专题报告，并为该公司科技创新发展问诊把脉。

七、公共事务管理和协调

芦山地震后召开科技救灾协调会，确保园区稳定的同时，为全院救灾提供后勤保障；及时建立中科院抗震救灾服务点，为全院10余家单位、400余人次在灾区开展科技救灾提供物资保障；协调中国地震局、四川省抗震救灾指挥部等部门，为院相关单位开展灾情排查、人员搜救、地质灾害调查、灾区心理援助提供便利和帮助。

八、研究生教育基地建设

成都教育基地从抓教育管理、素质教育、社会实践和文化建设着手，积极开展研究生培养工作，研究生培养成效显著；全年招收联合培养博士生36名、硕士生86名，争取博士生招生指标18名、硕士生招生指标7名。

（撰稿：王嘉图　彭　丽　审稿：王学定）

昆明分院

院　　长：王庆礼
地　　址：云南省昆明市茨坝青松路19号
邮政编码：650204
电　　话：0871-65223106
传　　真：0871-65223217
电子信箱：office@mail. kmb. ac. cn
网　　址：http://www. kmb. ac. cn

中国科学院昆明分院的前身是1957年成立的中国科学院昆明办事处，1958年扩建为中国科学院云南分院。1962年，中国科学院云南分院与四川分院、贵州分院合并，共同在成都成立中国科学院西南分院。1978年10月，经国务院批准，西南分院撤销，成立中国科学院昆明分院。

昆明分院是中国科学院机关的派出机构，负责联络和协调中国科学院驻云南、贵州地区的科研机构，包括昆明植物研究所、昆明动物研究所、西双版纳热带植物园、地球化学研究所和云南天文台共5个科研机构。

根据中国科学院“一三五”规划要求，编制了“中国科学院-云南省院地合作135规划”和“中国科学院-贵州省院地合作135规划”。

截至2013年底，昆明分院系统共有在职职工1987人，其中科技人员1043人，包括中国科学院院士5人，第三世界科学院院士1人，研究员228人。

一、领导班子和后备干部队伍建设

1. 完成了云南天文台两委换届；完成了云南天文台、昆明动物研究所、西双版纳热带植物园5名助理的增补。

2. 严格执行领导干部个人有关事项报告制度、述职述廉制度；参加各单位专题民主生活会。

二、党建、党群与创新文化建设

（一）认真组织学习贯彻党的十八大精神

把习近平总书记对中国科学院“四个率先”的新要求落实到“创新2020”改革创新举措中来；通过多种形式学习十八大和十八届三中全会精神。

（二）深入开展党的群众路线教育实践活动

1. 成立领导小组及其办公室，制订了实施方案，多次召开领导小组工作会议并组织昆明分院中心组集体学习；党组成员分工联系各研究所并下所调研，听取意见；参加民主测评和专题民主生活会；在机关网站上开辟了专栏；组织编写了《中科院昆明分院群众路线教育实践活动文件汇编》。

2. 针对“四风”问题，修订和补充了相关的规章制度。

3. 组织专题学习辅导报告。邀请中国科学院党建工作领导小组副组长王庭大作“群众路线·作风建设·教育实践活动”专题讲座；邀请昆明分院院长王庆礼作“关于领导干部思想作风、能力和修养建设的若干思考”专题讲座。

（三）强化机关创新文化和能力建设

举办“机关职工能力素养系列讲座”10讲，内容丰富，收效显著。

（四）维护广大职工权益

组织昆明分院系统乒乓球选拔赛并组队参加中国科学院第三届职工乒乓球比赛；开展全民健身日活动；走访慰问离退休老同志及困难职工。

三、院地合作

1. 中国科学院与贵州省高层领导会商，推进“贵州中心”建设

2. 继续推进中科院与贵州毕节区域专项科技合作2013年遴选新项目6项。

3. 努力推动与贵州科学院的合作，助推全国联盟建设。

4. 落实“走出去”战略，谋划与东南亚国家战略科技合作。组织召开研讨会、考察东南亚相关国家、制订合作发展方案。

5. 协助召开“西南生命科学与技术研究院组建方案专题讨论会”，努力谋划筹建“西南生命科学与技术研究院”。

6. “中国科学院大学昆明生命科学学院”揭牌。在中国科学院相关领导的关怀支持下，经各组建单位共同努力，于10月8日在昆明分院揭牌，这是落实院“三位一体战略”的重要举措。

7. 编制“西南创新集群”重点任务实施方案。完成了《西南创新集群建设规划》，启动了《西南生物多样性保育与喀斯特生态系统建设关键技术集成与示范》等3项重点任务实施方案编制及前期准备工作。

8. 对中科院与云贵两省科技合作项目进行评估。组织对4个新兴产业项目以及其他18项合作项目进行了检查评估，结果显示项目进展良好。

9. 野外台站联盟工作进一步推进。召开了“中国西南生态系统野外台站联盟”首届三次会议，推动联盟各台站在监测、研究、示范、服务和数据共享等方面合作。

10. 科技扶贫取得新进展。①澜沧扶贫有序启动，福贡扶贫稳步推进，东川扶贫圆满收尾。②科技扶贫获财政专项支持。昆明分院将澜沧、福贡科技扶贫工作与国家财政部支持的“云南省建立农科教相结合的新型农业社会化服务体系试点”工作相结合，今年已争取计划资金1000万元，预计5年国家财政总投入5000万元。

四、纪检、监察和审计

1. 全部完成2013年度科研经济业务活动真实性、合法性审计任务。结合各单位的实际情况积极开展内审工作。

2. 成立了廉洁从业风险防控领导小组和工作小组；举办了“廉洁从业风险防控培训班”；

确定风险防控工作重点，完善工作流程，制定了风险控制文档。

3. 认真贯彻落实中央“八项规定”和院党组“十二项要求”，结合实际制定了“实施细则”，重点对会议、公文、公务接待及相关规定要求的贯彻落实情况进行了监督及自查。

4. 为制定“惩防体系2013—2017年工作规划实施细则”，组织纪检干部到各所实地调研并召开了调研交流座谈，完成了调研报告。

五、院士联系工作

做好院士的服务与协调工作，协助完成昆明市两院院士座谈会组织工作。

六、公共事务管理和协调

（一）园区建设

积极组织和协调昆明分院各单位争取和实施园区建设项目。在建项目8项，总投资3.8亿元。“西南生物多样性实验室”已竣工验收，地化所“金阳新区”已基本竣工；争取国家发改委“十二五”基建项目2项（40 250m^2）；完成财政部修购项目7项；茨坝160亩新园区已取得园区土地使用权证，园区2个自筹项目（11 200m^2）已立项，为新时期发展奠定了基础。

（二）资产与财务管理服务

1. 新制定了一系列资产财务管理办法，并出台了《预算管理》、《差旅费报销》、《资产购置》、《票据管理》等管理流程。

2. 协助各单位协调科研、资产、人事等各个部门的联动，督促早谋划、早部署，统筹安排。对预算执行进度及时提醒并督查。

3. 完成政府采购计划及国有资产决算及资产管理信息数据上报。进一步清理、盘活、整合分院资产。

（三）信息宣传和安全保密工作

1. 组织了危险化学品安全管理专项检查、督查以及全系统科研安全产生大检查、督查。组织完成了系统国家安全情况通报，与省国安部门建立了联动沟通渠道。通过了地方保密工作和计算机及存储载体的检查，完成了保密普查工作。全年未发生科研生产事故、安全责任事故、重大治安案件和消防事故、泄密事故。

2. 完成了机关网站信息发布与维护，全年共编发各类信息317条；组稿《立足西南、突出特色、共谋发展》并推送院情通报和云南日报。

（四）信息化建设

昆明分院广域网、地区网运行良好，可用率达99.99%，基础网络实现了IPV6的接入和实践，提高了地区网的保障能力。

（撰稿：魏　艺　陈嘉琪　审稿：沈　华）

西安分院

院　　长：周　杰
地　　址：陕西省西安市咸宁中路125号
邮政编码：710043
电　　话：029-82160921
传　　真：029-82160911
电子信箱：fsy@ms.xab.ac.cn
网　　址：http://www.xab.ac.cn

一、基本情况介绍

中国科学院西安分院前身是1954年7月成立的中国科学院西北分院。1956年4月，中国科学院西北分院迁到兰州，同时在西安建立了中国科学院西北分院西安办事处。1958年4月，中国科学院西北分院西安办事处更名为中国科学院陕西分院。1962年9月，在中国科学院兰州分院和陕西分院的基础上，建立中国科学院西北分院，负责管理中国科学院在西北地区的研究单位。1970年，中国科学院西北分院撤销，所属科研机构划归陕西省政府科技局领导。1978年11月，经国务院批准，中国科学院西安分院恢复成立。

西安分院是中国科学院的派出机构，与陕西省科学院合署办公。西安分院负责联络和协调中国科学院驻陕西地区的西安光学精密机械研究所、国家授时中心、地球环境研究所、中国科学院与教育部水土保持与生态环境研究中心、秦岭国家植物园。截至2013年底，分院共有在职人员数1770，其中专业技术人员1118人，包括中国科学院院士 4 人，中国工程院院士 1 人。

2013 年，西安分院遵照院党组“民主办院、开放兴院、人才强院”的战略要求和院长办公会调整分院机关职能的指示精神，以服务研究所、服务地方经济社会发展为主题，围绕促进“创新 2020”和“一三五”规划中区域创新集群建设等重点工作，加强党的建设、强化分省两院研究所协同发展，抢抓机遇，开拓创新，各项工作取得了显著的进展。按照院领导的指示，发挥分院与省院密切结合的特色和优势，探索建立与省科学院的战略伙伴关系，聚集筹措多方资源，加大对陕西省科学院事业发展的关注与支持，促进省院成为区域创新体系的重要组成部分。

二、领导班子和后备干部队伍建设

协助院人教局、省委组织部组织完成了西安光机所领导班子换届和地球环境研究所轮值所长调研工作。

加强干部理论和业务培训工作。围绕管理干部队伍建设、新时期科研事业单位人事制度改革、科技管理、党政和谐等内容，举办两期管理干部学习培训班。与兰州分院联合举办了研究所人力资源培训班。青促会西安分会与西安分院网络中心联合承办了“创新理论与方法报告会”，与成都分院青促会联合举办工作交流研讨会。与新疆理化技术研究所联合举办了中国科学院人力资源管理研究会西北分会第五次会议。

三、党建与创新文化建设

认真学习宣传贯彻党的十八大精神。举办学习十八大精神辅导报告会，分别邀请中国科学院党组副书记方新、省委党校教授分别做《高举旗帜走转改》、《夺取党的事业新胜利的政治宣言，全面建成小康社会的行动纲领》辅导报告。中层以上领导干部、基层党支部书记、部分职工和研究生党员共计 800 多人聆听了辅导报告。

与成都分院共同举办党的十八大精神学习交流活动。活动分为两部分：组织 3 场辅导报告会。开展学习贯彻落实党的十八大精神、建设“学习型、服务型、创新型”基层党组织，以及围绕创新、服务创新、促进创新中心加强党的建设工作等方面进行交流。研究所党委书记、党办主任和党务专干参加了活动。

抓好党委（党组）中心学习组学习，发挥其引导示范作用，先后传达学习中共中央总书记习近平同志在新当选的中央委员、候补中央委员研讨班上的讲话精神；中央坚持群众路线、转变工作作风八项规定以及中科院党组和陕西省委相关实施意见，以及党风廉政建设方面的有关精神。

深入开展党的群众路线教育实践活动。按照中央部署和中国科学院党组安排，西安分院以“为民务实清廉”为主题的党的群众路线教育实践活动，于 2013 年 8 月 29 日全面启动，至 2014 年 2 月中旬结束，历时 5 个多月。为保证活动顺利进行，成立了教育实践活动领导与工作机构。制订了活动实施方案，拟定了细化分解的主要节点安排表。召开动员大会，组织报告会。邀请中国科学院教育实践活动督导组组长郭传杰做了题为《对群众路线教育的几点思考》的辅导报告。活动较好地完成了三个环节及“回头看”的各项工作任务。

“学习教育、征求意见”环节，先后组织召开党组中心学习组学习会和扩大学习会 7 次；组织机关全体党员学习会 1 次，由党组书记为机关全体党员上党课；组成两个督查工作小组，到所属研究所指导工作，开展调研。通过座谈会、访谈、问卷、设立意见箱和监督电话等形式，了解情况、征求意见。共征集到对分院党组及其成员的意见和建议 161 条，经整理归纳为 67 条。

“查摆问题、开展批评”环节，党员领导干部结合活动要求和群众的意见建议，积极开展谈心活动，认真撰写班子和个人的对照检查材料；在专题民主生活会和党支部组织生活会上，摆问题、查根源、订措施，开展批评与自我批评；召开民主生活会情况通报会，通过民主评议，自觉接受党员干部的监督；召开全院教育实践活动工作交流会，对前两个环节的工作进行“回头看”，总结经验，查找不足，及时改进。

“整改落实、建章立制”环节，认真制订“两方案一计划”（《整改方案》、《专项整治方案》和《制度建设计划》）。为切实保障整改、专项整治和制度建设不走过场，取得实效，召开专门会议，讨论分解《整改方案》、《专项整治方案》和《制度建设计划》工作任务，按照近、中、远的目标，落实责任部门和责任人，制定时间表、路线图和计划书。

以制度建设为着力点，推动创新文化建设。在党的群众路线教育实践活动“整改落实、建章立制”工作中，依据上级加强制度建设新的要求，结合单位实际和职工群众的意见建议，对已有规章制度进行了认真清查与梳理，制订了“制度建设计划”，分别不同情况，提出了新建制度、修订完善制度完成的时间表、并将责任分解落实到具体部门和人员。通过制度建设，为科技创新提供更加开放规范、公平竞争的环境氛围。

四、院地合作

在深入贯彻学习党的十八大精神、大力实施科技创新驱动发展战略的大背景下，西安分院院地合作工作紧密围绕“创新2020”和“一三五”规划，加强学习和交流，不断推进地方经济社会发展。

据2013年成效统计，中国科学院研究所在陕/宁院地合作231个项目（陕西191项、宁夏40项），为地方新增销售收入106.2亿元、新增利税15.1亿元，分别比上年增长85%和56%，各项指标取得大幅度增长。

2013年3月，中国科学院施尔畏副院长在北京会见了宁夏回族自治区副主席袁家军一行，双方就深化推进院区合作进行了深入的交流，并出席见证了双方共建“中国科学院银川技术创新与产业育成中心”签约仪式。

2013年7月，白春礼院长到银川考察调研，出席了中国科学院与宁夏科技合作座谈会，会见了自治区党委书记李建华和自治区主席刘慧。双方就科技合作关系进行了深入研讨。并考察了中国科学院微生物研究所与宁夏伊品生物公司、中国科学院化学研究所与神华宁煤集团的科技合作项目。

完成并发布了《中国科学院与陕西省“十二五”院地合作规划》和《中国科学院与宁夏回族自治区“十二五”院地合作规划》。即陕西“一三三”、宁夏“一一三”的院地合作规划。对院地合作的进一步深化，具有指导作用。

2013年4月12日，中国科学院发文（科发人教字2013〔44〕号）成立中国科学院银川科技创新与产业技术育成中心；4月17日，举行了银川中心第一届理事会第一次会议，选举了理事会成员并通过了理事会章程。通过公开招聘，确定了银川中心主任/副主任。标志着中国科学院与宁夏的院地合作迈入了集聚资源、统筹协调、深化推进的新阶段。

西安分院、陕西省发改委与西安经开区派员成立筹建办公室，负责“中科院西安分院科技创新示范园”筹建工作，制定了《西安经开区科技创新育成项目和发展基金管理办法（暂行)》，完成了科技创新示范园规划方案，进一步细化了示范园的运行机制和管理方式，已有三家小微科技型企业入驻孵化，积极推进示范园建设。

加强科技副职工作。选派化学研究所李化毅副研究员在银川市科技局、西安光学精密机械研究所杨小君副研究员在莆田市担任科技副职，武汉岩土力学研究所张超博士参加博士服务团在陕煤集团任总经理助理，山西煤炭化学研究所孙国华博士到府谷县任副县长。同时接收银川市和莆田市二位同志分别在西安分院和西安光学精密机械研究所挂职。

继续做好“西部之光”人才培养计划地方项目。安排陕西项目46项，经费投入868万元；安排宁夏项目10项，经费投入100万元，对推进西部经济建设和社会发展发挥了重要作用。

在院科发局的指导下，与院新农村中心共同组织中国科学院展团参加“第二十届杨凌农业高新科技成果博览会”，中国科学院12个分院34个研究所和陕西省科学院及相关合作机构（企业）代表百余人参加，突出展示了中国科学院在智能和精准农业等方面的最新研究进展。中国科学院展团组织有序，亮点突出，媒体报道总次数达37次。中国科学院展团荣获“优秀组织奖”和“优秀展示奖”，农业无人机项目获得后稷特别奖。

五、纪检监察和审计

紧紧围绕既扎实抓好党风廉政建设和反腐败

斗争各项基础性工作，切实解决反腐倡廉建设中群众反映强烈的突出问题，全面推进党风廉政建设和反腐倡廉工作。一是推进廉洁从业风险防控工作；二是开展贯彻落实“八项规定”、改进工作作风督促检查。组织协调办公室、财资处、监审处等部门人员组成检查组对各单位开展专项检查；三是组织开展以廉洁从业风险防控体系建设为主题的党风廉政建设宣传教育月活动；四是认真组织经济责任审计和科研课题使用与管理的审计，加强内部监督。

组织实施完成了对西安光学精密机械研究所、陕西省西安植物园、陕西省微生物研究所、陕西省动物研究所等单位的领导干部经济责任审计4项。以上审计项目，提出整改意见与建议23条；形成了审计调查报告4份。完成对研究所科研经费使用真实性、合法性审计4项（其中国家授时中心2项，水土保持与生态环境研究中心2项）。开展了审计问题调查研究与审计意见整改情况跟踪检查。

六、公共事务管理和协调

宣传、政务信息工作取得了新的突破。以中国科学院宁夏银川育成中心和中国科学院西北生物农业研究中心和正式成立为契机，围绕相关工作，积极向陕西及宁夏地方政府报送相关信息。重点对宁夏银川“育成中心”和与西安经开区合作的思路、模式及效果等进行报道，取得良好的社会效果。加强对科研成果和优秀人物的宣传，发布新闻报道和电视新闻近60余篇次，分省院网刊发稿件近500余篇。围绕筹建中国科学院西北生物农业研究中心的重点工作，先后发表亟须发展生物农业的相关系列报道稿件6篇。

加强安全保卫保密工作。适时调整涉密岗位及涉密人员，并签订了保密承诺书。根据中国科学院办公厅的要求，采取自查抽查相结合的方式，开展了安全生产大检查工作。

对机关离退休干活动动室进行修缮。组织了丰富多彩的专题活动，荣获省委老干局颁发的“全省老干部宣传信息工作先进集体”称号和金秋杯乒乓球友谊赛“体育道风尚奖”。同时，根据陕西省有关文件精神，完成了部分返乡老同志的身份认定工作。

顺利完成了陕西省档案年检工作，并获得优良等级。

（撰稿：张行勇　常鸿飞　审稿：陈改学）

兰州分院

院　　长：王　涛

地　　址：甘肃省兰州市天水中路6号

邮政编码：730000

电　　话：0931-2198855

传　　真：0931-8279855

电子信箱：lzb@lzb. ac. cn

网　　址：http://www. lzb. cas. cn

一、基本情况

中国科学院兰州分院的前身是1954年经政务院批准成立的中国科学院西北分院筹委会，1958年经中国科学院决定撤销西北分院筹委会，成立中国科学院兰州分院。1962年，中共中央西北局与中国科学院商定撤销陕、甘、宁、青四省（区）分院，成立中国科学院西北分院。1970年，中国科学院西北分院撤销。1978年重新恢复中国科学院兰州分院。

兰州分院是中国科学院派出机构，其主要职能是，配合做好所在地区院属7个单位的领导班子和后备干部队伍建设；组织指导所在地区院属单位的党建和创新文化建设工作；开展院地合作，汇集全院力量为区域经济社会发展服务；配合院有关部门，负责所在地区院属单位的纪检、监察、审计工作，并指导和监督财务管理工作；联系和服务所在地区的中国科学院院士；承担院赋予的其他公共事务管理和协调工作，为所在地区院属单位提供必要的公共服务；承担区域创新集群的协调与支撑；承担研究生教育基地建设和研究生管理等8项职能。兰州分院负责联络和协调中国科学院驻甘肃、青海两省的研究所有：近代物理研究所、兰州化学物理研究所、寒区旱区环境与工程研究所、青海盐湖研究所、西北高原生物研究所、兰州油气资源研究中心和兰州文献情报中心7个研究机构。兰州分院以支撑创新为第一责任，以服务研究所为第一要务，按照“创新2020”跨越发展体系总体部署，深入实施“一三五”规划，加快推进一流管理，为落实“四个率先”要求和创新驱动发展战略不懈努力。

截至2013年底，兰州分院系统共有在职职工3010人，其中专业技术人员2456人，包括中国科学院院士8人，中国工程院院士2人。

二、领导班子和干部队伍建设

2013年有3个研究所班子和党委、纪委换届；确定了3个所的21名后备干部；认真开展干部监督、管理和教育工作，把考核、交流沟通、听取意见、谈心谈话、提醒表扬等有机结合，为领导班子履职助力服务。对各单位中层干部培养选拔和聘用工作加强指导和协助。

三、党建与创新文化建设

1. 认真学习贯彻党的十八大和十八届三中全会精神，扎实落实“四个率先”要求。

2. 认真开展党的群众路线教育实践活动。分院在加强学习的基础上，深入研究所和职工群众中广泛征求意见，坦诚谈心交心，深入开展批评与自我批评，认真查摆问题，明确整改任务、目标要求、推进措施，形成长效机制。严格执行中央“八项规定”和中国科学院“12项要求”。

3. 按照甘肃省委的要求，以科技、智力扶贫为抓手，全力做好“联村联户，为民富民”工作，兴办实事好事力促农民增收，为县域经济发展做出贡献。2013年再获全省“双联”工作先进单位。

4. 开展了“全民健身日”、乒乓球赛、参加兰州国际马拉松比赛等形式多样的群众性活动。建设“职工之家”，改进活动场馆室运行，启动了创新文化广场建设。

四、协同创新与院地合作

（一）院地院企合作取得新进展

1. 落实院省工作会谈精神，聚焦青海盐湖与油气资源综合利用，举办盐湖和油气资源技术对接会，院属11个单位与青海省12家企业签署科技合作协议，有7个项目签订了技术开发合同。

2. 在“西部行动计划”等的支持下，近代物理研究所主持的甜高粱循环经济产业示范取得进展，推广种植面积累计达10万亩以上，完成了甜高粱汁生产乙醇、白糖、酵母和酵母葡聚糖等产品的技术开发和示范。

3. 由寒区旱区环境与工程研究所和甘肃省科学院承担的“舟曲县自然灾害监测预警与决策指挥系统集成设计研究”项目已进入试运行，将提供即时准确的信息对易灾区实施自然灾害监测预警。

4. 由寒区旱区环境与工程研究所和西北高原生物研究所主要承担的国家科技支撑计划“祁连山地区生态治理技术研究及示范”项目，基地建设与试验示范面积已完成80%以上。

（二）以金川公司等为合作重点，推动与企业的协同创新

1. 协调院省签署《关于共同推进金川集团股份有限公司科技创新合作协议书》，分院和大连化学物理研究所等与金川公司签订了《企院（所）联合攻关合作协议》；金川公司启动与大连化学物理研究所等3个合作项目，投入430万元；兰州化学物理研究所与金川公司合作的“活性硫化镍法用于镍电解阳极液净化除铜中试实验研究”取得显著成效。

2. 由兰州化学物理研究所和天水星火机床公司联合开展的《精密机床基础件用矿物铸件的关键技术研发》项目，列入2013年度甘肃省科技重大专项任务，获支持经费240万。

（三）支持甘肃省科学院发展

1. 力促甘肃省2人分别挂任中国科学院北京分院和深圳先进技术研究院副院长。

2. 联合启动和实施的《利用油橄榄加工废弃物生产有机肥及其产业化应用》等4个甘肃省科技重大专项和民生专项，着力解决工农业资源浪费、环境污染、废弃物资源化推广率低等问题。

3. 兰州文献情报中心与甘肃省科学院签署《联合主办甘肃科学学报协议》、派员担任副主编等，实现了《甘肃科学学报》改版升级。

按照中国科学院关于建设“科学院联盟”的部署和要求，积极推进与甘肃省科学院的合作取

得显著成效，得到郝远副省长等领导的批示表扬和肯定，省院已正式建议分院派去干部延期任职。

五、纪检、监察和审计

1. 推进纪监审和信访工作。以研究制订《兰州分院建立健全惩治和预防腐败体系（2013—2017年）工作规划》为契机，通过抓重点领域监督、宣传教育、课题研究等，提高反腐倡廉工作的科学化水平。

2. 开展廉洁从业风险防控工作。围绕重点领域，结合单位实际，通过协调推进、典型引领、岗位排查、制度建设、评比激励等，各单位已按“五步法”的要求实施并达到重点防控措施试运行的目标；建立起流程规范、权责清晰、防控有效的风险防控新机制。

六、积极发挥思想库作用

邀请白春礼院长为青海省作《把握新科技革命机遇，支撑创新驱动发展》的主旨报告。“科学与中国”邀请李灿等院士、专家围绕科技发展、节能减排、科学道德与诚信等分别举办了多场报告会。继续联合举办第四届“绿洲论坛”，发表了“绿洲论坛共识”。

七、公共事务管理和协调

1. 分院牵头组织实施的科苑一区棚户区（危旧房）改造工作取得实质性进展。规划拟拆除2.5万m^2的建筑，新建5栋高层住宅楼，建筑面积约15.5万m^2、1000多套住房。中小学已移交地方管理，坚持确保职工子女入学的原则，解决了教育经费短缺问题。

2. 完成《中国科学院兰州分院后勤支撑体系实施方案》编制，科研、生活后勤支撑服务能力得到提高。

3. 秦大河院士获2013年度沃尔沃环境奖；新增2名院士；地方及系统单位58人获得“西部之光”人才培养计划的资助，自助总额达到1088万元；参与编辑出版了《西部之光16年光辉历程》。

4. 协调落实了规范退休人员津补贴工作；加强系统财务监督和人员培训；推进区域信息化应用在中科院评价中实现“三连冠”；基建项目全部完成验收；积极推动虚拟养老院健康跟踪服务平台延伸工作；安全保卫保密工作迈上新台阶。

八、研究生教育基地建设

组织大学生暑期学校、研究生实验室巡礼活动，开展研究生社会实践、研究生导师研讨班与博士公共课教学，举办“研究生论坛”、“科学与人文”主题月等多项活动，不断提升教育服务与管理水平。自筹经费积极改善硬件条件。研究生公寓和食堂的稳定安全运行，为研究生培养提供了坚实的支撑服务保障。

（撰稿：宋华龙　王　晶　审稿：谢　铭）

新疆分院

院　　长：张小雷
地　　址：新疆维吾尔自治区乌鲁木齐市新市区北京南路科学一街341号
邮政编码：830011
电　　话：0991-3835430
传　　真：0991-3835229
电子信箱：zhangxl@ms.xjb.ac.cn
网　　址：http://www.xjb.cas.cn

一、基本情况

新疆分院成立于1957年7月30日。设水土生物土壤资源综合所、物理所、化学所、地质地理所、民族历史研究所。“文革”期间下放地方，后与自治区科委、科协合署办公。1977年11月27日，经党中央、国务院批准恢复中国科学院新疆分院。

新疆分院负责联系新疆生态与地理研究所、新疆理化技术研究所、新疆天文台。

制定“一三五”发展规划纲要。围绕新疆实现跨越式发展和长治久安的重大科技需求，全面构思院地合作工作蓝图，并积极征求自治区科技厅、人力资源和社会保障厅、教育厅、经济和信息化委员会、卫生厅、国土资源厅，党委组织部人才办，兵团科技局等单位意见，提出新疆分院院地合作工作一个定位、三个突破、五个培育思路：

一个定位：围绕新疆资源高值综合利用、特色产业发展、生态环境保护方面科技需求，扎实推进和深化院区科技合作，服务新疆实现资源优势向经济优势转化，为新疆实现跨越式发展和长治久安提供科技支撑。

三个突破：新疆高层次科技人才队伍建设、科技惠民工程、新疆大型斑岩铜矿资源勘探及靶区圈定。

五个培育：荒漠环境保育与生态修复、干旱区种质资源保育、新材料开发与示范、现代农业产业化示范、维吾尔医药和干旱区可食植物的现代化。

截至2013年底，新疆分院系统共有在职职工891人。

二、领导班子和后备干部队伍建设

新疆分院选举产生了新一届机关党的委员会；完成机关三个支部换届选举工作；会同新疆生地所完成克拉玛依区科技副职期满考核工作；完成新疆生态与地理研究所所级后备干部推荐工作；完成中国科学院党组民主生活会满意度调查工作。按期召开新疆生态与地理研究所、新疆理化技术研究所、新疆天文台等单位职工代表大会。选举产生了中国科学院新疆分院工会第三届工会委员会。

三、党建与创新文化建设

深入开展党的群众路线教育实践活动，以实际行动践行“为民务实清廉”的要求。以多种形式开好局，筑牢党的群众路线教育实践活动的基础；抓住关键环节，开好专题民主生活会；结合实际制定整改措施。

深入开展精神文明创建工作。自治区文明办从2013年起实施精神文明单位“零基启动”工程，实施25%末位淘汰机制。新疆分院重新申报创建自治区级精神文明单位顺利通过命名。

不断加强人才队伍建设。认真做好人才项目申报工作；积极推进实施新一轮“西部之光西部博士资助专项”；完成第五期“中国科学院少数民族高层次骨干人才计划新疆博士研究生班”（简称“新疆博士班”）招生录取工作；协调地质地球物理所两名正高级职称的科研人员到新疆工程学院挂职交流。目前，新疆分院系统共有14位科技副职、援疆干部和博士服务团成员在自治区和兵团系统的科研机构、大型企业、政府部门工作。

积极组织开展丰富多彩的文化体育活动。新疆分院代表队参加“预通杯”篮球比赛并获得冠军；举办2013年度职工运动会；举办新疆分院系统2013年职工乒乓球比赛；组队参加中国科学院第三届职工乒乓球比赛；积极开展“全民健身日”文体展示活动。新疆分院荣获国家体育总局颁发的“2012年度年全民健身活动优秀组织奖”，新疆理化技术研究所获得“中国科学院2012年度全民健身日活动先进单位”。

四、院地合作

成功举办第七届“科洽会”。第七届“科洽会”展馆设有111个展位，展示科技成果1030项。中国科学院9个分院、41个研究机构共计216人组团参展，展示275项科技成果。中国科学院系统与各方签约30项，签约金额高达28.86亿元，与上届相比，签约项目数量增长36.4%，签约金额实现翻番。

荣获2013年第三届科学技术普及奖先进集体奖。

荣获自治区2012年度和2013年度科技进步奖15项奖励，其中9项成果荣获科技进步奖一等奖。

开展对2010年立项科技支新项目和2011年立项的战略新兴产业项目的检查工作。

拓展合作交流形式，搭建沟通合作平台。经新疆分院积极推荐，新疆农垦科学院顺利加入全国科学院联盟，成为联盟理事会成员单位。

参加成果展会、促进成果转化。新疆分院组织害虫监测预警、根系生态学应用技术等方面的最新科技成果参加“杨凌农业高新科技成果博览会”、“长沙科技成果转化交易会”等展会，促进科技成果的转移转化。

加强沟通交流，寻求科技合作切入点。新疆分院与新疆矿产资源中心、中国科学院常州先进制造技术研发与产业化中心座谈，赴新疆乌鲁木齐市国家高新技术产业开发区（新市区）北区工业园洽谈有关合作事宜。

对在疆开展的院地合作项目开展了绩效统计工作。预计 2013 年度销售收入可达 37 亿元，较上一年度提高 10%。

五、纪检、监察和审计

组织研究所、台学习和传达中国科学院 2013 年度纪检监察审计工作会议精神。

召开了新疆分院系统各单位开展廉洁从业风险防控工作情况汇报会。

认真开展内部审计工作：分别开展对新疆分院机关服务中心、门诊部和接待中心财务收支自主审计；对新疆生地所实施了科研项目经费财务收支审计；对新疆天文台三个科研单元共 10 个课题进行了科研经济业务真实性合法性审计。新疆理化技术研究所、新疆生态与地理研究所、新疆天文台根据院监审局要求分别成立内部审计小组，并开展了内部科研项目经费的真实性合法性审计工作，对审计发现的问题及时进行了纠改。

六、公共事务管理和协调

规范财务资产管理工作：结合内部审计，规范会计基础工作；做好新疆分院系统财会继续教育培训研讨工作。

推进五项贯标工作。根据院办公厅对《中国科学院公文处理标准》、《中国科学院档案管理标准》、《中国科学院安全管理标准》、《中国科学院保密工作标准》、《中国科学院信息宣传工作标准》五项标准化工作检查验收工作安排，为推动分院公共事务管理标准化工作达标，新疆分院成立了相关工作领导小组，由分管院领导任各小组组长；在分院系统召开了动员会，开展了自查工作。

积极协助研究所开展对外交流合作工作。新疆分院系统 2013 年组织召开 10 个国际和双边学术研讨会；派出参加 31 个国际学术会议。争取国际合作项目 13 项，签订合作协议 16 项，经费总额达 1894.35 万元。

由中国科学院新疆分院机关牵头，组织所在地区研究所、台根据新疆地区科研工作实际，起草完成了《新疆分院后勤支撑体系规划实施方案》，共同构建新疆分院系统后勤支撑体系，推进“3H”工程建设。

（撰稿：侯　铁　红　霞　审稿：张小雷）

科　研　机　构

数学与系统科学研究院

执行院长：王跃飞
学术院长：席南华
地　　址：北京市海淀区中关村东路 55 号
邮政编码：100190
电　　话：010-82541777
传　　真：010-82541972
电子信箱：contact@amss.ac.cn
网　　址：http://www.amss.cas.cn

中国科学院数学与系统科学研究院（以下简称“数学院”）成立于 1998 年 12 月 28 日，由中国科学院所属的数学研究所、应用数学研究所、系统科学研究所、计算数学与科学工程计算研究所整合而成。

数学院是综合性国立学术研究机构，覆盖了数学与系统科学的主要研究方向。数学院的办院方针是：在数学与系统科学领域，面向国际发展前沿，面向国家战略需求，做出原创性、突破性和关键性的重大理论成果与应用成果，造就具有国际重要影响的学术带头人和一批杰出人才。数学院的发展目标是：在数学与系统科学领域内，成为国际上有重要影响的研究中心、培养和造就高级研究人才的著名中心、国民经济和国防建设有关问题研究和咨询的重要中心。数学院的优势研究领域有：分析数学与数学物理，数论、代数、几何与拓扑，运筹与管理科学，系统与控制科学，概率统计，科学计算，计算机数学。新兴交叉学科有：金融数学、生物信息学、复杂系统科学、不确定性决策、复杂网络理论、计算材料科学、知识科学理论等。应用研究领域有：工程技术、经济金融、生命科学、生态与环境等。2013 年，数学院顺利实施“一三五”规划，在机制体制、科研创新、开放交流、人才培养等方面采取了系列有效措施，取得了显著成效。

数学院共有 4 个研究所。

数学研究所成立于 1952 年 7 月，著名数学家华罗庚为首任所长。数学研究所主要从事核心数学及理论计算机科学方面的研究。

应用数学研究所成立于 1979 年 10 月，著名数学家华罗庚为首任所长。应用数学研究所以具有实际背景的应用数学基础理论研究为主，发展和创造在自然科学、高新技术、经济金融及管理决策等领域中有普遍意义的数学分支和方法，为国民经济建设服务。

系统科学研究所成立于 1979 年 10 月，主要创始人包括关肇直、吴文俊、许国志等著名科学家。系统科学研究所是以多学科交叉为特点的基础型研究所，主要从事系统科学和与之有关的数学及交叉学科的研究。

计算数学与科学工程计算研究所成立于 1995 年 3 月，其前身是冯康院士于 1978 年创立的中国科学院计算中心。该所的主要任务和发展定位是面向科学与工程中的重大应用问题，着眼于代表国际水准的基础性和关键性计算方法的理论创新和技术创新；伴随计算机技术的进步，进行反映国际科学计算最新研究成果的高性能计算程序和软件的研究与开发；同时培养和造就大批适应当代需求的科学与工程计算的高素质人才。

此外，中国科学院国家数学与交叉科学中心、晨兴数学中心、预测科学研究中心以数学院为依托单位；数学院还设有科学与工程计算国家重点实验室，中国科学院管理决策与信息系统重点实验室、系统控制重点实验室、数学机械化重点实验室、华罗庚数学重点实验室、随机复杂结构与数据科学重点实验室。数学院拥有全国馆藏最为丰富的数学专业图书馆，订阅有大量国外期刊，藏书逾 21 万册。数学院有先进的计算机及网络系统，包括 24 万亿次机群和多个超级计算服务器，并拥有多种大型数学软件包。

截至 2013 年底，数学院共有在职职工 367 人。其中科技人员 266 人、科技支撑人员 67 人，包括中国科学院院士 18 人、中国工程院院士 2 人、发展中国家科学院院士 6 人、研究员及正高级工程技术人员 124 人、副研究员及高级工程技术人员 64 人；进入创新岗位 287 人。共有国家海外高层次人才引进计划（“千人计划”）入选者 3 人，“青年千人计划”入选者 3 人；中国科学院“百人计划”入选者 22 人（新增 1 人），国家杰出青年科学基金获得者 39 人（新增 2 人）。

数学院是 1981 年国务院学位委员会批准的首批具有博士学位授予权的单位之一。现设有数学、系统科学、统计学、计算机科学与技术、管理科学与工程 5 个专业一级学科博士研究生培养点，基础数学、计算数学、概率论与数理统计、应用数学、运筹学与控制论、系统理论、统计学、计算机软件与理论、计算机应用技术、管理科学与工程、管理运筹学、企业管理、数量经济学、应用统计、经济计算与模拟等 15 个专业二级学科博士或硕士研究生培养点。并设有数学、系统科学、管理科学与工程、统计学 4 个专业一级学科博士后流动站，共有在学研究生 539 人（其中硕士生 239 人、博士生 300 人）、在站博士后 82 人。

2013 年，数学院共有在研项目 301 余项（包括新增项目 84 项）。其中，主持国家重点基础研究发展计划（973 计划）3 项，承担课题 11 项（新增 1 项），参加课题 4 项，承担国家高技术研究发展计划（863 计划）课题 2 项，参加国家科技支撑计划课题 2 项（新增 1 项），主持国家自然科学基金重大项目课题 2 项（新增 1 项），重点项目 9 项（新增 2 项），面上项目 54（新增 15 项），国家杰出青年科学基金项目 8 项（新增 2 项），国家自然科学基金重大研究计划重点支持项目 3 项，创新研究群体 4 项，优秀青年科学基金 2 项（新增 2 项），青年科学基金 57 项（新增 17 项），重大国际合作项目 1 项，主持中国科学院战略性先导科技专项 1 项，院地合作项目 15 项（新增 4 项）。

2013 年，数学院取得了一批原创性、突破性和关键性重大理论与应用成果。如：Theta 对应守恒律猜想的证明、多素因子的同余数、基于语义网技术的古代建筑动画自动生成技术及系统、完备加权黎曼与凯勒流形上的随机分析与几何分析、玻尔兹曼方程的流体动力学极限、反馈机制的最大能力与局限、基于格的公钥密码体制的安全性分析、数控加工中的插补方法、加速收敛算法及其相关方面的研究和离子通道内运输过程的模拟与软件平台。2013 年数学院科研人员共发表论文 660 余篇，其中 500 余篇发表在国际重要刊物上，出版专著 14 本，专利申请 2 项。累计获得各类重要科研成果奖励 20 余项，其中，黄飞敏研究员完成的成果“若干重要的可压缩欧拉方程整体解研究”获得 2013 年度国家自然科学奖二等奖；汪寿阳、杨晓光、尚维和张珣完成的成果“经济预测预警理论方法及决策支持系统”，郭宝珠等完成的成果“无穷维弹性振动系统的镇定与控制”分别获北京市科技进步奖二等奖，丁彦恒、张志涛完成的成果“极小极大理论及其对非线性变分问题的应用”获北京市科技进步奖三等奖，杨翠红和张世华分别获第十三届中国青年科技奖。刘源张院士获美国质量学会兰卡斯特奖章（ASQ Lancaster Medal）、首届“中国质量奖”和中国系统工程学会科学技术奖终身成就奖，田野研究员获拉马努金奖和晨兴数学金奖，孙斌勇研究员获陈嘉庚青年科学奖，章祥荪研究员获中国运筹学会第三届运筹学科学技术奖，陈鸽、刘志新和郭雷获美国工业与应用数学学会（SIAM）SIGEST 论文奖。此外，多人获得重要荣誉，如：周向宇研究员当选中国科学院院士；郭宝珠研究员当选南非科学院院士；张纪峰研究员当选 IEEE Fellow。

数学院非常重视院地合作工作，发挥学科优势，依托国家数学与交叉科学中心，积极推进横向科技工作发展。在优化运筹、先进制造等方向上有很成熟的成果，在武器装备、纳米材料、石油勘探等国家多个 973、863 的项目中都有参与，合作单位如中国空间技术研究院、北京航空航天大学、中国航天集团等。为中央和相关部门提供政策建议和评估报告，这是数学院多年以来比较有特色的院地合作工作。预测科学研究中心与国家发改委、财政部、人民银行等政府决策部门建立长期战略合作关系。2013 年在全国粮食产量预测、经济预测预警等方面向中央各部门提交了 28 篇政策报告，部分报告获得国家领导人的重要批示。

2013 年数学院参与的多项国际合作项目研究工作进展顺利。2013 年获得 1 项外国专家特聘研究员计划、1 项外籍青年科学家计划延续资助和 1 项发展中国家访问学者计划资助；数学院共主办了 12 个国际会议；出国（境）项目 291 项共 331 人次，来访项目 342 项共 435 人次。2013 年数学院与北京国际数学研究中心、陈省身数学研究所与西班牙数学研究所签订了在数学及其应用领域方面的合作协议；与法国奥尔良大学签订合作协议；与意大利萨拉姆国际理论物理中心签订合作协议。有 200 人（次）在国际重要学术组织担任领导职务，包括国际数学联盟执委会副主席，国际自动控制联合会 YAP 奖评委员会主席、执委会委员、奖励委员会委员，国际知识与系统科学学会理事长，国际系统与控制科学院副院长，国际数理统计和概率论贝努利学会理事，美国 IEEE 控制系统奖励委员会委员等。

中国数学会（CMS）、中国运筹学会（ORSC）和中国系统工程学会（SESC）三个国家一级学会挂靠在数学院。数学院主办的学术刊物有：《数学学报》（中、英文版）、《应用数学学报》（中、英文版）、《系统科学与数学》、《系统科学与复杂性学报》（英）、《计算数学》（中、英文版）、《数学译林》、《代数集刊》（英）、《系统工程理论与实践》、《数学的实践与认识》、《数值计算与计算机应用》等 15 种，其中 5 种英文刊物均被 SCIE 收录。

（撰稿：丁晓蕾　马　鲁　审稿：汪寿阳）

物理研究所

所　　长：王玉鹏
地　　址：北京市海淀区中关村南三街 8 号
邮政编码：100190
电　　话：010-82649004
传　　真：010-82649533
电子信箱：zhc@iphy.ac.cn
网　　址：http://www.iop.cas.cn

中国科学院物理研究所（以下简称“物理所”）成立于 1950 年 8 月 15 日，其前身是成立于 1928 年的国立中央研究院物理研究所和成立于 1929 年的北平研究院物理研究所，1950 年在两所合并的基础上成立了中国科学院应用物理研究所，1958 年 10 月 8 日启用现名。

物理所是以物理学基础研究与应用基础研究为主的多学科、综合性研究机构，研究方向以凝聚态物理为主，包括凝聚态物理、光学物理、原子分子物理、等离子体物理、软物质物理、凝聚态理论和计算物理等。战略定位是“面向国家战略需求，面向世界科技前沿”，发展目标是“建成国际一流物质科学研究基地”。2013 年物理所“一三五”规划各项实施工作进展顺利，在基础研究和应用基础研究方面取得重要进展，积极参与和组织申请院战略性先导科技专项，参与“物理所-北京大学-清华大学协同创新中心”建设，继续推动国家重大科技基础设施——北京综合极端条件实验装置立项。

物理所是北京凝聚态物理国家实验室（筹）的依托单位，中关村物质科学大型仪器区域中心筹建的牵头单位和北京纳米科学大型仪器区域中心的成员单位。现有超导、磁学、表面物理 3 个国家重点实验室，光学物理、先进材料与结构分析、纳米物理与器件、极端条件物理、软物质物理、清洁能源前沿研究、凝聚态理论与计算共 7 个院重点实验室，固态量子信息与计算、微加工实验室 2 个所级实验室，它们与国际量子结构中心、量子模拟科学中心、北京散裂中子源靶站谱仪工程中心、清洁能源中心、超导技术应用中心、功能晶体研究与应用中心 6 个研究中心共同构成物理所的研究体系；技术部及各实验室、各研究组的公共技术岗位共同构成全所的技术支撑体系。

截至 2013 年底，物理所共有在职职工 479 人。其中科技人员 269 人、科技支撑人员 101 人，包括中国科学院院士 14 人、中国工程院院士 1 人、发展中国家科学院院士 8 人、研究员及正高级工程技术人员 133 人、副研究员及高级工程技术人员 177 人；全所进入创新岗位 392 人。

共有中国科学院“百人计划”入选者 54 人（新增 8 人），国家杰出青年科学基金获得者 39

人（新增4人）。共有国家海外高层次人才引进计划（“千人计划”）入选者7人，“青年千人计划”入选者8人（新增5人）。

物理所是1998年国务院学位委员会批准的首批博士、硕士学位授予单位之一。现设有物理学一级学科博士、硕士研究生培养点；凝聚态物理、理论物理、光学、等离子体物理4个二级学科博士研究生培养点；凝聚态物理、理论物理、光学、等离子体物理、无线电物理5个二级学科硕士研究生培养点；材料工程、光学工程、集成电路工程3个专业学位硕士研究生培养点；并设有物理学一级学科博士后流动站。2013年12月申报材料科学与工程一级学科博士点。截至2013年底，物理所共有在学研究生759人（其中硕士生283人、博士生476人、外国留学生8人、联合培养研究生126名）、在站博士后46人。

2013年，物理所共有在研项目511项（新增项目152项）。其中，主持国家重点基础研究发展计划（973计划）和重大科学研究计划项目15项（新增5项），承担课题58项（新增15项），主持国家高技术研究发展计划（863计划）项目2项（新增1项），主持国家自然科学基金重点项目11项（新增4项），杰出青年基金8项（新增4项），创新研究群体2项，重大研究计划重点项目10项，院仪器研制专项5项（新增2项），在研重点国际合作项目10项，国际合作团队1个。

2013年，物理所基础研究取得重大突破。与清华大学等合作，克服了薄膜生长、磁性掺杂、门电压控制、低温输运测量等多道难关，生长出了高质量的Cr掺杂（Bi，Sb）$_2$Te$_3$拓扑绝缘体磁性薄膜，并在极低温输运测量装置上首次实验实现量子反常霍尔效应，为拓扑量子物态和效应的应用奠定了基础，引起巨大的国际反响。在求解粒子数不守恒可积系统的理论方法方面取得了重要突破，建立了转移矩阵的算子恒等式，进而得到了模型的精确解，完全克服了“无真空态”的困难，建立了一个求解可积模型简单普适的理论方法，解决了数学物理领域四十多年来的著名遗留难题。

“40K以上铁基高温超导体的发现及若干基本物理性质研究”项目（赵忠贤、陈仙辉、王楠林、闻海虎、方忠）荣获此前连续空缺三年的国家自然科学奖一等奖；“功能纳米结构及其器件研究集体”（高鸿钧、陈小龙、黄学杰、李泓、杜世萱、张广宇、胡永胜、申承民、谷林、时东霞、王业亮、杨蓉、王刚、肖文德、郭丽伟、陈立泉）获得中国科学院杰出科技成就奖；“纳米环磁性隧道结及新型纳米环磁随机存取存储器的基础研究”项目（韩秀峰、魏红祥、温振超、刘厚方、詹文山、刘东屏、曾中明、丰家峰、王琰、王守国、彭子龙、杨捍东、孙志斌、王天兴、杜关祥）获得北京市科学技术奖一等奖；“新型LaFeSi巨磁热效应材料的发现和机理研究”项目（沈保根、胡凤霞、孙继荣）获得陈嘉庚技术科学奖。

根据中国科学技术信息研究所关于中国科技论文统计结果，2012年度，物理所发表的SCI收录论文数531篇，其中有241篇入选中国科学技术信息研究所公布的“表现不俗”论文，占论文总数的45.39%，在全国的研究机构中名列第四；国际论文被引用篇数1347篇，被引用次数5817次，名列全国科研机构第四位；其中一篇论文（任治安等）被引用数排名全国前十，两篇论文入选“2012中国百篇最具影响国际学术论文”。2003—2012年，物理所SCI收录论文累计被引用篇数4708篇，名列全国科研机构第三位，被引用次数60207次。

在应用基础研究与高技术研究方面，2013年，苏州星恒生产的磷酸铁锂电池比能量达到150Wh/kg。锰酸锂动力电池产品因其优异的品质和稳定性表现，占据电动自行车领域市场份额第一的位置。同时，通过对材料、工艺和装备的创新，包括轨道交通车辆用电源和新能源汽车用电源等产品开发成功，电池系统服务于电动汽车、储能等应用领域。天科合达蓝光半导体公司的4英寸零微管（微管密度$<1cm^{-2}$）碳化硅晶体研制成功并实现了批量生产，为高性能碳化硅基电力电子器件的国产化提供了材料基础，同时还研发出5英寸碳化硅晶体。4英寸晶片销售量持续增加，有力推动了国内碳化硅半导体产业链的形成。首次基于4H碳化硅晶体的非线性光学频率变换，实现了可调谐的中红外激光输出，并

有望进一步实现大功率的中红外激光输出。

物理所现有控股、参股公司 8 个，其中以知识产权入股的 4 个。技术转移与成果辐射的省、自治区、直辖市有北京、天津、新疆、江苏、浙江等。

2013 年物理所在研重点国际合作项目 10 项，在研国际合作团队 1 个。来访人数约为 330 人次，其中诺贝尔奖获得者、国外科学院、部委级高层等重要外宾 30 余位。出访人数达到 506 人次，参加国际会议 264 人次，其中 195 人次应邀作学术报告。2013 年主持召开国际学术会议 8 次，举办所级讲座“崔琦讲座”1 次。

物理所是中国物理学会的挂靠单位；承办的科技期刊有《物理学报》、*Chinese Physics Letters*、*Chinese Physics B* 和《物理》。

（撰稿：魏红祥　王　玉　审稿：孙　牧）

理论物理研究所

副 所 长：邹冰松（主持工作）
地　　址：北京市海淀区中关村东路 55 号
邮政编码：100190
电　　话：010-62554447
传　　真：010-62562587
电子信箱：anhm@itp. ac. cn
网　　址：http://www. itp. ac. cn

中国科学院理论物理研究所（以下简称“理论物理所”）成立于 1978 年 6 月 9 日，是在理论物理学领域各主要方向上从事基础研究的专业研究所。1985 年，理论物理所成为中国科学院向国内外首批开放的研究所，1993 年被第三世界科学院选为首批参加协联计划的优秀中心，1998 年 8 月被列为中国科学院知识创新工程首批试点单位之一，2002 年 2 月成立中国科学院交叉学科理论研究中心，2004 年 12 月被批准为中国科学院与第三世界科学院奖学金学者培训基地，2006 年成立中国科学院卡弗里理论物理研究所，2008 年成立中国科学院理论物理前沿院重点实验室，2011 年 11 月经科技部批准开始筹建理论物理国家重点实验室，2013 年 9 月该实验室顺利通过科技部组织的建设验收。

理论物理所面向国家战略需求、面向世界科技前沿，以在探索自然界物质结构及基本运动规律方面做出具有国际影响的重大创新成果为目标，联合国内理论物理学工作者，把理论物理所办成从事理论物理基本核心问题研究，不断为国家输送优秀人才，注重交叉学科理论发展的“基础研究中心、人才培养基地、学术交流平台”，努力使理论物理研究所成为全国的理论物理研究所和国际一流水平的国家理论物理中心，在我国理论物理学界发挥引领作用，并做出真正的原创性工作。

根据中国科学院“创新 2020”的工作部署，研究所全面推进实施研究所制定的“一三五”发展规划，在暗物质和暗能量本质及新物理理论的研究方面，密切关注目前国际上重要实验，如 LHC、暗物质 Xenon100、宇宙学 BICEP2、WMAP 及 Planck 等实验的进展，紧密与实验相结合，在实验的基础上构造超出标准模型的新模型；生命过程启发的信息处理和能量转换的物理问题研究方面，利用分子生物、系统生物、生物信息等各层次的实际生物体系，运用和发展统计物理理论，揭示生命过程中生物物理现象和规律背后的普适物理机制；新奇物态相关的量子场论问题研究方面，秉承学科发展规律，加强不同研究方向的交叉融合，特别加强所内相关方向的研究力量之间合作，关注最新发展，加强学术交流。在粒子天体宇宙学与早期宇宙演化、统计物理及其交叉学科、强相互作用物理及其交叉应用、量子信息、冷原子物理及其量子模拟 5 个培育方向方面，积极开展了系列交流活动，并取得系列进展，有望进一步形成学科引领。

理论物理所设有两个研究室，以及以理论物理所为依托单位的“中国科学院卡弗里理论物理研究所”非法人研究单元和科技部依托理论物理所的“中国科学院理论物理研究所理论物理国家重点实验室”。

截至 2013 年底，理论物理所共有在职职工 58 人。其中科研人员 30 人、科技支撑人员 10 人，包括中国科学院院士 6 人、第三世界科学院院士 2 人；研究员 27 人、副研究员及高级工程技术人员8人。

共有“青年千人计划”入选者2人，中国科学院“百人计划”入选者18人，国家杰出青年科学基金获得者11人。

理论物理所是国务院学位委员会批准的首批博士学位授予单位之一，现有理论物理专业硕士、博士研究生培养点，并设有理论物理专业博士后流动站；共有在学研究生124人（其中硕士生41人、博士生83人）、在站博士后15人。

2013年，中国科学院卡弗里理论物理研究所（KITPC）作为理论物理所开放所的进一步拓展和重要组成部分，KITPC运行了7个各具特色的交流项目。理论物理国家重点实验室以“问题驱动”模式运行，自主部署了10大专题，积极开展前沿交叉问题研究，2013年9月该实验室顺利通过科技部组织的建设验收。

2013年，理论物理研究所共有在研项目76项（包括新增项目31项）。其中，主持（或承担）国家重点基础研究发展计划（973计划）项目1项、参加课题5项（新增2项）；主持（或参加）国家自然科学基金创新群体项目3项，主持（或参加）国家自然科学基金重点项目3项、面上项目26项（新增11项）、国家杰出青年科学基金项目2项（新增1项）、国家自然科学基金重大研究计划重点项目2项（新增1项），其他基金项目7项（新增4项）；主持（或承担）院重点部署项目1项（新增1项），修缮购置专项1项（新增1项），中国科学院重要方向性项目3项，百人（或青年千人）计划项目4项，中科院其他项目14项（新增9项）；承担其他项目4项（新增1项）。

2013年，理论物理所科研人员共发表SCI论文210篇，其中影响因子4以上的104篇，国际国内邀请报告共约50人次。

2013年，理论物理所开展了系列的国际合作与交流。中国科学院卡弗里理论物理研究所运用“项目驱动”模式运行，吸引了494名活跃在前沿领域的研究学者和国内约150名研究生参与到这些研究项目中，为促进世界范围内前沿交叉及新兴学科的基础研究、加强人才培养做出了重要贡献。另外，各课题组接待日常来访学者118人次（不含国际会议的参会外宾），其中境外68人次，超过一个月的访问有14人次。全所2013年度的因公出访41人次。

2013年，理论物理所共举办了3次国际会议和1次海峡两岸会议，另有国内各类学术交流会13次，前沿、交叉论坛/Colloquium 20次，专题学术报告109次，这些活动为营造活跃的研究所氛围发挥了重要作用。

2013年，理论物理所完成“计算模拟和数值实验及其应用平台”三期建设，新增GPU计算节点40个，配置英伟达K20型号GPU加速卡80块，并讨论制订了计算平台的使用办法和管理制度。该平台入选2013年全国高性能计算机性能TOP100排行榜，作为有特色的高性能计算机系统得到全国高性能计算学术年会的大会报告介绍。

理论物理所图书馆藏有中西文图书6266册，期刊合订本17516册；现订有西文原版期刊15种，中文期刊14种。在电子资源方面，图书馆为读者开通了包括美国物理协会（The American Physics Society）数据库和《科学》（*Science*）在内的多种数据库和电子刊物，开通了国家科技图书文献中心NSTL购买的现刊数据库以及回溯数据库。数字资源建设方面，完成了研究所机构知识库建设，将建所30年来所有科研产出的数据进行了上传与维护。

由理论物理所主办和承办的英文版学术期刊《理论物理通讯》（*Communications in Theoretical Physics*）的国际影响力近年来不断提升，2013年6月份公布的SCI影响因子创该刊历史最好水平，达到0.954。2013年度获得了中国科协等部委联合发布的“中国科技期刊国际影响力提升计划”的B类支持项目，并继续获得“2013中国最具国际影响力学术期刊”称号。

（撰稿：安慧敏　审稿：邹冰松）

高能物理研究所

所　　长：王贻芳

地　　址：北京市石景山区玉泉路19号乙院

邮政编码：100049
电　　话：010-88233092
传　　真：010-88233105
电子信箱：ihep@ihep. ac. cn
网　　址：http://www. ihep. cas. cn

高能物理研究所（以下简称“高能所”）成立于1973年，其前身是1950年成立的中国科学院近代物理研究所，1953年改称物理所，1958年改称原子能研究所。1973年2月，根据周恩来总理的指示，在原子能研究所一部的基础上组建了高能所。

高能所是以基础研究和应用基础研究为主的多学科综合性研究所。主要学科方向是粒子物理研究、加速器物理及技术研究和射线技术及应用研究，并兼顾核分析技术及多学科交叉研究；优势研究领域包括粒子物理、粒子天体物理、同步辐射技术及其应用、加速器物理及技术、核分析技术。

2013年，高能所按照中科院“创新2020”跨越发展体系部署，深入实施“一三五”规划，贯彻落实“四个率先”基本要求，粒子物理研究、国家重大科学装置建设、应用研究与成果转化三项重大突破取得了一批重要成果，粒子物理和粒子天体物理研究、加速器物理与技术研究、核探测技术与核电子学研究、射线技术及应用研究、射线技术及应用研究5个重点培育方向不断获得新进展，研究所科技创新能力稳步提升。

高能所建有北京正负电子对撞机国家实验室、核探测与核电子学国家重点实验室（与中国科学技术大学共建）；3个院重点实验室：核辐射与核能技术重点实验室（与上海应用物理研究所共建）、粒子天体物理重点实验室、纳米生物效应与安全性重点实验室（与国家纳米中心共建）；2个北京市重点实验室：北京市射线成像技术与装备工程中心、网络安全防护技术北京市重点实验室；1个非法人研究单位：中国科学院大科学装置理论物理研究中心（挂靠高能所）；1个国家级国际联合研究中心：高能物理国际研发中心；1个北京市国际科技合作基地：直线加速器技术及射线应用国际科技合作基地；2个所级实验室：X射线光学与技术实验室、粒子加速物理与技术实验室。高能所下设东莞分部、实验物理中心、粒子天体物理中心、理论物理室、计算中心、加速器中心、多学科研究中心、核技术应用研究中心8个研究单位；拥有北京正负电子对撞机、北京谱仪、北京同步辐射装置、西藏羊八井国际宇宙线观测站、中国散裂中子源（在建）、大亚湾中微子实验装置、硬X射线调制望远镜卫星（在建）等大型科研装置。

截至2013年底，高能所共有在职职工1425人。其中科技人员1184人、科技支撑人员241人，包括中国科学院院士7人、中国工程院院士2人、发展中国家科学院院士1人、研究员及正高级工程技术人员176人、副研究员及高级工程技术人员430人。

共有国家高层次人才特殊支持计划（“万人计划”）入选者1人，国家海外高层次人才引进计划（“千人计划”）入选者3人，“青年千人计划”入选者2人；中国科学院“百人计划”入选者46人（新增4人），国家杰出青年科学基金获得者18人。

高能所是1981年国务院学位委员会批准的首批博士、硕士学位授予权单位之一，现设有理论物理、粒子物理与原子核物理、凝聚态物理、光学、无机化学、生物无机化学6个理学博士、硕士培养点，设有核技术及应用、计算机应用技术2个工学博士、硕士培养点，设有材料工程、动力工程、机械工程、电子与通讯工程、核能与核技术工程、计算机技术、化学工程7个全日制工程硕士培养点，并设有物理学、核科学与技术2个博士后流动站，共有在学研究生475人（其中博士生260人、硕士生162人、全日制工程硕士生53人）、在站博士后54人（其中外籍8人）。

2013年，高能所共有在研项目305项（包括新增项目96项）。其中，主持国家重点基础研究发展计划（973计划）和国家重大科学研究计划项目6项（新增3项）、承担（或参加）课题40项（新增10项），主持国家高技术研究发展计划（863计划）项目1项、主持国家自然科学基金重大项目3项、主持国家自然科学基金重点项目16项（新增5项）、面上项目215项（新增76项）、国家杰出青年科学基金项目2项（新增

1 项）、主持中国科学院战略性先导科技专项课题 33 项（科技部、国家自然科学基金委、财政部和院），重大仪器研制项目 1 项。

2013 年，高能所科研工作进展顺利。在基础前沿研究和完成国家重大任务方面，北京谱仪Ⅲ实验发现新的共振结构 Zc（3900），被美国《物理》杂志评为 2013 年国际物理学领域重要成果第一名；嫦娥三号粒子激发 X 射线谱仪成功运行，首获月面元素就位探测精细能谱，能谱分辨达到国际先进水平；大亚湾中微子实验首次公布对中微子质量平方差的测量结果，对揭示中微子的基本属性具有重大物理意义，文章在 PRL 发表；胶球性质的理论研究首次利用格点 QCD 数值模拟计算 J/ψ到胶球的电磁形状因子（合作），对实验确认胶球态和唯象研究胶球性质具有重要指导意义，文章在 *PRL* 发表；完成 dGTP 激活 SAMHD1 四聚体的结构机制研究（合作），文章在 *Nature Communications* 发表；BSRF 小角 X 射线散射技术研究汞污染取得新进展，文章在 *Environmental Science & Technology* 发表；提出萃取分离锕系元素的创新方法，文章在 *Inorganic Chemistry* 发表；参与 ATLAS、CMS 等多项重要国际实验，为 Higgs 的发现作出重要贡献。在国家大科学工程建设、运行任务方面，BEPCII/BESIII/BSRF 圆满完成高能物理取数运行和同步辐射专、兼用光运行，大亚湾中微子实验平稳运行，CSNS 工程建设进展显著，HXMT 通过转正样评审，ADS 攻克多项关键技术难点，JUNO 先导专项启动，HEPS、LHAASO 项目的立项取得重要进展。

2013 年高能所发表论文 1207 篇，比 2012 年同期增长 7.9%；作为第一机构发文 449 篇，占发文总数的 37.2%。科学引文索引（SCI）数据库收录论文 851 篇，其中 71% 的论文发表在影响因子大于 2 的期刊上，影响因子大于 10 的高影响力期刊发文为 15 篇；42.7% 的论文发表当年即被引用；45% 的论文是与国外的研究机构或大学合作完成，涉及 59 个国家 600 余家机构。EI 数据库收录 453 篇，ISTP 数据库收录 35 篇，MEDLINE 数据库收录 11 篇。根据 ISI-ESI 数据库中全球论文影响力百分比基线，被引用次数进入同类学科前万分之一的论文 3 篇，进入千分之一但不足万分之一的论文 7 篇，进入百分之一但不足千分之一的论文 33 篇。

2013 年高能所申请中国发明专利 65 件、实用新型专利 7 件，获得中国发明专利授权 20 件、实用新型专利授权 10 件、外国专利授权 1 件。获得计算机软件著作权 13 件。2013 年立项修订国家标准《核仪器及系统安全要求第 2 部分：放射性测量仪的结构要求和分级》。

“北京谱仪 II 实验发现新粒子”荣获国家自然科学奖二等奖，利用北京正负电子对撞机上北京谱仪 II 实验所采集的 J/ψ 粒子数据，在强子谱研究中发现了质子–反质子质量阈值增长结构 X（1860）和 X（1835）等新粒子，这是首次在以中国科学家为主进行的实验中发现的新粒子，在国际上引起了强烈反响。

2013 年，高能所积极推进科技成果转移转化工作。在电子辐照加速器方面，组织完成了 L 波段辐照加速器的鉴定，在武汉新建成 S 波段辐照加速器辐照中心；在超导磁体方面，用于高岭土提纯的超导磁选机已生产 5 台并开始销售生产；乳腺 PET 组织完成了在天津肿瘤医院、北京宣武医院 400 病例的临床试验；核检测设备产业化方面，建立了“分布式动态放射性探测成像系统”中试基地并投入运行，已形成系列产品；在低毒肿瘤纳米药物方面，建立了中试生产线并投入使用。全所有 100 人左右从事科技开发工作，现有 7 家投资公司在运营，全年营业收入总额约为 2426 万元。

2013 年高能所共签署 5 项科技合作协议，包括中美高能物理合作协议、高能所与台湾光源合作备忘录、高能所与日本强流质子加速器研究联合体合作修订协议、高能所与美国阿冈国家实验室基于高能物理及基础能源科学合作谅解备忘录、高能所与欧洲同步辐射光源合作解备忘录等。国外（境外）科学家来访共计约 1000 人次，高能所应邀参加出国（境）参加国际会议，进行学术交流访问或参加培训班等有 600 余人次，承办高能物理领域国际研讨会 18 次。高能所参加了欧洲核子研究中心的大型强子对撞机 LHC 上的 ATLAS 和 CMS 实验、丁肇中教授领导的 AMS 实验、国际直线对撞机（ILC）、BELLE & BELLE II、PANDA 等国际合作项目。

高能所是高能物理学会、粒子加速器学会、同步辐射专业委员会、核电子学与探测技术学会、引力与相对论专业委员会、中国毒理学会纳米毒理学专业委员会、中国物理学会中子散射专业委员会的挂靠单位；主办的刊物有《中国物理 C》（月刊）、《现代物理知识》（科普双月刊）。

（撰稿：蒙　巍　王晨芳　审稿：王贻芳）

力学研究所

所　　长：樊　菁
地　　址：北京市海淀区北四环西路 15 号
邮政编码：100190
电　　话：010-62560914
传　　真：010-62561284
电子信箱：imech@imech. ac. cn
网　　址：http://www. imech. cas. cn

中国科学院力学研究所（以下简称“力学所”）成立于1956年，是以工程科学思想建所的综合性国家级力学研究基地，在国际力学界享有盛誉。钱学森、钱伟长为第一任正、副所长；郭永怀副所长曾长期主持工作；继任所长为郑哲敏、薛明伦、洪友士，现任所长樊菁。

力学所加强空天、海洋、环境、能源与交通等重要领域的科学创新和高新技术集成，以微尺度力学与跨尺度关联，高温气体动力学与跨大气层飞行，微重力科学与应用，海洋与环境、能源与交通中的重大力学问题，先进制造工艺力学，生物力学与生物工程等为主攻方向。

2013 年，力学所根据国家战略需求和世界科学前沿，结合《国家中长期科学和技术发展纲要》中国科学院“创新 2020”规划，进一步凝练科技目标，理清发展思路，积极推进研究所“一三五”科研规划的顺利实施。同时，不断提高战略思维能力，不断提升把握全局能力，适时、自主地调整科技布局，促进力学相关基础研究的发展，力争在国家重大战略任务中发挥关键性的科学支撑作用。

力学所现设有 5 个实验室：非线性力学国家重点实验室、高温气体动力学国家重点实验室、国家微重力实验室、中国科学院流固耦合系统力学重点实验室、先进制造工艺力学重点实验室。

中国科学院依托力学所成立了中国科学院高超声速科技中心、中国科学院先进轨道交通力学研究中心、中国科学院海洋工程中心等非法人单元，以充分发挥力学学科在相关领域的总体和牵头作用；此外，为加强研究所与产业部门的合作与发展，力学所与企业联合成立了冲击动力学工程研究中心、发动机科学与工程联合实验室等。2010 年 9 月，IUTAM 正式批准设立在力学所的北京国际力学中心为其关联所属组织，是该组织在亚太地区唯一的“国际力学中心”。

力学所还建设了高超声速高温气体动力学实验技术系统、微/跨尺度力学公共实验研究系统、微重力科技实验技术系统、海洋工程与环境力学综合实验技术系统，以及计算力学平台等，建成所级信息与网络共享平台，构建了较为完备后的技术支撑体系。

截至 2013 年底，力学所共有在职职工 494 人。其中科技人员 292 人、科技支撑人员 156 人，包括中国科学院院士 7 人、中国工程院院士 1 人、研究员及正高级工程技术人员 72 人、副研究员及高级工程技术人员 156 人；全所进入事业编制岗位 428 人。

共有国家海外高层次人才引进计划（“千人计划”）入选者 1 人，中国科学院“百人计划”入选者 19 人，国家杰出青年科学基金获得者 10 人。

力学研究所是国务院学位委员会批准的博士、硕士学位授予权单位之一，现设有力学一级学科博士研究生培养点，力学一级学科、材料学二级学科硕士研究生培养点，并设有力学一级学科博士后流动站，共有在学研究生 340 人（其中硕士生 220 人、博士生 120 人）、在站博士后 15 人。

2013 年，力学研究所在研项目 429 项（包括新增项目 214 项）。其中，承担国家重大科技专项课题 13 项，主持（或承担）国家重点基础研究发展计划（973 计划）和国家重大科学研究计划项目 6 项、承担（或参加）课题 10 项，主持（或承担）国家高技术研究发展计划（863 计划）项目 9 项（新增 5 项）；主持（或承担）国家自然科学基金重点项目 9 项（新增 1 项）、面上项目 123 项（新增 42 项）、青年基金项目 68 项（新增 24 项）、国家自然科学基金重大研究计划重点项目 3 项（新增 1 项）；主持（或承担）中国科学院战略性先导科技专项课题 8 项，主持（或承担）院重点部署项目 1 项、（科技部、国家自然科学基金委、财政部和院）重大仪器研制项目 1 项；承担重点国际合作项目 1 项（新增 1 项）；承担院地合作项目 126 项（新增 121 项）。

2013 年，力学所发表国际期刊论文 241 篇，其中被 SCIE 收录 230 篇，国内期刊论文 132 篇，国际会议论文 75 篇，国内会议论文 149 篇，出版专（编、译）著 2 本，提交科技报告 86 篇；力学所共申请专利 84 项，其中发明专利 83 项，实用新型 1 项；授权专利 29 项，其中发明专利 28 项，实用新型 1 项；软件登记共 22 项。

2013 年，力学所共有 160 人次出访到 22 个国家和地区进行各种形式的交流与合作（国际会议 116 人次，合作研究 33 人次，科学访问与技术考察 10 人次，院公派出国留学 1 人）；共有 105 名境外学者来力学所进行学术访问；举办国际会议 2 个；在研国际合作项目有 5 项（国家基金委 2 项，科技部 2 项，所级 1 项）；有 30 位科学家在 70 多个国际学术组织及学术期刊编委会任职。

力学所是中国力学学会的挂靠单位。主办或联合主办的学术期刊有《力学学报》、《力学学报》（英文版）（SCI 收录）、《力学进展》、《力学与实践》和《力学快报》（英文版）。

（撰稿：王宇星　武佳丽　审稿：黄晨光）

声学研究所

所　　长：王小民

地　　址：北京市海淀区北四环西路 21 号

邮政编码：100190

电　　话：010-82547851

传　　真：010-82547890

电子信箱：chengyang@mail.ioa.ac.cn

网　　址：http://www.ioa.cas.cn

中国科学院声学研究所（以下简称“声学所”）成立于 1964 年，其前身是中国科学院电子学研究所的水声学研究室、空气声学研究室、超声学研究室和位于海南、上海、青岛的 3 个研究站。声学所是从事声学和信息处理技术研究的综合性研究所，总部位于北京市海淀区中关村。

声学所在北京设有声场声信息国家重点实验室、国家网络新媒体工程技术研究中心、中国科学院噪声与振动重点实验室、中国科学院水声环境特性重点实验室、中国科学院语言声学与内容理解重点实验室等研究单元；在青岛建有北海研究站，在上海建有东海研究站，在海南建有南海研究站，在嘉兴市与地方政府共建了声学技术转移中心。声学所特色研究方向包括：水声物理与水声探测技术、环境声学与噪声控制技术、超声学与声学微机电技术、通信声学和语言语音信息处理技术、声学与数字系统集成技术、高性能网络与网络新媒体技术。声学所拥有包括 4 位中国科学院院士在内的优秀科技和管理人才队伍，其中多人在国际组织和国家级专家委员会任职。声学所是国务院学位委员会批准的首批博士、硕士学位授予单位。

声学研究所定位是：主要致力于声学和信息处理技术学科的应用基础和高技术发展研究，围绕未来 5—10 年我国在海洋、安全、能源、生命健康和信息网络等领域的战略急需，着力破解与声学和信息处理技术相关的前瞻性重大科技难题与系统集成瓶颈，着力提升自主创新与竞争能力，取得创新性重大成果，引领学科发展方向，保持特色鲜明和不可替代研究所的地位，把声学所打造成声学和信息处理技术领域国内外一流的国立专业研究机构。

按照中科院“一三五”和“创新 2020”发展规划部署和要求，声学所分层次凝练出战略需求重大、目标明确的网络化信息观测技术、智能水下航行器和新媒体服务网络技术 3 个重大突破性研究方向，以及减振降噪技术、海洋声学技术、深部钻测核心技术与系统集成、音频内容理解技术平台应用和先进医用声学技术 5 个重点培育性研究方向。同时布局 6 个基础研究和新型学科研究方向。最终形成基础扎实、层次分明、相互衔接的“金字塔”形体系。围绕“一三五”规划和“创新 2020”任务，重点加强了国家科技重大项目的争取和落实，2013 年落实经费约 6.56 亿元，多项任务取得重大进展。

截至 2013 年底，声学所共有在职职工 812 人。其中科技人员 645 人、科技支撑人员 81 人，包括中国科学院院士 4 人、研究员及正高级工程技术人员 103 人、副研究员及高级工程技术人员 259 人。共有 1 人入选“万人计划”科技创新领军人才，1 人入选“万人计划”青年拔尖人才，15 人（新增 2 人）入选中国科学院“百人计划”，2 人（新增 1 人）获得国家杰出青年科学基金。

声学所现设有物理学、信息与通信工程 2 个专业一级学科博士研究生培养点，声学、信号与信息处理、地球探测与信息技术 3 个专业一级（或二级）学科硕士研究生培养点，电子与通信工程、地质工程 2 个领域的工程硕士培养点。并设有物理学、信息与通信工程 2 个专业一级学科博士后流动站，共有在学研究生 419 人（其中硕士生 223 人、博士生 196 人）、在站博士后 27 人。

2013 年，声学研究所共有在研项目 915 项。其中，承担国家重大科技专项课题 25 项，主持（或承担）国家重点基础研究发展计划（973 计划）项目 2 项、承担（或参加）课题 43 项，主持（或承担）国家高技术研究发展计划（863 计划）项目 4 项、课题 29 项；主持（或承担）国家自然科学基金重点项目 4 项、面上项目 49 项、国家杰出青年科学基金项目 2 项、国家自然科学基金重大研究计划重点项目 1 项；主持（或承担）中国科学院战略性先导科技专项课题 7 项，主持（或承担）院重点部署项目 5 项、（科技部、国家自然科学基金委、财政部和院）重大仪器研制项目 9 项；承担院地合作项目 8 项，承担财政部修缮购置专项项目共 3 项。

声学所是中国科学院大科学装置“实验 1”号科学考察船的法人单位，该科考船在 2013 年度完成了 6 个科学考察航次任务，在航 208 天，安全航行 28961 海里。

2013 年，声学所扎实推进“一三五”战略布局，凝神聚力，攻坚克难，在重大科技创新中取得了重要进展和有显示度的成果。声学所承担的国家科技支撑计划“支持增强型搜索功能的三屏融合服务运行平台”和“支持跨区域、多运营商的新一代广播电视服务系统”课题通过验收；国家 863 计划重大项目“7000 米载人潜水器”和“蛟龙号载人潜水器技术改进及 5000—7000 米海试”课题通过验收；国家 863 计划重大项目“国产 4500 米载人潜水器总体集成课题实施方案”通过审查；圆满完成某重大产品的年度批生产任务；自主研制的 6000 米声学深拖系统在大洋第 29 航次任务中成功完成试验性应用；研制的合成孔径声纳完成项目验收，并在国际招标中击败加、法产品中标；随钻声波测井仪完成关键技术及实验样机研发，填补国内空白；健康康复技术及系列设备得到广泛应用；数字电影放映 GPS GPRS 监管平台得到良好应用推广；与长虹集团联合研发成功了中国首款复合型智能语音芯片；与阿里巴巴公司合作研发的自动客服语音系统成功上线。

全年共发表科技论文 554 篇，其中期刊论文 309 篇，学术会议 245 篇，SCI 收录 49 篇，EI 收录 171 篇，CPCI 收录 13 篇。申请专利 242 件，其中发明专利 229 件，PCT 发明专利 1 件；专利授权 105 件，其中发明专利 88 件，美国发明专利 1 件，日本发明专利 4 件；软件著作权登记 108 件；参与制订国家标准 1 项，主持制订企业标准 1 项。

2013 年声学所获得：中科院杰出成就奖 2 项，国家自然科学奖二等奖 1 项，新疆维吾尔自治区科学技术奖一等奖 2 项，北京市科学技术奖二等奖 1 项、三等奖 1 项，武警科技进步奖二等奖 1 项，海洋工程科学技术奖一等奖 2 项，中国电影电视技术学会科技进步奖一等奖 1 项。

杨波、张东升获得蛟龙号载人潜水器 7000 米级海试深潜英雄个人称号，海洋声学技术实验室、科技处获得先进集体称号，朱维庆、朱敏研究员海试先进个人称号。2013 年 5 月 17 日声学所“蛟龙号”团队获奖人员光荣地获得了习近平总书记、李克强总理、中共中央政治局常委刘云山、张高丽等中央领导的亲切接见。2013 年杨波同志还获得了全国“五一劳动奖章”。

2013 年度，声学所东莞云计算中心网络新媒体分中心，实现科技项目的产业化并孵化企业两家。嘉兴工程中心产业化公司中科声学在浙江股权交易中心创新板挂牌。青岛产业研发基地建设已完成施工设计。

国际交流培养人才 6 人，其中 4 人次赴国外进行为期 6 个月到一年的合作研究，院批复高端人才培训 2 人。引进到所来访的外籍特聘研究员 3 人。与法国 Telecom Bretagne 和俄罗斯 Institute of Atmospheric Physics 分别签订国际合作协议。2013 年，声学所与斯里兰卡文化部中央基金会联合开展了郑和沉船探测项目；召开中日韩多边研讨会一个；协办了在泰国召开的第二十届国际声与振动大会。2013 年声学所出访 83 批 215 人次，接待来访外宾 35 批 80 人次，现任国际组织和刊物任职 16 人次。新增 1 人次，田静研究员当选为第 22 届国际声学委员会（2013—2016）副主席。

截至 2013 年，声学所共有公司 13 家，其中研究所直接投资公司 7 家，声学所管理公司投资 6 家。

声学所是中国声学学会、全国声学标准化技术委员会、中国科学院声学计量测试站、中国环境科学学会环境物理分会等学术机构或组织的挂靠单位。主办的专业学术期刊有《声学学报》(中、英文版)、《应用声学》、《网络新媒体技术》、《声学技术》、《中国医学影像技术》和《中国介入影像与治疗学》等。

（撰稿：程　洋　张　涵　审稿：张春华）

理化技术研究所

所　　长：张丽萍
地　　址：北京市海淀区中关村东路 29 号
邮政编码：100190
电　　话：010-82543770
传　　真：010-62554670
电子信箱：zhc@mail. ipc. ac. cn.
网　　址：http://www. ipc. cas. cn

中国科学院理化技术研究所（以下简称“理化所”）组建于 1999 年 6 月，是以原中国科学院感光化学研究所、低温技术实验中心为主体，联合北京人工晶体研究发展中心和工程塑料国家工程研究中心及中国科学院化学研究所的相关部分整合而成。

理化所是以物理、化学和工程技术为学科背景，以高科技创新和成果转移转化研究为职责使命的研究机构。重点开展光化学转换和光电功能材料应用基础研究及成果转移转化，为我国新一代信息技术、新能源及新材料等战略性新兴产业发展持续提供源头创新；着力突破非线性光学晶体和全固态激光器件核心关键技术，保持和扩大非线性光学晶体及其应用的国际领先地位，推动全固态激光技术的发展，持续提供保证国家需求的战略性手段；致力推进低温工程与技术的发展和应用，提升我国在制冷领域的核心竞争力，为我国大科学工程等重要领域的跨越性发展提供战略性支撑。将理化所建设成在国际上有重要影响的高水平研究机构。理化所主要研究领域为光化学/功能材料与技术、功能晶体与激光技术、低温科学（工程）与技术、国家安全相关技术、生物基材料与医用技术装备。

理化所现有工程塑料国家工程研究中心，航天低温推进剂国家重点实验室，光化学转换与功能材料、功能晶体与激光技术、低温工程学 3 个中科院重点实验室，低温生物医学工程学、热力过程节能技术 2 个北京市重点实验室，空间功热转换技术所级重点实验室等科研机构。技术支撑机构有国家级的低温计量站和抗菌检测中心、院级的机加工中心、所级的公共技术服务中心和信息中心等。

截至 2013 年底，理化所共有在职职工 498 人。其中科技人员 431 人，包括中国科学院院士 4 人、中国工程院院士 2 人、第三世界科学院院士 1 人、研究员及正高级工程技术人员 77 人、副研究员及高级工程技术人员 140 人。共有中国科学院“百人计划”入选者 24 人（新增 1 人），国家杰出青年科学基金获得者 6 人，中组部青年拔尖人才 1 人。

理化所现设有物理学、化学、动力工程及工程热物理3个专业一级学科博士研究生培养点，化学工程与技术1个专业一级学科硕士研究生培养点，材料学二级学科博士、硕士研究生培养点，并设有化学、物理学、动力工程及工程热物理3个专业一级学科博士后流动站，共有在学研究生432人（其中硕士生226人、博士生206人）、在站博士后23人。

2013年，理化所共有在研项目577项（包括新增项目387项）。其中，财政部国家重大科研仪器装备专项2项；科技部重大科技专项5项，重大仪器设备开发专项1项，国家重点基础研究发展计划（973计划）项目20项（新增2项），高技术研究发展计划（863计划）项目9项（新增1项），科技支撑计划4项（新增1项），重大仪器开发专项1项（新增1项），ITER项目1项；国家自然科学基金重大项目6项（新增4项），重点项目3项（新增1项），杰出青年科学基金1项，优秀青年科学基金3项（新增2项），面上项目及青年基金等项目76项（新增37项）；中科院先导专项4项（新增4项），重点部署项目4项（新增3项），装备研制项目3项（新增2项）；北京市科委项目17项（新增9项）；承担横向项目200余项。

2013年，理化所围绕“创新2020”任务和“一三五”规划目标，扎实开展工作，取得了一系列重要成果。以理化所为依托单位承担的“深紫外固态激光源前沿装备研制”国家重大科研仪器装备专项通过验收，使我国成为世界上唯一能够制造实用化、精密化深紫外全固态激光器的国家。承担的“大型低温制冷设备研制”国家重大科研仪器装备专项进展顺利，同北京宇航工程研究所签订使用协议，2kW@20K氦透平制冷机成功走向应用，标志着我国大型低温制冷系统取得初步突破，向实用化迈出重要的步伐。成功研制出25W级钠信标激光器试验样机，在国内开展外场联机试验产生了国际最高亮度的第二代钠导引星，达6.5星等，在加拿大UBC天文台开展外场试验，实现钠层光子回波效率超过了TMT的技术指标要求，被TMT称为“巨大的进展”，白春礼院长对此项成果作出重要批示。

全年共发表科技论文558篇，其中被SCI核心刊物收录396篇，EI收录74篇，ISTP收录20篇。新申请专利203项，其中发明专利188项（包括PCT 6项），实用新型专利15项；获授权专利103项，其中发明专利91项（包括美国1项、日本1项），实用新型12项。

“实用化深紫外全固态激光器研制成功”入选两院院士评选“2013年中国十大科技进展新闻”，“KBBF族晶体深紫外非线性光学特性的发现、晶体生长与激光应用”项目获2013年度国家技术发明奖二等奖，“高效光/电转换的新型有机光功能材料”项目获2013年度国家自然科学二等奖，参与的“上海光源国家重大科学工程”项目获2013年度国家科技进步奖一等奖。陈创天院士获2013年度国际晶体生长协会最高奖Laudise奖，张丽萍所长获2013年度“全国五一巾帼标兵”荣誉称号，“肿瘤微创高低温复式消融治疗系统团队”获第三届（2013）中科院科技成果在京转化先进团队特等奖。获得2013年度北京市科学技术奖三等奖2项。

2013年，理化所成果转移转化工作稳步开展。积极探索科技促进经济发展新模式，成立中科先行（北京）资产管理公司；承担的北京市重大科技项目“纳米纤维动力锂离子电池隔膜研发及产业化（中试阶段）”通过验收；自主研发的肿瘤微创高低温复式治疗系统首次进入临床试验并获得成功，打破了国际垄断，标志着我国肿瘤微创治疗技术获得重大突破；煤层气/天然气撬装液化装置技术、全生物降解塑料PBS产业化、通信级塑料光纤技术、酶法明胶新工艺、16-DPA光化学生产示范线等项目进展良好。

2013年，理化所积极推进国际合作与交流，争取科技部重大国际合作专项1项，院国际合作重点项目1项，院港澳台合作专项1项，香港裘槎基金项目1项，院“外国专家特聘研究员计划”3项，院“发展中国家访问学者”1项。2013年，理化所获批成为国家示范型国际科技合作基地，与香港联合建设的“新材料合成和检测联合实验室”、“功能材料与器件联合实验室”2个实验室通过专家评估，结果均为优秀。全年学术交流出访149人次，接待来访74人次。

理化所是中国感光学会、中国化学会光化学委员会、中国制冷学会低温专业委员会和中国感光学会光催化专业委员会的挂靠单位。负责编辑出版《影像科学与光化学》学术期刊。

（撰稿：刘世雄 朱世慧 审稿：张丽萍）

化学研究所

所　　长：张德清
地　　址：北京市海淀区中关村北一街2号
邮政编码：100190
电　　话：010-62554626
传　　真：010-62569564
电子信箱：huaxs@iccas.ac.cn
网　　址：http://www.ic.cas.cn

中国科学院化学研究所（以下简称“化学所”）始建于1956年。多年来，中国科学院以化学所某些学科方向为主先后组建了青海盐湖研究所（1958年）、感光化学研究所（1975年）和生态环境研究中心（1975年）；成都有机化学研究所成立时吸纳了化学所的十几位业务骨干；化学所有机氟工作于1963年并入上海有机化学研究所；1999年工程塑料国家工程中心并入新成立的理化技术研究所。化学所1994年成为国家科技部和中国科学院基础性研究改革试点单位，1998年首批进入中国科学院知识创新工程试点，1999年3月成立中国科学院分子科学中心，2003年11月科技部批准化学所与北京大学共同筹建北京分子科学国家实验室。

化学所是以基础研究为主，有重点地开展国家急需的、有重大战略目标的高新技术创新研究，并与高新技术应用和转化工作相协调发展的多学科、综合性研究所。主要学科方向为高分子科学、物理化学、有机化学、分析化学。化学所坚持科学技术的原始创新，不断加强高技术创新和集成，重视化学与生命、材料、环境、能源等领域的交叉，在分子与纳米科学前沿、有机/高分子材料、化学与生命科学交叉领域以及能源与绿色化学领域取得系列创新成果，并建设和逐步完善面向国家重大战略需求的先进高分子材料基地。2013年，按照“创新2020”总体部署，深入实施“一三五”规划，顺利完成“一三五”国际专家诊断评估工作，在分子反应基础与器件、纳米绿色打印制版技术、高性能高分子材料“三个重大突破”方面已经在国内外形成重要影响或关键技术已经突破，在五个重点培育方向方面进展显著。

化学所现有3个国家重点实验室、8个院重点实验室、1个所级实验室（中国科学院先进高分子材料创新工程中心）、1个分析测试中心，与北京大学共同筹建北京分子科学国家实验室。国家重点实验室包括分子反应动力学国家重点实验室、分子动态与稳态结构国家重点实验室、高分子物理与化学国家重点实验室；院重点实验室包括有机固体院重点实验室、光化学院重点实验室、分子纳米结构与纳米技术院重点实验室、胶体、界面与化学热力学院重点实验室、工程塑料重点实验室、分子识别与功能院重点实验室、活体分析化学院重点实验室、绿色印刷院重点实验室；所级实验室为高技术材料实验室。

2013年，化学所继续实施“卓越人才战略”，人才队伍建设成绩显著。截至2013年底，化学所共有在职职工627人，其中科技人员532人、科技支撑人员71人，包括中国科学院院士12人（新增2人）、发展中国家科学院院士4人、研究员及正高级工程技术人员101人、副研究员及高级工程技术人员229人；全所进入创新岗位549人。共有国家自然科学基金委创新群体9个（新增1个），国家杰出青年科学基金获得者59人（新增2人），国家“千人计划”入选者1人，国家“青年千人计划”入选者4人（新增2人），中国科学院“百人计划”入选者57人（新增3人），接收“西部之光”访问学者23人（新增1人）。新增“国家特支计划”科技创新领军人才计划入选者3人、重点领域创新团队1个、科技创新创业人才1人。“国家特支计划”青年拔尖人才计划入选者2人。

化学所是1996年国务院学位委员会批准的博士、硕士学位授予权单位之一，现设有化学一级学科硕士、博士研究生培养点，材料学二级学科硕士、博士研究生培养点，并设有化学一级学科博士后科研流动站，共有在学研究生961人，其中博士生682人、硕士生279人，有在站博士后66人。

2013年，化学所共承担各类科研项目、课题634项（包括新增项目246项）。其中，承担国家重点基础研究发展计划和重大科学研究计划项目10项（新增1项）、课题29项（新增4项），承担国家重大科技专项课题/子课题2项，主持国家高技术研究发展计划（863计划）项目6项，新增科技支撑计划项目课题1项；主持国家自然科学基金重大项目10项（新增2项）、重点项目20项（新增3项）、面上项目146项（新增43项）、国家自然科学基金重大研究计划重点项目7项（新增3项）、国家杰出青年科学基金项目13项（新增2项）、创新研究群体7项（新增2项）；主持中国科学院战略性先导科技专项课题/子课题19项（新增16项）、院重点部署项目3项、院重要方向性项目12项、中科院“百人计划”项目10项（新增3项）、“青年千人计划”4项（新增2项）；主持科技部、国家自然科学基金委、财政部和中科院重大仪器研制项目16项（新增6项）；承担科技部、国家自然科学基金委、科学院重大国际合作项目10项（新增2项）；承担院地合作项目140项（新增86项）。

根据科技部科技信息中心发布的全国科研机构发表科技论文情况统计：化学所2007—2011年发表的SCI收录论文在2012年被引用2402篇，被引用13446次，居全国研究机构第1名；2003—2012年发表的SCI收录论文累计被引用5565篇，被引用114856次，居全国研究机构第1名。2013年化学所共发表第一单位SCI收录论文746篇，非第一单位SCI收录论文288篇，其中在有重要影响的学术期刊上发表论文108篇，在化学的各个分支学科如高分子科学、物理化学、有机化学、分析化学和无机化学领域的高水平杂志（影响因子大于3.0）上发表论文654篇（包括合作发表166篇）。

2013年，化学所继续加强党建与创新文化建设，深入开展党的群众路线教育实践活动，万立骏同志当选中国侨联第九届委员会副主席。化学所天津武清基地项目开工建设，旧楼修缮工作顺利完成。

2013年，“高分子复合材料微加工制备及其物理与化学问题”项目获得国家自然科学奖二等奖，“新型甲醇羰基化催化剂的结构设计及工业应用”项目获得国家技术发明奖二等奖，江雷院士荣获何梁何利基金2013年度科学与技术进步奖，“基于离子液体溶剂体系的纤维素加工与功能化的新原理和新方法”项目获得北京市科学技术奖一等奖，“聚合物太阳电池光伏材料的研究”项目获得北京市科学技术奖二等奖，“一种聚酰胺酸内涂胶及其制备方法和用途”项目获得中国专利优秀奖，“新型纳米杂化降凝剂的设计与制备技术以及在原油输运中的应用”获得中国石油和化学工业科学技术奖一等奖。

2013年化学所申请专利261项，获专利授权154项。化学所科研成果转化办公室获得“中国科学院科技成果在北京转化先进团队”技术转移工作组织奖一等奖。2013年化学所与企业、地方政府签署横向合同86项，转让/许可专利22项，与潍坊恒联、浙江众成、浙江大东南、北京君伦石油、广州巧美、北京颐民宝等企业签署长期合作协议或共建联合单元，有机光导鼓项目完成上市前的筹备工作，聚酰亚胺薄膜和聚酰亚胺液晶取向剂2个项目完成无形资产作价入股，控股和参股公司实现了保值增值。

2013年，化学所顺利完成“一三五”国际专家诊断评估工作，受到了国际同行的高度评价。化学所共办理外事出访344人次，接待外事来访288人次；推荐国际科技合作奖1项；新增“外国专家特聘研究员计划项目”6项，“外籍青年科学家计划项目”1项，“发展中国家访问学者计划项目”5项；新争取中国科学院-澳大利亚联邦科工组织合作项目1项；举办分子科学论坛报告14次，分子科学前沿报告4次，主办国际会议10个；与多个著名跨国企业签署横向合作协议4项。

由科技部、中科院、教育部共建的“北京质谱中心”设在化学所，中科院共建的核磁共振实验室设在化学所。化学所拥有X射线单晶面探仪、X射线粉末衍射仪、高分辨透射电镜、场发射扫描电镜、600兆、500兆核磁共振谱仪和400兆固体核磁共振波谱仪、X射线光电子能谱仪、傅里叶变换离子回旋共振质谱等高性能大型仪器。

化学所是中国化学会的依托单位，并与中国化学会共同主办《化学通报》、《高分子学报》、

《高分子通报》、*Chinese Journal of Polymer Science* 等学术期刊。

（撰稿：李　丹　石永军　审核：张德清）

国家纳米科学中心

主　　任：刘鸣华
地　　址：北京市海淀区中关村北一条 11 号
邮政编码：100190
电　　话：010-62652116
传　　真：010-62656765
电子信箱：webmaster@nanoctr.cn
网　　址：http://www.nanoctr.cn

国家纳米科学中心（以下简称“纳米中心”）是中国科学院与教育部共同建设，于 2003 年 12 月正式成立的具有独立事业法人资格的全额拨款直属事业单位。纳米中心实行理事会领导下的主任负责制，理事会由国家发展和改革委员会、教育部、科学技术部、财政部、卫生部、中国科学院、中国工程院、国家自然科学基金委员会和北京市人民政府等单位选派代表组成。

国家纳米科学中心定位于纳米科学的基础和应用基础研究，目标是要建成具有国际先进水平的研究基地、面向国内外开放的纳米科学研究公共技术平台、中国纳米科技领域国际交流的窗口和人才培养基地。在努力为中国纳米科技发展提供支撑的同时，纳米中心还致力于促进国家纳米科技产业的标准化和规范化发展，以期为中国纳米科技的健康、有序发展作出贡献。

纳米中心现有 2 个中国科学院重点实验室，分别是中国科学院纳米生物效应与安全性重点实验室和中国科学院纳米标准与检测重点实验室，有纳米器件、纳米材料、纳米生物效应与安全性、纳米表征、纳米标准、纳米制造与应用基础共 6 个研究室，有纳米检测和纳米加工 2 个技术室，1 个发展研究中心。纳米中心与北京大学、清华大学、中科院福建物构所等单位共建协作实验室 19 个。

纳米生物效应与安全性院重点实验室主要研究纳米结构和生物体之间相互作用、揭示纳米材料的生物效应并对其安全性进行评价。纳米标准与表征院重点实验室包括纳米标准和纳米表征两个方向。纳米标准研究主要从事纳米技术标准化的研究，如纳米检测技术标准化、纳米标准物质研制、纳米计量溯源等工作；纳米表征研究主要发展对纳米尺度结构和性能的表征方法和研究设备，纳米表征新技术的开发，揭示纳米材料的结构与性能关系的研究。纳米器件研究室主要从事功能纳米结构的制备和集成技术；纳米材料研究室主要从事新型纳米材料的制备和组装，以及纳米材料在环境科学和新能源应用的相关研究；纳米制造与应用基础研究室主要以设计、制备和集成纳米尺度单元为手段，开展集纳米材料和结构的宏量制备及体现“纳米效应”的产品和系统的应用基础研究。纳米检测室主要从事纳米检测技术服务，并开展与纳米检测技术相关的培训和研发工作；纳米加工技术实验室主要从事纳米结构加工、器件制备及系统技术研究，并作为公共开放平台为我国纳米科技研究提供先进加工技术。

2013 年，在院领导和院重大任务局的大力支持下，中心积极组织了院战略性 A 类先导科技专项“变革性纳米产业制造技术聚焦”启动会，不断加强专项任务与中心“一三五”规划的结合，从各方面给予先导专项工作大力支持和保障，同时加强相关领域的战略研究。

截至 2013 年底，纳米中心共有在职职工 198 人，其中科技人员 144 人、支撑人员 54 人，包括研究员 34 人、副研究员及高级工程技术人员 45 人，中国科学院“百人计划”入选者 18 人（新增 1 人），国家杰出青年科学基金获得者 8 人（新增 1 人），国家“青年千人计划”入选者 1 人，北京市百名领军人才 1 人。

中心现有 7 个学科培养点，包括：纳米科学与技术（博士、硕士）、凝聚态物理（博士、硕士）、物理化学（博士、硕士）、材料学（博士、硕士）、生物物理学（硕士）、材料工程（专业硕士）和生物工程（专业硕士），设有博士后流动站。共有在学研究生 236 人（其中硕士生 84 人、博士生 121 人、留学生 31 人），此外，还有联合培养研究生 155 人、在站博士后 29 人。

2013年，纳米中心共承担（或参加）科研项目276项。其中，新增主持国家重点基础研究发展计划（973计划）项目2项、承担课题2项；新增国家自然科学基金杰青项目2项、优青项目2项、其他基金项目24项，北京市地方项目3项，院先导项目1项、子课题6项；院仪器研制项目1项；院交叉合作团队1项；承担国际合作项目29项（新增15项）；承担院地合作项目22项（新增11项）。

2013年，中心科研工作取得了一系列重要进展。基础研究取得突破性进展，研究人员利用原子力显微镜技术在实空间观测到分子间氢键和配位键相互作用，在国际上首次实现了对分子间局域作用的直接成像，该研究成果入选《自然》杂志年度图片。在纳米生物方面，研究人员在多肽组装序列效应研究方面取得了新进展，揭示了多肽组装过程中侧基结构、序列的影响；同步辐射技术揭示纳米材料-蛋白质冠界面结构取得新进展，为研究纳米材料与蛋白质作用的界面结构提供了重要解析手段；纳米生物效应与安全性研究方面，阐明影响纳米药物的代谢因素，实现了对纳米药物的靶向性调控；在纳米材料自组装研究方面，阐明了组装基元间的各种相互作用力，实现了对组装体光电功能的调控；在器件研究方面，制备出碳管新型碳管聚集体：碳管晶体；获得了结构可控的石墨烯和碳纳米管、手性可控的光电功能纳米结构以及多层次有序的分级结构；拓扑晶态绝缘体SnTe纳米线研究获得新进展，为研究低维拓扑晶态绝缘体（TCI）材料在纳米电子学和自旋电子学器件领域的应用打下实验基础。在应用技术方面，开发了用于电力设备防污闪纳米复合涂层材料，基于低成本打印技术的检测试纸，全自动微流控核酸检测芯片仪器等实用材料和仪器，并在艾滋病预防药物临床前研究取得重要进展。相关工作已产出一批高水平论文，申请和获得一批国内和国际专利，并获得了一批纳米标准。此外，纳米中心还继续推进成果转移转化工作，积极组织科研人员参加地区项目对接会，推动我国纳米科技产业的可持续发展。

2013年，纳米中心共发表SCI论文390篇，比2012年增长56%，其中，中心作为第一作者单位SCI论文235篇；主编专著4部，参编著作9部。申请专利115件，其中，PCT专利6件，国内发明专利108件；授权专利34件，其中，美国发明专利1件，国内发明专利32件。颁布国家标准2项，研制标准物质5项，标准样品2项。

2013年，纳米中心在国际交流与合作方面取得了重要进展。全年接待了来自27个国家和地区的代表团来访33批次，办理中心人员出访97人次，组织召开ChinaNANO2013、全球纳米技术主任论坛、中奥双边研讨会等多个大中型国际会议，在国内外取得广泛的影响。

纳米中心是全国纳米技术标准化技术委员会（SAC/TC279）、中国合格评定国家认可委员会（CNAS）实验室技术委员会纳米专业委员会、中国微米纳米技术学会纳米科学技术分会的挂靠单位。纳米中心与英国皇家化学会联合主办的英文期刊*Nanoscale*受到国内外学界的广泛关注。

（撰稿：吴树仙　刘卫卫　审稿：刘鸣华）

生态环境研究中心

主　　任：江桂斌
地　　址：北京市海淀区双清路18号
邮政编码：100085
电　　话：010-62923549
传　　真：010-62923549
电子信箱：zhb@rcees. ac. cn
网　　址：http://www. rcees. ac. cn

中国科学院生态环境研究中心（以下简称“生态环境中心”）始建于1975年，时为经国务院批准成立的中国科学院环境化学研究所，1986年与中国科学院生态学研究中心（筹）合并，改为现名。

生态环境中心以“国家生态环境安全与可持续发展”为战略主题，充分发挥环境科学、环境工程和生态学三大学科的综合优势，将国际环境科学与生态学研究前沿与国家环境保护与生态建设的重大需求紧密结合，不断突破关系到国家生态安全、环境健康和可持续发展的重大科学理论和关键技术，为我国生态文明建设、实现人与自然的协调发展作出基础性、战略性、前瞻性科技创新贡献，将生态环境中心建设成为我国生态环境科学应用基础研究和技术创新基地、高级专门人才培养基地，成为国内一流、国际上有重要影响的生态环境科学与技术综合性研究机构。

2013 年是生态环境中心实施“十二五”规划承上启下的关键一年。在中科院新时期办院方针和科技创新驱动发展新形势下，“一三五”规划推进实施进展顺利，科技创新取得了新的成绩；结合重大国际性和地区性的生态环境问题，组织研究力量，参与国内外相关研究活动，加强支撑能力建设，全面提升主导一个方向的重大区域性生态环境方向的能力，主要研究领域都有所突破，自主创新能力逐步增强，人才队伍建设与研究生教育再上新台阶，创新管理工作扎实有效。2013 年，生态环境中心圆满完成一三五诊断评估工作，评估专家组认为生态环境中心在持久性有毒物质毒理与健康效应、饮用水复合污染、生态系统服务与城市安全保障三个领域中取得了国际上公认的重大突破，在顶尖杂志上发表了大量文章，并且赢得国内外重大奖励与认可，在此领域拥有国际一流的学术水平与科研能力，整体上处于国际第一梯队的地位。

生态环境中心共有 9 个实验室，其中有环境化学与生态毒理学国家重点实验室、环境水质学国家重点实验室（环境模拟与污染控制国家重点联合实验室）、城市与区域生态国家重点实验室 3 个国家重点实验室；1 个中国科学院环境生物技术重点实验室；大气环境科学实验室、水污染控制实验室、土壤环境科学实验室、环境纳米材料实验室、大气污染控制中心 5 个实验室。设有文献信息中心、大型分析仪器实验室、二噁英实验室、水质分析实验室、环境评价部和北京城市生态系统研究站。先后有“景观格局与生态过程”、“持久性有毒污染物形态、环境过程与毒理效应”、“环境微界面过程与污染控制”3 个国家自然科学基金创新研究群体和 2 个“中国科学院创新研究团队”。二噁英实验室通过了国家实验室认可和计量认证、水质分析实验室通过计量认证；联合国环境规划署持久性有机污染物分析示范实验室落户生态环境中心、住房和城乡建设部农村污水处理技术北方研究中心依托生态环境中心。生态环境中心与南澳大利亚水务公司共建国际水科学技术中心、与挪威共建中—挪环境综合研究中心、与横滨国立大学联合共建亚洲国际生态环境安全管理中国联合研究中心、与中国节能投资公司共建中环水务—生态环境中心联合研发基地。生态环境中心是农业部批准的农药登记残留试验认证单位之一。

截至 2013 年底，生态环境中心共有在职职工 402 人。其中科技人员 378 人（含科技支撑人员 87 人），包括中国科学院院士 3 人、中国工程院院士 4 人、发展中国家科学院院士 3 人、研究员及正高级人员 75 人、副研究员及高工 100 人；共有中国科学院“百人计划”入选者 24 人、国家杰出青年科学基金获得者 17 人，入选国家“百千万人才工程”4 人。1 人入选中组部“万人计划”第一批青年拔尖人才。

生态环境中心是国务院学位委员会批准的博士（1986 年）、硕士学位（1980 年）授予权单位之一，是中国科学院博士生重点培养基地。具有环境科学、环境工程、生态学、分析化学、有机化学、环境经济与环境管理 6 个专业博士学位点，环境科学、环境工程、生态学、分析化学、有机化学、环境经济与环境管理 6 个硕士学位点，环境工程、生物工程等工程硕士学位点。设有环境科学与工程、生物学、生态学 3 个博士后流动站。“环境科学与工程”流动站为全国优秀博士后流动站。截止 2013 年底，共有在学研究生 669 人，其中硕士生 254 人、博士生 415 人、在站博士后 131 人。

2013 年，生态环境中心共有在研项目（课题）468 项（新增 173 项），其中，主持国家重点基础研究发展计划（973 计划）项目 2 项，承担课题 13 项（新增 1 项），承担高技术研究发展计划（863 计划）项目（课题）16 项（新增 4 项），国家重大科技专项课题 12 项（新增 2 项），国家科技支撑计划项目（课题）25 项（新增 5 项），行业公益性专项课题 21 项（新增 2 项）；承担国家自然科学基金重大项目 2 项（新增 1 项）、课题 6 项（新增 3 项）、重点项目 17 项（新增 5 项）、杰出青年基金项目 8 项、面上项目 108 项（新增 37 项）；承担中国科学院知识创新工程重大项目 1 项、重要方向项目（课题）12 项，战略性先导科技专项 2 项，承担课题 11 项，承担国际合作项目 2 项，院地合作项目 6 项，与地方政府合作项目 9 项，并参加了中国 2013 年北极科学考察和中国第 30 次南极科学考察。

2013 年，生态环境中心“持久性有机污染物研究集体”获中科院杰出科技成就奖，“基于人核受体超家族监测环境内分泌干扰物的新技术及应用”获 2013 年环境保护科学技术奖二等奖，“高灵敏 DNA 修饰分析新方法”获中国分析测试协会一等奖。

2013 年，生态环境中心主持的一批重大项目取得重要进展，并通过验收。生态环境中心继续保持在环境分析化学方面的总体优势，大力加强生态毒理学和健康效应研究，在纳米银杀菌和细胞毒性机制、二噁英类污染物神经毒理机制、环境肿瘤学研究中有重要发现；在陆地厌氧氨氧化氮循环研究中完善了陆地系统的氮循环模式，县域村镇污水综合治理示范工作取得阶段性成果，在超导磁分离设备与技术方面取得重要进展；提出了建立我国生态补偿机制的思路与措施，在中国环境管理与政策研究、生态恢复的固碳服务研究中取得了重要研究进展。2013 年，生态环境中心承担的水专项课题“北运河水系中游段生态治理关键技术与示范”通过验收；修缮购置专项“微观结构表征平台项目”通过验收。

2013 年，生态环境中心（第一单位作者）在国内外期刊发表论文 621 篇，其中 SCI 收录论文 390 篇，中文核心期刊论文 231 篇；申请专利 95 件；获专利授权 54 件，其中获发明专利授权 44 件；获软件著作权 3 件。

2013 年，生态环境中心积极开展对外交流与合作。参加境外国际会议、学术交流、合作研究 288 人次，接待参加学术交流及合作项目的外宾 300 多人次，组织和主办了“国际水协会第 16 届面源污染与富营养化会议”、“2013 年混凝国际研讨会”、“国际环境问题科学委员会 2013 年国际环境研讨会”、“2013 污染场地治理修复国际论坛”和发展中国家水质与卫生技术培训班等多次国际会议；2013 年，生态环境中心聘任首位外籍“百人计划”研究员 Francesco Faiola；与英国生态与水文研究中心、詹姆斯赫顿研究所签署三方合作协议备忘录，现共与 14 个国家和地区建立了科技合作与交流关系。

生态环境中心是中国生态学学会、国际环境问题科学委员会中国委员会的挂靠单位。负责编辑出版 *Journal of Environmental Sciences*（SCI 和 EI 收录）、《生态学报》、《环境科学》、《环境科学学报》、《环境工程学报》、《环境化学》和《生态毒理学报》等 7 种自然科学学术期刊，国际刊物 *Environmental Science & Technology* Asian office、国际水协会中国办事处设在生态环境中心。

（撰稿：陈劲憬　杨克武　审稿：欧阳志云）

过程工程研究所

所　　长：张锁江
地　　址：北京市海淀区中关村北二街 1 号
邮政编码：100190
电　　话：010-82544873
传　　真：010-62554241
电子信箱：zhangyu@ipe.ac.cn
网　　址：http://www.ipe.ac.cn

中国科学院过程工程研究所（以下简称“过程工程所”）前身是 1958 年成立的中国科学院化工冶金研究所。50 多年来，研究范围逐步扩展到能源化工、生化工程、材料化工、资源/环境工程等领域，学科方向由“化工冶金”发展为“过程工程”。2001 年更为现名。

在国家“十二五”时期和中国科学院“创新 2020”实施过程中，过程工程所进一步明确“引领过程工程科学前沿，支撑过程工业技术创新”的发展目标，瞄准国家战略需求和世界科技前沿，针对当前制约过程工程跨越发展的突出问题，制定并实施“一三五”战略规划和科技布局：“一个定位”是定位于大规模资源转化利用及替代的绿色过程的基础与应用研究，突破过程工程的共性理论、关键技术、关键装备及系统集成，建立资源高效转化或替代的过程工程研究平台，为国家过程工业发展提供强有力的科技支撑；着力实现的“三项突破”是多尺度放大调控及其重大应用、矿产资源高效清洁转化利用技术、生物过程关键技术与装备；重点部署的“五大方向”是煤热解及油气综合利用、生物过程强化与集成、绿色化工及污染控制技术、非常规介质催化与过程节能、功能材料化工及太阳能利用。围绕重大突破和产出，探索适应过程工程跨越发展的体制机制，提出了创新科研组织模式和完善成果转化链两项重大改革举措，形成符合过程工程学科发展规律的科研创新体系。

过程工程所现有生化工程国家重点实验室和国家生化工程技术研究中心（北京）、多相复杂系统国家重点实验室、湿法冶金清洁生产技术国家工程实验室、中国科学院绿色过程与工程重点实验室、离子液体清洁过程北京市重点实验室以及过程工程研发中心、生物质研究中心、循环经济技术研究中心、过程污染控制环境工程研究中心、太阳能研究中心、过程工程中关村开放实验室等科研机构。

截至2013年底，过程工程所共有在职职工827人。其中科技人员766人，科技支撑人员61人，包括中国科学院院士3人、中国工程院院士1人、研究员及正高级工程技术人员60人、副研究员及高级工程技术人员204人。共有国家海外高层次人才培养计划（千人计划）入选者2人；中国科学院“百人计划”入选者22人（新增2人），所级“百人计划”入选者9人；国家杰出青年科学基金获得者10人（新增2人）。过程工程所现设有化学工程与技术、环境科学与工程、材料科学与工程三个一级学科博士/硕士研究生培养点，并设有2个一级学科博士后流动站，共有在学研究生416人（其中硕士生178人、博士生238人），外国留学生10人，在站博士后41人。

2013年，过程工程所主持国家重点基础研究计划（973计划）项目2项（新增1项），主持课题12项（新增5项），参加课题30项（新增12项）；主持国家高技术研究发展计划（863计划）主题项目1项、重点项目1项，参加课题57项（新增12项）；主持国家科技支撑计划课题11项（新增3项），承担课题23项（新增8项）；承担国家科技重大专项课题1项，参加5项（新增3项）；承担国家科技基础性工作专项课题1项；参与中科院战略性先导科技专项4项（新增1项）；主持院重点部署项目1项，参与5项（新增3项）；主持国家自然科学基金面上项目69项（新增24项）、青年基金138项（新增28项）、重大项目课题2项、重点项目4项（新增1项）、杰出青年基金5项（新增2项）、优秀青年基金1项、仪器专项2项、国际合作重点项目2项、重大研究计划重点项目2项（新增2项）；承担院地合作项目956项（新增216项）。

2013年，过程工程所共有89项课题完成结题验收，其中国家重点基础研究计划项目“大规模化工冶金过程节能的关键科学问题研究”，通过乙二醇新工艺的研发，证实了离子液体催化乙二醇工艺的可行性，实现了节能20%以上；完成了千吨级多钒酸铵还原制三氧化二钒的内构件强化流化床中试，与已有回转窑相比节能30%；完成了万吨级内构件强化双流化床钛铁矿氧化/还原中试，解决了钛铁矿酸浸除钙、镁、铁制取金红石易粉化的难题；完成了10万吨级难选铁矿快速/鼓泡复合流化床磁化焙烧中试，与已有竖炉相比节能20%；实现百万吨以上规模原油蒸馏过程节能10%以上，蒸馏技术的能耗水平达到国际先进水平。全年发表论文675篇，出版著作5部，专利授权186项。

2013年过程工程所共取得科研成果26项，其中省部级以上奖励17项，成果鉴定1项。“工业钒铬废渣与含重金属氨氮废水资源化关键技术和应用”获得国家技术发明奖二等奖，项目技术支撑建成示范工程12项，累计减排重金属废渣超过5.5万吨，达标处理废水近300万吨，回收氨2万吨、钒镍铬钼等重金属4500吨，节水超过50万吨，同时创造直接经济效益超过10亿元；“复杂超大分子的高效分离纯化和抗失活技术”获中国石油和化学工业联合会科学技术奖技术发明奖一等奖；“高性能膜分离材料、膜过程强化关键技术及装备的研制与应用”中国石油和化学工业联合会科学技术奖技术发明奖一等奖。

2013年过程工程所院地合作金额增长22%，

连续四年荣获中国科学院“院地合作工作先进集体一等奖”；参加全国各类产学研合作活动202次，产学研合作网络遍布全国95%的区域；举办3期“行业需求与过程工业科技创新高层论坛”；与政企新建平台17个；新加入7个技术创新联盟，加入产业联盟总数达到44个；新增中国发明专利申请239项，国际申请18项，新增专利授权181项，国际专利授权2项，软件著作权登记7项，设立“知识产权评估咨询中心”进一步完善研究所核心技术体系；通过筹建“产业技术研究与过程设计院”，设立“富汇—过程工程创投基金”等创新举措完善研究所成果转化产业链，探索过程工程特色的成果转化新模式。

2013年，过程工程所国际合作工作取得可喜进展：全年接待来访外宾百余人次，出访团组102个，165人次。成功举办了第七届中美化工会议。与澳大利亚阿德莱德大学签订联合培养研究生的合作协议，与澳大利亚科工组织共同举办了学术研讨会（CAS-CSIRO Intelligent Processing Workshop）。2013年研究所外籍人次计划总共获得8项资助，其中外国专家特聘研究员计划4项（含延续资助1项）；外籍青年科学家计划3项（含延续资助1项），台湾青年访问学者计划1项；发展中国家访问学者计划2项；爱因斯坦讲席教授1项。通过继续组织国际合作项目申请，共获得资助6项906.1万，使得纵向在研国际合作项目增加到12项。与联合利华共同举办科技合作研讨会；与道达尔公司合作取得突破性进展，获得了1500万元的科研项目经费支持。

中国颗粒学会及中国化工学会离子液体专业委员会挂靠过程工程所，所内主办《过程工程学报》、*Particuology*（颗粒学报）和《计算机与应用化学》三个学术期刊。

（撰稿：张　辉　张　玉　审稿：陈运法）

地理科学与资源研究所

所　　长：葛全胜
地　　址：北京市朝阳区大屯路甲11号
邮政编码：100101
电　　话：010-64889276，010-64854841
传　　真：010-64854230
电子信箱：office@igsnrr.ac.cn
网　　址：http://www.igsnrr.ac.cn

中国科学院地理科学与资源研究所（以下简称“地理资源所”）于1999年9月经中国科学院批准，由中国科学院地理研究所（前身是1940年成立的中国地理研究所）和中国科学院自然资源综合考察委员会（1956年成立）整合而成。

地理资源所的定位是：以解决关系国家全局和制约长远发展的资源环境领域的重大公益性科技问题为着力点，以持续提升研究所自主创新能力和可持续发展能力为主线，建设成为服务、引领和支撑我国区域可持续发展的资源环境研究战略科技力量。

发展目标是：成为我国陆地表层过程与生态系统、区域可持续发展、资源环境安全及地理信息系统核心科学与技术研究中起引领作用的综合研究机构，成为国家区域发展、资源利用、环境整治和生态建设重要的思想库与人才库，通过实施国际化战略，开展亚洲、非洲和美洲等地区生态环境国际合作研究，提升国际竞争力，建设成为国际地理科学、资源科学和生态建设领域的著名综合性研究机构。

2013年，地理资源所面向“四个率先”，聚焦“创新2020”和“一三五”规划，优化组织结构、完善制度体系、提高工作效能，深入开展党的群众路线教育实践活动，各项工作取得新成绩。

地理资源所现有7大研究领域，下设28个学科团队（研究室、中心、站）。7个研究领域包括自然地理与全球变化研究部、自然资源与环境安全研究部、资源与环境信息系统国家重点实验室、区域可持续发展分析与模拟院重点实验室、陆地水循环及地表过程院重点实验室、生态系统网络观测与模拟院重点实验室、农业政策研究中心。

地理资源所拥有1个国家重点实验室、3个中国科学院重点实验室，设有理化分析中心和五个专业实验室构成的所级公共技术服务中心。拥有禹城综合实验站、拉萨高原生态试验站2个国家野外科学观测研究站，禹城站、拉萨站、千烟洲红壤丘陵综合开发试验站3个中国科学院生态系统研究网络（CERN）野外站。建成中国物候观测网、中国陆地生态系统通量观测研究网络（ChinaFLUX）和同位素观测网3个全国性观测研究网络，共同构成了研究所野外观测研究平台。建成完整的数据共享平台，国家地球系统科学数据中心和共享服务网、973计划资源环境领域数据汇交中心、中国生态系统研究网络综合中心、中国科学院资源环境科学数据中心、国家电子政务工程资源环境科学数据分中心设在该所。此外，还设有地理科学与资源科学专业图书馆。

截至2013年底，地理资源所共有在职职工584人。其中科研人员405人、科技支撑人员90人，包括中国科学院院士5人、中国工程院院士3人、发展中国家科学院院士2人、研究员及正高级工程技术人员135人、副研究员及高级工程技术人员182人；全所进入创新岗位513人。

共有中科院“百人计划”入选者27人（新增1人），“青年千人计划”入选者1人（新增1人），“西部之光”人才入选者20人，国家杰出青年科学基金获得者17人（新增1人），“新世纪百千万人才工程”国家级人选6人（新增1人）。

地理资源所是国务院学位委员会批准的首批博士、硕士学位授予单位之一。现设有3个一级学科博士研究生培养点：地理学（含自然地理学、人文地理学、地图学与地理信息系统、自然资源学专业4个二级学科）、生态学、农林经济管理；设有环境科学1个二级学科博士研究生培养点。设有自然地理学、人文地理学、地图学与地理信息系统、自然资源学、气象学、生态学、环境科学、农业经济管理8个二级学科硕士研究生培养点；农村与区域发展（农业推广）、农业信息化（农业推广）、环境工程（专业学位）硕士培养点。设有地理学、生态学、生物学3个一级学科博士后科研流动站。共有在学研究生729人（其中硕士生264人、博士生457人、外国留学生8人），在站博士后231人。

2013年，地理资源所共有在研项目744项（包括新增项目303项）。其中，主持国家重点基础研究发展计划（973计划）项目5项、承担课题28项（新增1项），主持中国高技术研究发展计划（863计划）重大项目1项、课题8项（新增2项），主持国家科技支撑计划项目1项（新增1项）、课题16项（新增6项），国家科技基础性工作专项项目6项（新增1项），国家科技重大专项项目1项、课题3项（新增1项）、国家科技基础条件平台项目2项；承担国家自然科学基金重大项目1项、重大研究计划项目2项（新增2项）、重点项目14项（新增6项）、面上项目（含面上—青年连续资助项目）174项（新增43项），青年科学基金项目122项（新增29项），“国家杰出青年科学基金”项目4项（新增1项），“国家优秀青年科学基金”项目2项；承担中国科学院战略性先导科技专项项目2项、课题8项，中国科学院重点部署、创新集群及重要方向项目15项（新增2项），中国科学院科研装备研制项目1项、院其他项目11项；承担国家发展和改革委员会卫星及应用产业专项项目1项，科学技术部农业科技成果转化资金项目2项、科学技术部国际合作项目2项（新增1项），国家自然科学基金委员会对外交流国际合作项目4项（新增1项），国家社会科学基金重大项目2项（新增1项）；承担经费在100万以上国家部委委托项目11项、与地方政府合作项目32项（新增19项）。

2013年，地理资源所获得国家科技进步奖二等奖2项、省部级科技奖14项。其中，地理资源所为第一完成单位的成果“砷超富集植物与植物修复”获北京市自然科学奖一等奖，“新疆城镇产业布局分析与决策支持系统研发与应用研究”获新疆维吾尔自治区科技进步奖一等奖，“西藏河谷农区草产业关键技术研究与示范”获西藏自治区科技进步奖一等奖，“中国农村空废及未利用土地整治及优化配置研究”获国土资源科学技术奖一等奖。

2013年，地理资源所共发表论文1519篇，其中SCI和SSCI刊物收录论文642篇、EI、ISTP及其他国外刊物论文66篇，出版学术著作（地图集）34部，获得受理和授权专利36项，获得计算机软件著作权41项，完成区域（全国）发展规划23项。35份咨询报告得到党和国家领导人批示或被中办、国办刊物采用。

2013年，地理资源所周成虎当选中国科学院院士，黄季焜当选发展中国家科学院院士，张林秀获发展中国家科学院塞尔索・富尔塔多科学奖，李文华获首届“中国人与生物圈保护奖”，闵庆文获联合国粮农组织“全球重要农业文化遗产特别贡献奖”，《中国国家地理》杂志获国家新闻出版广电总局“百强报刊”奖。

2013年，新争取到各类国际合作项目11项，与巴西伯南布哥联邦大学、德国亥姆霍兹环境研究中心签署科研合作协议2项，成立了“中德环境信息学联合研究中心”；主办了6个国际学术会议和2个两岸三地会议；全年出访451人次；接待来访422人次；引进中科院外国专家特聘研究员6名、外籍青年科学家4名。

中国地理学会、中国自然资源学会和中国青藏高原研究会挂靠在地理资源所，为全国科学院联盟地理资源分会理事长单位。国际地圈生物圈计划中国全国委员会秘书处、国际全球环境变化人文因素计划中国国家委员会秘书处、全球碳计划亚洲区域办公室和全球土地计划北京节点办公室等12个国际组织或科学计划的相关分支机构设在该所。主办的刊物有《地理学报》（中、英文版）、《地理研究》、《地理科学进展》、《自然资源学报》、《资源科学》、《地球信息科学》、《资源与生态学报》（英文版）、《中国国家地理》、《中国生态旅游》等。

（撰稿：张国义　刘红辉　审稿：葛全胜）

国家天文台

台　　长：严　俊
地　　址：北京市朝阳区大屯路甲20号
邮政编码：100012
电　　话：010-64888708
传　　真：010-64888708
电子信箱：goffice@nao.cas.cn
网　　址：http://www.nao.cas.cn

中国科学院国家天文台成立于2001年4月，系由中国科学院天文领域原四台三站一中心撤并整合而成，包括总部及4个直属单位，总部设在北京，直属单位分别是：云南天文台、南京天文光学技术研究所、新疆天文台和长春人造卫星观测站。紫金山天文台、上海天文台继续保留院直属事业单位的法人资格，为国家天文台的组成单位。

国家天文台总部成立于2001年，由成立于1958年的北京天文台和成立于1999年的国家天文观测中心合并组成；云南天文台成立于1972年，其前身是原中央研究院天文研究所迁回南京时留在昆明的工作站；南京天文光学技术研究所成立于2001年，其前身是南京天文仪器研制中心的科研部分及高技术镜面实验室；新疆天文台成立于2010年，其前身是乌鲁木齐人造卫星观测站；长春人造卫星观测站成立于1957年。

国家天文台坚持“两个面向”，主要从事天文观测与理论以及天文高技术研究，并统筹我国天文学科发展布局、大中型观测设备运行和承担国家大科学工程建设项目，负责科研工作的宏观协调、资源优化和人才配置。国家天文台的主要研究领域为星系宇宙学、恒星和致密天体、太阳磁活动和日地空间环境、应用天文、空间科学和深空探测、天文新技术和新方法。总体发展战略目标是：在面向国家战略需求方面，成为国家空天安全等领域不可替代的重要“方面军”；在面向世界科技前沿方面，形成宇宙大尺度结构、银河系结构和演化历史、恒星和致密天体、系外行星搜寻、太阳物理等若干国际著名的学术集团。将国家天文台建设成为世界一流水平的集：天文学前沿研究、天文技术与方法创新及应用、重大观测装置建造与运行、国家月球与深空探测科学应用中心四位一体的综合性国立天文研究机构。“三个重大突破”为：①依托LAMOST等光学望远镜研究银河系结构和化学-动力学演化历史；②依托探月、深空探测、地面太阳观测装置研究太阳和太阳系；③建设FAST等射电望远镜、开展前沿射电天文和应用研究。“五个重点培育方向”为：①宇宙大尺度结构的形成和演化；②银河系、恒星和致密天体研究；③黑洞等剧烈活动天体研究与空间天文、技术；④世界先进水平极大口径光学/红外望远镜关键技术；⑤面向国家空天安全的应用天文研究和体系建设。为实现“创新 2020”发展体系建设，国家天文台对“一三五”目标及方向给予资源与政策倾斜，保障科研需求与发展空间。

国家天文台建有光学天文、太阳活动、月球与深空探测、天文光学技术、天体结构与演化五个中国科学院重点实验室，并与 20 余所大学或科研机构建立战略合作关系，成立联合研究中心或实验室。在河北兴隆、密云、怀柔，天津武青，云南昆明凤凰山、丽江高美谷、澄江抚仙湖，新疆乌鲁木齐南山、奇台、喀什、乌拉斯台，西藏阿里、羊八井，内蒙古明安图，吉林长春净月潭等地建有观测台站。中国科学院月球与深空探测总部依托在国家天文台。

截至 2013 年底，国家天文台共有在职职工 1220 人。其中科技人员 1096 人、科技支撑人员 374 人，包括中国科学院院士 8 人、中国工程院院士 1 人、发展中国家科学院院士 2 人、研究员及正高级工程技术人员 171 人、副研究员及高级工程技术人员 295 人，全所进入创新岗位 641 人。

共有国家海外高层次人才引进计划（“千人计划”）入选者 2 人，“青年千人计划”入选者 4 人（新增 2 人），中国科学院“百人计划”入选者 33 人，“西部之光”人才入选者 77 人（新增 11 人），国家杰出青年科学基金获得者 12 人。

国家天文台现为天文学专业一级学科博士、硕士研究生培养点和光学工程、精密仪器及机械两个专业学位硕士培养点，并设有天文学专业一级学科博士后流动站。共有在学研究生 477 人（其中硕士生 262 人、博士生 215 人）、在站博士后 54 人。

2013 年，国家天文台共有在研项目 803 项（包括新增项目 239 项）。其中，承担国家重大科技专项课题 16 项（新增 1 项），主持财政部重大科研装备研制项目 1 项，主持（或承担）国家重点基础研究发展计划（973 计划）和国家重大科学研究计划项目 3 项、承担（或参加）课题 24 项（新增 9 项），主持（或承担）国家高技术研究发展计划（863 计划）项目/课题 25 项（新增 9 项），主持（或参加）国家科技基础性工作专项 2 项（新增 1 项），主持科技部国际合作项目 2 项；主持（或承担）国家自然科学基金国家自然科学基金重大项目 1 项（新增 1 项），主持（参加）重大项目课题 5 项（新增 3 项）、重点项目 16 项（新增 5 项）、国家杰出青年科学基金项目 4 项（新增 1 项）、创新群体研究项目 1 项，面上项目 114 项（新增 36 项）、联合基金项目 19 项（新增 4 项）、青年科学基金项目 142 项（新增 53 项）；主持中国科学院战略性先导科技 B 类专项 1 项（新增 1 项，其中主持项目 2 项、课题 12 项），主持（或承担）中国科学院战略性先导科技专项 A 类课题 2 项（新增 1 项），主持（或承担）院重点部署项目（原院知识创新工程重要方向项目）/课题 26 项（新增 4 项）、院级科研装备研制项目 1 项，承担院级国际合作项目 3 项（新增 1 项）；承担院地合作项目 35 项（新增 9 项）。

国家天文台精心组织 LAMOST 的运行工作，截至 2014 年 2 月，共发布近 330 万条光谱，其中高质量恒星光谱 276 余万条，超过世界上所有恒星巡天项目的光谱总数。利用巡天数据取得一批有显示度的科研成果。FAST 工程按照计划进度稳步推进，台址开挖治理工程完成，设备基础工程部分完成，工艺设备开始进场安装，观测基地进行初步设计。2013 年圈梁顺利合拢，中央电视台对此进行了专门报道。嫦娥三号探测器发射、软着陆、两器分离、探测阶段以来，成功实现了着陆器和巡视器各有效载荷数据的接收、存储、处理和解译；制作了两器互拍全景镶嵌图、环拍全景镶嵌图、DEM 和 DOM 数据等。月基光学望远镜着陆月球表面，这是中国第一个空间天文望远镜，实现了人类首次依托地外天体平台开展的自主天文观测。新一代厘米-分米波段频谱日象仪国际评估获得高度评价，已全面建成并于 2013 年底顺利竣工。对 X 射线极亮源 M101 ULX-1 进行研究，完成对 X 射线极亮源动力学质量的国际首次、也是目前唯一一例成功测量，工作发表在 *Nature* 杂志上。“中等亮度红色瞬变事件”研究解释了双星中一直未被解释的奇特现象，为双星的公共包层演化理论首次提供直接的观测证据，科研论文发表于 *Science* 杂志。国家天文台研究人员提出“宇宙近红外背景辐射的超出可能来源于宇宙中的第一代黑洞”的模型，理论预言被国际同行最新观测证实，并得到 *Science* 的专栏评述。

国家天文台全年共发表学术论文642篇（含会议论文）、出版著作2部，全年新增专利受理44件，专利授权33件。

“大样本恒星演化与特殊恒星的形成”获得2013年度国家自然科学奖二等奖。崔向群院士荣获2013年度何梁何利基金科学与技术进步奖天文学奖。

2013年，“中科院南美天文研究中心”及“中智天文联合研究中心”及揭牌成立。三十米巨型光学/红外天文望远镜国际合作（TMT）项目取得重要进展，国家天文台签署TMT科学总协议，正式加入TMT。平方公里射电望远镜阵（SKA）国际合作项目引导国内单位参与SKA建设准备阶段研发任务招投标，中方成功签约6个（共10个）工作包国际联盟。与智利大学、阿根廷国家科委等签署多项合作协议。成功举办多次双边和多边国际会议，获得中国科学院各类外籍专家项目支持共计21人次。在研及新增国际合作项目共4项。有偿使用国外望远镜计划（TAP）成功完成第四、第五期观测计划。3名研究员新近担任国际组织职务。东亚核心天文台联盟际中法“起源”天文联合实验室工作有序推进。

云南省天文学会、新疆维吾尔自治区天文学会分别挂靠云南天文台和新疆天文台。

国家天文台创办了拥有自主知识产权的国际核心英文学术期刊 *Research in Astronomy and Astrophysics*（RAA），还办有中文核心期刊《国家天文台台刊》、《天文研究与技术》及现代科普刊物《中国国家天文》。

（撰稿：陆　烨　黄京一　审稿：赵　刚）

遥感与数字地球研究所

所　　长：郭华东
地　　址：北京市海淀区邓庄南路9号
邮政编码：100094
电　　话：010-82178114
传　　真：010-82178009
电子信箱：office@radi.ac.cn
网　　址：http://www.radi.cas.cn

中国科学院遥感与数字地球研究所（简称“遥感地球所”）在原中国科学院遥感应用研究所、中国科学院对地观测与数字地球科学中心基础上组建，于2012年9月7日成立，为中国科学院直属综合性科研机构。遥感地球所的成立，旨在进一步加强中国科学院在遥感与数字地球科技领域的综合优势，更好地服务国家战略目标，更高水平地开展科学前沿研究，是中国科学院实施“创新2020”的一项重大举措。

遥感地球所旨在研究遥感信息机理、对地观测与空间地球信息前沿理论，建设运行国家航天航空对地观测重大科技基础设施与天空地一体化技术体系，构建形成数字地球科学平台和全球环境与资源空间信息保障能力，为满足国家战略需求和促进学科发展作出创新性贡献。研究所以建立天空地立体协同对地观测系统、建立全球环境资源空间信息系统、建立新型对地观测模拟系统为三项重大突破目标，以空间数据密集型科学与大数据技术、航天航空智能对地观测机理与方法、地球系统过程的空间信息模拟、行星与地球全球变化比较研究、“胡焕庸线”的空间观测与科学认知为五个重点培育方向。2013年，稳步推进“一三五”规划和“创新2020”目标实施，并取得显著进展。

遥感地球所目前拥有我国唯一从事遥感科学基础研究的国家实验室——遥感科学国家重点实验室，从事数字地球科学与全球空间信息应用技术研究的专业实验室——中国科学院数字地球重点实验室；拥有从事对地观测应用技术研究的对地观测应用技术中心和国家遥感应用工程技术研究中心，拥有国家级对地观测重大科技基础设施——中国遥感卫星地面站和航空遥感飞机；拥有联合国教科文组织、科技部、发展改革委等机构设立的国家级空间技术中心、国家工程实验室、工程技术中心、陆地卫星数据中心及喀什、三亚区域研究中心等科研基地，内容涵盖遥感科学、应用技术、全球信息等各个主要领域。

截至2013年底，遥感地球所共有在职职工667人，其中正高级科技人员104人，副高级科技人员191人，中初级科技岗位人员283人，管理人员61人。拥有中国科学院院士4人、发展中国家科学院院士2人。拥有国家海外高层次人才引进计划（“千人计划”）入选者3人（新增1人），中国科学院“百人计划”入选者17人（新增1人），中科院“关键技术人才”4人（2013年新增1人）；国家杰出青年基金获得者1人（新增1人），国家优秀青年基金获得者2人，“百千万人才工程”国家级人选2人，中国科学院“外籍特聘研究员”10人。

遥感地球所设有地理学一级学科博士后科研流动站及博士研究生培养点，地图学与地理信息系统、信号与信息处理2个二级学科博士、硕士研究生培养点，电子与通信工程、测绘工程、农业资源利用、农业信息化4个领域的专业学位硕士研究生培养点。截至2013年底，有研究生导师105人（博导52人），在站博士后38人，在学研究生471人，其中博士生221人，硕士生250人，另有留学生13人，客座学生100余人。

2013年，遥感地球所共有在研项目1175项（包括新增项目337项）。其中，承担国家重大科技专项课题61项（新增8项），主持（或承担）国家重点基础研究发展计划（973计划）和国家重大科学研究计划项目3项、承担（或参加）课题39项（新增5项），主持（或承担）国家高技术研究发展计划（863计划）课题38项（新增6项）；主持（或承担）国家自然科学基金重点项目5项（新增1项）、面上项目124项（新增55项）、国家自然科学基金重大研究计划重点项目4项；主持（或承担）中国科学院战略性先导科技专项课题12项，主持（或承担）院重点部署项目7项（新增4项）、（科技部、国家自然科学基金委、财政部和院）重大仪器研制项目7项（新增2项）；承担重点国际合作项目6项（新增2项）。

2013年，遥感地球所以第一署名单位发表科技论文532篇，其中SCI检索刊物论文192篇，EI检索刊物论文24篇，EI检索会议论文116篇，核心期刊论文149篇，其他论文51篇；出版著作7本、编著1本；获得授权发明专利20项，授权实用新型专利5项；计算机软件著作权登记76项；作为第一完成单位获得省部级科学技术奖一等奖3项、二等奖2项，作为参加单位获国家科技进步奖二等奖2项、省部级奖励6项。推动2项产学研合作项目在京转化并成立企业，为地方及企业委托的技术服务、咨询、转让合同近140个。

遥感地球所具备在联合国系统、重要国际学术组织框架下开展高水平研究与合作的能力，国际科技合作平台平稳运行。UNESCO国际自然与文化遗产空间技术中心是UNESCO在全球设立的第一个用于世界遗产研究的空间技术机构，其“吴哥遗产地环境遥感”等项目进展引起国际关注；国科联灾害综合研究计划（IRDR）国际项目办公室各项工作不断推进，在全球新成立3个IRDR优秀中心和IRDR拉美-加勒比地区委员会，《灾害风险减轻和可持续发展》报告在联合国发布；国际数字地球学会影响力不断扩大，《国际数字地球学报》2012年影响因子1.222，在全球27个遥感类期刊中排名第15位，并获批国内连续出版物号；申请成为发展中国家科学院（TWAS）中心，并新建CAS-TWAS空间减灾卓越中心，组织召开首届发展中国家空间减灾高层会议及空间减灾国际培训班；主办第三届泛欧亚观测试验科学计划（PEEX）会议，PEEX中国办公室正式落户研究所；国际科技数据委员会（CODATA）各项工作取得长足进展。成功召开第35届国际环境遥感大会；开展澳大利亚山林火灾遥感监测与灾情评估并获澳方赞赏；科技部“国家对地观测研究示范型国际科技合作基地”挂牌。

遥感地球所现有10余位科研人员在国际组织任职，其中1人担任领导职位；年度出访来访均300余人次，新签国际合作协议8项；成功引进外籍人才8人，成立由45位国内外知名专家学者组成的国际专家委员会。

遥感地球所拥有中国遥感委员会、中国地理学会环境遥感分会、国际数字地球学会中委会、中国环境科学学会环境信息系统与遥感专业委员会等挂靠的学会。通过组织和协调亚洲遥感会议、环境遥感年会，以及全国激光雷达大会、全国成像光谱对地观测学术研讨会等多层次的学术活动，积极推动了中国遥感科学事业的发展。2013年，挂靠遥感地球所的《遥感学报》被全球规模最大的文摘和引文数据库Scopus收录；《遥感学报》、《中国图像图形学报》均入选2013年中国国际影响力优秀学术期刊，并分获第二届华文出版物艺术设计大赛铜奖和银奖。

（撰稿：陆　鸣　王小梅　审稿：赵千钧）

地质与地球物理研究所

所　　长：朱日祥
地　　址：北京市朝阳区北土城西路19号
邮政编码：100029
电　　话：010-82998001
传　　真：010-62010846
电子信箱：suoban@mail. iggcas. ac. cn
网　　址：http://www. igg. cas. cn

中国科学院地质与地球物理研究所（以下简称“地质地球所”）于1999年6月由原中国科学院地质研究所和原中国科学院地球物理研究所整合而成。整合前的两个研究所都有长达60余年的历史文化和丰厚的科研成果。2004年中国科学院武汉数学物理研究所的电离层研究室调整到地质地球所。同年，整合原中国科学院兰州地质所，建立了中国科学院地质与地球物理研究所兰州油气资源研究中心。地质地球所是目前国内最重要和最知名的地球科学综合研究机构。

研究所战略定位是“面向科学前沿，以固体地球和空间科学为主攻方向，建设具有研发能力、可持续发展的基础研究与技术创新相结合的国际化研究中心”。力争在特提斯造山带演化、资源探测装备研发、油气勘探先导技术3个领域获得突破，重点培育地球内部界面结构与动力学、比较行星学、气候系统古增温与深部碳循环、西太平洋边缘海地质与地球物理和生物地球物理5个新的学科方向。

研究所（北京本部）设有特提斯研究中心和地球深部结构与过程、岩石圈演化、油气资源、固体矿产资源、工程地质与水资源、新生代地质与环境、地磁与空间物理7个研究室；建有岩石圈演化国家重点实验室、北京空间环境国家野外科学观测研究站和页岩气与地质工程、矿产资源研究、地球深部研究、油气资源研究、新生代地质与环境和电离层空间环境6个中国科学院重点实验室；中-法生物矿化与纳米结构联合实验室和中-法季风、海洋与气候国际联合实验室；6个国家自然科学基金委创新研究群体（新增“电离层变化性及相关物理过程”）。

截至2013年底，地质地球所（不含兰州油气资源研究中心，下同）共有在职职工651人。其中科技人员389人、科技支撑人员120人，包括中国科学院院士14人、中国工程院院士1人、发展中国家科学院院士4人、研究员及正高级工程技术人员124人、副研究员及高级工程技术人员138人。国家海外高层次人才引进计划（“千人计划”）入选者8人（新增3人），新增“青年千人计划”入选者3人，2009年获中组部授予“海外高层次人才创新创业基地”；中国科学院“百人计划”入选者21人（新增1人），“西部之光”人才入选者1人（新增1人）；国家杰出青年基金获得者33人（新增1人）。

地质地球所是1981年国务院学位委员会批准的博士、硕士学位授予权单位和博士后流动站单位之一。现设有地质学、地球物理学、地质资源与地质工程3个专业一级学科博士研究生培养点和海洋地质学二级学科博士研究生培养点。并设有地质学、地球物理学、地质资源与地质工程3个专业一级学科博士后流动站，共有在学研究生592人（其中硕士生196人、博士生396人）、在站博士后147人。

2013年，地质地球所承担各类科研项目740余项（含新增项目206项）。在研项目中，国家重大科技专项“油气专项”项目1个、课题5个，国家重点基础研究发展计划（973计划）项目2项、课题23个（新增3个），国家高技术研究发展计划（863计划）课题3个（新增1个），国家科技基础性工作专项1项，国家重大科研装备研制项目1项、子项目4项，国家重大科学仪器设备开发专项1项、课题2个，国家重大科研仪器设备研制专项1项，基金重点项目21项（新增4项），国家杰出青年基金项目8项（新增2项），优秀青年基金项目7个（新增5个），中国科学院战略性先导科技专项项目2项、课题10个，中科院重点部署课题4个。

2013年以第一署名单位发表科技论文490余篇，其中SCI论文346篇（国际SCI论文236篇，国内SCI论文110篇）；获得授权发明专利25项（新申请41项）。2013年荣获2013年度国家自然科学奖二等奖1项、国家科学技术进步奖二等奖1项（单位排名第三），其中国家自然科学奖二等奖项目“华北克拉通早期陆壳形成与演化”首次发现了可以作为板块构造标志的古元古代高压变质岩，在华北构建了完整的早前寒武纪下地壳地质剖面，重建了18亿年前大火成岩省，提出了以多阶段克拉通化为特征的早期大陆生长演化机制，为进一步理解矿产资源的分布规律提供了理论依据。

研究所通过与地方合作成立了2个非法人单位的研究中心：中国科学院大庆油田有限责任公司油气勘探联合研究中心和中国科学院黄金技术应用研究中心。前者以大庆油田勘探开发中的基础研究和工程问题为目标，开展地球物理计算技术、应用数学服务于石油勘探高端成像技术。后者在胶东、内蒙古、滇黔桂等区域进行找矿技术方法的示范和研究，取得了显著效果，提出的“第二富集带”理论被行业接受，极大地推动了胶东深部找矿勘查技术的深入。目前，研究所投资公司北京中科联衡科技有限公司以地球物理新技术、新装备研发为基础，为油气企业提供高质量的技术服务，所内从事科技开发人员8人。

2013年研究所赴境外参加国际会议、合作研究和交流培训活动412人次；邀请40多个国家共265人次来华参加国际会议、合作研究和学术交流活动；举办国际学术会议6个；杨小平研究员当选国际地貌学会副主席，陈代钊研究员应邀担任国际期刊*Facies*副主编。

研究所秉持观测-实验-理论“三位一体”的理念，原创性技术方法、理论、仪器研发实现跨越发展，起到了引领学科发展的作用。已建成地球物质成分与性质分析、地质年代学测定、地球内部结构探测、空间环境观测野外台站、古环境数据分析、数据计算处理与数值模拟、深部资源勘探装备研发7大实验观测系统。由纳米探针、离子探针、电子探针组成的高精度微区微量原位分析系统，分析能力位居国际前沿。为地球科学测试、观测和实验提供了必要条件。研究所在漠河、北京、三亚的地磁台站以及南极台站，共同构成了国际上最长的地磁台子午链的重要组成部分。

研究所图书馆目前藏书约35000余册，中外文学术期刊现刊350种，电子数据库20余个，电子期刊及其他网络资源数十种，与国际著名大学和研究机构保持长期的交流。

研究所主办的国家一级学术刊物有：《地球物理学报》（SCI收录）、《岩石学报》（SCI收录）、《第四纪研究》、《地质科学》、《工程地质学报》、《地球物理学进展》、《沉积学报》。研究所是三个国家一级学会：中国地球物理学会、中国岩石力学与工程学会、中国第四纪研究会的挂靠单位。此外，省一级学会甘肃省矿物岩石地球化学学会挂靠在兰州油气资源研究中心。

（撰稿：徐志方　何　京　审稿：欧龙新）

青藏高原研究所

所　　长：姚檀栋
地　　址：北京市朝阳区林萃路16号院3号楼
邮政编码：100101
电　　话：010-84097100，010-84097101
传　　真：010-84097079
电子信箱：itpcas@itpcas. ac. cn
网　　址：http://www. itpcas. cas. cn

中国科学院青藏高原研究所（以下简称“青藏高原所”）于2003年成立，实行“一所三部”的特殊运行方式，三个部分别设在北京、拉萨和昆明。北京部的主要功能是科学实验基地、学术交流基地、国际交流基地和综合协调基地；拉萨部的主要功能是科学观测研究的野外基地、国际合作研究的野外基地、西藏高水平科学实验基地、西藏社会经济发展的服务基地和西藏科学普及和爱国主义教育基地；昆明部的主要功能是青藏高原种质资源保存基地和极端环境下生物的生态适应性及遗传资源研究基地。

青藏高原所新时期的发展定位是：站在国家青藏高原研究的高度，协调组织全国青藏高原优势研究力量，推动国际青藏高原科学研究发展。以提升我国青藏高原研究原始创新能力为主线，以解决关系国家和区域长远发展的关键科学问题为着力点，发挥青藏高原所的组织引领作用。在科学研究方面，围绕青藏高原隆升过程及其对亚洲和北半球气候环境影响这一核心科学问题，研究青藏高原地球动力、地表过程与环境变化以及极端环境下生物的生态适应性等国际前沿科学问题，做出独创性的、有重大国际影响的新成果，为东亚、中亚、南亚地区人类生存环境服务；在支撑平台方面，建设开放的、具有国际一流水平的野外观测研究平台和有特色、高水平的实验室，建设国内外共享的数据平台；在协调发展方面，站在国家青藏高原研究的高度，调动国内外积极因素，充分利用现有资源，提升我国青藏高原科学研究的整体水平。同时，青藏高原所在原来“高水平、国际化”的基础上，增加了“重服务”目标，即重视为西藏经济社会发展服务。

2013 年，我们认真学习贯彻党的十八大精神和十八届二中、三中全会精神，深刻领会习近平总书记视察中国科学院时提出的“四个率先”重要思想，牢记院党组提出的“创新科技、服务国家、造福人民”宗旨，切实把“出成果、出思想、出人才”要求作为出发点和落脚点。坚持党的群众路线教育实践活动与科技创新“两手抓，两不误，两促进”，全面推动“青藏高原卓越中心”建设、青藏高原先导专项（B）、西藏区域科技创新集群建设、第三极环境（TPE）国际计划、国家重点实验室建设等核心工作，推进“一三五”规划目标的实现，产出“一三五”规划重大科技成果，同时，按照院党组提出的“高水平、国际化、重服务”新的建设目标，“立足高原，艰苦创业”，切实通过党的群众路线教育实践活动的开展，以全局高度和全球视野推动现代化研究所工作和青藏高原科学事业不断向前发展。一年来，我们在“一所三部”运行、观测研究平台建设、人才队伍建设、科研项目争取、高水平成果产出、科学传播推进、服务西藏地方发展、党建和创新文化建设等方面，取得了显著成绩。

青藏高原所现有院重点实验室 2 个：青藏高原环境变化与地表过程重点实验室和大陆碰撞与高原隆升重点实验室。所重点实验室 1 个：高寒生态学与生物多样性实验室。现有院重点野外台站 3 个：纳木错多圈层综合观测研究站、珠穆朗玛大气与环境综合观测研究站和藏东南高山环境综合观测研究站；所重点野外台站 2 个：阿里荒漠环境综合观测研究站和慕士塔格西风带环境综合观测研究站。在此基础上，启动了羌塘（双湖）高原站和墨脱低地站的建设工作。

截至 2013 年底，青藏高原所全体在职职工 258 人。其中科技人员 194 人、科技支撑人员 45 人，包括中国科学院院士 1 人、中国科学院外籍院士 1 人（美籍学术副所长）、在创新队伍中有研究员 36 人、副研究员 45 人，包括：基金委“创新群体”2 个；“杰出青年基金”获得者 8 人；“百人计划”入选者 17 人（藏族 1 人），国家级百千万工程 4 人，优青获得者 2 人。

青藏高原所现有自然地理学、构造地质学等 2 个二级学科博士研究生培养点，自然地理学、构造地质学、大气物理学与大气环境和固体地球物理学 4 个专业二级学科硕士研究生培养点，并设有地理学和地质学 2 个一级学科博士后流动站，共有在学研究生 167 人（其中硕士生 61 人、博士生 76 人、留学生 30 名）、在站博士后 32 人。

2013 年，青藏高原所共有在研项目 152 项（包括新增项目 31 项）。其中，主持全球变化重大专项 2 项、承担 973 计划课题 9 项，科技部基础专项 1 项；主持国家自然科学基金重大项目 1 项，课题 3 项；重点项目 6 项，新增重大研究计划重点项目 1 项，面上项目 48 项（新增 12 项）；青年基金 36 项（新增 12 项）；承担“国家杰出青年科学基金”项目 4 项（新增 1 项）；“优秀青年基金”项目 2 项（新增 1 项）；“创新研究群体”基金 1 项（新增延续资助项目 1 项）；新增海外学者合作基金 1 项，主持中科院先导性专项（A）课题 1 项、子课题或专题 10 项；中科院先导性专项（B）专项 1 项、项目 2 项、课题 7 项、子课题或专题 33 项；院创新集群项目 1

项，院青年创新促进会项目 9 项（新增 2 项）；承担国际合作项目 3 项；承担院地合作项目 2 项；承担中国科学院与国家外国专家局创新团队伙伴计划项目 1 项；承担国外来源国际合作项目 4 项。

2013 年，青藏高原所共计发表 SCI 论文 189 篇。发表文章引用率再次提升，当年共计被引用 3391 次，总被引频次达 10989 次。

青藏高原所在服务西藏地方社会经济发展中，取得了良好的社会效益和经济效益，主要体现在：一是围绕西藏生态环境评估、樟木滑坡治理、农牧民增收三个实际问题，深入推动西藏区域科技创新集群建设，开展了实质性工作，有力支撑了西藏经济社会全面发展和人民生活水平不断提高；二是扎实开展实质性服务西藏地方发展工作。持续推动知识援藏、科技援藏、人才援藏，通过项目合作、人才培养、平台共建等提升西藏科技发展水平。

2013 年，青藏高原所国际合作取得了实质进展，全年出访 105 人次，接待外宾来访 149 人次。作为“十二五”中国科学院推动重大国际计划之一，第三极环境（TPE）国际计划是中国科学院“科技走出去”国际化战略的重要组成部分。第四届 TPE 国际资深专家研讨会成功在印度召开，加强了全球研究第三极地区环境学者交流，厘清了亟须应对的关键科学问题，实现了研究成果的集成，提升了 TPE 计划的区域认知力和国际影响力，有利于推动区域合作并进一步提升第三极环境研究水平，得到联合国教科文组织充分肯定。

青藏高原所是国家一级学会中国青藏高原研究会的挂靠单位之一。

（撰稿：安宝晟　田新苗　审稿：姚檀栋）

古脊椎动物与古人类研究所

所　　长：周忠和
地　　址：北京市西直门外大街 142 号
邮政编码：100044
电　　话：010-68351363
传　　真：010-68337001
电子信箱：bgs@ivpp.ac.cn
网　　址：http://www.ivpp.ac.cn

中国科学院古脊椎动物与古人类研究所（以下简称“古脊椎所”）的前身是创建于 1929 年的原中国农商部地质调查所新生代研究室。1951 年并入位于南京的中国科学院古生物研究所，改称新生代及古脊椎动物组。1953 年从古生物研究所分出，在北京成立了中国科学院古脊椎动物研究室。1957 年改名古脊椎动物研究所，1960 年更名为中国科学院古脊椎动物与古人类研究所至今。

作为我国古脊椎动物学与古人类学两门基础学科的专门研究机构，古脊椎所坚持面向国家战略需求和国际学术前沿，围绕院所两级战略部署，通过培养造就一个在本学科领域具有全球战略视野的科学家群体、着力打造一支高水平的技术支撑和科技管理队伍，努力获取一批在国际学术界影响重大的基础研究成果，继续完善符合国际规范的研究所体制与机制，最终希望将研究所建设成为国家古脊椎动物与古人类学基础研究领域的“四个中心”：科研和学术思想中心、科技人才培养中心、化石标本和现代骨骼标本收藏中心，以及科学普及中心，为保持我国古脊椎动物学与古人类学基础研究在国际上的领先地位、提高人类对生命与地球演化规律认识作出应有的积极贡献。

古脊椎所设有 4 个研究室、1 个研究中心和 1 个实验室，即古低等脊椎动物研究室、古哺乳动物研究室、古人类—旧石器研究室、环境演化研究室和周口店古人类研究中心，主要开展脊椎动物各类群起源、演化和分类，与环境协同演化，中国古人类体质演化、行为模式、适应生存过程、现代中国人起源、旧石器文化特点，以及周口店遗址综合研究等相关工作；脊椎动物演化与人类起源重点实验室着重研究脊椎动物的系统发育关系、人类及其文化的起源与发展、脊椎动物物种多样性的形成和变化、脊椎动物和人类演化过程中的生物学机制与环境制约因素。

2013 年，古脊椎所承担科研项目 82 项（新增 34 项）。其中，承担国家重点基础研究发展计划（973计划）项目1项，国家科技基础性工作专项2项（新增1项），重大国际合作项目1项（新增1项）；主持国家自然科学基金杰出青年基金2项、重点项目2项、重大国际合作项目1项，面上项目29项（新增12项），海外及港澳学者合作项目1项，科普项目1项；承担中国科学院战略性先导科技专项项目课题4项，重点部署项目2项（新增1项），“百人计划”项目4项（新增2项），创新重要方向项目4项，化石发掘和修理专项经费项目1项；承担修购专项项目2项（新增2项）。国家地质调查项目1项。

2013年，古脊椎所取得了一系列重要的基础研究成果：

倪喜军研究员领导的团队利用目前最先进的同步辐射CT扫描技术，对在早始新世湖相沉积地层中发现的灵长类化石进行了研究，认为该标本是迄今已知最古老的灵长类骨架化石，把类人猿的起源时间向史前推进了1000万年。研究成果发表在2013年6月6日*Nature*杂志上。

朱敏研究员领导的团队使用包括高精度CT扫描和计算机三维重建在内的手段，对一条距今4.23亿年前的盾皮鱼进行研究，发现其具有之前仅在硬骨鱼纲中发现过的膜质边缘颌骨等奇特的特征组合。研究成果发表在2013年10月10日*Nature*杂志上。

毕顺东研究员领导的研究团队在2013年8月8日*Nature*杂志上报道了目前已知最大的贼兽：金氏树贼兽。这项研究将哺乳动物起源的时间向史前推了大约5000万年。

徐星研究员等通过对早期原始鸟类标本后肢上长有羽毛明显迹象的深入研究认为：早期鸟类曾有4个翅膀，并且后肢羽翼也具备协助飞翔的气动功能。2013年3月15日*Science*杂志在线刊登了该项研究成果。

周忠和院士及其团队研究认为：尽管与鸟类关系最近的恐龙与鳄鱼一样，还使用两个卵巢和两条输卵管，但早期鸟类显然已经只保留一个有效的卵巢和一条输卵管。这是有关早期鸟类繁殖行为研究的最新进展，研究成果于2013年3月18日在线发表在*Nature*杂志上。

2013年1月21日，美国科学院院刊发表了一篇题为《中国田园洞早期现代人的DNA分析》的论文，介绍了对该洞穴出土的生活在4万年前的一个人类个体所做的DNA提取与分析研究结果。该项研究从分子生物学角度辨识出了现代亚洲人群直接祖先群体中的一个成员。

自1996年起，朱敏研究员带领的课题组在“硬骨鱼纲起源与早期演化”研究方向上取得了一系列重要进展，为解决演化生物学领域一些长期争论不休的重大理论问题提供了关键性实证。该系列成果荣获2013年国家自然科学奖二等奖。

2013年，古脊椎所共发表文章187篇，其中SCI/SSCI论文94篇，在*Nature*杂志发表论文7篇，在*Nature Communications*杂志上发表论文1篇，在*PNAS*杂志上发表论文2篇。

2013年，古脊椎所承担的国家自然科学基金委员会国际合作重点项目和科学技术部国际合作项目均按计划顺利执行。“水洞沟遗址发现90周年纪念大会暨国际学术研讨会”和“和政古动物化石保护与开发研讨会”如期举办。1位“外籍专家特聘研究员”获得延续资助、新聘1位“外籍青年科学家”，从事相关领域的合作研究；出访人员79人次，接待南非科技部副总司长等来访外宾200余人次，在国际学术组织任职16人。

古脊椎所标本馆收藏了自20世纪20年代至今我国境内珍贵古脊椎动物、古人类化石及石器标本逾21万件，是亚洲规模最大的古脊椎动物、古人类化石及石器标本收藏中心，也是国际重要的古脊椎动物化石收藏中心之一。2013年标本馆累计完成23批次的征集任务，成功征集到各类重要化石标本146件，整理各类馆藏标本11860件。

古脊椎所技术室工作涵盖化石修理、模型制作、复原装架、标本清绘、生态复原制图和化石照相等。2013年，技术室修理出各个门类较完整的化石39件，标本照相2400余张，绘制图版插图160余张，生态复原图2张。

截至2013年底，古脊椎所共有在职职工155人。其中科技及科技支撑人员142人，包括中国科学院院士4人、美国国家科学院外籍院士1人、瑞典皇家科学院外籍院士1人、巴西科学院通讯院士1人；正高级专业技术人员38人（含研究员35人）、副高级专业技术人员52人（含副研究员24人）。拥有中国科学院“百人计划”

入选者10人、中国科学院“千人计划”入选者1人，国家杰出青年科学基金获得者5人、“西部之光”人才入选者1人。

古脊椎所现设有古生物学与地层学、地球生物学、科技考古专业的博士、硕士研究生培养点和博士后科研流动站。共有在学研究生82人（其中硕士生44人、博士生38人）、在站博士后7人。

古脊椎所负责主办《中国古生物志》（丙、丁种）、《古脊椎动物学报》、《人类学学报》、《中国科学院古脊椎动物与古人类研究所集刊》等专业杂志和《化石》、《恐龙》等科普杂志。古脊椎所是古脊椎动物学分会、中国第四纪科学研究会古人类—旧石器专业委员会，以及中国第四纪科学研究会地层专业委员会挂靠单位。

（撰稿：魏涌澎　马行超　审稿：董军社）

大气物理研究所

所　　长：王会军
地　　址：北京市朝阳区德胜门外祁家豁子华严里40号楼
邮政编码：100029
电　　话：010-82995275
传　　真：010-62028604
电子信箱：iap@mail.iap.ac.cn
网　　址：http://www.iap.cas.cn

中国科学院大气物理研究所（以下简称“大气所”）的前身是1928年成立的原国立中央研究院气象研究所。1950年1月，中国科学院将气象、地磁和地震等部分科研机构合并组建成立中国科学院地球物理研究所。1966年1月，根据我国气象事业发展的需要，中国科学院决定将气象研究室从地球物理研究所分出，正式成立中国科学院大气物理研究所。大气所是中国现代史上第一个研究气象科学的最高学术机构，目前已发展成为涵盖大气科学领域各分支学科的大气科学综合研究机构。

大气所主要研究大气中各种运动和物理化学过程的基本规律及其与周围环境的相互作用，特别是研究在青藏高原、热带太平洋和我国复杂陆面作用下东亚天气气候和环境的变化机理、预测理论及其探测方法，以建立“东亚气候系统”和“季风环境系统”理论体系及遥感观测体系，发展新的探测和试验手段，为天气、气候和环境的监测、预测和控制提供理论和方法。

大气所现设有2个国家重点实验室，3个中国科学院重点实验室，4个所级实验室和研究中心。国家重点实验室包括：大气科学和地球流体力学数值模拟国家重点实验室、大气边界层物理与大气化学国家重点实验室；院重点实验室包括：中国科学院东亚区域气候-环境重点实验室（全球变化东亚区域研究中心）、中国科学院中层大气和全球环境探测重点实验室、中国科学院云降水物理与强风暴重点实验室；所级实验室和研究中心包括：国际气候与环境科学中心、竺可桢—南森国际研究中心、季风系统研究中心、中国生态系统研究网络大气分中心。另外还设有所公共技术服务中心。在河北香河、兴隆和吉林通榆设有野外综合观测站。中国科学院气候变化研究中心和中国科学院减灾中心挂靠在大气所。目前，大气所拥有SGI F4000超级计算机集群服务器系统、一座用于研究城市大气污染和大气边界层物理的高325米的气象观测铁塔，以及边界层遥感探测系统和中层大气探测系统等设备。

截至2013年底，大气所共有在职职工519人，其中，科研人员402人，科技支撑人员48人，包括中国科学院院士7人、第三世界科学院院士1人、欧亚科学院院士3人、研究员及正高级工程技术人员89人、副研究员及高级专业技术人员151人。

共有中国科学院“百人计划”入选者21人（新增1人）、国家杰出青年科学基金获得者14人（新增1人），国家“千人计划”入选者3人，万人计划入选者3人。王会军当选中国科学院院士；朱江获何梁何利基金科学与技术进步奖；范可获国家杰出青年基金。

大气所是国务院学位委员会批准的首批博士、硕士学位授予单位之一，现设有一级学科硕士、博士研究生培养点，2012年新设“海洋科学”博士后科研流动站，博士后科研流动站数达到2个。截止2013年底，共有在学研究生407人，其中博士生240人、硕士生167人；有在站博士后21人。

2013年度，大气所在研科研项目及课题共计556项（新增119项）。主要包括：国家973项目和全球变化研究重大科学研究计划项目9项（新增3项），973课题和全球变化研究重大科学研究计划项目课题29项（新增3项）；国家863项目1项，课题3项（新增1项）；科技支撑课题3项（新增1项）；国家自然科学基金项目255项（新增86项），其中重大科研仪器设备研制专项2项、创新研究群体项目1项、重点项目9项、重大国际合作项目2项、杰青5项、优青2项、重大研究计划重点支持项目5项、海外及港澳学者合作研究项目3项、面上、青年及其他项目226项；公益行业气象专项项目17项（新增2项）；中科院项目及课题43项，子课题120余项，其中包括战略性先导专项（A类）4个项目、（B类）2个项目、空间先导专项课题2项、其他方向性项目11项等。此外，还承担了其他军工、部委及地方委托等课题70余项（新增23项）。

2013年度，大气所科研工作稳步发展，取得一系列重要研究进展。“青藏高原动力和热力强迫对亚洲夏季风爆发和气候形成的影响”项目荣获陈嘉庚地球科学奖（获奖人为吴国雄），该成果从理论上进一步论证了青藏高原热力效应对亚洲季风变化的影响，为深入理解青藏高原对亚洲季风爆发和气候变化的作用做出了原创性贡献。“放牧强度对内蒙古草地生态系统物质通量的影响”成果获得德国埃文·薛定谔科学奖（获奖人为郑循华）。“AREM中尺度数值预报模式资料同化及关键物理过程技术研究”成果获湖北省科技进步奖二等奖，大气所为第二完成单位。“云降水结构与气溶胶PM10、PM2.5特性研究”成果获江苏省科学技术奖二等奖，大气所为第二完成单位。“宁波突发灾害性天气精细化预报技术研究”成果获2012年度宁波市科学技术奖二等奖，大气所为第二完成单位。共申请发明专利5项，获发明专利授权2项。登记国家版权局软件著作权10项。

2013年，按照院的总体部署，大气所作为试点研究所积极开展并圆满完成了“一三五”国际专家诊断评估工作。专家组反馈结论认为，大气所在大气科学领域不仅是国内最高级别的研究机构，也是一所具有国际水准、站在科学研究前沿的世界级研究所。特别是在亚澳印太气候系统动力学的研究上具有国际领先水平。

全年共发表科技论文686篇，其中SCI（E）收录论文441篇，EI收录论文259篇，国内核心期刊收录论文325篇，出版论著7部。

2013年，大气所继续推进与安徽省淮南市、南京信息工程大学共建淮南研究院工作，完成包括淮南大气环境高新技术产业园和生产服务楼的园区一期工程建设，无人机项目进驻淮南研究院。完成淮南观测站建设阶段任务，观测设备开始试运行。与山西省气象局合作成立大气物理联合实验室，共同开展气溶胶、云降水物理研究及云物理探测仪器研发等工作。与中国工程物理研究院应用电子学研究所签署“小型激光雷达同YZ-6集成及飞行磨合试验”战略合作协议。与东润环能（北京）科技有限公司共同申请建设“国家能源间歇性分布式新能源发电仿真、预测与监控技术研发（实验）中心”。继续开展与南京信息工程大学、北京师范大学、南京大学、中国海洋大学、宁夏大学、兰州大学等高校联合共建协同创新中心。

2013年，大气所成功举办17个国际会议、1个海峡两岸会议。与国外机构签署合作协议4个，执行国际合作项目20余项。全年共执行232项出访任务，530人次出访参加国际会议及合作研究访问；外宾来访460人次。以所国际气候与环境科学中心（ICCES）为依托单位的TWAS优秀中心正式成立，成为首批启动的CAS-TWAS优秀中心之一。王会军当选挪威技术科学院院士，并被挪威环境和遥感中心授予“The Nansen Polar Bear Award”奖。郑循华获埃文·薛定谔科学奖。吴国雄担任IAMAS提名委员会主席。周天军担任CLIVAR亚澳季风委员会（AAMP）联合主席。共58人次在重要国际组织任职。

大气所是中国科学探险协会、太平洋科学协会中国委员会、中国气象学会动力气象学委员会、大气环境学委员会、统计气象学委员会的挂靠单位；主办的刊物有：《大气科学》（中文版）、《大气科学进展》（英文版）（SCI 收录）、《气候与环境研究》（中文版）、《大气和海洋科学快报》（英文版）。

（撰稿：周 权 任 丽 审稿：王生林）

植物研究所

所　　长：方精云
地　　址：北京市海淀区香山南辛村 20 号
邮政编码：100093
电　　话：010-62836220
传　　真：010-62590835
电子信箱：suoban@ibcas. ac. cn
网　　址：http://www. ibcas. ac. cn

中国科学院植物研究所（简称“植物所”）是我国建立最早的植物基础科学综合性研究机构，前身为 1928 年创建的静生生物调查所和 1929 年成立的国立北平研究院植物研究所，1950 年合并为中国科学院植物分类研究所，1953 年改名为中国科学院植物研究所。

“十二五”期间，植物所以“国际一流研究所”为发展目标，以“整合植物学”为学科定位，紧紧围绕与植物学发展密切相关的国家战略需求，开展高水平植物学基础理论和应用技术的创新研究，力争在重要资源植物研发和产业化示范、全球变化下的生物多样性及生态系统碳汇功能、光合作用光能转化机理 3 个方面实现重大突破；重点培育植物细胞分化与器官发生、物种形成及适应性进化机制、新一代能源作物快速驯化培育的科学基础、特殊生境资源植物的耐逆机制，以及生态草业发展范式 5 个重点学科领域，引领和推动我国整合植物学发展。

2013 年，植物所紧紧围绕“一三五”规划布局，采取切实有效的措施，保障和促进规划的全面推进和落实，进一步推动科研成果产出、项目争取、人才队伍建设、国内外合作、党建创新文化建设等各项工作。同时，所领导班子通过所情调研与交流活动，让全所职工、研究生广泛参与研究所管理。植物所将进一步凝练重要研究方向，继续加强前瞻布局和目标导向，为未来发展奠定基础。

2013 年，植物所拥有 7 个研究和支撑部门、10 个野外台站、1 个植物标本馆、2 个中科院非法人研究单元，还有 1 个公共技术服务中心和中科院生态系统研究网络（CERN）生物分中心。研究和支撑部门包括系统与进化植物学国家重点实验室、植被与环境变化国家重点实验室、中科院植物分子生理学重点实验室、中科院光生物学重点实验室、中科院北方资源植物重点实验室、北京植物园（含华西亚高山植物园）、文献与信息管理中心；野外台站包括内蒙古锡林郭勒草原生态系统国家野外科学观测研究站、内蒙古鄂尔多斯草地生态系统国家野外科学观测研究站、湖北神农架森林生态系统国家野外科学观测研究站、中科院北京森林生态系统定位研究站、中科院植物所正蓝旗浑善达克防沙治沙生态研究试验站、中科院植物所多伦恢复生态学试验示范研究站、中科院植物所中国北方林生态系统定位研究站、中科院植物所内蒙古东乌珠穆沁草原生态系统管理研究站、中科院植物所古田山森林生物多样性与气候变化研究站、中科院植物所内蒙古农牧业科学院乌兰察布草地生态研究站；中国科学院非法人研究单元包括中国科学院内蒙古草业研究中心和中科院太阳能光-生物转化研究中心。

截至 2013 年底，植物标本馆共收藏标本 267 万份；数字植物标本馆共收录标本信息 336 万份，包括标本图像 199 万幅；植物图像库已收录图片 137 万幅。

截至 2013 年底，植物所拥有 10 万元以上仪器设备 450 台（套），其中 50 万元以上设备 70 台（套），包括纳升液相色谱-四极杆飞行时间串联高分辨质谱仪、基质辅助激光解离-飞行时间串联质谱仪、圆二色谱仪、多功能荧光动态显微观测系统、荧光/化学发光活体影像和分析系统、半导体芯片测序仪、植物物种信息存储系统、显微 CT 扫描系统、第二代 DNA 测序仪等。2013 年新购超高效合相色谱串联四极杆质谱联用仪、半导体芯片测序仪、流式细胞仪、多通道土壤碳通量实时监测系统（2 套）、毛细管电泳仪、地面激光雷达仪、荧光动态显微观测系统、气相色谱-质谱联用仪等大型设备 9 台（套）。

截至2013底，植物所在职职工共692人，包括科技人员372人、科技支撑人员195人，其中中国科学院院士5人、第三世界科学院院士2人、欧亚科学院院士1人、研究员等正高级技术人员89人、副研究员等副高级技术人员140人。国家“千人计划”入选者2人，“青年千人计划”入选者5人（新增1人）；中科院“百人计划”入选者36人（执行中12人），国家杰出青年科学基金获得者14人（新增1人）。2013年，植物所获批中科院北京分院国家级专业技术人员继续教育基地培训点，成功地举办了首届植物分类与鉴定高级研习班，为社会输送了实用人才。

植物所是首批国务院学位委员会批准的博士、硕士学位授予权单位之一，现设有植物学、发育生物学、生态学、细胞生物学4个博士研究生培养点，植物学、发育生物学、细胞生物学、生态学、生物工程5个硕士研究生培养点，并设有生物学、生态学2个专业一级学科博士后流动站，在学研究生637人（博士生330人、硕士生307人）、在站博士后56人，留学生9人。

2013年，植物所在研项目（课题）共471项（新增220项）。其中，承担973项目和国家重大科学研究计划项目3项（新增1项）、课题19项（新增5项），863课题1项，国家科技基础性工作专项2项（新增2项），科技支撑课题2项，科技基础条件平台项目1项（新增1项）；承担国家自然科学基金重点项目6项（新增1项）、面上项目123项（新增44项）、青年项目45项（新增16项）、国家杰出青年科学基金项目3项（新增1项）、重大研究计划重点项目2项（新增1项）、重大项目1项、创新群体1项、重大国际合作研究项目2项（新增1项）；承担中科院战略性先导科技专项项目1项，中科院重点国际合作项目2项，其他国际合作项目23项（新增12项）；院地合作项目8项（新增4项），其他横向项目116项（新增96项）。2013年，植物所到位经费2.38亿元，实际留所经费1.87亿元。

2013年，植物所在植物系统进化、植被与环境变化、植物分子生理、光合作用和资源植物等领域取得重要进展。2013年植物所发表论文457篇，其中SCI收录期刊发表论文328篇，有285篇发表在领域前30%的SCI刊物上，作为第一作者单位发表影响因子8.0以上的20篇，5.0以上的58篇，3.0以上的150篇；出版专著3部；授权专利56项。

2013年，在能源作物开发、资源保育、品种推广等技术领域与天津、河北、山西、内蒙古等地企业开展科技合作，共签订国内合作合同177项，合同经费达3800余万元。

2013年，植物所签署国际合作协议13项；人员出访96批130人，来访65批139人；举办国际学术会议3次、国际培训班1次；45人在国际组织和期刊任职80项（新增10项）。

植物所是中国植物学会、北京生态学会、北京植物生理学会、中国植物学会植物园分会、中国花卉协会蕨类植物分会、*Flora of China* 编辑委员会和 *Journal of Plant Physiology* 中国编辑部挂靠单位。主办刊物有：*Journal of Integrative Plant Biology*、*Journal of Systematics and Evolution*、*Journal of Plant Ecology*、《植物生态学报》、《生物多样性》、《植物学报》、《生命世界》，其中前3个被SCI收录。

（撰稿：周凌娟　纪魁显　审稿：曹爱民）

动物研究所

所　　长：康　乐
地　　址：北京市朝阳区北辰西路1号院5号
邮政编码：100101
联系电话：010-64807098
传　　真：010-64807099
电子邮件：ioz@ioz.ac.cn
网　　址：http://www.ioz.ac.cn

中国科学院动物研究所（以下简称“动物所”）的前身是1928年成立的静生生物调查所、1929年成立的北平研究院动物研究所和1930年成立的中央研究院动物研究所。新中国成立后，中国科学院接收上述3个研究所和原徐家汇博物馆（创建于1860年，1930年后改称震旦大学博物院）的部分资料、标本和设备，于1950年成立了中国科学院昆虫研究室和动物标本整理委员会。二者分别发展为昆虫研究所和动物研究所，1962年两所合并为现在的动物所。

动物所是以动物科学基础研究为主的社会公益型国家级科研机构。在细胞编程与重编程的机制、干细胞生物学、生殖与发育调控、生物灾害爆发机制与控制、物种濒危机制与保护和物种形成与多样性维持机制等领域开展基础性、前瞻性和战略性研究，服务于“生态高值农业和生物产业”、“普惠健康保障”和“生态与环境保育发展”的战略需求。在我国生殖与发育、干细胞生物学研究领域发挥引领作用，在动物分类与进化、农业虫鼠害防控和濒危动物保护中发挥不可替代的作用，综合创新能力达到国际先进水平。在研究所和科学家的共同努力下，动物所“一三五”规划实施总体情况良好。

研究所现有3个国家重点实验室、3个院级重点实验室和1个国家动物博物馆，包括农业虫害鼠害综合治理研究国家重点实验室、计划生育生殖生物学国家重点实验室、生物膜与膜生物工程国家重点实验室、动物生态与保护生物学院重点实验室、动物进化与系统学院重点实验室、干细胞与转化研究院重点实验室（筹）和国家动物博物馆。

动物所拥有亚洲最大的动物标本馆，馆藏各类动物标本650余万号；拥有总建筑面积7300平方米的国家动物博物馆，含10个展厅和4D动感电影院；拥有总藏书量25万余册及图书资料较为齐全的专业图书馆以及计算机网络中心，形成了科学研究、科学传播与技术支持相结合的完整体系。

截至2013年12月底，动物所所级公共技术服务中心共有6个仪器设备平台，拥有流式细胞仪、激光（双光子）共聚焦显微镜、紫外显微切割系统、高性能集群计算等大中型仪器设备共计50台件。其中，120万元以上的共享仪器设备共计22台件。

截至2013年底，动物所共有在职职工415人。其中科技人员240人、科技支撑人员126人，包括中国科学院院士2人、发展中国家科学院院士1人、研究员及正高级工程技术人员76人、副研究员及高级工程技术人员105人。

共有国家海外高层次人才引进计划（“千人计划”）入选者1人（新增0人），“青年千人计划”入选者3人；中国科学院“百人计划”入选者45人（新增1人）；国家杰出青年科学基金获得者25人（新增0人）。

动物所是1998年国务院学位委员会批准的博士、硕士学位授予权单位之一，现设有生物学、生态学2个专业一级学科博士、硕士研究生培养点。2011年动物学、细胞生物学、发育生物学、生态学首次获得中国科学院重点学科。2010年增列生物工程硕士培养点；2011年增列生物医学工程、免疫学、病理生理学3个学术型硕士培养点；2013年增列基因组学博士培养点。共有在学研究生528人（其中硕士生212人、博士生316人）。并设有生物学、生态学2个专业一级学科博士后流动站，在站博士后111人。

2013年，动物所共有在研项目501项（包括新增项目180项）。其中，承担国家重大科技专项课题1项（新增0项），主持（或承担）国家重点基础研究发展计划（973）和国家重大科学研究计划项目7项（新增1项）、承担（或参加）课题36项（新增0项），主持（或承担）国家高技术研究发展计划（863）项目2项（新增0项）、主持（或承担）国家科技基础性工作专项4项（新增1项）；主持（或承担）国家自然科学基金重点项目11项（新增2项）、面上项目100项（新增42项）、国家杰出青年科学基金项目7项（新增0项）、国家自然科学基金重大研究计划重点项目3项（新增0项）；主持（或承担）中国科学院战略性先导科技专项课题16项，主持（或承担）院重点部署项目2项（新增2项）；承担重点国际合作项目1项（新增0项）；承担院地合作项目102项（新增61项）。

截至2013年12月，动物所以第一单位发表SCI论文251余篇，其中，$IF_5>9$的论文24篇。

2013年动物所以第一单位出版著作1部；获得11项发明专利授权，5项实用新型专利授权；申请发明专利7项，PCT专利1项，实用新型专利3项。

周琪研究组利用CRISPR-Cas技术首次在重要模式动物大鼠上实现了多基因同步敲除，并证明此技术引入的基因修饰可通过生殖细胞传递到下一代。这一突破对于推动利用大鼠进行基因功能研究和大鼠在生物医学研究中的应用具有重要作用。有关论文在 *Nature Biotechnology* 上发表。

康乐研究组基于多年的重要发现，从蝗虫型多态现象的进化、型变的分子基础和调控机制等方面阐述了近十年来在蝗虫型变分子调控机制的研究进展，并提出了未来研究中要面临的挑战和机遇。该论文对于加深人们对蝗虫型变机制的理解以及蝗灾可持续治理新策略和新方法的开发，都具有重大意义。

近10余年来，孙江华研究组一直从事红脂大小蠹入侵机制和综合防控技术的研究，相继提出外来种与本地种种间协同入侵、红脂大小蠹与其伴生真菌长梗细帚霉的共生入侵和真菌独特单倍型促进虫菌共生入侵的新机制和返入侵假说。鉴于此，2013年，*Annual Review of Entomology* 编委会特邀请其撰写了综述。

魏辅文研究组揭示了现生大熊猫可分为3个遗传种群，每个种群均具较高的遗传多样性和进化潜力。但是，其栖息地破碎化现状及隔离种群间有限的基因流再得不到有效改善，其遗传多样性将会在未来缓慢丧失。有关论文在 *Nature Genetics*（2013）（封面文章）和 *Eoclogy* 上发表。

截至2013年底，动物所出来访总人数419人次，其中来访243人次（来访3个月以上8人），出访176人次。2009年以来，动物所创办的“秉志论坛”系列学术报告会，每年邀请10位左右相关领域国际顶级科学家来所交流，到2013年底已有49位科学家应邀来访。此外，动物所还接待了英国研究理事会、澳大利亚联邦科工组织等国际组织和科研机构来访，有效促进了研究所的国际合作与学术交流。

2013年，动物所新争取国际合作项目6项，总合同经费610万元人民币。其中，国外资金来源的国际合作项目3项，合同经费205万元人民币。各项目研究工作按计划进展顺利并取得了较好的科研成果。

2013年9月，动物所“细胞治疗国际联合研究中心”被科技部批准为国家级国际联合研究中心。研究所积极发展“项目—人才—基地”相结合的国际科技合作新模式，不断提升研究所国际科技合作的质量和水平。

2013年，动物所共成功举办各领域国际会议4次。其中，2013北京国际血液发育研讨会、第五届整合动物学国际研讨会暨全球变化生物学国际学术研讨会、进化人类学中的系统比较方法研讨班3次国际会议为动物所发起创办的国际会议。国际蚜虫学大会是第一次在亚洲地区主办，此次第九届国际蚜虫学大会的成功举办对于促进动物所乃至亚洲蚜虫学研究的发展起到了重要作用。

近年来，动物所国际影响力不断提升，越来越多的外籍专家学者到动物所长期工作。2013年，来自美国、英国、德国、瑞典等国家的18位外宾以高级访问学者、研究助理或期刊编辑等身份到动物所长期（连续两个月以上）工作。

中国昆虫学会、中国动物学会、国际动物学会、中国动物志编辑委员会和中华人民共和国濒危物种科学委员会挂靠在动物所。动物所与学会共同主办 *Insect Science*（SCI源期刊，英文版）、*Integrative Zoology*（SCI源期刊，英文版）、*Current Zoology*（SCI源期刊，英文版）、《昆虫学报》、《动物分类学报》、《动物学杂志》、《应用昆虫学报》7种学术刊物。

（撰写：白彦霞　吴敬文　审稿：李志毅）

心理研究所

所　　长：傅小兰
地　　址：北京朝阳区林萃路16号院
邮政编码：100101
电　　话：010-64879520
传　　真：010-64872070
电子信箱：webmaster@psych.ac.cn
网　　址：http://www.psych.ac.cn

中国科学院心理研究所（以下简称“心理所”）成立于1951年，前身是1929年成立的中央研究院心理研究所。

心理所的战略定位是：探索人类心智本质，揭示心理和行为的生物学基础与环境影响机制，为提高国民心理素质、促进社会和谐发展提供重要知识基础和科技支撑，成为引领我国心理科学发展、有重要影响力的国际著名研究机构和服务国家科技创新与社会经济发展的心理学科技智库。到2020年，努力把心理所建设成为我国心理学研究和高级人才培养不可替代的创新基地、促进人口健康和建设和谐社会不可或缺的科技源头、具有“一流成果、一流效益、一流管理、一流人才”的国际著名心理学研究机构。

2013年，心理所“一二三”进展顺利、态势良好。继续推进“两个重大突破”领域：在“心理疾患的早期识别与干预”领域，积极争取科研资源，获批科技支撑计划项目课题1项、中组部青年拔尖人才项目1项、基金委国际合作项目1项，中国科学院-国家外国专家局创新团队国际合作伙伴计划——“心理疾患早期识别与干预”创新团队正式启动，陈楚侨研究员在2013年度中科院“百人计划”终期评估中被评为优秀；在“社会预警与决策”领域，获批中科院人口健康领域科技发展路线图战略研究课题1项，李纾研究员承担的国家自然科学基金项目“损失规避的性质探索”在结题绩效评估中被评为“特优”。

2013年，心理所在“三个重点培育方向”也取得了重要进展：①在“灾害与创伤心理”方向，争取到中科院重点部署项目课题1项，国家自然科学主任专项基金1项；②在“网络心理与虚拟行为”方向，获批973课题1项，国家自然科学基金面上项目2项；③在“发展、教育与创造力培养”方向，共争取到科研项目8项。

心理所有中国科学院心理健康重点实验室，同时建有中国科学院心理研究所行为科学重点实验室。设有健康与遗传心理学、认知与发展心理学，以及社会与工程心理学3个研究室。

2013年，心理所继续加大科研平台建设的力度，通过多方筹措资金，目前已建成2个功能相对特异、硬件配置较为完善的实验研究平台（认知神经影像平台和视知觉脑机制研究平台），总体量接近3000万元。其中，认知神经影像平台配备了3T磁共振成像仪，为科学家理解大脑的结构、功能和心理活动的相互关系提供了全新的研究手段。心理所图书馆是国内最大的心理学文献服务中心之一，藏有心理学及相关学科的中外文书刊十万余册，并开通了数十种网络数据库，心理学及相关学科全文电子期刊数量近两万种，同时开展机构知识库建设和学科情报服务，不仅服务于本所科研人员和研究生，而且为全院和全国的心理学及相关学科工作者提供文献及咨询服务。

截至2013年底，心理所共有在职职工196人。其中科技人员168人、科技支撑人员28人，包括世界科学院院士2人、中共“十八大”代表1人，第十二届全国政协委员1人，研究员及正高级工程技术人员39人、副研究员及高级工程技术人员56人。

共有国家海外高层次人才引进计划（“千人计划”）入选者3人（新增3人），其中“短期千人计划”入选者1人和“青年千人计划”入选者2人，“万人计划”青年拔尖人才入选者1人，中国科学院“百人计划”入选者15人（新增1人），国家杰出青年科学基金获得者1人，“新世纪百千万人才工程”国家级人选2人。

心理所是1981年国务院学位委员会批准的博士、硕士学位授予权单位之一，现设有心理学一级学科博士研究生培养点，心理学一级学科硕士研究生培养点，并设有心理学一级学科博士后流动站，共有在学研究生276人（其中硕士生139人、博士生137人）、在站博士后19人。

2013年，心理所共有在研项目247项（包括新增项目86项）。其中，承担国家重点基础研究发展计划（973计划）课题3项，主持国家科技基础性工作专项1项，主持国家科技支撑计划项目1项、承担课题4项（新增1项）；主持国家自然科学基金面上项目43项（新增13项）、国家杰出青年科学基金项目1项、国家自然科学基金国际合作交流项目1项、国家自然科学基金重大研究计划重点支持项目1项、国家自然科学基金重大研究计划培育项目2项、国家自然科学基金青年基金项目32项（新增14项）；承担中科院战略性先导科技专项课题3项，主持中科院仪器设备功能开发技术创新项目3项（新增1项），主持中科院重点部署项目3项（新增3项），主持中科院知识创新工程重要方向项目3项；承担院地合作项目34项（新增15项）。

2013 年，心理所在基础研究和应用研究领域取得一系列重要进展。两个领域重大突破：①在“心理疾患的早期识别与干预”领域，在基因-脑-行为层面发现并验证了心理疾患早期识别的若干重要客观指标，对改变当前临床诊断以经验为主、降低心理疾患发生率具有重要意义；②在“社会预警与决策”领域，证明了决策的基本规则是非补偿性规则，发现情绪影响决策的认知神经机制，研发了预警驾驶安全的系统并探索影响驾驶安全的机制，发现了个体认知恐惧信息的大脑加工机制及抵御威胁的自我认知机制。

2013 年，心理所共发表文章 332 篇，其中，第一作者论文 232 篇，SCI/SSCI/EI 文章 218 篇（Q1 类文章占 56%），CSCD 文章 81 篇，会议论文 20 篇；主持或参与写作或翻译的书稿 10 部。专利申请 1 项；登记软件著作权 3 项。上报政策建议 20 份，3 份得到中央领导人批示。

心理所作为第一完成单位申报的两个项目创造性思维中关键认知神经科学过程的机理研究、重大自然灾害后心理援助模式、关键技术及应用分别获得 2013 年北京市科学技术奖二等奖、三等奖。

2013 年，心理所调整和优化了成果转化团队的组织结构和岗位设置，进一步明确了部门职能和任务目标，优化相关工作机制。同时，正申请成立中科正慧（北京）科技发展有限公司，计划以公司模式运作成果转化，以更为灵活的方式为心理学产学研提供经费、队伍和保障。心理所知识产权成果的质量和数量明显高于往年，自主研发的移动心理服务平台系统、心理学系列科普设施和展品、系列心理健康教育课程及服务资源包、心理创伤评估系统正在转化中。对外签订成果转化合同共 51 份，合同标的总额达 1020 余万元。在社会效益方面，共提供社会心理咨询热线服务 1070 人次；在芦山、雅安、岷县、抚顺 4 个灾区分别建立了心理援助工作站，服务受灾群众超过 7 万人次，特别是 2013 年 5 月 21 日下午，习近平主席等视察芦山灾区期间亲切看望了在芦山隆兴中心学校开展心理援助的心理所专家和志愿者；联合举办千人以上科普活动 4 次，科普基地接待参观逾 3000 人次；继续教育学院为社会培养多层次心理学人才共计 1400 余人次。

2013 年，左西年研究员在国家自然基金委国际（地区）合作与交流项目资助下，合作研究揭示人脑功能连接组拓扑组织的毕生发展轨迹。在国际人才引进方面，有 1 名外国专家获中科院“爱因斯坦讲席教授”计划资助。获批国家自然科学基金委海外及港澳学者合作研究基金项目 1 项。2013 年心理所主办/联合主办国际会议 4 次，国内会议 3 次，共接待国内外机构来访 65 人次，组织访问国外机构 129 人次。

作为中国心理学会的共建单位，心理所与中国心理学会共同主办《心理学报》。2013 年，心理所主办的《心理科学进展》及联合主办的《心理学报》，均被评为“2013 中国最具国际影响力的学术期刊”；由心理所主办、Wiley 出版社和心理所联合出版的我国第一本国际发行、全英文的心理学专业期刊 *PsyCh Journal* 也正常出版。

（撰稿：刘浙华　顾　敏　审稿：李安林）

微生物研究所

所　　长：刘双江
地　　址：北京市朝阳区北辰西路 1 号院 3 号
邮政编码：100101
电　　话：010-64807462
传　　真：010-64807468
电子信箱：office@im. ac. cn
网　　址：http://www. im. cas. cn

中国科学院微生物研究所（以下简称“微生物所”）成立于 1958 年 12 月 3 日，其前身是中国科学院北京微生物研究室和中国科学院应用真菌研究所。经过几代人的不懈努力，微生物所已经发展成为一个具有雄厚基础、强大实力和广泛影响的综合性微生物学研究机构。

微生物所坚持“微生物、高科技、大产业”的战略定位，面向工业升级、农业发展、人口健康和环境保护等方面的国家重大需求，瞄准微生物学科的发展前沿，以微生物资源、微生物生物技术、病原微生物与免疫为主要研究领域，在研究微生物生物多样性、基本生命特征和生态功能的基础上，努力创建从微生物资源开发、功能改造利用、生物技术创新到成果转化的自主研发体系，创建世界一流的微生物学研究中心和微生物生物技术研发基地。

微生物所设有微生物资源前期开发国家重点实验室、真菌学国家重点实验室、中国科学院微生物生理与代谢工程重点实验室、农业微生物与生物技术研究室（与中国科学院遗传与发育生物学研究所共建的植物基因组学国家重点实验室微生物所部分）、中国科学院病原微生物与免疫学重点实验室5个重点实验室及微生物资源中心和技术转移转化中心，拥有亚洲最大的近50万号标本的菌物标本馆和国内最大的含4.4万余株菌种的微生物菌种保藏中心，建有网络信息中心、大型仪器中心和生物安全三级实验室等技术支撑平台，拥有一个藏书（刊）5万余册的专业性图书馆。

截至2013年底，微生物所共有在职职工500人（正式编制465，项目聘用35）。其中科技人员282人、科技支撑人员98人，包括中国科学院院士7人、研究员及正高级工程技术人员75人、副研究员及高级工程技术人员102人。共有“青年千人计划”入选者3人；中国科学院“百人计划”入选者27人（新增1人），国家杰出青年科学基金获得者11人。

微生物研究所是1981年国务院学位委员会批准的博士、硕士学位授予权单位之一，现设有生物学专业一级学科博士研究生培养点，微生物学、遗传学、生物化学与分子生物学、生物工程、病原微生物、免疫学硕士研究生培养点，并设有生物学专业一级学科博士后流动站，共有在学研究生433人（其中硕士生188人、博士生245人）、在站博士后49人。

2013年，微生物研究所共有在研项目410项（包括新增项目122项）。其中，主持国家重大科技专项课题2项（新增2项）、参加国家重大科技专项课题14项（新增7项）；主持国家重点基础研究发展计划（973计划）和国家重大科学研究计划项目3项（新增1项）、承担课题20项（新增4项），参加课题24项；主持国家高技术研究发展计划（863计划）项目1项，参加课题11项；主持、参加国家科技基础性工作专项4项（新增1项）；主持国家自然科学基金重点项目11项（新增2项）、面上项目69项（新增25项）、国家杰出青年科学基金项目3项、国家自然科学基金重大研究计划重点项目1项；主持、参加中国科学院战略性先导科技专项课题5项（新增3项），主持院重点部署项目5项（新增5项），参加院重点部署项目10项。

在微生物资源研究领域，发现了一类全新的细菌趋化途径，即细菌可以通过感知三羧酸（TCA）循环中间化合物实现对芳香类化合物的趋化（*Mol Microbiol* 2013，90：813-823）；首次在嗜盐菌中发现CO_2可直接固定进入PHBV（生物塑料）合成途径实现碳固定的新途径（*Appl Environ Microbiol* 2013，79：2922-2931）；克隆、表达和表征了谷氏菌素生物合成所需的基因簇（*Chem Biol* 2013，20：34-44）；揭示了杰多霉素生物合成中辅助因子供应由JadR*调控的前馈调节（*Mol Microbiol* 2013，90：884-897）；揭示了白色念珠菌中白菌-灰菌形态转换的普遍性特征，增进了对该菌宿主微环境适应、致病性和有性生殖中的认识，修改了白菌-灰菌形态转换调控理论（*PLoS Biol* 2013，11：e1001525）。

在微生物生物技术领域，开发出了热力学最优搜索算法（TOS），可以计算获得通量平衡分析（FBA）等效解中的热力学最优解（*Biotechnol Bioeng* 2013，110：914-923）；在生物燃料生产用菌株的培育过程中使用“基于基因组复制机器改造的连续进化方法”实现了连续突变和筛选（*Biotechnol Biofuels* 2013，6：137）；解析了野油菜黄单胞菌应对环境刺激的“三组分信号传导系统”（*Environ Microbiol* 2013 doi：10.1111/1462-2920.12293）；证明了*WLIM1a*对棉花纤维发育、延伸以次生壁形成具有双重作用，同时显示木质素样的酚醛树脂可能影响棉花纤维品质，该发现可用于指导棉花品种培育（*Plant Cell* 2013，25：4421-4438）；证明*GhTCP14*可以正向或负向调控植物激素应答和运输基因的表达（*Plant Physiol* 2013，162：1669-1680）。

在病原微生物与免疫学研究领域，揭示了甲

型流感病毒 H7N9 的起源，发现该病毒可能由 4 种流感病毒重配而成（*Lancet* 2013，381：1926-1932）；揭示了 H7N9 流感病毒上海株和安徽株在人群中流行趋势不同的生物学基础，结果发现，由于 HA 基因突变，致使上海株具备了与禽源受体和人源受体同时结合的特性，而安徽株却偏好与禽源受体相结合（*Science* 2013，342：243-247）；通过解析禽流感病毒 H5N1 跨种间传播的分子机制，发现 HA 基因关键氨基酸 Q226L 突变可造成受体结合特性的转换，而使其具有了结合人源受体的特性（*Science* 2013，340：1463-1467）；揭示了 microRNA-146a 在乙肝病毒感染中导致 T 细胞功能受损和免疫耐受的机制（*J Immunol* 2013，191：193-301）；发现了乙肝病毒核心蛋白突变 L60V 导致患者病毒水平和肝脏免疫损伤均急剧升高，提示 T 细胞免疫应答、病毒复制和肝脏病理损伤三者存在复杂相互作用（*J Virol* 2013，87：8075-8084）；解析了中东呼吸系统综合征冠状病毒 MERS-CoV 的 MERS-RBD 和 CD26 结合模式，为设计靶向病毒侵入的小分子药物提供了重要的参考（*Nature* 2013，500：227-231）。

2013 年，研究所在 *Science*、*Nature*、*Lancet*、*Plant Cell*、*ISME J*、*Mol Microbiol*、*J Virol*、*J Immunol*、*Appl Environ Microbiol*、*Chem Biol*、*PLoS Biol* 等期刊上发表 SCI 论文 392 篇，其中第一完成单位论文 247 篇，第一完成单位论文中 126 篇为本领域 TOP 25% 刊物论文。2013 年获得专利授权 55 项（含 PCT 专利 1 项），新申请 57 项，其中包括 PCT 申请 2 项。微生物所技术转移转化中心以国家需求为导向，以市场为牵引，依托研究所专业优势和积累，吸纳企业资源，开发应用微生物领域中的关键技术和共性技术，提高研究成果的成熟度和工程化水平，推动研究所技术成果的产业化。中心实行总体策划、分步实施的总体方案推进工作，在建设中将项目转化放在首位，建立了中心实验室，分别在组织架构、人才培养、评价体系、运行机制、项目筛选等方面逐步形成了一套有效的管理体制。2013 年，研究所签订各项技术合同 69 项，技术合同总额 5018.25 万元。新建 3 个联合研发体：银川育成中心；细胞免疫应用技术联合实验室；兴鹤生物医药联合实验室。建立 4 个产业基地：吉林生物制品与生物材料基地、山东生物化工生产基地、山西精细生物基制品生产基地、常州生物基化学品基地。其中山西精细生物基制品生产基地形成了与北京的实验室创新相配套的产业化平台。目前，我所与中科鸿基所合作的多聚唾液酸和单体唾液酸项目的中试已顺利完成，二者均具备了国际领先的生产技术工艺。普鲁兰项目不仅完成了中试，突破了多个难关，而且已建成年产 1000 吨以上的生产线，将在明年初投产。

2013 年度，我所接待国际来访 21 次（558 人次），执行国际出访 118 次（150 人次），10 名科研人员和研究生出国留学或进修深造。执行 18 项国际人才引进与交流计划项目，总经费达 215 万元，在全院名列前茅。全所有 18 人在 52 个国际组织和国际期刊中任职。2013 年，我所分别与美国、法国、德国和日本等 5 个国家（或地区）签署了 9 项合作协议书和合作谅解备忘录；主办 6 个国际会议和 1 个海峡两岸会议，获国际会议经费资助 56 万元。新增国际合作项目 14 项，合同总经费 1541 万元，比 2012 年增加 700 万元。承担重大国际合作项目 3 项，在研国际合作项目 32 项，国际合作项目到位经费 898 万元，比 2012 年增加 379 万元。第 24 届发展中国家科学院大会为微生物所高福研究员颁发“2012 年度发展中国家科学院医学科学奖”；中国科学院院刊英文版系列报道称微生物所为 TWAS 未来发展做出了积极贡献。

目前，挂靠微生物所的单位有中国微生物学会、中国菌物学会、中国生物工程学会 3 个国家级学会，微生物所与相关学会共同主持编辑出版的学术刊物有《微生物学报》、《微生物学通报》、《菌物学报》及《生物工程学报》（中英文版）。

（撰稿：刘黎琼　喻亚静　审稿：李俊雄）

生物物理研究所

所　　长：徐　涛

地　　址：北京市朝阳区大屯路 15 号

邮政编码：100101
电　　话：010-64889872
传　　真：010-64871293
电子信箱：office@ibp. ac. cn
网　　址：http://www. ibp. cas. cn

中国科学院生物物理研究所（简称“生物物理所”）是国家生命科学基础研究所，创建于1958年，其前身是1957年建立的北京实验生物学研究所，著名生物学家贝时璋院士任第一任所长，现任所长为徐涛研究员。建所以来，在贝时璋、邹承鲁、梁栋材和杨福愉等老一辈科学家的带领下，历经几代科技工作者的辛勤努力，研究所在高水平研究成果、授权专利和成果转化等方面一直位居全国生物学研究机构前列。

2013年，生物物理所以全面推进“一三五”规划实施为核心，围绕蛋白质科学和脑与认知科学基础性、战略性和前瞻性问题，持续开展深入研究，积极承担国家任务，促进重大科研产出，建设良好科研文化氛围，整体科技创新能力和竞争实力稳步提升。

生物物理所现拥有生物大分子、脑与认知科学两个国家重点实验室，以及中国科学院感染与免疫重点实验室，非编码核酸、蛋白质与多肽药物、交叉科学3个所重点实验室；其中，非编码核酸和蛋白质与多肽药物重点实验室已分别获批挂牌成立“非编码核酸北京市重点实验室”和“北京市生物大分子药物转化工程技术中心”。研究所与国内外科研机构和高校合作共建了中日结构病毒学与免疫学联合实验室、中澳表型组学研究中心、中澳认知科学合作研究中心、IBP-MIT人脑直接成像研究中心、马普蛋白质与膜转运合作研究小组、生物物理研究所-通用集团生命科学示范实验室等联合研究单元，以及结构生物学、脑与认知科学、感染与免疫3个领域的国际伙伴创新团队。

截至2013年底，生物物理所共有在职职工561人。其中科技人员392人、科技支撑人员62人，包括中国科学院院士10人、发展中国家科学院院士5人、研究员及正高级工程技术人员91人、副研究员及高级工程技术人员128人。

共有国家海外高层次人才引进计划（“千人计划”）入选者9人（新增1人），“青年千人计划”入选者10人（新增3人）；中国科学院“百人计划”入选者36人；国家杰出青年科学基金获得者18人（新增2人）。

生物物理所现设有生物物理学、生物化学与分子生物学、细胞生物学、神经生物学、认知神经科学、生物信息学6个二级学科硕士、博士研究生培养点，生物工程、免疫学2个硕士研究生培养点，并设有1个生物学专业一级学科博士后流动站，共有在学研究生568人（其中硕士生273人、博士生295人）、在站博士后49人。

2013年，生物物理所主持科研项目/课题共计329项。其中，承担国家重大科技专项13项（新增1个课题），主持国家重点基础研究发展计划（973计划）和国家重大科学研究计划项目10项（新增3项）、承担课题49项（新增8项），主持国家高技术研究发展计划（863计划）课题4项，主持重大科技专项科技支撑计划1项，主持重大仪器研制1项；主持国家自然科学基金重点项目10项（新增3项）、面上项目72项（新增28项）、国家杰出青年科学基金项目7项（新增2项）、国家自然科学基金重大研究计划项目16项（新增3项）、创新研究群体科学基金1项、国家重大科研仪器设备研制专项1项；主持中国科学院战略性先导科技专项（A类）课题7项（新增2项）、战略性先导科技专项（B类）课题3项（新增5项），主持院重点部署项目1项（新增2项）、中科院重大仪器研制项目5项、重要方向性项目2项、仪器功能开发项目2项；承担各类国际合作项目40项（新增24项）。

2013年，生物物理所高水平研究工作包括：结核分枝杆菌耐药性发生机理及相关药物的研究；利用TALEN技术在线虫体细胞中实现了条件性基因突变的研究方法；转录因子Sox2调控细胞自噬参与细胞重编程的分子机制、WASH蛋白参与细胞内自噬调控的新机制；通过基因密码子扩展，实现在原核及真核酪氨酸激酶活性中心编码氟代酪氨酸、在活细胞中基因编码具有金属结合能力的非天然氨基酸8-羟基喹啉丙氨酸（HqAla）、在原核和真核细胞以及植物中编码具有光点击活性的非天然氨基酸丙烯酰赖氨酸

(AcrK)；描绘出新型H7N9病毒的详细起源和进化路径；组蛋白变体H3.3和H2A.Z对染色质高级结构以及基因转录活性的调控机制、Sir2和Sir4SID复合体晶体结构及Sirtuin家族去乙酰化酶活性的调节机制、ac-Sir3BAH-yNCP复合体及单独ac-Sir3BAH的晶体结构及N端乙酰化修饰促进Sir3的转录沉默功能和提高与核小体间相互作用的分子机理；自体吞噬基因*Epg5*基因敲除小鼠出现选择性神经系统缺陷、自体吞噬基因Epg-7在生理条件下作为受体支架蛋白特异性介导线虫中p62同源物的降解、Atg16在高等生物自噬通路上的作用机制、精氨酸的甲基化修饰参与调节生理条件下自噬作用降解蛋白聚合体的机制、细胞自噬活性在生殖腺细胞凋亡中的作用；一种全新的可以检测细胞自噬新型荧光探针Zn-G4；线虫神经细胞定向迁移；酵母TSC1核心结构域的晶体结构并用其模拟了对应的人源TSC1的结构及针对结节性硬化症的药物设计；Wnt5a/CD146的配体与受体关系及Wnt/CD146信号在胚胎发育、肿瘤转移、干细胞自我更新方面的研究；正布尼亚病毒属（*Orthobunyavirus* genus）的核蛋白（N）和单链RNA复合物的晶体结构及N蛋白保护病毒基因组RNA的分子机制。

2013年，生物物理所共发表SCI收录论文331篇，篇均影响因子6.1；其中以第一单位发表SCI论文158篇，篇均影响因子6.0。影响因子在PNAS以上的SCI论文61篇，其中第一单位论文30篇。研究所共申请专利34项；其中发明专利30项，实用新型2项，国际发明2项；授权专利11项，全部为国内发明专利。

2013年，生物物理所陈润生院士作为第一完成人的“基因的故事——解读生命的密码”获得国家科学技术进步奖二等奖（J-204-2-02）。研究所作为第一完成单位的“高等植物光合膜蛋白复合物的结构与功能研究”和“天然免疫抗病毒效应因子ZAP功能和作用机理研究”项目分别获得北京市科学技术奖一等奖（2013基-1-002）、二等奖（2013基-2-002）。

2013年，研究所新增横向研发项目34项，合同额928万元；横向项目经费到账总额1417.8万元。正式成立佛山分所，结核病诊治研发项目和第三方高端检测项目已完成入驻；生物仪器研发项目已通过佛山市政府评审论证。研究所与中生北控生物科技股份有限公司共建“体外诊断工程研究中心”，与山西省肿瘤医院、拜西欧斯（北京）生物技术有限公司共建“肿瘤免疫联合实验室”，与上海市静安区中心医院合作建设“神经科学转化医学研究中心”。2013年，研究所共有持股公司5家，其中从事科技开发的人员为50余人；研究所控股企业累计销售收入达2.2亿元，净利润1789万元，上缴税金3456万元。

2013年，生物物理所新增24个国际合作与交流项目，争取国际合作经费1068万元；先后举办了第七届感染与免疫学国际研讨会、国际冷冻电镜图像处理前沿技术培训班、第十三次全国暨国际生物物理大会、第三届中日细胞自噬研讨会等一系列国际学术交流会议；接待国际来访131人次，国际出访304人次。目前，研究所共有21人在33个国际组织40个职位任职，32人在69个国际期刊93个职位任职。

生物物理所是中国生物物理学会、中国认知科学学会的挂靠单位，主要出版物包括《生物物理学报》、《生物化学与生物物理进展》、*Protein & Cell*，其中《生物化学与生物物理进展》、*Protein & Cell*是SCI收录期刊。

（撰稿：江欢欢　陈长杰　审稿：汪洪岩）

遗传与发育生物学研究所

所　　长：薛勇彪
地　　址：北京市朝阳区北辰西路1号院2号
邮政编码：100101
电　　话：010-64806501
传　　真：010-64806503
电子信箱：office@genetics.ac.cn
网　　址：http://www.genetics.cas.cn

中国科学院遗传与发育生物学研究所（以下简称“遗传发育所”）成立于2001年，由原中国科学院遗传研究所（成立于1959年）和中国科学院发育生物学研究所（成立于1980年）合并建成，2002年中国科学院石家庄农业现代化研究所（成立于1978年）并入遗传发育所，原基因组研究中心于2003年整体分离组建为中国科学院北京基因组研究所。

研究所将面向我国农业和人口健康的重大战略需求和生命科学前沿，解决遗传与发育生物学领域重大科学和关键技术问题，在国家现代农业和人口健康科技创新体系中发挥骨干和引领作用，成为遗传与发育生物学原始创新研究基地、生物高新技术研发基地、优秀人才培养基地和国内外具有重要影响力与核心竞争力的著名研究所。2011年起，研究所制定了“一三五”发展规划，进一步明确了研究所的定位，着力培育基因组结构与调控规律、重大疾病分子机理、品种分子设计、农业生态可持续发展、前沿交叉5个重点方向，开展原始创新和集成创新研究，力争在具有重大应用价值功能基因发掘、具有重大应用前景的组织工程产品开发、优良作物新品种培育三个方面实现重大突破。2013年研究所围绕“一三五”发展规划和“十二五”发展目标，各项工作取得了良好进展，顺利完成了“创新2020”的阶段性任务。

遗传发育所下设5个研究中心：基因组生物学研究中心、分子农业生物学研究中心、发育生物学研究中心、分子系统生物学研究中心和农业资源研究中心；拥有现代温室、实验动物中心以及河北栾城农田生态系统国家野外观测试验站、南皮实验站、太行山实验站等网络台站支撑系统；拥有植物基因组学国家重点实验室、植物细胞与染色体工程国家重点实验室、分子发育生物学国家重点实验室、中国科学院农业水资源重点实验室、河北省节水农业重点实验室和计算生物学所级开放重点实验室，是国家植物基因研究中心（北京）的依托单位。

截至2013年底，遗传发育所共有在职职工587人。其中科技人员350人、科技支撑人员118人，包括中国科学院院士2人、发展中国家科学院院士1人、研究员及正高级工程技术人员83人、副研究员及高级工程技术人员139人；全所进入创新岗位549人。共有国家海外高层次人才引进计划（“千人计划”）入选者3人，“青年千人计划”入选者3人；中国科学院“百人计划”入选者43人（新增12人）；国家杰出青年科学基金获得者29人（新增4人）。

遗传发育所是1986年国务院学位委员会批准的博士、硕士学位授予权单位之一，现设有遗传学、发育生物学、细胞生物学、神经生物学、生态学和生物信息学6个专业一级学科博士研究生培养点，遗传学、发育生物学、细胞生物学、神经生物学、生态学、生物信息学、植物营养学、作物遗传育种学和生物工程9个专业一级（或二级）学科硕士研究生培养点，并设有生物学专业一级学科博士后流动站，共有在学研究生521人（其中硕士生129人、博士生392人）、在站博士后105人。

2013年，遗传发育所共有在研项目248项（包括新增项目84项）。其中，承担国家重大科技专项课题5项（新增7项），主持（或承担）国家重点基础研究发展计划（973计划）和国家重大科学研究计划项目6项（新增4项）、承担（或参加）课题67项（新增9项），承担（或参加）国家高技术研究发展计划（863计划）课题17项，主持（或承担）国家科技支撑项目1项；主持（或承担）国家自然科学基金创新研究群体项目1项、国家自然科学基金重点项目12项（新增2项）、面上项目99项（新增46项）、国家杰出青年科学基金项目4项（新增2项）、国家优秀青年科学基金项目3项（新增1项）、国家自然科学基金重大研究计划重点项目9项（新增9项）、国家自然科学基金国际合作与交流重大项目3项（新增3项）；主持中国科学院战略性先导科技专项1项、主持中国科学院战略性先导科技专项项目1项、主持（或承担）中国科学院战略性先导科技专项课题5项，主持（或承担）院重点部署项目5项、新增中国科学院重大仪器研制项目1项；承担重点国际合作项目1项（新增1项）。

2013年，遗传发育所科研工作取得重大进展。完成了小麦A基因组草图绘制，注释出了34879个蛋白编码基因，并与荷兰Keygene合作完成小麦A基因组的物理图谱构建；发现不依赖基因、RNA及蛋白的导入，三维成球培养可以诱导成纤维细胞发生重编程，获得神经前体细胞特性，为寻找更安全的转分化方法提供了新的思路；发现 SNX6 介导的囊泡货物 CI-MPR 的卸载依赖于高尔基体膜富含的 PI(4)P，靶膜中的磷脂对动力蛋白-货物相互作用的调控可能是货物制裁的普遍机制；首次利用 CRISPR-Cas 系统实现水稻和小麦的精确基因组编辑，并在 T0 代即获得水稻 PDS 纯合突变体，为分子育种提供了重要的技术支撑；通过对矮生多分蘖突变体 *D53* 的研究，阐明了独角金内酯信号转导的“去抑制化激活”机制，揭示了调控水稻株型建成的机制。作为第一完成人或完成单位，遗传发育所完成的“被子植物有性生殖的分子机理研究”成果获得 2013 年度国家自然科学奖二等奖；李家洋院士等完成的“水稻高产优质性状的分子基础及其应用研究”荣获 2013 年度中国科学院杰出成就研究集体奖。

2013 年，遗传发育所共发表 SCI 论文 306 篇，发表影响因子 10 以上的论文（含 *Nature*、*Science* 系列文章）59 篇（第一或通讯作者 39 篇），影响因子在 5 到 10 之间的文章 88 篇（第一或通讯作者 59 篇）。获得授权专利 94 项，审定作物新品种 10 个。获得国家自然科学奖二等奖 1 项、国家科学技术进步奖二等奖 1 项，获得中国科学院杰出科技成就奖——研究集体 2 项。

2013 年，遗传发育所共接待美国、英国、德国等国家来访外宾 118 人次，组织学术报告 80 余个；先后派出科研人员 146 人次到境外参加国际会议、进行合作研究和考察访问；与美国杜邦先锋国际良种公司开展的植物高产、抗旱、氮素利用等领域的项目合作进展顺利；选派 10 名研究生赴日本参加了“日本奈良先端科学技术大学国际学生交流会”；还主办了第十届国际茄科基因组学研讨会、植物抗逆机理与盐渍资源持续利用国际学术会议等具有一定国际影响力的重要会议。

遗传发育所十分重视科研与产业相结合，以国家重大需求和战略为导向，结合自身优势，专注农业可持续和人口健康两大领域，积极寻求与地方政府、科研院校的合作，充分发挥地方政府的政策和资源配置优势，协调科研机构的应用推广优势，科学建立研发推广体系，开发核心技术，促进相关行业发展。2013 年，研究所通过与山西沁县政府、安徽宿州市政府、内蒙古大学等政府和院校开展合作，推动玉米、大豆、家畜选育等方面的科技成果落地，支持地方农牧业发展，带动地方农业经济发展，同时与多家企业开展合作，支撑企业发展，如与五常金福粮油公司合作，对水稻品种“稻花香”进行提纯复壮，选育优良品种等；在宁夏地区推进甜高粱示范与利用项目，在提高奶牛产奶量和提升奶质方面，效果明显。

遗传发育所是中国遗传学会的挂靠单位，负责编辑出版 *Journal of Genetics and Genomics*、《遗传》和《中国生态农业学报》。

（撰稿：亓　磊　刘春光　　审稿：胥伟华）

北京基因组研究所

所　　长：吴仲义

地　　址：北京市朝阳区北辰西路 1 号院 104 号楼

邮政编码：100101

电　　话：010-84097710

传　　真：010-84097720

电子信箱：office@big.ac.cn

网　　址：http://www.big.cas.cn

中国科学院北京基因组研究所（以下简称“北京基因组所”）于 2003 年 11 月 28 日正式成立。

2013 年度，北京基因组所努力落实“一三五”战略规划，紧密围绕中国科学院“创新 2020”规划中拟定的基因组科学前沿和人口健康研究领域中重大疾病发生发展的基因组科学基础，发挥高通量测序、基因组大数据和生物计算等交叉科学平台和学科优势，力争取得重大科学前沿突破。一方面为基因组和组学的科学与技术研究及其数据集成和信息挖掘；另一方面为人口健康相关的人类基因组、特别是疾病相关的组学研究，分别由“基因组科学与信息”院重点实验室和“基因组变异与精准生物医学”所重点实验室承担。北京基因组所 2013 年重点推进了

“基因组变异与精准生物医学重点实验室”的建设与发展，针对中国科学院人口健康和普惠健康体系建设的重大科研方向，立足肿瘤基因组和重大疾病的基因组学研究，以肿瘤细胞突变的群体基因组学创新研究思路为主要切入点，发挥在表观基因组学方面的研究优势，创新基因组分析技术和高通量基因组数据计算方法，在肿瘤等重大疾病基因组相关的重大科学问题研究中不断取得创新突破。

北京基因组所所级公共技术服务中心（简称所级中心）主要包括基因组测序平台、生物信息分析室、信息管理中心和生物功能分析仪器共享平台四个部分。2013 年度通过修购专项资金购买了三代测序仪 Pacbio、高速基因分析系统 Ion proton 和高性能技术集群系统，使测序日产出数据达到 300G，计算能力达 60 万亿次/秒，存储能力达到 3800T。2013 年所级中心承接各类项目 70 余项，项目经费总额近千万元，并通过自主承担科研项目和合作研究项目，逐步提高科研水平，在高影响力的刊物上参与发表论文 6 篇。同时所级中心建立了管理委员会和技术指导委员会定期会议制度，建设了面向全所的生物信息分析技术论坛，加强了全所范围内共享公用仪器设备和各种生物数据库的规范管理和技术服务，为所内外提供了高效的技术支撑服务。

截至 2013 年底，北京基因组所共有在职职工 292 人。其中科技人员 157 人、科技支撑人员 111 人，包括研究员及正高级工程技术人员 22 人、副研究员及高级工程技术人员 27 人；全所进入创新岗位 157 人。共有国家海外高层次人才引进计划（“千人计划”）入选者 2 人，中国科学院“百人计划”入选者 11 人。

北京基因组所现设有遗传学、基因组学、生物信息学、生物化学及分子生物学 4 个专业二级学科博士研究生培养点，遗传学、基因组学、生物信息学、生物化学及分子生物学 4 个专业二级学科学术型硕士研究生培养点，生物工程、计算机技术两个专业学位硕士研究生培养点，并设有一个生物学一级学科博士后流动站。共有在学研究生 216 人（其中硕士生 112 人、博士生 98 人、留学生 6 人）、在站博士后 16 人。

2013 年，北京基因组所共有在研项目 153 项（包括新增项目 36 项）。主持国家重大科学研究计划项目 2 项（新增 973 计划 1 项）、承担课题 12 项（新增 3 项）、参加课题 11 项，承担国家高技术研究发展计划（863 计划）课题 1 项（新增 1 项）、参加课题 10 项，承担国家科技支撑子课题 1 项，新增科技基础专项子课题 1 项，参加重大专项课题 2 项（新增参加 1 项）；承担国家自然科学基金重点项目 1 项、承担重大国际合作项目 1 项、面上项目 23 项（新增 6 项）、承担国家自然科学基金重大研究计划重点项目 2 项、培育 8 项（新增 1 项）；承担中国科学院战略性先导科技专项子课题 3 项（新增参加 2 项），承担院重点部署课题 1 项（新增主持院重点部署项目 2 项）、承担院重大仪器研制项目 1 项；承担院地合作项目 2 项。

2013 年，北京基因组所以第一作者单位独创性的发表了一篇具有国际影响力的 *Cell* 封面文章，该科研团队以斑马鱼为模型，发现了子代选择性地继承父代而抛弃母代的 DNA 甲基化图谱，这一理论有助于揭开从受精卵到个体发育的奥秘，该研究成果证明除了 DNA 序列之外，DNA 甲基化图谱也可以被遗传。这个结果填补了表观信息遗传理论的空白，将为干细胞及其转化医学的发展和应用提供理论基础。

2013 年，北京基因组所科研人员发现成体干细胞维持组织平衡的分裂模式是一个随着年龄阶段逐步演化的特征，这也是脊椎动物实体组织第一次观察到上述现象，对研究脊椎动物组织更新具有非常重要的意义，相关文章被 *PLos Genet* 杂志发表。北京基因组所完成的“ALKBH4 依赖的肌动蛋白去甲基化调控胞质分裂机制研究”取得重要进展，该研究阐明了一种新的细胞胞质分裂机制，ALKBH4 作为新的肌动球蛋白（actomyosin）调控因子被发现，相关学术论文在 *Nature* 子刊《自然·通讯》杂志在线发表。2013 年，北京基因组所科研人员发现错配修复关键蛋白 MSH2 能调控细胞内紫外辐射损伤引发的 TLS 过程，研究成果将有助于我们了解非传统错配修复导致基因组不稳定性的内在机制以及多种 DNA 损伤反应通路的相互作用，为预防癌症发生、增强肿瘤细胞对化疗试剂的敏感性和降低肿瘤耐药性突变的产生提供了重要的理论依据，相

关文章发表在 *Nucleic Acids Research* 上。另外，2013 年北京基因组所联合北京理工大学等科研单位合作开发完成了 RiceWiki 数据库，该数据库是基于维基百科的水稻基因信息平台，是可编辑且内容公开的公众注释系统，研究成果在 *Nucleic Acids Research* 杂志发表。

2013 年北京基因组所共发表论文 106 篇，总影响因子 416.395，其中第一作者单位文章 58 篇，影响因子 5 以上的文章 32 篇，影响因子 10 以上的文章 13 篇。申请发明专利 6 项，获得授权专利 10 项，其中围绕北京基因组所开发研制成功的第二代高通量测序系统原理样机，共获得发明专利授权 6 项。2013 年有效专利为 16 项，计算机软件著作权登记 3 项。

积极推动院地合作取得进展。北京基因组所联合河北科学院生物基因组所承担“磷脂酰肌醇蛋白聚糖肝癌早起诊断试剂盒的研制与应用”课题，相关课题研究成果已经申请了专利。积极参与北京分院和内蒙古自治区阿拉善盟行政公署共建的“阿拉善盟行署共建阿拉善（中科院）沙生资源植物产业研发中心签约暨沙生资源植物产业院士专家工作站”工作，获得阿拉善盟地方政府“基于高通量转录组测序技术的肉苁蓉基因库的建立及快速检测系统的研发”项目。北京基因组所同山东省东阿县人民医院共建“基因组转化医学联合实验室”，同时启动“鲁西地区消化道肿瘤易感人群和家系的基因组学研究”项目。北京基因组所同山西国信凯尔生物技术有限公司合作意向书并启动了“急性髓系白血病（AML）相关 miRNA 的实验研究”等。

北京基因组所以各种形式积极开展国际合作与交流。2013 年度出访总人数 60 人，接待来自国外科研机构、大学和企业人数 95 人，较 2013 年增长 10%。通过国际会议、考察访问、合作研究和举办培训班等多种形式积极拓展国际合作领域。国际合作对象包括美国、加拿大、德国、法国、丹麦、瑞士、荷兰、英国、韩国等发达国家，同时涉及沙特、印度、印度尼西亚、老挝、蒙古、缅甸、尼泊尔、巴基斯坦等发展中国家。2013 年，由北京基因组所与沙特阿卜杜拉国王科技城共同启动的合作项目“枣椰（*Phoenix dactylifera* L.）基因组计划”获得系列进展，“枣椰全基因组草图”在 *Nature Communications* 上发表。杨运桂研究员与丹麦哥本哈根大学诺和诺德蛋白研究中心 Jannie M. R. Danielsen 博士合作开展的 RNA 表观遗传和 DNA 损伤修复等新机制研究，荣获了 2013 年度中国科学院青年科学家国际合作奖。2013 年度北京基因组所成功召开的国际性学术会议包括“2013 国际基因组学大会”和“中德‘病毒性肝炎：组学时代的病毒与宿主基因组学研究’研讨会”等。

《基因组蛋白质组与生物信息学报》（*Genomics, Proteomics & Bioinformatics*，简称 GPB）是由中国科学院主管、北京基因组所和中国遗传学会共同主办的英文版双月刊，由国际著名出版集团 Elsevier 与科学出版社合作出版发行。现为中国科学引文数据库核心期刊，被 PubMed / MEDLINE、Chemical Abstract、Scopus、BIOSIS Preview、中国期刊全文数据库等国内外收录系统收录全文或摘要。该学报 2013 年转为开放获取期刊，本年度入选世界卫生组织西太平洋地区医学索引，获得“2013 中国最具国际影响力学术期刊”称号及“中国科技期刊国际影响力计划”B 类基金资助。

（撰稿：潘立颖　周梦菱　审稿：王丽萍）

计算技术研究所

所　　长：孙凝晖
地　　址：北京市海淀区科学院南路 6 号
邮　　编：100190
电　　话：010-62601166
传　　真：010-62562786
电子信箱：office@ict.ac.cn
网　　址：http://www.ict.ac.cn

中国科学院计算技术研究所（简称“计算所”）创建于1956 年，是中国第一个专门从事计算机科学技术综合性研究的学术机构。计算所研制成功了我国第一台通用数字电子计算机，并形成了我国高性能计算机的研发基地，我国首枚通用 CPU 芯片也诞生在这里。

计算所的定位：未来10年计算所的最终价值是成为我国发展信息产业的价值链上不可或缺和不可替代的一个环节，成为社会公认的信息技术创新源头。

2013年，计算所按院“创新2020”和计算所“一三五”规划稳步推进，逐项落实，取得了一系列阶段性的成果。其中，龙芯处理器的应用推广获得较大突破，曙光高性能计算机向“应用协同设计”（CoDesign）与高通量计算机的技术方向成功转型，天玑网络大数据实现处理系统的平台化，初步建立了大数据管理、大数据处理引擎、高端数据分析三个平台；其他如华为云服务器、可编程虚拟化路由器、沉浸式远程交互系统“爱心小屋”等也得取得了阶段性的成果。

计算所本部从学科方向上布局计算机系统研究部、网络研究部和智能技术研究部三个跨领域的研究部。科研机构设有计算机体系结构国家重点实验室、智能信息处理重点实验室、网络数据科学与工程重点实验室、前瞻研究实验室以及高性能计算机研究中心、微处理器研究中心、先进计算机系统研究中心、数据存储技术研究中心、计算机应用研究中心、网络技术研究中心、无线通信技术研究中心、专项技术研究中心、普适计算研究中心，共13个研究实体。此外，计算所从2002年开始，先后与地方政府合作，目前已在苏州、上海、肇庆、宁波、台州、东莞、秦皇岛、顺德、临沂、烟台、德清、杭州、太仓、济宁建立了14个分部/分所。

为凝练计算所信息科学与技术战略重点，计算所建设了计算机体系结构国家重点实验室、中国科学院智能信息处理重点实验室、中国科学院网络数据科学与工程重点实验室、移动计算与新型终端北京市重点实验室和国家高性能计算机工程技术研究中心、国家并行计算机工程技术研究中心、计算所科研支撑中心等平台。

科学计算共享平台是服务计算所科研工作的大型计算平台。目前该平台具有计算节点90余台，总核数3068个，系统峰值浮点运算速度达到20万亿次每秒，节点之间有20Gbps、40Gbps Infiniband高速网络，提供216TB高性能存储和836TB的统一存储空间。

截至2013年底，计算所共有在职职工699（在岗员工633）人。其中科技人员543人、科技支撑人员40人，管理人员83人；包括中国科学院院士1人、中国工程院院士2人、发展中国家科学院院士1人、研究员及正高级工程技术人员70人、副研究员及高级工程技术人员199人。

共有国家高层次人才特殊支持计划（“万人计划”）入选者2人（新增2人），国家海外高层次人才引进计划（“千人计划”）入选者4人，“青年千人计划”入选者1人；中国科学院“百人计划”入选者12人（新增1人），国家杰出青年科学基金获得者4人，国家优秀中青年人才专项基金获得者4人（新增1人），新世纪百千万人才工程”国家级人选3人。

计算所是1981年国务院学位委员会批准的博士、硕士学位授予权单位之一，现设有计算机科学与技术、软件工程2个专业一级学科博士研究生培养点，计算机科学与技术、软件工程2个专业一级学科硕士研究生培养点，并设有电子与信息工程1个工程博士培养点、计算机技术和软件工程2个工程硕士培养点；并设有计算机科学与技术1个专业一级学科博士后流动站，共有在学研究生918人（其中硕士生510人、博士生408人）、在站博士后45人。

2013年，计算所共有在研项目627项（包括新增项目239项）。其中，主持或参与国家重大科技专项课题38项（新增7项）；首席科学家主持牵头国家重点基础研究发展计划（973计划）项目2项，参与课题25项（新增8项）；主持或参与国家高技术研究发展计划（863计划）课题23项（新增13项）；主持或参与国家科技支撑课题14项（新增9项）；主持或参与国家自然科学基金重点项目15项（新增1项）、面上项目58项（新增15项）、国家杰出青年科学基金项目2项、优秀青年科学基金项目3项（新增3项），青年基金72项（新增28项）；主持或参与中国科学院战略性先导科技专项课题3项、院重点部署项目3项（新增2项）、国家自然科学基金委和中科院重大科研仪器设备研制项目3项（新增3项）、国际合作项目4项、院地合作项目13项；承担横向项目155项（新增68项）。

2013年，计算所共发表论文390篇，其中中国计算机学会推荐A类国际学术会议和期刊论文35篇。新申请国内专利284项，获得国内授权105项，获得国外授权3项，获得软件著作权28项，获得商标著作权2项。成功举办了第三届计算所专利拍卖会，拍卖专利27项，成交金额152.5万元。在与大企业合作方面，对专利组合进行打包出售，转让18件专利，成交金额234万。

2013年计算所作为第一完成单位荣获国家科技进步奖二等奖1项、北京市科学技术奖二等奖1项、三等奖1项。

“曙光高效能计算机系统关键技术及应用”实现了高性能计算机从十万亿次到百万亿次、千万亿次的跨越，曙光高性能计算机国内市场份额连续5年排名第一，2013年世界HPC市场排名第六，实现了我国高性能计算机产业的历史性跨越，获得2013年度国家科技进步奖二等奖。

“高性能众核结构设计及验证技术”在众核核心技术，如片上存储管理、核间高效同步、芯片验证等方面取得创新成果，获得2013年度北京市科学技术奖二等奖。

“面向强动态复杂环境的传感器网络监测系统关键技术”在故宫世界文化遗产保护、太湖水环境保护等多个国家重大监测项目中应用，获2013年度北京市科学技术奖三等奖。

经过多年的摸索，计算所技术转移逐步凝练为共性技术辐射（分部/分所为主）、专利转让/许可、技术/企业孵化三种模式。曙光、龙芯、蓝鲸、LTE等技术在各地方的落户及计算所的分部/分所不仅推动了计算所的成果辐射面，也成为当地科技建设的中坚力量，得到了当地政府和企业的欢迎；为当地经济发展方式的转变、产业结构的调整、培育和发展战略性新兴产业等方面发挥了关键作用。2013年，计算所实现横向开发项目7362.94万元，通过分部/分所转移成功项目收入15338.5万元，现有27家控股、参股公司/单位，14个分部/分所，从事科技开发工作的人员1383名，参控股公司实现销售收入217738.47万元、利税16159.78万元。

2013年计算所共出访290人次。参加国际会议的为238人次，占出访总人数的82%；参加国际合作项目的为50人次，占出访总人数的17%；其他占1%。2013年计算所引进了美国的SandipKundu教授、比利时的Mathy Laurent为中科院“外国专家特聘研究员”。计算所智能信息重点实验室的蒋树强研究员、Luis HerranzArribas博士被授予“中科院国际青年国际科学合作奖”。

中国计算机学会挂靠在计算所。计算所承办的科技期刊有《计算机研究与发展》、《计算机学报》、*Journal of Computer Science and Technology*、《计算机辅助设计与图形学学报》。

（撰稿：王　凡　祁　威　审稿：孙凝晖）

软件研究所

所　　长：李明树
地　　址：北京市海淀区中关村南四街4号
邮政编码：100190
电　　话：010-62661012
传　　真：010-62562533
电子信箱：office@iscas.ac.cn
网　　址：http://www.iscas.ac.cn

中国科学院软件研究所（以下简称“软件所”）成立于1985年3月，前身是中国科学院计算技术研究所的软件研究室；1995年中国科学院原计算中心计算机应用部分并入软件所；2003年1月，中国科学院软件园区综合管理服务中心整建制划归软件所管理。2011—2012年，软件所信息安全国家重点实验室、信息安全共性技术国家工程中心整建制划转信息工程研究所。

软件所是致力于计算机科学理论与软件高新技术研究与发展的综合性基地型研究所。1999年成为中国科学院知识创新工程首批试点单位之一。通过实施知识创新工程，不断改革优化、调整学科布局，软件所形成了5个重点学科方向：计算机科学与软件理论，基础软件技术与系统，互联网信息处理的理论、方法与技术，综合信息系统技术及应用，专项信息仿真、对抗与集成的理论、方法与技术。

2010年以来，软件所根据中国科学院党组的部署，组织制定了研究所“十二五”发展规划和“一三五”规划。根据“一三五”规划要求，软件所定位于计算机科学理论和软件高新技术的研究与发展。攻克计算机及软件科学问题，为软件技术创新提供理论指导与可持续发展支撑；突破基础软件、网络控制系统和综合信息系统等核心关键技术，引领和带动我国软件技术与产业发展以及国家信息化建设；成为该领域国际上具有重大影响力的基础前沿和战略高技术综合创新基地。

按照软件基础前沿研究、战略高技术研究和国防战略高技术研究3大科研创新体系，软件所设有总体部、软件基础研究部、软件高技术研究部、软件应用研究部，以及软件发展研究部。3大科研创新体系都以国家级研究机构为龙头，设若干研究中心、实验室或创新小组。主要包括计算机科学国家重点实验室、基础软件国家工程研究中心、天基综合信息系统国家级重点实验室、卫星导航应用国家工程研究中心分中心等。

截至2013年底，软件所共有在职职工539人，其中科技人员453人、科技支撑人员14人，包括中国科学院院士3人、正高级专业技术人员61人、副高级专业技术人员104人。共有中国科学院“百人计划”入选者7人，国家杰出青年科学基金获得者2人。

软件所是2001年国务院学位委员会批准的博士学位授予单位之一，现设有计算机科学与技术、软件工程2个一级学科博士、硕士研究生培养点，电子与信息专业领域工程博士培养点，计算机技术、软件工程2个全日制专业学位硕士研究生培养点，并设有计算机科学与技术、软件工程2个一级学科博士后流动站。现有在学研究生455人（其中硕士生265人、博士生190人）、在站博士后14人。

2013年是“创新2020”重点跨越阶段的第二年，软件所制定了《重大任务研制设计师系统和行政指挥系统工作条例》等一系列重大任务管理办法，为“创新2020”系列工作顺利开展提供了坚实的保障。

2013年，软件所共有在研课题327项（新增课题100项）。其中，主持或参加国家科技重大专项课题8项，国家重点基础研究发展计划课题12项（新增6项），中国高技术研究发展计划课题9项（新增2项），国家科技支撑计划课题18项（新增3项），国家星火计划项目课题1项；主持或参加高技术产业化示范工程项目3项（新增2项）；主持（或承担）国家自然科学基金重点项目5项（新增3项）、国家自然科学基金重大研究计划重点项目6项（新增2项）、面上项目26项（新增8项）、青年基金项目34项（新增7项）；主持（或承担）中国科学院战略性先导科技专项课题2项，主持（或承担）院重点部署项目3项（新增1项）、主持中国科学院知识创新工程重要方向项目3项，与地方政府和企业合作项目49项，国际合作项目2项。其中，“核高基”国家科技重大专项课题“开源操作系统内核分析和安全性评估”、分课题2“安全可靠桌面计算机操作系统”、国家科技支撑技术重大项目课题“高速列车网络控制系统”以及中国科学院战略性科技先导专项A类项目的“面向海云协同网络计算环境的数据操作系统”课题等进展顺利，并分别取得了重要阶段性成果。

2013年，软件所申请专利53件，获得专利授权46件；软件著作权受理82件，登记81件；发表论文476篇。获得国家技术发明二等奖1项（排名第4）；省部级奖4项，包括：中国航海学会科学技术奖特等奖1项（第6完成单位）、湖南省技术发明奖一等奖1项（第2完成单位）、北京市科学技术奖三等奖2项（分别为第2、3完成单位）；此外，还获得军队科技进步奖7项，包括：一等奖1项（第4完成单位）、二等奖2项（第2完成单位）、三等奖4项（第2完成单位）。

2013年，软件所继续加强国际交流与合作。全年出访198人次，来访150多人次，其中软件所“国际学者交流计划”共资助了22名学者来访。举办了大型国际会议“第15届国际信息与通信安全会议”，该会议得到了国家自然科学基金委的资金支持。软件所邀请的外国专家Jean-Jacques LEVY和Deepak Kapur获得院“外国专家特聘研究员计划”项目资助；外籍青年学者Ernst Moritz Hahn获得院“外籍青年科学家计划”项目资助；外籍青年学者Georgios获得该计划的延续资助。外籍青年学者Moritz获得基金委第二批“外国青年学者项目”的资助，外籍青年学者 Georgios 获得该项目的延续资助。软件所与澳大利亚昆士兰大学成立的中澳联合实验室澳方学者应邀来所进行了学术交流，此次访问获得软件所“中澳联合实验室基金”的资助。

结合区域经济与社会发展需要和软件所总体布局与战略需求，软件所开展了建立“网络型研究所”的探索与实践，先后成立了软件所无锡分部、重庆分部、哈尔滨分部、广州分部、青岛分部等分支机构。2013 年，软件所继续以多种方式开展院地合作工作，与贵阳市人民政府、南京市人民政府进行了多次沟通洽谈，为建设贵阳分部、南京软件研究院等打下了良好基础；发挥全国科学院联盟软件分会的组织与机制优势，以“设立研究所层面合作基金，支持合作项目”为工作重点，联合分会成员在“基于国产基础软件的信息化解决方案”等三类平台下切实推动与地方科学院的合作项目。

软件所整合现有社会资源组建了中科软科技股份有限公司、中科方德软件有限公司、无锡中科物联网基础软件研发中心有限公司等 11 家高技术企业。2013 年所投资企业营业收入 26.18 亿元，从业人数达 8000 多人。

软件所是中国中文信息学会、中国软件行业协会数学软件分会、中国密码学会密码技术专业委员会、中国计算机学会高性能计算专业委员会的挂靠单位；主办《软件学报》、*International Journal of Software and Informatics*、《中文信息学报》和《计算机系统应用》等期刊；图书馆藏书 2 万余册，期刊 400 余种、3 万余册。

（撰稿：谢京红　周　婧　审稿：李明树）

半导体研究所

所　　长： 李树深

地　　址： 北京市海淀区清华东路甲 35 号（林业大学北路中段）

邮政编码： 100083

电　　话： 010-82304210

传　　真： 010-82305052

电子信箱： semi@semi.ac.cn

网　　址： http://www.semi.ac.cn

中国科学院半导体研究所（以下简称“半导体所”）是 1956 年按照国家“十二年科学发展远景规划”中“四项紧急措施”开始筹建的研究所，直接服务于当时的国家重大目标，是集半导体物理、材料、器件研究及其系统集成应用于一体的国家级半导体科学技术综合性研究所，正式成立于 1960 年 9 月。

半导体所主要研究领域包括：光电子及其集成技术，体、薄膜、微结构半导体材料科学技术，低维量子体系和量子工程、量子器件的基础研究，半导体人工神经网络和特种微电子技术等。设有 2 个国家级研究中心，即国家光电子工艺中心、光电子器件国家工程研究中心；3 个国家重点实验室，即半导体超晶格国家重点实验室、集成光电子学国家重点联合实验室、表面物理国家重点实验室（半导体所区）；1 个国际研发基地，即半导体照明国际研发基地；2 个院级实验室（中心），即中科院半导体材料科学重点实验室、中科院半导体照明研发中心。另外还有半导体集成技术工程研究中心、光电子研究发展中心、高速电路与神经网络实验室、纳米光电子实验室、光电系统实验室、全固态光源实验室、半导体元器件检测中心和半导体能源研究发展中心等。

全所 2013 年底固定资产总额 85485.37 万元，拥有全套先进的半导体物理、材料、器件及电路研究、分析测试和制备设备。

截至 2013 年底，半导体所共有在职职工 737 人（含项目聘用和博士后）。其中科技人员 474 人、科技支撑人员 201 人，包括中国科学院院士 8 人、中国工程院院士 2 人、研究员及正高级工程技术人员 106 人、副研究员及高级工程技术人员 121 人。中国科学院“百人计划”入选者 19 人，国家杰出青年科学基金获得者 18 人。共有国家海外高层次人才引进计划（“千人计划”）入选者 4 人（新增 1 人），“青年千人计划”入选者 3 人（新增 1 人）。

半导体所是首批国务院学位委员会批准的博士、硕士学位授予权单位之一，现设有物理学、电子科学与技术、材料科学与工程 3 个一级学科博士研究生培养点；材料工程、电子与通信工程、集成电路工程3个工程硕士专业学位培养点；设有物理学、电子科学与技术、材料科学与工程3个一级学科博士后流动站。现在学研究生591人（其中硕士生316人、博士生275人）、在站博士后34人。

2013年，半导体所共有在研项目352项（包括新增141项）。其中，国家重点基础研究发展计划（973计划）项目课题42项（新增15项）；国家高技术研究发展计划（863计划）项目课题33项（新增16项）；科技支撑3项；国家自然科学基金137项（基金重大、重点、仪器专款15项，国家杰出青年科学基金项目3项、创新研究群体2项、其他3117项）；中科院先导专项7项（新增2项），仪器装备研制项目12项（新增5项），“百人、千人计划”12项（新增2项）；高技术项目59项（新增11项）；重大专项5项；国际合作项目15项（新增11项）；北京市科委项目8项（新增5项）；其他项目19项。

2013年，半导体所取得了丰硕的科研成果。发明了利用界面铁磁耦合作用操纵磁性半导体自旋态的新方法，有望推动实现室温环境工作的（Ga，Mn）As基自旋电子器件；率先采用Ga液滴自催化方法在Si上制备出铁磁性全闪锌矿结构GaAs/（Ga，Mn）As核-壳纳米线；提出利用界面极化产生超强电场实现半导体材料的带隙调控，并将常见的重要半导体材料锗驱动到拓扑绝缘体相；利用第一性原理，研究了二维MoS2/MoSe2异质结的结构和电子性质，发现其中形成的莫氏图样结构对异质结的电子结构产生了显著影响；设计并研制了基于三维多级纳米结构的柔性储能器件；突破了12.8Tb/s高性能计算机光互连芯片关键技术，插指型PN结光调制器实现60Gb/s的光调制，动态消光比大于5dB；微纳混合激光器在C波段实现0.8mW、边摸抑制比25dB的激光输出；研制出3dB带宽达26.4GHz的硅基Ge光电探测器，采用GeSn光吸收材料将硅基光电探测器的工作波长拓展至1900nm，覆盖全通信波段；高速半导体激光器突破了芯片制备、测试与耦合封装等关键技术，成功应用于国家高技术领域多项重要任务，荣获2013年国家科学技术发明奖二等奖；研制的3.5～8.9微米波段量子级联激光器实现室温连续输出功率0.85W，脉冲输出功率20W，满足高灵敏气体检测和红外对抗、红外干扰等应用需求。大幅提高了LED效率，白光LED芯片在350mA注入电流下光效超过160lm/W，300nm以下波段深紫外LED器件功率超过4mW，均为国内研究最好水平；研制出600V/1.2KV肖特基二极管原型产品，技术指标达到美国CREE同类产品水平；用于癌症早诊的生化传感器正在推向临床应用；研制的RF MEMS振荡器性能达到国际先进水平；图形衬底小批量技术已成熟；双波长激光器实现了紫光16W、红外8W的单管功率输出；窄脉冲半导体激光器批量应用于系列重点任务，研制的准连续叠层阵列器件和激光点阵器分别成功应用于“嫦娥三号”登月探测器的激光测距敏感器和“月兔号”月球车的导航控制系统，为月球探测工程的顺利实施提供了保障；半导体光子晶体激光器实现发散角小于10度，连续输出功率1.6W，荣获2013年北京市科学技术奖二等奖；研制出基于神经网络计算的信息系统逆向分析原理性样机，并通过用户单位的应用验证，达到国内领先水平；全固态激光器突破了无畸变消像差高效光纤耦合等关键技术，研制出3kW/5kW全固态激光器及焊接装备，成功用于奇瑞汽车自动变速箱关键部件的精密焊接；突破了基于局部功能化悬臂梁阵列的高灵敏微纳生化传感器制备技术；用于脑-机接口的植入式神经微电极阵列传感器已纳入中科院卓越计划；成功研制出第一台温盐深仪，并进行了第三方标定测试，完成120元温深链系统设计及关键技术验证；研制出16通道光纤激光解调仪样机，波长分辨率优于10-5pm/Hz。

2013年，共发表SCI收录文章443篇，EI收录文章473篇，CPCI-S收录文章17篇；出版著作5册，其中编著1册，英文专著3册，中文专著1册；申请专利371项，获得专利授权118项。获得国家科学技术发明奖二等奖1项，省部级奖励3项，其中北京市科学技术奖二等奖1项，中华农业科技奖二等奖1项，中国专利优秀奖1项。

2013年研究所继续坚持“科技成果以转让

或者授权使用的方式给予企业，让企业进行后续产品开发以及市场开拓”的政策。主要措施有：出台和修订了部分管理文件，做到了科技成果从宣传—洽谈合作—成果转化—成果奖励都有“法”可依；参加产学研推进会，推广研究所科技成果；加强与地方政府及企业的产学研合作，成立研发平台，推动研究所科技成果在企业的转移转化。通过这些措施，2013 年研究所全年横向合同额近 9000 万元，技术开发合同、专利转让、院地合作项目及测试加工服务合同等数量超过 280 项。本年度成果转化尤为突出两项工作是：①研究所与地方成立了 5 个联合实验室；②半导体所将“激光测距技术”授权镇江公司使用开发，授权使用费 2000 万元。截至 2013 年底，半导体所共有参股公司 13 家。

2013 年，半导体所与国际同行之间的国际科技合作与交流十分活跃，并且成绩显著。共有 166 人次出国参加国际学术会议及长、短期合作研究和访问考察等，共有 81 人次外籍专家学者来所进行访问考察、学术交流和洽谈合作。组织了 30 多位国际知名专家在“黄昆半导体科学技术论坛”做报告。主办了“2013 年能源材料与纳米技术东部会议”、“中科院半导体所、上海高研院与苏州纳米所学术研讨会”。通过基金委外国青年学者研究基金项目，院外籍青年科学家计划、外国专家特聘研究员计划、台湾青年访问学者计划和发展中国家访问学者计划积极引进海外人才来所工作。半导体所与法国 Lorraine 大学和波兰科学院高压物理研究所签署了合作协议共同开展优势互补的合作研究工作。申请到科技部、基金委和中科院的各类合作研究、学术交流和人才引进项目共 11 项。

半导体所是中国电子学会半导体与集成技术分会、中国物理学会半导体物理专业委员会挂靠单位；主办的英文刊物 *Journal of Semiconductors*（《半导体学报》），近年连续获得国家自然科学基金委员会主任基金资助；图书馆藏书 8 万余册（其中中文 3 万余册，外文 5 万余册），期刊 1208 种（其中中文 751 种，外文 457 种），可使用的网络数据库达 158 个，电子期刊超过 15000 种。

（撰稿：慕　东　高　艳　审稿：张春先）

微电子研究所

所　　长：叶甜春
地　　址：北京市朝阳区北土城西路 3 号
邮政编码：100029
电　　话：010-82995501
传　　真：010-62021601
电子信箱：imecas@ime. ac. cn
网　　址：http://www. ime. cas. cn

中国科学院微电子研究所（以下简称“微电子所”）的前身——原中国科学院 109 厂成立于 1958 年。1986 年，109 厂与中国科学院半导体研究所、计算技术研究所有关研制大规模集成电路部分合并为中国科学院微电子中心。2003 年 9 月，正式更名为中国科学院微电子研究所。

微电子所的“创新 2020”战略定位是：中国微电子技术创新的引领者和产业发展的推动者；“三个重大突破”是集成电路先导技术、物联网关键技术与示范工程等，“五个重点培育方向”是高端通用芯片与设计新技术、低成本低功耗信息器件与系统集成等。

微电子所是国家集成电路制造领域前瞻性先导技术研发的牵头组织单位，是中国科学院物联网研究发展中心、中国科学院 EDA 中心等院级创新平台的依托单位。设有 11 个从事应用技术研究的研究室（硅器件与集成技术研发中心、专用集成电路与系统研究室、纳米加工与新器件集成技术研究室、微波器件与集成电路研究室、通信与多媒体 SoC 研究室、电子系统总体技术研究室、电子设计平台与共性技术研究室、微电子设备技术研究室、系统封装技术研究室、集成电路先导工艺研发中心、射频集成电路研究室）和 2 个从事前沿基础研究的重点实验室（微电子器件与集成技术重点实验室、低功耗集成电路重点实验室）。

截至 2013 年底，微电子所共有在职职工 1155 人。其中科技人员 874 人、科技支撑人员 72 人，包括中国科学院院士 2 人、研究员及正高级工程技术人员72人、副研究员及高级工程技术人员204人。共有国家中青年科技创新领军人才1人，国家海外高层次人才引进计划（“千人计划”）入选者12人，中国科学院“百人计划”入选者24人，国家杰出青年科学基金获得者2人。

微电子所是国务院学位委员会批准的博士（1996年5月获批）、硕士学位（1990年11月获批）授予权单位之一，现设有电子科学与技术一级学科，下设微电子学与固体电子学二级学科（2011年获批中国科学院重点学科），设有硕士、博士研究生培养点和电子科学与技术一级学科博士后流动站，是全国首批“工程博士”试点单位。截至2013年底，共有在学研究生456人（其中硕士生207人、博士生106人、联合培养生143人）、在站博士后12人。

2013年，微电子所共有在研项目324项（新增项目91项）。其中，国家科技重大专项课题67项（新增12项），国家重点基础研究发展计划（973计划）首席项目2项、课题17项，国家高技术研究发展计划（863计划）课题9项（新增2项）；国家自然科学基金创新群体1项、重点项目5项、面上项目14项（新增7项）；院战略性先导科技专项项目1项，院重点部署项目1项，院其他项目9项。

2013年，微电子所取得的主要成果有：①集成电路设计方向：开发出面向RoF的IMT-Advanced射频芯片组，并在研发成功的射频芯片基础上开发出支持4×4 MIMO的RoF射频模块，在系统中完成了传输验证；高性能IP及共性技术取得进展，设计了多个基于中芯国际55nm及40nm CMOS工艺的IP，并为先导工艺技术开发出6套兼容不同数据标准的商用PDK；为华虹宏力0.13μm工艺成功开发第一款eFlash IP核产品并商用。基于中芯国际32/28nm工艺的HKMGCMP工艺仿真软件交付alpha版本6个Licence进行评估。②集成电路制造工艺方向：22nm先导工艺研发成果开始向生产转移开发、实现相关专利许可，这是我国集成电路先进工艺的第一把“保护伞”；面向16nm技术代的体硅FinFETs逻辑工艺先导研发取得重大进展，在国内首次研发出用于16nm技术代的物理栅长在25nm的体硅FinFETs器件，缩小了与国际最先进水平的差距；新一代阻变存储器（RRAM）研究在实用化所需的高性能、高可靠性提升等方面取得阶段性进展，相关工作发表在国际知名期刊上；第三代化合物半导体GaN、InP毫米波器件与电路全面突破，提升了我国GaN、InP毫米波器件和电路的国际影响力。③集成电路装备方向：围绕集成电路32nm及以下工艺所需的关键设备开展前瞻性研究，成功研制8台新原理创新设备，并开始与我国主要集成电路制造公司联合开发，对设备进行优化升级。通过专利转让实现销售原子层沉积设备15台，无掩模光刻设备及关键单元实现销售5台。④集成电路封装测试方向：华进半导体封装先导技术研发中心完成整合，技术研发进展顺利，8吋硅通孔（TSV）转接板技术研发成功，并应用在CPU芯片、有机基板等领域，验证了互连性能；成功研制出无线球型内窥镜系统级封装样机，包含存储、无线收发、传感器、电源管理等芯片及无源元件160多个，含有6个摄像头、可对周边环境进行全方位拍照。⑤其他方向：开发出车载三维可变视角全景影像系统，有效避免了行车过程中的视野盲区，提供了行车轨迹提示和距离预警功能，有效提高了驾驶的安全性。微电子所牵头承担的“高精度微纳结构掩模制造核心技术”项目获得2013年国家技术发明奖二等奖。微电子所参与的“65-45纳米集成电路工艺及产品平台”项目获得2013年国家发明奖二等奖。

2013年，微电子所共申请专利469项，其中国内发明专利387项，实用新型17项，PCT申请65项；授权专利共383项，其中美国专利59项，国内专利324项。此外，在微电子学、半导体材料、纳米材料、固体力学、电子与通信、太阳能等领域发表各类论文共191篇，其中SCI收录79篇，EI收录55篇；登记软件著作权11项，集成电路布图设计11项。

微电子所院地合作与产业化工作坚持“创新驱动、市场牵引、服务产业”的方针，坚持科研与产业化过程中“全方位开放”的理念，充分利用研究所在微电子领域具有的综合学科优势、科研积累、人才优势，通过与产业链的全面嫁接，加强与重点企业、龙头企业、重点区域的全面合作，支撑服务我国微电子产业发展。2013年，新增投资企业6家；累计合作共建分所、分部、对外投资成立公司、共建联合实验室以及院级平台等各类机构共68家。通过产业引导，形成了以北京为中心、江苏为龙头，遍布辽宁、天津、浙江、广东、山东等地区的院地合作与产业化整体布局。微电子所与地方政府、龙头企业加强合作，推动科技成果转移转化，2013年，与天津市塘沽海洋高新区、秦皇岛市、南京市徐庄产业园等地方和企业签订合作协议，以建立地方研发平台、技术联合研发等方式促进地方及企业科技建设，加强与产业界的合作，签订了多项合作协议。

2013年，微电子所共接待国外专家来访和学术交流20个团组56人次；派遣出国访问、讲学、交流110个团组210人次；聘任国外名誉和客座研究员2人。

作为中国科学院电子系统与芯片设计公共技术服务支撑平台，中国科学院EDA中心（以下简称“EDA中心”）以微电子所为依托单位，进一步加强中科院“区域加工服务中心”载体建设，为中国科学院各研究单位整合更加先进、丰富的集成电路行业资源和教育培训资源。2013年，EDA中心为院内提供EDA软件和技术支持服务近千次，服务内容覆盖EDA软件和计算平台、芯片物理设计、IP授权、MPW、封装委托加工、PCB设计等。有效整合产业链上下游资源，带动国内、中国科学院IC设计水平迅速进入40/65nm技术带，推动国产高端芯片设计技术迈上新台阶。顺利完成院“十二五”重要方向性课题“芯片设计数据共享平台”项目，搭建了基于云计算的“芯云”IC设计环境，并向会员单位应用推广，有效提高IT设备在IC设计中的使用效率。承办2013年第七届国际集成电路奥林匹克竞赛中国区比赛，评选的参赛冠军获得国际比赛第一名。成立EDA中心南京分中心，服务南京地区集成电路产业发展。

2009年，中国物联网研究发展中心（筹）/中国科学院物联网研究发展中心/江苏物联网研究发展中心（以下统称“发展中心”）成立，依托微电子所运行。四年多来，发展中心紧紧围绕“打造中国物联网技术集成创新中心、行业应用示范中心、产业培育中心”的目标任务，积极发挥机构优势，通过多种形式广泛整合科研和产业资源，积极推进重点行业应用，在支撑无锡国家传感网示范区建设中发挥了重要作用。截至2013年底，发展中心共集聚800余人的创新团队，孵化企业28家，科研优势与核心地位逐步凸显，成为科技创新服务支撑地方产业转型发展的主力军。在核心技术研发、公共技术服务平台建设、物联网应用与示范工程建设、产业培育等方面均取得重要进展。农资物联、公共安全物联、智慧工业等行业应用示范实现良好效果。截至2013年底，发展中心累计申请专利335项、软件著作权11项、PCT专利9项，提交标准草案19项，发表论文63篇。

（撰稿：马　强　王　芳　审稿：叶甜春）

电子学研究所

所　　长：吴一戎
地　　址：北京市海淀区北四环西路19号
邮政编码：100190
电　　话：010-58887003
传　　真：010-58887555
电子信箱：iecas@mail. ie. ac. cn
网　　址：http://www. ie. cas. cn

中国科学院电子学研究所（以下简称“电子所”）创建于1956年，是我国第一个综合型电子与信息科学研究所，主要从事电子与信息科学技术领域的应用基础研究和高技术创新研究，目前已形成了两大支柱领域和五个重点领域：两大支柱领域分别是微波成像技术和微波真空电子技术，五个重点领域分别是地理空间信息技术、电磁探测技术、高功率气体激光技术、MEMS传感器技术和可编程芯片技术。研究所下设11个研究部门，包括微波成像技术重点实验室、传感技术国家重点实验室（北方基地）、高功率微波源与技术院重点实验室、电磁辐射与探测技术院重点实验室、地理与赛博空间信息技术实验室、信息处理与图像分析实验室、空间行波管研究发展中心、高功率气体激光技术部、航天微波遥感系统部、航空微波遥感系统部和可编程芯片与系统研究室。

中科院依托电子所建立了院非法人事业单位——中科院高分重大专项管理办公室，在国家高分辨率对地观测系统重大专项中代表中科院开展各项工作，并履行管理职责。

截至2013年底，电子所共有在职职工967人，流动人员57人，离退休人员781人。在职职工中，科研人员717人，科技支撑人员150人。其中，中国科学院院士1人，正高级专业技术人员72人，副高级专业技术人员177人，国防杰出人才获得者1人，国家杰出青年基金获得者2人，"新世纪百千万人才"入选者3人，"中国青年五四奖章"获得者1人，享受政府津贴14人，中国科学院"百人计划"入选者10人，中国青年科技奖获得者15人，卢嘉锡人才奖获得者9人，何梁何利奖金获得者1人，北京市科技新星1人。

电子所是国务院学位委员会批准的首批博士、硕士学位授予单位，现有信息与通信工程、电子科学与技术2个一级学科硕士、博士研究生培养点及其博士后科研流动站。2013年共有在学研究生530人，其中博士生237人，硕士生293人，有在站博士后14人。

2013年，电子所继续稳步推进"一三五"规划的实施，并通过了"一三五"规划专家诊断评估，获得专家好评。在四个重大突破方向，高分辨率星载SAR在研项目进展顺利；空间行波管领域实现5只管子上天，随星工作状态良好。地理空间信息技术领域完成多个项目的验收，在多个应用方面取得重大进展；航空遥感系统完成了多项载荷的研制。6个重点培育方向在微波成像技术、微波电真空技术、电磁探测技术、传感器与微系统技术、先进激光与探测技术和可编程芯片技术方面取得重大进展，关键、核心技术取得多项突破，获得一批国家重大任务的支持。

2013年，电子所高质量地完成了年度科研计划，科研工作成效显著。共有在研项目545项，其中国家重大专项项目30项，中国高技术研究发展计划（863计划）项目（课题）32项，国家重点基础研究发展计划（973计划）项目14项；国家自然科学基金项目55项，承担并参加院级项目53项，其中院创新项目19项，先导专项1项，国际合作项目11项，所支持创新项目2项，其他科研项目359项。

2013年，电子所共发表各种期刊论文303篇，其中被SCI收录128篇，出版科技著作6部；受理专利188项（其中发明专利186项），获授权专利95项（其中发明专利92项）。共获得省部级以上奖项12项，其中获国家科学技术发明奖二等奖1项，国家科学技术进步奖二等奖2项。

2013年电子所产业化工作在空间行波管、地理空间信息技术、磁传感器技术、电场传感器、探地雷达等方面取得较大进展。电子所在未来几年将大力推进成果转化和产业化工作，促进科研成果的应用，为国民经济的发展做出更大贡献。

电子所是中国电子学会电路与系统分会、中国质量协会科学技术分会挂靠单位，主办的刊物有《电子与信息学报》、《电子科学学刊（英文版）》（*Journal of Electronics*（*China*））和《雷达学报》。

（撰稿：袁胜华　蔡晨曦　审稿：吴一戎）

自动化研究所

所　　长：王东琳
地　　址：北京市海淀区中关村东路95号
邮政编码：100190
电　　话：010-82544654
传　　真：010-82544664
电子信箱：casia@ia. ac. cn
网　　址：http://www. ia. cas. cn

中国科学院自动化研究所（以下简称"自动化所"）成立于1956年10月，是我国最早成立的国立自动化研究机构。1968年，为加速我国空间技术的发展，自动化所整建制划入空间技术研究院，更名为空间控制技术研究所，番号中国人民解放军第五〇二研究所。1970 年，根据自动化学科技术发展的需要，中国科学院重建自动化研究所。1999 年，作为首批试点单位之一，自动化所进入中国科学院知识创新工程。

2013 年，自动化所全力推进“一三五”战略规划，聚焦“基于泛在和精密感知的海量信息智能处理和复杂系统智能控制方向”，在“精密感知与控制”、“超级计算大脑系统”、“万亿次极光系列代数运算微处理器”三个重大突破和“空天信息智能化处理技术与系统”、“智能医疗装备”、“先进视觉计算”、“平行控制与平行管理”、“面向现代服务新业态的智能物联技术”五个重点培育方向上出呈现良好发展态势。为保证“一三五”规划的扎实推进，研究所不断完善重大项目管理机制，建立“研究所——总体部（本体）——团簇”组织实施架构和“总指挥——责任研究员——首席科学家”领导架构；完善科技评价和资源配置模式，提升宏观调控能力，将 70%-80% 的新增岗位和 70% 研究生定向投入到“一三五”布局上来，有效支撑了“一三五”战略布局的实施。

自动化所现设科研开发部门 11 个，包括模式识别国家重点实验室、复杂系统管理与控制国家重点实验室、国家专用集成电路设计工程技术研究中心、中国科学院分子影像重点实验室、高技术创新中心、综合信息系统研究中心、数字内容技术与服务研究中心、精密感知与控制研究中心、空天信息研究中心、脑网络组研究中心、智能感知与计算研究中心。还有若干与国际和社会其他创新单元共建的各类联合实验室和工程中心。2013 年，自动化所与浙江省科技厅、绍兴市政府共建浙江数字内容研究院；与青岛即墨市成立青岛科学艺术研究院；与青岛市政府共建青岛智能产业技术研究院，积极服务地方经济与社会发展。

截至 2013 年底，全所共有在职职工 752 人。其中科技人员 639 人，科技支撑人员 55 人，包括中国科学院院士 2 人（新增 1 人），研究员、副研究员和高级工程师 253 人，全所进入创新岗位 179 人。共有国家 973 项目首席科学家 5 人，IEEE Fellow 6 人（新增 1 人），国家海外高层次人才引进计划（“千人计划”）入选者 2 人（新增 1 人）；中国科学院“百人计划”入选者 21 人（新增 2 人），国家杰出青年科学基金获得者 11 人，国家优秀青年基金获得者 2 人（新增 2 人），新世纪百千万人才工程入选者 7 人。

自动化所是 1981 年国务院学位委员会批准的首批博士、硕士学位授予单位之一，现有控制科学与工程 1 个一级学科博士、硕士研究生培养点，计算机应用技术 1 个二级学科博士、硕士研究生培养点，并设有控制科学与工程 1 个一级学科博士后流动站。博士生导师 58 人，硕士生导师 54 人。共有在读研究生 606 人（其中博士生 355 人，硕士生 251 人），在站博士后 45 人。

2013 年，自动化所共有在研项目 576 项（包括新增项目 291 项），其中，承担国家重点基础研究发展计划（973 计划）项目 10 项（新增 2 项）；承担国家高技术研究发展计划（863 计划）项目 26 项（新增 14 项）；承担国家科技支撑计划及重大专项 24 项（新增 9 项）；承担国家自然科学基金项目 183 项（新增 85 项），其中新增国家重大科研仪器设备研制专项 2 项，国家杰出青年基金项目 2 项；承担中国科学院项目 71 项（新增 27 项）；承担其他部委纵向任务 36 项（新增 17 项），承担横向委托项目 168 项（新增 98 项）。

2013 年，自动化所科研工作取得新进展。“仿生机器鱼高效与高机动控制的理论与方法”荣获北京市科学技术奖一等奖；“平行管理系统”在中石化齐鲁分公司运用并荣获“中国石油与化工自动化行业科技进步奖一等奖”；“语音合成技术”运用于百度云平台和一系列嵌入式产品中，用户在使用过程中给予其较高评价；基于语音识别技术的“紫冬语音云”在淘宝、来往等阿里巴巴旗下移动客户端产品中得到推广，支撑移动电子商务业务的发展；“分子影像手术导航系统”通过国家药监局医疗器械安全性及有效性检测认证并进入临床应用；面向国家安全领域的“海量短文本智能分析系统”在新疆等地成功部署试用，满足了国家重大需求；万亿次极光代数运算处理器完成芯片前端设计，在智能电视、无线通信、超算等示范应用系统推广方面取得重要进展。参与出品的三维 CG 电视动画系列长片作品《少年阿凡提》入选“向全国青少年推荐 100 种优秀图书、100 部优秀影视片”名单，并获得第十二届精神文明“五个一”工程奖、国家广电总局颁布的“国产优秀动画片”一等奖。

2013年，自动化所共发表科技论文780篇，其中被SCI核心期刊收录论文238篇，EI收录695篇。新申请发明专利335件，授权发明专利93件，计算机软件著作权登记61件。“一种高效的敏感图像检测方法及其系统”发明专利荣获第十四届中国专利优秀奖。

2013年，自动化所技术转移转化成效显著，知识产权转让授权工作迈上新台阶。“陶瓷喷墨系统”以660万元的知识产权授权使用，“语音合成技术”以400万元知识产权价格授权使用，“语音翻译技术”以600万元的知识产权价格技术转让。2013年知识产权转让和授权收入逾2000万。

目前，自动化所有汉王科技股份有限公司、北京三博中自科技有限公司、北京中科虹霸科技有限公司、北京中科恒业中自技术有限公司、北京嘉恒中自图像技术有限公司等持股高科技公司23家。

2013年，自动化所与澳大利亚昆士兰大学脑研究所合作成立“中澳脑网络组联合实验室”，在大脑的组织结构和功能等科学问题上进行合作研究。自动化所主办和承办了包括“第23届人工智能国际联合大会”在内的多个国际重要学术会议，派出长期合作研究与交流的科研人员30余名，参加国际会议200余人次。

自动化所是中国自动化学会和中国图像图形学学会的挂靠单位；重要出版物有《自动化学报》、《国际自动化与计算杂志》。

（撰稿：宋　琪　蒋　磊　审稿：房自正）

电工研究所

所　　长：肖立业
地　　址：北京市海淀区中关村北二条6号
邮政编码：100190
电　　话：010-82547001
传　　真：010-82547000
电子信箱：office@mail. iee. ac. cn
网　　址：http://www. iee. ac. cn

中国科学院电工研究所（以下简称“电工研究所”）于1958年在中国科学院原长春机械电机研究所部分研究室的基础上筹建，1963年在北京正式成立。

电工研究所是中国科学院唯一以电气工程学科为主要研究方向的专业研究所，也是中国科学院能源领域核心研究所之一，在我国能源与电气科学领域具有独特地位。目前，主要从事新能源技术、新型电力技术及电气科学前沿交叉的研究。

电工研究所定位于电能领域战略高技术研究和电气科学技术领域的基础性、前瞻性研究，重点致力于推动可再生能源发电、未来电网科学技术、电力电子与电力变换、超导与新材料的应用研究、电气科学基础理论与前沿交叉等学科方向的创新发展，满足国家未来能源发展的重大科技需求，在促进我国能源体系转型和引领电气科学的创新发展中起到不可替代的作用，使研究所成为我国相关科技领域创新的战略性中坚力量和国际同行中有重要影响的研究机构。

2013年，继续稳步推进“一三五”战略规划的实施，在三个重大突破方面，突破一：大型太阳能热发电站关键技术与系统集成，研究和攻克大容量高效吸热器、高可靠性吸热真空管、高效热力循环系统等关键技术。建立了行业和国家标准，为太阳能热发电的产业化与规模推广奠定了扎实的基础；突破二：大型蒸发冷却水轮发电机，研究和突破大型蒸发冷却水轮发电机组的超长定子狭小导线通道蒸发冷却技术、汇流环自循环蒸发冷却技术、环保高效蒸发冷却介质等关键核心技术。建立了蒸发冷却水轮发电机的国家标准，力争实现百万千万巨型水轮发电机在我国西南水利资源富饶地区的推广使用；突破三：大型电力电子变流系统，研究和突破大型变流系统新型拓扑理论和大型变流系统串/并联等关键核心技术。参与研制的±160kV/50MW柔性直流输电变流器已经在世界首个多端柔性直流输电工程中得到应用，获得了国际国内核心发明专利，建立大型电力电子变流系统的成套技术，形成国家标准，支撑和引领我国大型电力电子变流技术的发展。在直流输配电网技术、超导与电工新材料、生物电磁技术、智能电气设备、极端电磁环境科学技术等五个重点培育方向上，呈现了良好的发展态势，特别是在直流开断新原理、新型SQUID阵列制备方法及新型锂离子液流电池等方面取得了原创突破。同时，围绕“一三五”战略目标，加强了高层次人才引进和培养，形成了合理的队伍结构。修改和完善了研究单元和个人的考核评价管理办法，强化了创新成果产出导向。

目前，电工研究所设有6个实验室下设18个研究部，还建设有2个国家能源研究中心、4个中国科学院重点实验室、2个北京市重点实验室、1个北京市工程实验室、2个检测中心（站）、1个北京市工程技术中心。6个实验室分别是：可再生能源发电技术实验室、电力设备新技术实验室、电力电子与电能变换技术实验室、直流电网科学技术实验室、超导与新材料应用研究实验室和电磁生物学与电磁探测技术实验室；2个国家能源研究中心分别是：国家能源超导电力技术研发中心、国家能源电力电子技术研发中心；4个中国科学院重点实验室包括应用超导重点实验室、太阳能热利用及光伏系统重点实验室、风能利用重点实验室（联）、电力电子与电气驱动重点实验室；2个北京市重点实验室包括太阳能发电技术重点实验室和生物电磁学重点实验室；1个北京市工程实验室是电驱动系统大功率电力电子器件封装技术北京市工程实验室；2个检测中心（站）包括中国科学院太阳光伏发电系统和风力发电系统质量检测中心、中国科学院电工研究所避雷装置安全检测站；1个北京市工程技术中心是北京市太阳能热发电工程技术研究中心。

电工研究所与地方政府合作共建了中国科学院电工研究所无锡分所等4个研究机构；与企业合作共建了8个联合研究机构。与国际研究机构共同成立了5个国际联合实验室（机构）。

电工研究所主要控股和参股公司有北京中科电气高技术有限公司、北京科诺伟业科技有限公司、北京科峰公寓。

截至2013年底，电工研究所共有在职职工450人。其中科技人员393人、科技支撑人员60人，包括中国科学院院士1人、中国工程院院士1人、研究员及正高级工程技术人员47人、副研究员及高级工程技术人员114人。

现有中国科学院“百人计划”入选者8人（新增1人），国家杰出青年科学基金获得者3人，“新世纪百千万人才工程”国家级入选6人，青年创新促进会10人，创新团队1个。

电工研究所是1981年国务院学位委员会批准的首批博士、硕士学位授予权单位之一。具有电气工程一级学科博士（硕士）研究生培养点，设有电机与电器、电力系统及其自动化、高电压与绝缘技术、电力电子与电力传动、电工理论与新技术、生物电工、能源与电工新材料及器件等七个专业。设有“生物医学工程”学术型硕士培养点和“生物工程”全日制专业学位工程硕士培养点。设有电气工程一级学科博士后流动站。共有在学研究生277人（其中博士生140人、硕士生137人），在站博士后16人。

2013年，电工研究所共有在研项目487项（包括新增项目91项）。其中，承担国家重大科技专项课题3项，主持（或承担）国家重点基础研究发展计划（973计划）和国家重大科学研究计划课题9项，主持（或承担）国家高技术研究发展计划（863计划）项目42项（新增7项），主持（或承担）国家科技支撑计划项目21项（新增6项）；主持（或承担）国家自然科学基金112项（新增24项），其中，重点项目5项、面上项目27项；主持（或承担）院重点部署项目4项（新增4项）；承担重点国际合作项目12项（新增3项）；承担院地合作项目14项（新增2项）。

2013年电工研究所研制成功的±160kV／50MW柔性直流输电设备在世界首座多端柔性直流输电工程——广东南澳三端口直流输电工程中的青澳站得到实际应用，使我国成为世界上少数几个掌握大功率柔性直流输电系统变流技术的国家之一，该直流输电工程的投入运行，标志着我国成为世界上第一个将多端柔性直流输电技术投入工程化应用的国家；研制成功的362m、10kA、1.5kV高温超导直流电缆，实现了并网运行，节能65%以上，是目前世界上传输电流最大的超导电缆和世界上第一组示范运行的超导直流电缆；我国首台9.4T高场人体成像MRI超导磁体的工艺验证取得成功；研制成功的世界临界传输电流性能最高的铁基线带材，处于国际领先地位；研制成功的海拔最高、规模最大的青海玉树藏族自治州水/光/储互补微网发电示范项目实现联网运行，成为解决我国边远缺电地区群众生活用电问题的成功范例；建成的1.5MW大型光伏并网逆变器测试平台，填补了国内空白；研制成功的基于SQUID的扫描式弱磁检测系统，在国内首次获得了玄武岩岩石切片天然弱剩磁信号的分布图，可为我国古地磁学和环境磁学研究提供有效的检测手段；完成的2m蒸发冷却立环磁选机的研制工作，为国内外首创；建成的国内首套太阳能电水联产实验示范系统，解决了海南地区太阳能规模化应用系统选址、太阳能中高温热利用系统低成本化以及系统集成等关键问题，填补了国内空白，达到国际先进水平。

2013年，电工研究所发表论文429篇，其中EI收录151篇，SCI收录116篇；申请专利175项，其中发明专利161项（含5项国际发明），实用新型9项；获得授权专利100项（含1项国际发明），其中发明专利授权86项，实用新型授权8项；软件著作权47项；制定行业标准2项；主持和参与撰写著作（含译著）9部。

2013年，院地合作工作在往年工作的基础上，继续推进各种新项目合作。全年新签各类横向合同80份，新签合同总金额为9000万元，共落实横向到位经费4000余万元。

2013年，电工研究所出访148人次，接待来访70余人次。正在开展的国际合作项目10项，新申请到国际合作项目3项；新签署双边和多边国际协议2项。主办了1次国际学术会议，即“2013年太阳能热发电技术三亚国际论坛”，来自国内外从事太阳能热发电的专家学者、政府官员、投资公司及企业代表共计约270余人参加了学术活动，大大提高了电工所在太阳能热利用领域的国际影响力。共有21人次在国际科技机构任职。

电工研究所是中国可再生能源学会（一级学会）、中国可再生能源学会光伏专业委员会（二级学会）、中国电工技术学会机电一体化专业委员会（二级学会）、中国电机工程学会超导与磁流体发电专业委员会（二级学会）、中国农村能源行业协会小型电源专业委员会（二级学会）、中国电工技术学会超导应用专业委员会（二级学会）、中国电机工程学会高压专业委员会高压新技术分专业委员会（三级学会）的挂靠单位；主办《电工电能新技术》专业学术期刊。

（撰稿：刘素珍　张和平　审稿：肖立业）

工程热物理研究所

所　　长：秦　伟
地　　址：北京市海淀区北四环西路11号
邮政编码：100190
电　　话：010-62554126
传　　真：010-82543019
电子信箱：iet@iet.cn
网　　址：http://www.iet.cas.cn

中国科学院工程热物理研究所（以下简称“工程热物理所”）其前身是1956年3月1日成立的中国科学院动力研究室（1961年合并至中国科学院力学研究所），1980年正式独立建制，启用现名。

工程热物理所是基础与应用发展研究有机结合的战略高技术型研究所，主要研究领域为能源、动力及与之交叉的环境等领域，内容涉及工程热力学、内流气动热力学、燃烧学、传热传质学等学科。研究所立足国家使命和国家需求，以中科院“十二五”规划和“创新2020”方案为指引，部署了一批具有前瞻性、战略性和探索性的重要领域前沿研究，制定了“一三五”发展规划。

2013年，是研究所全面实施“一三五”及“创新2020”规划的“超越年”。研究所认真落实院党组精神，全力组织“一三五”规划的实施，通过内部审计梳理，进一步推进重大项目和方向性项目的稳步发展；切实推动研究所科研平台建设，持续开展“和谐研究所建设”，初步实现了研究所规模、任务、成果的增长，为按期完成研究所“一三五”规划、实现“创新2020”战略目标打下了坚实基础。

工程热物理所现设有7个研究机构：国家能源风电叶片研发（实验）中心、能源动力研究中心、燃气轮机实验室、循环流化床实验室、分布式供能与可再生能源实验室、储能研发中心、传热传质研究中心；另有15个与地方、企业共建的研发机构与工程中心；2013年，研究所廊坊研发中心一期工程建设完成并正式交付使用，连云港IGCC/联产研发基地气化、燃机试验区已建的地上构筑物基本投入使用，鄂尔多斯分所一期建设项目实验楼部分正式开工建设。

截至2013年底，工程热物理所共有职工413人，其中科技人员385人（含科技支撑人员55人），包括中国科学院院士3人、研究员及正高级工程技术人员35人、副研究员及副高级工程技术人员95人。中国科学院“百人计划”入选者12人，国家杰出青年科学基金获得者1人，国家海外高层次人才引进计划入选者4人，其中“千人计划”1人，“青年千人计划”3人。

工程热物理所是2003年国务院学位委员会批准的博士、硕士学位授予权单位之一，现设有“动力工程及工程热物理”一级学科博士、硕士研究生培养点，环境工程专业二级学科硕士研究生培养点及动力工程专业全日制工程硕士培养点，并设有“动力工程及工程热物理”一级学科博士后流动站，共有在学研究生233人（其中博士生108人、硕士生125人）、在站博士后10人。

2013年，工程热物理所共有在研项目171项（包括新增项目75项）。其中，主持国家重点基础研究发展计划（973计划）项目1项、承担课题7项（新增2项），承担中国高技术研究发展计划（863计划）项目10项（新增1项），国家科技支撑计划课题4项，科学技术部国际合作项目3项；主持国家自然科学基金重点项目3项（新增1项），承担重点项目子课题2项（新增1项），优秀青年基金1项，承担国家自然科学基金重大国际合作项目3项（新增1项），面上和青年基金项目55项（新增24项）；承担院先导项目课题和子课题5项（新增2项），承担知识创新工程重要方向项目和重点部署项目6项（新增2项），承担国际合作项目3项（新增1项），承担重大仪器研制项目4项（新增2项），“百人计划”项目4项（新增1项），“青年千人”项目2项；承担院地合作项目41项（新增31项），研究所所长基金项目17项（新增6项）。

2013年，工程热物理所科研工作进展顺利，“三项重大突破方向”成果显著：IGCC/联产系统及关键技术方向，国家863重大项目“以煤气化为基础的多联产示范工程”通过科技部验收；循环流化床燃烧技术方向，“十一五”科技支撑计划课题通过验收，承担的中科院战略性先导科技专项进展顺利；先进轻型动力技术方向，研制的60公斤推力涡喷发动机成功首飞，750公斤和1000公斤推力涡扇发动机研制进展顺利。“五个重点培育方向”取得长足发展：多能源互补的分布式供能系统方向，承担的国家自然科学重点基金结题验收并完成MW级分布式供能系统863项目示范工程；新型燃气轮机关键技术方向，新原理发动机关键部件压气机基本完成原理验证试验；风能利用技术方向，建设了完整的满足中国风资源特点的大型风电叶片设计研发体系，部分型号风电叶片完成对外技术输出；太阳能热利用技术方向，原创性地研制了部分旋转槽式聚光器，开展了我国首座10MW光煤互补示范电站关键技术研究；大规模空气储能技术方向，建成国际首台1.5MW超临界压缩空气储能系统，并通过北京市科委重大课题验收，10MW先进压缩空气储能示范项目正式启动。

2013年，工程热物理所共申报国家发明专利82项、实用新型专利38项、PCT国家阶段专利8项，申请软件著作权1项；授权发明专利43项、实用新型专利43项、外观设计专利1项，软件著作权登记1项；全所共发表论文367篇，其中SCI收录77篇、EI收录128篇，出版/参编专著3部。本年度共有57项各类课题通过验收结题。研究所完成的“我国城镇用能方式研究”获得2012年度国家能源局软科学研究优秀成果奖二等奖。

院地合作与国际合作成果丰硕。全年新签院地合作和产业化合同3876.8万元，同比增长40.93%；争取到北京市科技专项、广东省中国科学院全面战略合作重点项目等地方合作项目；创建了研究所全资资产管理公司——北京中科众能科技有限公司；与合肥巢湖经济开发区签署《微小型燃气轮机研发与产业化项目合作协议》；筹划同企业合资共建中科双良储能技术有限公司、杭州钧擎科技有限公司、山东岱宗科技有限公司和合肥微小型燃气轮机研究院有限责任公司。

国际合作迈上新台阶。2013 年，签署国际合作专项 5 项，落实经费近 1300 万，组织申报教育部中国留学服务中心科研启动基金 2 项，3 项院“国际人才交流计划”项目获资助；承担的中科院创新团队国际伙伴计划通过试运行评估，中丹科技合作专项进展顺利；2013 年，研究所接待国际来访 33 批 55 人次，先后有 43 批 89 人次派赴 14 个国家进行合作研究与学术交流；主办国际会议 2 次，参会人数共 400 人，其中外宾人数共 190 人；在第二十一届国际吸气式发动机学术会议上，赵晓路成为首位荣获 ISABE 学会奖的中国学者。国际学术交流活动的蓬勃开展进一步树立了研究所形象，彰显了应有的学术地位及水平。

中国工程热物理学会挂靠在工程热物理所；主办学术刊物《工程热物理学报》、《热科学学报》（英文版）。

（撰稿：张晓光　朱灿欢　审稿：赵汐潮）

国家空间科学中心/空间科学与应用研究中心

主　　任：吴　季
地　　址：北京市海淀区中关村南二条 1 号
邮政编码：100190
电　　话：010-62560947
传　　真：010-62576921
电子信箱：kjzx@nssc.ac.cn
网　　址：http://www.nssc.cas.cn

中国科学院空间科学与应用研究中心（以下简称“空间中心”）成立于 1987 年，前身可追溯至 1958 年成立的中国科学院 581 组办公室。2011 年中国科学院国家空间科学中心成立（现阶段为院设非法人研究单元），“一个单位两块牌子”。

空间中心是我国空间科学及其卫星项目的总体性研究机构，开展系统性、总体性管理和相关技术研究，着力发展空间物理和空间环境研究，以及为空间科学各分支领域的研究和探测提供技术支持和手段的领域前沿和重大创新研究，包括空间飞行器设计、电子信息集成与仿真、粒子和电磁场探测、微波至光学谱段的遥感探测，高精度时空基准，科学任务运控和应用，以及质量保障和试验验证等，引领空间科学发展，带动空间技术创新。

2013 年，空间中心扎实推进“一三五”发展目标，三个重大突破取得阶段性成果：空间科学先导专项进入攻坚阶段，量子卫星、暗物质卫星和实践十号卫星均进入初样研制阶段；HXMT 卫星转入正样研制阶段；地面支撑系统完成了方案设计；为“十三五”科学卫星工程阶段做准备的背景型号项目进展顺利。天地一体化的空间环境综合监测网与研究服务平台建设稳步推进，子午工程一年来运行稳定、高效，为国际子午圈注入了新活力；院空间环境监测网实现了 17 个空间环境台站的联网监测和数据共享，并研制了空间辐射环境预警平台；空间环境保障 973 计划项目各课题研究成果显著；空间天气建模 973 计划项目中期评估成绩名列前茅。毫米波/太赫兹被动遥感和高分辨率成像机理及核心技术获得了多项国家任务的支持，在静止轨道干涉式毫米波大气温湿度探测仪还得到了欧洲空间局的大力支持。五个重点培育方向的课题也均取得一定的成果。

空间中心已建立起发展我国空间科学及其卫星工程所需的核心科学研究与技术支撑体系，有效支撑了空间科学先导专项的实施。建有空间天气学国家重点实验室、微波遥感技术院重点实验室、复杂航天系统电子信息技术院重点实验室。以及海南探空部/海南空间天气国家野外站、广州宇宙线观测站、廊坊临近空间环境野外站及北京延庆空间物理观测站和科研设施基地，是院空间环境研究预报中心的挂靠单位。

截至 2013 年底，空间中心共有在职职工 684 人。其中科技人员 461 人、科技支撑人员 168

人，包括中国科学院院士2人，中国工程院院士1人，国际宇航科学院（IAA）院士2人、通讯院士1人，研究员及正高级工程技术人员91人、副研究员及高级工程技术人员260人，中国科学院“百人计划”入选者7人，国家杰出青年科学基金获得者5人，“千人计划”入选者1人，“青年千人计划”入选者2人。

空间中心是1981年国务院学位委员会批准的博士、硕士学位授予权单位之一，设有空间物理学、地球与空间探测技术、电磁场与微波技术、计算机应用技术4个专业二级学科博士研究生培养点，飞行器设计等5个专业二级学科硕士研究生培养点，空间物理学二级学科博士后流动站。在读研究生311人（其中硕士生186人、博士生125人）、在站博士后16人。

2013年，空间中心共有在研项目617项（包括新增项目291项）。其中，主持空间科学先导专项1项，主持（或承担）国家重点基础研究发展计划（973计划）项目1项、承担（或参加）课题6项，主持（或承担）国家高技术研究发展计划（863计划）项目3项、承担（或参加）课题58项（新增21项），主持（或承担）国家自然科学基金重点项目4项、面上项目37项（新增7项）、国家杰出青年科学基金项目1项，青年科学基金31项（新增11项），主持（或承担）中国科学院知识创新工程重要方向项目5项（新增2项），承担国际合作项目5项（新增3项），承担重大仪器研制项4项（新增1项）。

2013年，空间中心圆满完成了各项重大科研任务。出色完成神舟十号与天宫一号交会对接的空间环境保障任务，全年为天宫一号提供在轨空间环境保障服务；承担天宫二号四个分系统研制；承担嫦娥三号有效载荷分系统的总体设计、技术状态管理和分系统联试，还负责着陆器和巡视器有效载荷电控箱研制以及地面综合电测的工作，出色完成了嫦娥三号发射、奔月和绕月期的空间环境保障任务，正在开展着陆器和巡视器落月后的空间环境保障；完成了嫦娥五号有效载荷电性件产品研制；承担的风云系列卫星研制与试验任务进展顺利；完成了海洋二号A星雷达高度计、校正辐射计的在轨运行维护工作；电磁监测试验卫星、碳卫星载荷研制进展顺利；作为总牵头单位，完成了国家重大科技基础设施项目“空间环境地面模拟装置”的立项论证工作，并由中科院正式报国家发改委；成功完成两次火箭探空试验。

2013年，空间中心获得“探月工程三期关键技术攻关和方案研制优秀单位”荣誉称号；1人获2013年度曾宪梓突出贡献奖，2人获“赵九章优秀中青年科学奖”。获国科大百篇优博2篇，优秀指导教师2人，院长优秀奖2人。全年发表科技论文328篇，其中SCI收录96篇，EI收录68篇；发明专利申请74项，获授权40项；软件著作权登记20项。

2013年，空间中心与上海卫星工程研究所（509所）签订战略合作协议，加强双方在卫星领域建设等方面的合作；与佳木斯大学、西藏民族学院等签署了科研合作框架协议；继续设立“中国科大赵九章奖学金”，建立南京航空航天大学校外实习基地，与北理工开展“科教结合、协同育人”工作。

2013年7月，空间中心与位于瑞士的国际空间科学研究所共同成立了国际空间科学研究所北京分部（ISSI-BJ）。中科院和欧空局在2013年的双边会上，决定共同支持一项联合科学卫星项目。在美国国会严格封锁NASA和中国开展合作的严峻形势下，美国国家科学院积极寻求不中断和中国的空间合作。2013年，空间中心出访127批次，来访科学家70批次。主办了子午工程国际培训班，第三届磁暴、亚暴及空间天气国际会议和第二届亚洲-大洋洲空间天气联盟研讨会；组织召开了COSPAR中国委员会全体委员会议。由中心邀请的美国麻省理工学院空间物理实验室主任John W. Belcher获中科院“爱因斯坦讲席教授”计划资助；由中心推荐的俄罗斯科学院伊尔库斯科日地物理研究所原所长日列布佐夫教授获得中国科学院国际科技合作奖、中华人民共和国国际科技合作奖和中国政府“友谊奖”。

空间中心是中国空间科学学会、国家空间科学专家委员会办公室、国际空间研究委员会（COSPAR）中国委员会等10余个全国性重要空间科学学术组织和机构的挂靠单位；主办《空间科学学报》。

（撰稿：范全林　陈　晨　审稿：吴　季）

光电研究院

院　　长：王　宇
地　　址：北京市海淀区邓庄南路9号
邮政编码：100094
电　　话：010-82178800
传　　真：010-82178600
电子信箱：office@aoe.ac.cn
网　　址：http://www.aoe.cas.cn

光电研究院（以下简称“光电院”）组建于2003年11月，作为中国科学院“知识创新工程”中体制机制创新的重大改革举措之一，是兼具总体管理与技术总体职能的总体性研究单位。中国科学院卫星导航总体部、中国科学院浮空器系统研究发展中心、02专项研发管理办公室设在光电院。

2013年7月，光电院完成了院行政领导班子换届。第四届领导班子组成为院长：王宇；党委书记：牛红兵；副院长：蔡榕、吴海涛、樊仲维。

2013年，光电院的科技布局继续围绕光电工程领域、航天航空领域和应用科技领域等三个领域展开：

光电工程领域——围绕计算光学成像技术、投影光学系统技术、大型复杂激光器技术等方向，开展前瞻性研究、系统解决方案设计与实施、支撑总体的关键技术攻关及系统集成等创新活动。

航天航空领域——围绕空间系统工程、卫星导航和浮空器等技术领域和总体任务，开展发展战略研究、前瞻性研究、系统解决方案设计与实施、支撑总体的关键技术攻关及系统集成等创新活动。

应用科技领域——围绕光电载荷成像和探测机理与方法研究、光电载荷性能综合评测和数据质量综合监测系统技术研究等方向，开展前瞻性研究、系统解决方案设计与实施。

光电院在上述三个领域的前沿性、战略性和系统集成创新工作，进一步形成了持续支持和支撑多总体并行发展的学科技术领域和技术总体体系。

根据所制定的“十二五规划”和“一三五”，围绕战略定位和科研领域，光电院将在空间系统工程关键技术、临近空间飞艇技术以及光电载荷性能综合评测和数据质量监控系统技术实现三个重点突破；同时，着力培育多元集成高精度导航技术等五个重点科技方向。光电院正在分解细化“三”和“五”的具体内涵和目标，制定配套的政策和落实措施，有序推进各项工作。

2013年，经党委提议，院务会研究决定，将2013年定为光电院的“管理年”，通过抓管理意识、抓制度流程、抓分工负责、抓按规矩办事，旨在“精细管理、再上台阶”。通过查找问题、制定措施，提升机关管理与服务水平，通过管理“创效益、创发展”。2013年7月，组织了中期评估会议，检查措施落实情况；听取各部门意见，进一步完善制度和流程，并根据院务会部署，成立了以王宇院长为组长的核心研究小组，研究项目分类分级管理模式，启动“管理年”第二阶段工作，使“管理年”形成长效机制。

光电院建立了与总体性单位相适应的组织结构与管理体制。主要科研单元有：光电系统工程研究部（下设计算光学成像技术、投影光学技术、半导体泵浦激光工程中心、激光测量技术4个研究室）、对地观测技术应用研究部（下设新型遥感器机理与应用、地面系统工程、数据质量监测与评价3个研究室）、空间系统工程研究部（下设导航总体技术、导航技术、空间系统总体技术3个研究室），以及气球飞行器研究中心（下设总体技术、控制与电子学、结构与工程技术3个研究室）。

其中，计算光学成像技术实验室通过中科院评审，成为光电院首个院重点实验室。上海微小卫星工程中心北京分部依托空间系统工程研究部管理。

截至2013年底，光电院共有在职职工323人。其中科技人员232人，科技支撑人员91人，正高级专业技术职务人员 34 人，副高级专业技术职务人员 54 人；企业“千人计划”1 人，“百人计划”4 人，杰出青年 1 人，享受国务院政府特殊津贴 9 人，百千万人才国家级人选 4 人，中科院国际合作伙伴计划团队 1 个，中科院科技创新与交叉团队 1 人。职工平均年龄 33.2 岁。

光电院共设有 4 个硕士点、3 个博士点，2 个博士后流动站。在读研究生 128 人，其中硕士 94 人，博士 34 人，另有博士后 6 人。

2013 年，光电院共承担课题 302 项，新增科研课题 96 项。其中，国家重大/重点项目 112 项，中国高技术研究发展计划（863 计划）项目（或课题）32 项，国家自然科学基金项目 26 项，中国科学院创新项目 12 项；承担国际合作项目 7 项，与地方政府合作项目 3 项。

在光电工程领域，承担的国家重大专项 02 专项光源项目取得了重大进展，面向 90nm 节点需求，开展相关单元关键技术攻关，突破了系统集成技术瓶颈，研发完成 193nm 准分子激光样机，通过了整机单位及内部专家组的现场验收测试，为国产光刻光源系统研发起步奠定了坚实的基础，解决了我国极大规模集成电路装备所需高性能准分子激光光源问题，填补了国内在该领域单元技术的空白，实现了领域应用的跨越式发展。

863 项目“高性能激光引擎关键材料与器件工程化技术”取得突破，激光引擎实现 20W 白光输出，模组整机电光效率 18%，达到国际先进水平，具备了商业化生产条件，实现销售 600 套。

在航空航天领域，中科院创新重大项目“平流层试验飞艇研制与集成演示”，完成了中低空试验飞艇 KF47 的系统集成测试 。KF47 是继 KF31 之后国内外最大的低空电力推进飞艇，包含多项全新设计，目前已完成出厂准备工作。

国家科技重大专项“卫星导航系统”已完成“转发式卫星导航试验系统总体方案”课题验收及交付。目前正在进行大宗设备出厂测试，启动第一阶段系统集成联调准备工作。

在应用科技领域，863 计划重点项目“无人机遥感载荷综合验证系统”通过了中科院成果鉴定，认为该成果“为我国成功研制的第一个无人机遥感载荷综合验证系统，首次实现了高分辨率的光学遥感仪器和干涉极化合成孔径雷达等多种载荷同时装载、同时开机作业，具备长航时遥感载荷验证连续作业的综合验证能力，系统功能和性能均达到国际先进水平。”并在包头建设完成遥感综合验证场固定人工靶标区，成为 CEOS RadCalNet 四个示范场之一。

按照科技部的指示，光电院针对芦山地震空间应急，于 4 月 20 日启动了“国家空间数据获取与应用应急协同体系和数据共享服务平台”（简称“蓄水池应急平台”），15 天时间内收到来自 18 家航空航天机构的数据汇入，汇集覆盖重点灾区的卫星与航空影像数据 130.08GB，其中灾前数据 60.78GB，灾后数据 69.3GB。此次地震应急，向 20 个部委及地方的共 44 家单位提供了应急空间数据共享服务，通过直接拷贝数据形式并签收分发的灾区空间数据合计约 2356GB。得到了科技部与应急空间数据应用单位的好评，并收到了来自国家遥感中心、中国地震局、中国国土资源航空物探遥感中心的感谢信。

光电院 2013 年度在核心刊物上发表论文 128 篇，其中预计 SCI 29 篇，EI 68 篇，CPCI-S 6 篇，国内核心刊物 25 篇。出版专著 1 本。申请国家发明专利 101 项，获得专利授权 34 项（发明 2 项，实用新型 32 项）。取得软件著作权 7 项。

2013 年，光电院相里斌同志获 2013 年度中科院杰出科技成就奖；“某型激光系统技术”获 2013 年度军队科技进步奖一等奖（光电院为第二完成单位，樊仲维为第四完成人）；“RDSS 导航定位软件系统”和“北斗二号 RDSS 业务处理分系统”获军队科技进步奖二等奖；“大型复杂激光放大器”获 2013 年中科院北京分院科技成果转化奖二等奖。

2013 年光电院申报国家奖 2 项（国家发明奖一等奖 1 项，科技进步奖一等奖 1 项），已通过中科院评审。

为拓展科研领域，加强院地合作，光电院与国家减灾中心联合组建了“中国空间技术减灾应用研究中心”，与青岛市政府共建“光电院青岛研发基地”，与国科激光公司组建国家半导体泵浦激光工程技术研究中心。

2013 年度光电院继续以两个产业化平台为主体，通过与地方政府、企业、高校、研究所的合作，积极促进光电院科技成果转化的产业化工作，取得了良好的经济效益和社会效益。

国科光电公司全年实现合并营业收入为 1.51 亿元，利润总额 440 万元。

光电院青岛研发基地以开展院地合作和成果转移转化为目标，以平台建设和争取地方资源为主要运营方式；先后承担了国家、中科院级科研项目 10 项，省市级项目 9 项。2013 年，青岛研发基地先后建设了以下科技平台：中国科学院青岛产业技术创新与育成中心 ；青岛市光电应用工程技术研究中心；青岛市海洋仪器装备工程技术中心；青岛市导航技术专家工作站；青岛高新区高端装备制造科技服务平台；青岛高新区（蓝湾）科学家俱乐部（筹）；青岛高新区孵化器联谊会；青岛市技术转移服务机构；技术合同服务点。

2013 年度国际交流项目立项 44 项，执行 37 项。其中，出访立项 36 项 98 人次（参加国际会议 22 项 48 人次，考察访问 6 项 30 人，开展合作研究 8 项 20 人次）；来访顺访 8 项 35 人次。

2013 年光电院在研国际合作项目经费 929 万，新增合同额 153 万。同时，光电院积极参与国际科技组织工作，包括中科院创新团队、中欧龙计划、WGCV 会议、共建联合实验室等，继续保持并扩大国际影响力。

2013 年，光电院承办了第 36 届国际卫星对地观测委员会定标与真实性检验工作组全体会议；面向三个重大突破之一“光电载荷性能综合评测和数据质量监控系统技术”需求，在 CEOS、ISO 框架下广泛开展国际合作与交流；与澳大利亚悉尼科技大学签署了筹建“地理时空数据分析技术与产业化联合研究实验室”的备忘录；举办首届“中国-东盟技术转移与创新合作大会”暨首届“中国-东盟空间信息技术应用培训班”；开展对俄研制准分子激光器技术交流。

全国光电测量标准化、全国遥感技术标准化两个技术委员会挂靠光电院开展日常工作。

（撰稿：邵雪天　高　隽　审稿：王　宇）

自然科学史研究所

所　　长：张柏春
地　　址：北京市海淀区中关村东路 55 号
邮政编码：100190
电　　话：010-57552515
传　　真：010-57552567
电子信箱：wangjj@ihns.ac.cn
网　　址：http://www.ihns.cas.cn

中国科学院自然科学史研究所（以下简称“科学史所”）是中国科学院所属的少数兼具自然科学与人文社会科学功能的研究实体之一，也是中国唯一的国家级多学科和综合性的科技史专门研究机构。其前身中国科学院自然科学史研究室是在郭沫若、竺可桢等老一辈院领导的关怀下于 1957 年 1 月 1 日成立的，1975 年升为所级建制。

科学史所定位于研究科技的历史、本质和发展规律，认知科技与社会、政治、经济、文化等的复杂关系；把握科技发展大势，提出有影响力的战略咨询建议，传播科学思想，弘扬科学精神，为建设国家思想库作出独特贡献。开展新视角的研究，增强中国科技史方向的核心竞争力，开拓西方科技史研究，实现从传统到现代、从中国到世界的拓展与跨越，在未来 5 至 10 年发展成为有重要国际影响、有特色、高水平的科技史机构。

科学史所的主要学科是科学技术史（理学一级学科）、科学技术哲学（二级学科）、科技考古（二级学科），主要研究方向有中国古代科技史、中国近现代科技史、世界科技史、科技哲学、科技发展战略、传统工艺与科技考古、中国科学院院史、科学文化和中外科技发展的比较。

科学史所现有 3 个研究室：中国古代科技史研究室、中国近现代科技史研究室、西方科技史研究室。另有 5 个跨机构的研究中心性质的单元：中国科学院传统工艺与文物科技研究中心、中国科学院学部学科发展战略研究中心、中国科学院院史研究室、科学与文化研究中心、中外科技发展比较研究中心。其中，传统工艺与文物科技研究中心是院非法人研究机构，学科发展战略研究中心属于学部的支撑研究机构。

截至2013年底，科学史所共有在职职工125人，其中科技人员76人，科技支撑人员17人，正高级专业技术人员20人（其中研究员19人）、副高级专业技术人员30人（其中副研究员26人），百人计划入选者2人。

科学史所是1997年国务院学位委员会批准的博士、硕士学位授予权单位之一，现设有科学技术史一级学科硕士、博士研究生培养点，科学史、技术史和科学技术哲学二级学科硕士和博士研究生培养点，科学技术史一级学科博士后流动站。共有在读研究生68人（其中博士生38人、硕士生30人），在站博士后7人。

2013年，科学史所新增科研项目23项。其中：中国科学院重点部署项目1项；国家自然科学基金面上项目1项；国家社科基金后期资助项目1项；国家文物局指南针专项项目1项；中国科协老科学家学术成长资料采集工程项目7项；研究所“一三五”重点培育方向课题5项；科技知识的创造与传播研究课题3项。

2013年，科学史所在三个重大突破、五个重点培育方向项目进一步凝聚科研团队。围绕同一个项目、方向和总目标，加强内部和与外部团队间、国际同行间的合作与交流，增强集中力量做大事的能力，提升了整体研究水平。“科技知识的创造与传播”项目以三个研究室的部分科研骨干为主体，建设由十多个专题组构成的中青年团队。围绕项目主题和目标，团队成员尝试跨研究室、多方向的合作与交流，探讨科技史研究的新路径与新方法。

2013年，科学史所科研产出有所增加，与2012年比较，专著和其他书籍数量持平；论文和专著章节增加26%；国外发表论文相当。在职人员：出版专著和其他书籍16部，发表论文和专著章节96篇，含外文论文10篇。研究生：发表论文15篇，含外文2篇。离退休人员：出版专著5部；论文20篇，含外文5篇；科普书2部；译著1部。

2013年，科学史所主要获奖成果：①《科学编年史》（席泽宗主编），获国家新闻出版广电总局第四届“三个一百”原创图书出版工程奖；获第四届中华优秀出版物奖图书奖；②《中国古代手工业工程技术史》（何堂坤著，上、下册），获国家新闻出版广电总局第四届“三个一百”原创图书出版工程奖；③《席泽宗口述自传》（席泽宗口述，郭金海访问整理），获国家新闻出版广电总局第四届“三个一百”原创图书出版工程奖。

2013年10月17—18日，科学史所接受了中科院组织的“一三五”专家诊断评估。来自德、美、法、韩、日5国的专家听取“一三五”项目和有关方向报告，与所领导和科研人员座谈，实地考察了研究所。国际评估专家对科学史所的总体评价提升了科学史所发展的自信心：科学史所处于科技史研究领域的国际一流地位，其定位和发展战略合理，在中国科学技术史研究领域拥有国际一流的学者；在若干研究方向做出了国际上最出色的研究，取得了重大突破和有意义的成果。研究室与研究中心的矩阵式结构有利于学科交叉与合作，青年学者很有发展潜力。专家组对研究所近几年的转变与发展印象很深刻，认为研究所的管理是高效的。专家组对研究所的重大突破项目与重点培育方向逐一进行了中肯的评析，既给予充分的肯定，也提出改进意见。科学史所针对评估意见，组织重大突破和重点培育方向项目的承担者们进行了有针对性的研讨。所学术委员会也就此召开专题讨论会，认为应该合理吸收国际评估专家的意见和建议。

2013年，科学史所积极探索科学传播工作新途径：由中国科协等部委共同主办，科学史所与中国科学技术史学会、北京市科协承办的“科技梦·中国梦——中国现代科学家主题展”在国家博物馆展出。展览内容设计与脚本写作由科学史所中国科学家资料整理与研究中心完成，该中心的专家和研究生担任展览讲解。

2013年共举办4期“科学技术史大讲堂”讲座（总30期）。这一系列科普讲座已渐成品牌，在科技史领域和中国科学院有一定知名度。

2013年，科学史所积极开展国际合作，注重实效。全年出访项目46个（含2次赴台项目)，共计 62 人次（出访港澳台地区 4 人次），其中出访超过三个月以上的 3 人次，出访国家涉及美国、英国、日本、德国、法国、俄罗斯、丹麦、加拿大、罗马尼亚、瑞士、韩国、葡萄牙等。来访人数累计 30 人（含港、澳及台湾地区学者），分别来自美国、德国、法国、丹麦、印度、加拿大、瑞典、俄罗斯、日本、韩国等国家，其中来访超过三个月以上的 1 人。派出访问学者 3 名。2013 年度自然科学史所共举办双边国际研讨会 2 次。截至 2013 年底累计签订国际合作协议 13 项，新签署合作协议 2 项；国际组织职务任职人数累计达 15 人次，其中 2013 年新任职 4 人。

科学史所是中国科学技术史学会的挂靠单位；设有《自然科学史研究》、《中国科技史杂志》、《科学文化评论》等学术刊物编辑部。

（撰稿：王建军　纪　巧　审稿：张柏春）

科技政策与管理科学研究所

所　　长：穆荣平

地　　址：北京市海淀区中关村北一条 15 号

邮政编码：100190

电　　话：010-59358611

传　　真：010-59358608

电子信箱：ysc@casipm.ac.cn

网　　址：http://www.casipm.ac.cn

科技政策与管理科学研究所（简称“政策与管理所”）成立于 1985 年 6 月。其前身为中国科学院政策研究室、中国科学院管理学组、《自然辩证法通讯》杂志社，1987 年，中国科学院应用数学研究所优选法与管理科学研究室整建制划入政策与管理所。

政策与管理所主要开展国家发展战略、政策和管理问题研究，为国家宏观管理决策和中国科学院改革发展实践提供重要支撑。按照中国科学院“创新 2020”战略部署，研究所进一步明确“智库型研究所”定位，提出了“加强国家科技发展、创新发展、可持续发展、公共安全与社会发展等领域战略、政策和管理研究，构建学科理论体系、方法体系、实验体系和调查体系，发展政策与管理科学，加快培育科技政策学、创新发展政策学、可持续发展管理学、能源安全战略管理、计算管理科学五个重点学科方向”的发展思路。2013 年，研究所全面推进以三个重大突破和五个重点培育方向为标志的重大研究任务，科研活动和学术交流质量效益明显提升，整体创新能力显著增强。

2013 年，研究所重点研究领域进展显著。科技发展政策领域围绕科技政策学、科学思想库建设、科技体制改革、科技伦理、科技管理等方向开展了一系列富有成效的研究工作；创新发展政策研究领域在国家创新发展路线图、创新发展政策学、战略性新兴产业、高新区发展规划与评价等研究方向取得了重要进展；可持续发展政策研究领域在绿色低碳发展、政策模拟、环境管理、气候变化政策、碳排放交易等研究方向取得了重要进展；公共安全与管理科学领域围绕能源安全管理、航空生产安全管理、城市运行安全管理、社会稳定预警、风险与应急管理等研究方向开展了大量卓有成效的工作。此外，在支撑中科院改革发展重大决策方面，为推进“创新 2020”和落实“四个率先”等重大问题，提供了重要决策支撑。

研究所设有 4 个研究部，即科技发展政策研究部、创新发展政策研究部、可持续发展政策研究部、公共安全与管理科学研究部；12 个研究室，即科技战略与规划、科学技术与社会、科技管理与评估、知识产权与科技法、创新与发展政策、创新与创业政策、可持续发展战略、能源环境经济、统筹与管理、政策模拟、城市发展与区域管理、自然与社会交叉科学研究室。建有 5 个院级研究中心，即中国科学院战略研究中心、中国科学院创新发展研究中心、中国科学院自然与社会交叉科学研究中心、中国科学院管理创新与评估研究中心、中国科学院知识产权研究与培训中心；与合作伙伴共建 6 个研究中心，即能源与环境政策研究中心、北京科技政策研究中心、北京城市运行与发展研究中心、中德联合创新研究中心、青海创新发展研究院、创新发展与公共治理协同创新中心；此外还建有 6 个研究所级研究中心，即政策模拟研究中心、国际问题研究中心、统筹与安全管理研究中心、中国高新区研究中心、环境政策研究中心及社会治理与风险研究中心。

2013 年，研究所在职职工 145 人，其中科研岗位 106 人，研究员 26 人、副研究员 39 人；发展中国家科学院院士 1 人，中国科学院“百人计划”入选者 1 人，国家杰出青年科学基金获得者 1 人。

政策与管理所设有管理科学与工程一级学科硕士、博士学位培养点，工商管理一级学科硕士学位培养点，人口、资源与环境经济学和科学技术哲学 2 个二级学科硕士学位培养点，管理科学与工程学科博士后科研流动站，以及北京市管理科学与工程重点学科，并具有管理科学与工程在职硕士学位授予资格。

2013 年共有在学研究生 139 人，其中硕士生 54 人，博士生 85 人，在站博士后 43 人；毕业博士生 22 人，硕士生 12 人。2013 年，研究所完成 15 次中科院知识产权培训工作，培训 1077 人次。组织中国科学院知识产权专员执业资格考试，56 个院属单位 96 名考生参加考试，29 人获得知识产权专员资格。

2013 年，研究所在研课题 331 项（新增 131 项）。其中，新增国家软科学重点项目 1 项、面上项目 1 项，公益性行业专项课题 1 项，地方科技计划项目 2 项；中国科学院项目 111 项（2013 年新增 34 项）；国家自然科学基金项目 44 项（2013 年新增 10 项）；国家其他部委项目 89 项（2013 年新增 51 项）；国际合作项目 9 项（2013 年新增 4 项）；企业委托 15 项（2013 年新增 6 项），地方政府及其他科研机构项目 58 项（2013 年新增 21 项）。

2013 年，研究所公开发表论文 250 余篇，出版专著 14 部，批准登记软件著作权 4 项。主持承担的“青海省科技发展重大战略问题研究”获青海省科技进步奖二等奖。研究所主持编纂的“中国科学院科学与社会系列报告”之《2013 中国可持续发展战略报告》、《2013 高技术发展报告》公开发布并送达两会。另有多篇咨询报告上报中央和国家有关部门，获得党和国家领导人重要批示。

2013 年，研究所积极推进国际化和网络化发展战略，学术交流活动呈现持续增长的良好态势。先后与俄罗斯国立研究大学——高等经济研究学院、新加坡国立大学、德国卡尔斯鲁厄理工学院、日本科学技术振兴机构研究开发战略中心等签署合作协议；邀请欧洲研究理事会主席、德国弗劳恩霍夫协会系统与创新研究所所长、日本科学技术振兴机构顾问等来访；同时承担了“循证政策制定方法的中英比较研究”等国际合作项目；参与主办或承办了“中日韩三国五方科技政策研讨会”、“中国科学院——英国皇家学会科技评价高层研讨会”、“首届信息技术与量化管理国际会议”等，促进了中外学术交流。

研究所拥有发达的学术交流与合作网络。挂靠管理中国科学学与科技政策研究会、中国优选法统筹法与经济数学研究会、中国发展战略学研究会及中国高技术产业发展促进会等。2013 年，各学会组织主办、承办了“第十五届中国管理科学学术年会”、“第九届中国科技政策与管理学术年会”、“第八届全国技术预见学术研讨会”等，为相关领域学者搭建了高层次学术交流平台。

2013 年，研究所主办的《中国管理科学》、《科研管理》、《科学学研究》入选“2012 年度中国最具国际影响力学术期刊（人文社科期刊）”，挂靠管理的《中国科学院院刊》形成了纸质《院刊》、《智库观点》、品牌论坛、网络传播的协同发展格局。

（撰稿：杨少春　邹　丽　审稿：穆荣平）

信息工程研究所

所　　长：田　静

地　　址：北京市海淀区闵庄路甲 89 号

邮政编码：100093

电　　话：010-82546891

传　　真：010-82546890

电子信箱：general@iie. ac. cn

网　　址：http://www. iie. ac. cn

中国科学院信息工程研究所（以下简称“信工所”）是2011年4月批准成立的中国科学院直属科研机构。信工所按照“软硬兼修，矛盾兼容，开合有法，张弛有度”的办所方针，秉承“打造一流平台，集聚一流人才，支撑国家需求，引领学科发展，努力成为国家在信息工程领域的战略科技力量”的组织目标，面向国家战略需求，在信息安全科技领域，开展基础理论与前沿技术研究，开发应用性技术与系统，为国家信息化进程提供核心关键技术支撑与系统解决方案。

信工所的研究方向主要包括：密码理论与安全协议、信息智能处理、数据安全、通信与电磁、网络与系统技术等。拥有信息安全国家重点实验室、信息内容安全技术国家工程实验室、信息安全共性技术国家工程研究中心和中国科学院数据与通信保护研究教育中心等一批国家级和院部级的科研创新平台。2013年6月，挂牌成立物联网信息安全北京市重点实验室。2013年12月，成为互联网域名管理技术国家工程实验室成员单位之一。

2013年，新成立网络与系统研究室和第二应用工程部，形成了由5个研究室和2个应用工程部组成的矩阵化管理模式。为准确把握信息工程领域科技发展态势和国家战略需求，科学指导和有效推动研究所建设和发展，2013年11月10日，研究所成立了第一届战略咨询委员会。委员由来自国家主管部门和科研机构的29位专家学者组成，还召开了战略咨询委员会成立暨第一次全体会议。11月11至12日，召开了研究所第二届发展战略研讨会，结合战略委员会议提出的意见和建议，围绕国家战略与研究所近、中、远期工作规划组织开展了进一步研讨，在研究所原来至2020年完成起步、成长、发展三个阶段的基础上，提出了2020—2030年作为提升阶段的总目标。

截至2013年底，信工所在职职工339人，其中正高级专业技术人员40人，副高级专业技术人员74人；中国科学院“百人计划”入选者8人（其中2013年新增国内“百人计划”入选者1人）。另有客座及劳务派遣人员177人。2013年，新组建的“人机物”三元融合的信息安全关键技术研究创新团队获中科院、国家外专局创新团队国际合作伙伴计划支持。

信工所现有计算机科学与技术一级学科的博士、硕士研究生培养点，在计算机技术与软件工程2个工程硕士培养点；现有在册研究生403人（其中硕士生258人、博士生145人），客座学生200余人。研究所设有计算机科学与技术一级学科博士后科研流动站，在站博士后24人。

2013年，信工所共有在研项目298项（包括新增项目155项）。其中，主持（或参与）国家重点基础研究发展计划（973计划）课题3项，主持（或参与）国家高技术研究发展计划（863计划）20项（新增9项），国家科技支撑计划项目、国家重大科技专项课题、国家发改委专项等项目13项（新增7项）；主持（或承担）国家自然科学基金项目67（新增22项）；主持（或承担）中国科学院战略性先导科技专项与重点项目课题9项，国家其他部门科研专项138项（新增84项）及地方其他横向项目48余项（新增33项）。

2013年，以信工所为署名单位发表论文259篇，第一完成单位发表的论文160篇，其中SCI检索的40篇，EI检索50篇；研究所科研人员主持编写出版专著2本，译著1本，编著3本。申请并受理的专利158件，其中公开专利153件，国防专利5件；发明专利155件，实用新型3件；授权发明专利1件，实用新型3件。对72件软件著作权进行了登记。主持制定并发布实施国家标准2项。作为以第二完成单位获国家科技进步奖二等奖1项，第一完成单位获中共中央办公厅科学技术进步奖（省部级）三等奖2项，以第二完成单位获得省部级三等奖1项。

2013年，全所国际交流人数总数达到了129人次，其中因公出访总计79人次。参加国际会议53人次，进行合作研究14人次，考察访问4人次，海峡两岸会议8人次。来访总计45个项目，50人次，其中合作研究45人次，考察访问5人次，讲学1人次。“外国专家特聘研究员计划”新申请1项，在研1项；成功举办第九届信息安全与密码学国际会议。

（撰稿人：周　强　闫　杰　审稿：田　静）

空间应用工程与技术中心

主　　任：高　铭
地　　址：北京市海淀区邓庄南路 9 号
邮政编码：100094
电　　话：010-82178817
传　　真：010-82178816
电子信箱：office@csu. ac. cn
网　　址：http://www. csu. cas. cn

1992 年 9 月，中央决策实施载人航天工程。载人航天工程是继“两弹一星”之后，又一个国家重大科技工程。作为载人航天工程三大发起部门之一——中国科学院在载人航天工程立项之初即牵头负责空间应用系统。

1993 年中科院党组研究决定组建中国科学院空间科学与应用总体部（以下简称“总体部”），负责空间应用系统工程组织管理及总体技术研究。

1994 年总体部与中科院空间科学与应用研究中心合并，合并对于充分发挥中国科学院空间科技力量的综合优势，提高承担国家重大科技项目和工程型号任务的总体协调、关键技术攻关和质量控制等方面的能力发挥了重要作用。

2003 年总体部划归中科院光电研究院，至 2010 年，总体部挂靠中科院光电研究院运行。

2010 年 11 月，中科院党组决定在总体部的基础上成立中科院空间应用工程与技术中心（筹）。2012 年 8 月，中国科学院空间应用工程与技术中心独立法人资格获批。2013 年 1 月正式独立运行。

中心代表科学院负责载人航天等重大工程空间应用系统方面的总体管理和技术集成，具体包括战略研究、任务组织实施、总体技术支持支撑、科学成果产出及推广等工作，同时对中国科学院承担的载人航天工程各大系统协助配套任务进行协助管理，是目前中国科学院唯一以组织完成国家重大科技专项任务而建立的研究机构。自成立以来，中心坚持以建设国内一流、国际著名的空间总体机构，建设科学院空间应用核心所为目标。

为适应当前载人航天工程研制建设和创新工作的需要，中心设立系统工程部、专业技术部、战略发展部、可靠性保障中心 4 个科研及任务支撑部门。其中系统工程部下设系统设计研究室（并行设计与仿真实验室）、集成测试研究室（空间软件评测中心）、有效载荷运控中心；专业技术部下设电子信息技术研究室、结构热控技术研究室、综合保障技术研究室；战略发展部下设战略规划研究室、空间探索研究室、数据利用中心。该布局满足了目前各项任务研制、预研攻关和集智创新的需要，突出了各专业部室作用，为型号任务提供了共性或通用化技术支持支撑。

截至 2013 年底，空间应用工程与技术中心共有在职职工 219 人。其中科技人员 142 人、科技支撑人员 24 人，包括中国科学院院士 1 人、研究员及正高级工程技术人员 26 人、副研究员及高级工程技术人员 24 人。

中心是 2012 年国务院学位委员会批准的硕士学位授予权单位之一，是 2013 年获批的博士学位授予权单位之一。现设有计算机科学与技术 1 个专业一级学科博士研究生培养点，信息与通信工程、计算机科学与技术、航空宇航科学与技术 3 个一级学科硕士研究生培养点，设有计算机技术、电子与通信工程 2 个工程硕士专业学位培养点，共有在学研究生 71 人（其中硕士生 52 人、博士生 19 人）。

2013 年，空间应用中心共有在研项目 74 项，（包括新增项目 29 项）。其中，纵向课题 39 项，横向课题 35 项。

2013 年，中心圆满组织完成了天宫一号与神舟十号载人交会对接任务；天宫一号应用载荷稳定运行，继续开展了天宫一号应用数据在国土资源、海洋、林业、城市环境监测、水文生态、青藏高原地表检测等方面应用，应用成果持续产出，同时针对澳大利亚森林火灾、浙江余姚水灾启动了应急观测，为灾害监测与评估提供了数据支持；天宫二号任务完成了初样产品研制、试验工作，正样产品研制工作扎实推进；天舟一号任务组织了应用项目的深化论证，协调落实了 4 项应用项目和 1 项在轨技术支持项目，工程产品研制启动；空间站任务组织了应用项目的深化论证，协调落实了信息系统和科学试验柜任务，开展了共用平台方案设计和关键技术攻关。在组织完成以上型号任务的总体工作基础上，完成了在轨支持系统、地面支持系统等方面的研制工作，并提供了软件第三方评测、可靠性保障等方面的技术支撑服务。

2013年中心获国家科技进步奖特等奖1项，1人入选国家百千万人才工程，1人获曾宪梓载人航天基金奖，中心有效载荷运控中心获“五四青年奖章集体”荣誉称号。中心在国内外期刊共发表论文29篇，其中被SCI收录4篇，EI收录2篇。申请专利6项，申请软件著作权登记32项。

2013年，有来自美国、德国、日本、英国、加拿大、意大利、保加利亚共7个国家的专家16人次来中心访问。中心组织了4个访团共14人次，到美国、德国、中国香港等地区出访，参加国际会议和开展学术交流，落实合作项目。截至2013年底，中心规划和组织实施的国际合作项目共有36项，另有17项国际合作项目需求正在进一步论证中。

2013年度，中心主办了国际空间生命科学及生物技术研讨会，来自10个国家的66名专家参加此次会议。此外，中心20余人次参加载人航天技术研讨会、第64届国际宇航联大会、PHM技术2013年会、ASGSR及ISPS联会等5次高水平国际学术会议。国际组织方面，中心共有两人分别受邀加入国际微重力科学计划组和国际宇航联微重力科学学部。

（撰稿：孔　健　杨　吉　审稿：刘树军）

北京综合研究中心

主　　任：姜晓明
地　　址：北京市海淀区学院路30号天工大厦B座17层
邮政编码：100083
电　　话：010-82648599
传　　真：010-82648619
电子信箱：sunxiaoping@basic.cas.cn
网　　址：http://www.basic.cas.cn

中国科学院北京综合研究中心（以下简称“北京综合中心”）成立于2012年7月，是经中央机构编制委员会正式批准设立的院直属事业单位。

北京综合中心目前主要职责是：承担中科院北京怀柔科教产业园的综合协调、管理服务职能，推动中科院与北京市共建怀柔园区协议落实，统筹大科学装置集群建设和运营，搭建前沿和交叉科学研究平台，促进园区重要科技成果转移转化，支撑园区公共配套设施建设及后勤保障等。

北京综合中心现有职能部门9个，分别为办公室、规划战略处、建设管理处、合作协调处、投资发展处、资产财务处、人事教育处、直属党总支办公室（纪检监察处）和工会（妇委会）。截止2013年底，共有干部职工50人。

2013年，在院党组的正确领导下，北京综合中心立足国家创新驱动战略、院“创新2020”和“科技北京”建设等工作要求，认真贯彻落实院市共建协议精神，紧紧围绕加快北京怀柔科教产业园全面建设目标和任务，科学谋划、加强协调、狠抓落实、攻坚克难，扎实推进各项工作取得积极进展。

2013年，北京综合中心凝聚各方共识，建立院市、院区、院内三位一体的全面合作机制。8月29日，院市共建北京怀柔科教产业园专题座谈会顺利召开，标志着院市协调机制正式建立。会议确定了双方主管领导和牵头责任部门，并就怀柔科教产业园建设的若干重大问题进行了深入研究，初步明确了北京市对怀柔科教园发展的支撑政策。在院区层面，成立了由施尔畏副院长和齐静书记任组长，院科发局、怀柔区相关职能部门为成员的院区专项工作领导小组，定期会晤研究解决园区建设突出问题，并通过下设的执行组会议进一步加快落实有关工作。在院内，由科发局牵头建立了联席会议机制，研究出台了《关于加快推进北京怀柔科教产业园建设的实施意见》、建立了北京怀柔科教产业园入园项目信息统计、工程报建、信息联络、联席会议机制等配套制度，形成了园区“1+4”制度框架体系。

2013 年，北京综合中心全力推进大科学装置项目申报立项。本着集约利用土地资源的原则，委托测绘部门对大科学装置项目用地进行规划普测，汇总当地供电、供水、供热等配套情况及相关数据，对北京先进光源等 4 个大科学装置集中建设规划进行了优化调整，形成了新一版的《综合大型科技平台模块规划初步方案及投资估测》。安排专人及时跟进项目进展，积极配合承担单位，深入梳理土地、基础设施、建设规模、人员和投资规模、配套设施预算等建设需求，建立项目跟踪管理台账。根据大科学装置立项申报时间要求，积极协助承建单位办理立项报建所需的各项材料，取得怀柔区政府关于大科学装置用地的承诺函，以及区环保局为“综合极端条件实验装置”、“地球系统数值模拟装置”2 个大科学装置项目出具的环评初步意见。

2013 年，北京综合中心采取有效措施，加大工作力度，推进怀柔园区科研与产业化项目建设。认真梳理科研与产业化模块项目的土地使用、市政建设费、项目进展等情况，制作项目用地情况统计表、项目报建流程表、流程图和项目倒排工期表等重要文件。对已入驻或已签约的 12 家单位的 9 个科研项目、15 个产业化项目定期调研走访，每个项目派专人负责联络工作，及时掌握项目进展和解决实际问题。与开发区管委会建立项目对接，及时掌握怀柔对产业园项目的最新政策，协助建设单位解决项目报建、项目迁址、工商注册、企业生产、过程中遇到的困难以及入园单位普遍关心的交通、住房、教育等配套保障问题。研究制定了《入园项目服务协议》、《项目用地退地程序》、《巡查管理暂行规定》等基本制度，指导建立怀柔园区综合管理服务平台，保证园区未开工项目地块尽快实现“三通一平”，已开工项目做到安全规范。

2013 年，北京综合中心积极借鉴先进的产业模式，探索适合园区发展需要的新型投融资模式。在广泛调研和学习科技金融运作模式的基础上，完成《投资公司设立方案》及《中科教发展集团框架》。积极筹备科研产业对接平台，搜集整理怀柔开发区企业基础信息数据，积极赴自动化所、高能所、安徽投资集团等单位进行产业化项目考察，与中科纳通、三峡集团等单位就孵化器建筑用地规划、地块使用方式及后续分割运营等达成初步共识，为园区未来孵化平台建设及项目引进奠定基础。

2013 年，北京综合中心站位全局，审时度势，认真调整更新发展规划。积极协调市发改委与怀柔区政府共同开展《北京创新城规划纲要（2014—2025）》编制工作。经过资料搜集、实地调研、研究讨论，已完成前期和中期研究成果。结合中心的最新功能定位和前期工作，开展了中心新一版发展规划框架的撰写，对中心的发展定位、发展原则和目标、发展思路、重点任务和保障措施进行了重新思考。积极开展课题研究与探索，在多次调研的基础上，开展了大科学装置建设意义的研究，撰写并发表了《抢抓大科学装置建设机遇，助力科技北京建设全面升级》一文。另外，立足中长远心发展，结合热点问题，积极开展了产业结构调整、新型城市化中的投融资方式和互联网金融三个课题研究，取得初步成果。

2013 年，北京综合中心认真加强内部管理，不断提升干部职工能力素质。按照中央、院党组要求，扎实开展党的群众路线教育实践活动，成立领导小组，制定周密活动方案。结合中心实际，积极开展了创建“共产党员先锋岗”、“我来中心为什么”大讨论、青年干部成长论坛等各项自选动作。全面谋划中心党建工作，顺利召开中心第一届党员大会，中心直属党总支正式成立，并选举产生了第一届党总支委员会。全面推进廉洁从业风险防控工作，努力查找风险点，构建中心廉洁从业良好局面。建立和不断完善督查督办机制，对重要安排部署全部列入督办立项，实施压茬动态督办，每月考核并予以通报表扬或批评。研究制定了中心资产管理、财务报销等制度和流程，建立和完善了有效的资产、财务管理体系。制订了干部职工培训方案和计划，有针对地开展了土地政策、科技金融、廉洁防控、机要保密、时间管理等方面的专业培训。制订了后备干部选拔培养和管理办法、干部挂职锻炼管理办法等人事管理制度，为中心干部锻炼成长创造条件，提供机会。积极组织参加院里各项活动，在“学习十八大，建功‘一三五’”知识竞赛中，勇夺三等奖，在“我与十八大”征文活动中，荣获优秀组织奖。

（撰稿：吴剑锋　侯晓光　审稿：冯　稷）

天津工业生物技术研究所

所　　长：马延和
地　　址：天津市空港经济区西七道32号
邮政编码：300308
电　　话：022-84861997
传　　真：022-84861926
电子信箱：tib_zh@tib.cas.cn
网　　址：http://www.tib.cas.cn

中国科学院天津工业生物技术研究所（以下简称“天津工业生物所”）是由中国科学院和天津市人民政府共建的、从事生物技术创新推动工业领域生态发展的科研机构，2012年3月获中央机构编制委员会批准成立，2012年11月29日通过验收，正式成为中国科学院序列研究所。

天津工业生物所的战略定位是以新生物学为基础，以生物体的计算与设计为核心，发展生命科学，创新工业生物技术，解决产业发展中生物体功能利用的关键问题，促进产业技术创新与成果转化，服务于天津、环渤海以及全中国的经济社会可持续发展。研究所重点开展“工业蛋白质科学与生物催化工程、合成生物学与微生物制造工程、生物系统与生物工艺工程”3个领域的基础研究和应用基础研究，发展新生物学指导下的工业蛋白质科学、工业系统生物学、工业合成生物学、工业发酵科学等学科体系。

2013年，天津工业生物所进一步凝练“一三五”战略目标，与院战略规划局签订“一三五”规划任务书，明确了非粮PBS生物塑料关键技术、甾体药物的绿色生物合成技术、氨基酸工业菌种创建三大突破，以及新酶制剂与绿色生物工艺、化学品新合成途径创建、植物珍稀化合物的微生物合成、通用生物系统的创建、城市有机废弃物的气化与生物转化五个重点培养方向。

天津工业生物所现建有工业酶国家工程实验室、中国科学院系统微生物工程重点实验室、天津市工业生物系统与过程工程重点实验室和天津市生物催化技术工程中心，建有微生物高通量筛选、微生物系统生物技术、发酵过程与模拟仿真3个技术平台，与天津蔚蓝生物公司、泸州老窖集团等企业共建9个联合实验室。

截至2013年底，天津工业生物所共有在职职工222人。其中科技人员160人、科技支撑人员20人，包括研究员及正高级工程技术人员31人、副研究员及高级工程技术人员12人；全所进入创新岗位150人；中国科学院“百人计划”入选者13人（新增2人），中国科学院“引进杰出技术人才”1人（新增1人）；天津市“千人计划”10人，天津市“131第一层次人才培养工程”2人（新增1人）。

天津工业生物所现设有生物学、化学工程与技术2个专业一级学科硕士研究生培养点，微生物学、生物化学与分子生物学、生物化工3个二级学科硕士研究生培养点和生物工程、化学工程2个全日制专业学位硕士研究生培养点，并设有博士后工作站，共有在学研究生173人（其中硕士生147人、博士生26人）、在站博士后3人。

2013年，天津工业生物所共有在研项目209项（包括新增项目68项）。其中，承担（或参加）国家重点基础研究发展计划（973计划）课题20项（新增7项）、国家高技术研究发展计划（863计划）课题18项、“十二五”重大传染病防治科技重大专项课题1项（新增1项），主持国家自然科学基金面上项目8项（新增5项）、青年科学基金30项（新增13项）、外国青年学者研究项目2项（新增1项）；承担中科院重点部署项目3项（新增3项），参加中科院重点部署项目5项（新增5项），承担（或参加）中科院知识创新工程重要方向项目8项，承担中国科学院科技创新“交叉与合作团队”项目1项（新增1项），参加中科院科研信息化“科技领域云”项目1项（新增1项）；承担院科研装备研制项目1项、人才类项目37个（新增13个）；承担院地合作项目4项；承担天津市科技支撑计划项目45项（新增9项）、天津市自然科学基金项目4项（新增2项）、天津滨海新区科技计划项目4项、天津市“千人计划”10项、天津市其他类人才项目7项（新增7项）。

围绕“一三五”规划和“创新2020”目标任务，天津工业生物所科研工作取得一系列重要进展：“非粮PBS生物塑料关键技术”项目在10立方米发酵罐中成功完成中试实验，丁二酸生产成本较传统石化路线生产成本降低20%，技术指标达到国际先进及可经济化水平；“甾体药物的绿色生物合成技术”项目建立了植物甾醇替代黄姜皂素制备4AD技术，各项技术参数指标得到甾体药物中间体龙头企业的认可；“氨基酸工业菌种创建”项目从知识产权问题最严重的赖氨酸工业入手，提出可突破专利重围的新菌种设计策略，原料转化率逼近理论转化率，达到世界最好水平，已为技术应用企业每年节省成本1亿元；“新酶制剂与绿色生物工艺”项目建立了日处理量为150吨废纸的脱墨制浆生物酶处理示范生产线，使脱墨废水的COD和BOD下降50%以上；“植物珍稀化合物的微生物合成”项目构建的番茄红素和β-胡萝卜素微生物细胞工厂产量均达到国际报道的最高水平；“天然咸味食品香精绿色生物制备技术”项目建立了风味导向富肽香精生物制备技术，获2013年度天津市科学技术进步奖二等奖；“新一代工业微生物高通量筛选技术”项目搭建了具有10—100个液滴每秒的微流控检测系统，为建立适用于不同工业酶或代谢产物的检测和相应工程菌株的分选奠定了基础。天津工业生物所2013年共发表论文62篇，其中SCI 45篇，EI 5篇；申请专利57项，授权专利12项。

在院地合作及成果转化方面，天津工业生物所与山东兰典、安徽华恒等16家企业开展合作，涉及合作和转移转化成果18项，合同总额8928万元。以实施大企业融合战略为着力点，与多个行业领军企业达成全面战略合作：与天津渤化集团合作，从化工产业转型升级、节能减排等方面为企业提供全方位的解决方案；与天津纺织集团合作，开发高应用性能的酶制剂建立退浆、精炼、漂白过程的生物加工新工艺，节水、节能及化学试剂使用量减少均达到50%以上；与天津春发集团共同建立“海洋资源利用及风味食品加工技术联合创新平台”，为提升天然食品添加剂的生物制造技术水平贡献力量；与天津金耀集团合作，实现甾体工业的原料多元化，大幅降低排放和能耗；与山东省寿光市建立战略合作关系，发展以生物基材料为重点的战略性新兴产业，打造“环渤海生物基材料产业集群”；与泸州老窖集团等企业共建4个所企联合单元，年度累计合同运行费900万元。由天津工业生物所牵头组织的“工业酶产业技术创新战略联盟”于2013年获科技部批准成为国家产业技术创新战略试点联盟。

在国际合作与交流工作方面，与日本香川大学、奥克兰大学等科研机构的交流合作稳步推进，新增国际合作2项，与德国汉堡大学共建联合实验室。获国家公派出国留学项目1项，王宽诚教育基金国际会议项目1项，中科院“外国专家特聘研究员计划”2项、“外籍青年科学家计划”1项、“台湾青年访问学者计划”2项；申请国家国际科技合作专项项目1项。接待国外来访16人次，邀请国外来宾作学术报告15场，科研人员累计出访13人次；来所交流的外国专家与所内合作者共同发表论文28篇，申请专利4件。3人在国际组织和国际期刊中任职6项。2013年，获科技部认定为“天津工业生物技术国际科技合作基地”的国家国际科技合作基地。

（撰稿：刘　文　冯毅飞　审稿：马延和）

山西煤炭化学研究所

所　　长：王建国
地　　址：山西省太原市桃园南路27号
邮政编码：030001
电　　话：0351-4041627
传　　真：0351-4041153
电子信箱：dangzb@sxicc. ac. cn
网　　址：http://www. sxicc. cas. cn

中国科学院山西煤炭化学研究所（以下简称“山西煤化所”）成立于1954年10月15日，其前身是中国科学院煤炭研究室。1961年，煤炭研究室扩建为中国科学院煤炭化学研究所并迁往太原。1978年9月更名为中国科学院山西煤炭化学研究所并沿用至今。

山西煤化所的发展战略是：以满足国家能源战略安全、社会经济可持续发展及国防安全的战略性重大科技需求为使命，以协调解决煤炭利用效率与生态环境问题和重点突破制约国家战略性新兴产业发展的材料瓶颈为目标，围绕煤炭清洁高效利用和新型炭材料制备与应用开展定向基础研究、关键核心技术和重大系统集成创新，建设在国际相关领域具有重要影响力的现代化专业研究所。

山西煤化所主要学科方向为：煤化学和化工、催化化学与工程、新型炭材料和化学反应工程。主要研究煤基合成液体燃料、煤气化过程的集成优化、燃煤污染控制、能源环境新材料、高性能炭材料、煤深加工及下游产品、精细化工、超临界化工及萃取、特种气体制备及净化等。

“十二五”期间，山西煤化所着重抓好中国科学院战略性先导科技专项落实，继续围绕科技自主创新和高新技术产业化两条主线，稳步推进能源、材料及化工等领域技术研发及产业化进程，继续为我国含碳资源高效洁净利用提供核心技术和解决方案，不断为国家能源安全和可持续发展做出重大贡献。

山西煤化所拥有太原桃南园区、小店中试基地、扬州碳纤维工程技术中心，以及正在筹建的北京怀柔能源与材料研究中心4个研发区域（中心）；拥有包括煤转化国家重点实验室、煤炭间接液化国家工程实验室、碳纤维制备技术国家工程实验室以及山西煤化工技术国际研发中心在内的4个国家级研发单元；中科院炭材料重点实验室、粉煤气化工程研究中心2个院、省级研发单元和应用催化与绿色化工实验室所级研发单元。全所设有战略研究与工程咨询、化工过程设计、环境影响评价、所级公共技术服务，以及文献网络中心5大支撑系统。文献网络中心现有图书期刊25余万册，所级公共技术服务中心拥有大型仪器设备40台/套。

截至2013年底，山西煤化所共有在职职工580人。其中科技人员379人、科技支撑人员84人，包括中国科学院院士1人、研究员及正高级工程技术人员58人、副研究员及高级工程技术人员125人。现有国家海外高层次人才引进计划（“千人计划”）入选者2人；中国科学院“百人计划”入选者12人（新增3人）；国家杰出青年科学基金获得者1人。

山西煤化所是1981年国务院学位委员会批准的首批博士、硕士学位授予单位之一，现有博士生导师36人，硕士生导师98人，设有化学、化学工程与技术、材料科学与工程3个一级学科博士、硕士研究生培养点；物理化学、无机化学、有机化学、化学工程、化学工艺、生物化工、应用化学、工业催化、材料物理与化学、材料学、材料加工工程11个二级博士、硕士研究生培养点；环境工程、化学工程、材料工程3个全日制专业硕士授权点，并设有1个化学专业一级学科博士后流动站。共有在学研究生308人（其中硕士生131人、博士生177人）、在站博士后6人。

2013年，山西煤化所共有在研项目304项（包括新增项目84项）。其中，主持国家重大科技专项课题1项（新增1项），主持国家重点基础研究发展计划（973计划）项目1项、承担课题6项，承担国家高技术研究发展计划（863计划）项目1项；主持国家自然科学基金面上项目19项（新增5项）、青年基金项目21项（新增9项）、联合基金项目2项（新增2项）、专项基金2项（新增2项）；主持中国科学院战略性先导科技专项课题14项、子课题11项，主持院重大仪器研制项目1项；承担院地合作项目2项。

2013年，山西煤化所科研工作取得重大进展。百万吨级铁基费托合成油商业厂设计和建设取得进展；10万吨/年钴基固定床合成工业示范项目启动；云南文山铝业80万吨/年氧化铝配套燃料气项目通过验收，产气量达27000—40000万 Nm^3/h；煤催化气化制天然气技术完成绝热PDU上实验；完成甲醇转化制汽油（MTG）催化剂的改进研究，累计生产催化剂200余吨，20万吨/年甲醇制汽油工业装置已基本建成完工；建成300 Nm^3/h 含氧煤层气流化床催化脱氧中试装置；与神华集团合作建设千吨级合成气制低碳醇工业侧线装置；甲醇重整制氢催化剂完成吨级放大，产氢量达 $100m^3/h$；在5万吨/年裂解C9馏分油加氢装置上，完成了催化剂替代工业应用；石墨烯制备系列技术有所突破，打通工艺流程；煤制乙二醇新技术、煤基天然气耐硫合成技术、铜基催化剂的基础研究等方面都取得一定进展。

2013 年，山西煤化所共发表论文 293 篇；授权专利 66 项。作为完成单位参与起草的煤基费托合成-柴油组分油国家标准在 2013 年批准实施。“灰熔聚流化床劣质无烟煤气化技术开发与工业示范”获得国家能源局科技进步奖一等奖、“固定源 SO_2 和 NO_x 同时脱除的结构化催化剂的催化原理和反应工程”获得北京市科学技术奖二等奖、“MT300 聚丙烯腈碳纤维及原丝工程化研究”获得山西省科技进步奖一等奖、“多尺度孔径分布功能炭材料结构与性能的调控”获得山西省自然科学奖二等奖、炭基复合材料研发团队获山西省“科技奉献奖”先进集体二等奖。

2013 年，山西煤化所与企业签订横向合同 17 项，合同总金额 13798. 28 万元。

2013 年，山西煤化所国际交流合作出访 60 余人次，来访 20 余人次。与荷兰壳牌公司合作开展“多级孔结构在费托合成产物选择性调控中的研究”；与英国诺丁汉大学合作开展“多尺度层次孔炭球的研制及其对 CO_2 捕获性能的研究”；与德国巴斯夫聚氨酯特种产品有限公司合作开展了“水性聚氨酯处理剂研究开发”。同时，与澳大利亚科廷科技大学、日本国立富山大学、加拿大自然资源部能源研究所、纽约州立大学宾汉顿分校、不列颠哥伦比亚大学、德国斯图加特大学、美国西北太平洋国家实验室合作申请了 2013 年创新团队国际合作伙伴计划——“低阶煤分级转化的化学与工程基础”；与日本福冈与日本学术振兴会共同举办了“第 12 届日中煤化学和碳一化学研讨会”；与韩国国立忠南大学绿色能源技术研究生院、韩国碳素技术融合研究所及蒙古国立大学化学化工学院签署了备忘录/框架协议。

山西煤化所主办有《燃料化学学报》和《新型炭材料》等刊物。《燃料化学学报》2012 年影响因子为 1. 292，居能源化工类期刊第二名；《新型炭材料》2012 年影响因子为 0. 981，在 SCI 收录的中国材料类期刊中排名第一位，并获全国百强科技期刊、第三届中国出版政府奖期刊提名奖。

（撰稿：熊志建　王　军　审稿：李晶平）

大连化学物理研究所

所　　长：张　涛
地　　址：辽宁省大连市中山路 457 号
邮政编码：116023
电　　话：0411-84379135
传　　真：0411-84691570
电子信箱：bgs@dicp. ac. cn
网　　址：http://www. dicp. cas. cn

大连化学物理研究所（以下简称“大连化物所”）创建于 1949 年 3 月，当时定名为大连大学科学研究所。1950 年，更名为东北科学研究所大连分所，1952 年转属中国科学院，更名为中国科学院工业化学研究所，1961 年，更名为中国科学院化学物理研究所，1970 年正式命名为中国科学院大连化学物理研究所。

大连化物所是一个基础研究与应用研究并重、应用研究和技术转化相结合，以任务带学科为主要特色的综合性研究所。重点学科领域为：催化化学、工程化学、化学激光、分子反应动力学、近代分析化学和生物技术。2013 年，大连化物所对“一三五”规划进行了调整，调整后的“三”个重大突破为“煤代油新技术、WQZB 用化学能高效转化关键技术、能源相关基元及催化反应中重大科学问题、液流储能关键材料与新技术”。“一三五”国际评估顺利完成，国际专家悉心把脉，助力研究所学科的凝练、布局和发展。在“创新 2020”进入到重点跨越的关键阶段，大连化物所进一步明确研究所发展定位，致力于重大成果产出，深入探索管理体制改革，“创新 2020”各项任务和目标得到扎实推进。

大连化物所设有洁净能源国家实验室（筹），共设置化石能源与应用催化、低碳催化与工程、节能与环境、燃料电池、储能技术、氢能与先进材料、生物能源、太阳能、海洋能、能源基础和战略、能源研究技术平台共 11 个研究部；设有催化基础和分子反应动力学 2 个国家重点实验室；设有化学激光、分离分析化学 2 个中国科学院重点实验室；设有甲醇制烯烃国家工程实验室、国家催化工程技术研究中心、膜技术国家工程研究中心、燃料电池及氢源技术国家工程中心、国家能源低碳催化与工程研发中心等多个国家级科技创新平台；设有航天催化与新材料研究室、仪器分析化学研究室、精细化工研究室和生物技术研究部等多个研究室。另外，大连化物所还与国外著名大学、公司和研究机构联合设立了中法催化联合实验室、中法可持续能源联合实验室、中德催化纳米技术伙伴小组、中韩燃料电池联合实验室和 DICP-BP 能源创新实验室等十几个国际合作研究机构。

截至 2013 年底，大连化物所共有在职职工 1036 人。其中科技人员 744 人、管理及科技支撑人员 244 人，包括中国科学院院士 11 人、中国工程院院士 2 人、发展中国家科学院院士 3 人、研究员及正高级工程技术人员 155 人、副研究员及高级工程技术人员 385 人。

共有国家海外高层次人才引进计划（“千人计划”）入选者 5 人（新增 1 人），其中“青年千人计划”入选者 2 人；中国科学院“百人计划”入选者 41 人（新增 2 人）；国家杰出青年科学基金获得者 18 人（新增 2 人）。

大连化物所是 1981 年国务院学位委员会批准的博士、硕士学位授予权单位之一，现设有化学、化学工程与技术、环境科学与工程 3 个一级学科博士研究生培养点，材料科学与工程、物理学 2 个一级学科硕士研究生培养点，并设有化学、化学工程与技术 2 个专业一级学科博士后流动站，共有在学研究生 798 人（其中硕士生 267 人、博士生 531 人），在站博士后 104 人。

2013 年，大连化物所共有在研项目 526 项（包括新增项目 240 项）。其中，承担国家重大科技专项课题 1 项，主持（或承担）国家重点基础研究发展计划（973 计划）和国家重大科学研究计划项目 6 项（新增 1 项）、承担（或参加）课题 16 项（新增 2 项），主持（或承担）国家高技术研究发展计划（863 计划）项目 13 项（新增 2 项）；主持（或承担）国家自然科学基金重点项目 6 项（新增 1 项）、面上项目 146 项（新增 36 项）、国家杰出青年科学基金项目 7 项（新增 2 项）；主持（或承担）中国科学院战略性先导科技专项课题 12 项，主持（或承担）院重点部署项目 2 项、（科技部、国家自然科学基金委、财政部和院）重大仪器研制项目 3 项；承担重点国际合作项目 27 项（新增 12 项）；承担院地合作项目 287 项（新增 184 项）。

2013 年，大连化物所在分子反应共振态研究工作取得突破，相关研究成果发表在 *Science* 杂志上。应用研究方面，全球首套以外购甲醇为原料的甲醇制烯烃商业化装置投产运行；全球最大规模全钒液流电池储能系统应用示范工程成功并网并通过竣工验收；燃料电池在芦山地震抢险救灾中发挥重要作用；汽油固定床超深度催化吸附脱硫组合技术通过成果鉴定；化学激光取得重大突破；航天催化在无毒领域取得新进展。全所申请专利 931 件，授权 257 件；正式公开发表论文 749 篇，SCI 第一产权论文 523 篇；出版著作 1 部。大连化物所作为第一完成单位共获得省部级以上奖励 7 项。其中，张存浩院士获得国家最高科学技术奖，这既是国家对张存浩院士个人成就的高度认可，也是对大连化物所化学激光和分子反应动力学领域研究工作的高度认可。此外，还获得辽宁省级奖励 5 项，中国专利奖 1 项。

2013 年，大连化物所深化与延长石油、天业集团等大型企业集团间的战略合作，共同推进能源化工、节能减排等领域的项目合作及产业化应用，并着重加强在环渤海、长三角、东南沿海、中西部地区及新疆等重点区域的科技成果推广和对接活动，深入探索“本部+转化中心”的发展模式。截至 2013 年底，该所共有投资企业 20 个，其中控股公司 7 个，参股公司 13 个，对外投资总额为 2.5 亿元。投资企业共有科技开发人员 260 余人，营业收入总额 9.05 亿元，净利润总额 1.72 亿元，上缴税金总额 6074 万元。

2013 年，大连化物所继续稳固和不断深化与国际知名学术机构和大型跨国企业的全方位合作，持续推进与英国石油公司的框架合作协议，与沙特基础工业公司共同建立了“先进化学品生产研究中心”，并积极推动与德国、加拿大、丹麦等国家的合作项目；成功举办了“第二届国际生物质催化炼制大会”和“第二届 DNL 洁净能源会议”等重要国际会议和论坛；全年，共有来自 31 个国家和地区的近 400 位国（境）

外科学家应邀来所进行学术交流。同时，大连化物所共派出 167 批 217 人次分别前往美国、英国、德国和日本等 31 个国家和地区进行访问和合作交流。

大连化物所是中国化学会的会员单位，负责编辑出版《催化学报》、《能源化学（*Journal of Energy Chemistry*）》和《色谱》3 种学术期刊。其中，《天然气化学》（《能源化学》的前身）和《催化学报》的 SCI 影响因子分别位居 SCI 收录的中国化学类期刊的第一名和第三名；《色谱》的中信所影响因子在中国化学类 33 种核心期刊中排名第一。

（撰稿：杨　宏　孙　洋　审稿：王　华）

金属研究所

所　　长：杨　锐
地　　址：辽宁省沈阳市沈河区文化路 72 号
邮政编码：110016
电　　话：024-23843605
传　　真：024-23891320
电子信箱：imr@imr. ac. cn
网　　址：http://www. imr. cas. cn

中国科学院金属研究所（以下简称“金属所”）成立于 1953 年，是新中国成立后中国科学院新创建的首批研究所之一。首任所长是我国著名的物理冶金学家李薰先生。1999 年 5 月，根据中国科学院知识创新工程试点工作的统一部署，在“东北高性能材料研究发展基地”建设中，金属所与中国科学院金属腐蚀与防护研究所整合成立现金属所。

金属所是涵盖材料基础研究、应用研究和工程化研究的综合型研究所，1999 年成为中国科学院知识创新工程试点单位之一。金属所以“创新材料技术，攀登科技高峰，培育杰出人才，服务经济国防”为使命，主要学科方向和研究领域包括：纳米尺度下超高性能材料的设计与制备、耐苛刻环境超级结构材料、金属材料失效机理与防护技术、材料制备加工技术、基于计算的材料与工艺设计、新型能源材料与生物材料等。

金属所“创新 2020”的定位与目标是：以关键金属结构材料研发为主体，建设国际一流的综合性研究所。以服务国家经济建设和国防建设为主要目标，以航空航天、能源、装备制造业、环境、人口健康等领域的材料需求为牵引，开展高品质关键材料研究；以学科共性技术为内在主线，解决共性关键技术问题，全面提升材料品质；优化学科布局、凝聚人才、搭建完善研发平台，全面提升科技创新能力；以更显著、全面的科技产出、国际影响和社会贡献实现向一流研究所的整体跨越。2013 年，金属所“一三五”规划得到有效实施，“创新 2020”相关工作进展顺利。

金属所的研究机构在基础研究方面拥有沈阳材料科学国家（联合）实验室，这是我国第一个研究类国家实验室；应用研究方面拥有沈阳先进材料研究发展中心和材料环境腐蚀研究中心；工程化研究方面拥有 2 个国家工程中心：高性能均质合金国家工程研究中心和国家金属腐蚀控制工程技术研究中心。

金属所坚持实施“人才兴所”战略，培养和凝聚了大批优秀的材料科学家和工程技术专家。截至 2013 年底，金属所共有在职职工 909 人，其中科技人员 540 人、科技支撑人员 151 人，包括中国科学院院士 6 人（成会明研究员新增选为中国科学院院士）、中国工程院院士 3 人、发展中国家科学院院士 2 人、研究员及正高级工程技术人员 139 人、副研究员及高级工程技术人员 296 人。全所进入创新岗位 736 人。

金属所共有“万人计划”入选者 2 人；国家海外高层次人才引进计划（“千人计划”）入选者 3 人，“青年千人计划”入选者 1 人（新增 1 人）；中国科学院“百人计划”入选者 38 人（新增 3 人）；国家杰出青年科学基金获得者 19 人（新增 1 人）。

金属所是国务院学位委员会批准的首批博士、硕士学位授予单位之一。现有材料科学与工程 1 个一级学科博士研究生培养点、材料科学与工程 1 个一级学科硕士研究生培养点，包含材料物理与化学、材料学、材料加工工程、腐蚀科学与防护4个二级学科博士、硕士研究生培养点，并设有材料科学与工程1个一级学科博士后流动站，共有在学研究生688人（其中硕士生297人、博士生391人）、在站博士后36人。

2013年，金属所共有在研项目608项（包括新增项目217项）。其中，承担国家重大科技专项课题12项，主持（或承担）国家重点基础研究发展计划（973计划）和国家重大科学研究计划项目6项、承担课题23项（新增2项）、参加课题10项，主持（或承担）国家高技术研究发展计划（863计划）项目2项，主持（或承担）国家科技支撑计划课题项目4项，参加国家科技基础性工作专项4项（新增1项）；主持（或承担）国家自然科学基金重大项目课题2项（新增1项），重点项目12项（新增5项）、创新群体基金项目1项，国家杰出青年科学基金3项（新增1项）、面上项目（含青年基金）186项（新增43项），国家自然基金重大研究计划重点课题1项；主持（或承担）中国科学院战略性先导科技专项课题8项（新增2项），主持或承担院重点部署项目3项（新增1项）；承担或参加（科技部、国家自然科学基金委、财政部和院）重大仪器研制项目4项（新增3项），承担重点国际合作项目3项（新增1项），承担"百人计划"项目12项（新增2项）；承担院地合作项目16项（新增1项）；在研国家专用项目54项（新增10项）；承担地方科技三项项目19项（新增7项）；在研委托项目243项（新增142项）。

2013年金属所科研工作继续保持基础研究、民用高技术研究、国防材料技术研究齐头并进、和谐发展的良好格局，研究成果不断涌现。其中，镁合金部件及其防护方法、铝基复合材料、大口径铝合金管材的研制与供货等保障了我国"嫦娥三号"等多个重要型号的顺利实施。钛合金管、板、丝材，不锈钢管材，高温合金叶片及精密铸件，涂层材料及技术等工程急需材料研制进展顺利。在民用材料技术方面，钢铁大铸坯、高铁关键材料、核电材料腐蚀研究、储能钒电池、医用高氮无镍不锈钢、耐磨犁铧、环保设备用耐蚀材料、表面纳米化技术等研究取得重要进展。在材料基础研究及新材料探索方面，发现超硬超高稳定性新型纳米层片结构，在纳米金属领域实现又一重大突破，成果在《科学》周刊上发表；对纳米金属薄膜等材料的变形和疲劳机制认识进一步深化，成果在《自然-通讯》上发表；此外，发展出了抑制不锈钢点蚀新方法；进一步揭示了间隙硼原子固溶强化的超硬机制；催化材料、功能薄膜材料等研究工作也取得了显著进展。

2013年，据不完全统计，金属所发表SCI论文392篇。申请专利239项，授权212项，发表专著3部，负责制定的2项国家标准已颁布。一些科研成果获得了不同级别的奖励，其中"镍铝化合物扩散行为、缺陷结构与性能的研究"项目荣获辽宁省自然科学学术成果奖三等奖，"金属材料表面纳米化技术在轧辊上的应用"项目荣获2013年中国产学研合作创新成果奖，"铜管高效短流程技术装备研发及产业化"项目荣获中国有色金属工业协会2013年度科技进步奖一等奖。

2013年，金属所国际交流持续活跃。全年举办4次国际会议，与美国波音、日本NIMS、韩国KIMS等研究机构及公司签订合作协议7项。全年共计派出287人次，接待来访约270人次，其中接待李薰奖系列等重要来访18位科学家。金属所中外联合发表论文103篇，其中75篇发表在SCI期刊。新增2名科研人员在国际组织及期刊任职，截至2013年底，金属所共有15位科研人员在23个国际组织任职，25位科研人员在34个国际期刊任职，体现了金属所的国际影响力。

金属所受中国金属学会、中国材料研究学会、国际材料物理中心、国家自然科学基金委员会、中国腐蚀与防护学会等委托，编辑出版《金属学报》（中、英文版）、《材料科学与技术》（英文版）、《材料研究学报》（中文版）、《中国腐蚀与防护学报》、《腐蚀科学与防护技术》6种学术刊物。

（撰稿：刘　言　黄　粮　审稿：王忠明）

沈阳应用生态研究所

所　　长：韩兴国

地　　址：辽宁省沈阳市沈河区文化路 72 号
邮政编码：110016
电　　话：024-83970200
传　　真：024-83970300
电子信箱：syiae@iae. ac. cn
网　　址：http://www. iae. cas. cn

中国科学院沈阳应用生态研究所（以下简称“沈阳生态所”）成立于 1954 年，其前身为中国科学院林业土壤研究所，1987 年更为现名。是以林业、土壤、植物、微生物与环境科学为基础的综合性应用生态学研究机构。2001 年，沈阳生态所被正式批准为国家知识创新工程试点单位。

沈阳生态所围绕国家农业、林业可持续发展、生态与环境建设中急需解决的重大问题和应用生态学的发展需要，在森林生态与林业生态工程、土壤生态与农业生态工程、污染生态与环境生态工程领域开展基础性、战略性和前瞻性研究，丰富和发展森林生态学、农田生态学和污染生态学的基础理论，为我国主要退化生态系统恢复与重建，改善生态与环境，保障食物安全提供科学依据与关键技术。并着力于森林生态系统功能维持与调控、新型肥料研制与水土资源高效利用、辽河流域水土污染治理 3 个重点领域进行科研突破，将沈阳生态所建设成为国家应用生态学研究基地和高级人才培养基地，成为国内一流、国际上有重要影响的应用生态学研究中心。

沈阳生态所现有 5 个研究中心，分别是森林生态与林业生态工程研究中心、土壤生态与农业生态工程研究中心、污染生态与环境生态工程研究中心、景观生态与区域规划研究中心和生物资源与生物技术研究中心；1 个国家重点实验室：森林与土壤生态国家重点实验室；1 个国家工程实验室：土壤养分管理国家工程实验室（与中国科学院南京土壤研究所联合共建）；1 个院重点实验室：中科院污染生态与环境工程重点实验室；8 个省重点实验室（工程技术中心），分别是辽宁省陆地生态过程与区域生态安全重点实验室、环境污染生态修复与资源化技术实验室（省部共建）、辽宁省节水农业重点实验室、辽宁省生态公益林重点实验室、辽宁省植物资源与利用重点实验室、辽宁省土壤环境质量与农产品安全重点实验室、辽宁省肥料工程技术中心、辽宁省污染环境生态修复工程技术研究中心。

沈阳生态所有 8 个野外台站，分别是吉林长白山森林生态系统国家野外科学观测研究站、辽宁沈阳农田生态系统国家野外科学观测研究站、湖南会同森林生态系统国家野外科学观测研究站、乌兰敖都荒漠化试验站（国家林业局荒漠化监测中心之一）、清原森林生态实验站（院级站）、额尔古纳综合生态试验站（在建）、大青沟沙地生态实验站、沈阳树木园；此外，沈阳生态所设有东北生物标本馆，截至 2013 年底，馆藏标本 56 万余份；建有农产品安全与环境质量检测中心，装备有同位素比例质谱仪、液相色谱串级质谱联用仪、气相色谱串级质谱联用仪、电感耦合等离子体发射光谱-质谱联用仪、具备微（痕）量元素、有机污染物、微观形态分析测试能力，可以进行环境、农业、医药、食品等领域的分析测试和研究工作。

截至 2013 年底，沈阳生态所共有在职职工 375 人。其中科技人员和科技支撑人员 292 人，包括研究员及正高级工程技术人员 69 人、副研究员及高级工程技术人员 95 人。

目前，沈阳生态所有国家“千人计划”入选者 1 人，“青年千人计划” 1 人，中国科学院“百人计划”入选者 11 人，国家杰出青年科学基金获得者 3 人，国家优秀青年基金获得者 1 人。

沈阳生态所是 1981 年国务院学位委员会首次批准的博士学位点，现设有生态学、农业资源与环境 2 个一级学科博士研究生培养点，微生物学、环境科学 2 个二级学科博士研究生培养点，生态学、农业资源与环境 2 个一级学科硕士研究生培养点，微生物学、植物学、森林培育、环境科学 4 个专业二级学科硕士研究生培养点，并设有生态学、农业资源与环境 2 个一级学科博士后流动站，共有在学研究生 330 人（其中博士生 154 人、硕士生 176 人）、在站博士后 20 人。

2013 年，沈阳生态所共有在研项目 358 项（包括新增项目 142 项）。其中，承担国家重大科技专项课题 2 项，主持国家重点基础研究发展计划（973 计划）项目 2 项，新增青年 973 项目 1 项，承担课题 6 项，主持国家高技术研究发展计划（863计划）课题1项，主持国家科技基础性工作专项1项，新增基础专项课题2项；主持国家自然科学基金重点项目5项（新增4项）、面上项目53项（新增22项）、国家杰出青年科学基金项目2项（新增1项）；主持中国科学院战略性先导科技专项课题4项；承担重点国际合作项目6项；承担院地合作项目26项。

2013年，沈阳生态所发表SCI论文261篇（包括Ⅰ区36篇、Ⅱ区68篇）；出版专著6部；申请专利57项，其中发明专利46项；获授权专利41项，其中发明专利28项。作为第一完成单位申报各级奖励7项，获奖4项，包括获得省科技奖励辽宁省科技进步奖一等奖1项，省科技进步奖二等奖3项。

2013年，落实辽宁省科技经费259万元，沈阳市科技经费238万元；组织申报“辽宁省农业科技创新团队”2个。

2013年沈阳生态所举办了“第七届森林土壤研讨会”，来自美国、德国等十几个国家和地区的200余名科学家参加了会议。举办了“第四届国际种子学大会”，来自23个国家和地区的165名代表参会。此外，还举办了“中德合作双边研讨会”、“东北亚林业可持续发展国际研讨会”、“区域可持续发展国际学术研讨会”等学术会议。2013年10月，由来自美国、加拿大、瑞士、荷兰、德国及中国香港等国家和地区生态环境领域的9位国际知名学者组成的专家组，对研究所的“一三五”规划进展进行了诊断性评估，给出了诊断性意见，对研究所的人才、学科、平台等方面给予了高度评价。本年度共来访183人次，出访109人次。

沈阳生态所是辽宁省生态学会、辽宁省植物学会、辽宁省土壤学会、沈阳市植物学会的挂靠单位；主办《应用生态学报》、《生态学杂志》、*Ecological Processes* 等学术刊物。

（撰稿：丁玮杭　郭秀银　审稿：姬兰柱）

沈阳自动化研究所

所　　长：于海斌

地　　址：辽宁省沈阳市沈河区南塔街114号

邮政编码：110016

电　　话：024-23970012

传　　真：024-23970013

电子信箱：sia@sia.cn

网　　址：http://www.sia.cas.cn

中国科学院沈阳自动化研究所（以下简称“沈阳自动化所”）成立于1958年11月。成立之初名称为辽宁电子技术研究所，1960年4月更名为中国科学院辽宁分院自动化研究所，1962—1972年的名称为中国科学院东北工业自动化研究所，1972年起定名为中国科学院沈阳自动化研究所。1999年，沈阳自动化所成为首批进入中国科学院知识创新工程的试点单位之一。

沈阳自动化所主要从事机器人、工业自动化、光电信息技术的研究、开发与应用。沈阳自动化所的定位与目标是：以全面提升科技创新能力和自主持续发展能力，服务小康社会建设为主线，面向建设制造强国和国防安全的国家重大战略需求，以科技创新提高国家综合实力、促进经济社会发展、保障国家安全为出发点，以建设实现“四个一流”为目标，科技自主创新能力显著增强，在先进制造与国家安全领域创新跨越，成为我国先进制造与自动化技术领域具有骨干引领作用的国立科研机构，成为代表中国科技发展水平的国际知名研究所。

沈阳自动化所科研机构设有10个研究室：机器人学研究室、海洋技术装备研究室、空间自动化技术研究室、光电信息技术研究室、智能检测与装备研究室、装备制造技术研究室、信息服务与智能控制技术研究室、工业控制网络与系统研究室、自主水下机器人技术研究室、数字工厂研究室，以及机电产品制造中心1个生产部门。设有综合办公室、科技处、工程项目处、人事教育处、财务处、质量管理处、条件处、保密办公室、监察审计办公室9个管理部门，以及文献情报中心1个支撑部门。沈阳自动化所是机器人技术国家工程研究中心、机器人学国家重点实验室、中国科学院光电信息处理重点实验室、中国科学院网络化控制系统重点实验室、国家科技部高技术成果转化产业化基地、辽宁省图像理解与视觉计算重点实验室、辽宁省物联网技术研究与应用重点实验室、辽宁省雷达系统研究与应用技术重点实验室、辽宁省工业通信与控制系统重点实验室、辽宁省数字化协同制造与管理重点实验室的依托单位。设有广州中科院沈阳自动化研究所分所、无锡中科泛在信息技术研发中心有限公司、中科院沈阳自动化研究所义乌中心、中科院沈阳自动化研究所扬州工程技术应用与研究中心四个分支机构。

截至2013年底，沈阳自动化所共有在职职工952人。其中科研人员711人，科技支撑人员67人，包括中国工程院院士2人、研究员及正高级工程技术人员93人、副研究员及高级工程技术人员233人。有国家“千人计划”入选者1人，中国科学院“百人计划”入选者7人，国家杰出青年科学基金获得者1人，国家百千万工程入选者3人，“万人计划”入选者1人。现有机械制造及其自动化、机械电子工程、控制理论与控制工程、检测技术与自动化装置、模式识别与智能系统、电子与信息6个博士培养点；机械制造及其自动化、机械电子工程、控制理论与控制工程、模式识别与智能系统、控制工程、检测技术与自动化装置、计算机应用技术7个硕士培养点；设有机械工程和控制科学与工程2个一级学科博士后流动站。共有在学研究生345人（其中硕士161人、博士184人）、在站博士后31人。

2013年，沈阳自动化所共有在研项目582项（新增203项）。包括主持（或承担）国家高技术研究发展计划（863计划）项目26项（新增7项）；主持（或承担）国家自然科学基金项目37项（新增19项），其中重点项目3项（新增1项）、面上项目13项（新增7项）、青年科学基金项目20项（新增8项）；主持（或承担）中国科学院战略性先导科技专项课题8项（新增4项），主持（或承担）院重要方向项目2项，主持（或承担）院重点部署项目7项（新增2项）；主持（或承担）国家科技重大专项项目17项（新增5项）。新申请专利317件，其中发明专利218件、实用新型89件、PCT国际申请8件。授权专利122件，其中发明专利65件、实用新型专利53件。软件著作权登记56件。发表学术论文593篇，出版学术专著4部。

2013年，沈阳自动化所“一三五”规划进展顺利，部分研究方向已突破了核心技术，实现了行业示范应用。“蛟龙”号控制系统高质量地为载人潜水器试验性应用航次提供了保障，获院杰出成就奖等诸多荣誉；光电信息基础研究实现重大突破，圆满完成重点型号工程试验；研究所首个航天项目在轨试验取得圆满成功；工业物联网技术研发与转化工作取得新进展；大载荷旋翼无人机首飞成功并获得多项荣誉；“潜龙一号”6000米水下无人无缆潜器应用性海上试验获得成功。多项科研成果获得国家和省部级科技奖，包括“用于过程自动化的WIA通信网络与通信规范”获中国标准创新贡献奖一等奖；“蛟龙”号载人潜水器团队获第十四届中国经济年度人物创新奖；“蛟龙”号载人潜水器控制与声学系统研制集体获中国科学院院杰出成就奖；“蛟龙”号控制系统研制项目组、“蛟龙”号控制系统海试团队获“蛟龙”号载人潜水器7000米级海试先进集体；“面向过程自动化新一代工业无线网络技术”获辽宁省科技发明奖一等奖；沈阳自动化研究所获中科院院地合作奖先进研究所；“面向汽车行业的大型成套设备设计与开发”获中科院院地合作奖优秀产业化技术团队。

2013年，沈阳自动化所积极与政府、企业开展合作，构建研究与转化平台，提升院地合作工作水平。已完成沈阳中科奥维科技股份有限公司注册，具备了工业无线仪表及设备装置的研发、生产、加工、销售的能力；与沈阳军区总医院继续开展覆盖多个学科的合作。2013年，沈阳自动化所投资的高技术公司继续呈现良好发展态势。截至2013年底，所投资公司共有10家，研究所所有者权益大幅度增加。

2013年，科研人员和研究生积极参与国际科技合作与交流，先后出访美国、英国、澳大利亚、日本、法国、瑞士等国家和地区。全年出访立项112人次，接待14个国家和地区64人次的来访。吸引到数名具有院百人A类资格的高级人才；获得中科院港、澳、台对外合作重点项目、中科院发展中国家访问学者计划以及中科院外国专家特聘研究员计划等资助。

沈阳自动化所与中国自动化学会主办《机

器人》、《信息与控制》2 个科技类中文核心学术期刊。中国自动化学会机器人专业委员会、辽宁省自动化学会和沈阳科研院所科协联合会挂靠在沈阳自动化所。

（撰稿：田　甜　孙　雷　审稿：梁　波）

海洋研究所

所　　长：孙　松
地　　址：山东省青岛市南海路 7 号
邮政编码：266071
电　　话：0532-82898611
传　　真：0532-82898612
电子信箱：iocas@qdio. ac. cn
网　　址：http://qdio. cas. cn

中国科学院海洋研究所（以下简称“海洋所”）始建于 1950 年 8 月，其前身为中国科学院水生生物研究所青岛海洋生物研究室，是新中国成立后建立的我国第一个从事海洋科学基础研究与应用基础研究和高新技术研发的多学科、综合性科研机构。

海洋所坚持面向国家需求和国际海洋科学前沿，重点在海洋农业科学、可持续发展的理论基础与关键技术，海洋环境与生态系统动力过程，海洋环流与浅海动力过程，以及大陆边缘地质演化与资源环境效应等领域，开展了许多开创性和奠基性工作，共取得 1000 余项科研成果。在“创新 2020”重点跨越新阶段，研究所深入推进实施“一三五”战略规划，围绕“致力于综合性海洋科学基础研究和技术研发，立足近海环境演变与生物资源可持续利用的理论创新与关键技术的综合交叉与系统集成，拓展深海环境与战略性资源探索的先导性研究，在我国海洋科技领域发挥不可替代的引领作用，成为有国际影响力的海洋科学和技术研究机构”的研究所定位，各项工作均取得显著进展。

海洋所现有国家海洋腐蚀与防护工程技术研究中心和海洋生态养殖技术国家地方联合工程实验室，海洋环流与波动、海洋地质与环境、实验海洋生物学、海洋生态与环境科学、海洋腐蚀与生物污损 5 个中国科学院重点实验室，以及海洋生物分类与系统演化实验室和海洋生物技术工程研发中心、海洋环境工程研究与发展中心；设有胶州湾海洋生态系统国家野外研究站、公共技术服务与管理中心、海洋科学考察船运行管理中心和文献信息中心 4 个研究支撑单元，中科院海洋科学大型仪器区域中心、超级计算中心（青岛）以及农业部贝类产业技术体系研发中心设在该所。与国外著名研究所、大学联合建有中美海洋环流与气候环境联合研究中心、中日海洋腐蚀环境共同研究中心等多个国际合作研究机构，与国内联合建有国家级海湾扇贝良种场（青岛）、中科院海洋所南通中心及獐子岛渔业海洋生态养殖联合实验室、烟台东方海洋海珍品良种序与健康养殖实验室和天津海洋技术研究院等。

国家重大科技基础设施建设项目——“科学”号海洋科学综合考察船圆满完成 4 个实验航次任务，全年累计在航 220 余天，总航程 20000 多海里。海洋科学考察船专用码头改扩建项目顺利通过青岛市相关部门审批，并于 10 月 28 日开始施工。“科学一号”、“科学三号”全年高质量完成国家基金委开放共享航次在内的 25 个海上调查航次任务，全年在航 468 天，总航程 47415 海里。中国近海海洋观测研究网络系统“两阵一线”格局初步构建完成，编写完成《中国近海海洋观测网络黄海海洋观测研究站数据图集》。中科院高性能计算环境青岛分中心运行情况良好，全年总机时数超过 700 万 CPU 小时，系统可用率超过 99%，系统平均使用率为 70%，居全院前列。截至 2013 年底，中科院海洋生物标本馆，馆藏标本数量达到 79 万号，接待参访者超过 8000 人次。

截至 2013 年底，海洋所在职职工 694 人，其中科研人员 423 人，科技支撑人员 158 人，包括中国科学院院士 4 人、中国工程院院士 2 人，研究员及正高级专业技术人员 99 人，副研究员及高级专业技术人员 139 人。共有中科院“百人计划”入选者 23 人（新增 2 人），终期评估良好 1 人，国家杰出青年基金获得者 8 人。年内，1 人入选中组部“千人计划”，2 人入选国家“万人计划”，3 人获国务院政府特殊津贴，获批

1个院交叉合作团队，获批1个王宽诚国际会议项目资助，1人入选卢嘉锡青年人才奖，4人入选院青年人才促进会，1人获山东省突贡专家荣誉称号，3人入选青岛市拔尖人才，2人获第九届青岛市青年科技奖。

海洋所是1996年国务院学位委员会批准的国际海洋科学一级学科博士学位授予单位、中国科学院博士研究生重点培养基地。现设有一级博士学位授予点3个、二级博士学位授予点10个、硕士学位授予点13个和专业工程硕士学位授予点3个，以及海洋科学博士后流动站。在读研究生482名（博士研究生216人，硕士研究生266人），在站博士后82人。

2013年，海洋所共有在研项目778项（新增283项）。其中，主持国家重点基础研究发展计划（973计划）项目7项；主持或承担中国高技术研究发展计划（863计划）项目/课题6项；主持或承担国家自然科学基金重点项目11项（新增4项）、面上项目85项（新增21项）；主持或承担院先导专项（A类）1项、重要方向项目14项；承担重大仪器研制项目1项；承担院地合作项目67项（新增41项）。

2013年，共获得科技奖21项，其中第一承担单位，包括山东省科学科技奖5项，青岛市科技奖2项，海洋科技创新成果奖11项，中国海洋工程科学技术奖2项等。共出版专著9部，发表研究论文589篇，其中SCI/EI收录391篇，JCR一区高端论文176篇。共申请专利140件，其中发明专利127件；获授权专利92件，其中国内发明专利78件。共有3项研究成果通过鉴定，5个研究项目通过验收。

2013年，海洋所逐步完善院地合作体系，积极参与院地合作与成果转移转化战略研究，强化区域创新平台建设，深化重点区域辐射带动作用，加快推进科技成果转移转化，企业委托合同经费2954万元，入所经费1949万元。海洋生物制品工程实验室”获批青岛市发改委地方联合工程实验室；“青岛市海洋生物技术重点实验室”和“青岛市海洋环境腐蚀与防护重点实验室”以优秀的成绩顺利通过市级重点实验室评估，大连獐子岛联合实验室博士后工作站获批并启动进站工作。

2013年，海洋所国际交流不断深化，影响力不断提升。国际合作交流网络持续拓展，长效机制不断加强，建立了实质性双边国际合作平台，先后与澳大利亚海洋科学研究所和印度尼西亚科学院海洋研究中心签署科技合作备忘录。承办“第二届全球海洋观测系统指导委员会会议（GOOS）”、“第二届海峡两岸斑马鱼研讨会”等重要国际会议，国际组织、期刊编委任职达到80人次，全年出访210人次，来访100人次。承担国际合作项目15项，新增外国专家特聘研究员计划2项，发展中国家访问学者计划6项。

中国海洋湖沼学会挂靠海洋所。年内，研究所出版的学术期刊有《中国海洋湖沼学报》（英文）、《海洋与湖沼》、《海洋科学》，共出刊24期，发文638篇；《中国海洋湖沼学报》（英文）实现了流水发稿，《海洋与湖沼》、《海洋科学》实现了网络在线预出版。研究所是全国中小学科普教育社会实践基地、全国青少年走进科学世界科技示范活动基地、全国青少年科技教育基地、山东省关心下一代科普教育基地、山东省三星级科普教育基地、青岛市科普教育基地等。该所编辑出版的学术期刊

（撰稿：袁兆慧　刘　洋　审稿：杨红生）

青岛生物能源与过程研究所

所　　长：刘会洲
地　　址：山东省青岛市崂山区松岭路189号
邮政编码：266101
电　　话：0532-80662776
传　　真：0532-80662778
电子信箱：qibebt@qibebt.ac.cn
网　　址：http://www.qibebt.cas.cn

中国科学院青岛生物能源与过程研究所（以下简称“青岛能源所”）由中国科学院、山东省人民政府、青岛市人民政府与2006年共同出资建设，于2009年7月获中央机构编制委员会办公室批复成立，并于2009年11月通过验收正式成立。2011年，青岛能源所“十二五”规

划先后通过青岛市市长办公会和中科院院长办公会审议通过；8月，中国科学院与青岛市人民政府签署共建研究所二期协议，全面开启“二期”建设新时期。“二期”建设全面完成后，青岛能源所将成为我国生物、能源、过程交叉学科领域的一支重要创新力量。

青岛能源所的定位是：面向国家和地方在资源、能源与环境领域重大战略需求，面向世界生物能源与过程领域科技前沿，以工业生物技术、绿色化工技术和过程工程技术为主，研究开发生物基能源与材料的产品、工艺或技术，成为引领我国生物能源与生物基材料科技发展的创新研发基地和具有重要国际影响的战略高技术研发机构。

2013年，青岛能源所认真分析所内各学科发展现状，进一步梳理主要研究方向，重新确定了研究所“一二六”发展规划，并顺利通过中科院发展规划局组织的评审。新确定的二个重大突破项目为：生物天然气产业化技术和含能材料生物合成与示范；六个重点培育方向为：生物能源过程的单细胞方法学平台、微藻规模培养及资源化利用、浮萍/巨藻能源植物、生物基富氧化学品、生物基动力电池隔膜、生物质气化合成液体燃料。

青岛能源所建有中科院生物燃料重点实验室、中科院生物基材料重点实验室、山东省能源生物遗传资源重点实验室、山东省沼气工业化生产与利用工程实验室、青岛生物基能源与材料工程技术研究中心、青岛生物质绿色化学转化工程技术研究中心、青岛市生物质绿色化学转化工程技术研究中心7个省部级平台。

青岛能源所内部设有科技研发、技术支撑、成果转化、公共管理4个模块。其中，科技研发模块包括生物能源所、生物基材料实验室、能源应用技术所3个二级创新单元；技术支撑模块包括公共实验室、规划战略与信息中心、中试技术服务中心3个所级平台；成果转化模块包括中科院青岛产业技术育成中心、科技开发办公室（中科清源公司）2个部门；公共管理模块包括综合办公室、科技处、人事教育处、财务资产处4个职能处室。

青岛能源所作为山东省国际科技合作基地，与美国波音公司共建了“可持续航空生物燃料联合研究实验室”，与澳大利亚西澳大利亚大学联合成立了“中澳生物质综合利用联合研究中心”，并与澳方成立了“中国-澳大利亚能源与矿业联合研究中心暨联盟”，与美国明尼苏达大学联合成立“生物质工程联合研究中心”。此外，青岛能源所还是德国工业生物技术集群、美国生物基化学品与材料联盟的成员单位。

截至2013年底，青岛能源所共有在职职工396人。其中科技人员362人、科技支撑人员34人，包括研究员及正高级工程技术人员31人、副研究员及高级工程技术人员58人；全所进入创新岗位300人。共有国家海外高层次人才引进计划（“千人计划”）入选者1人，“青年千人计划”入选者2人（新增1人）；中国科学院“百人计划”入选者17人（新增3人）；国家杰出青年科学基金获得者1人。

青岛能源所现设有材料科学与工程、化学工程与技术2个一级学科博士研究生培养点，生物化学与分子生物学、微生物学2个二级学科博士研究生培养点，化学工程、材料物理与化学、材料学、生物工程、生物化工、微生物学、生物化学与分子生物学7个一级（或二级）学科硕士研究生培养点，并设有生物学一级学科博士后流动站，共有在学研究生155人（其中硕士生72人、博士生83人）、在站博士后21人。

2013年，青岛能源所共有在研项目343项（包括新增项目135项）。其中，主持国家重点基础研究发展计划（973计划）和国家重大科学研究计划课题3项（新增1项），主持国家高技术研究发展计划（863计划）课题1项（新增0项），主持国家科技支撑计划项目1项和课题1项（新增主持项目1项）；主持国家自然科学基金面上项目31项（新增6项），国家自然科学基金重大研究计划重点项目1项（新增0项）；主持中国科学院战略性先导科技专项课题1项，主持院重点部署项目课题1项（新增1项）、（国家自然科学基金委和院）重大仪器研制项目3项（新增1项）；承担国际合作项目30项（新增13项）；承担院地合作项目（中科院、地方政府和企业）128项（新增56项）。

2013年，青岛能源所产出了一批重要科技成果。其中，胡杨基因组及其抗逆机制研究成果发表于 *Nature* 杂志子刊；国际上第一台“单细胞拉曼分选仪样机”试制成功，并获基金委仪器专项资金支持；在新疆庆华集团建成了国内首套结合微藻规模培养进行煤化工废水与废气减排的工业化示范系统；秸秆厌氧发酵制沼气工程产气量达到国际先进水平；含能材料建成年产 10 吨工程化系统，多批次试生产产品完全符合用户要求；生物基合成气制液体燃料技术基本具备产业化应用条件。研究所科研人员以第一单位作者在国际高水平期刊发表 140 余篇，申请专利 70 余项，均较 2012 年有了 40% 以上的提升。

2013 年，青岛能源所分别以理事长、副理事长等骨干单位形式加入海藻产业、云南省生物质能源产业、青岛市海藻生物产业等战略性新兴产业技术创新战略联盟。与企业共同推动建设了一批面向市场的中试成果，例如：贵州仁怀酒糟厌氧发酵产业化中试项目；青岛李村 1400m^2 生态循环型奶牛养殖示范园区光伏大棚浮萍污水处理中试系统；浙江新昌公司植物淀粉开发药用植物胶材料等。注册成立的全资控股“中科清源公司”已在旗下成立 3 个产业化项目公司，其中，中科威能新材料有限公司正在建设年产千万平方米的锂动力电池纤维素复合隔膜生产基地；中科环保新能源工程有限公司重点从事生物天然气装备生产和承接沼气新能源项目建设工程；中科青能公司在食品、化妆品行业推出了一系列专利产品。

2013 年，青岛能源所接待国际机构客人来访 51 人次，国际出访近 53 人次。有多名来自意大利、丹麦等国的外国留学生获得 TWAS-CAS 奖学金资助到所深造。此外，青岛研究所与奥地利国家技术研究院合作围绕“低碳能源技术、节能建筑与可持续城镇化建设”等领域合作开展示范项目建设；与德国弗赖堡大学合作研究基因工程蓝细菌合成脂肪烃；与德国波鸿大学合作开发面向微生物群体受胁迫异质性分析的单细胞组学平台；与朗盛集团合作开发新型尼龙基锂离子电池隔膜；与道达尔集团合作研究产烃酶的分子进化；与马来西亚中成矿业合作探索高含油植物果实中油脂类物质组成的综合分析技术等。

（撰稿：官　杰　滕晓龙　审稿：隋红建）

烟台海岸带研究所

所　　长：骆永明

地　　址：山东省烟台市莱山区春晖路 17 号

邮政编码：264003

电　　话：0535-2109018

传　　真：0535-2109000

电子信箱：yic@yic.ac.cn

网　　址：http://www.yic.cas.cn

中国科学院烟台海岸带研究所（以下简称“烟台海岸带所”）是 2006 年 6 月由中国科学院与山东省、烟台市共同筹建的资源环境领域的国家级研究机构，筹建期名为中国科学院烟台海岸带可持续发展研究所（筹）。2009 年 12 月通过筹建验收成为中国科学院正式序列的研究所。

通过“一三五”发展规划制定和科技目标的进一步凝练，研究所确立了以“认知海岸带规律，支持可持续发展”为使命，面向国家战略需求和世界科技前沿，研究全球气候变化和人类活动影响下海岸带陆海相互作用、资源环境演变规律和可持续发展，创建海岸科学理论、方法与技术体系，建成海岸科技研发与成果转化中心和高级人才培养基地，提升研究所综合持续创新能力，为我国和地方海岸带资源管理、环境保护、生态建设、农业生产、减灾防灾作出基础性、战略性、前瞻性科技创新贡献，成为国际知名的海岸带研究机构。

研究所以在黄河三角洲陆海界面过程、生态演变与修复技术，海岸带环境容量与污染控制技术，海岸带盐生植物产业链构建关键技术与集成示范为三个重大突破领域；以海岸带环境微生物学与应用，潮间带功能、演变与保护，海岸带灾害风险与预警，海水资源的生态安全高值利用技术，海岸带陆海信息耦合分析与集成为 5 个重点培育方向。主要研究领域包括海岸带资源与可持续利用，海岸带环境过程、监测与修复，海岸带生物多样性与生态系统健康，海岸带灾害风险与预警、海岸带信息集成与管理。

研究所现拥有中国科学院海岸带环境过程与

生态修复重点实验室、海岸带生物学与生物资源利用重点实验室、海岸带信息集成与综合管理实验室、海岸带灾害与全球变化研究中心、海岸带数据分析与数值模拟研究中心、海岸带发展战略研究与规划中心、山东省海岸带环境过程重点实验室、山东省海岸带环境工程技术研究中心，有中国科学院牟平海岸带环境综合试验站、中国科学院黄河三角洲滨海湿地生态试验站、中国科学院烟台海岸带生物产业技术创新与育成中心。

截至2013年底，全所职工184人。其中科研人员139人、科技支撑人员23人；研究员及正高级工程技术人员27人、副研究员及高级工程技术人员36人；全所进入创新岗位151人；院“百人计划”入选者12人，973项目首席及863重大项目首席科学家、国家杰出青年科学基金获得者1人，中组部“青年千人计划”1人，“千人计划”创业人才1人（新增1人），政府特殊津贴获得者3人，新世纪“百千万人才工程”国家级人选2人，山东省杰出青年科学基金获得者5人（新增2人），山东省“泰山学者”3人（新增1人），烟台市“双百人才”5人（新增3人）。

研究所拥有环境科学与工程、海洋科学两个一级博士学科培养点，有环境科学、环境工程、海洋化学、海洋生物学4个二级博士学科培养点，有环境工程和生物工程2个专业硕士培养点，形成了较为完整的研究生培养体系。现有在读研究生148人（其中博士生71人，硕士77人）。2013年，研究生中获得国家奖学金3人，中科院优秀博士论文奖1人，中科院院长特别奖1人、优秀奖1人，中科院BHBP奖1人，中科院朱李月华优秀博士生奖1人，中科集团环保奖学金1人，刘瑞玉海洋科学奖学金2人。海岸带所合唱团被评为中国科学院大学优秀学生社团。

2013年，中国科学院烟台海岸带研究所共有在研项目340项（包括新增项目76项）。其中，承担国家重大科技专项课题33项（新增3项），承担国家高技术研究发展计划（863计划）项目4项（新增2项）；主持国家科技支撑计划课题2项（新增1项），承担国家科技支撑计划课题任务13项；主持国家自然科学基金重点项目1项、面上项目28项（新增12项）；承担中国科学院战略性先导科技专项课题8项（新增2项），主持院重点部署项目2项（新增2项）、主持（科技部、国家自然科学基金委、财政部和院）重大仪器研制项目1项；主持国际合作项目14项（新增3项）；主持院地合作项目9项。共发表学术论文425篇，其中SCI论文248篇。SCI收录论文中，影响因子大于4的25篇，TOP期刊33篇。全年共申请专利56项，其中申请发明专利54项；专利授权30项，其中发明专利24项。

加强条件与能力建设。基本建成了集环境、生物样品的分析测试、生物制品和环保产品研发、中试、室外观测、海水污染物实时在线移动观测等功能的实验和研发环境，满足了科学和工程技术研究工作的基本需求。在当前网络环境的基础上，进行了野外台站、观测监测网的规划与建设，升级了科技网的物理链路，成功部署了地波雷达系统以及“大型仪器智能卡系统”网络条件，开通与完善了远程资源VPN与FTP服务，并加强了网络与信息安全。中国科学院牟平海岸带环境综合试验站建设基本完成，中国科学院黄河三角洲滨海湿地生态试验站二期1300m^2的科研综合楼已开始室内装修；近海综合科学考察船（500吨位）进入了主体设计。

加强院地合作。以需求为导向，以成果转移转化、人才培养、落实合作协议为抓手，配合研究所的战略布局，聚焦重点区域（黄渤海、北部湾）、重点领域（环境监测、生态修复、资源综合利用），开展所地、所企合作。先后与国家海洋局烟台海洋环境监测中心站、山东省科学院生物所、广西科学院等单位签订了合作框架协议，与莱州顺昌水产公司、烟台众德集团公司、烟台东润仪表公司等签订了技术合同。2013年，烟台海岸带所荣获“烟台发展突出贡献单位”称号。

以提升科技创新能力为目标，以科技发达国家为主要对象，开展国际科技交流与合作。2013年，成功申报了中国科学院爱因斯坦讲席教授计划1名，外国专家特聘研究员6名。科研人员47人次出访美国、法国、德国、澳大利亚等国家开展学术访问交流；接待来自美国、德国、澳大利亚、俄罗斯等十余个国家和地区的来访专家154人次。8月，发起并承办了首届“海峡两岸海岸科学与可持续发展学术研讨会”，来自海峡两岸30余家科研院所和高等院校的150余名代表参加了会议；9月，承办了“河口海岸水质模型及容量总量控制中美研讨会”。

（撰稿：高丽梅　王德强　审稿：高玲瑜）

长春光学精密机械与物理研究所

所　　长：宣　明
地　　址：吉林省长春市东南湖大路3888号
邮政编码：130033
电　　话：0431-86176812
传　　真：0431-85682346
电子信箱：ciomp@ciomp. ac. cn
网　　址：http://www. ciomp. cas. cn

长春光学精密机械与物理研究所（简称“长春光机所”）是由长春光学精密机械研究所（前身为始建于1952年的中科院仪器馆和始建于1953年的中科院机电研究所）与长春物理研究所（前身为始建于1958年的中科院吉林分院技术物理所）于1999年整合而成。

长春光机所的定位是面向国家战略需求和世界科技前沿，以高技术创新为主线，聚焦于国防战略性核心技术和原始创新，从事光学和精密机械等领域的基础研究、应用基础研究、工程技术研究，以及高新技术产业化的多学科综合性研究所。主要研究领域有发光学、应用光学、光学工程、精密机械与仪器四大领域。年内积极推进“一三五”规划的实施工作，在实验室建设、科研仪器、人才队伍、科研经费、评价导向等资源配置上给予了重点支持。4m级大口径光电设备制造技术等4项重大突破均取得了重大阶段进展，研制出了国际上最大的2.4m单体SiC镜坯等重大成果。星载一体化技术等5个重点培育项目，取得了预期阶段进展。突破了数据融和、姿态控制等关键技术；研制成功国际一流水平的高功率半导体激光器芯片，实现小规模量产。

长春光机所现有发光学及应用光学国家重点实验室、应用光学国家重点实验室、激光与物质相互作用国家重点实验室、国家光栅制造与应用工程技术研究中心、国家光学机械质量监督检验中心、小卫星技术国家地方联合工程研究中心、中科院光学系统先进制造技术重点实验室、中科院航空光学成像与测量重点实验室。牵头联合地方相关科研机构及企业成立“全国科学院联盟光学与精密机械分会”。

截至2013年底，长春光机所共有在职职工2067人。其中科技人员1151人、科技支撑人员229人，包括中国科学院院士4人、研究员及正高级工程技术人员221人、副研究员及副高级工程技术人员544人；全所进入创新岗位822人。现有中国科学院“百人计划”入选者20人（新增3人）；国家“千人计划”获得者1人；新世纪“百千万人才工程”国家级人选3人。

长春光机所是1981年被国务院学位委员会批准的首批具有博士、硕士学位授予权的单位之一，现设有凝聚态物理、光学、光学工程、机械电子工程、机械制造及其自动化、电路与系统6个博士研究生培养点；凝聚态物理、光学、光学工程、机械电子工程、机械制造及其自动化、电路与系统、计算机应用技术、测试计量技术与仪器8个硕士研究生培养点；物理学、机械工程、光学工程3个专业一级学科博士后流动站。在学研究生952人（硕士生492人、博士生460人）、在站博士后23人。

2013年，长春光机所对外新签科研合同额11.06亿元，到款额11.8亿元。在研项目511项（包括新增项目297项）。其中，承担国家重大科技专项课题16项（新增2项），主持国家重点基础研究发展计划（973计划）10项（新增2项），主持国家高技术研究发展计划（863计划）项目42项（新增13项）；承担国家自然科学基金重点项目4项、面上项目53项（新增12项）；承担中科院战略性先导科技专项4项，承担中科院重点部署项目6项（新增1项），重大仪器研制项目8项（科技部5项、国家自然科学基金委3项）。

2013年，长春光机所科研工作进展顺利。在高亮度超大功率光纤耦合半导体激光器研制方面，研制出915nm单管激光器，测试功率达到21W，是目前公开报道的国际最高水平。航天产品圆满完成5个型号、7个载荷发射任务。“神舟十号”与“天宫一号”成功实现自动交会对接，长春光机所研制的TV摄像机和TV光学瞄准镜发挥了重要作用，帮助航天员与地面飞行控制中心找到并瞄准与天宫一号上的合作“靶标”，实现了精准对接。

2013年，以第一完成单位获得国家技术发明奖二等奖1项（基于离轴多反空间超宽高清动态成像技术）；吉林省科技进步奖一等奖1项（航天高分辨率高光谱成像技术）；吉林省技术发明奖一等奖1项（大口径可见光成像望远镜的液晶自适应系统关键技术）。申请发明专利331项，授权发明专利184项。发表论文1691篇，其中影响因子1.0以上论文168篇，3.0以上论文91篇。

依托长春光机所建设的国家级企业孵化器建设进展顺利，年内完成孵化平台的基本建设工作，入孵企业达到19家。长春光机所现有高科技企业13家，2013年企业实现销售收入7.21亿元，净利润1.32亿元，投资回报4980万元。所控股企业长春奥普光电公司收购长春禹衡公司65%股权。

2013年，成立国际合作处，以全球视野谋划和推动光电技术创新，加快实施国际化推进战略。参与研制的30m望远镜（TMT）项目进展顺利，基本完成TMT三镜演示验证系统设计与项目配套工作，进入演示验证系统设计评审阶段。年内成功举办第二届激光加工前沿国际研讨会、第二届微纳光学工程国际研讨会、第二届CIOMP-OSA夏令营，参会280人，其中国外专家65人。全年出访163人次，来访220人次。获批中科院特聘研究员等智力引进项目3项。Yury Andreev教授团队荣获“2013年度中国科学院国际科技合作奖”。

长春光机所是中国空间科学学会空间机械专业委员会、中国物理学会发光分会、中国物理学会液晶分会、吉林省光学学会的挂靠单位。现主办5种学术刊物，分别为《光学精密工程》、《发光学报》、《液晶与显示》、《中国光学》、*Light*。《光学精密工程》、《发光学报》年内被评为“中国权威学术期刊”。长春光机所与*Nature*集团合作的英文国际期刊*Light：Science & Applications*于2012年创刊，年内被国际权威检索数据库SCI收录。

（撰稿：莫成钢　王晓慧　审稿：金　宏）

长春应用化学研究所

所　　长：安立佳
地　　址：吉林省长春市人民大街5625号
邮政编码：130022
电　　话：0431-85687300
传　　真：0431-85685653
电子信箱：ciac@ciac.jl.cn
网　　址：http://www.ciac.cas.cn

长春应用化学研究所（以下简称“长春应化所”）始建于1948年12月，是长春解放后在“伪满大陆科学院”的废址上建立起来的，时称“东北工业研究所”，后几经更名和改变归属，1978年12月命名为中国科学院长春应用化学研究所。

长春应化所是一个集基础研究、应用研究和高技术创新研究于一体的综合性化学研究所。学科方向为：高分子化学与物理、无机化学、分析化学、有机化学和物理化学。主要研究为：资源与环境、先进材料和新能源三大领域；稀土、二氧化碳、植物和水四类资源；先进结构、先进复合和先进功能三类材料；清洁能源、储能和节能三类技术。目标是在应用化学和先进材料等方面不断作出在国家层面不可替代的重要创新贡献，引领和带动我国战略性新兴产业的培育与发展，努力把长春应化所建设发展成为国际重要的应用化学与先进材料创新基地。

2013年是紧紧围绕“创新2020”，深入实施“一三五”规划的关键之年。长春应化所扎实推进“一三五”战略重点，全力抓好重要科技产出，整合所内资源、协调攻关，不断强化组织保障、机制推动、平台建设，扎实有效地推进了“三个重大突破”的新进展，产出了重要阶段性成果。在环境友好高分子材料方面：聚乳酸树脂产品通过美、日、欧认证，与富士康集团合作，将在长春农安打造万吨级聚乳酸生产线；二氧化碳基聚合物开发出食品、医疗包装材料和高阻隔薄膜材料，与富士康集团合作，将在吉林省农安建设万吨级工业生产线；在合成天然橡胶-稀土异戊橡胶方面：首次以50%替代天然橡胶，成功应用于全钢载重子午轮胎，调整轮胎成型工艺后实现100%替代天然橡胶，试制的样胎全面达到国家标准。稀土及钍资源低碳冶金技术和稀土发光材料方面：与江西金世纪等公司合作，提出了符合国家排放标准的万吨级分离流程新工艺；2013年与四川新力公司、长春市政府等共同合作打造了我国北方首个交流LED照明技术产业化基地。

长春应化所目前建有高分子物理与化学国家重点实验室、电分析化学国家重点实验室、稀土资源利用国家重点实验室和中科院生态环境高分子材料重点实验室、高分子复合材料工程实验室、化学生物学实验室、先进化学电源实验室、绿色化学与过程实验室、现代分析技术工程实验室、高性能合成橡胶工程技术中心、稀土与钍清洁分离工程技术中心和国家电化学和光谱研究分析中心等创新基地和科技平台。

截至2013年底，长春应化所共有在职职工909人。其中科技人员523人、科技支撑人员116人，包括中国科学院院士6人（新增2人）、第三世界科学院士3人、研究员及正高级工程技术人员126人、副研究员及高级工程技术人员161人。共有中国科学院“百人计划”入选者40人（新增3人），国家杰出青年科学基金获得者27人（新增1人），国家海外高层次人才引进计划（“千人计划”）入选者2人（新增1人），国家“千人计划”短期项目入选者1人、国家“外专千人计划”入选者1人、国家“青年千人计划”入选者4人。

长春应化所是1981年国务院学位委员会批准的首批博士、硕士学位授予单位之一，现有化学一级学科博士、硕士研究生培养点和无机化学、分析化学、有机化学、物理化学、高分子化学与物理、应用化学6个二级学科博士、硕士研究生培养点，并设有化学学科博士后流动站，共有在学研究生728人（其中硕士生317人、博士生411人）、在站博士后123人。

2013年，长春应化所共有在研项目797项。其中，承担（或参加）国家重点基础研究发展计划（973计划）项目课题25项（新增2项）；承担国家高技术研究发展计划（863计划）项目18项（新增3项）；主持或承担国家自然科学基金重大项目2项、重点项目11项、主任基金项目2项、面上项目112项（新增2项），承担国家自然科学基金重大研究计划重点项目7项（新增2项）；承担中国科学院战略性先导科技专项课题3项（新增2项），主持（或承担）院重要方向项目9项（新增2项），承担国际合作项目50项（新增25项），承担重大仪器研制项目1项，承担院地合作项目37项（新增6项）。

2013年，长春应化所共荣获省部级以上科技成果奖4项。其中，以第一完成单位获吉林省科技进步奖一等奖3项：“热障涂层的设计和失效机理研究”和“高分子薄膜相分离、去润湿及二者耦合动力学”成果获得吉林省自然科学奖一等奖，“高强高韧镁合金的研发和应用”成果获得吉林省技术发明奖一等奖。

全年以第一单位发表科技论文被SCI引用收入833篇。据“2012年中国科技论文统计结果”显示，长春应化所国际论文被引用篇次位居全国研究机构第2名，表现不俗论文篇数再次位居全国科研机构第1名，2003—2012年10年间SCI收录论文总数位居全国科研机构第2名。

全年出版专著4部。申请专利269件、授权专利139件。连续5年专利授权超百项，2012年国际专利授权数量位居全国科研机构第3名。

2013年，长春应化所国际合作与交流持续发展，成功主办4个国际会议，包括第四届国际先进生物材料学术研讨会、第九届中韩双边高分子材料科学研讨会、第十四届国际电分析化学会议、第十一届中日有机固体电导和光导及相关现象研讨会等国际会议。选派144人次赴国外参加国际会议、开展合作研究和学术交流；接待71人次国外专家学者来所进行各类学术活动。来访人员包括法国总统科技顾问、科学院院士C. Amatore教授，以色列科学院院士I. Willner等。

2013年长春应化所所地合作和成果转移转化又获新进展。吉林省化工新材料重大科技创新基地、杭州基地、常州基地、哈尔滨中心等为代表的协同创新基地再获新发展；与四川新力合作促成交流 LED 照明成果在长春转化；与富士康集团合作，在长春农安分别建设 3 万吨/年二氧化碳基聚合物、1 万吨/年聚乳酸树脂产业化基地；新建成吉林省高分子药用辅料开发工程实验室和吉林省高性能合成橡胶工程研究中心 2 个省级工程实验室（中心）；吉林省先进低碳化学电源实验室被评为吉林省优秀重点实验室；现有以高技术入股成立的公司共 23 家，其中上市公司 2 家（中科英华和青岛金王）。2013 年实现销售收入 31 亿元、利润总额约 0.8 亿元。荣获“中科院院地合作奖先进研究所”。

长春应化所是中国化学会的挂靠单位；受中国化学会的委托，编辑出版《分析化学》（月刊）、《应用化学》（月刊）和《化学通讯》（双月刊），其中《分析化学》和《应用化学》持续被评为“中国科技核心期刊”，《分析化学》再次入选“中国百种杰出学术期刊”。

（撰稿：夏云龙　于　洋　审稿：周光远）

中国科学院东北地理与农业生态研究所

所　　长：何兴元
地　　址：吉林省长春市高新技术产业开发区长东北核心区盛北大街 4888 号
邮政编码：130102
电　　话：0431-85542266
传　　真：0431-85542298
电子信箱：iga@iga.ac.cn
网　　址：http://www.iga.ac.cn

中国科学院东北地理与农业生态研究所（以下简称“东北地理所”）成立于 1958 年 8 月 18 日。其前身是中国科学院长春地理研究所，2002 年 3 月与中国科学院黑龙江农业现代化研究所整合组建成现所，是中国科学院设在东北地区的综合性地理学与农学研究机构。

2013 年，研究所贯彻落实中国科学院“创新 2020”的总体部署，凝练发展目标，汇集主体力量，着力推进以“一二四”战略为核心的“十二五”发展规划的组织与实施，取得了良好进展。

重大突破“东北主要作物新型种植模式与关键技术”，在作物高产机理研究及示范推广方面取得重要进展，应用作物高光效新型种植模式的玉米、水稻示范面积在吉林省、黑龙江省、辽宁省、宁夏回族自治区、新疆农垦、沈阳军区农副业基地、黑龙江省农垦累计已达 600 多万亩（1 亩≈666.7m^2）。2013 年高光效新型种植技术试验示范总面积 284.3 万亩，其中玉米 119.3 万亩，水稻 165 万亩，示范区玉米平均增产 4.7%—14.9%，水稻平均增产 2.9%—10.8%。获得中国人民解放军总后勤部推广特等奖 1 项，被科学院采纳要情 1 份，授权、受理专利各 1 件，各大媒体报道数百次。2014 年将在吉林省示范推广 500 万亩。重大突破“东北沼泽湿地碳收支及其对全球变化的响应”，通过对我国不同湿地类型温室气体的排放通量和影响机理的研究，为精确评估全球变化背景下北方中高纬地区湿地碳收支提供了重要的基础数据和科学依据。累计发表 SCI 论文 43 篇，其中 TOP 期刊论文 12 篇，获省级自然科学奖一等奖和二等奖各一项。重点培育“大豆重要性状形成机理与分子育种研究”，克隆了调控大豆生育期 *E1*、*E2*、*E3*、*E4* 和 *TFL1*、*FT* 基因，深入系统地研究了 *E1*、*E3*、*E4* 与 *FT* 的关系；研究结果表明，E1 是豆科植物特有的转录因子，并处于光周期调控网络的中枢位置，揭示了大豆存在着独特的开花调控网络，解决了早熟与高产矛盾的问题，为分子设计早熟高产大豆新品种提供了模块。一年来，研究所紧密跟进“一二四”战略实施进展，落实行政领导分工跟踪制度，及时诊断每个项目实施中存在的问题，并采取“重大成果奖励基金”和“优秀青年人才基金”等一系列保障措施，确保了“一二四”发展战略顺利实施。

东北地理所设有湿地生态与环境研究中心、区域农业研究中心、遥感与地理信息研究中心和东北区域发展研究中心 4 个基本创新单元；拥有中国科学院湿地生态与环境重点实验室、中国科学院黑土区农业生态重点实验室、中国科学院大豆分子设计育种重点实验室；联合共建黑龙江省黑土生态实验室、吉林省生态恢复与生态系统管理重点实验室、吉林省碱地生态经济工程实验室3个省级重点实验室；建有三江平原沼泽湿地生态系统观测研究站、海伦农田生态系统观测研究站2个国家重点野外台站，并以三江平原沼泽湿地生态系统观测研究站为核心，建成了覆盖平原沼泽湿地、滨海湿地、滨湖湿地和森林湿地在内的东北湿地野外台站网络；此外，还建有中国科学院长春净月潭遥感试验站、大安碱地生态试验站和长岭草地农牧生态研究站；设有所属图书馆和标本馆；主要下属单位为中国科学院东北地理与农业生态研究所农业技术中心。

截至2013年底，东北地理所共有在职职工408人。其中专业人员327人，包括中国工程院院士1人、研究员及正高级工程技术人员71人、副研究员及高级工程技术人员93人；国家杰出青年科学基金获得者1人，中国科学院“百人计划”入选者13人。

东北地理所是1978年国务院学位委员会批准的硕士学位授予权单位之一，现设有地理学、生态学、环境科学与工程3个专业一级学科博士研究生培养点，地理学、生态学、环境科学与工程3个专业一级学科硕士研究生培养点，遗传学专业二级学科硕士研究生培养点，环境工程、生物工程2个全日制专业硕士学位授予点，并设有地理学和环境科学与工程2个专业一级学科博士后流动站，共有在学研究生186人（其中硕士生75人、博士生111人）、在站博士后22人。

2013年在研项目345项（包括新增项目128项），其中，承担基础性工作专项项目1项，科技支撑计划课题1项，承担公益性行业专项课题1项，承担国家重点基础研究发展计划课题4项；主持国家自然科学基金杰出青年基金1项，重点基金2项（新增2项），面上项目148项（新增39项）；国际（地区）合作与交流项目1项（新增1项），期刊专项基金1项，其他国家项目及课题27项（新增9项），主持中国科学院重点部署项目1项（新增1项），院战略性先导专项子课题6项（新增1项），专题5项（新增4项），院其他项目及课题58项（新增33项），与地方政府和企业合作项目62项（新增29项），研究所自主部署项目30项（新增9项）。

2013年，获得省部级以上奖励6项；在SCI、EI期刊发表论文260余篇，其中SCI论文205篇；发表CSCD论文169篇；出版专著5部（第一单位2部）；申报并受理专利88项，其中发明专利83项，授权专利44项，其中发明专利37项；获得国家植物新品种审定1项，省级植物新品种审定1项，软件登记9项；企业标准11项；提交咨询报告2篇（1篇得到国家领导人批示）。

2013年，农作物高光效新型栽培技术在吉林省示范区推广面积284.3万亩，玉米增产约合6.2万吨，水稻增产约合4.9万吨；耐盐碱高产水稻新品种“东稻”4号在吉林省累计种植面积达330万亩，增产稻谷1.32亿公斤；昆虫病原线虫制剂防治韭菜蛆技术在宁夏回族自治区示范面积扩大到2100亩；各项技术累计帮助地方政府和企业实现经济效益5.58亿元，利税1.11亿元，产生社会效益5.63亿元。

2013年，成功主办、承办国际、国内重要学术会议10次，7月28日—8月3日，东北地理所成功主办“湿地生态系统生态过程与服务国际研讨会”。来自美国、俄罗斯、罗马尼亚、日本、韩国等世界各地的200余位科技工作者参加了本次会议。8月26日—8月29日，成功举办了中日大豆产业生理国际研讨会。国内外研究单位、大学一百余名专家、学者、研究生参加了此次会议。组织学术活动32次，共出访58人次，接待来访专家92人，获中国科学院外国专家特聘研究员项目3项。

东北地理所是中国科学院湿地研究中心、吉林省地理学会、吉林省遥感学会、吉林省环境科学学会环境地学专业委员会、中国生态学会湿地生态专业委员会的挂靠单位。

主办的学术刊物中《地理科学》、*Chinese Geographical Science*、《湿地科学》均为中国科学引文数据库（CSCD）核心期刊，其中 *Chinese Geographical Science* 被SCI-E收录。

（撰稿：殷丽娅　邵庆春　审稿：苏　阳）

上海微系统与信息技术研究所

所　　长：王　曦
地　　址：上海市长宁路865号
邮政编码：200050
电　　话：021-62511070
传　　真：021-62524192
电子信箱：simit@mail.sin.ac.cn
网　　址：http://www.sim.cas.cn

中国科学院上海微系统与信息技术研究所原名中国科学院上海冶金研究所，前身是成立于1928年的国立中央研究院工程研究所，是我国最早的工学研究机构之一，新中国成立后隶属中国科学院。2001年8月更名为中国科学院上海微系统与信息技术研究所（以下简称“上海微系统所”）。

上海微系统所面向“十二五”和“创新2020”确定了围绕国家战略性新兴产业，加快电子科学与技术、信息与通信工程两大学科建设，解决“感知中国”战略高技术问题，突破物联网、MEMS核心器件、高端硅基SOI材料关键技术和产业化，确立了无线传感网、宽带无线通信、微系统及相关材料与器件领域不可替代、“四个一流”研究所的战略目标。确定了“三个重大突破”——宽带无线传感网、MEMS微纳传感器、高端硅基SOI材料；“五个重点培育”——超导新材料、器件和应用，新型相变存储器材料与器件，THz固态技术，高可靠汽车电子芯片，高效太阳能电池。

上海微系统所现有传感技术联合国家重点实验室/微系统技术重点实验室、信息功能材料国家重点实验室，中科院太赫兹固态技术重点实验室、中科院无线传感网与通信重点实验室，设有传感技术、信息功能材料、太赫兹固态技术、无线传感网、物联网系统技术、宽带无线、新能源和超导8个研究室，在上海、南京、杭州、无锡、嘉兴、南通与地方共建了7个分支机构，与复旦大学共建了量子材料联合实验室等。上海微系统所有十大科技支撑平台：①MEMS微系统加工平台（信息功能材料与器件平台）；②超导工艺线平台；③高端硅基晶圆片制备平台；④纳电子材料与器件平台；⑤化合物半导体工艺线平台；⑥高效太阳能研发与测试平台；⑦THz光子学与电子学测试平台；⑧无线传感网制造平台；⑨物联网公共服务平台；⑩汽车电子测试及可靠性分析平台。

截至2013年底，上海微系统所现有职工817人，其中一线科技和管理人员689人。有中国科学院院士2人，美国国家科学院外籍院士1人，研究员及正高级工程技术人员81人，有国家“千人计划”入选者5人，国家“青年千人”入选者2人，国家杰出青年科学基金获得者4人，国家“百千万人才工程”入选者5人，国家基金委创新群体1个，上海市科技领军人才8人，上海微系统所所长王曦受聘为上海市决策咨询委员会委员。上海微系统所是国务院学位委员会批准的首批博士、硕士学位授予单位之一，设有电子科学与技术、信息与通信工程两个专业一级学科博士/硕士研究生培养点和材料物理化学专业二级学科博士/硕士研究生培养点，设有电子科学与技术、材料科学与工程两个专业一级学科博士后流动站，微电子学与固体电子学专业被列入中科院重点学科。现有在读研究生433人（其中硕士生256人、博士生160人）、在站博士后17人。

2013年，上海微系统所在研项目/课题375项（包括新增项目/课题72项）。其中，主持国家重大科技专项课题12项、参加课题36项（新增4项）；主持国家重点基础研究发展计划（973计划）项目5项（新增1项）、参加课题14项；主持（或承担）国家自然科学基金重点项目3项（新增1项）、面上项目23项（新增11项）、重大研究计划3项、重点项目5项（新增1项）；主持（或承担）中国科学院战略性先导科技专项课题14项，主持（或承担）院重点部署项目7项（新增4项），主持（或承担）科技部、国家自然科学基金委、财政部和院重大仪器研制项目5项，承担重点国际合作项目5项（新增2项），承担院地合作项目15项，承担国家科技支撑计划项目2项。

2013年，上海微系统所加强重大科技资源争取，牵头（或承担）国家重大科技专项14项，涵盖了01、02、03三个专项。在研“973”项目5项，包括MEMS规模制造技术基础研究、基于纳米技术的肺癌早期检测研究、相变存储器规模制造技术关键基础问题研究、半导体相变存储器、2.8—4.0μm室温高性能半导体激光器材料和器件制备研究。获得国家自然科学基金委最大的资金资助项目，创新群体项目也获得国家自然科学基金委第三期创新研究群体科学基金资助，是信息学部唯一一项获得三期连续资助的创新群体项目。

继特种传感网和宽带无线接入在国家关键战略领域实现规模应用后，新研产品陆续投入应用，拓展了特种传感网的应用范围及使用效能。无线传感网应用于国家重点工程，是南水北调中段试点信息系统的设计总体单位，提供了“工程安全、供水安全、人身安全”三大保障，2013年完成第一期2公里电子围栏示范。与上海微技术工业研究院、矽睿等MEMS产品公司成立协同创新MEMS产业化战略联盟，多项技术应用于产品化。牵头整合上海微小卫星工程中心、上海新傲科技股份有限公司等在工艺、终端应用、材料等优势的基础上，建成8in 0.13nm特种SOI平台，是迄今国内尺寸最大、工艺制程最先进的研发平台。首次将相变存储器成功应用于打印机墨盒芯片，12in 40nm PCRAM芯片关键的驱动二极管性能指标达国际先进水平，器件单元成品率达99.9%。全自主高性能超导纳米线单光子探测器件和系统解决了中国自主高性能单光子探测器的有无问题，推动了我国量子通信等前沿科学的发展。持续提高HIT电池转换效率，最高达到21.3%。年内，在国内外刊物发表论文461篇，其中SCI（科学引文索引）收录144篇，EI（工程索引）收录159篇。申请专利234项，授权专利154项。

通过各分支机构以及与行业重点企业的协作创新，推动院地合作和科技成果转移转化。与杭州临江新城签约共建“中科院杭州汽车电子工程中心”，并成立产业化公司，打造自主汽车电子零部件产业。与嘉兴市人民政府签约共建“中科院海宁纳米电子材料与器件工程中心”，推进用于微电子、半导体照明、新能源、通讯终端器材等新材料技术成果转化和规模产业化。上海微技术工业研究院成立，功能板块主要包括8寸“超越摩尔”研发线、工程中心、孵化加速器、产业信息平台等，为创新企业提供全方位的资源和服务，被上海市政府列为重大科技专项之首。

2013年，上海微系统所主办了“第三届超导器件前沿应用国际研讨会”、“SOI技术国际高峰论坛”、“第三届中日信息及电子材料研讨会”等国际会议。俞跃辉研究员获得2013年亥姆霍兹联合会杰出国际科技合作奖“Helmholtz International Fellow Award”。德籍客座教授张懿获2013年上海市科学技术国际合作奖。

（撰稿：肖宏广　孔朝晖　审核：王　曦）

上海技术物理研究所

所　　长：陆　卫
地　　址：上海市虹口区玉田路500号
邮政编码：200083
电　　话：021-25051000
传　　真：021-63248028
电子信箱：sitp@mail.sitp.ac.cn
网　　址：http://www.sitp.ac.cn

中国科学院上海技术物理研究所（以下简称“上海技物所”）始建于1958年10月，建所初期以半导体研究为主要领域和学科方向。20世纪60年代，上海技物所的研究发展方向调整为红外技术，成为我国第一个红外技术与物理研究领域的专业研究所。长期以来，上海技物所在红外、光电遥感探测技术领域聚焦国家重大需求，坚持重大产出导向，坚持为国家重大科技战略做出重大突破性贡献，以“国家任务高于一切”作为共同价值观，逐步发展成为我国红外、光电技术领域的骨干单位和主要研发单位。上海技物所先后为风云系列气象卫星、载人航天工程、探月工程、海洋卫星、环境卫星、多种试验卫星等空间飞行器研制了红外、光电应用系统有效载荷和航天单机，取得了较好的应用效果和效益，为满足国家需求，推进国民经济和社会发展做出了重要贡献。

上海技物所围绕“红外、光电探测系统技术，红外焦平面和红外、光电系统核心元部件，红外基础物理理论与应用基础研究”三大领域，设有相应研究部门13个，建有红外物理国家重点实验室、传感器国家重点实验室（红外传感器点）、中国科学院红外成像材料与器件重点实验室、中国科学院红外探测与成像技术重点实验室、中科院空间主动光电技术重点实验室以及省部共建现场物证光学探测技术联合实验室，同时由公共技术室、信息中心、精密机械加工工厂、条件保障中心、干涉仪研发平台、软件中心等组成支撑保障体系。上海技物所建有工程管理和质量管理体系，依托相关研究室和平台，在承担重大有关研制工作中形成了“以航天航空遥感探测与成像仪器、装备等红外光电系统技术研究为代表，集元器件、制冷、光学薄膜等光电特种探测器及材料和光学机械加工等核心支撑技术研究，红外物理等基础性前沿前瞻研究和高技术产业为一体的”，较为完整的研发技术链和价值发展链，具备了服务国家需求、持续创造价值的发展能力。研究所还积极拓展先进医疗、量子通信等新兴交叉学科领域。上海技物所是中国空间科学学会空间遥感专业委员会、上海红外与遥感学会的挂靠单位。研究所编辑出版《红外与毫米波学报》、《红外》等学术期刊。

截至2013年底，上海技物所在编职工880人，其中专业技术人员719人，包括中国科学院院士6人、中国工程院院士2人、国际欧亚科学院院士1人（兼）；研究员及正高级工程技术人员143人、副研究员及高级工程师191人。“国家特支计划”百千万工程领军人才1人（新增1人）、973首席科学家5人、863专家5人、百千万人才国家级人选9人、型号“两总”10人；中组部“千人计划”入选者1人、“国家杰出青年基金”获得者5人、科技部创新人才推进计划中青年科技创新领军人才1人（新增1人）、中国科学院“百人计划”入选者10人（新增3人）、上海市科技领军人才12人。流动人员中共有客座研究员42人、外国专家特聘研究员3人、海外知名学者7人。现有“红外探测的基础物理研究”、“太阳能电池技术研究”及“先进医疗仪器（影像）设备关键技术”三个团队被列为中国科学院创新团队国际合作伙伴计划。

上海技物所是国务院学位委员会批准的首批博士、硕士学位授予单位之一，现有电子科学与技术一级学科博士、硕士学位培养点，信号与信息处理、光学工程、制冷与低温工程、凝聚态物理、光学、摄影测量与遥感6个硕士学位培养点，建有电子科学与技术博士后流动站。2013年共有在学研究生353人（其中博士生187人、硕士生166人）、在站博士后16人。

2013年，上海技物所共有在研项目249项（包括新增项目84项）。其中，承担国家重大科技专项课题23项（新增9项），主持（或承担）国家重点基础研究发展计划（973计划）和国家重大科学研究计划项目4项（新增1项）、承担（或参加）课题13项（新增5项），主持（或承担）国家高技术研究发展计划（863计划）项目2项（新增1项），主持（或承担）国家自然科学基金重点项目2项（新增1项）、面上项目52项（新增15项）、国家自然科学基金重大研究计划重点项目2项，主持（或承担）中国科学院战略性先导科技专项课题18项，主持（或承担）院重点部署项目3项（新增1项）。承担重点国际合作项目2项，承担院地合作项目4项。

2013年，上海技物所努力实施“创新2020”和研究所“一三五”战略规划，始终以满足国家战略需求、促进重大产出为重点，在航天红外高空间分辨率和高光谱分辨率、气象卫星载荷与高精度大气遥感以及红外焦平面组件工程化等关键技术上取得了新突破。先后圆满完成了创新三号、实践十五号、风云三号C星、实践十六号、遥感十八、十九号、嫦娥三号7次卫星发射任务。各载荷、单机工作正常，推动了我国卫星高分辨率对地观测、数值化大气遥感等技术迈上新台阶。正在开展11个航天型号、20项载荷、13个单机等工程研制任务。

2013年，上海技物所与航天科技集团等合作完成的载人航天空间交会对接工程项目获国家科技进步奖特等奖，参与完成的“医联工程——区域医疗信息共享及协同服务系统研发与规模应用”及“环境与灾害监测预报小卫星星座 A、B 卫星”获国家科技进步奖二等奖。航天红外焦平面技术研究集体荣获 2013 年度中国科学院杰出科技成就奖。“航天长波红外焦平面组件技术”获上海市科技进步奖一等奖。

申请发明专利 126 项，授权 45 项。申请实用新型专利 80 项，授权 59 项。发表科技论文 368 篇。软件著作权登记 3 项。

在院地合作方面，太阳能中心与中国安防公司的合作进入了实质性阶段，经费收入 230 万。常州光电所实现“结温检测技术”成果转化公司进入实质性营运。嘉兴中心成功研制出国内领先的“3D 照相馆”在工博会上反响热烈。太仓中心孵化了 2 家科技型企业。2013 年，上海技物所的科技产业尤其是合资企业生产经营遭遇巨大困难，销售收入 4.5 亿元。

（撰稿：任　远　黄初霜　审稿：陆　卫）

上海光学精密机械研究所

所　　长：李儒新
地　　址：上海市嘉定区清河路 390 号
邮政编码：201800
电　　话：021-69918000
传　　真：021-69918800
电子信箱：siom@mail. shcnc. ac. cn
网　　址：http://www. siom. cas. cn

中国科学院上海光学精密机械研究所（简称“上海光机所”）成立于 1964 年 5 月。1964 年 1 月，中国科学院光学精密机械研究所上海分所开始筹建；5 月起，研究技术人员从长春（中科院长春光机所）、北京（中科院电子所）两地连同设备器材一起陆续迁往上海嘉定，联合上海市轻工业局长江光学仪器厂、上海市仪表局竞明仪器厂组成了最早的中国科学院光学精密机械研究所上海分所。1964 年 5 月建所后，上海光机所几度易名。1970 年 10 月，定名为中国科学院上海光学精密机械研究所。

上海光机所是我国建立最早、规模最大的激光科学技术专业研究所。经过五十年的发展，已形成以探索现代光学重大基础及应用基础前沿、发展大型激光工程技术并开拓激光与光电子高技术应用为重点的综合性研究所。研究所重点学科领域为：强激光技术、强场物理与强光光学、空间激光与时频技术、信息光学、量子光学、激光与光电子器件、光学材料等。

上海光机所按照中国科学院“创新 2020”整体科技发展战略，不断凝练目标，制定形成了研究所“一三五”规划目标，确定了“以满足国家需求、先进制造与未来能源战略需求为着力点，夯实强激光科学技术、信息光学科学技术、光学与激光材料科学技术三大优势学科基础，挑战国际激光科学、技术与工程前沿，实现从‘相对单纯的激光技术研发’向‘为国家重大需求提供系统性解决方案’的创新转变。在先进激光技术与重大工程应用、新型光场的创立及其前沿应用开拓等领域发挥骨干和引领作用”的发展定位。

上海光机所现设 8 个研究室，拥有国家重点实验室 1 个、“中科院-中物院”联合实验室 1 个、中科院重点实验室 4 个、上海市重点实验室 1 个。8 个实验室分别为：强场激光物理国家重点实验室、中国科学院量子光学重点实验室、高功率激光物理联合实验室、空间激光信息技术研究中心、中国科学院强激光材料重点实验室、信息光学与光电技术实验室、高密度光存储技术实验室、高功率激光单元技术研发中心。2010 年起，与韩国原子能研究所共建“中韩高能量密度激光物理联合研究中心”。2012 年起，与南京经济技术开发区共建“上海光机所南京先进激光技术研究院”。2013 年起，与日本理化研究所共建“中日 SIOM-RIKEN 联合实验室”。

上海光机所建成了国内仅有、国际为数不多的“神光”系列高功率大型激光装置、超短超强激光系统、激光原子冷却装置、空间全固态激光器研制平台等，并具有各种新型、高性能激光器件、激光与光电子功能材料研制平台，并达到国际先进水平。

上海光机所主办了《中国激光》、《光学学

报》、《激光与光电子学进展》、*Chinese Optics Letters*（*COL*）、*High Power Laser Science and Engineering*（*HPL*）5 本光学学术期刊。其中，*COL* 已被 SCI 收录，2012 年 JCR 影响因子为 0.968；《中国激光》、《光学学报》均为 EI 核心刊源，CJCR 影响因子在光电子学与激光技术类和物理类分别排名第一；《激光与光电子学进展》为中文核心期刊、中国科技核心期刊。

上海光机所图书馆是一个以光学、激光、光电子信息服务为特色的专业性文献信息中心。馆藏中文科技图书 3 万册，外文科技图书 5 万册；中文期刊合订本 1 万册，外文期刊合订本 7 万册，中外文科技现刊百余种。拥有大量的电子信息资源和网络信息资源。

截至 2013 年底，上海光机所共有在职职工 878 人。其中科技人员 477 人、科技支撑人员 300 人，包括中国科学院院士 6 人、中国工程院院士 1 人、发展中国家科学院院士 2 人、研究员及正高级工程技术人员 94 人、副研究员及高级工程技术人员 202 人。

共有国家海外高层次人才引进计划（“千人计划”）入选者 1 人，“青年千人计划”入选者 2 人（新增 1 人）；中国科学院“百人计划”入选者 25 人（新增 5 人）；国家杰出青年科学基金获得者 4 人。

上海光机所是 1981 年国务院学位委员会批准的博士、硕士学位授予权单位之一，现设有物理学、光学工程、材料科学与工程 3 个专业一级学科博士研究生培养点，物理学、光学工程、材料科学与工程、科学技术史 4 个一级学科硕士研究生培养点，并设有物理学、光学工程、材料科学与工程 3 个专业一级学科博士后流动站，共有在学研究生 489 人（其中硕士生 266 人、博士生 223 人）、在站博士后 14 人。

2013 年，上海光机所到位经费 6.49 亿元，其中科研经费 5.03 亿元，目前在研项目 377 项（包括新增项目 117 项）。其中，承担国家重大科技专项课题 72 项（新增 25 项；主持（或承担）国家重点基础研究发展计划（973 计划）和国家重大科学研究计划项目 1 项；承担（或参加）课题 10 项；主持（或承担）国家高技术研究发展计划（863 计划）项目 54 项（新增 26 项）；主持（或承担）国家自然科学基金重点项目 9 项、面上项目 35 项（新增 12 项）、国家杰出青年科学基金项目 1 项、国家基金创新群体项目 1 项；主持（或承担）院重点部署项目 7 项；国家自然科学基金委重大仪器研制项目 3 项（新增 2 项）；科技部重大仪器研制项目 3 项（新增 2 项）；承担重点国际合作项目 5 项；承担院地合作项目 1 项；承担上海市科技项目 35 项（新增 7 项）。

2013 年，上海光机所继续确保重大专项任务实施，“一三五”规划实施取得新成绩新亮点。在“突破一”聚变点火方面，作为该国家重大专项的两个核心单位之一，在 2013 年 1 月该国家重大专项对主要任务承担单位研究进展的评估中被评为“优秀”，名列所有参评单位第一名。“神光Ⅱ多功能高能激光系统”获得国家科技进步奖二等奖。完成神光Ⅱ升级装置主体工程建设，核心评价指标方面均达到或接近代表国际激光驱动器最高水准的美国国家点火装置（NIF）的水平。在“突破二”空间激光方面，作为我国空间全固态激光器目前唯一承研单位，2013 年 12 月，研制成功的高可靠小型全固态激光器（用于激光测距敏感器）和国际上首台深空应用的空间高重频脉冲光纤激光器（用于扫描成像敏感器），保障了嫦娥三号探测器的成功登月。在“突破三”强场科学方面，2013 年在国际一流物理学期刊 *Phys. Rev. Lett.* 上发表论文 7 篇。同时，研制成功当前世界最高峰值功率的激光系统，峰值功率可达 2PW（1PW 即 10^{15} W），打破了维持 14 年之久的激光峰值功率前世界纪录（1.5PW，国际著名同行实验室美国劳伦斯利弗莫尔国家实验室 1999 年实现）。

院地合作及科技成果转移转化方面：目前控（参）股企业 10 余家，年形成产值约 3.5 亿元。南京先进激光技术研究院筹建工作取得积极进展：研究院组建了 10 家高科技公司；集聚了国家“千人计划”、省“千人计划”、省双创计划、南京 321 人才计划等领军人才 10 余名，研发团队总人数超过 60 人。研究院获得江苏省重大创新载体资助，获批经费 1000 万元，并获得南京市战略性新型产业创新中心认定。控（参）股公司研发及产业化工作取得积极进展：飞博激光公司呈现良好发展势头，2013年销售超过1200万元，成立一年实现盈利；激光电源公司2013年较上一年业绩有较大幅度的提升，合同额4361.9万元；上海雷鸥及杭州雷神公司2013年度完成销售1.4亿元，杭州雷神公司获批浙江省高新技术企业。

国际合作方面：2013年，上海光机所在高功率激光、信息光学、光学与激光材料科技领域与美国、以色列、白俄罗斯等国家开展了多项实质性科技合作。中以合作项目（NLF System）全面进入工程实施阶段，项目第一阶段任务顺利完成，受到国务院办公厅《昨日要情》报道；中白国际合作项目“高端光刻机偏振照明关键技术联合研究”经过三年的联合攻关，取得了关键性成果。邀请国际著名物理学家Toshiki Tajima教授作为“中科院爱因斯坦讲席教授”访问研究所，新聘任2位“外国专家特聘研究员”。全年共有189人次科研人员赴国（境）外，参加有关学术会议并作报告或做短期的合作研究，共接待173名访问学者来所。策划举办了2个较大规模的高水平国际会议，4个小型的双边国际会议。其中，2013年5月8日至10日，组织了第四届上海-东京超快强激光科学研讨会；2013年11月17日至22日，与俄罗斯科学院联合主办了第三届中俄先进激光材料与技术双边论坛。

挂靠上海光机所的相关专业学会有：中国光学学会激光专业委员会、中国光学学会光学材料专业委员会、中国硅酸盐协会特种玻璃分会等。

（撰稿：屈　炜　沈力　审稿：祝如荣）

上海硅酸盐研究所

所　　长：王龙根（—2013年12月29日，主持工作）
宋力昕（2013年12月30日至今）
地　　址：上海市定西路1295号
邮政编码：200050
电　　话：021-52412990
传　　真：021-52413903
电子信箱：siccas@mail.sic.ac.cn
网　　址：http://www.sic.ac.cn

中国科学院上海硅酸盐研究所（以下简称“硅酸盐所”）前身为1928年成立的国立中央研究院工程研究所窑业组。1959年1月12日从中国科学院冶金陶瓷研究所分出独立建所。1984年改为现名。

硅酸盐所是以基础性研究为先导，以高技术创新和应用发展研究为主体的无机非金属材料综合性研究机构。学科方向是先进无机材料科学与工程，主要研究领域涵盖高性能结构陶瓷、功能陶瓷、透明陶瓷、人工晶体、无机涂层、生物环境材料、能源材料、复合材料及先进无机材料性能检测与表征等，是国内该领域科学研究单位中门类最为齐全的研究所。

2013年度，硅酸盐所科研工作紧密围绕“一三五”规划落实，优化科技布局，创新科研活动组织模式，以重大产出为导向调整资源配置，将战略规划落实到队伍、项目、平台、资源配置和体制机制等环节中，“三个重大突破”顺利推进，承担科研项目能力持续提升，科研产出成果丰硕，多项科研项目取得重要进展。

硅酸盐所设有：高性能陶瓷和超微结构国家重点实验室、中科院特种无机涂层重点实验室（特种无机涂层研究中心）、中科院透明光功能无机材料重点实验室（人工晶体研究中心）、中科院能量转换材料重点实验室（上海无机能源材料与电源工程技术研究中心）、中科院无机功能材料与器件重点实验室、结构陶瓷与复合材料工程研究中心（复合材料研究中心）、生物材料与组织工程研究中心、古陶瓷科学研究国家文物局重点科研基地（古陶瓷与工业陶瓷研究中心）等科研部门；还设有通过国家认证的无机材料分析测试中心、以中试生产为主要任务的中试基地，以及信息情报中心等技术支撑部门。上海硅酸盐学会、上海硅酸盐工业协会和上海古陶瓷科学技术研究会挂靠在上海硅酸盐所。

截至2013年底，硅酸盐所共有在职职工701人。其中，科技人员542人、科技支撑人员159人，包括中国科学院院士2人、中国工程院院士3人（1人为两院院士）、第三世界科学院院士2人、研究员及正高级工程技术人员98人、副研究员及高级工程技术人员178人。

共有国家海外高层次人才引进计划（“千人计划”）入选者1人，“青年千人计划”入选者1人、中组部直接联系专家6人；中国科学院“百人计划”入选者27人；国家杰出青年科学基金获得者6人、国家级“百千万人才工程”领军人才1人（新增）、国家级“百千万人才工程”入选者3人、973首席专家1人、863主题专家1人、上海市“千人计划”4人（新增2人）、上海市领军人才6人（新增1人）。

硅酸盐所是国内首批国务院学位委员会批准的博士、硕士学位授予权单位之一，现设有材料科学与工程、物理学、化学3个专业一级学科博士和硕士研究生培养点，并设有材料科学与工程学科1个专业一级学科博士后流动站，共有在学研究生478人（其中硕士研究生277人、博士研究生201人）、在站博士后16人。

2013年，硅酸盐所有在研项目298项（新增项目89项）。其中，主持（或承担）国家重点基础研究发展计划（973计划）和国家重大科学研究计划项目9项（新增3项），主持（或承担）国家高技术研究发展计划（863计划）项目3项（新增1项），国家科技支撑计划1项；国家发改委高技术产业化项目1项；主持（或承担）国家自然科学基金重点项目9项（新增3项）、国家杰出青年基金项目2项、国家优秀青年科学基金1项；中科院战略性先导科技专项和重点部署项目4项（新增1项）；承担院地合作项目52项（新增10项）。

2013年，共申请专利278件，其中发明专利271件，实用新型专利7件，获得批准专利175件，其中发明专利166件。共发表SCI收录的论文614篇，EI收录的论文数为620篇，影响因子大于3的论文147篇。中文编著1部。根据中国科学技术信息研究所公布的《中国科技论文统计结果（2013）》，2012年度硅酸盐所国际论文累计被引用篇数为3270篇，被引用次数为42191次，排名居全国科研机构第6位。

2013年度硅酸盐所共取得科技成果71项，科研成果获得省部级科技奖励4项，其中国家自然科学奖二等奖1项，国家技术发明奖二等奖1项，上海市自然科学奖一等奖1项，上海市自然科学奖三等奖1项。

硅酸盐所拥有投资公司9家：上海硅酸盐研究所中试基地、上海西卡思新技术总公司、中科广晟稀土精细陶瓷研发有限公司、宁波韵升光通信技术有限公司、上海纳米技术及应用国家工程研究中心有限公司、上海奇创光电科技有限公司、苏州创元新材料科技有限公司、上海电气钠硫储能技术有限公司、佛山金智节能膜有限公司。产品主要为各类晶体、陶瓷、复合材料与器件等。从事科技开发的人员有258人，2013年公司总产值为2亿元。

2013年，硅酸盐所科研人员赴国外参加国际会议、项目合作、技术培训、博士生联合培养等共计263人次；接待来所访问、学术交流、国外学生来所培养、洽谈项目合作等外国专家、学者和代表团260余人次；举办和承办了第12届国际无机闪烁体及应用会议、2013年国际光学材料会议暨第六届国际激光、闪烁与非线性光学材料会议等11次国际会议。执行了11项政府间和院级重要合作项目。与国际知名研究所、大学合作与交流，新签合作协议12项。

硅酸盐所主办的《无机材料学报》被美国科学引文索引数据库（SCI-E），美国工程索引数据库（EI），美国化学文摘（CA），国家科技部中国科技论文与引文数据库（CSTPCD），中国科学院文献情报中心中国科学引文数据库（CSCD），中国核心期刊数据库，中国学术期刊文摘，中国科技期刊精品数据库，中文科技期刊数据库，中国学术期刊综合评价数据库（CAJCED），中国期刊全文数据库（CJFD）等所收录。2013年，《无机材料学报》分别荣获“2013年全国百强科技期刊”、“RCCSE中国权威学术期刊”、“2012年华东地区优秀期刊”和“中国最具国际影响力学术期刊”。

（撰稿：吴　瑞　吴永铮　审稿：杨建华）

上海有机化学研究所

所　　长：丁奎岭
地　　址：上海市徐汇区零陵路 345 号
邮政编码：200032
电　　话：021-54925000
传　　真：021-64166128
电子信箱：sioc@mail. sioc. ac. cn
网　　址：http://www. sioc. ac. cn

中国科学院上海有机化学研究所（简称“上海有机所”）于 1950 年 5 月在前中央研究院化学研究所（建于 1928 年）、前北平研究院化学研究所与药物研究所的基础上成立，名为中国科学院有机化学研究所。1970 年，经中国科学院和上海市革委会批准改为现名。

上海有机所按照中国科学院“十二五”规划和“创新 2020”组织实施方案的整体战略部署，结合自身学科特色，以“三个着力突破”为重点，按照“瞄准需求、聚焦重点、集成优势、发挥特色、鼓励交叉、突出创新”的理念，确定了“十二五”规划的战略定位：坚持基础研究与应用研究并重，发挥有机合成化学的创造性，加强与生命科学、材料科学的交叉与融合；致力于推动我国化学转化方法学、化学生物学、有机新材料科学等重点学科领域的发展；在有机化学基础研究、新医药农药和高性能有机材料创制方面实现新的突破；引领有机化学学科前沿的发展，满足国家战略需求，将上海有机所建设成为国际一流的有机化学研究中心。

在战略定位的指导下，实现三个方面的重大突破：①高性能聚烯烃材料制备的关键科学、技术与应用；②化学理念指导的抗生素生产菌种遗传改造关键技术研究与应用；③绿色农药创制关键技术研究与应用。同时，重点培育五个学科发展方向与发展领域：①导向绿色合成的新一代催化转化；②复杂天然产物全合成和导向药物发现的化学生物学；③高性能有机功能材料的结构设计、合成与应用；④战略资源利用与清洁能源转化中的关键有机化学问题；⑤特色有机国防先进材料研究与开发。

上海有机所设有 2 个国家重点实验室、2 个院重点实验室、4 个所级实验室，分别是：生命有机化学国家重点实验室、金属有机化学国家重点实验室，中国科学院有机氟化学重点实验室，中国科学院天然产物有机合成化学重点实验室，上海有机所物理有机化学研究室、高分子材料研究室、计算机化学与化学信息学研究室、分析化学研究室与分析测试中心。此外，还设有与和国内外大学、企业联合共建的沪港化学合成联合实验室和 SIOC-CAS 联合文献中心。

截至 2013 年底，上海有机所共有在职职工 812 人。其中科技人员 646 人、科技支撑人员 108 人，包括中国科学院院士 9 人（新增 1 人）、研究员及正高级工程技术人员 74 人、副研究员及高级工程技术人员 177 人。

共有国家海外高层次人才引进计划（“千人计划”）入选者 14 人：其中顶尖千人 1 人，创新短期千人 1 人、青年千人 12 人（新增 7 人）；中国科学院“百人计划”入选者 31 人，国家杰出青年科学基金获得者 21 人（新增 1 人）。

上海有机所是 1981 年国务院学位委员会批准的首批博士、硕士学位授予单位之一，1998 年被批准为化学一级学科博士学位授权单位。现化学一级学科下设有机化学、分析化学、高分子化学与物理、化学生物学 4 个二级学科研究生培养点，化学工程、材料工程、生物工程 3 个专业硕士领域培养点。并设有化学 1 个专业一级学科博士后流动站。共有在学研究生 479 人（其中硕士生 246 人、博士生 233 人）、在站博士后 22 人。

2013 年，上海有机所共有在研项目 349 项（包括新增项目 108 项）。其中，承担国家重大科技专项课题 7 项，主持（或承担）国家重点基础研究发展计划（973 计划）和国家重大科学研究计划项目 18 项（新增 2 项）、承担（或参加）课题 31 项（新增 2 项），主持（或承担）国家高技术研究发展计划（863 计划）项目 3 项（新增 1 项）；主持（或承担）国家自然科学基金重点项目 7 项（新增 2 项）、面上项目 61 项（新增 24 项）、国家杰出青年科学基金项目 3 项（新增 1 项）、国家自然科学基金重大研究计划重点项目2项；主持（或承担）中国科学院战略性先导科技专项课题4项，主持（或承担）院重点部署项目4项（新增2项）；承担重点国际合作项目1项；承担院地合作项目12项。

2013年，上海有机所紧紧围绕“一三五”战略重点开展工作，取得系列重要科研进展。“三个重大突破”成绩斐然：“高性能聚烯烃材料制备的关键科学、技术与应用”方面，2013年在金山基地完成了催化剂模式装置的安装建设，连续生产出了满足千吨级超高分子量聚乙烯生产线的催化剂产品，活性和形态优于实验室制备的产品，实现了正常运行；催化剂在九江的生产线（500 L和12 m^3 间歇式淤浆聚合装置）上进行了近百次工业化应用试验，聚合总体平稳，产品的加工性能满足下游客户需求；完成万吨级间歇式淤浆聚合装置工艺包设计，有望在2014年底试运行，实现新催化剂技术的万吨级生产。“化学理念指导的抗生素生产菌种遗传改造关键技术研究与应用”方面，实现了阿维菌素某单一活性组分的制备，合作方浙江升华拜克生物股份有限公司正就阿维菌素单组分作为农用杀虫抗生素药物进行申报。如能顺利投产，将是单组分生物农药工业化生产和使用的重要突破在生产工艺简化、产品品质优化以及减少有机试剂使用和缓解与之相关的环境污染等方面具有广阔的前景。“绿色农药创制关键技术研究与应用”方面，新型高效油菜田除草剂丙酯草醚和异丙酯草醚原药及其制剂产品的农药正式登记工作稳步推进，已完成推广面积3000万亩，目前正在浙江和江苏分别进行了10%乳油和10%悬浮剂的大田示范试验。“五个重点培育”亮点突出：“基于手性膦氮配体的不对称催化”方面成果获得国家自然科学奖二等奖；“抗肿瘤新药盐酸吉西他滨及制剂的研制和产业化”方面成果获得国家科技进步奖二等奖；“两性离子导向的化学键活化与重组”方面成果获得上海市自然科学奖一等奖；“战略资源利用与清洁能源转化中的关键有机化学问题”方面完成160台离心萃取器串级工艺，第一阶段连续运转>300小时，实现7Li丰度从92.50%到99.10%的富集，第二阶段连续运转>400小时，完成7Li丰度从99.9%到99.99%的富集，实现了天然锂同位素多级富集。

2013年，论文发表数持续稳定增长，共发表了607篇论文，而且发表论文的质量得到大幅度提高，影响因子≥JACS（10.677）的论文有55篇，其中 *Angew. Chem. Int. Ed.* 上31篇（其中第一单位30篇），*J. Am. Chem. Soc.* 20篇（其中第一单位18篇），*Chem. Rev.* 1篇（其中第一单位1篇），*Nat. Chem.* 1篇和 *Nat. Commun.* 1篇。与2012年相比，专利申请数量有较大幅度的增长，尤以PCT国际申请增长最为显著。共申请发明专利76项，其中包括：10项PCT国际申请，6项保密专利申请，3项国际申请进入美国国家阶段（US 14/118，172；US 14/028，130；EP12785810.8），此外，上海有机所以第二申请单位身份与上海高研院联合申请专利1项，与哈佛大学联合申请专利1项进入美国阶段，申请实用新型专利3项；授权专利49项，其中包括：2项国防专利，2项实用新型专利，1项美国专利（US 13/453，668），1项波兰专利（P361309）。软件著作权登记5项。目前维持有效的发明专利280余项，软件著作权累计45项。出版著作和章节合计12项。

在国际合作方面，第24届杂环化学国际研讨会、第25届国际手性研讨会、JOC-OL研讨会、RSC-Roche研讨会相继成功举行，共邀请和接待了250多人次的来访。在出访交流方面，共外派119人次参加国际会议、进行合作研究、考察访问等。

受中国化学会委托，上海有机所负责编辑出版《化学学报》、《中国化学》和《有机化学》。

（撰稿：黄智静　蔡正骏　审稿：丁奎岭）

上海应用物理研究所

所　　长：赵振堂

地　　址：上海市嘉定区嘉罗公路2019号（嘉定园区）

上海市浦东新区张衡路239号（张江园区）

邮政编码：201800（嘉定园区）

201204（张江园区）

电　　话：021-59553998，021-33933998
传　　真：021-59553021，021-33933021
电子信箱：sinap00@sinap.ac.cn
网　　址：http://www.sinap.cas.cn

中国科学院上海应用物理研究所（以下简称“上海应物所”）成立于1959年，原名中国科学院上海原子核研究所，2003年6月经国家批准改为现名。

上海应物所是国立综合性核技术科学研究机构，在核科学技术领域从事面向世界科技前沿和国家战略需求的基础与应用研究，开展原始创新和集成创新，致力于钍基熔盐堆核能系统的研究发展，致力于同步辐射光源和自由电子激光的大科学装置研制、运行与利用，致力于核科技前沿交叉的研究与核技术应用，以期将研究所建成我国独具特色、不可替代和具有国际竞争力的研究机构。上海应物所是国家重大科学基础设施——上海光源（SSRF）的工程承建和运行单位，并建有“中国科学院核辐射与核能技术重点实验室”、“中国科学院微观界面物理与探测重点实验室”、“上海市低温超导高频腔技术重点实验室”；拥有两大园区，分别坐落于上海市科技卫星城嘉定区和浦东张江高科技园区，占地面积共700余亩。

截至2013年底，上海应物所共有在职职工1215人。其中科技人员1069人，包括中国科学院院士2人、研究员及正高级工程技术人员112人、副研究员及高级工程技术人员191人；国家“千人计划”入选者3人，中国科学院“百人计划”入选者18人（新增3人）；国家杰出青年科学基金获得者5人；973项目首席科学家5人。在站博士后26人。

上海应物所是1981年国务院学位委员会批准的博士、硕士学位授予权单位之一，现设有核科学与技术、物理学2个专业一级学科博士研究生培养点，无机化学专业二级学科博士研究生培养点，核科学与技术、物理学、化学3个专业一级学科硕士研究生培养点以及光学工程、电磁场与微波技术、信号与信息处理、生物物理学4个专业二级学科硕士研究生培养点，还设有光学工程、电子与通信工程、核能与核技术工程、生物工程4个专业二级学科专业学位硕士研究生培养点，并设有核科学与技术、物理学2个专业一级学科博士后流动站，共有在学研究生380人（其中硕士生204人、博士生176人）。

2013年，上海应物所共有在研项目283项（包括新增项目94项）。其中，主持国家重点基础研究发展计划（973计划）和国家重大科学研究计划项目3项、承担课题14项（新增3项）；主持国家自然科学基金重点项目2项、面上项目38项（新增11项）、国家杰出青年科学基金项目1项（新增1项）；主持中国科学院战略性先导科技专项课题28项，主持（科技部、国家自然科学基金委、财政部和院）重大仪器研制项目1项；承担重点国际合作项目1项（新增1项）。

2013年，上海应物所扎实实施“一三五”规划、进入全面落实新一轮任务的攻坚阶段。在这一年中，上海光源持续高效运行、产出重大成果，后续线站建设和加速器项目全面推进；钍基熔盐堆核能先导专项深入实施，进入关键阶段；基础交叉和In-house研究聚焦和突出优势，不断冲击创新研究的世界前沿。上海应物所紧紧围绕科学院“创新2020”总体部署，齐心协力，开拓创新，勇攀高峰，各项工作取得新成就，步入新的发展阶段。

2013年，上海光源持续稳定运行开放，充分发挥了支撑科技发展的平台作用，大幅提升了我国在蛋白质结构、材料和催化剂等方面的实验研究能力，促进了我国多个学科的快速发展，取得了丰硕的成果。全年共收到用户课题申请1742份，申请机时108104小时。用户来自生命科学、凝聚态物理、化学、材料科学、地质考古学、环境和地球科学、高分子科学、医学药学、信息科学等学科领域，涉及199家单位，实验人员达4885人次，共计2486人。上海光源支撑用户产出丰硕成果，目前已发表（接收）论文524篇，其中SCI 1区的文章103篇，包括*Science*、*Nature*、*Cell*等国际顶级刊物论文14篇，*Nature*和*Cell*系列子刊论文21篇，产生了重要的国际影响。上海光源大科学装置集群建设全面推进，包括上海光源线站工程、X射线自由电子激光试验装置、用户专用光束线站等后续工程。其中，X射线自由电子激光试验装置的可行性研究报告已得到国家发改委批复，将在2014年开工建设；上海光源线站工程、中石化和工程物理研究院投资的线站也已分别进入国家和企业相关主管部门的立项程序，预计2014年将陆续开始建设。上海光源国家重大科学工程荣获“2012年度上海市科技进步奖特等奖”、“2013年度国家科技进步奖一等奖”。

2013年，钍基熔盐堆核能（TMSR）先导专项工作扎实推进，在人才队伍建设、嘉定园区（冷）实验基地建设、实验堆设计与关键技术研究及关键设备样机研制、国际合作等方面取得重要进展。2013年中，国家能源局在《能源发展战略行动计划》中将“钍基熔盐核能系统技术研究及工程示范专项”列入拟重点推进的25个国家能源重大应用技术创新及工程示范专项之一，并明确了近期在技术装备研发和工程示范的重点任务。依托上海应物所建立的中国科学院钍基熔盐堆核能系统卓越创新中心（简称“TMSR中心”）也成功入选中国科学院首批5个卓越中心之一。

2013年，上海应物所积极推进基于大科学装置的In-house研究，在基础与交叉学科研究领域获得重要进展，在高能核物理领域开展富有成效的国际国内合作、在同步辐射细胞成像、DNA纳米结构相关研究等方面做出了特色工作，实施基于同步辐射成像技术的“细胞PET”所级重大科学研究计划等。上海应物所全年发表期刊论文200余篇，其中SCI收录论文141篇，以第一作者单位发表影响因子大于5的论文27篇；申请专利47个，专利授权46个。

2013年，上海应物所与澳大利亚核科学技术组织（ANSTO）、西班牙光源（ALBA）、台湾财团法人国家同步辐射研究中心（NSRRC）三个研究机构签署了合作协议；与美国能源部（DOE）下属国家实验室（ANL、BNL、LBNL和SLAC）、美国相对论重离子对撞机研究国际合作组织（RHIC-STAR）、澳大利亚联邦科学与工业研究组织（CSIRO）、泰国同步光研究所（SLRI）等知名研究机构围绕核能科学与技术、重离子碰撞研究、中微子、加速器研制等方面进行了深入而富有成效的合作。全年出访409人次，来访730余人次。2013年度，获批引智重点项目1项，爱因斯坦讲席教授计划1项，外国专家特聘研究员3项，发展中国家访问学者1项，院公派出国2项，新增1项国际组织任职和多个国内学会/协会理事/委员。2013年，举办“第四届国际粒子加速器大会”等高水平国际学术会议4个。

上海应物所是上海市核学会、中国核学会辐射研究与辐射工艺学分会的挂靠单位；主办《核技术》、《核科学与技术》（英文版）、《辐射研究与辐射工艺学报》等学术刊物。

（撰稿：蔡　雨　周　韡　审稿：赵振堂）

上海天文台

台　　长：洪晓瑜
地　　址：上海市徐汇区南丹路80号
邮政编码：200030
电　　话：021-64386191
传　　真：021-64384618
电子信箱：office@shao.ac.cn
网　　址：http://www.shao.ac.cn

中国科学院上海天文台成立于1962年，其前身是1872年建立的徐家汇天文台和1900年建立的佘山天文台。目前，总部设在上海市徐汇区，天文观测台站位于上海松江佘山，2013年完成了佘山科技园区一期的建设。

上海天文台以天文地球动力学、行星科学和星系宇宙学为主要学科方向，同时积极发展现代天文观测技术和时频技术，为天文研究和国家战略需求提供科学和技术支持。上海天文台坚持面向世界科学前沿和面向国家战略需求的新时期办院方针，积极承担国家和有关部委的重要科研和国家重大需求任务。在科学前沿研究方面，参加了科学院先导专项、科技部和基金委等部委的重要课题；在国家战略需求方面，参加了嫦娥三号软着陆的探测任务，天宫与神十对接等任务。

根据中科院与上海天文台签订的“十二五”任务书和上海天文台“一三五”规划的要求，以及“创新2020”目标的要求，上海天文台将在天文基础前沿研究、应用研究和天文技术发展三个领域争取有重大突破。2013 年上海天文台继续部署前沿研究课题。

上海天文台是中科院星系宇宙学重点实验室和行星科学重点实验室依托单位，以及射电重点实验室的主要参与单位；是上海市导航定位重点实验室的依托单位。上海天文台设有天文地球动力学研究中心、星系和宇宙学研究中心、射电天文科学和技术研究室、光学天文技术研究室、时间频率技术研究室 5 个研究部门，拥有佘山科技园区、甚长基线干涉测量（VLBI）观测台站（65m、25m 口径射电望远镜各一台）、VLBI 深空探测指挥控制中心、VLBI 数据处理中心、1.56m 口径光学望远镜、60cm 口径卫星激光测距望远镜（SLR）、全球定位系统（GPS）等多项现代空间天文观测技术和国际一流的观测基地和资料分析研究中心，是世界上同时拥有这些技术的 7 个台站之一。上海天文台是全国科普教育基地、全国青少年科技基地、上海市青少年教育基地和上海市科普教育基地。

截至 2013 年底，上海天文台共有在职职工 261 人。其中科技人员 198 人、科技支撑人员 16 人，包括中国科学院院士 1 人、中国工程院院士 1 人、研究员及正高级工程技术人员 54 人、副研究员及高级工程技术人员 59 人。共有中国科学院“百人计划”入选者 15 人，国家杰出青年科学基金获得者 6 人。

上海天文台是 1981 年国务院学位委员会批准的博士、硕士学位授予权单位之一。现设有天文学 1 个一级学科博士培养点，天体物理、天体测量与天体力学、天文技术与方法 3 个专业的二级学科博士培养点；设有天体物理、天体测量与天体力学、天文技术与方法、仪器仪表工程 4 个专业的二级学科硕士培养点；并设有天文学 1 个一级学科博士后流动站，天体物理、天体测量与天体力学、天文技术与方法 3 个专业的二级学科博士后流动站；共有在学研究生 132 人（其中硕士生 65 人，博士生 67 人；外国留学生 4 人）、在站博士后 22 人。

2013 年，上海天文台共有在研项目 794 项。其中承担国家重大科技专项课题 17 项（新增 4 项）；承担国家重点基础研究发展计划（973 计划）项目 2 项；承担国家高技术研究发展计划（863 计划）项目 12 项（新增 3 项）；承担国家科技基础性工作专项 1 项；承担国家自然科学基金重点项目 6 项（新增 1 项）、面上项目 40 项（新增 9 项）、杰出青年科学基金项目 3 项（新增 1 项）、优秀青年科学基金项目 1 项、青年科学基金项目 9 项、联合基金项目 3 项、专项基金 1 项、国际合作交流项目 4 项；承担中国科学院战略性先导科技专项课题 3 项；承担重点国际合作项目 1 项（新增 1 项）。

2013 年，上海天文台各项工作进展良好，圆满地完成了年度科研任务。①国家探月工程项目：上海天文台牵头的 VLBI 测轨分系统积极组织开展了探月工程二期嫦娥三号测轨定位、三期预先研究等各项研制、建设和运行任务。VLBI 测轨分系统的实时高精度数据的加入有效地提高了嫦娥三号（CE-3）顺利落月和月面高精度测量，为嫦娥三号任务的圆满完成做出了卓越贡献。②上海天马（65m 射电）望远镜：2013 年在经过大量的性能测试的基础上，完成了望远镜验收和命名，随即加入到嫦娥三号任务的观测工作。天马望远镜的成功研制和应用，是上海天文台实施“创新 2020”的一项重大突破，也是建台 50 多年来创新奋斗历程中的又一个里程碑式的重大成果，标志着上海天文台创新能力的大幅跃升。③在基础研究领域，特别是在行星和地球动力学基础研究、银河系中心黑洞吸积流的研究、黑洞双星空间 X 射线天文观测研究、射电天体物理研究、星团与银河系结构研究等方面均取得了重要进展和成果，这些为上海天文台科研工作的展开奠定了研究基础，也为今后几年在科研领域取得前沿成果提供机遇和条件。

2013 年，上海天文台集体和个人获得上级机关和其他有关单位授予的各类荣誉称号共 57 项。其中：集体荣誉称号 18 项，个人荣誉称号 39 项。上海天文台以第一完成单位荣获省部级科技进步奖一等奖 3 项、二等奖 2 项。连续五届被授予上海市文明单位、上海市平安单位，与此同时，还被国防科工局授予探月工程三期关键技术攻关和方案研制优秀单位，上海 65m 射电望远镜组团队被中华全国总工会授予全国“工人先锋号”。沈志强荣获全国归侨侨眷先进个人，廖新浩荣获中国科学院朱李月华优秀教师奖，吴斌、黄佩诚等5人荣获国家重大工程建设突出贡献个人，郑为民等5人荣获探月工程三期关键技术攻关和方案研制优秀个人，杨小虎荣获中国天文学会第三届黄授书奖等。

进一步夯实院地合作成果。2013年4月经中国科学院批准，由上海天文台与紫金山天文台联合成立中国科学院行星科学重点实验室正式成立。实验室在基础研究方面以攀登国际行星科学前沿为目标，同时在应用研究方面积极为国家深空探测战略需求提供科学和技术支持。实验室的成立必将促进中国科学院在深空探测器高精度跟踪测量与轨道确定、近地小天体的监测和发现、国际前沿行星科学问题研究等方面的显著进步。

2013年度，我台以科研项目为依托，积极开展国际合作交流，本年度出访126批共计190人次，来访126人次。聘用外籍研究员2人，外籍博士后9人，招收外籍博士生4人。成功举办国际会议5次：解剖星系大视场二维光谱观测国际会议、第二届中美射电天文科学与技术研讨会、首届国际行星科学会议、国际行星大地测量与遥感暑期夏令营、空间甚长基线干涉科学研讨会，并在韩国和美国联合主办国际会议各1项。以上海天文台与美国国立射电天文台合作备忘录为基础，上海天文台积极利用美国VLBA观测设备开展射电天文观测研究。以“中国科学院—德国马普学会伙伴小组”为纽带，继续加强中德星系宇宙学合作。空间目标全球光电观测网的建设卓有成效。继续执行荷兰皇家文理学院与中国科学院的院级协议交流项目。正式加入“斯隆数字化巡天第四期（SDSS-IV）”国际合作组织。

上海天文台是上海市天文学会挂靠单位，负责主办《上海天文台年刊》、《天文学进展》，以及《地球自转参数年报》、《地球自转参数公报》、《原子时公报》等期刊。

（撰稿：王　涛　审稿：洪晓瑜）

上海生命科学研究院

院　　长：李　林

党委书记：汤伯伟

地　　址：上海市岳阳路320号

邮政编码：200031

电　　话：021-54920021

传　　真：021-54920078

电子信箱：sibs@sibs.ac.cn

网　　址：http://www.sibs.cas.cn

中国科学院上海生命科学研究院（简称“上海生科院”）成立于1999年7月，是由原中国科学院上海生物化学研究所、上海细胞生物学研究所、上海生理研究所、上海脑研究所、上海药物研究所、上海植物生理研究所、上海昆虫研究所和上海生物工程研究中心8个生物学研究机构经结构调整和体制创新组建而成，中国科学院国家基因研究中心、中国科学院上海生命科学研究中心、中国科学院上海实验动物中心、中国科学院上海文献情报中心等也先后整建制并入。“十五”期间，先后共建或新建了上海生科院/上海交通大学医学院健康科学研究所、营养科学研究所、上海巴斯德研究所、中国科学院—马普学会计算生物学伙伴研究所。

“十二五”期间，上海生科院努力探索有利于科技创新的体制机制，瞄准国际生命科学前沿领域，针对国家重大战略需求，聚焦生命现象本质、人口健康和农业发展的关键科学问题开展研究，力争在“神经疾病靶点”、“染色质结构与功能的调控”、“干细胞谱系建立及应用基础研究”、“中国人群营养与代谢遗传特征”、“丙肝的致病分子机制和治疗新标准”、“简小最适基因组人造生命体系合成与工业生物技术”6个重大科学问题上取得突破，将上海生科院建设成为综合、大型、跨领域、国际化、布局合理、具有强大竞争力和重要影响力的生命科学和健康科学研究基地和人才培养基地。

2013年，上海生科院紧紧围绕建设我国人口健康与生物医药自主创新核心的根本任务，紧密结合研究所“一三五”规划与上海生科院“一六十”规划，把进一步凝练科技创新目标、创新体制机制、优化科技布局、加强前瞻部署，构建完善的科技创新价值链作为工作重点，努力促进院所科技创新与持续发展。

上海生科院重点研究领域包括：功能基因

组、蛋白质组和生物信息学，生物大分子的结构、相互作用及功能，细胞活动的分子网络调控，脑发育与脑功能的分子与细胞机制研究，防治重要疾病的新药研究开发、中药现代化研究，以及药物研究的理论和方法，植物分子生理和植物与环境的相互作用，生物技术的创新和应用，生物医学转化型研究，现代营养科学研究，病毒学与免疫学研究，计算生物学研究，以及生命科学与其他学科的交叉研究。

上海生科院共有生物化学与细胞生物学研究所、神经科学研究所、植物生理生态研究所、健康科学研究所、营养科学研究所、计算生物学研究所6个非法人研究单元，上海药物所、上海巴斯德所2个独立法人研究单元，上海植物逆境生物学研究中心、中科院–二军大转化医学研究院2个新建研究单元，生命科学信息中心1个支撑单元，伍佰豪生物工程研究发展有限公司、斯莱克实验动物有限公司/动物中心2个企业，中科院上海辰山植物科学研究中心、中科院上海临床研究中心、上海工业生物技术研发中心、上海生物医学工程研究中心、中科院湖州应用技术研究和产业化中心5个院地合作共建机构。

生物化学与细胞生物学研究所　成立于2000年，前身是1950年成立的中国科学院生理生化研究所“生化大组”（后于1958年独立建所，为上海生物化学研究所）与1950年成立的中国科学院实验生物研究所“发生生理研究室”（后于1953年独立建所，沿用实验生物研究所名）。该所致力于生命科学基础研究，在PI制的基础上，以“营造一个学者型研究环境，成为一个国际一流研究所，培养一批具有国际一流水平的教授，系统性地、持续性地作出开拓性的工作，在某些重大研究方向（领域）成为国际公认的学术权威”为目标，形成以分子生物学国家重点实验室、细胞生物学国家重点实验室、国家蛋白质科学中心·上海（筹）为中心的三大研究集群，涵盖基因调控、RNA、表观遗传学，蛋白质科学，细胞信号转导，细胞与干细胞生物学，癌症和其他重大疾病机理的5大研究领域。研究所现有69个研究组分别以固定及客座研究组的形式加入重点实验室。

神经科学研究所　该所成立于1999年11月27日，其主要任务是开展神经科学前沿领域的基础研究，旨在中国建立国际一流的神经科学基础研究的基地。主要研究方向是：分子与细胞神经科学、发育神经科学、系统与认知神经科学以及神经系统疾病等，力争在“阐述神经分化、生长和再生的分子机制”、“理解认知功能的神经环路基础”、“获得发育与退行性神经疾病诊断和治疗的新方法、新靶点”3个方面取得突破。研究所按研究方向设有4个研究部门，29个研究组。神经科学国家重点实验室、中国科学院脑科学卓越创新中心依托于神经科学研究所。

上海药物研究所　该所的前身是1932年创建的国立北平研究院药物研究所，是以创新药物的基础研究、应用基础和应用开发研究为主的综合性研究机构。主要面向国家生物医药战略需求和国际科技发展前沿，以重大新药创制为主线，发展药物研究的新理论、新方法和新技术，构建与国际接轨的创新药物研发技术体系；培养和引进高水平的药学领域领军人才，全面建设“四个一流”的国际化创新型药物研发机构，在国家药学研究领域中发挥核心、引领、示范和辐射作用，带动我国生物医药战略新兴产业的跨越发展，力求在“创制具有国际影响的重大新药”，“率先实现药物安全性评价与国际规范接轨”，“发展评价先导化合物和靶标成药性的新理论、新方法和新技术”方面取得重大突破。研究所设有包括新药研究国家重点实验室在内的4个国家级研究中心、5个研究室、11个技术平台研究中心和5个支撑服务机构。

植物生理生态研究所　该所由原中国科学院上海植物生理研究所与原中国科学院上海昆虫研究所于1999年5月19日整合而成。主要瞄准植物、微生物和昆虫的重要生理过程及其相互作用的科学前沿，面向我国可持续农业和生态环境以及生物能源和生物制造的重大战略需求，开展原创性、系统性的基础和应用基础研究，力争在“水稻高产优质的分子生理与遗传基础”、“植物逆境生理和抗性改良生物技术”、“生物代谢的系统生物学研究及人造生命体系的合成”3个重点研究方向取得突破。研究所设有植物分子遗传国家重点实验室、中国科学院合成生物学重点实验室、中国科学院昆虫发育与进化生物学重点实验室、光合作用与环境生物学实验室、中国科学院国家基因中心、国家植物基因研究中心（上海）、上海生科院工业生物技术研究中心和中国科学院上海昆虫博物馆。

健康科学研究所 该所前身是1999年由上海生科院和原上海第二医科大学（现为上海交通大学医学院）联合组建的健康科学中心。2002年4月开始实体化运作，2005年11月正式更名为健康科学研究所，核心使命是生物医学转化型研究。主要聚集干细胞研究与应用、免疫与重大疾病研究、肿瘤防治新策略等重要领域，重点培育干细胞药物研发、疾病代谢组学研究、肿瘤个体化诊疗、免疫微环境与慢性疾病的发生发展、心脏发育与心肌修复5个重点方向。研究所以提高科技创新能力为中心，以解决临床研究的关键问题为导向，努力推进生命科学基础研究与临床医学紧密结合的生物医学转化型研究，不断完善具有中国特色的、国际先进的生物医学转化型研究体系建设和复合型高级研究人才的培养机制。研究所设有中国科学院干细胞生物学重点实验室，现有31个研究组，与10余家医院开展密切合作，形成了良好的基础研究与临床研究联动体系。

营养科学研究所 该所于2003年12月15日在上海正式成立。定位于“应用导向的基础研究”，重点致力于中国人群的营养健康研究、遗传与代谢研究，解析营养与代谢的关键调控节点和网络，深入挖掘慢性代谢性疾病的致病机理，为建立营养相关疾病的防御体系、发展营养干预的新技术、新策略提供理论依据；同时开展前瞻性的食品安全理论基础研究，发展先进的检测技术与方法，为我国相关政策及标准的制定提供科技支撑，为提升人民健康水平作出贡献。研究所设有中国科学院营养与代谢重点实验室、食品安全研究中心、湖州营养与健康产业创新中心，以及转化医学研究中心，并已建立较为完善的分子细胞研究、营养与代谢基础研究、动物疾病模型研究，以及营养分析与食品安全研究等技术平台。

上海巴斯德研究所 该所是根据中国科学院、上海市和法国巴斯德研究所2004年8月30日签署的合作总协议建立的研究机构，于2004年10月11日揭牌，2005年7月开始运行。该所的宗旨是根据国家公众健康需求，通过面向应用的基础研究和教育活动，为传染性疾病的预防和治疗作出贡献。围绕重大传染性疾病的致病机制、免疫应答规律及防治策略研究这一目标，力争在揭示丙型肝炎病毒等重要病原体的关键致病机制，开发手足口病、流感等疾病的新型疫苗和药物，建立呼吸道等新发、突发病原体的快速诊断技术、提升应对突发和新发传染病的能力3个方向取得突破性进展。研究所设有中国科学院分子病毒与免疫重点实验室。

计算生物学伙伴研究所 该所成立于2005年10月，是中国科学院和德国马普学会合作共建、联合资助、共同管理的一个国际化研究机构。该所主要聚焦人口健康与作物高产等重大科学问题，开展计算与系统生物学研究，充分发挥国际合作所独特优势，建设国际一流的计算生物学研究中心，引领学科发展。主要致力于在建立人及其他模式生物衰老的表观遗传组、转录组、蛋白质组、代谢组图谱，构建并阐明调控网络；建立C3与C4植物系统动力学模型，确定C4形成的关键基因；建立基于遗传融合的群体基因组学分析方法，阐明人群的分化和基因交流历史及其对环境的适应机制3个研究方向取得突破。研究所设有中国科学院计算生物学重点实验室、分子系统生物学实验室、计算调控基因组学实验室、生物物理学实验室、整合生物学实验室和植物系统生物学、功能基因组学、群体基因组学、皮肤基因组学4个青年科学家小组，共拥有18个研究小组，在计算生物学领域中具有一定的研究规模和竞争力。

上海生科院共有4个国家重点实验室和7个中国科学院重点实验室。国家重点实验室包括分子生物学国家重点实验室、植物分子遗传国家重点实验室、神经科学国家重点实验室、细胞生物学国家重点实验室；中国科学院重点实验室包括干细胞生物学重点实验室、系统生物学重点实验室、营养与代谢重点实验室、合成生物学重点实验室、计算生物学重点实验室、昆虫发育与进化生物学重点实验室、分子病毒与免疫重点实验室。

2013年，由上海生科院负责建设的国家蛋白质科学研究上海设施基本完成工程建设并落实验收准备；以生物化学与细胞生物学研究所为依托单位的国家蛋白质科学中心（上海）建设已初具规模，科研和管理人员入驻并开展工作。

截至2013年底，上海生科院共有在职职工2144人。其中岗位聘用人员1969人、项目聘用人员82人、离岗安置人员93人。包括中国科学院院士21人、中国工程院院士2人、中国科学院外籍院士1人、美国国家科学院院士2人、发展中国家科学院院士9人、研究员321人、高级工程师以及高级实验师等副高级专业技术人员351人。

上海生科院是国务院学位委员会批准的博士、硕士学位授予权单位之一，现设有生物学专业一级学科博士研究生培养点，植物学、动物学、生理学、微生物学、神经生物学、遗传学、发育生物学、细胞生物学、生物化学与分子生物学、生物信息学、计算生物学11个专业二级学科博士研究生培养点；基础医学专业一级学科硕士研究生培养点，免疫学专业二级学科硕士研究生培养点；生物工程专业硕士研究生培养点，并设有生物学专业一级学科博士后流动站；共有在学研究生1773人（其中硕士生670人、博士生1103人）、在站博士后203人。

作为首批入选“海外高层次人才创新创业基地”和“创新人才培养示范基地”的单位之一，上海生科院共有国家“顶尖千人计划”1人，国家“千人计划”（国家海外高层次人才引进计划）入选者18人（新增5人），“外专千人计划”1人（新增1人），中央“青年千人计划”31人（新增13人），上海“千人计划”5人（新增2人）；“万人计划”5人，其中科技创新领军人才1人，百千万工程领军人才1人，青年拔尖人才3人；“科技部创新人才推进计划”中青年领军人才3人，重点领域创新团队1支；中国科学院“百人计划”入选者131人（新增6人）；国家杰出青年科学基金获得者52人（新增5人）；国家重点基础研究发展计划（973）首席科学家28人；基金委“创新群体”负责人8人；国家外专局-中科院海外创新团队6支（新增1支）（海外知名学者31人）。

2013年，上海生科院共有在研项目460余项（包括新增项目230余项）。其中，主持国家重点基础研究发展计划（973计划，含重大科学研究计划）项目26项（新增3项）、承担课题57项（新增6项），主持（或承担）中国高技术研究发展计划（863计划）课题5项（新增2项），主持国家科技支撑计划课题4项，主持（或承担）重大专项44项（新增3项）；主持国家自然科学基金创新研究群体科学基金5项（新增2项为延续资助），重点项目48项（新增7项），面上项目210项（新增60项），承担国家自然科学基金重大研究计划项目32项（新增15项）；承担国家自然科学基金重大项目1项（新增2项）；主持中国科学院战略性先导科技专项1项，承担项目4项（新增2项），重要方向项目13项；承担国际合作项目51项（新增11项）。新增的230余项各类项目合同经费达5.2亿元。

2013年，上海生科院科研工作取得重要进展，共获国家、省部委及各类社会力量奖励77项。其中，生化与细胞所孙兵研究员等完成的“DC细胞活化调控与Th细胞分化机制在免疫相关疾病中的研究”获2013年度国家自然科学奖二等奖；计算生物学所Philipp Khaitovich所长荣获2013年度中国政府“友谊奖”；马普学会副主席Herbert Jaeckle教授荣获2013年度“中国国际科技合作奖”；营养所翟琦巍研究员等完成的“NAD-SIRT1及相关信号通路在慢性代谢疾病中的作用和机理研究”和生化与细胞所刘新垣院士等完成的“新的癌症靶向基因-病毒治疗（CTGVT）”获2013年度上海市自然科学奖二等奖。全院发表SCI论文846篇，其中影响因子大于9分的52篇，在《细胞》（*Cell*）、《自然》（*Nature*）、《科学》（*Science*）及其系列期刊上发表论文60篇；申请专利128项，其中国际专利28项；专利授权69项，其中国际专利11项；通过与企业合作和成果转化，签订合同金额3152万元，到账金额2597万元，其中技术转让和专利许可金额113万元。

2013年上海生科院成功转化一批科研成果：与上海绿盎生物科技有限公司签订专利许可合同，授权该公司使用上海生科院发明的一种增强植物抗逆境能力的化合物专利技术；与荷兰科因公司（Keygene N. V.）签订专利许可合同，授权该公司使用上海生科院发明的一种增强植物抗逆境能力的基因专利技术；与Sigma-Aldrich公司及美国EMD Millipore公司分别签订三项技术许可合同，授权上述公司将上海生科院发明的几种抗体用于生产和销售在科研中使用的试剂产品。

国际合作工作扎实推进。上海生科院2013年新立项的11个国际合作研究项目获得外部经费资助，合作伙伴来自美国、英国、澳大利亚、瑞士等；新增或获准延长资助的国际人才项目37个；出访团组467批共598人次，涉及43个国家和地区；接待来访团组462批共908人次，涉及38个国家和地区；巩固和拓展与国外著名研究机构及跨国公司的战略合作伙伴关系：与国际水稻研究所、澳大利亚纽卡斯尔大学、法国赛诺菲·安万特公司等签署了5份合作协议或合作备忘录。计算生物学所依托科技部国际科技合作基地，发展态势良好：积极参与欧盟框架计划、"C4水稻"研究计划等大型国际合作项目；与德国莱布尼茨环境医学研究所共建环境，基因与衰老联合研究小组。院所举办多边和双边国际会议17次。

上海生科院现有4个全国性挂靠学会和6个地方性挂靠学会。*Cell Research*（《细胞研究》）2012年度影响因子为10.526，处于Q1水平，在SCI最新收录的151种中国期刊中影响因子排名第一，实现了中国科技期刊影响因子超过10的历史突破；*Molecular Plant*（《分子植物》）2012年度影响因子为6.126，处于Q1水平，在SCI收录的国际植物科学领域发展原创论文类期刊中影响因子排名第六；*Journal of Molecular Cell Biology*（《分子细胞生物学报》）2012年度影响因子为7.308，处于Q1水平；*Acta Biochimica & Biophysica Sinica*（《生物化学与生物物理学报》）2012年度影响因子为1.807；*Neuroscience Bulletin*（《神经科学通报》）2012年度影响因子为1.365。此外，5种英文期刊分别与《自然》出版集团（NPG）、牛津大学出版社（OUP）、施普林格（Springer）等国际知名出版商进行了国际出版合作。

（撰稿：裴　旸　林滨霞　审稿：汤伯伟）

上海药物研究所

所　　长：丁　健
地　　址：上海市浦东张江祖冲之路555号
邮政编码：201203
电　　话：021-50806600
传　　真：021-50807088
电子信箱：suoban@simm. ac. cn
网　　址：http://www. simm. cas. cn

中国科学院上海药物研究所（以下简称"上海药物所"）前身是国立北平研究院药物研究所，1932年由国立北平研究院和北平中法大学合作创建，1933年迁至上海，1950年3月并入中国科学院有机化学所，为药物化学研究室，1953年从有机所分出，成立中国科学院药物研究所。1970年改名为上海药物研究所，1978年更名为中国科学院上海药物研究所。

上海药物所是以创新药物的基础研究、应用基础和应用开发研究为主的综合性研究机构，通过生物学和化学密切合作，阐明生物活性物质的结构、活性及其相互关系；探索药物作用的新机理、新靶点；完成新药临床前综合评价及研究。重点研究治疗肿瘤、心脑血管、神经精神系统、代谢、自身免疫和感染性等六类疾病领域的新药，并加强现代中药的研发。

上海药物所设有4个国家级研究中心：新药研究国家重点实验室、国家新药筛选中心、中药标准化技术国家工程实验室、国家化合物样品库；6个研究室：药物化学研究室、天然药物化学研究室、药理学第一、二、三研究室、中国科学院受体结构与功能重点实验室；11个技术平台研究中心：药物发现与设计中心、药效评价研究中心、上海药物代谢研究中心、药物安全评价研究中心、药物释放系统研究中心、中药现代化研究中心、药物质量控制与固体化学研究中心、化学蛋白质组学研究中心、药物靶标结构及功能研究中心、神经药理国际科学家工作站和蛋白质折叠国际科学家工作站；5个支撑服务机构：分析化学研究室、公共技术服务中心、信息中心、实验动物室、期刊联合编辑部。

截至2013年底，上海药物所共有在职职工789人。其中科技人员624人、科技支撑人员82人，包括中国科学院院士3人、中国工程院院士3人、研究员及正高级工程技术人员98人、副研究员及高级工程技术人员113人。共有国家海外高层次人才引进计划（“千人计划”）入选者5人，“青年千人计划”入选者2人（新增2人）；中国科学院“百人计划”入选者30人，“西部之光”人才入选者1人（新增1人）；国家杰出青年科学基金获得者21人（新增2人），优青3人（新增2人）。

药物所是国务院学位委员会批准的首批博士、硕士学位授予单位之一，现设有“药学”专业一级学科博士、硕士研究生培养点，其招生专业包括药物化学、药剂学、药物设计学、药理学、药物分析学等；设有化学、药学专业一级学科博士后流动站2个，在站博士后37人。在学研究生462人（博士研究生239名，硕士研究生223名）。

2013年，上海药物研究所共有在研项目438项（包括新增项目133项）。其中，承担国家重大科技专项课题35项（新增11项），主持（或承担）国家重点基础研究发展计划（973计划）和国家重大科学研究计划项目3项（新增1项）、承担（或参加）课题29项（新增8项），主持（或承担）国家高技术研究发展计划（863计划）项目11项（新增2项）；主持（或承担）国家自然科学基金重点项目6项（新增3项）、面上项目68项（新增29项）、国家杰出青年科学基金项目10项（新增1项）、国家自然科学基金重大研究计划重点项目2项（新增2项）；主持（或承担）中国科学院战略性先导科技专项课题1项，主持（或承担）院重点部署项目1项；承担重点国际合作项目4项；承担院地合作项目3项。

新药研究成果丰硕。注射用丹参多酚酸盐总销售额突破80亿元，被行业学会评为中国最有竞争力的中药品种；现有10个新药（9个1.1类）进入不同阶段临床研究，其中抗早老性痴呆新药971、盐酸安妥沙星注射剂2个品种已完成II期临床试验，正在开展或即将开展III期临床研究；雷腾舒、异噻夫啶、硫酸舒欣啶及丹七通脉片4个品种已完成I期临床试验，正在开展或即将开展II期临床研究；抗肿瘤药物喜诺替康、希明替康、德立替尼和抗ED药物TPN729正在进行I期临床研究；抗肿瘤1.1类新药AL3810及硫酸舒欣啶进入国际临床试验。一批候选新药正在进行临床前研究，呈现了“转化一批、研发一批、储备一批、发现一批”的良好态势。2013年度共申请国内发明专利70项，PCT国际专利16项，获国内专利授权64项，国际专利授权29项，获软件著作权登记1项，商标注册1项。

基础研究重大突破。2013年发表SCI论文419篇，影响因子（IF）3以上的论文已达189篇（其中药物所通讯作者147篇）。首次在*Nature*、*Science*等国际顶尖杂志上高密度发表5篇论文，引起国际高度关注。在国际刊物发表的高水平SCI论文数量和他引数长期持续名列我国药学高等院校和研究所第一。“若干重要中草药的化学与生物活性成分的研究”获国家自然科学奖二等奖；“药物分子毒理学研究及新药安全性评价关键技术的应用和国际认可”研究项目获国家科学技术进步奖二等奖；“丹参多酚酸盐项目”获中国科学院杰出科技成就奖。

技术平台接轨国际。在药靶结构与功能研究中心基础上，整合所内GPCR、核受体和离子通道研究方面等20个研究组的优势力量获批成立“中国科学院受体结构与功能重点实验室”。在安全性评价、药物代谢、药效评价等平台建设方面率先实现与发达国家双边或多边互认，质量控制、制剂、工艺研究平台得到全面提升，持续开展高水平新药评价和技术服务。国家化合物样品库存量达到130万个，动物设施管理能力接轨国际，新成立所级公共技术服务平台，加强资源整合与利用。

国际合作纵深发展。2013年，在研国际合作项目40项。新签国际合作项目协议4个，国际合作项目到位经费7700万元，国际合作发展态势良好。其中，与法国施维雅公司共建以药物早期代谢评价平台建设、中枢系统药物新靶点发现、功能确认及先导化合物发现，以及抗肿瘤新药联合研究开发、生物标志物发现为主要内容的联合实验室。与加拿大渥太华大学共建转化医学组学研究联合实验室。组织和承办了4场国际学术会议，提升了药物所国际学术影响力，包括“2013年皇后镇分子生物学（上海）会议——信号转导与药物发现暨第五届全国药物筛选新技术研讨会”、“2013年中国-美国糖生物学研讨会：多糖的功能及其应用”、“第一届中国-瑞士天然产物与新药发现前瞻研讨会”，以及“SIMM-RSC Symposiumon Epigenetics”。

院地合作辐射地区发展。与企业签订技术合同252项，其中接受企业委托一类新药的临床前研究任务45项，“四技”收入为10935万元。与地方共建上海药物所烟台分所、中国科学院吴中生物医药研发中心、宁波生物产业创新中心、上海药物所（上海市徐汇区中心医院）临床药物研究中心等研究机构，通过技术优势，带动区域经济和技术发展。改革新药创制的体制机制，通过项目和无形资产股权投资，组建上海海和药物研究开发有限公司，形成新药成果转化平台，加快新药研发的效率和国际化进程。

上海药物所还主办了两本英文学术期刊*Acta Pharmacologica Sinica*（《中国药理学报》）和*Asian Journal of Andrology*（《亚洲男性学杂志》）。*Acta Pharmacologica Sinica*是我国药理学及药学领域唯一被收录至科学引文索引（SCI）的学术期刊，其影响因子（IF）为2.354；*Asian Journal of Andrology*是我国重要的洲际学会国际性会刊，影响因子为2.140，在国际男科学领域期刊排名第三，在国内临床医学领域SCI期刊榜排名第一。研究所同时还主办了以非处方药物为主的科普杂志《家庭用药》，年发行量为155万册。

（撰稿：石岩森　徐晓萍　审稿：厉　骏）

上海高等研究院

院　　长：封松林
地　　址：上海市浦东新区张江高科技园区海科路99号
邮政编码：201210
电　　话：021-20325000
传　　真：021-20325034
电子信箱：sari@sari.ac.cn
网　　址：http://www.sari.cas.cn

上海高等研究院（以下简称“上海高研院”）是根据2008（冬季）中国科学院党组（扩大）会议纪要和中国科学院—上海市院市合作协议精神，由中国科学院与上海市人民政府共建，以中国科学院上海浦东科技园为院址的中央事业法人单位。2010年12月26日正式入驻中国科学院上海浦东科技园，2012年11月27日通过验收。

上海高研院定位于开展原始创新研究，为战略新兴产业提供集成技术解决方案，探索科技与经济、教育、金融、文化结合的发展模式，成为具有国际影响力的集研、产、学为一体的多学科交叉综合性科研机构。

上海高研院将面向国家战略新兴产业、绿色城镇化和可持续发展中面临的瓶颈问题以及上海“创新驱动，转型发展”的重大科技需求，聚焦空间科技、交叉前沿与先进制造、信息科学与技术、能源与环境、健康科学与技术领域，建设研产学紧密集合的多学科交叉融合创新平台，致力于在具有产业化前景和引领未来的关键技术领域取得重大突破，催生国家和区域的战略新兴产业，为经济发展带来新的增长点，支持社会的可持续发展。

2013年，上海高研院紧紧围绕“创新2020”，深入实施“一三五”规划，在微小卫星、智慧低碳城市和高端医疗影像设备3个重大突破方面，以及物联网行业应用、三网融合系统示范、可持续能源解决方案、温室气体与环境工程和干细胞与系统转化医学5个重点培育方向取得一系列重要进展。

上海高研院科研机构主要由交叉前沿与先进制造、信息与电子技术、空间科技、能源与环境、健康科学与技术5个研究部组成。拥有中科院微小卫星重点实验室，获批筹建中科院低碳转化科学与工程重点实验室；同时是中科院清洁能源技术发展中心、中科院微小卫星工程中心和中科院微系统研究与发展中心3个院设非法人单元的依托单位。

重要科研设施及装置有：①信息与电子技术领域：电视信号分析仪、正弦信号源、任意波形发生器、Certify 软件、功率器件分析仪、FPGA 原型验证板、LTE 核心网设备、实时示波器、基带矢量信号发生器、混合信号示波器、无线通信终端综测仪、系统级网络测试仪、EMI 接收机、移动测试车、系统测试频谱仪、器件建模软件、Synplify Pro 逻辑综合软件、网络测试仪、低频频谱分析仪；②能源与环境技术领域：X 射线衍射仪、化学吸附仪、燃烧室平台、微型热电联产系统实证平台、一、二级洗气塔、超临界水反应装置、工艺流程模拟软件、Zeta 电位分析仪、激光热导仪、通风及控制系统、质谱分析系统、数据采集系统、台式万能材料测试系统；③交叉前沿与先进制造技术领域：全自动宽带调谐飞秒振荡激光全固态一体化飞秒再生放大器、飞秒光参量放大器、时间分辨光谱测量系统、显微荧光光谱系统、大型拼接式高阻尼光学隔震台、光学隔震系统、近红外 InGaAs CCD、振荡器水冷机、放大器水冷机。

截至 2013 年底，共有在职职工 489 人。其中科技人员 375 人、科技支撑人员 63 人，研究员及正高级工程技术人员 56 人、副研究员及高级工程技术人员 79 人。共有国家海外高层次人才引进计划（“千人计划”）入选者 8 人（国家级“千人计划”A 类 5 名、上海市“千人计划”2 名、外专“千人计划”1 名、新增 2 人），中国科学院“百人计划”入选者 12 人，国家杰出青年科学基金获得者 4 人，“外国专家特聘研究员”7 名（新增 2 人），国家级“新世纪百千万人才工程”人选 3 名；享受国务院政府特殊津贴 5 人（新增 1 人），获批中科院青年创新人才 8 名；同时引进人才还包括 863 专家、973 重大项目首席科学家、长江学者及上海“浦江人才”等。

上海高研院 2013 年成功获批化学、电子科学与技术 2 个一级学科硕士研究生培养点，电子与通信工程、化学工程、生物工程 3 个专业学位硕士研究生培养点。截至 2013 年底，共有在学研究生 103 人（其中硕士生 79 人、博士生 24 人）、在站博士后 2 人。

2013 年，上海高研院共有在研项目 289 项（包括新增项目 127 项）。其中，承担国家重大科技专项课题 2 项，主持（或承担）国家重点基础研究发展计划（973 计划）和国家重大科学研究计划项目 1 项、承担（或参加）课题 5 项（新增 2 项）；主持（或承担）国家自然科学基金面上项目 13 项（新增 5 项）；主持（或承担）中国科学院战略性先导科技专项课题 10 项，主持（或承担）院重点部署项目 2 项（新增 1 项）。

科研工作进展：①三网融合系统示范。依托科技部 863 计划项目“下一代广播电视网无线宽带接入技术研究”。2013 年完成 NGB 无线系统总体方案架构设计，提出一套先进的、符合我国国情和国际发展趋势的 NGB 无线广播信道技术方案；提交《NGB 无线技术白皮书（广播部分）》讨论稿 1 份，于 2013 年 9 月通过了广电总局 NGB 无线网专题组组织的专家评审，方案达到国内领先、国际相当的技术水平。②无汞催化氯乙烯合成。依托科技部 973 计划项目“无汞催化乙炔二氯乙烷制氯乙烯”和上海市科委重大专项“姜钟法绿色催化制备氯乙烯催化剂制备中试放大技术研究”成功开发出非汞催化剂催化合成氯乙烯，其中乙炔的转化率达到 90% 以上，氯乙烯的选择性达到 99% 以上。“百吨级乙炔和二氯乙烷无汞催化合成氯乙烯新工艺”通过中国石油和化学工业联合会鉴定，目前正在进行 2000 吨级中试生产，并将形成具有自主知识产权的万吨级无汞催化氯乙烯生产工艺包，在 PVC 行业推广，最终推进我国 PVC 行业的无汞化进程。③高稳定性抗积碳催化剂。依托中科院煤先导专项“低阶煤清洁高效梯级利用关键技术与示范”和科技部科技支撑计划项目“CO_2 与甲烷重整转化制备合成气关键技术与工程示范”。成功开发出高稳定性抗积碳催化剂（为目前已报道的性能最佳的催化剂），并完成反应器设计。与潞安、Shell 合作，启动全球 CO_2 甲烷重整中试示范。④MW 燃气轮机。依托中科院知识创新工程重要方向性项目“低碳社区小型燃气轮机 CHP 系统关键技术研发与技术集成研究平台建设”和上海市科委专项“用于分布式的 MW 级蒸汽注入燃气轮机燃烧室研发”。完成了 MW 级燃气轮机部分关键部件的实验，2013 年底前完成首台样机的组装、冷态盘车，并计划在

2014 年完成热态试车，进入工业示范。该项目填补了国内地面用此功率等级小型燃气轮机的空白，实现了该系列产品从无到有的跨越，具有广泛的市场应用前景，目前，已被上海市发改委列入 2013 年度上海市战略新兴产业重大项目。⑤绿色碳循环。在国际知名刊物德国应用化学（*Angewandte Chemie International Edition*-Wiley Online Library）上发表题为“*Green Carbon Science：Scientific Basis for Integrating Carbon Resource Processing，Utilization，and Recycling*”文章，创新性提出绿色碳循环理念，获得国内外科研界同行高度认可。⑥高场磁共振核心部件研发。依托中科院重点部署项目“高场磁共振核心部件与关键技术研发”。确定了磁共振成像系统核心部件——梯度功率放大器的选取和各子系统的设计方案，制作了一台单轴原理样机并进行了大量的测试。初步测试结果表明，原理样机精度达到了跨国公司同类产品的先进水平，达到了原理样机的设计预期。为未来推动国产高场 MRI 系统的产业化发展提供支持。

2013 年，上海高研院共发表论文 245 篇，其中 126 篇 SCI 文章，累计申请专利 109 件，获得专利 20 项。

上海高研院“立足上海，面向全国”进一步深化院地合作，探索产学研合作模式，助力上海高研院内部科研机构和企业、研究机构、高校、政府、金融、中介服务机构等建立长期稳定的多元化合作模式，加快成果的转移转化，提升上海高研院的科研服务能力。①作为依托单位，参与中科院和上海市共建的上海市信息技术研究中心筹建工作。基于前期上海市科委支持的 MW 燃气轮机的科研成果，上海市发改委将 MW 燃气轮机列入 2013 年度上海市战略新兴产业重大项目。已注册成立项目公司，总投资 2 亿元，其中上海市发改委专项支持 1 亿元。依托上海市科委对“微藻复合有机肥技术与盐碱地土壤改良方案”项目的支持，上海高研院积极探索微藻土壤改良、生态农产品生产与物联网技术的有机结合。②2013 年，上海高研院与潞安在原有的基础上开展“一体化”合作共建“中科院低碳转化科学与工程重点实验室”；与安防在前期合作基础上进一步签署了《关于“智慧城市综合管理平台”项目合作开发协议》并联合成立了智慧城市研究中心；与普天签署战略性合作协议；与上海电气达成成立新型核能热功转换系统关键技术联合实验室的意向。③为进一步鼓励和推进高研院科技成果转化，完善成果转化激励机制，制定了《科研管理团队创业管理暂行办法》及《关于横向经费结余及成果转化收益的补充规定》。④2013 年上海高研院重要成果转化项目 5 项，RFID 项目技术许可 900 万元；普天邮通的合作，上海高研院占 500 万标的公司 15% 的股权；组建中研宏科公司，注册资金 100 万，上海高研院占 20% 的权益，并向公司收取版权转让费 150 万元。与无锡德思普公司合作，项目公司注册资金 5000 万元，上海高研院占 20%，并在三年内收取许可费 600 万元；MW 燃气轮机技术许可。

上海高研院积极推进与大型跨国企业和科研院所的合作，认真组织实施实施重大国际科技合作项目，目前合作进展顺利。上海高研院与壳牌及潞安召开“二氧化碳和甲烷重整制合成气”及“生物热化学转化利用”国际合作项目研讨会，拟在潞安启动联合研究项目中试。2013 年 3 月，举行上海高研院与壳牌公司前瞻科学项目展示暨第二批项目签约仪式；与英国石油公司、山西潞安矿业集团开展浆态费托合成项目联合开发项目，已完成实验室研发，即将签署新合作协议；与波音公司共建航空通讯技术联合研究实验室，第一期项目顺利完成，并启动第二期项目。与韩国生产技术研究院共建上海高研院-韩国生产技术研究院联合实验室，开展移动医疗及太阳能领域合作。2013 年，上海高研院引进外籍专家 2 人，签署各类合作协议 15 个，承办 4 次国际研讨会。2013 年度因公出访 70 批 97 人次，接待美、日、法、荷、英等 18 个国家来访 100 余批次 430 余人次。

（撰稿：贾　斌　白　璐　审稿：封松林　孙予罕）

宁波材料技术与工程研究所

所　　长：崔　平

地　　址：浙江省宁波市镇海区中官西路

1219 号
邮政编码：315201
电　　话：0574-86685115
传　　真：0574-87910728
电子信箱：nimte@nimte.ac.cn
网　　址：http://www.nimte.ac.cn

中国科学院宁波材料技术与工程研究所（以下简称“宁波材料所”）始建于2004年4月，由中科院、浙江省、宁波市三方共建，2007年11月通过验收并隆重揭牌，成为中国科学院在浙江省建立的首家直属研究机构。2009年3月，在宁波材料所完成一期共建目标的基础上，中国科学院、浙江省、宁波市三方进一步加强全面战略合作，签署了宁波材料所二期建设备忘录，决定共建中国科学院宁波工业技术研究院（简称“宁波工研院”）。建成后的宁波工研院，下设材料技术研究所、新能源技术研究所、先进制造技术研究所3个非法人研究所。2013年，宁波工研院与慈溪市签署协议，共建慈溪生物医学工程研究所。

宁波材料所的使命定位是“把科技变为生产力”，我们将从材料技术的核心领域拓展到多个重要相关产业技术领域，以技术创新链带动产业链，聚焦新材料、新能源、先进制造和生命健康等领域，瞄准国际科技前沿，构建独具区域特色，集技术创新、成果转化、科技服务、人才培育于一体的宁波工业技术研究院。力争2020年前后，实现由单一材料研究所向综合性工业技术研究院转型，并成为相关领域内国内一流、国际知名的综合研究机构和相关产业转型升级的助推器。在新材料领域聚焦于磁性材料、高分子与复合材料、功能材料与纳米器件和表面工程等研究方向；在新能源领域聚焦于光伏技术、储能技术、氢能和燃料电池技术以及工业催化技术等研究方向；在先进制造领域聚焦于先进材料制造工艺与装备、新型材料器件与系统、精密制造工艺与系统、自动化与智能制造装备技术和制造服务技术等研究方向；在健康领域聚焦于生物材料、生物医药、医学器件等研究方向。2013年，组织完成了“一三五”规划年度进展评议，三个重大突破项目取得阶段进展，通过聚人才、立项目、筑平台、建机制，全面保障“创新2020”相关目标任务落实，并初步完成了二期建设目标。

目前已建成了碳纤维制备技术国家工程实验室、发改委磁性材料科技创新服务平台、省部共建国家重点实验室培育基地、科技部国际合作基地、国家技术转移示范机构、中科院磁性材料与器件重点实验室、中科院海洋新材料与应用技术重点实验室、浙江省磁性材料及其应用重点实验室、浙江省海洋材料与防护技术重点实验室、宁波市高分子材料重点实验室、宁波市无机微纳功能材料及应用重点实验室、宁波市海洋工程材料与应用技术重点实验室、宁波市硅基有机薄膜光电技术重点实验室等一批科研平台。

目前，已基本建成了一个既满足自身发展需求又积极为地方企业服务的科技支撑平台，整个平台仪器设备总值约3亿元；建成12.9万平方米科研大楼与实验室，为科研工作顺利开展提供了保障。

2013年宁波材料所继续实施人才引进计划，从全球范围吸引招聘高端优秀人才。至2013年底，共有在职职工862人。其中科技岗位占70%，支撑岗位占21%，管理岗位占9%；包括中国工程院院士1人，正高级186人，副高级92人。共有国家海外高层次人才引进计划（“千人计划”）入选者15人（新增8人），“青年千人计划”入选者6人（新增2人）；中国科学院“百人计划”入选者31人（新增3人）。

现设有材料科学与工程一级学科学术型博士、硕士学位授予点（含材料物理与化学、材料加工工程专业），化学一级学科学术型博士、硕士学位授予点（含高分子化学与物理、物理化学、有机化学专业），机械制造及其自动化学术型博士、硕士学位授予点；拥有材料工程、化学工程、机械工程3个工程硕士专业学位点，并设有材料科学与工程、化学2个专业一级学科博士后流动站，共有在学研究生564人（其中硕士生451人、博士生113人）、在站博士后90人。

2013年，宁波材料所共有在研项目1119项（包括新增项目273项）。其中，主持（或承担）国家重点基础研究发展计划（973计划）和国家重大科学研究计划项目1项（新增1项）、承担（或参加）课题4项（新增1项），主持（或承担）国家高技术研究发展计划（863计划）项目3项；主持（或承担）国家自然科学基金重点项目2项（新增1项）、面上项目40项（新增9项）；主持（或承担）中国科学院战略性先导科技专项课题1项，主持（或承担）院重点部署项目4项、（科技部、国家自然科学基金委、财政部和院）重大仪器研制项目3项；承担院地合作项目14项。

2013年，重大项目研究取得进展。SOFC成功演示10kW级发电系统，实际输出功率9.7kW，电效率26.0%，kW级系统电效率达到44%；动力锂电池实现了磷酸锰锂正极材料、石墨烯导电剂等电池材料的批量化中试生产技术突破；碳纤维及复材项目建立了中试生产线，在工程化技术方面逐步突破。

截至2013年底，累计发表期刊与各类会议论文1562篇，申请国内发明专利1012项，申请国际PCT专利47项，取得了一批在世界上具有竞争力和对产业发展有一定影响的科研成果。

宁波材料所积极开展所地合作、技术转移和成果转化工作，始终坚持科技与经济紧密结合，把科研成果转化为现实生产力，为经济发展方式的转变提供科技支撑，并探索和创立了一些行之有效的所地合作模式：与企业结成战略合作伙伴、有针对性地与企业共建工程技术中心、开展项目合作联合攻关、互派人员挂职、针对企业需求开展技术培训等。至今已与300多家企业开展了多种形式卓有成效的合作，共有多项科技成果以4亿多元的经济价值成功实现了转移转化，其中10项重大科技成果在宁波落地，为当地培育战略性新兴产业发挥了积极作用，推动了当地企业的转型与产业升级。

2013年，共派出59批90位科研人员奔赴海外，共有56名国际同行到所访问交流、磋商合作。共有3位中科院外国专家特聘研究员加盟研究所，4位发展中国家外籍博士后在站工作，10名外籍博士生在所攻读学位；签署各类合作协议7个；邀请国际同行来所报告近百次。国际合作新增项目12项，争取国际合作项目合同经费270.17万元。一批国家国际科技合作计划项目研究取得进展，“高效节能电机用纳米晶多极永磁环的制造及应用研究”（国家国际科技合作计划重大专项）成功研制出热压永磁环制造装备，开发了适用电机的多种规格的多极永磁环，打破了国外在热压磁体制备技术上的垄断。“百kW级固体氧化物燃料电池分布式发电系统”合作研究与开发（国家国际科技合作计划重大专项）实现了国内首次10kW天然气基固体氧化物燃料电池发电系统的实地演示，获得了第三方好评，在固体氧化物燃料电池技术商业化的道路上跨出了关键的一步。

（撰稿：夏羽青　陶永怀　审稿：崔　平）

福建物质结构研究所

所　　长：曹　荣
地　　址：福建省福州市杨桥西路155号
邮政编码：350002
电　　话：0591-83714517
传　　真：0591-83714946
电子信箱：fjirsm@fjirsm.ac.cn
网　　址：http://www.fjirsm.ac.cn

中国科学院福建物质结构研究所（以下简称“福建物构所”）创建于1960年，其前身是中国科学院福建分院1960年筹建的技术物理所、应用化学所、电子学所、数学力所、自动化所、稀有金属所和生物物理研究室。1961年，中国科学院将福建分院及筹建的7个研究所（研究室）调整合并为中国科学院理化研究所。1962年更名为华东物质结构研究所。1973年定名为中国科学院福建物质结构研究所。我国著名科学家、教育家卢嘉锡院士（已故）为该所创始人。经过几代人的努力，福建物构所逐渐发展成为在国际上具有重要影响力的结构化学、新材料和器件集成于应用的综合研究基地。

2010年6月8日，中科院与福建省政府、福州市政府签订以福建物构所为依托建设中科院海西研究院（以下简称“海西院”）协议书。2012年6月8日，海西院、厦门市政府、厦门钨业股份有限公司签订共建海西稀土材料研究所协议书。2013年7月4日，海西院与泉州市政府签订共建海西装备制造研究所合作协议。至此，海西院下设福建物质结构研究所、材料工程研究所、先进制造技术集成研究所、厦门稀土材料研究所、泉州装备制造研究所和海峡两岸科技合作交流中心。

福建物构所定位于“注重原创基础研究，加强变革创新，促进成果转移转化”，以出成果出人才出思想“三位一体”为战略使命，凝练科技目标，优化学科布局，重点开展了结构化学、能源催化、纳米材料、晶体工程、光电材料、激光技术集成与应用、电子信息、先进制造及动力工程等研究与开发，着力开展战略高技术研究，努力实现技术创新和集成创新。在基础前沿研究中进一步拓展国际视野，在技术创新中更加注重原始创新、集成创新和协同创新并进，在科技实践中不断凝练科学问题，不断提升和优化“一三五”规划目标。

福建物构所现有结构化学国家重点实验室、国家光电子晶体材料工程技术研究中心、中科院功能纳米结构设计与组装重点实验室、中科院光电材料化学与物理重点实验室、中科院煤制乙二醇及相关技术重点实验室、福建省纳米材料重点实验室、福建省纳米材料工程实验室、福建省激光技术集成与应用工程技术研究中心、福建省光电子晶体材料与器件行业技术开发基地、福建省光电子晶体材料及器件产业技术创新联盟等10个科技创新平台以及结构化学基础研究室、纳米材料研究室、理论与计算化学研究室、晶体材料研究室、材料化学与物理研究室、激光工程研究室、化学生物学研究室、应用化学研究中心、先进材料研究中心10个研究室（中心）。

截至2013年底，福建物构所共有在职职工702人。其中科技人员577人、科技支撑人员37人，包括中国科学院院士5人、研究员及正高级工程技术人员84人、副研究员及高级工程技术人员96人；全所进入创新岗位292人，共有国家海外高层次人才引进计划（“千人计划”）入选者6人（新增5人），“青年千人计划”入选者4人；中国科学院“百人计划”入选者29人，“西部之光”人才入选者1人；共有“青年千人计划”入选者1人；中国科学院“百人计划”入选者27人（新增4人）。

福建物构所是1978年国务院学位委员会批准的博士、硕士学位授予权单位之一。现设有化学一级学科博士培养点和无机化学、物理化学、有机化学、凝聚态物理、材料物理与化学、生物化学与分子生物学化6个博士、硕士培养点；材料工程、生物工程、光学工程、化学工程4个硕士研究生培养点；并设有化学学科、材料科学与工程2个博士后流动站。目前在学研究生共402人，其中博士生146人，硕士生171人，海西联培硕士生79人，外国博士留学生6人，在站博士后19人。

截至2013年底，福建物构所各类在研项目达433项，包括新增项目159项。其中承担国家重大科技专项1项，主持国家重点基础研究发展计划（973计划）和国家重大科学研究计划项目1项、承担课题14项（新增1项），承担国家高技术研究发展计划（863计划）项目3项（新增2项），承担国家科技支撑项目1项，承担科技部国家重大科学仪器设备开发专项1项；承担国家基金重大项目课题1项（新增），承担国家自然科学基金创新群体1项（新增），承担国家自然科学基金重点项目6项（新增2项）、国家基金联合基金2项（新增1项）、承担国家基金杰出青年基金6项（新增2项），承担国家自然科学基金重大研究计划重点项目7项；承担中国科学院战略性先导科技专项课题2项，承担院重点部署项目1项；承担重点国际合作项目4项（新增2项）；承担院地合作项目10项。

2013年，出版了《稀土纳米发光材料》学术专著（Springer），发表SCI论文419篇（含合作），其中SCI影响因子大于4.0论文131篇、大于5.0论文70篇、大于6.0论文54篇。在第一单位的327篇SCI论文中，影响因子大于6.0的高水平论文47篇，较2012年38篇增加9篇。

2013年共申请专利102件，其中PCT申请9件，发明专利94件，实用新型专利8件，获得授权专利56件，其中中国发明专利45件，美国发明专利1件，实用新型10件，基本覆盖了无机化学、催化、新能源、新材料，以及激光器件技术等主要学科领域。

煤制乙二醇技术攻关组获中科院王宽诚科技成果转移转化团队突出贡献奖；“无机-有机杂

化光功能材料的设计和调控”已通过福建省科技奖一等奖的评审；“平面三角构型无机盐构效关系与非线性光学材料设计”获得中国建筑材料联合会·中国硅酸盐学会建筑材料科学技术奖二等奖；林文雄研究员获得第三届福建省杰出科技人才奖。牵头制定的二项单晶元件国家标准经国家质量监督检验检疫总局、国家标准化管理委员会批准发布实施，是全国人工晶体标准化技术委员会（SAC/TC 461）自2008年成立以来首次获批的国家标准。

郭国聪研究员和洪茂椿院士共同主持完成的成果“无机-有机杂化光功能材料的设计和调控本成果”采用“无机-有机杂化”的结构设计理念，围绕光致变色材料、单基质白光材料和无机-有机杂化NLO材料三类光功能材料的体系开发和性能调控开展了系统研究，取得了系列创新成果。

2013年，新成立福建中科芯源光电科技有限公司和厦门中烁光电科技有限公司2家公司、签订战略合作协议书14份、开展横向合作项目19项、新成立与企业共建的工程化研发、中间试验示范和产业化基地7个。福建物构所进一步充分发挥育成中心作用，推动中科院其他院所成果到福建转移转化，同时海西育成中心备案成为福建省科技企业孵化器，申报第五批国家技术转移示范机构通过科技部初审。

福建物构所2013年承担的中科院重大国际合作项目“采用掺稀土发光层提高光伏电池能量效率”，通过与英国赫瑞-瓦特大学苏格兰太阳能研究所所长B. S. Richards教授合作，充分利用了该研究所先进的光伏器件制备与性能检测设备，研发出系列高效近红外量子剪裁下转换（DC）和可见-近红外上转换（UC）材料。陈玲课题组申报的美国西北大学Mercouri G. Kanatzidis教授获2014年度中科院爱因斯坦讲席教授项目。

2013年，共有21批38人次国（境）外学者来所短期访问或合作研究，26批37人次出国（境）参加国际会议、合作研究以及境外培训。多次主办在华国际会议，“第十八届固体激发态动力学国际会议”（2013年8月，福州），“第一届有机前沿高级专题研修班”（2013年5月，武夷山），“2013吸附纳米科学与技术国际研讨会”（2013年10月，漳州），以及中科院-诺和诺德“丝氨酸蛋白水解酶系统在健康与疾病中的作用”双边研讨会（2013年10月，桂林）。

中国化学会和福建物构所联合主办的《结构化学》刊物，影响因子0.4，已成为我国化学研究的重要学术刊物之一。

（撰稿：王雪萍　叶培华　审稿：曹　荣）

城市环境研究所

所　　长：朱永官

地　　址：福建省厦门市集美大道1799号

邮政编码：361021

电　　话：0592-6190978

传　　真：0592-6190977

电子信箱：xnie@iue. ac. cn

网　　址：http://www. iue. cas. cn

中国科学院城市环境研究所（以下简称“城市环境所”）成立于2006年7月4日。城市环境所是中国科学院下属的事业法人单位，是中国科学院资源环境与高技术交叉领域的研究所，是中华人民共和国科学技术部“国际科技合作基地”、“国家级对台科技合作与交流基地”、国际科联“城市健康与福祉国际项目办公室”落户单位，拥有“中国科学院城市环境与健康重点实验室”、“中国科学院厦门生物产业技术研究开发公共服务平台”（国家高新技术产业发展计划项目）、“厦门水环境安全与水质保障工程技术研究中心”、“厦门市危险废物鉴别和处置技术研发公共服务平台”、“厦门市城市代谢重点实验室”，拥有“环境科学与工程”、“生态学”专业一级学科博士、硕士学位授予点以及“环境科学与工程”博士后科研流动站。城市环境所的学科方向为环境化学与分析化学、环境经济与环境管理、生态学、环境生物与生物技术、环境工程与环境材料；城市环境所的重点研究领域为：城市生态健康与环境安全、城市环境污染控制与资源化技术、城市环境工程与循环经济、城市生态环境规划与管理；研究单元设置为城市生态健康与环境安全研究中心、城市环境污染控制与资源化技术研究中心、城市环境工程与循环经济研究中心、城市生态环境规划与管理研究中心、仪器设备实验中心，以及两个科学观测研究站。2013 年，仪器设备实验中心新增仪器设备 500 多万元。

城市环境所 2011 年 6 月制定了《中国科学院城市环境研究所“十二五”发展规划》，即研究所“一三五”规划。规划明确了研究所的定位：面向我国快速城市化和可持续发展的国家需求，围绕城市环境质量演变与生态健康效应、城市污染控制与污染环境修复、城市规划与环境管理等方向开展前瞻性的系统研究。通过多学科交叉融合，形成理论研究、技术研发、系统集成和工程示范相耦合的完整创新价值链，为保障城市健康、高效和安全提供理论、技术和政策支撑。2013 年，根据城市环境所的发展态势，确定三个重点突破（流域环境质量演变的城市化效应与风险、城市代谢与废物资源化技术集成、数字城市环境网络）和五个重点培育方向（长三角地区大气复合污染研究、大气环境与健康的模拟研究、城市水质安全新技术研发与系统集成、低成本复合型环境功能材料与集成应用、可持续小城镇规划与生态建设示范）。

截至 2013 年底，城市环境所共有在职职工 197 人。其中科技人员 158 人、科技支撑人员 39 人，研究员及正高级工程技术人员 28 人、副研究员及高级工程技术人员 31 人。共有国家海外高层次人才引进计划“青年千人计划”入选者 1 人；中国科学院“百人计划”入选者 11 人；国家杰出青年科学基金获得者 2 人；国家优秀青年科学基金获得者 1 人（新增 1 人）；福建省杰出青年科学基金获得者 4 人（新增 1 人）；福建省引进高层次创业创新人才入选者 3 人（新增 2 人）；厦门市双百计划人才入选者 3 人（新增 3 人）。

城市环境所现设有环境科学与工程、生态学 2 个专业一级学科博士研究生培养点，环境科学与工程、生态学 2 个专业一级学科硕士研究生培养点，并设有环境科学与工程 1 个专业一级学科博士后流动站，共在学研究生 164 人（其中硕士生 94 人、博士生 70 人，外籍学生 8 人）、在站博士后 15 人。

2013 年，城市环境所共有在研项目 294 项（包括新增项目 150 项）。其中，主持（或承担）国家重点基础研究发展计划（973 计划）、国家高技术研究发展计划（863 计划）项目课题 2 项（新增 1 项），国家科技支撑计划项目课题（子课题）7 项（新增 2 项）；公益性行业科研专项课题（子课题）5 项（新增 3 项）；主持（或承担）国家自然科学基金重点项目 1 项（新增 0 项）、面上项目 37 项（新增 10 项）、青年科学基金项目 47 项（新增 16 项）、国家优秀青年科学基金项目 1 项（新增 1 项）、国家自然科学基金重大项目 1 项（新增 0 项）；主持（或承担）中国科学院战略性先导科技专项 B 课题 1 项、院重点部署项目 1 项（新增 1 项）、院科研装备研制项目 4 项（新增 2 项）；承担重点国际合作项目 1 项（新增 0 项）；承担院地合作项目 6 项（新增 0 项），地方自然科学基金、科技计划项目 88 项（新增 45 项），横向项目 65 项（新增 46 项），其他项目 27 项（新增 13 项）。

2013 年城市环境所发表论文 300 余篇，其中 SCI 论文 200 篇，EI 论文 153 篇，CSCD 论文 80 篇，申请专利 62 件，其中发明专利 52 件，实用新型专利 10 件，授权发明专利 8 件，实用新型专利 10 件，登记软件著作权 4 项。研究所牵头编制的国家标准《公共机构能源资源管理绩效评价导则》获得批准实施，受委托牵头编制了《厦门经济特区生态文明建设条例》和《美丽厦门环境保护总体规划暨生态文明建设示范市规划》。此外，研究所相关研究建议获得中共中央政治局常委的批示。

2013 年，城市环境所与中国水电顾问集团中南勘测设计研究院、中国科学技术大学、福建环科院、宁波北仑环保局等单位签署了战略合作协议，积极推动地方生态环境保护及可持续城市建设的全面科技合作。加强企业技术创新公共服务平台建设，与福建省贝思达环保投资有限公司共建“环境技术产业化研发中心”。新增孵化企业一家，以实用新型专利进行无形资产投资，投资成立中科同德（厦门）物联科技有限公司。截至目前，研究所共转化成立 5 个公司，总注册资本 7080 万元。

城市环境所是国家科学技术部“国际科技合作基地”、“国家级对台科技合作与交流基地”，长期通过多种方式邀请世界各地著名科学家来所交流并指导学生，开展联合研究。2013年度在所攻读学位的外国留学生共6名，短期交流3名。全年因公出访68人次，涉及17个国家和地区；共接待来自美国、日本、澳大利亚、英国、中国台湾等18个国家和地区的科研人员共71人次；举办大型国际会议2次；与德国慕尼黑工业大学和慕尼黑赫姆霍兹中心、日本产业技术综合研究所以及台湾土壤及地下水环境保护协会分别签订了合作协议或备忘录。在中国科学院、中国科协以及厦门市政府的大力支持下，已成功争取到国际科联“城市健康与福祉”国际项目办公室落户研究所。

（撰稿：聂　璇　陈伟民　审稿：朱永官）

南京地质古生物研究所

所　　长：杨　群
地　　址：江苏省南京市北京东路39号
邮政编码：210008
电　　话：025 83282105
传　　真：025-83357026
电子信箱：ngb@nigpas. ac. cn
网　　址：http://www. nigpas. cas. cn

中国科学院南京地质古生物研究所（以下简称“南京古生物所”）成立于1951年5月7日，其前身为前中央研究院地质研究所及前中央地质调查所等机构的古生物室（组）。著名地质古生物学家、中国科学院副院长李四光教授为首任所长。

南京古生物所是一个从事古生物学、地层学及相关学科基础研究、应用基础研究及科学传播的综合性研究所。目标是建设成为国际一流的古生物学和地层学研究中心、古生物资料信息中心、古生物标本收藏中心、地质古生物学人才培养及科学传播基地。主要研究领域包括地球早期生命的起源与演化，进化古生物学，古生物系统分类学，古生态、古地理、古气候研究，年代地层学，分子古生物学，地球生物学，生物与环境的协同演化，应用古生物学与地层学等。1998年成为中国科学院“知识创新工程”首批试点单位之一，2011年在中国科学院“创新2020”择优实施部署中再次获得首批整体择优支持。

2013年，南京古生物所在所战略研究小组的指导下，致力于“一三五”规划实施和“创新2020”重点跨越，力争通过一系列具体保障措施与重大举措，在早期生命起源与演化，生物宏演化及其机制，地层层型、后层型研究及其应用等3个领域取得重大突破，并着重培育地质历史时期生物多样性和谱系重建，地球生物学，应用古生物学与精时地层对比，古生物学与地层学数字化研究，沉积学与古生态学5个重点方向。

南京古生物所下设基础研究部（含古植物与孢粉学研究室、古动物学研究室、微体古生物学研究室）、现代古生物学和地层学国家重点实验室、中国科学院资源地层学与古地理学重点实验室3个科研机构，拥有图书资料信息中心、公共技术服务中心、南京古生物博物馆以及澄江古生物研究站。

南京古生物所图书馆建于1953年，经过六十多年的藏书建设，目前收藏古生物学与地层学专业图书期刊约28万册（期），其中外文期刊近2500种，约20万册（期），是亚洲最大的古生物学专业图书馆。南京古生物所标本馆是在1928年中央研究院地质研究所标本室的基础上发展起来的，其馆藏标本约20万件，不仅是我国最重要的古生物标本馆，也是世界上古生物标本收藏的重要机构。南京古生物所拥有扫描电子显微镜、透射电子显微镜、激光共聚焦显微镜、大型精密光学显微镜、激光剥蚀机、同位素质谱仪、气相色谱-质谱仪、全自动DNA遗传分析仪、化石处理及成像实验室、稳定同位素实验室、地球生物学实验室等众多大型先进仪器设备和实验装置。

经过60余年的发展和几代科学家的努力，南京古生物所目前已成为分支学科齐全、科技力量雄厚、技术条件配套、学术成果丰硕、国际交流频繁的地层古生物综合研究中心。国外同行将其与英国自然历史博物馆和美国斯密逊博物研究院并称为世界古生物学研究的三大中心。

截至2013年底，南京古生物所有在职职工141人，离退休职工224人。在职职工中有中国科学院院士3人、研究员及正高级工程技术人员38人、副研究员及高级工程技术人员45人。有中国科学院“百人计划”入选者7人，国家杰出青年科学基金获得者7人。

南京古生物所是国务院学位委员会首批批准的博士、硕士学位授予权单位之一。现设有“古生物学与地层学”、“地球生物学”、“地质工程”和“矿物学、岩石学、矿床学”四个专业二级学科硕士研究生培养点，“古生物学与地层学”和“地球生物学”两个博士研究生培养点，并设有博士后流动站，共有在学研究生71人（其中硕士生38人、博士生33人）、在站博士后11人。

2013年，南京古生物所共有在研项目112项（包括新增项目33项）。其中，承担国家重大科技专项课题2项，承担国家重点基础研究发展计划（973计划）课题3项（新增1项）、参加课题4项，承担国家科技基础性工作专项课题2项（新增2项）；主持国家自然科学基金重点项目3项（新增1项）、面上项目32项（新增9项）、国家自然科学基金重大研究计划项目1项、重大项目1项、国家基础科学人才培养基金项目1项、创新研究群体科学基金项目1项、国家重大科研仪器设备研制专项1项、优秀青年科学基金项目1项、专项项目1项、中德科学中心项目1项、青年科学基金项目19项（新增5项）、科普基金项目5项（新增3项），主任基金项目1项；承担中国科学院战略性先导科技专项课题6项（新增1项），主持院重点部署项目1项、院知识创新重要方向项目5项、院科技创新交叉与合作团队项目1项（新增1项），院“百人计划”D类入选者项目2项（新增2项），院青年创新促进会项目2项（新增1项）；主持江苏省自然科学基金项目6项（新增2项），地方政府委托项目1项（新增1项）；承担大中型企业委托项目9项（新增4项）。

2013年，南京古生物所落实“一三五”发展目标取得重要进展，全年共发表论文292篇，其中SCI论文155篇，科普文章31篇，出版专著7部。《自然》（*Nature*）杂志刊登了该所主持完成的“侏罗纪两栖蚊子及其幼态特征”研究成果，根据新发现于我国内蒙古宁城道虎沟中侏罗统九龙山组（距今约1.65亿年）的恐怖虫化石，解决了恐怖虫这一长期困扰古昆虫学家的科学难题。“阐明二叠-三叠纪之交生物大灭绝及其复苏模式和原因”研究成果入选2012年度“中国科学十大进展”。“蓝田生物群”系列研究成果获得2013年度江苏省科学技术奖一等奖。《远古的悸动——生命起源与进化》科普图书被科技部评为“2013年全国优秀科普作品”。研究所被中国科协评为“2012年度优秀全国科普教育基地”。

2013年，南京古生物所科学家继续以我为主，积极开展国际合作。获批中国科学院“外国专家特聘研究员计划”4项、“外国青年科学家计划”2项和“发展中国家访问学者计划”1项。主办“第二届定量地层学与古生物学国际讨论会”和“第八届中美地质古生物学合作研讨会”，与德国古生物学会共同主办“2013中德古生物学会国际学术研讨会”。共有78批162人次先后出访27个国家和地区参加国际会议或进行学术交流，接待来自17个国家的外宾95人次来访。目前有20余位专家担任40多个国际学术组织的主席、副主席、选举委员等职。

中国古生物学会挂靠在南京古生物所。南京古生物所主办学术期刊有《古生物学报》、《微体古生物学报》、《地层学杂志》、*Paleoworld*，以及科普期刊《生物进化》和科普网站“化石网”。

（撰稿：陈孝政　顾元达　审稿：王海峰）

南京土壤研究所

所　　长：沈仁芳
地　　址：江苏省南京市北京东路71号
邮政编码：210008
电　　话：025-86881114
传　　真：025-86881000
电子信箱：iss@issas. ac. cn
网　　址：http://www. issas. ac. cn

中国科学院南京土壤研究所成立于1953年，其前身是1930年创立的中央地质调查所土壤研究室，是中国现代土壤科学研究的发源地。该所的发展目标和定位是：针对我国农业发展与生态环境建设中急需解决的重大需求和前沿土壤科学问题，紧紧围绕我国主要土壤类型的利用特点，开展土壤资源管理、植物营养调控、土壤环境保护、土壤生态保育四大核心领域研究，深化土壤科学基础理论，大幅提升应用基础与技术研究的持续创新能力，着力破解土壤科学核心基础问题和关键技术难题，为我国资源合理利用、粮食安全保障、生态环境保护提供理论基础、技术支撑和决策依据，建成国际一流的土壤科学研究机构。

该所目前拥有土壤与农业可持续发展国家重点实验室、中国科学院土壤环境与污染修复重点实验室、土壤养分管理国家工程实验室、农业部耕地保育综合性重点实验室等重要研究平台；设有土壤资源与遥感应用研究室、土壤-植物营养与肥料研究室、土壤化学与环境保护研究室、土壤物理与盐渍土研究室、土壤生物与生化研究室、土壤与环境生物修复研究中心、土壤利用与环境变化研究中心等研究单元；还拥有中国科学院生态系统研究网络土壤分中心、河南封丘农田生态系统国家野外科学观测研究站、江西鹰潭农田生态系统国家野外科学观测研究站、江苏常熟农田生态系统国家野外科学观测研究站、中国科学院三峡工程生态环境湖北秭归实验站。拥有联合国粮农组织的特约图书馆和亚洲最大的土壤标本馆。土壤与环境分析测试中心已获得国家实验室认可和国家计量认证。

该所现有在职职工311人。其中科技人员275人，包括中国科学院院士2人、研究员64人、副研究员83人。共有国家“千人计划”入选者1人（新增1人）；中国科学院“百人计划”入选者14人（新增1人）；国家杰出青年科学基金获得者7人（新增1人）。

该所是1981年国务院学位委员会批准的博士、硕士学位授予权单位之一，现设有农业资源与环境、环境科学与工程、生态学3个专业一级学科博士研究生培养点，土壤学、植物营养学、环境科学等11个专业二级学科硕士研究生培养点，并设有农业资源与环境、环境科学与工程2个一级学科博士后流动站，共有在学研究生276人（其中硕士生122人、博士生154人）、在站博士后30人。

2013年，该所共有各类在研科研项目399项（新增项目96项）。其中，承担国家重大科技专项课题2项；主持国家重点基础研究发展计划（973计划）项目1项，承担973计划项目课题5项；主持国家科技基础性工作专项1项；主持国家科技支撑计划项目和课题11项（新增2项）；主持国家自然科学基金重点项目4项、面上项目102项（新增35项）、国家杰出青年科学基金项目3项（新增1项）、国家自然科学基金重大研究计划重点项目课题2项（新增1项）、国际合作交流重点项目4项（新增1项）；主持国家公益性行业专项项目和课题6项（新增2项）；新增主持中国科学院重点部署项目2项。

2013年，该所在农田地力提升、土壤污染与修复、土壤系统分类等理论研究和技术集成方向上取得了显著进展，产生了广泛的社会影响。①系统集成了黄淮海平原潮土区土壤障碍因子消减与地力提升关键技术，为农田地力的大面积均衡增产提供了核心技术支撑，研究成果推荐申报2014年度国家科技进步奖；②研发了我国盐碱地农业高效利用的多项实用专项技术，取得了很好应用及推广示范效果；撰写的《全国盐碱地分类治理技术示范》国家咨询报告得到了李克强总理和张高丽、刘延东、汪洋副总理的重要批示，并推动发改委等10部委联合颁布了《关于加强盐碱地治理的指导意见》；③揭示了长三角地区农田土壤的污染特征与形成机制，建立了土壤污染风险评估方法体系，阐明了污染农田土壤的生物修复机理，研究成果推荐申报2014年度国家自然科学奖二等奖。撰写的《东南沿海经济发达地区环境质量状况与对策》和《我国土壤重金属污染问题与治理对策》，得到国务院领导的重要批示；④系统制订了我国土系调查、划分、数据库建设、土系志编撰的系列技术规范和标准，新建近3000个土系并完成我国东部地区16个省、市为分册的《中国土系志（东部卷）》专著编撰，建立了我国土系数据库网络共享平台。

2013年，该所发表SCI论文306篇、CSCD论文299篇，出版学术专著5部。共申请专利36

项，其中发明专利申请25项；获得授权专利52项，其中发明专利35项。

南京土壤所现已与全国10多个省、市的近30家企业建立了科技合作关系。主要工作包括有机农业和生态高值农业模式示范推广、“调生健植控病”绿色施肥技术体系在高效农业中的推广与应用、苏北滨海滩涂盐碱地持续改良利用与作物高效抗盐栽培、江铜贵冶周边区域九牛岗土壤修复示范、控释BB肥在高效农业中的推广与应用等。

2013年南京土壤所继续推动研究所的国际化进程，国际间的科技合作与交流更加频繁和务实。巩固了“全球数字土壤制图计划”东亚节点地位，作为秘书处组织和协调了东亚15个国家和地区的土壤制图工作建立了良好的多边国际合作长效机制；促进了FAO亚洲土壤伙伴计划的实施，确立了以我为主的数字土壤制图和全球土壤数据亚洲中心地位。

2013年度该所出访人数为89人，来访人数为116人。代表中国土壤学会成功获得了2015年第12届ESAFS国际会议的申办权；组织举办了土壤结构及其生态系统功能国际研讨会和中法土壤生态恢复跨学科方法培训班等国际会议。执行外籍特聘研究员计划项目1项，外籍青年科学家计划1项，执行CAS-TWAS计划1项，新争取爱因斯坦给讲席教授1项、中国科学院发展中国家访问学者计划3项。

该所是中国土壤学会、江苏省土壤学会和全国土壤质量标准化技术委员会的挂靠单位；主办*Pedosphere*、《土壤学报》、《土壤》3份中英文学术期刊，其中*Pedosphere*是我国唯一的一份土壤科学英文学术期刊且被收录为SCI源刊。

（撰稿：秦江涛　审稿：蔡　立）

南京地理与湖泊研究所

所　　长：杨桂山
地　　址：江苏省南京市北京东路73号
邮政编码：210008
电　　话：025-86882010
传　　真：025-57714759
电子信箱：niglas@niglas. ac. cn
网　　址：http://www. niglas. ac. cn

中国科学院南京地理与湖泊研究所（以下简称“南京地理所”）的前身系1940年8月在重庆北碚成立的中国地理研究所，1958年更名为中国科学院南京地理研究所，1988年改为现名。中国科学院院士黄秉维、任美锷、周立三曾先后担任过所长。

南京地理所是全国唯一以湖泊-流域系统为主要研究对象的综合研究机构，科技创新发展总体布局为长期聚焦“湖泊环境关键过程与多要素相互作用机理”、“湖泊-流域系统演变及对人类活动的响应与综合管理”2大基础科学问题研究；重点发展“湖泊沉积与环境演化、湖泊水文与水动力、湖泊生物与生态、湖泊环境与工程、湖泊-流域过程与调控、流域资源环境与区域发展以及湖泊-流域监测与数字流域”7个学科方向；支撑“湖泊环境保护与资源利用、湖泊-流域系统演变与调控以及区域可持续发展”3大战略研究领域，奠定南京地理所在国家知识创新体系中引领湖泊-流域科学创新发展的地位。

2013年，研究所“一三五”规划实施以来，通过各类重大项目争取以及研究所自主部署项目的布局，各领域方向的项目布局基本落实。在规划实施的过程中，充分发挥学术委员会的咨询评议作用、出台相关管理办法，确保“一三五”规划目标的实现。

研究所现设有湖泊与环境国家重点实验室、湖泊生态与环境工程研究中心、区域发展与规划研究中心、湖泊野外观测与数据中心（含太湖湖泊生态系统国家野外观测研究站、鄱阳湖湖泊湿地观测研究站、抚仙湖高原深水湖泊研究站和湖泊-流域数据集成与模拟中心）。研究所现有30万元以上的大型仪器设备100余台/套。图书馆馆藏图书期刊12万多册，各种地形图63000多幅，航卫片77000多张。此外，还馆藏地方志4262种44000多册，其中善本近百种，孤本十余种。

截至2013年底，研究所共有在职职工234

人。其中科技人员205人、科技支撑人员14人，包括研究员47人、副研究员及高级工程技术人员70人。研究所有中国科学院“百人计划”入选者11人（新增2人），“国家杰出青年科学基金”获得者4人（新增1人）。

研究所现设有自然地理学、人文地理学、地图学与地理信息系统和环境科学4个学科博士研究生培养点以及自然地理学、人文地理学、地图学与地理信息系统、环境科学、环境工程和建筑与土木工程6个学科、领域专业硕士研究生培养点，并设有“地理学”博士后流动站，现有在学研究生174人（其中硕士生71人、博士生103人、博士留学生5人）、在站博士后20人。

2013年，研究所共有在研项目398项（包括新增项目130项）。其中，承担国家重大科技专项课题4项（新增1项），主持国家重点基础研究发展计划（973计划）和国家重大科学研究计划项目2项、承担课题5项，主持国家高技术研究发展计划（863计划）项目1项（新增1项）；承担国家自然科学基金重点项目4项、面上项目52项（新增20项）、国家杰出青年科学基金项目1项（新增1项）；主持院重点部署项目1项（新增1项）；承担重点国际合作项目9项（新增3项）；承担院地合作项目3项。

据统计，2013年研究所共发表论文330篇，其中，SCI论文185篇；TOP SCI论文27篇，出版专著5部；申请和授权专利75项，软件著作权9项。“太湖水环境的演化过程与驱动机制”获得江苏省科技进步奖二等奖。“湖泊底泥污染控制理论技术与应用”参与获得国家科技进步奖二等奖。

2013年，在科研支撑平台方面。湖泊与环境国家重点实验室规范运行，新进设备总值700余万元；所级公共技术分析测试中心连续四年获得中科院所级中心的年度择优经费支持。联合南京大学污染控制与资源化研究国家重点实验室成功举办了学术交流研讨会。太湖站新建水上移动在线观测平台、修缮了沿湖所有办公用房，进行了码头扩建、道路改造以及大型实验平台建设等。鄱阳湖站建成大型湿地受控试验场并投入运用，与南昌大学和江西师范大学两个教育部重点实验室达成协议，建立“一站两室”联合学术年会制，并成功承办首届联合学术年会。抚仙湖站2013年起得到中国生态系统研究网络（CERN）日常运行经费支持。

2013年，研究所国际合作十分活跃，分别与加拿大、德国、美国、英国、日本、荷兰、韩国、丹麦、新西兰、葡萄牙、布隆迪、坦桑尼亚、刚果（金）、赞比亚等20个国家和地区进行了深入的学术交流与合作研究。2013年新增国际合作研究项目2项，总经费超过300万元。研究所在非洲坦噶尼喀湖研究基地的水环境监测示范实验室正式揭牌并投入使用，坦湖研究工作纳入中科院非洲研究中心，并负责其中6个分中心之一的生态环境研究分中心建设。此外，研究所还参与了中科院中亚研究中心和东南亚研究中心的相关工作。举办“气候变化下大湖环境响应”国际学术研讨会、“第十三届全国II类水体水色遥感研讨会”，参与承办“第一届中国淡水生态学学术研讨会”；成功申办了“第五届海峡两岸经济地理学研讨会”、“第23届国际硅藻会议”、“中澳洪泛平原湿地系统研讨会”。

研究所目前是江苏省海洋湖沼学会、江苏省地理学会、江苏省遥感与地理信息系统学会、中国地理学会长江分会、中国第四纪科学研究会全新世分会挂靠单位。主办《湖泊科学》学术期刊。

（撰稿：杨金华　胡笑琪　审稿：沈　吉）

紫金山天文台

台　　长：杨　戟
地　　址：江苏省南京市鼓楼区北京西路2号
邮政编码：210008
电　　话：025-83332000
传　　真：025-83332091
电子邮箱：pmoo@pmo.ac.cn
网　　址：http://www.pmo.cas.cn

中国科学院紫金山天文台（以下简称“紫台”）成立于1950年5月20日。前身是1928年

2 月成立的国立中央研究院天文研究所。紫台是我国自主建立的第一个现代天文学研究机构，被誉为“中国现代天文学的摇篮”。党和国家领导人毛泽东、朱德、邓小平、江泽民和胡锦涛等都曾到紫台视察。

紫台是以天体物理和天体力学为主要研究方向的研究所，1999 年 3 月成为中国科学院知识创新工程试点单位之一。依据“十二五”发展规划和“创新 2020”组织实施方案，紫台总体发展目标是：到 2020 年，进入国际天文研究机构的先进行列，成为满足国家特定需求的核心机构之一。近期，紫台将努力建成国际先进或国内领先的以暗物质粒子探测为核心的空间天文探测研究基地；以太赫兹探测技术为支撑，面向天文学重大科学问题的南极天文和射电天文研究基地；以人造天体动力学和探测技术为支撑，面向国家战略需求的空间目标和碎片观测研究中心；以近地天体探测研究为基础，面向深空探测的行星科学研究中心。

紫台设 4 个研究部：暗物质和空间天文研究部、应用天体力学和空间目标与碎片研究部、南极天文和射电天文研究部、行星科学和深空探测研究部；5 个实验室：毫米波和亚毫米波技术实验室、暗物质和空间天文实验室、天体化学和行星科学实验室、CCD 相机研制实验室、行星科学与深空探测实验室。

紫台设有 7 个野外业务观测台站：南京紫金山科研科普园区、青海观测站、盱眙天文观测站、赣榆太阳活动观测站、洪河天文观测站、姚安天文观测站和南极 Dome A 天文台。其中青海观测站是我国最大的毫米波射电天文观测基地，盱眙观测站是我国唯一的天体力学实测基地。各野外台站运行 13.7m 毫米波望远镜、1m 近地天体望远镜、多台套设备组成的空间目标与碎片观测网、Hα 太阳精细结构望远镜、太阳射电频谱仪、近红外太阳光谱仪等观测设备。

紫台建设和运行中国科学院射电天文重点实验室、中国科学院空间目标与碎片观测重点实验室、中国科学院暗物质与空间天文重点实验室、行星科学与深空探测实验室；紫台是中国科学院空间目标与碎片观测研究中心、中国科学院南极天文中心以及中国天文学会的挂靠单位。紫台图书馆拥有图书和期刊数十万余册，是东亚地区最大最全的天文图书馆。

截至 2013 年底，紫台共有在职职工 324 人。其中科技人员 266 人、科技支撑人员 147 人，包括中国科学院院士 3 人、研究员及正高级工程技术人员 53 人、副研究员及高级工程技术人员 54 人；全台进入创新岗位 173 人。

共有国家海外高层次人才引进计划（“千人计划”）入选者 1 人、青年“千人计划”入选者 2 人；中国科学院“百人计划”入选者 19 人（新增 1 人）；国家杰出青年科学基金获得者 12 人。

紫台是国务院学位委员会批准的首批博士、硕士学位授予权单位之一。现设有 1 个天文学一级学科博士、硕士研究生培养点，控制工程、电子与通讯等 2 个专业一级学科硕士学位工程培养点，天体物理、天体测量和天体力学、天文技术与方法等 3 个专业二级学科硕士、博士研究生培养点，并设有天文学博士后流动站。共有在学研究生 134 人（其中硕士生 68 人、博士生 66 人）、在站博士后 10 人。

2013 年，紫台共有在研项目 259 项（包括新增项目 97 项）。其中，主持国家重点基础研究发展计划（973 计划）项目 3 项和子项 5 项；主持（或承担）中国高技术研究发展计划（863 计划）项目 32 项（新增 12 项）；主持（或承担）国家其他项目 11 项；主持（或承担）国家自然科学基金项目 103 项（新增 42 项），其中重大项目 1 项、重点项目 6 项（新增 2 项）、主任基金项目 3 项、面上项目 31 项（新增 12 项）、杰出青年基金 2 项，承担国家自然科学基金重大科研仪器设备研制专项 1 项；承担中科院空间科学战略先导科技专项 7 项（新增 1 项），主持（或承担）中科院知识创新工程重要方向项目 5 项，“百人计划”项目 5 项（新增 1 项），承担重大国际合作项目 1 项；承担江苏省自然科学基金 11 项；横向项目 16 项（新增 8 项）。

2013 年，紫台共发表科技论文 236 篇，其中国际合作论文 56 篇。SCI 论文 160 篇，影响因子 3.0 以上的 106 篇，被引用 138 篇次；申请专利 5 件，其中发明专利 5 件；申请软件著作权 3 件；专利授权数 6 件，其中发明专利 6 件。

（1）战略性先导科技专项 A 类“暗物质粒子探测卫星”项目于 2013 年 4 月工程正式转初样阶段。

（2）国家重大科技基础设施“十二五”规划项目——中国南极天文台项目建议书通过中科院专家评审。

（3）空间目标与碎片观测系统建设取得重要阶段性进展。具有自主创新概念的二代光电阵正式投入运行，大幅度提高了全网的探测能力。2013 年 5 月至 6 月，紫台牵头负责的中科院空间碎片观测网参加了“天宫一号/神舟十号”空间碎片危险目标监测预警任务，保障了“天宫一号/神舟十号”的安全飞行。

（4）参加国家探月工程取得新进展。完成国家探月二期工程嫦娥三号粒子激发 X 射线谱仪（APXS）配套月夜生存装置和定标装置研制，12 月 2 日随嫦娥三号成功发射。利用自主研制的嫦娥二号伽玛谱仪对月球表面大型撞击坑及其周围溅射物放射性元素含量的观测，提出新观点认为月球深层次的物质是在撞击事件中被挖掘出来的。相关文章发表于 *Nature* 杂志子刊 *Scientific Reports* 上。

（5）国家重大科研仪器设备研制专项项目“太赫兹超导阵列成像系统”取得重要进展。完成 850 微米波段超导探测器单元的设计与制备及初步实验表征；完成实验测试用 0.3K 低温制冷单元的研制。

（6）银河系本地臂首获高精度测量。利用国际上空间分辨率最高的甚长基线干涉阵（VLBA），首次精确测定了距离地球最近的银河系本地臂的形态和运动学性质。发现本地臂是一个独立的臂，其形态和运动学性质与其他主臂类似，此研究成果彻底排除了天文学界长期以来认为本地臂只是主臂上一个分叉的观点，引起国际天文学界广泛关注。

（7）中科院行星科学重点实验室成立。上海天文台和紫金山天文台同为该重点实验室依托单位。

在 *Nature* 杂志子刊 *Scientific Reports* 发表 2 项利用嫦娥二号科学数据取得的重要研究成果：通过分析自主研制的嫦娥二号伽玛谱仪对月球表面大型撞击坑及其周围溅射物放射性元素含量的观测资料，提出撞击事件挖掘出月球深层物质的新观点；利用嫦娥二号探测器对 4179 号小行星图塔蒂斯飞越探测获取的光学图像，揭示了该小行星的物理特性、表面特征、内部结构以及可能的起源等新的结果。银河系本地臂首获高精度测量，发现距离地球最近的银河系本地臂是一个独立的臂，其形态和运动学性质与其他主臂类似，此成果彻底排除了国际天文学界长期以来认为本地臂只是主臂上一个分叉的观点。首次在宇宙深处的爆发天体中发现引力波辐射迹象。

2013 年，紫台与俄罗斯、美国、瑞士、意大利、芬兰、荷兰、澳大利亚、日本 8 个国家的相关机构共签订有合作协议 9 项（新增 4 项）；联合发表论文 66 篇。主办或协办各类国际会议 6 个，包括“第 13 届东亚地区亚毫米波接收机技术研讨会”、“日球中高能粒子的探测和研究”、“东亚核心天文台（EACOA）中等口径望远镜科学讨论会”、“高能天体物理：亚洲天文学家培优学校的 COSPAR 能力建设研讨会”、“第 2 届南极巡天望远镜合作会议”和“第 10 届中澳科技研讨会——天文与天体物理”，参会国外学者 128 人次。执行“爱因斯坦讲席教授”1 项、“外国专家特聘研究员计划”2 项、“外籍青年科学家计划”1 项，完成国际合作重点项目 1 项；全年出访申请 158 人次，完成出访任务 147 人次，来访人员 127 人次。执行中欧联合培养博士研究生 6 人，其中 2013 年新增 2 人，公派留学 2 项。紫台共有国际天文联合会（IAU）正式会员 64 人。

紫台是我国开展天文科学普及的重点单位、全国科普教育基地、全国重点文物保护单位，以紫金山科研科普园区、青岛观象台等重点科普基地为骨干，开展科普宣传，面向社会开放。2013 年共接待青少年和社会公众约 20 万人次。开展了流星雨观测等多项科普活动，协助青海德令哈、云南姚安等地天文馆建设项目的策划、选址、方案修改、组织设计、建设运行等工作。

2013 年 11 月 8 日紫金山天文台仙林园区奠基。

紫台是《天文学报》（双月刊）和英文刊

Chinese Astronomy and Astrophysics 的承办单位。

（撰稿：朱爱仲　审稿：张丽萍）

苏州纳米技术与纳米仿生研究所

所　　长：杨　辉

地　　址：江苏省苏州市苏州工业园区若水路398号

邮政编码：215123

电　　话：0512-62872509

传　　真：0512-62603079

电子信箱：office@sinano.ac.cn

网　　址：http://www.sinano.cas.cn

中国科学院苏州纳米技术与纳米仿生研究所（以下简称“苏州纳米所”）由中国科学院、江苏省人民政府和苏州市人民政府于2006年共同出资筹建，于2009年7月22日获中央编制委员会办公室批复正式成立，2009年12月9日通过中国科学院、江苏省人民政府、苏州市人民政府组织的筹建工作验收。

苏州纳米所定位于纳米科技的应用基础研究和产业化，在学科布局上坚持“应用需求牵引学科建设，学科建设支撑应用发展”的原则，主要围绕能源、环境、信息、生命与医学等领域开展研发工作；学科方向主要包括纳米器件及相关材料、纳米生物技术与纳米医学、纳米仿生技术和纳米安全技术。

2013年，苏州纳米所围绕“创新2020”目标，深入推动实施“一三五”规划，重点领域和方向项目取得阶段性成果；作为“苏州纳米科技协同创新中心”的主要参与单位，入选国家首批“2011计划”。

2013年，苏州纳米所进一步完善支撑体系，新建纳米生化平台。目前，共有8个研究部、5个中心和4个公共服务平台。8个研究部为纳米器件及相关材料研究部、纳米生物医学研究部、纳米仿生研究部、系统集成与IC设计研究部、国际实验室、学科交叉综合研究部、印刷电子学研究部和先进材料研究部；5个中心为信息与战略研究中心、技术转移中心、工程化中心、技术培训中心和太阳能电池检测分析中心；4个公共服务平台为纳米加工平台、测试分析平台、计算平台和生化平台。

2013年，苏州纳米所的公共服务平台在完成研究所科研任务的同时，继续面向国内高校、科研机构和企业全方位开放，全年累计提供加工测试服务89271机时，培训人员2960余人次，为纳米科研发展和纳米技术相关产业发展提供了强有力的技术支撑。

苏州纳米所建有“中国科学院纳米器件与应用重点实验室”、“省部共建国家重点实验室培育基地——江苏省纳米器件重点实验室”；与企业和其他机构建有“中国科学院苏州纳米所——索尼联合实验室”、“纳米催化材料与技术联合实验室”、“印刷电子材料与技术联合实验室”、“中国科学院苏州纳米所——苏州出入境检验检疫局联合实验室”、“环境传感联合实验室”、“电力新材料联合实验室”和“热分析联合实验室”，是中科院太阳电池研究中心（筹）依托单位。

2013年，依托苏州纳米所的院地共建大科学装置——纳米真空互联实验站的筹建工作取得重要进展，成立了筹建工作领导小组，首期建设方案通过专家论证并立项。

截至2013年底，苏州纳米所共有在职职工522人。其中科技人员366人、科技支撑人员110人，包括中国科学院院士2人（均为兼聘）、研究员及正高级工程技术人员75人、副研究员及高级工程技术人员93人；全所进入创新岗位375人。

2013年，苏州纳米所共有国家海外高层次人才引进计划（“千人计划”）入选者7人（新增1人），“青年千人计划”入选者8人（新增1人）；中国科学院“百人计划”入选者39人（新增4人）；国家杰出青年科学基金获得者5人（新增1人）；国家“新世纪百千万人才工程”入选者1人；“江苏省高层次创业创新人才引进计划”入选者23人（新增6人），江苏省“333”高层次人才入选者19人（新增9人）；苏州市“姑苏创新创业领军人才计划”入选者9

人（新增2人）；苏州工业园区各类人才计划入选者71人（新增15人）。

苏州纳米所现设有电子科学与技术、化学2个一级学科博士研究生培养点，微电子学与固体电子学、物理化学、细胞生物学3个二级学科博士研究生培养点；生物医学工程一级学科硕士研究生培养点，微电子学与固体电子学、物理化学、细胞生物学3个二级学科硕士研究生培养点，生物工程、电子与通信工程、集成电路工程3个二级学科专业学位硕士研究生培养点，并设有1个物理化学专业一级学科博士后流动站，共有在学研究生358人（其中硕士生275人、博士生83人），在站博士后80人。

2013年，苏州纳米所共有在研项目610项（新增194项）。其中，主持（或承担）国家重点基础研究发展计划（973计划）课题8项（新增1项），主持（或承担）国家高技术研究发展计划（863计划）项目3项（新增2项）；主持（或承担）国家自然科学基金面上项目41项（新增13项）、国家杰出青年科学基金项目1项（新增1项）、国家自然科学基金重大研究计划重点项目2项、国家自然科学基金重大仪器研制项目1项（新增1项）；主持（或承担）中国科学院战略性先导科技专项课题4项、子课题3项，主持（或承担）院重点部署项目2项（新增1项）；承担国际合作项目42项（新增6项）；承担院地合作项目13项。

2013年，苏州纳米所出版专著1部，发表学术论文265篇，其中国外发表154篇。申请中国专利238项，其中发明专利233项，获授权专利84项，其中发明专利82项，实用新型2项；申请国际专利4项。

2013年，苏州纳米所的研究团队首次在室温条件下观测到超晶格的自发混沌振荡和准周期自激振荡，并以在此基础上研制出的室温条件下工作的超晶格自发混沌振荡器作为宽带物理噪声源，与以色列Bar-Ilan大学合作研制出速度达到80Gbits/s的实用化高速真随机数产生器，该成果发表于《物理评论快报》，同时被美国物理学会网站专题介绍。

2013年，苏州纳米所主动聚集社会优势创新要素，积极推动研究所与企业开展项目合作，全年争取横向项目68项，合同经费2768万元；修订完善了相关规章制度，进一步规范了研究所知识产权管理、转移转化等方面的工作；深化对外投融资管理，完成了佛山中科微纳投资后续工作，配合2家参股公司开展新一轮融资，利用知识产权入股方式，新成立2家高技术产业化公司；推进专利运营管理，实现发明专利实施许可3件，发明专利权转让2件。

2013年，苏州纳米所积极抓好中科院苏州产业技术创新与育成中心工作（简称“育成中心”），服务地方经济发展。育成中心引进中科院及中科院相关项目近40个，其中近半数项目获得苏州工业园区领军项目支持；促成上海药物所苏州中心、中德纳米器件中心等机构落户苏州；育成中心荣获中科院院地合作先进集体称号。

2013年，苏州纳米所积极开展国际交流与合作。全年争取国际合作经费427万元；国际实验室名誉主任杨培东教授被授予2013年度“江苏省国际科学技术合作奖”，并入选2013年度中国科学院“海外评审专家”；全年引进外籍科学家2名；承办“第四届中德双边研讨会”；全年共有87人次出国出访，接待120余人次国外专家、学者来访。

（撰稿：曾光强　张明杰　审稿：刘佩华）

苏州生物医学工程技术研究所

所　　长：唐玉国
地　　址：江苏省苏州市高新区科技城科灵路88号
邮政编码：215163
电　　话：0512-69588000
传　　真：0512-69588088
电子信箱：office@sibet. ac. cn
网　　址：http://www. sibet. cas. cn

中国科学院苏州生物医学工程技术研究所（简称“苏州医工所”）由中国科学院、江苏省人民政府、苏州市人民政府三方共同筹建。2008

年4月，三方签署《共建中国科学院苏州生物医学工程技术研究所协议书》。2012年7月，中央机构编制委员会办公室正式批复成立“中国科学院苏州生物医学工程技术研究所”。2012年8月29日，中科院发文正式成立中国科学院苏州生物医学工程技术研究所。

苏州医工所定位于“面向我国生物医学的重大需求，开展先进生物医学仪器、试剂和生物材料等方面的基础性、战略性、前瞻性的研究工作，引领我国生物医学工程技术的发展，建成医疗仪器科技创新与成果转化平台”。重大突破方向包括“超分辨显微光学核心部件及系统研制”和“新型血液免疫分析技术与系统”。重点培育方向包括“低成本高端医学影像技术”、“生物效应评估技术”、“多模在体光学成像技术”、“病原微生物检测分析技术”和“流式细胞分析技术”。

截至2013年底，苏州医工所共设有5个管理部门和7个研究室。5个管理部门分别为：综合管理处、科研管理处、资产财务处、人事教育处、成果转化处；7个研究室分别为：江苏省医用光学重点实验室、中科院生物医学检验技术重点实验室、医学影像技术研究室、医用电子技术研究室、医用声学研究室、医用微纳技术研究室、医用精密机械研究室（其中包括精密机械技术和医用微纳技术2个工程技术支撑平台）。

科研条件建设方面，一期基建总建筑面积6.9万m^2已投入使用。二期基建总建筑面积9000m^2，现主体工程已经竣工。研究所科研装备投入已达1.8亿。

截至2013年底，苏州医工所共有在职职工272人。其中科技人员262人，科技支撑30人，包括研究员及正高级工程技术人员24人、副研究员及高级工程技术人员27人；全所进入创新岗位189人。共有国家海外高层次人才引进计划（“千人计划”）入选者1人（新增1人），中国科学院“百人计划”入选者12人（新增6人）。苏州医工所现设有光学工程、生物物理学2个专业一级学科博士研究生培养点，光学工程、生物医学工程、仪器仪表工程、生物物理学4个专业一级（或二级）学科硕士研究生培养点，共有在学研究生88人（其中硕士生65人、博士生23人）。

2013年，研究所共承担国家、中科院、江苏省、苏州市各类项目44项，合同额近2.16亿元。其中国家自然科学基金项目7项；国家863计划1项；国家国际合作项目1项；国家重大科学仪器专项项目1项；中科院重点部署项目1项，中科院重点实验室建设项目1项；江苏省、苏州市项目共18项；横向项目9项；申请专利166项（其中，发明专利113项、实用新型48项、外观设计5项），申请软件著作权14项。新授权专利27项（其中，发明专利8项、实用新型15项、外观设计4项）；新登记软件著作权13项。发表高水平论文97篇。

已通过技术投入、吸引外部资金投入等方式成功转化科研成果10余项，组建高新技术企业4家；为积极探索我国医疗器械科技成果转化新模式，以机制创新加快推动医疗器械的产业化发展，专门成立成果转化处负责科技成果的转移转化管理、知识产权管理与运营等工作；并成立科技成果工程化主体平台——苏州国科医疗科技发展有限公司（简称“国科医疗”）；联合深圳分享投资和苏州高新创业投资集团有限公司共同设立了总额3亿元的“苏州分享高新医疗器械产业发展投资基金”，依托“国科医疗”平台，对具有良好市场前景及较高成熟度的国内外创新科研成果进行项目投资和成果孵化。旨在苏州建成集聚国内外医疗器械领域高新技术成果的中试基地，大幅降低企业投资风险，显著提高成果转移转化效率，为完善产业链条、带动区域经济社会发展、提升我国医疗器械行业水平做出积极贡献。

对外交流合作方面，2013年，国外专家来所学术交流48人次，国内同行专家百余人次；本所专家出访国外学术交流11人次；举办海外高层次人才交流报告会40余次；与美国约翰霍普金斯大学和泰国国立法政大学签订国际合作协议；与吉林大学附属第一医院、苏大附一院、附二院等医院建立长期合作伙伴关系。

（撰稿：赵　鹏　肖心通　审稿：袁艳明）

合肥物质科学研究院

院　　长：王英俭
地　　址：安徽省合肥市蜀山湖路 350 号
邮政编码：230031
电　　话：0551-65591295
传　　真：0551-65591270
电子信箱：office@hfcas.ac.cn
网　　址：http://www.hf.cas.cn

中科院合肥物质科学研究院（以下简称“合肥研究院”）位于安徽省合肥市西郊风景秀丽的科学岛上，成立于 2003 年 5 月，是一个多学科、综合性科教基地。江泽民总书记 1998 年视察时高度评价合肥研究院的科研环境，欣然题词“科学岛”，由此科学岛成为合肥研究院的别名。合肥研究院目前有安徽省光学精密机械研究所、等离子体所物理研究所、固体物理研究所、合肥智能机械研究所、安徽循环经济技术研究院、强磁场科学中心、先进制造技术研究所、技术生物与农业工程研究所、医学物理技术中心、核能安全技术研究所共 10 个科学研究和技术转移机构。拥有 1 个国家工程中心，16 个省部级重点实验室/工程中心，以及全超导托卡马克东方超环 EAST、稳态强磁场、EAST 辅助加热系统三个大科学工程，已成为中国科学院重要的科技创新基地、高技术发展基地和人才培养基地之一。

合肥研究院定位在面向国家洁净能源与环境安全需求，面向极端与复杂条件下物质科学前沿，建设依托全超导托卡马克、强磁场、大气环境立体探测研究网等大科学装置群的综合性国家科研基地，形成等离子体物理、大气环境光物理/化学、极端和复杂环境下材料与生物物理等优势学科群，发展磁约束聚变堆、大气环境探测、强磁场及能源环境健康等需求的功能材料与智能系统等战略高技术。目标是在聚变物理与工程、强磁场科学技术、大气环境光学三个领域取得重大创新性成果，在聚变反应堆基础理论研究与数字托卡马克、大气环境物理化学、极端条件下生物与材料特性、机电一体化全寿命设计与智能制造、医学物理与技术等领域的研究取得实质性进展，在太阳能材料与工程、大气环境监测仪器、先进核能与核能安全技术、新型医疗技术等高新技术产业化方面创新发展一批具有自主知识产权的核心关键技术。

截至 2013 年底，合肥研究院在职职工 2289 人，其中正高级人员 255 人，副高级人员 513 人，包括中国工程院院士 3 人、国家“千人计划”入选者 11 人、“万人计划”入选者 3 人、“新世纪百千万人才工程”国家级人选 5 人、国家杰出青年基金获得者 5 人、国家 973 计划首席专家 26 人、国家 863 负责人 34 人、中科院“百人计划”入选者 69 人、安徽省“百人计划”3 人，中科院“关键技术支撑人才”8 人。

合肥研究院自 1981 年开始招收培养硕士研究生，1983 年开始招收培养博士研究生，现拥有博士培养点 7 个，其中，核能科学与工程、光学、材料物理与化学 3 个博士点为中国科学院重点学科，学术型硕士培养点 16 个，专业型硕士培养点 9 个，博士生导师 185 名，硕士生导师 185 名。已培养研究生 4391 名，其中授予博士学位 1736 名，授予硕士学位 2655 名。2013 年共录取 473 名研究生，其中硕士生 280 名，博士生 193 名。目前在学研究生 1361 人，其中博士生 571 名，硕士生 790 名。

2013 年，合肥研究院共有在研项目 928 项（包括新增项目 250 项）。其中，承担国家重大科技专项课题 1 项（新增 1 项），主持（或承担）国家重点基础研究发展计划（973 计划）和国家重大科学研究计划项目 4 项（新增 0 项）、承担（或参加）课题 7 项（新增 2 项），主持（或承担）国家高技术研究发展计划（863 计划）项目 6 项（新增 1 项），主持（或承担）科技支撑项目 4 项（新增 1 项），主持（或承担）ITER 专项项目 15 项（新增 6 项）、承担（或参加）课题 25 项（新增 4 项）；主持（或承担）国家自然科学基金重点项目 3 项（新增 2 项）、面上项目 137 项（新增 51 项）、青年基金 219 项（新增 80 项）、国家杰出青年科学基金项目 1 项（新增 0 项）、优秀青年科学基金 2 项（新增 1 项）国家自然科学基金重大研究计划重点支持项目3项（新增1项），创新研究群体1项（新增1项）；主持（或承担）中国科学院战略性先导科技专项项目1项、课题3项、子课题7项，主持（或承担）院重点部署项目4项（新增3项），院科研装备研制项目主持（或承担）11项（新增2项）；科技部重大科学仪器开发项目1项。

2013年，合肥研究院科研工作取得较大进展：稳态强磁场实验装置首台水冷磁体调试成功，创造单台水冷磁体10兆瓦功率下27.53特斯拉的磁场强度最高世界纪录；研制成功“嫦娥三号”探测器着陆系统关键重要件——高效缓冲吸能材料“拉杆”产品，在“嫦娥三号”探测器月球表面成功实现软着陆的过程中发挥了重大作用；大气光学光波辐射传输及评估综合参数探测技术取得突破并应用；EAST稳定重复地实现了超过30秒的长脉冲H模运行，论文发表在*Nature Physics*上；自主设计研制成功世界最大的多功能液态铅铋综合实验平台—KYLIN-II建成并一次性调试成功，为我国铅基反应堆技术及液态重金属技术的进一步研究奠定了基础。

2013年合肥研究院共发表论文1088篇，其中SCI论文586篇，EI论文124篇；出版发行了《薄膜太阳电池关键科学和技术》、《有机和聚合物太阳电池的稳定性与衰减》、《光学涡旋在湍流大气中的传播》三本科技论著；申请专利370件，其中发明专利338件；授权专利186件，其中发明专利141件；软件登记受理114件，其中103件已登记；超导托卡马卡创新团队获得国家科技进步奖——创新团队奖，作为协作单位获得国家科技进步奖一等奖1项；作为第一单位获得安徽省科学技术奖一等奖2项、二等奖1项。“自主泊车系统产业化关键技术研究”、“秦山第三核电厂风险监测器自主研发”、“控失化肥的创制及其在林业生产上的应用”、“面向高速精密作业的混联机器人及其智能控制关键技术研究”4项成果通过省部级鉴定。

合肥研究院继续开展多种形式的科技成果对接活动，组织研究所参加了2013年中国郑州科技成果交易暨对接会议、中国常州先进制造技术成果展示洽谈会等活动23次，研究所参加人员300人次，推介科技成果800项次，达成项目合作意向110项。

合肥研究院在2013年投资设立了“合肥中科自动控制系统有限公司、中霖中科环境科技（安徽）有限公司、合肥励登机器人技术有限公司”3个新公司，使得研究院投资的企业达到了29家，全年营业收入超过27亿元，利税超4亿元。同时，合肥研究院继续积极落实合肥市股权激励政策，股权激励总数已达6家，取得了合肥市股权激励工作的三个第一（第一家完成股权激励工作的企业；第一家进行股权激励的国有控股企业；完成股权激励企业数量最多的单位）。

2013年度，合肥研究院荣获“2012年度中国科学院院地合作奖先进集体奖一等奖”、“2012年度中国产学研协会创新奖”、“中国科学院2012年度企业财务信息报送工作先进单位”、“2012年度合肥市科技路路通（高校院所类）二等奖”等奖项。

2013年，合肥研究院出访341余人次，接待402余人次；2012年合肥研究院引进“千人计划”3人；引进中科院“百人计划”4人；引进“皖百人”2人；聘请聘任国外客座研究员10人，其中获得中国科学院外国专家特聘研究员荣誉的4人；接收海外留学生15人。

召开国际会议及海峡两岸会议共8个；外国专家应邀来访作学术报告60余次；新签订国际合作协议8项；与国外科学家共同发表学术论文92篇。

（撰稿：程　艳　孙　策　审稿：匡光力）

武汉岩土力学研究所

所　　长：李海波
地　　址：湖北省武汉市武昌区小洪山
邮政编码：430071
电　　话：027-87199251
传　　真：027-87197386
电子信箱：irsm@whrsm.ac.cn
网　　址：http://www.whrsm.ac.cn

中国科学院武汉岩土力学研究所（以下简

称“武汉岩土所”）创建于1958年，是专门从事岩土力学与工程应用基础研究、以工程应用背景为特征的综合性研究机构。

武汉岩土所致力于重大工程安全与灾害控制、深部资源及能源高效安全开发、废弃物地质处置和利用方面的基础性、战略性、前瞻性工作，在我国重大工程建设、资源与能源开发中发挥重要作用，引领我国岩土力学与工程学科发展。到2020年，重点突破深部岩体工程安全性分析与动态调控理论、特殊土的力学性状衰变机理与高速交通工程变形控制方法、高风险工程边坡安全评价理论与控制技术，重点培育盐岩地下溶腔综合利用理论与技术、岩体工程动力安全性评价与控制、区域性海洋土力学特性与工程安全、CO_2咸水层封存力学稳定性评价与监控、垃圾填埋场运行过程灾变预测与调控5个学科发展方向。

目前，武汉岩土所下设岩土力学与工程国家重点实验室、湖北省环境岩土工程重点实验室、能源与废弃物地下储存研究中心、湖北省节能环保产业环境岩土工程技术创新基地、固体废弃物分析测试中心、湖北省固体废弃物安全处置与生态高值化利用工程技术研究中心、中国岩土工程研究中心、武汉岩土工程检测中心、岩土力学与工程实验测试中心等研究、开发与支撑平台，以及武汉中科岩土投资有限责任公司、武汉中岩科技有限公司、武汉中科岩土工程有限责任公司、武汉中力岩土工程有限公司和武汉中科科创工程检测有限公司等产业转化平台。

2013年，为贯彻“创新2020”发展战略，推动“一三五”发展规划实施，研究所紧紧围绕三个突破方向和五个培育方向的内涵、目标，通过项目争取、人才队伍建设、平台保障、加强合作交流、优化资源配置等措施进一步推进了研究所“一三五”发展战略的实施，创新目标均已取得重要进展，有望实现阶段性成果。

截至2013年底，中国科学院武汉岩土力学研究所现有在岗职工499人，其中中国工程院院士1人，研究员44人，副研究员及高级工程技术人员95人。共有国家海外高层次人才引进计划（“千人计划”）入选者1人，“青年千人计划”入选者1人，中国科学院“百人计划”入选者14人（新增3人）。研究所现有国家杰出青年基金获得者5人，“百千万人才工程”国家级人选6人（新增1人）。1人担任国际岩石力学学会主席，2人被院聘为“外国专家特聘研究员”。

2013年，武汉岩土所引进具有博士学位的科研骨干15人。1人获得“中青年科技创新领军人才”（“万人计划”）荣誉称号，1人入选国家“百千万人才工程”第一层次人选，1团队入选院科技创新“交叉与合作团队”，1人获得第二届“留学报国贡献奖”，1人获得中国青年科技奖，1人获基金委优秀青年基金资助，3人入选院青年创新促进会。

2013年，武汉岩土所大力加强人才引进和培养力度，积极推进研究生教育。武汉岩土所是国务院学位委员会批准的首批博士、硕士学位授予单位之一，现设有工程力学和岩土工程二级学科博士研究生、硕士研究生培养点，防灾减灾工程及防护工程二级学科硕士研究生培养点，建筑与土木工程、控制工程专业硕士研究生培养点，并设有土木工程一级学科博士后流动站。在学研究生203人（硕士生87人、博士生116人）、在站博士后25人。

2013年，武汉岩土所在研项目456项（新增项目251项）。其中，主持国家重点基础研究发展计划（973计划）项目2项、课题13项（新增2项）；国家科技支撑计划课题3项（新增1项）；国家自然科学基金杰青项目2项、优秀青年科学基金项目1项（新增）、重点项目（含仪器专项和重大国际合作项目）8项（新增2项）、面上项目55项（新增13项）、青年项目47项（新增10项）；中国科学院重点部署项目1项、战略性先导科技专项课题1项、知识创新工程重要方向项目2项，重大科研装备研制项目1项，院地合作项目3项。新增100万级以上重大工程项目20项，涉及水利、矿山、交通、能源、建筑等领域。科研经费到款14790万元，其中纵向课题进款6327万元，横向课题进款8463万元。

2013年，武汉岩土所科研工作取得重要进展，作为第一完成单位获国家科技进步奖二等奖1项，作为第一完成单位获湖北省科技进步奖一等奖1项、二等奖2项。全所全年共有382篇论文被 SCI、EI、ISTP 3 大检索收录，其中 SCI 收录论文 124 篇；申报专利 80 项，其中发明专利 62 项；获得专利授权 50 项，其中发明专利 33 项；软件著作权授权 14 项。

2013 年，研究所开展院地合作顺利，与多家单位建立长期、全面、深度的战略合作。与延边耀天然气集团有限责任公司签署战略合作协议，组建“煤层气开发利用、煤矿瓦斯治理国家工程（技术）研究中心”；与国新天汇环境有限公司组建“城镇生活有机固废处理及资源化湖北省工程研究中心”获湖北省发改委批准建设；与中交第二航务工程局签署战略合作协议；与陕西煤业化工集团开展技术合作交流，签署合作协议；与上海宝钢金属有限公司签署战略合作协议。

2013 年，武汉岩土所积极开展国际交流与合作。全年共派出人员 73 人次，其中出国参加本学科领域国际学术会议 29 人次，37 人次在有关研究机构开展合作研究；接待来访学者 24 人次。组织承办 2013 年国际桩基最新技术与发展会议，申办并获 2015 年第 12 届国际非连续变形分析大会主办权。全年举办“岩土力学与工程学术论坛”24 场。

武汉岩土所是中国岩石力学与工程学会支撑单位之一，也是其下属的地下工程分会、地面岩石工程专业委员会、岩石动力学专业委员会、中国力学学会岩土力学专业委员会和中科院自然科学期刊编辑研究会武汉分会的挂靠单位。武汉岩土所主办的《岩土力学》和承办的《岩石力学与工程学报》均为国内中文核心期刊，同时被 EI 数据库收录。与中国岩石力学与工程学会联合主办的《岩石力学与岩土工程学报》（英文版）是国内本学科领域第一家英文版学报。

（撰稿：安骏勇　曾妍焱　审稿：李海波）

武汉物理与数学研究所

所　　长：刘买利

地　　址：湖北省武汉市武昌区小洪山西30号

邮政编码：430071

电　　话：027-87199543

传　　真：027-87198238

电子信箱：wipm@wipm.ac.cn

网　　址：http://www.wipm.ac.cn

武汉物理与数学研究所（以下简称“武汉物数所”）坐落在著名的武汉东湖之滨和风景秀丽的珞珈山西麓，是由原武汉物理所（始建于 1958 年）和武汉数学物理与计算技术研究所（始建于 1957 年）于 1996 年合并而成，经过半个多世纪的发展，现已建成为“以核磁共振波谱学、原子与分子物理和数学物理研究为主，积极开展原子频标等高技术研发，同时致力于高技术成果转移转化”的综合型国立研究所。

武汉物数所围绕国家需求和核心科学问题，发挥磁共振波谱及与生命科学交叉、原子分子与光物理、原子频标与精密测量物理、数学物理等多学科综合优势，开展基础性、战略性和前瞻性研究，大力推进高新技术创新与转移转化，全面支撑国民经济和社会可持续发展，力争建成为不可替代的国家战略科技力量和国际一流的研发机构。

武汉物数所“创新 2020”战略扎实推进，“一三五”任务顺利实施，“三个重大突破”和“五个重点培育”的部分领域已取得阶段性突破。2013 年，星载铷原子钟在国家战略工程获得应用，被授予工程建设突出贡献集体和个人的荣誉称号；国内首台芯片 CPT 原子钟（芯片钟）原理样机研制成功；在国内首次实现线型阱囚禁汞离子微波钟的闭环锁定；率先研制出高场核磁共振（NMR）波谱仪首台工程样机，并进行产业化开发。

武汉物数所是波谱与原子分子物理国家重点实验室、武汉磁共振中心、中国科学院生物磁共振分析重点实验室、中国科学院原子频标重点实验室、中国科学院冷原子物理中心（武汉）、中国科学院数学物理联合实验室的依托单位，是武汉光电国家实验室的组建单位之一。研究所辖磁共振基础研究部、磁共振应用研究部、原子分子光物理研究部、原子频率标准研究部、理论与交叉研究部、数学物理与应用研究部 6 个研究单元和专门面向产业化的高技术创新与发展中心，同时还设立了磁共振技术中心、原子频标与激光技术中心2个技术支撑中心。研究所拥有850MHz超导高分辨核磁共振谱仪、7T/20 cm小动物磁共振成像仪、十米喷泉式高精度原子干涉仪等各类重要科研仪器千余台套，总价值超过3亿元，为开展前沿科学研究与高技术研发提供了装备保障。

截至2013年底，研究所共有在职职工493人，其中科技人员420人（正高级人员55人、副高级人员110人）。包括中国科学院院士1人、国家杰出青年科学基金获得者6人、973首席科学家4人、“百千万人才工程”国家级人选4人、中国科学院“百人计划”入选者22人、国家“青年千人计划”入选者1人、国家“万人计划”青年拔尖人才入选者1人、湖北省“百人计划”入选者2人，中国科学院“现有关键技术人才”2人、美国霍华德·休斯首届国际青年科学家奖获得者1人、享受国家政府特殊津贴和院省有突出贡献的专家15人。另有1个国家创新群体、2个中科院-国家外专局国际创新团队、2个中科院科技创新“交叉与合作团队”。

武汉物数所是1986年国务院学位委员会批准的博士、硕士学位授予权单位之一，现有物理、化学2个一级学科博士、硕士学位授予点，应用数学1个二级学科博士学位授予点，应用数学、基础数学2个二级学科硕士学位授予点，电子与通信工程、生物工程2个工程硕士学位授予点，并设有数学、物理学2个博士后流动站。现有在学研究生285人，其中硕士生155人、博士生130人，共有在站博士后31人。

2013年，武汉物数所共有在研项目281项（新增79项）。其中，主持国家重点基础研究发展计划（973计划）和国家重大科学研究计划项目4项、承担课题16项，主持国家高技术研究发展计划（863计划）项目1项，承担国家重大科技专项课题7项、国家科技基础性工作专项1项（新增1项）；主持或承担国家自然科学基金重点项目5项（新增1项）、国家杰出青年科学基金项目2项（新增1项）、重大国际合作研究项目2项（新增1项），面上项目48项（新增12项）；中国科学院战略性先导科技专项课题2项（新增1项），院重点部署项目1项（新增1项）、（科技部、国家自然科学基金委、财政部和中科院）重大科学（科研）仪器研制/开发项目6项。

2013年，研究所累计发表科技论文273篇，其中SCI收录论文239篇，JCR Top 15%以上论文占49.0%。共获专利授权20件，其中发明专利13件；申请专利38件，其中国家发明专利27件，国际PCT发明专利1件。“若干重要的可压缩欧拉方程整体解研究”获国家自然科学奖二等奖（第二完成单位）、“高场核磁共振仪器关键技术及核心部件的开发与应用”获湖北省技术发明奖一等奖（第一完成单位）、“地物探测多光谱激光雷达”获湖北省技术发明奖一等奖（第二完成单位）、铷原子钟相关研究获得军队科技进步奖一等奖（第二完成单位）和二等奖（第一完成单位）。受邀在《现代物理评论》撰写题为《一维费米气体：从严格解到实验》的综述性论文，这是该刊自1929年创刊以来发表的第三篇以中国大陆学术机构为第一作者单位的综述文章；《信息守恒是基本定律：揭示霍金辐射中丢失的信息》荣获美国引力基金会2013年度引力论文比赛第一名。

武汉物数所重视院地合作及科技成果转移转化，现拥有4万m^2的高科技产业大楼和占地200亩的高技术产业园区，产业资产规模6.5亿元，参股和控股企业共8家，从事科技开发人员76人，2013年全年销售收入18795万元，税后净利润3724万元。由研究所控股的武汉中科创新技术股份有限公司已发展成具有国际先进水准的专业从事超声波检测仪、电磁检测仪、涡流检测仪、超声自动化成套设备的公司，居行业龙头地位。2013年，中创公司牵头承担的“电磁超声无损检测设备开发和应用”项目获国家科技部重大科学仪器设备开发专项支持。

武汉物数所在2013年先后与18个国家和地区的研究机构开展合作与交流，累计出访93人次，接待来访119人次。通过开展合作，Nicholson教授获中科院“爱因斯坦讲席教授”计划项目资助，Perk和Pielak教授获中科院“外国专家特聘研究员”计划项目资助。本年度成功举办了“低维量子多体系统理论及实验国际研讨会”、

“第六届原子团簇碰撞国际研讨会”等大型国际研讨会，并成功申办了“第二十届国际差分方程及其应用国际会议”，极大地提高了研究所的国际影响力。

武汉物数所是中国物理学会的常务理事单位，全国波谱学专业委员会的挂靠单位，湖北省暨武汉市物理学会理事长单位。主办的《数学物理学报》（中、英文版）和《波谱学杂志》均为我国自然科学的核心刊物，《数学物理学报》英文版为SCIE收录期刊。2013年，《数学物理学报》（英文版）入选国家“百强科技期刊”、“2013中国最具国际影响力学术期刊”和“第八届湖北省优秀精品期刊”，《波谱学杂志》和《数学物理学报》（中文版）被评为“第八届湖北省优秀期刊”。

（撰稿：孙智波　罗　芳　审稿：刘买利）

武汉病毒研究所

所　　长：陈新文
地　　址：湖北省武汉市武昌区小洪山中区44号
邮政编码：430071
电　　话：027-87199162
传　　真：027-87199162
电子邮箱：zhb@wh.iov.cn
网　　址：http://www.whiov.ac.cn

中国科学院武汉病毒研究所（以下简称“武汉病毒所”）坐落于武汉市风景秀丽的东湖之滨，始建于1956年，其前身是武汉微生物研究室和湖北省微生物研究所。经过几代人的不懈努力，武汉病毒所已由原来的普通病毒学、农业微生物、环境微生物发展为集病毒学、新发传染病、应用微生物、生物技术等于一体的综合性研究机构。

武汉病毒所坚持面向我国人口健康、农业可持续发展、国家安全及病毒学研究领域国际前沿，依托高等级生物安全实验室团簇平台，重点开展病毒学、农业与环境微生物学及新兴生物技术等方面的基础和应用基础研究。着力突破重大传染病预防与控制、农业环境安全的前沿科学问题，显著提升在病毒性传染病的诊断、疫苗、药物以及农业微生物制剂等方面的技术创新、系统集成和技术转化能力，全面提升应对新发和突发传染病应急反应能力，成为具有国际先进水平的综合性病毒学研究基地。

武汉病毒所设有病毒学国家重点实验室（与武汉大学共建）、中-荷-法无脊椎动物病毒学联合开放实验室、HIV初筛实验室、中科院农业环境微生物学重点实验室、湖北省病毒疾病工程技术研究中心、分子病毒学研究室、分析生物技术研究室、应用与环境微生物研究中心、中国病毒资源与信息中心和新发传染病研究中心。拥有亚洲最大的病毒保藏库——中国病毒资源与信息中心，保藏有各类病毒1300余株。具有现代化展示手段、集科学性、特色性和科普性于一体的我国唯一的“中国病毒标本馆”，也是我国第一批“全国青少年走进科学世界科技活动示范基地”。新设立的公共技术服务中心于2013年10月顺利通过中国科学院所级中心评估，该中心作为武汉生命科学大型仪器区域中心重要组成单位，成为支撑研究所学科领域发展的综合性公共技术服务平台。

2013年，武汉病毒所按照“一三五”发展规划，紧紧围绕三个重大突破和五个重点培育方向，组织相应的研究团队，统筹各类资源，全面推进研究所“一三五”的各项工作，顺利开展了“一三五”专家诊断评估。在建设我国高等级生物安全研究与技术体系、生物纳米器件、绿色农业技术的集成与应用等三项重大突破和五个重点培育方面都取得了较大成果。

2013年，武汉病毒所在研项目200项（新争取64项）。新争取国家部委重大项目有：主持基金委创新研究群体科学基金项目1项，主持“十二五”传染病防治国家科技重大专项课题1项，主持863计划青年科学家专题1项，主持基金委面上项目8项、青年科学基金项目11项，负责中科院海外科教基地建设计划课题1项，先导专项子课题1项，重点部署项目6项。在研国家重点基础研究发展计划（973计划）项目27项，其中主持2项，承担（或参加）课题25项

（新增 3 项）；主持国家科技基础性工作专项（重点项目）1 项；承担中国高技术研究发展计划（863 计划）课题 3 项（新增 2 项）；主持国家自然科学基金重点项目 2 项、重大项目课题 1 项，杰出青年科学基金项目 1 项，面上项目和青年基金 59 项；主持（或承担）中科院项目（课题）41 项（新增 19 项），地方项目 17 项（新增 6 项），横向项目 19 项（新增 7 项）。

2013 年科研工作方面取得的重要进展包括：①SARS 的病原学起源：首次从蝙蝠排泄物中分离得到活的 SARS 样冠状病毒 SL-CoV-WIV1，并且可通过人类、果子狸及中华菊头蝠的 ACE2 入侵宿主细胞。该研究结果为中华菊头蝠作为 SARS-CoV 的自然宿主这一观点提供了迄今为止最有力的证据（*Nature*，2013）。②蝙蝠作为不同病毒天然宿主的基础：全基因组序列分析和比较基因组学研究提示，蝙蝠天然免疫缺陷可能是蝙蝠成为大量病毒天然宿主的基础（*Science*，2013）。③病毒量子点活细胞标记及分子示踪：在活细胞内实现了胞膜病毒的量子点标记，标记病毒能用于实时示踪病毒的侵染过程，发展了纳米材料中病毒学研究中的应用（*ACS Nano*，2013）。④乙脑病毒 RNA 聚合酶结构解析：在国际上首次解析了黄病毒聚合酶完整结构，为广谱药物设计奠定了基础（*PLOS Pathogens*，2013）。⑤抗病毒天然免疫调控新机制：首次鉴定出能够特异抑制 TLR3 信号转导通路而不影响其他天然免疫信号转导通路的负向调控蛋白 WWP2，为今后筛选特定靶向的抗病毒药物提供重要理论依据（*PNAS*，2013）。⑥新型黏膜佐剂研究：研制了一种新型的蛋白佐剂——重组鞭毛素蛋白，获美国发明专利授权，为新型黏膜疫苗奠定了良好的基础。

本年度，武汉病毒所共发表 SCI 学术论文 132 篇，其中 Top 15% 以上 42 篇。申请发明专利 15 项，获授权中国发明专利 20 项，其中获国际专利 1 项。

2013 年武汉病毒所不断加强与企业等地方机构合作，院地合作工作迈上一新台阶。研究所与湖北省林业厅签订野生动物疫源疫病预警防控战略合作协议，共同推进湖北省野生动物疫源疫病预警防控工作，并联合组建“湖北省陆生野生动物疫病检测中心”。研究所与新疆生产建设兵团第十师共同承担“额尔齐斯河流域蚊虫的高效安全防控技术集成与示范”项目，大规模应用苏云金芽胞杆菌以色列亚种杀蚊剂防治蚊虫。通过人工喷药和飞机洒药，对幼蚊的杀灭率达到 95% 以上。研究所以核心技术入股江西省新龙生物科技有限公司，其核心产品广谱杆状病毒杀虫剂获得欧盟有机认证，并在全国 10 余个省（市、区）大面积推广。国际合作与交流方面也取得了一系列重要进展。由研究所承担的首个中国科学院海外科教基地建设计划“中国科学院中-非微生物及流行病控制研究分中心：非洲病原微生物及流行病预防与控制项目”迈入新台阶，中法合作项目“高等级生物安全实验室生物安全管理标准体系建设”进展顺利。2013 年，研究所在研国际合作项目 7 项，到位科研经费 89. 33 万元；出访 36 人次，接待来访专家 54 人次，成功举办了“第六届世界高等级生物安全实验室主任会议”、“第四届梅里埃中国医学科研网络会议”、“中国科学院武汉病毒研究所‘一三五’专家诊断评估”、“中法生物安全标准研讨会暨第二届生物安全高级培训班”。

截至 2013 年底，武汉病毒所在职职工为 252 人，其中科研人员 166 人、科技支撑人员 38 人，研究员及正高级工程技术人员 36 人、副研究员及高级工程技术人员 39 人；拥有博士学位和硕士学位的科研人员的比例达到 77%。共有中国科学院“百人计划”入选者 14 人，国家杰出青年科学基金获得者 4 人，973 和重大专项首席科学家 8 人，国家“跨世纪百千万工程”第一、二层次人选 2 人，中组部“万人计划”第一批青年拔尖人才 1 人，一批德才兼备的学科带头人脱颖而出，在国际学术舞台崭露头角。

武汉病毒研究所是 1978 年国务院学位委员会批准的博士、硕士学位授予权单位之一。2013 年获批基础医学一级学科。现有微生物学、生物化学与分子生物学博士学位授予点 2 个，微生物学、生物化学与分子生物学、免疫学、生物工程硕士学位授予点 4 个。现有导师 43 人（新增 3 人），其中博导 28 人（新增 1 人）。现拥有在读研究生达 259 人，其中博士生 137 人，硕士生 122 人。2013 年与苏州大学联合创办“高尚荫菁英班”，首期招生 40 人。

武汉病毒所作为湖北省暨武汉微生物学会的挂靠单位，每年坚持开展学术交流、科普宣传、科技咨询、科技服务、科技开发、举荐人才、维护科技工作者的合法权益等活动。研究所负责编辑出版的 *Virologica Sinica* 是我国生物学医学核心期刊和病毒学权威刊物，向国外公开发行。

（撰稿：刘　汝　汤华波　审稿：何长才）

测量与地球物理研究所

所　　长：孙和平
地　　址：湖北省武汉市武昌区徐东大街 340 号
邮政编码：430077
电　　话：027-68881355
传　　真：027-68881355
电子信箱：bgs@whigg. ac. cn
网　　址：http://www. whigg. cas. cn

中国科学院测量与地球物理研究所（以下简称“测地所”）的前身为中国科学院地理研究所（南京）大地测量室，1957 年成立中国科学院测量制图研究室，1958 年迁至武汉，1959 年改为测量制图研究所，1961 年调整为测量与地球物理研究所，1970 年划归地震局领导，1978 年由中国科学院批准恢复重建。

测地所是一个从事大地测量学、地球物理学与环境科学等相关基础理论与应用研究的综合性科研机构。针对国家航空航天、军事和基础测绘、灾害监测、资源勘探等方面的重大战略需求，围绕地球物理和内部动力学、重力技术及其应用、全球卫星导航定位定轨及应用、地震和地球动力学、壳幔负荷动力学过程的监测、地震波传播与地球内部结构、卫星大地测量与全球变化、海空重力与数据分析、动力大地测量观测与技术、大地测量新技术应用及研发、湿地演化与环境效应、环境灾害监测与评估、遥感技术在资源与农情监测中的应用等地学前沿领域中的问题开展基础性、战略性、前瞻性的创新研究。

测地所设有大地测量与地球动力学国家重点实验室，湖北省环境与灾害监测评估重点实验室，大地测量与地球物理观测技术实验室，计算与勘探地球物理研究中心，武汉大地测量国家野外科学观测研究站，中国科学院江汉平原小港湿地生态站（三峡监测重点站），国家卫星定位系统工程技术研究中心（简称 GPS 工程中心，合建，国家级），中国科学院天文地球动力学联合研究中心（合建），河南省中国科学院科技成果转移转化中心生态环境分中心（合建）和湖北省 21 世纪议程管理中心等研究机构。拥有国际上先进的绝对重力仪、超导重力仪、相对重力仪、人卫激光测距仪、全球定位系统接收机、地基 InSAR、激光跟踪仪、北斗接收机、惯性导航系统、地震仪、高精度数控中心、便携式地物光谱仪、荧光光谱仪、水质垂直剖面自动监测系统、液相色谱仪、超级计算机等科研仪器设备。

2013 年，测地所切实推进“一二四”规划实施，部署重要方向项目 7 项，推进重大基础设施项目和北斗二代分析中心建设，加强重大项目组织，首次获国家 973 项目资助。大地测量与地球动力学国家重点实验室建设进展顺利，完成建设验收申请报告，部署开放课题 36 项。推进学科交叉，强化技术创新与集成，推动现代大地测量关键技术与仪器设备研发工作。

截至 2013 年底，测地所共有在职职工 154 人。其中，科技人员 115 人，包括中国科学院院士 1 人，研究员 30 人，副研究员及高级工程师 40 人，中国科学院“百人计划”入选者 6 人、国家杰出青年科学基金获得者 4 人、国家“千人计划”（国家海外高层次人才引进计划）入选者 3 人、“新世纪百千万人才工程”国家级人选 4 人、科技部“创新人才推进计划”中青年科技创新领军人才 2 人（新增）、湖北省重大人才工程“高端人才引领培养计划”首批培养人选 1 人，湖北省新世纪高层次人才工程人选 1 人。

2013 年，测地所积极推进人才队伍建设，新进优秀博士毕业生 11 人；1 人获国务院政府特殊津贴，1 人获“中国科学院卢嘉锡青年人才奖”，1 人入选“中国科学院青年创新促进会会员”；设有大地测量学与测量工程、固体地球物理学、自然地理学 3 个博士学位培养点和 3 个硕士学位培养点，1个测绘工程专业硕士学位培养点，设有测绘科学与技术博士后流动站；在学研究生128人（硕士生64人、博士生64人），在站博士后2人。2013年，录取硕士生24人、博士生19人；毕业硕士生17人、博士生12人。

2013年，测地所不断开拓创新、奋发进取，项目争取有新突破。全年共有在研项目160余项（包括新增项目及课题63项）。其中，承担国家重大科技基础设施建设项目2项，国家重点基础研究发展计划（973计划）项目1项（新增）、课题3项（新增2项），财政部国家重大科研装备研制专项1项（新增），中国高技术研究发展计划（863计划）课题2项，国家科技支撑计划课题2项，国家重大科学仪器设备开发专项1项，中科院国家外专局创新团队国际合作伙伴计划项目1项，中国科学院创新交叉团队项目1项；承担国家自然科学基金创新研究群体项目1项（新增滚动支持）、国家自然科学基金重点项目1项、面上项目36项（新增9项）、国家杰出青年科学基金项目1项、国家自然科学基金重大研究计划重点支持项目2项、国家自然科学基金国际合作交流项目1项、国家自然科学基金青年科学基金13项（新增6项），国家自然科学基金优秀青年科学基金项目1项（新增）；中国科学院战略性先导科技专项子课题1项；另有国家相关部委、地方、企业项目等多项。

2013年，测地所承担的各项科研任务进展顺利。发表论文120余篇，其中SCI论文52篇（含*Nature Geoscience* 1篇），专利授权4项，新编《世界地势图》获批出版。开展芦山地震应急响应研究，上报的“专报”材料获得党和国家领导人批示；主持承担项目的成果获湖北省科技进步奖一等奖1项，获中国地球物理学会科学技术奖二等奖1项；环境与灾害监测评估湖北省重点实验室获湖北湿地保护科技奖一等奖；1人获国际固体地球潮汐委员会Paul Melchior奖；1人获中国地球物理学会科技创新奖二等奖；1人获中国首届资源科学成就奖。

2013年，测地所努力开展院地合作工作。先后与黄冈市环保局、黄冈市龙感湖管理区签署合作协议，与湖北科技企业家协会进行成果对接，加强与地方和企业的合作。研究所在“科研机构和大学向社会开放”活动中获科技部奖励，获湖北省科技活动周先进集体称号。

2013年，测地所加强国际合作与交流，提高合作层次，全年组织出访49人次，接待来访50余人次，主办地球内部三维弹性波传播与成像国际研讨会，协办中俄和海峡两岸地震监测预测学术研讨会、亚太空间地球动力学年会、第四届中国卫星导航学术年会；有6名科研人员在12个不同的国际组织担任职务，其中1人为亚太空间地球动力学（APSG）国际合作计划主席；组团参加第17届国际固体潮大会、GRACE卫星重力年会、亚太空间地球动力学年会等，进一步扩大了研究所学术影响。

测地所是国家首批甲级测绘资格单位、国家环保部规划环境影响评价推荐单位、全国科普教育基地、全国青少年走进科学世界科技活动示范基地、湖北省科普教育基地、湖北省文明单位之一，是湖北省地球物理学会、湖北省天文学会、湖北省自然资源研究会的挂靠单位、联合主办学术刊物《大地测量与地球动力学》，协办学术刊物《地理空间信息》。

（撰稿：熊小敏　程方升　审稿：冯　灿）

水生生物研究所

所　　长：赵进东
地　　址：湖北省武汉市武昌区东湖南路7号
邮政编码：430072
电　　话：027-68780789
传　　真：027-68780123
电子邮件：qlwu@ihb.ac.cn
网　　址：http://www.ihb.ac.cn

中国科学院水生生物研究所（以下简称“水生所”）是从事内陆水体生命过程、生态环境保护与生物资源利用研究的综合性学术研究机构，其前身是1930年1月在南京成立的国立中央研究院自然历史博物馆，1934年7月更名为中央研究院动植物研究所，1944年5月又分建成动物研究所和植物研究所。中国科学院成立后，于1950年2月将原中央研究院动物所的主体、植物研究所和山东大学的藻类学研究部分以及北平研究院的部分研究人员合并组成了中国科学院水生生物研究所（上海），1954年9月由上海迁至武汉。2001年水生所进入中科院知识创新工程试点序列。2011年水生所整体进入院“创新2020”试点工程。

其战略定位与发展目标是，紧密结合国家重大需求和世界科学前沿，围绕内陆水体生命过程、生态环境保护与生物资源利用领域的基础性、战略性和前瞻性重大科技问题，着力重大理论创新和核心技术突破，强化创新价值链的延伸，在水环境保护、淡水渔业和微藻生物能源领域发挥引领示范作用。

2013年，水生所“一三五”规划“三个突破”（受污染水体水生态修复集成技术、现代淡水养殖模式理论和核心技术、微藻生物能源重大理论问题和核心技术）进展顺利。突破一建立了水深对稳态转换总磷阈值影响机制模型和长江亚热带湖泊稳态转换的机制模型，确定正向转换和反向转换的总磷阈值。突破二鉴定了50多个鱼类功能基因，获得了不依赖于体内GH水平、快速生长的持续激活GHR转基因鲤鱼和黄颡鱼，建立了湖泊生态系统营养网络模型，创建了以水质保护为目的的鱼类-河蟹复合放养湖泊健康高效环保的生态渔业模式。突破三完成了我国十多个省份的产油微藻资源调查，筛选出36个优良的经济微藻株。建立了半连续高效养殖技术，超过美国商业运营公司记录。建立微藻遗传改造方法，不饱和脂肪酸含量达到欧盟生物柴油标准。

水生所设有水生生物多样性与资源保护研究中心、淡水生态学研究中心、鱼类生物学及渔业生物技术研究中心、水环境工程研究中心、水生生物分子与细胞生物学研究中心和藻类生物学及应用研究中心；共有53个学科组；公共技术研发与服务部下设分析测试中心、斑马鱼资源中心、淡水藻种库等分支机构；拥有淡水生态与生物技术国家重点实验室、国家淡水渔业工程技术研究中心（武汉）、东湖湖泊生态系统开放试验站、中国科学院水生生物多样性与保护重点实验室、中国科学院藻类生物学重点实验室（新增）、湖北省水体生态工程技术研究中心、武汉市水环境工程研究中心；拥有亚洲最大的淡水鱼类博物馆、白鳍豚馆。有50万元以上大型仪器73台（套），总价值8766万元。

截至2013年底，水生所共有在职职工367人。其中科技人员175人、科技支撑人员117人，包括中国科学院院士6人（新增1人）、发展中国家科学院院士2人、研究员及正高职称人员62人、副研究员及高级工程技术人员73人；全所进入创新岗位210人。“青年千人计划”入选者1人；中国科学院“百人计划”入选者19人；国家杰出青年科学基金获得者9人（新增1人）；国家优秀青年科学家基金获得者2人（新增1人），国家“百千万人才工程”入选5人，“万人计划”百千万工程领军人才1人（新增）。

水生所是国务院学位委员会批准的首批博士、硕士学位授予权单位之一，设有水生生物学、遗传学、环境科学、海洋生物学4个二级学科博士研究生培养点；动物学、水生生物学、遗传学、环境科学、环境工程学、水产养殖6个二级学科硕士研究生培养点；生物工程、环境工程2个工程硕士研究生培养点；生物学一级学科博士后流动站。在学研究生475人（硕士生232人，博士生243人）、在站博士后42人。

2013年，水生所共有在研项目491项（包括新增项目101项）。其中，承担国家重大科技专项课题3项（新增2项），主持国家重点基础研究发展计划（973计划）和基础性专项2项，承担课题9项（新增1项），主持国家高技术研究发展计划（863计划）项目2项（新增2项），参加8项（新增1项）。主持国家自然科学基金重点项目13项、面上项目91项（新增25项）、国家杰出青年科学基金项目2项（新增1项）、国家自然科学基金重大研究计划重点项目3项；主持中国科学院战略性先导科技专项项目1项，课题8项；主持院重点部署项目1项；承担院地合作项目96项（新增28项）。

2013年，水生所共发表论文336篇，其中SCI收录216篇（其中JCR学科分类前30%的论文77篇，占36%），CSCD论文69篇，EI论文51篇。申请专利28项，获得授权22项（其中发明专利12项，含1项美国专利；实用新型10项），出版著作2部。获得中国专利优秀奖1项，武汉东湖高新标准资助奖励1项。其中，专利“一种生物固定流沙和修复荒漠化土地的复合方法”（专利号：ZL200410012926.9）获第十五届中国专利优秀奖。

水生所在鉴定嗜热四膜虫的交配型决定基因的基础上，与美国同行合作提出了交配型决定的分子机制模型，解决了四膜虫研究领域的世界性难题。研究结果以封面文章发表在 *PLoS Biology*（IF：12.69），*Nature*、*Science* 等均予以报道。

水生所在国际上首次提出并验证了控制浮游生物营养级相互作用的一种新机制——浮游动物大小多样性能够通过食物资源生态位分化增强下行控藻效应的强度，得到国际同行高度认可。相关研究成果在动物生态学顶尖杂志 *Journal of Animal Ecology* 上发表。

院地合作方面，2013年与湖南文理学院合作成立国家淡水渔业工程技术研究中心湖南分中心，与国家开发投资公司在微藻生物能源开发和利用方面开展合作，与三峡集团公司共建香溪河生态系统实验站已开工建设，与武汉海昌极地海洋世界共建的“科研实验基地”正式挂牌；淮安研究中心实验楼等建成并投入使用，扬州水环境与渔业研究分中心注册成立并运转；桂建芳研究员团队研发培育的新品种——异育银鲫“中科3号”作为2013年农业部组织遴选的160个农业主导品种中渔业主导品种之一予以推介。

2013年水生所共承担3项国际项目，主办国际会议1次——首届中加鱼类生理学与发育生物学研讨会。全年出访人员122人次，来访人员133人次。2013年获批中科院人教局公派留学项目3项，王宽城基金项目1项。有3名在读外籍研究生。与国外联合发表文章41篇，新签署国际科技合作协议2项。推荐的2名外国专家获中科院外国专家特聘研究员计划资助。

水生所是中国海洋湖沼（动物）学会鱼类学分会、中国动物学会原生动物学会、中国水产学会鱼病研究会、湖北省海洋湖沼学会、湖北省动物学会、武汉动物学会、中国环境科学学会环境生物学专业委员会7个学会和武汉白鳍豚保护基金会的挂靠单位。水生所负责出版科技期刊《水生生物学报》。

（撰稿：吴青丽　孙　慧　审稿：徐旭东）

武汉植物园

主　　任：李绍华
地　　址：湖北省武汉市磨山
邮政编码：430074
电　　话：027-87510126
传　　真：027-87510251
电子信箱：wbgoffice@wbgcas.cn
网　　址：http://www.wbgcas.cn

中国科学院武汉植物园（以下简称“武汉植物园”）筹建于1956年，成立于1958年11月，1972年划归湖北省后改名为湖北省植物研究所，1978年回归中国科学院后仍称为中国科学院武汉植物研究所，2003年更名为中国科学院武汉植物园。

武汉植物园的发展定位是：立足华中，面向全球，收集保护亚热带和暖温带战略植物资源；拓展资源保护与可持续利用、湿地恢复与大型工程生态安全两大优势领域，引领我国特色农业种质创新与产业发展、水生植物与水环境健康和大型工程区生态修复技术的研究，成为国际同领域具有强大竞争力和重要影响的研究机构；进一步提升科普开放能力，成为世界知名的生物多样性与环境教育基地。服务国家生物产业、生态安全及全民素质教育的战略需求，建成世界一流植物园。

2013年，武汉植物园紧紧围绕院党组“创新2020”的战略要求，认真落实园“一二五”创新目标，对非合作、新园区建设、科技创新和科普开放等各项工作都取得了显著进展。

武汉植物园下设3个研究中心：资源植物研究中心、水生植物研究中心、流域生态研究中心。拥有中国科学院植物种质创新与特色农业重点实验室、中国科学院水生植物与流域生态重点实验室、湖北省湿地演化与生态恢复重点实验室3个省部级重点实验室；建有1个国家种质资源圃、1 个省级成果转化中心和 1 个院级分中心、1 个部级生态监测站、6 个迁地保护基地、4 个所级野外台站的网络支撑平台。

截至 2013 年底，武汉植物园共有在职职工 285 人。其中科技人员 157 人、植物园功能人员 41 人，管理人员 31 人，支撑人员 36 人，科技副职 3 人，离岗人员 15 人，待岗及其他人员 2 人。包括正高级专业技术人员 34 人，副高级专业技术人员 58 人。共有中国科学院“百人计划”入选者 16 人（新增 1 人）。

武汉植物园设有生物学、生态学 2 个一级学科博士培养点，植物学、生态学、园林植物与观赏园艺 3 个学术型硕士培养点和生物工程、环境工程 2 个专业学位硕士培养点，设有生物学、生态学 2 个一级学科博士后流动站。在读研究生 163 人，其中硕士生 94 人（含留学生 11 人），博士生 69 人（含留学生 1 人）；在站博士后 8 人（含发展中国家博士后 1 人）。导师共 57 人，其中博士生导师 24 人，硕士生导师 33 人。

2013 年，武汉植物园共有在研项目 290 项（新增 111 项）。其中，承担国家重大科技专项课题 1 项（新增 1 项），主持（或承担）国家重点基础研究发展计划（973 计划）课题 4 项，主持（或承担）国家高技术研究发展计划（863 计划）项目 2 项（新增 2 项），主持（或承担）国家科技基础性工作专项 5 项（新增 2 项），主持（或承担）国家科技支撑计划 4 项（新增 1 项），主持（或承担）国家科技基础条件平台课题 2 项，主持（或承担）农业部公益行业专项 3 项（新增 1 项），承担农业部 948 项目 2 项（新增 1 项）；主持国家自然科学基金重点项目 3 项、面上项目 49 项（新增 17 项）、青年基金 42 项（新增 7 项），专项基金 2 项（新增 2 项），承担国家自然科学基金重大研究计划任务 1 项，主持国家自然科学基金国际合作与交流项目 1 项（新增 1 项），主持（或承担）中国科学院战略性先导科技专项课题 4 项，主持（或承担）院重点部署项目 3 项（新增 3 项），承担国际合作项目 10 项（新增 2 项），承担院地合作项目 2 项。

2013 年度全园发表论文 209 篇。其中 SCI 165 篇（105 篇 TOP 30%，包括 23 篇 TOP 10%）、CSCD 34 篇、其他 10 篇，著作 3 部，译著 1 部。获授权发明专利 18 件，申请发明专利 15 件。

2013 年，武汉植物园积极推动国际交流与合作，全年先后派出 35 批次、47 人次赴 11 个国家或地区参加国际学术交流活动；接待了来自美国、肯尼亚、澳大利亚、加拿大、英国等 7 个国家的外宾 22 批共 29 人次；新增国际合作项目 2 项；顺利实施了 3 项中国科学院“外国专家特聘研究员”计划项目；与国外科研人员合作发表论文 52 篇。成功举办了“2013 国际植物次生代谢与代谢工程研讨会”和“第四届国际河流景观研讨会”等国际学术交流会议。

2013 年，武汉植物园全年引种 2051 号，其中已经初步鉴定 1317 号，新增物种 216 个，品种 531 个。入园游客持续增长，全年达 75 万余人次。

武汉植物园是湖北省暨武汉市植物学会、中国园艺学会猕猴桃分会的挂靠单位；主办的学术期刊《植物科学学报》（原名《武汉植物学研究》）是中国自然科学核心期刊。

（撰稿：杨　东　刘洁鸣　审稿：李绍华）

南海海洋研究所

所　　长：张　偲
地　　址：广东省广州市海珠区新港西路 164 号
邮政编码：510301
电　　话：020-84452227
传　　真：020-84451672
电子信箱：webmaster@scsio. ac. cn
网　　址：http://www. scsio. cas. cn

中国科学院南海海洋研究所（简称“南海海洋所”）1959 年 1 月成立，是我国规模最大的综合性海洋研究机构之一。

南海海洋所使命定位和发展目标：立足南海，跨越深蓝。围绕热带海洋环境与热带海洋资源，着力突破海洋气候环境与观测技术、边缘海地质演化与油气资源、海洋生态与生物资源领域的前沿科学问题和关键核心技术，不懈追求“更远、更深、更实、更强”，建成国际水平的热带海洋科学研究、人才培养、成果转移转化三高地，从而为发展我国海洋经济和维护海洋权益做出基础性、战略性和前瞻性贡献。

2013年，南海海洋所采取一系列重大保障措施，全面推进“热带海洋生物优良新品种与生物功能物质”、“热带海洋变率及其环境效应”、“南沙地块裂离过程及其资源环境效应”三个重大突破方向进展，着力发展“面向海气相互作用研究的东印度洋观测平台建设”、“海洋环境综合预报模型技术及应用”、“热带海洋沉积过程及其环境变化响应”、“热带海洋生态过程及资源效应”、“海洋微生物多样性及其活性化合物的生物合成”五个重点培育方向。在将帅人才引进与培养、科技成果奖励、国际交流与合作等方面取得显著进展，科研竞争力显著提升。南沙园区的基建工作和修购专项顺利推进，并组织专家对“一三五”规划进展、研究方向进行了评估和调整。

南海海洋所拥有热带海洋环境国家重点实验室、中科院边缘海地质重点实验室、中科院热带海洋生物资源与生态重点实验室和中科院海洋微生物研究中心，以及广东省海洋药物重点实验室、广东省应用海洋生物学重点实验室。设有物理海洋、海洋生物、海洋地质、海洋生态4个研究室及海洋环境工程中心，以及海洋科考船队、海洋信息服务中心、仪器设备公共服务中心、海洋环境检测中心和海洋生物标本馆等。

南海海洋所还建有海南热带海洋生物实验站（国家野外试验站和中国生态系统研究网络“CERN”站）、大亚湾海洋生物综合实验站（国家野外试验站、中科院开放站和中国生态系统研究网络“CERN”重点站）、湛江海洋经济动物实验站、汕头海洋植物实验站和西沙深海海洋环境观测研究站、南沙深海海洋环境观测研究站；拥有“实验1”（共建）、“实验2”和“实验3”号三艘科考船。

截至2013年年底，南海海洋所共有在职职工605人，其中科技人员354人，科技支撑人员109人，包括中国工程院院士1人，研究员及正高级工程技术人员89人，副研究员及高级工程技术人员131人；博士生导师73人，硕士生导师132人。

共有国家海外高层次人才引进计划（“千人计划”）入选者1人（新增1人），“青年千人计划”入选者3人（新增1人），“万人计划”入选者1人（新增1人），百千万人才工程入选3人，中青年科技创新领军人才3人（新增2人），中科院“百人计划”入选者27人（新增2人）；973计划和国家重大科学研究计划项目首席科学家3人；中科院科技创新“交叉与合作团队”1个；国家杰出青年科学基金获得者7人；海外特聘研究员1人（新增1人）。

南海海洋所是国务院学位委员会批准的博士（1993年）、硕士（1970年）学位授予权单位之一。现设有海洋科学、环境科学与工程2个专业一级学科博士研究生培养点，物理海洋学、海洋生物学、海洋地质、海洋化学、环境科学5个专业二级学科硕士研究生培养点，环境工程、生物工程和地质工程3个专业学位硕士研究生培养点，并设有海洋科学一级学科博士后流动站，共有在学研究生308人（其中硕士生174人、博士生134人）、在站博士后32人。

2013年，南海海洋所共有在研课题850项（新增330项）。其中：主持国家重点基础研究发展计划（973计划）项目和国家重大科学研究计划项目3项、承担课题6项（新增1项），主持国家高技术研究发展计划（863计划）项目1项（新增1项），主持国家科技基础性工作专项2项；主持国家自然科学基金重点项目3项（新增1项）、面上项目89项（新增30项）、国家杰出青年科学基金4项、国家自然科学基金重大项目课题1项、国家自然科学基金重大研究计划重点项目4项（新增2项）、国家自然科学基金联合资助项目5项（新增1项）、国家优秀青年科学基金2项（新增1项）；承担中科院战略性先导科技专项项目1项、课题4项，主持院重点部署项目1项、院装备研制项目1项，承担国际合作项目11项（新增5项）；承担国家海洋公益专项2项；承担院地合作项目63项（新增40项）。

全年共发表论文259篇，其中SCI收录175篇、EI收录8篇，专著4部。在“浅蓝霉素A和灰菌素的生物合成机制”、“海洋对台风响应的两层理论模型”、“生物侵蚀和风暴灾害对相对高纬度珊瑚成礁影响”等方面取得一系列亮点成果。获授权中国专利47项，其中发明专利41项；国际专利申请PCT 7项，2项进入美国，1项获日本和香港授权。同时，新增7项自主开发软件著作权并完成登记。有关科研成果和科考活动被CCTV品牌栏目《新闻联播》、《新闻直播间》、《新闻30分》报道。

成果产出取得新突破。“一种海洋来源的芽胞杆菌以及用它制备鱿鱼小肽的方法”获中国专利优秀奖和广东省专利金奖，“三亚珊瑚礁生态系统退化机制与生态修复研究”获海洋科学技术奖二等奖。张偲研究员当选中国工程院院士，王东晓研究员入选国家万人计划“科技创新领军人才”和“广东省百名南粤杰出人才培养工程”，余克服研究员入选“国家百千万人才工程”，余克服、蔡树群研究员入选“中青年科技创新领军人才”，唐丹玲研究员获第十二届广东省丁颖奖，鞠建华研究员获2013年度药明康德生命化学“学者奖”。

2013年，南海海洋所积极促进地方社会经济发展，为政府科学决策提供咨询服务和技术支撑。新签订技术服务合同114项，合同总金额共计6642.5万元。组织推介40多项（次）成果和高新技术展览会和近20场次的洽谈会、对接会。与北海市人民政府、江苏大丰港经济开发区管委会、汕尾市人民政府签订了战略合作框架协议。

积极推进国际合作与交流，着力实施“走出去”发展战略，并取得实质性成效。在研国际合作项目11项（新增5项），重点项目“印度洋周边邻近边缘水文气象实时观测站”获中科院国际合作局立项，首次获得中国科学院台湾青年访问学者计划、外国专家特聘研究员计划资助。举办第七届“热带海洋环境变化国际学术研讨会”、“海洋生态遥感观测国际研讨会”，接待日本、澳大利亚、美国、德国、法国等25个国家73批105人次来访，全年国际合作与交流人数达437人次。唐丹玲研究员当选太平洋海洋科学技术联合会（Pacific Congress on Marine Science and Technology，PACON）主席。与斯里兰卡卢胡纳大学联合共建的“热带海洋环境联合观测与应用中心”挂牌成立。

南海海洋所是中国海洋学会热带海洋分会、中国海洋学会海洋物理分会、广东海洋湖沼学会、广东海洋学会的依托单位，编辑出版《热带海洋学报》（核心期刊）。

（撰稿：徐晓璐　陈　忠　审稿：龙丽娟）

华南植物园

主　　任：黄宏文
地　　址：广东省广州市天河区兴科路723号
邮政编码：510650
电　　话：020-37252711
传　　真：020-37252831
电子信箱：bgs@scib.ac.cn
网　　址：http://www.scib.ac.cn

华南植物园位于广州市天河区，占地约5000亩，是我国面积最大的南亚热带植物园，保育热带、亚热带植物13000余种。其前身为国立中山大学农林植物研究所，由著名植物学家陈焕镛院士于1929年创建，1954年改隶中国科学院后更名为华南植物研究所，2003年更名为中国科学院华南植物园。

华南植物园面向国家重大需求和学科发展前沿，围绕退化生态系统的恢复与重建、环境与生态安全、物种的演化形成与维持、生物多样性保育与可持续利用、分子生物学及遗传改良等领域，进行基础性、前瞻性和战略性研究，努力建设成为我国科技创新、人才培养与科学传播的重要基地。

华南植物园现有植物资源保护与可持续利用、退化生态系统植被恢复与管理2个院级重点实验室。拥有鼎湖山森林生态站和鹤山森林生态站2个国家野外科学观测研究站，以及小良热带海岸带退化生态系统恢复与重建野外生态站。有馆藏标本100多万份的植物标本馆及大型图书馆和公共实验室。此外，还有广东省数字植物园重点实验室和“华南植物鉴定中心”。华南植物园下辖的鼎湖山国家级自然保护区建于1956年，占地面积17000余亩，就地保护植物2400多种，为我国第一个自然保护区，也是中国科学院唯一的自然保护区。

截至2013年底，华南植物园共有在职职工417人。其中科技人员371人（含科技管理人员43人、科技服务人员124人），包括研究员及正高级工程技术人员58人、副研究员及高级工程技术人员78人；全园进入创新岗位231人。共有国家海外高层次人才引进计划（“千人计划”）入选者1人，中国科学院“百人计划”入选者12人（新增1人），国家杰出青年科学基金获得者3人。

华南植物园是国务院学位委员会1993年批准的博士和1978年批准的硕士学位授予权单位之一，现设有生物学、生态学2个专业一级学科博士研究生培养点，生物学、生态学、林学3个专业一级学科硕士研究生培养点，并设有生物学、生态学2个专业一级学科博士后流动站，共有在学研究生339人（其中硕士生205人、博士生134人），在站博士后22人。

2013年，华南植物园共有在研项目367项（新增项目146项）。其中，承担（或参加）国家重大科技专项课题3项（新增2项），主持（或承担）国家重点基础研究发展计划（973计划）和国家重大科学研究计划项目1项、承担（或参加）课题10项（新增1项），主持（或参加）国家科技基础性工作专项7项（新增4项）；主持（或参加）国家自然科学基金重点项目6项（新增2项）、面上项目77项（新增19项）、国家杰出青年科学基金项目1项；主持（或承担）中国科学院战略性先导科技专项课题2项，主持（或参加）院重点部署项目3项（新增3项）；承担国际合作、地方项目75项。

科研工作进展与获奖情况如下。

（1）蚯蚓促进土壤碳净固存机制研究：发现蚯蚓加快了碳的活化过程，进而同时促进了“碳矿化”和“碳稳定”，蚯蚓可以通过对“碳稳定”和“碳矿化”的不对等促进而有利于碳的净固存。重要的是，蚯蚓对土壤CO_2通量及碳净固存的影响都可以通过比较SQ在有蚯蚓和无蚯蚓系统中的取值来预测。该研究成果在*Nature*多学科研究期刊《自然-通讯》（*Nature Communications*）发表，并被选为亮点文章。

（2）森林土壤主要温室气体通量调控机制研究：利用森林土壤移位（从河南鸡公山移到广东鼎湖山）实验，发现外部环境因子是森林土壤CO_2和N_2O气体通量的决定因素，并通过模型模拟和实际观测值的比较进行验证。研究给森林土壤主要温室气体模型建立所考虑的参数以重要启示。

（3）热带、亚热带果蔬综合保鲜技术研究。研究组针对不同果蔬的采后生物学特性，研发出了多种果蔬综合保鲜技术，包括：柑橘带叶保鲜技术；柑橘酸腐病控制技术；杨梅综合保鲜技术；荔枝综合保鲜技术；菜心、黄秋葵等蔬菜保鲜技术；氨基异丁酸应用于水果综合保鲜技术。相关技术2013年获国家发明专利10项，申请美国发明专利1项，获国家专利优秀奖和广州专利优秀奖各1项。

（4）新一代植物基因工程系统研发和利用：以华南植物园为中心，中科院为核心联盟，建立辐射全国的新一代转基因平台。建立一套具有目标重组位点的转基因水稻株系，用于基因的位点特异性整合或叠加。目前已获得14个具有精确单拷贝的转基因株系，14个重组位点分布在7条水稻染色体上。以期在其他作物中获得相应的目标株系。

（5）植物光响应基因表达的表观转录调控机理研究：通过生物化学和表观遗传学等方法，提出了PIF3与组蛋白去乙酰化酶HDA15互作调控植物光响应基因表达的新机制。

（6）秘鲁生物多样性考察、资源引种与利用（2008～2013）：研究和收集中南美洲的植物资源，发掘新的农作物、经济植物对保障国家安全及经济可持续发展具有重要意义。2008～2013年华南植物园分4批共24人次执行中秘联合考察，对秘鲁西北部高山植物、中部热带雨林和东北部亚马逊上游热带雨林进行考察与采集。共采集1847号5300份标本，各类植物、植被及生境照片30000多张，DNA材料1500多份，活体材料739份。目前华南植物园已成功繁殖184号。项目执行过程中编撰了《秘鲁种子植物参考名录（内部）》，《采集标本记录数据库》和《重点地区采集名录》等。

2013年全园发表SCI论文231篇，其中各领域 TOP 30% 论文 117 篇，占论文总数 51%；TOP 10% 论文 52 篇，占论文总数 23%；出版专著 14 部；申请专利 41 件，授权 31 件；4 个兰花新品种国际登陆、3 个品种通过广东省农作物品种审定；主持完成的“乡土植物在生态园林中应用的关键技术研究与产业化”获广东省科学技术奖一等奖、专利“一种易燃的果蔬烟剂型保鲜剂”获第十五届中国专利优秀奖、专利“一种菜心贮藏保鲜方法”获广州市专利优秀奖；参与完成的“果实采后绿色防病保鲜关键技术的创制及应用”获国家技术发明奖二等奖、“地下和蛀干害虫病原线虫的系统研发和应用”获广东省科学技术奖一等奖；1 篇论文在 *Nature Communications* 上发表并被评为亮点文章。

2013 年，华南植物园结合自身科技优势，以龙头企业为载体，立足于粤北孵化基地，辐射到西部（贵州）、中原（豫南）、华南（广东、广西、海南）、西北（陕西、宁夏），已初步完善了从科技创新到促进经济社会发展的宏观布局。目前主要聚焦在特色农业、经济植物、生态恢复、园林工程等领域，依托创新平台与政府、企业、地方部门开展合作。2013 年签订院地合作项目 32 个，合作项目经费达 557.5 万元，比 2012 年同期增长 6.3%。华南植物园面向贵州省地方需求，依托贵州民族医药优势以及中草药物种资源优势，在贵州贞丰县筹建“贵州中国科学院华南植物园经济植物育成中心”，尝试“科技-资本-企业”的合作模式推动重大科技成果创新。中心主要开展喀斯特地貌特色经济植物（中药材）研发，重点突出中草药（淫羊藿和铁皮石斛等）的标准化种植、猕猴桃的产业化发展、观赏花卉的开发利用、药用植物信息中心的研建、喀斯特生态工程理论研究、生态保护与恢复示范、高端人才培训等。

华南植物园控股的广东中科琪琳股份有限公司连续 10 年被广东省工商局评定为“守合同、重信用”企业，目前总资产 8866 万元，净资产 5367 万元。2013 年全年实现主营业务收入 8000 多万元，利税总额 650 多万元。

2013 年共有 102 人次出国（出境）参加学术会议或开展合作研究，海外来访者达 108 人次。

“跨国界生物多样性保护与全球生物资源收集利用计划”进展良好，连续 6 年与秘鲁等国联合开展野外调查研究及开发利用，稳步推进“中秘生物多样性保育研究中心”的筹建；国家自然科学基金国际合作交流项目“亚热带森林生态系统植物与土壤生物多样性维持机制”暨德国联邦自然保护局项目“促进中国亚热带地区人工林生态系统服务”启动会在华南植物园召开并正式签订项目合作协议；承办发展中国家科技培训项目“生物多样性保护与管理研讨班”，参训人员来自哥伦比亚、秘鲁、巴西、泰国、越南、印度 6 个生物多样性热点国家；参加第七届现代生态学讲座暨第四届国际青年生态学者论坛等国际交流与合作，进一步增强我国在生物多样性保护领域的国际影响力。

目前挂靠在华南植物园的学会包括：广东省植物学会、广东省植物生理学会。据《中国学术期刊影响因子年报》的统计，华南植物园主办的《热带亚热带植物学报》2013 年度的影响因子为 1.087，总被引频次为 2077 次，网上下载达 3.67 万次。

（撰稿：周　飞　曾文生　审稿：魏　平）

广州能源研究所

所　　长：吴创之
地　　址：广东省广州市天河区五山能源路 2 号
邮政编码：510640
电　　话：020-87057639
传　　真：020-87057677
电子信箱：nys@ms.giec.ac.cn
网　　址：http://www.giec.cas.cn

中国科学院广州能源研究所（以下简称“广州能源所”）成立于 1978 年，其前身为 1973 年成立的广东省地热研究室。1998 年 4 月原中国科学院广州人造卫星观测站并入广州能源所。2001 年成为中国科学院知识创新工程试点单位之一。

广州能源所为中国科学院高新技术研究与发

展基地型研究所，主要从事清洁能源工程科学领域的高技术研究，并以后续能源中的新能源与可再生能源为主要研究方向，兼顾发展节能与能源环境技术，发挥能源战略的重要支撑作用，形成一主两翼一支撑的格局。2013 年积极落实研究所“创新 2020”发展战略和“一二四”发展规划。部署了重大任务 14 项，重点任务 33 项；落实项目 42 项，总经费 43752 万元，研究所对承担重大突破及重点培育任务的科研团队给予引进人才方面的制度倾斜，对科研团队人员结构进行优化，集中全所 70% 以上的科研力量完成相关任务；利用现有的国家、省、院各级平台多方争取项目，为“一二四”任务的实施提供了资金保障；在体制方面，对原有的考核办法进行了重大改革，充分考虑了团队对重大成果的贡献与人均贡献量的关系。截至 2013 年底，各任务项目均已取得重要进展，考核指标落实比例达 75% 以上。

广州能源所建有国家可再生能源综合技术国际研发中心、中国科学院可再生能源重点实验室、中国科学院天然气水合物重点实验室（筹）、广东省新能源和可再生能源研究开发与应用重点实验室、广东省生物质能工程技术研究开发中心、广东省低碳经济技术研究中心、作为依托单位与其他单位共建的中国科学院广州天然气水合物研究中心、广东省新能源生产力促进中心、广东省清洁发展机制（CDM）技术研究服务中心、广东省可再生能源综合技术国际科技合作示范基地、广州市新能源工程技术研究中心、广东省低碳发展促进会等，是国家“生物质能源产业技术创新战略联盟”理事长单位。广东省太阳能光热先端材料工程技术研究中心获准建设。科研单元包括：生物质能研究中心，天然气水合物研究中心，节能环保集成技术研究中心，能源战略研究中心，以及地热能、海洋能、太阳能、先进能源系统、可再生能源发电微网技术、环境能源材料、有机能源材料、储能技术、燃烧与热流、制氢、热电转换材料、能源转换与催化、人工环境节能实验室。建有提供文献情报服务的图书馆，以及所级公共仪器分析测试平台，拥有大型仪器设备数三十多台套。

截至 2013 年底，广州能源所共有在职职工 398 人。其中科技人员 280 人、科技支撑人员 58 人，包括中国工程院院士 1 人、研究员及正高级工程技术人员 39 人、副研究员及高级工程技术人员 91 人；全所进入创新岗位 128 人。共有中组部“万人计划”科技创新领军人才 1 人，中国科学院“百人计划”入选者 11 人（新增 1 人），“百千万人才”国家级人选 2 人，国家杰出青年科学基金获得者 1 人，享受国务院政府特殊津贴 6 人，“广东省领军人才” 1 人。

广州能源所是 1978 年国务院学位委员会批准的硕士学位授予单位之一，2004 年获得博士学位授予权。现设有工程热物理与动力工程一级学科博士研究生培养点，化学工程与技术一级学科硕士研究生培养点，环境工程、材料物理与化学和海洋地质 3 个专业二级学科硕士研究生培养点，并设有动力工程及工程热物理专业一级学科博士后流动站。共有在学研究生 169 人（其中硕士生 106 人、博士生 63 人）、在站博士后 7 人。

2013 年，广州能源所共有在研项目 526 项（包括新增项目 197 项）。其中，主持国家重点基础研究发展计划（973 计划）项目 2 项（新增 1 项）、承担课题 6 项（新增 1 项），承担国家高技术研究发展计划（863 计划）项目 13 项（新增 2 项），承担国家支撑计划课题 14 项；承担国家自然科学基金重点项目 2 项（新增 1 项）、面上项目 26 项（新增 9 项）、国家杰出青年科学基金项目 1 项，承担院重点部署项目 2 项、国家重大仪器研制项目 1 项；承担国际合作项目 28 项（新增 17 项）；承担地方科技项目 119 项（新增 41 项）。

2013 年，广州能源所取得一系列科研成果。“天然气水合物开采三维综合模拟技术系统”、“生物柴油固体催化连续绿色生产关键技术与产业化应用”，通过了广东省科学技术奖一等奖评审。全年发表论文 415 篇（期刊论文 332 篇、会议论文 83 篇），其中 165 篇论文被 SCI 收录，90 篇论文被 EI 收录；出版专著 3 部；全年申请专利 122 件（发明专利 100 件，PCT 国际专利申请 7 件），90 件专利获授权（发明专利 64 件），维护有效专利 604 件。

加大与地方政府、企业等的合作力度，促进院地合作和成果转移转化。利用各类已有平台与企业、科研院所申报院地合作项目，共获资助横向项目 90 项，合同总额为 5104 万元。实施专利技术转移 9 项，204 万元。与企业、地方政府组建不同形式的成果应用、转化平台 2 个。“广东省节能循环专项资金和合同能源管理财政奖励资金项目管理服务机构”及“广东省清洁生产技术中心”获批设立。截至 2013 年底，广州能源所产业化公司共 18 家。其中研究所直接持股的企业为 13 家，通过广州中科环能科技有限公司参股的二级企业为 5 家。持股公司营业收入总额为 5132.84 万元，利税总额为 119.27 万元，资产总额为 21773.39 万元。

2013 年新争取国际合作项目 17 项，经费达 652.7 万元（外方经费占 41.6%）。在与美国能源基金会和美国科学院合作开展的“省级低碳发展规划编制方法学研究项目”、“中美合作智能电网咨询项目”等的基础上，继续与英国伦敦政治经济学院在“英国-中国繁荣战略项目基金”资助下开展广东省碳交易方面的合作研究，为广东省低碳经济发展提供理论基础和政策指导。年出访 53 批 92 人次，来访 51 批 171 人次。聘请 6 位客座研究员，院外籍专家特聘研究员以及高端外国专家 5 人。共签订国际合作协议 5 项。协办国际能源署海洋能源系统第 24 届执委会会议和第八届国际天然气水合物大会国际科学委员会第三次会议。

广州能源所是中国可再生能源学会生物质能专业委员会、天然气水合物专业委员会以及广东省太阳能学会的挂靠单位。2013 年 8 月，研究所主办的《新能源进展》期刊（国内统一刊号 CN44-1698/TK）顺利创刊，并被国内三大数据库收录，当年出版 3 期。内部发行《能量转换利用研究动态》。

（撰稿：董耕宇　谢舜源　审稿：吴创之）

广州地球化学研究所

所　　长：徐义刚

地　　址：广东省广州市天河区科华街 511 号

邮政编码：510640

电　　话：020-85290702

传　　真：020-85290130

电子信箱：xuwenxin@gig.ac.cn

网　　址：http://www.gig.ac.cn

中国科学院广州地球化学研究所（简称“广州地化所”），建立于 1993 年。其前身是 1987 年由中国科学院地球化学研究所整建制搬迁部分学科、研究室和学术带头人，与原广州地质新技术研究所合并成立的中国科学院地球化学研究所广州分部。1994 年经中央编制委批准恢复现名。

广州地化所属社会公益类研究机构，2002 年整体进入中国科学院知识创新工程二期试点序列，2011 年进入中国科学院“创新 2020”整体择优支持研究所行列。其使命定位与战略目标是坚持面向国家战略需求、面向世界科学前沿，致力于推动有机地球化学、元素和同位素地球化学、环境科学、油气与矿产资源等重点学科的发展，着力提升研究所的综合创新能力，在“资源与固体地球科学”和“环境科学与工程”两大领域开展基础性、战略性、前瞻性研究，解决国家和地方经济社会可持续发展所面临的资源和环境等重大科技问题。主要研究方向包括大陆动力学与岩石圈演化、深部地质过程与地球系统变化、成矿规律与油气成藏动力学、海洋地质与边缘海演化、环境污染与控制、环境管理与可持续发展和环保技术与工程等方向。

2013 年是“一三五”规划实施的第二年，为全面检查总结规划执行两年来取得的进展情况，研究所于 12 月举行了“一三五”规划项目中期进展汇报会。结果显示“一三五”规划项目总体进展良好，所有项目都取得了不同程度的创新性突破，特别是三个“重大突破”都取得了可喜进展，“重点培育方向”也取得了若干原创性进展。

重大突破项目“地幔柱构造与成矿”，揭示了峨眉山和塔里木大火成岩省的持续时间存在差异显著（前者<1Ma，后者 ~30Ma），分别为地幔柱头熔融和地幔柱孕育的结果，揭示了两种类型的地幔柱活动方式。重大突破项目“页岩气赋存富集机理和资源潜力评价”，创建了应用固

体沥青激光拉曼指标评价成熟度的新方法，提出四川盆地三套页岩具有很高的成熟度，但不明显影响其含气性。重大突破项目“城市群大气二次污染机理与防治”，自主设计并建成了当前我国和亚洲最大的室内烟雾箱（反应器约30m^3）模拟平台，系统整体性能已达到或优于国际先进水平。研究发现汽油车尾气生成二次有机气溶胶（SOA）是直接排放一次有机气溶胶（POA）的6—400倍，明确了尾气中苯系物组分对SOA生成贡献最大。

广州地化所现有有机地球化学和同位素地球化学2个国家重点实验室，边缘海地质和矿物学与成矿学2个中国科学院重点实验室，资源环境利用与保护、矿物物理与矿物材料研究开发2个广东省重点实验室，以及国家大型科学仪器中心—广州质谱中心；与香港大学地球科学系联合建立的“化学地球动力学联合实验室”、与英国兰卡斯特大学环境中心和中科院城市环境所联合组建的“国际环境研究与创新中心”；2007年中国科学院批准建立中国科学院珠江三角洲环境污染与控制研究中心；设有可持续发展研究中心，并建有“地学与资源科普教育基地”，主办有地学核心刊物《地球化学》和《大地构造与成矿学》。

截至2013年底，广州地化所共有在职职工311人。其中科技人员198人、科技支撑人员75人，包括中国科学院院士2人（新增1人）、俄罗斯科学院外籍院士1人、研究员及正高级工程技术人员62人、副研究员及高级工程技术人员98人。共有中国科学院“百人计划”入选者27人（新增2人），国家杰出青年科学基金获得者19人（新增2人），国家优秀青年科学基金获得者4人（新增3人），新世纪百千万人才国家级人选6人（新增1人），中组部青年拔尖人才1人，科技部创新人才推进计划中青年科技创新领军人才2人（新增2人）。

研究所现有地球化学、矿物学、岩石学、矿床学、构造地质学、环境科学和环境工程5个专业二级学科博士培养点，地球化学、矿物学、岩石学、矿床学、环境科学、第四纪地质学、构造地质学、海洋地质、环境工程、地图学与地理信息系统和人文地理学9个专业二级学科学术型硕士培养点，环境工程、地质工程2个专业二级学科全日制工程硕士培养点，并设有地质学专业一级学科博士后流动站，共有在学研究生514人，在站博士后48人。

2013年，广州地化所共有在研项目424项（新增项目136项）。其中，承担国家重大科技专项课题2项，主持（或承担）国家重点基础研究发展计划和国家重大科学研究计划项目2项、承担（或参加）课题18项；主持（或承担）国家自然科学基金重点项目12项，其他项目127项（新增42项）、国家杰出青年科学基金项目4项（新增2项）、国家自然科学基金重大研究计划重点项目（课题）6项（新增1项）；主持（或承担）中国科学院战略性先导科技专项课题4项，主持（或承担）院重点部署项目1项；承担重点国际合作项目1项；承担院地合作项目6项。

广州地化所研发的高负荷地下渗滤污水处理复合技术2013年得到较好推广，利用该技术建设的环境治理工程项目近50项，合同金额超过3500万元。

2013年广州地化所共发表学术论文653篇，其中国际SCI论文364篇，国内SCI 71篇。申请专利25项，其中发明专利15项，实用新型9项，PCT专利1项；授权专利15项，其中发明专利12项，实用新型2项，美国专利1项。专利权转让1项。

与佛山市南海区政府共建的佛山市中科院环境与安全检测认证中心，已完成实验室基本建设、仪器设备购买、人员招聘与培训等工作。

中科院、地方政府和企业（广东省、佛山市）与英国兰卡斯特大学合作的创新博士生培养项目2013年取得具体进展，英方项目主管对有兴趣参与项目的13家佛山企业进行了考察、交流，兰卡斯特大学有关研究团队讨论后认为大部分技术需求具有合作的可能性。该计划得到广东省科技厅以及佛山市科技局的高度评价和大力支持，开创了融入国际合作的院地合作新模式。

2013年，广州地化所在研国际合作项目共13项（新增9项），全年举办国际学术会议4次。研究所接待来访105批191人次，出访101

批165人次。签订合作协议和谅解备忘录共4个。广州地化所和兰卡斯特大学共建的环境研究与创新中心推动了广东省与兰卡斯特大学就生态环境创新签署谅解备忘录。与香港大学共建的化学地球动力学联合实验室被评为2013年度中科院优秀类联合实验室。

（撰稿：陈 一 徐文新 审稿：夏 萍）

广州生物医药与健康研究院

院 长：裴端卿
地 址：广东省广州市科学城开源大道190号
邮政编码：510530
电 话：020-32015300
传 真：020-32015299
电子信箱：wang_jiongkun@gibh.ac.cn
网 址：http://www.gibh.cas.cn

中国科学院广州生物医药与健康研究院（以下简称“广州生物院”）由中国科学院、广东省人民政府和广州市人民政府三方共建，2003年7月签订共建协议，2006年3月获中央机构编制委员会办公室批准成立，是隶属中国科学院的具有独立法人资格的科学研究机构。

广州生物院的定位是以满足人类健康需求和探索生命科学前沿为导向，致力于疾病机制和生命过程机理研究，为人类健康和疾病防治提供创新与集成的解决方案，推动我国生物医药与健康产业创新发展，成为国家健康安全体系中的重要组成部分。其建设目标是建成在健康和生物医药领域具有自主创新和国际竞争能力的研究机构，成为吸引、培养和造就具有国际先进水平的中国生物医药业领军人才的平台，成为疾病的发生和致病机理的研究及生物医药核心技术的研发平台，成为面向国内外生物医药业的社会化服务并带动地区相关产业发展的平台。研究院以源头创新→产品技术开发→产业化为价值链，主要研究领域包括干细胞与再生医学、化学生物学、感染与免疫学、公共健康学、科研装备研制。

广州生物院设有华南干细胞与再生医学研究所、化学生物学研究所、感染与免疫研究所和公共健康研究所4个二级非法人研究单元，并建有呼吸疾病国家重点实验室（共建）、中国科学院再生生物学重点实验室（广东省干细胞与再生医学重点实验室）、粤港干细胞及再生医学研究中心（共建）、干细胞与再生医学联合实验室（共建）、药物研发中心等核心研发平台，以及公用仪器中心、实验动物中心、信息情报中心等公共支撑中心。

截至2013年底，广州生物院共有在职职工411人。其中科技人员362人、行政管理人员32人，工勤人员17人，包括研究员及正高级工程技术人员37人、副研究员及高级工程技术人员26人。共有“千人计划”入选者4人（新增1人），国家中长期规划“干细胞研究”重大研究计划专家组召集人1人（新增0人），863领域专家1人（新增0人），973首席科学家5人（新增0人），国家杰出青年科学基金获得者2人（新增0人），享受政府特殊津贴专家3人（新增0人），高端外国专家项目3人（新增0人），中国科学院“百人计划”入选者19人（新增0人），中科院外籍青年科学家3人（新增1人），中科院外国专家特聘研究员计划3人（新增3人），广东省领军人才4人（新增2人），广东省南粤百杰3人（新增1人），广州十大优秀留学人员2人（新增0人）。

广州生物院现设有生物学一级学科博士研究生培养点，设有生物化学与分子生物学、细胞生物学、发育生物学、药物化学4个二级学科博士研究生培养点，以及生物工程、化学工程2个工程硕士专业学位培养点，并设有生物学专业一级学科博士后流动站。共有在学研究生285人（其中硕士生165人、博士生120人）、在站博士后4人。

2013年，广州生物院共有在研项目224项（包括新增项目81项）。其中，承担国家重大科技专项课题4项（新增0项），主持国家重点基础研究发展计划（973计划）和国家重大科学研究计划项目5项（新增1项）、承担课题19项（新增1项），承担国家高技术研究发展计划（863计划）项目5项（新增2项）；承担国家自然科学基金面上项目31项（新增9项），青年科学基金项目38项（新增13项）；承担中国科学院战略性先导科技专项课题9项，承担院重点部署项目3项（新增3项），承担中国科学院重大仪器研制项目1项；承担重点国际合作项目13项（新增3项）；承担院地合作项目9项（新增0项）；承担地方性项目53项目（新增23项）；承担横向项目24项（新增13项）。全年共发表论文111篇（第一作者单位81篇），其中SCI收录100篇（第一作者单位73篇），刊物影响因子大于20的5篇；新增申请发明专利48项，其中PCT国际申请3项，新增授权发明专利32项。

2013年，广州生物院“干细胞多能性与重编程机理研究”获得国家自然科学奖二等奖。该研究紧密围绕着干细胞多能性的维持、调控和解决干细胞来源瓶颈的诱导多能干细胞（iPS）重编程机理这两大关键问题，发现了：①维生素C能通过缓解细胞衰老提高重编程效率；②非转基因小鼠体细胞可被成功重编程并可推广到多种细胞和物种；③阐明了Nanog、Oct4等重要干细胞全能性因子作用及调控机理。这些发现开启了我国的iPS研究，为我国在干细胞多能性调控和体细胞重编程领域的发展奠定了基础。

广州生物院“一三五”实施取得显著进展。主要包括通过从人尿液中分离的细胞诱导生成神经前体细胞，建立了快速获得病人特异性神经干细胞的技术体系。利用人尿液诱导多能干细胞获得再生牙齿；成功设计和合成了Bcr-Abl^{T315I}突变体抑制剂GZD824、特异性EGFR^{T790M}突变体抑制剂并进入了临床前研究阶段；构建了基于可调控疟原虫的新型载体，成功构建了毒力完全消失的快速生长分枝杆菌的基因敲除株，构建了联合使用改良型痘苗病毒载体和腺病毒载体发展艾滋病黏膜疫苗的创新策略，并已开展其中部分疫苗的GMP大规模生产。其他重要成果有：发现维生素C改变重要表观遗传修饰酶的功能；发现重编程过程中存在着间充质细胞状态和上皮细胞状态之间相互转换；利用TALENs基因敲除技术成功培育免疫缺陷性家兔；研发出可示踪流感病毒。

2013年，广州生物院继续推进院地共建平台建设和成果转移转化工作。广州生物院成为华南新药创制中心的理事长单位；南海育成产业中心已经圆满地完成第一个三年计划的任务，孵化和引进40个产业化项目，孵化了20家生物医药高科技企业；与广州市从化区建立战略合作关系，拟在从化区共建大型临床试验动物中心，并成立工作站；与佛山市顺德区的交流合作也在积极推进过程中。全年新签署成果转化合同3项。

2013年，广州生物院继续加强与美国加州再生医学研究所、系统生物学研究所、MD安德森癌症中心、英国伯明翰大学、以色列魏兹曼科学研究所、韩国延世大学干细胞中心、国立新加坡大学等机构开展合作研究，并建立了长期、稳定、有实质性的合作关系。继续深入推进与香港大学、香港中文大学的合作关系，以粤港干细胞与再生医学研究中心（与香港大学共建）及干细胞与再生医学联合实验室（香港中文大学共建）为依托，加强iPS技术研究、动物模型和移植方法的建立及功能细胞的有效性和安全性评估等临床前研究，共建在香港、深圳的科研基地，联合培养研究生和博士后，并取得了一系列研究成果。同时，获批国际合作项目多项，并成功举办了第六届广州国际干细胞与再生医学论坛暨第二届中国再生细胞生物学年和第一届广州国际神经科学研讨会。全年因公出访19个国家、135人次，接待外事访问共53人次。

广州生物院是中国细胞生物学会再生细胞生物学分会的挂靠单位，与Biomed出版社合作出版期刊*Cell Regeneration*。

（撰稿：王炯坤　韩青海　审稿：陈广浩）

深圳先进技术研究院

院　　长：樊建平
地　　址：广东省深圳市南山区西丽深圳大学城学苑大道1068号
邮政编码：518055
电　　话：0755-86392288
传　　真：0755-86392299
电子信箱：info@siat.ac.cn
网　　址：http://www.siat.cas.cn

2006年2月24日，中国科学院、深圳市人民政府以及香港中文大学在深圳签署共建先进技术研究院、先进集成技术研究所《备忘录》，成为先进院筹建的起点。2006年7月17日，中国科学院深圳先进技术研究院进驻蛇口南山医疗器械产业园，标志着先进院进入运营阶段。2006年9月22日，中国科学院、深圳市人民政府以及香港中文大学在深圳签署共建先进技术研究院、先进集成技术研究所《协议书》，西丽新园区奠基仪式也于同日举行。2009年7月22日，获中编委批准正式纳入中国科学院序列。同年12月17日共建三方在深圳西丽先进院新园区对建设项目验收，标志着先进院揭开新的篇章。

由中国科学院、深圳市人民政府及香港中文大学在深圳市共同建立“中国科学院深圳先进技术研究院”，以提升粤港地区及我国先进制造业和现代服务业的自主创新能力，推动我国自主知识产权新工业的建立，成为国际一流的工业研究院为使命，经过8年的发展，目前已初步构建了以科研为主的集科研、教育、产业、资本为一体的协同创新微创新体系。

先进院由5个研究所［先进集成技术研究所、生物医学与健康工程研究所、先进计算与数字工程研究所、生物医药与技术研究所、广州中国科学院先进技术研究所（筹）］、一所特色学院（深圳先进技术学院）、4个特色产业育成基地（深圳蛇口机器人基地、深圳龙岗低成本健康基地、深圳李朗云计算与物联网基地、上海嘉定电动汽车基地）、一支天使基金（中科育成）和三支风投基金（中科明石、中科道富、中科昂森）、多个具有独立法人资质的新型专业科研机构（深圳创新设计研究院、深圳北斗应用技术研究院、济宁中科先进技术研究院）组成，设有学术委员会、学位委员会和工业委员会。

2013年，先进院注重夯实学科基础建设，学术实力和影响力进一步增强，国际化水平持续提升，在重点领域和前沿布局方向涌现出一大批高质量的科技成果，在低成本健康和高端医疗影像、机器人、电动汽车等科研成果取得多项全国第一，包括开发出国产第一套超声辐射力弹性成像系统、搭建国内第一套反射式光学分辨光声成像系统，机器人学国际顶级会议论文发表数量全国第一，脊柱手术辅助机器人进行动物实验及远程操作为国内第一次，CIGS薄膜太阳能电池转化效率大中华第一等。在低成本健康与高端医疗影像、机器人、电动汽车3方面实现了重点突破，并重点培育了铜铟镓硒薄膜太阳能电池、大数据与数字城市、先进电子封装材料、纳米载药与神经工程、单抗药物与骨关节材料等项目，取得了较好的成果。

2013年，先进院新增重点实验室、工程中心、公共技术平台共5个（累计46个）；新增与企业共建联合实验室3个（累计22个），扩建实验场地1200m^2，改建实验室场地300m^2，新增11个实验室（累计88个），完成实验室改造提升工程13项。全年完成科研设备、试剂耗材、实验动物等各类采购共1.2亿元（累计仪器设备总价值超过3.6亿元）。生物、材料、化学分析、材料制备与加工、电子仪器仪表、核磁共振成像、超算7个大型设备平台服务包括清华大学深圳研究生院、华南师范大学等30家课题组和单位，其中核磁共振成像机组获得2012年广东大型仪器协作网优秀机组，设备平台化趋势突显。建设“分析测试中心”网站（http://iac.siat.ac.cn），依托共享服务平台共入网设备逾300台/套。

二期基本建设工程由于资金来源不同，采用分标段实施。其中一标段主要由深圳市政府投资建设，建筑面积约3.5万m^2，投资1.79亿元，建设内容为地下室和科研楼（F楼/16层），由先进院和市工务署探索共建模式，工期进展正常。二标断建筑面积4万m^2，按照中科院部署，完成了前期可研报建相关资料（环评、规划、稳评等），目前等待国家发改委批准。

截至2013年底，先进共有在职职工1174，其中中、高级职称617人，拥有博士学位404人；拥有海外经历人才335名。广东省“电子封装材料”团队负责人汪正平教授入选中国工程院外籍院士，新入选万人计划2人；2人获国家基金委杰出青年基金资助，1人入选新世纪百千万人才工程国家级人选，1人获陈嘉庚青年科学奖；1人获吴文俊科学技术奖三等奖；1人入选鹏城杰出人才，1人获深圳市青年科技奖，2人入选鹏城学者；新获批深圳市孔雀人才/领军人才62人次，累计达127人次。新引进中科院“百人计划”A类、Y类3人，累计达31人；新增“千人计划”入选者3人，累计达23人。另外，本年度在人造眼、功能薄膜材料领域新获批2支广东省创新团队和1支深圳市孔雀团队，累计9支，位列广东省第一，占全省总数10%、深圳市总数1/3。中科院交叉与合作团队实现零的突破。全年共获批人才类项目经费1.65亿，到账经费1.03亿。由美国工程院院士Mark教授领衔的人造眼团队获得广东省今年新批准创新团队第一名；已获批的广东省电子封装材料团队获评中期考核优秀。

先进院是国务院学位委员会批准的博士、硕士学位授予权单位之一，现设有计算机科学与技术、控制科学与工程等2个专业一级学科博士研究生培养点，化学、生物学、信号与信息处理、生物医学工程4个专业一级（或二级）学科硕士研究生培养点，并设有计算机科学与技术1个专业一级学科博士后流动站。2013年，先进院坚持“科教融合、协同育人”的办学思路，稳步推进深圳市特色学院建设，获批中国科学院大学专业学院，获批中国科学院大学“计算机技术”在职工程硕士深圳培养点，积极推动博士后产学研基地建设，促进科技、教育、产业深度融合，培养高层次创新型人才。全年共培养学生1280人，其中留学生29人。自2006年以来累计培养学生4125人，其中包括来自美国、法国、俄罗斯等15个国家和地区的68名外籍留学生。新进站博士后21人。累计共培养博士后67人，目前在站博士后45人。

2013年，先进院在研项目共有818项，其中，新增纵向科研项目407项，合同总额3.29亿元（不含人才项目经费），同比增长26.2%；其中，国家级项目经费10551万元（增长66%），中科院项目经费2996万元，广东省项目经费2101万元（增长110%），深圳市项目经费14488万元（增长10%）；国家自然科学基金获批69项（增长28%），含新获批基金委杰青2人、国家重大科研仪器设备研制专项1项、国际（地区）合作与交流项目1项、重大研究计划2项。

全年新增专利申请量1088件，约占中科院总量的10%，位列前茅，其中PCT专利34件。获中国专利优秀奖1项，浙江省科学技术奖1项，广东省科学技术奖1项，深圳市科学技术奖1项。新增发表论文943篇，3篇论文发表于*Science/Nature*系列期刊，SCI论文343篇（增长37%），约占中科院2%，EI论文342篇，约占中科院3%，JCR一区论文159篇。

全年横向项目经费与无形资产转移转化共9714万。到账金额首次超过5000万元。专利转移转化价值金额1630万元；专利成果转移实现单笔成交金额722万，再创新高。已累计签订各类横向合作合同339个，合同收入25850万；累计与企业共建实验室22个，派出科技人员108名，第三次荣获“中科院院地合作先进集体”。新增孵化高新企业17家，入驻育成中心企业数总计逾130家，其中持股62家；其中一级公司已经注册11家，利用社会资本2亿元，总注册资本2.79亿元，目前总资产规模5.6亿元，其中利润1000万以上的企业达6家；目前已形成蛇口机器人、龙岗低成本健康、李郎云计算、上海嘉定电动汽车等特色产业园区，聚集一批初创型高新技术企业，抱团发展，培育战略新兴产业。先后牵头组建机器人、低成本健康、北斗卫星导航等产学研资创新联盟，还在生物、新材料、海洋、工业设计、3D显示等近10个新兴领域的联盟或协会中担任副会长或副理事长单位，参与区域新兴产业的发展。

国际学术影响力不断提升。举办各类学术会议、学术讲座共计214场，包括IEEE机器人与仿生学国际学术会议、2013国际医学超声与光学研讨会、2013年ROBIO国际会议、国家基金委科学仪器研讨会、个性化骨科修复技术与产业化国际研讨会、第三届城市建模与可视化国际研讨会、中国生物材料学会2013年大会等多场大型学术交流会。学术委员会建设日趋国际化，成员分别来自美国、香港高校和研究机构。

主办的学术期刊《集成技术》发行6期，稿源数量和质量均得到较大提升。与美国新学院大学帕森斯学院、国立台北科技大学、香港大学、新加坡国立大学、荷兰伊拉斯谟大学、美国韦恩州立大学、香港城市大学签署了合作备忘录。接待来自韩国生产技术研究、英国王室、牛津大学、英国企业代表团、法国科技代表团、韦恩州立大学、荷兰伊拉斯谟大学、《自然》出版集团等多个国家和地区的代表团到访交流，全年合计超过110人次。

（撰稿：毕亚雷　吴　琼　审稿：白建原）

亚热带农业生态研究所

副 所 长：吴金水（主持工作）
地　　址：湖南省长沙市芙蓉区远大二路644号
邮政编码：410125
电　　话：0731-84615204
传　　真：0731-84612685
电子信箱：csiam@isa.ac.cn
网　　址：http://www.isa.ac.cn

中国科学院亚热带农业生态研究所（以下简称“亚热带生态所”）创建于1978年，其前身为中国科学院长沙农业现代化研究所，2003年10月改为现名。

亚热带生态所主要学科方向为亚热带复合农业生态系统生态学，下设区域农业生态、畜禽健康养殖、作物耐逆境分子生态3个研究中心，拥有中国科学院亚热带农业生态过程重点实验室、农业生态工程湖南省重点实验室和湖南省畜禽健康养殖与环境控制工程中心，建有桃源农业生态系统观测研究站、环江喀斯特生态系统观测研究站、洞庭湖湿地生态系统观测研究站、长沙农业环境观测研究站。

截至2013年底，亚热带生态所有在职职工280人，其中科技人员209人，科技支撑人员39人，包括研究员及正高级工程技术人员30人、副研究员及高级工程技术人员51人。现有中国工程院院士1人（新增），国家杰出青年科学基金获得者1人，国家百千万人才1、2层次人选2人，中国科学院“百人计划”入选者9人（新增1人），“西部之光”人才入选者16人（新增2人），湖南省百人计划1人（新增），湖南光召科技奖1人（新增）。

亚热带生态所现拥有生态学博士学位授予点；有生态学、畜牧学以及环境工程学硕士学位授予点；有生态学专业学科博士后流动站。2013年在学研究生133人，其中硕士生63人，博士生70人（包括2名CAS-TWAS博士生）。

2013年，亚热带生态所共有在研科研项目156项（新增88项），其中新增加科研项目包括973课题1项，支撑计划项目1项、课题3项，科技部基础专项课题1项，农业部专项课题1项，国家基金27项（其中重点项目2项，重大国际合作与交流项目1项），此外，新增院先导专项子课题1项和任务1项，院重点部署项目1项和重点部署项目课题1项，湖南省专项1项。新增项目合同经费8000余万元。

2013年，亚热带生态所围绕“一二三”规划，狠抓科技成果产出，获得2项获奖成果并涌现出一批有解决国家重大瓶颈问题的潜力“亮点”。包括“猪氨基酸营养功能的基础研究”成果获得湖南省自然科学奖一等奖和“反刍动物营养调控与饲料高效利用技术研究与应用”成果获得湖南省科技进步奖一等奖。同时，农业生态系统氮磷调控研究依托创新团队国际合作伙伴计划取得了重要进展，其中在畜禽关键营养素生理代谢途径与氮磷减排研究方面进入国际前沿，养殖氮磷污染治理取得突破性进展，并已揭示亚热带典型红壤生态系统土壤N_2O排放对植被类型和土壤水分变化的响应规律和培育出高产、氮磷高效利用新水稻种质（巨型杂交稻‘金高8号’）。

2013年，亚热带生态所共发表科研论文182篇，其中SCI收录论文93篇；出版专著5部，其中英文1部，中文4部；申请发明专利27项，授权发明专利19项。

在院地合作方面，由亚热带生态所任理事长单位的国家生猪产业技术创新战略联盟获批进入国家产业技术联盟试点；与湖南湘丰茶业有限公司合作进一步深化，合作共建长沙农业环境观测研究站工作全面展开；与广西环江合作向纵深推进，2013年组建了广西喀斯特石漠化防治工程技术研究中心，与广西区扶贫办共建扶贫培训基地，与广西大学共建产学研合作基地等；与广东、贵州等地合作逐步加强，在浙江省嘉兴市建立了养殖废弃物污染减控试验示范基地；3项发明专利转让；组织6个实用技术参加长沙成果技术展示交流。组织两批院地合作项目分别报广州、湖南、湖北等地，签订院地合作项目3项，合作投资经费950万元。

在国际合作方面，2013年新批准外国专家特聘研究员项目6项、外籍青年科学家项目1项、发展中国家访问学者2人。正在执行CAS-TWAS访问学者1人。聘请10位研究员为高访客座人员。与国外合作发表学术论文25篇；签署国际合作协议2项；成立联合研究单元1个；争取国家自然科学基金国际（地区）合作与交流项目2项，承办了“促进猪群健康关键营养技术国际学术研讨会”和“中韩日瘤胃生理与代谢国际学术研讨会（JRS 2013）”2个国际学术会议。

亚热带生态所是湖南省生态学会、湖南省土壤学会、湖南省动物营养与生态环境学会挂靠单位，主办《农业现代化研究》期刊。

（撰稿：文再坤　陈　冲　审稿：吴金水）

成都生物研究所

所　　长：赵新全

地　　址：四川省成都市人民南路四段9号

邮政编码：610041

电　　话：028-82890289

传　　真：028-82890288

电子信箱：swsb@cib. ac. cn

网　　址：http://www. cib. cas. cn

中国科学院成都生物研究所（以下简称“成都生物所”）成立于1958年，当时定名为“中国科学院四川分院农业生物研究所”，1962年9月更名为“中国科学院西南生物研究所”，1971年1月更名为“四川省生物研究所”，1978年启用现名。

成都生物所的目标是：将研究所建成特色鲜明，具有持续科技创新能力、国际一流的研究机构。主要研究领域涉及人口健康与天然药物，生态建设与环境治理，工业生物技术及现代农业食品安全的研究等方面。2013年成都生物所大力推进“一三五”规划的组织实施，加强学科凝练、体制机制创新，以及人才队伍和创新平台建设，以“全球变化背景下脆弱山地生物种群的适应与可持续管理”等三项重大领域突破和“两栖爬行动物的分子进化与神经生物学”等五个重点培育领域为核心的科技创新取得新进展。

成都生物所设有天然产物研究中心、生态研究中心、两栖爬行动物研究室、应用与环境微生物研究中心和农业生物技术研究中心5个研究机构，是国家天然药物工程技术研究中心、中国科学院山地生态恢复与生物资源利用重点实验室、中国科学院环境与应用微生物重点实验室的依托单位。

成都生物所两栖爬行动物、植物标本馆是全国青少年科技教育基地、全国青少年走进科学世界科技活动示范基地、四川省科普教育基地；馆藏两栖爬行动物标本10万余号，标本的种类和数量居同领域全国第一位、亚洲第二位；馆藏植物标本25万号。公共实验技术中心拥有600兆核磁共振波谱仪、流式细胞分选仪等价值约9000万元人民币的各类先进科研仪器设备，并对社会开放。该所在青藏高原东缘地区建立了覆盖高山草甸、高寒湿地、亚高山针叶林、山地人工林、干旱河谷、亚热带常绿阔叶林7个生态系统类型的野外生态定位研究站（点）。

截至2013年底，成都生物所共有在职职工331人。其中科技人员261人、科技支撑人员34人，包括中国科学院院士1人、研究员及正高级工程技术人员49人、副研究员及高级工程技术人员98人；全所进入创新岗位157人。共有中国科学院“百人计划”入选者14人（新增1人），“西部之光”人才入选者79人（新增3人）；四川省百人计划6人；国家杰出青年科学基金获得者1人。

成都生物所是1981年国务院学位委员会批准的博士、硕士学位授予权单位之一，现设有植物学、动物学、环境科学和药物化学4个博士学位授权点；有植物学、动物学、微生物学、生态学、环境科学、环境工程和药物化学7个学术型硕士学位授权点；有生物工程、环境工程、制药工程和药学硕士4个硕士专业学位授权点；并设有生物学专业一级学科博士后流动站。共有在学研究生296人（其中硕士生人157、博士生139人）、在站博士后35人。

科研任务方面，2013年，该所共有在研项目324项（包括新增项目120项）。其中，承担国家科技支撑课题3项、子课题3项（新增1项），承担国家重大科技专项课题1项，参加国家重大科技专项课题4项（新增1项），承担国家重点基础研究发展计划（973计划）课题3项（新增1项），承担国家科技基础性工作专项课题2项（新增1项），主持国家自然科学基金重点项目2项、面上项目37项（新增16项）、青年基金项目31项（新增11项），主持（或承担）中国科学院战略性先导科技专项子课题5项（新增1项），主持院重点部署项目1项（新增1项）、参加院重点部署项目3项（新增3项），院重大仪器研制项目4项（新增1项）。

科研工作进展与获奖方面，“新型生物能源植物——浮萍研发”课题获得高淀粉品系，阐明淀粉快速积累机制，通过大量系统筛选获得了7株高淀粉浮萍品系，建立稳定的高淀粉浮萍培养体系，从多个研究层面系统阐明了浮萍快速积累的机制，确立了浮萍作为高品质的生物能源植物的重要地位，从浮萍个体水平、酶学水平和基因表达水平系统阐明了浮萍的淀粉快速积累机制。这些系统研究结果表明浮萍是一种高品质的能源植物——它具有淀粉积累快、淀粉产量高，同时木质素含量低三大优良特性，该课题还建立了高淀粉浮萍的规模化培养技术及浮萍废水处理技术体系及浮萍能源转化体系，已开发出高淀粉浮萍的规模化培养技术，在野外环境下实现了利用废水培养高淀粉浮萍原料。分别在云南昆明和四川威远建立了直接利用废水培养浮萍的试验基地。在已实现每亩水面浮萍淀粉产量达800公斤以上，浮萍生物量积累达3吨/(亩·年)，部分成果近期已发表在*Industrial Crops and Products*等刊物上发表。

2013年，成都生物所共发表科研论文246篇；其中SCI论文178篇；出版科技专著5部；申请专利39件，授权专利44件。获奖5项，包括中华农业科技奖一等奖1项，中国粮油学会科学技术奖一等奖1项，四川省科技进步奖一等奖2项、三等奖1项。

院地合作与成果转化方面，2013年，依托于成都生物所，由中国科学院与四川省人民政府共建的“中国科学院四川转化医学研究医院”召开并成立了第一届理事会、学术委员会，成都生物所目前已经与四川省人民医院就心血管疾病的天然小分子药物筛选、基于核酶构建病原检测核酸探针体系等方面开展了项目合作。与浙江省湖州市人民政府签订协议，合作共建了基于天然活性物质和生物功能产品研发、生物技术与功能产品研发的中国科学院成都生物研究所湖州生物资源利用与开发创新中心。与成都先导药物开发有限公司签订生物活性分子筛选委托开发合同。与川渝中烟工业有限责任公司签订天然成分提取及清除自由基活性研究协议。与湖南阳牌生物实业有限公司签订提取黄精多糖、制备玉竹低聚糖硫酸酯方法和用途的专利权转让合同。与四川同晟生物科技有限公司签订转化制备L-茶氨酸研究开发合同。2013年，成都生物所共投资2家公司，从事科技开发人员约60人。

国际合作方面，应美国威斯康星州立大学尼尔森环境研究所的邀请，成都生物所参加了在美国威斯康星州立大学举办的《百年追寻》一书环境变迁对比研究图片展览和全球环境变化专题研讨会。访问期间，成都生物所还与威斯康星大学从事环境保护研究、森林研究、野生动植物生态研究、动物营养研究、农业研究、人类学研究、景观艺术设计研究等领域的专家教授进行了研究对话，并与尼尔森环境研究所就四川世界遗产地保护、川西地区生物多样性保护、青藏高原草地生态恢复、区域可持续发展等领域进行了深入交流，达成合作研究共识，双方将组织相关领域的科学家共同申请中美有关项目，并定于次年3月在四川成都进行学术交流，形成合作研究文本。2013年，成都生物所共执行国际合作项目（协议）46项（新增32项），总经费400余万元。成都生物所参与的“冈仁波齐地区环境保护与发展”跨边界国际合作项目得到联合国秘书长潘基文的高度评价。实现了喜马拉雅南坡湿地温室气体排放数据采集的零的突破。组织安排因公出国（境）访问42个团组72人次；接待国外专家学者来访33批65人次。长期在成都生物所从事合作研究的外籍专家6名，外籍青年科学家6名。组织召开国际合作会议2次。

成都生物所主办的《应用与环境生物学报》是中国精品科技期刊、RCCSE中国核心学术期刊，2013年，根据中国科学引文数据库（CSCD）统计，该刊学科影响力在微生物领域全国85种期刊中排名第4位；成都生物所主办的英文学报*Asian Herpetological Research*（《亚洲两栖爬行动物研究》）SCI影响因子从2012年的0.294上升为2013年的0.681。

（撰稿：舒　服　刘刚君　审稿：叶　彦）

成都山地灾害与环境研究所

所　　长：邓　伟
地　　址：四川省成都市人民南路四段9号
邮政编码：610041
电　　话：028-85228816
传　　真：028-85222258
电子信箱：sdb@imde.ac.cn
网　　址：http://www.imde.ac.cn

中国科学院·水利部成都山地灾害与环境研究所（简称“成都山地所”）由1965年成立的中国科学院地理研究所西南地理研究室发展而来，1966年2月改为中国科学院地理研究所西南分所，1978年更名为中国科学院成都地理研究所，1989年实现中国科学院和水利部双重领导并采用现名，2002年4月进入中国科学院知识创新工程。

成都山地所的基本定位是以“认知山地科学规律，服务国家持续发展”为使命，面向西部山区重大工程安全、生态环境建设、山区可持续发展的重大科技需求，以实现“三性”贡献为目标，不断探索破解山地科学重大问题，引领山地灾害学，创新山地环境学，培养山地科学研究领域高层次人才，为“增强我国防御山地灾害的能力、保障山区生态安全和促进经济社会发展”提供科学依据和技术支撑。

在实施“一三五”规划中，“重大泥石流减灾关键技术与示范”重大突破阶段成果先后在汶川灾区（小岗剑、豆芽坪等）和芦山灾区防灾减灾及灾后重建中得到应用，完成的西藏樟木泥石流滑坡综合防治方案得到了西藏自治区领导的高度评价；“三峡库区水土流失与面源污染控制关键技术”重大突破阶段成果入选国家“十一五”农业重大科技成就，集成研发了“面源污染减控技术”、“消落带固土截污的工程-生物技术体系”。2013年，增加了“山地植被生态与功能元素分子生物学”重点培育方向，从微观尺度完善了山地环境学科研究体系。

成都山地所设有中科院山地灾害与地表过程重点实验室、中科院山地表生过程与生态调控重点实验室、山区发展研究中心和数字山地与遥感应用中心四大研究单元，设有四川省山区减灾工程技术研究中心和综合测试与模拟试验中心两大关键支撑平台；建有中科院东川泥石流观测研究站、中科院贡嘎山高山生态系统观测试验站、中科院盐亭紫色土农业生态试验站3个国家重点野外台站和其他5个所级野外观测台站；与西南交通大学等共建国家工程实验室1个，建有1个480m^{2}的科技展馆。

截至2013年底，成都山地所在职职工287人。其中科技人员157人、科技支撑人员63人，包括研究员及正高级工程技术人员46人、副研究员及高级工程技术人员59人；全所进入创新岗位254人。现有中国科学院院士1人、中国科学院“百人计划”入选者7人，四川省“百人计划”入选者3人，“西部之光”人才入选者56人（新增9人）；国家杰出青年科学基金获得者3人；享受国务院政府特殊津贴专家10人；1人获“四川杰出创新人才奖”。

成都山地所是1981年国务院学位委员会批准的博士、硕士学位授予权单位，现设有自然地理学、人文地理学、岩土工程和土壤学4个博士学位培养点；自然地理学、人文地理学、地图学与地理信息系统、岩土工程、防灾减灾工程及防护工程和土壤学6个学术型硕士学位培养点和建筑与土木工程、环境工程2个专业型硕士学位培养点，并设有地理学博士后科研流动站，在学研究生200人（其中硕士生97人、博士生100人、留学生3人）、在站博士后9人。

2013年，成都山地所在研项目453项（包括新增项目193项）。其中，承担国家重点基础研究发展计划（973计划）课题3项（新增2项），主持国家科技支撑计划项目1项、课题2项，承担部委行业专项项目及课题10项（新增3项），主持国家自然科学基金重点项目2项、面上项目33项（新增11项）、国家杰出青年科学基金项目1项；承担中国科学院战略性先导科技专项专题5项（新增2项）、院重点部署项目课题3项、西藏区域创新集群重点任务2项（新增1项），主持院西部行动计划项目2项、“百人计划”项目3项（新增1项）、西部之光项目34项（新增9项）；承担国际合作重点项目7项（新增4项）；承担院地合作项目137项（新增67项）。

2013年，成都山地所承担的973项目“中国西部特大山洪泥石流灾害形成机理与风险分析”通过验收，研究成果被国家有关部门采纳，并在汶川灾区、甘肃舟曲、宁南白鹤滩水电站等特大山洪泥石流防治工程中发挥重要作用；完成的“西藏樟木滑坡勘查评估与综合防治方案”得到西藏自治区政府的高度肯定，并协助地方政府共同推动治理工程的国家立项；初步完成了西藏生态安全屏障保护与建设评估；积极参与芦山地震和都江堰“7.10”特大地质灾害科技救灾工作，完成的“4.20芦山地震灾区资源环境承载能力评价”得到四川省政府的高度认可，为灾后恢复重建工作提供了科学决策依据和指导。

全年发表论文249篇，其中，SCI收录论文92篇、EI/ISTP 56篇，CSCD 101篇；出版专著1部；获四川省科技进步奖一、二、三等奖各1项，云南省交通科学技术奖一等奖1项；新获得授权专利27项（其中，国内发明专利8项、美国发明专利1项）、软件著作权26项；2篇咨询建议被中办采纳（1篇获中央领导同志批示），4篇被院省级采纳。

2013年，积极参与“西藏区域科技创新集群”建设和“2011计划”，进一步稳固与川、渝、藏、滇区域合作伙伴建设，加强与中国长江三峡集团公司、中国铁路总公司、四川省测绘应急保障中心、武警水电部队等的科技合作，并先后与四川省宝兴县、青海省水土保持局、凉山州螺髻山景区管理局签署科技合作协议，加深与重庆市忠县的地方合作，推动科技成果转化形成实效。

2013年，成都山地所着重推动“南亚战略”，推进南亚国家及喜马拉雅地区国际合作，做好区域性国际组织ICIMOD中国委员会（CNICIMOD）工作，积极推进“中意灾害联合实验室”和“中尼联合地理研究中心”的筹备。全年出访42人次，接待来访91人次；新获批特聘研究员计划3项、发展中国家访问学者计划2项；新签署国际合作协议4项，与国外机构联合发表论文15篇。

成都山地所是中国地理学会山地分会、四川省地理学会、中国水土保持学会泥石流滑坡专业委员会、中国自然资源学会山地资源研究专业委员会、中国生态学学会生态水文专业委员会、中国土壤学会土壤地质分专业委员会、国际数字地球学会中国国家委员会数字山地专业委员会等的挂靠单位，设有中国地理学会西南代表处。出版英文双月刊 *Journal of Mountain Science*（SCIE扩展版）和自然科学核心期刊《山地学报》。其中，*Journal of Mountain Science* 成功入选“2013中国最具国际影响力学术期刊”，并获“中国科技期刊国际影响力提升计划项目”资助。

（撰稿：蔡长江　张　坚　审稿：罗晓梅）

光电技术研究所

所　　长：张雨东
地　　址：四川省成都市人民南路四段9号
邮政编码：610041
电　　话：028-85100341，028-85100168，
028-85100112
传　　真：028-85100268
电子信箱：ioesb@ioe.ac.cn
网　　址：http://www.ioe.ac.cn

中国科学院光电技术研究所（以下简称

“光电所”）创建于1970年，是中国科学院在西南地区规模最大的研究所。1997年首批通过中国科学院科研基地型研究所定位评估；1999年微细加工光学技术国家重点实验室、中国科学院光束控制重点实验室、中国科学院自适应光学重点实验室3个重点实验室率先进入中科院知识创新工程试点一期；2001年全所整体进入创新试点二期；2006年在中科院创新试点二期总结及考核评议工作中被评为“优秀”研究所，进入创新三期；2011年成为中科院首批“创新2020”整体择优支持研究所。

光电所按照院党组的统一部署，2011年明确了研究所“一三五”发展规划和“十二五”任务目标。重点开展应用基础性、前瞻性、战略性高技术研究与系统集成创新研究，成为不可替代的国家战略科技力量和国际著名研究所。在光束控制、天文目标观测、超高精度光学光刻系统、自适应光学、亚波长物理结构及其电磁效应、空间光电精密测量、轻量化光学、量子激光通信等多个研究领域，明确了“三个”重大突破和“五个”重点培育方向，建立从基础、应用基础到高技术应用的完整研究链条，形成多个领域、多个学科相互促进共同发展的学科布局和科研体系。在“创新2020”重点跨越阶段，明确地把创新跨越、追求技术极致、重大项目积极争取与完成、人才队伍培养、关键技术突破和技术平台建设放在更加突出位置。坚持科研、产业两大块分类管理和运行的模式，建立和完善了以能力、贡献和绩效为主要依据的激励导向机制，进一步完善青年创新人才奖评选、设立研究生创新基金，鼓励开展创新探索项目研究、培养选拔青年英才，营造“公正、公平、公开”的内部竞争激励环境和创新文化氛围。

光电所现有1个国家重点实验室、2个院级重点实验室、9个重点学科研究室，建有精密机械制造、先进光学制造、轻量化镜坯与新材料、光学总体集成、质量检测5个研制中心，以及1个技术保障中心科技信息与情报中心；并投资创建了以产品与服务市场化、科技成果转移转化与产业化为宗旨的四川科奥达技术有限公司。

2013年，光电所对双电源供电专线路进行了全面升级改造，确保科研生产用电安全；新建了科研中心、改造了02专项实验厂房，确保满足科研生产需求；引进了数控落地镗铣加工中心、扫描电镜等大型加工、检测仪器设备，现拥有大型仪器设备230余台/套。

截至2013年底，光电所共有在职职工1254人。其中科技人员714人、科技支撑人员290人。现有中国工程院院士2人、研究员及正高级工程技术人员62人、副研究员及高级工程技术人员293人；目前有中国科学院“百人计划入选者”3人；“西部之光”人才入选者71人（新增9人）；国家杰出青年基金获得者1人。

光电所于1981年开始研究生招生培养工作，现设有光学工程、信息与通信工程（下设二级学科信号与信息处理）、测试计量技术及仪器3个博士学位培养点，光学、机械制造及其自动化、光学工程、精密仪器及机械、测试计量技术及仪器、物理电子学、信号与信息处理、检测技术及自动化装置和计算机应用技术9个学术型硕士学位培养点（涵盖8个一级学科），机械工程、光学工程、仪器仪表工程、电子与通信工程、控制工程、计算机技术6个全日制专业硕士学位培养点，光学工程博士后流动站，共有在读研究生349人（其中硕士生201人、博士生148人）、在站博士后3人。

2013年，光电所共有在研项目328项（包括新增项目180项）。其中，承担国家重大科技专项项目1项、课题14项（新增1项），主持国家重点基础研究发展计划（973计划）和国家重大科学研究计划项目3项（新增2项）、承担课题5项（新增4项），承担国家高技术研究发展计划（863计划）项目92项（新增45项）；主持（或承担）国家自然科学基金重点项目2项、面上项目14项（新增3项）；承担中国科学院战略性先到科技专项课题2项，承担院重点部署项目2项（新增1项）、（科技部、国家自然科学基金委、财政部和院）重大仪器研制项目3项；承担院地合作项目2项。其中光电所承担的“神舟十号”飞船激光雷达圆满完成自动交会对接和手控交会对接测量任务；探月工程“嫦娥3号”着陆器地形地貌相机成功实现两器互拍，获取我国地外天体第一幅国旗彩色照片；研发成功了国内最大单面阵1亿像素CCD相机，并获

“2013 年度遥感领域十大事件” 称号。

2013 年，光电所发表学术论文 236 篇，其中 SCI 论文 74 篇。申请专利 201 件（其中国内发明专利 191 件、国际发明专利 6 件，实用新型 2 件），授权专利 118 件（其中国内发明专利 108 件、国际发明专利 5 件、实用新型 1 件）。2013 年光电所获得国家科技进步奖二等奖 2 项，省部级进步奖及突出贡献奖等 10 项。

2013 年，四川科奥达技术有限公司拥有 1 个光电产业园区，占地 200 亩，建筑面积 5 万多平方米。下设 5 个职能部门、1 个新产品研发中心、7 个事业部、1 个进出口部，拥有 2 家控股子公司、8 家持股公司。公司以中科院光电所的创新成果为依托，主要从事高新技术产品开发、生产、销售与服务，以及科技成果的推广应用、转移转化与产业化，在光、机、电、算等综合应用技术及产品方面具有较强的研究、开发和生产实力。经营范围涉及光学、精密机械、机电一体化、生命科学仪器、光通信、激光应用技术、医用光电仪器、计算机应用、光电传感、精密光刻技术、特种光学材料、精密光学元件、光电测量仪器等高新技术领域。产业园已发展成为成都市光电产业集中发展的一个特色园区。通过了 ISO9001—2000 版质量体系认证，被成都市认定为“高新技术企业”。

2013 年，光电所国际合作与交流工作取得了可喜的成果，外事来访 48 批 114 人次，出访（含港、澳、台地区）28 批 65 人次。其中，参加国际学术会议 17 人次，学术技术考察及友好交流 7 人次，引进设备预验收 30 人次、培训 1 人次、科技合作 10 人次，外派 1 名访问学者到国外研究机构学习深造。光电所还与美国研究团队开展 TMT 钠导星系统设计合作研究。

光电所是四川省光学学会、中国光学学会光学制造技术专委会、中国光学学会情报专委会的挂靠单位。光电所主办的中文核心期刊《光电工程》是中国科学引文数据库来源刊物，为中国光学学会的一级学会刊物，2011 年曾入选第二届中国 300 种精品科技期刊。

（撰稿：赵晓东　郑　丽　审稿：杨　虎）

重庆绿色智能技术研究院

筹建工作组组长：袁家虎
地　　址：重庆市北碚区方正大道 266 号
邮政编码：400714
电　　话：023-65935555
传　　真：023-65935000
电子邮箱：yzxx@cigit. an. cn
网　　址：http://www. cigit. cas. cn

2011 年 3 月，中国科学院与重庆市人民政府在北京签署《共建中国科学院重庆绿色智能技术研究院协议》，正式启动中国科学院重庆绿色智能技术研究院（以下简称“重庆研究院”）的筹建工作。2011 年 11 月，国务院三峡办加入共建，三方签署《共建中国科学院重庆绿色智能技术研究院协议》；2012 年 7 月，重庆研究院获中央编制委员会办公室批准正式设立；2013 年 11 月，《中国科学院重庆绿色智能技术研究院中长期发展规划》通过中国科学院院长办公会审议。

筹建以来，筹建工作组按照“地方党委政府满意、合作企业满意、老百姓满意和科技界同行认同”的检验标准，坚持“面向重庆及西部区域经济社会发展重大需求，面向世界科学技术发展前沿，以加快发展战略性新兴产业和提升传统产业为主线”的定位思路，秉承“创新为魂、市场为本”的核心价值理念，旨在将重庆研究院建成为区域科技协同创新卓越平台、重大成果集成创新基地、杰出人才创新创业和培育基地、战略性新兴产业育成基地。

重庆研究院设立了战略咨询委员会，旨在发挥国内外著名院士专家对研究院在学科建设、人才培养、科学研究、成果转化等方面的参谋咨询作用，促进研究院又好又快发展；设有综合办公室、人事教育处、科技处、产业处、资产财务处 5 个职能部门及科研公共服务平台。

重庆研究院在电子信息、智能制造、生态环境 3 个领域展开科研布局，下设电子信息技术研究所、智能制造技术研究所、三峡生态环境研究所。截至2013年底，重庆研究院共设立25个研究方向，其中，电子信息技术研究所面向重庆和西部电子信息产业发展需求，以突破智能感知与控制等核心技术为目标，共设立高性能计算应用、北斗导航、智能多媒体技术、数据挖掘与认知、自动推理与认知、量子信息技术、三峡工程生态环境监测系统在线监测、大数据应用技术等8个研究方向；智能制造技术研究所面向重庆和西部装备制造业发展重点及技术需求，共设立智能装备与仪器仪表、微纳制造与系统集成、机器人技术、表面功能材料及工程研发、智能工业设计、智能神经机械电子、3D打印技术、太赫兹技术、钠电子等9个研究方向；三峡生态环境研究所面向三峡库区生态环境建设与保护重大需求、重庆高速工业化、快速城镇化发展所产生的污染和排放治理需求以及大气环境治理等，共设立环境微生物与生态、环境友好化学过程、膜技术及应用、生态过程与重建、水污染过程与治理、页岩气开发技术、大气环境、三峡工程生态环境监测等8个研究方向。已成功组建了中国科学院水库水环境重点实验室、国务院三峡办三峡工程生态环境监测系统在线监测中心、重庆市自动推理与认知重点实验室和重庆市三峡库区水质保障工程技术研究中心等重要科研创新平台。

重庆研究院坚持引才与育才相结合，事业与待遇相匹配，全面加强高层次人才队伍建设。截至2013年底，重庆研究院共有在职职工290人。其中，科技人员231人，科技支撑人员29人、管理人员30人，包括中科院院士1人，研究员及正高级工程技术人员29人、副研究员及高级工程技术人员36人。

共有国家海外高层次人才引进计划（“千人计划”）3人、国家新世纪百千万人才2名、973首席科学家1人、中科院“百人计划”入选者8人（新增3人）、外专局“高端外国专家”项目入选者1人、中科院“外国专家特聘研究员”入选者1人、中科院“台湾青年访问学者”入选者1人、中科院“西部之光”入选者21人（新增9人）。

重庆研究院设有材料科学与工程、环境科学与工程、计算机科学与技术和光学工程4个一级学科硕士培养点，在学研究生108人，其中硕士研究生85人，博士研究生23名。

截至2013年底，重庆研究院争取科研项目185项，其中国家项目34项、中科院项目35项、重庆市级科研项目72项、横向44项，累计科研项目合同额28012万元（横向10380.1万元）。

2013年重庆研究院围绕“绿色三峡”、“3D打印技术”2个重大突破，以及“石墨烯材料与应用”、“大规模自适应智能视觉分析系统”、“自动推理中的计算理论及应用技术”、“神经肌-械耦合系统理论及应用”4个重点培育科研主方向，产生了重要科技进展。

设计制造的“村镇生活污水分散式处理一体化设备”样机已投入使用，相关成果已经申请国家发明专利，该设备可为乡村生活污水处理问题提供解决方案。

在开县建立我国首个三峡库区次生湿地生态野外工作站，采用简化重要值的方法，研究开县汉丰湖岸带植物群落组成与结构变化规律，为库区生态恢复重建提供科学依据。

建立了重庆首家垃圾渗滤液达标排放中试研发基地，与企业建立了联合实验室，进入产业化示范阶段；建立具有国际领先水平的光催化水处理反应速率控制步骤判定的动力学模型；国际上首次提出免化学试剂的反应控制型pH调节机制；在环境科学与工程一级学科最有影响力的期刊（*Environment Science & Technology*）上发表论文1篇。

自主研制了用于食品违禁添加剂高灵敏度检测的便携式拉曼光谱仪样机；采用反射式光纤探针技术，自主开发出光纤SPR食品安全检测仪。

首次采用亲/疏水互穿网络纳米纤维支撑技术，制备出用于海水淡化、污水资源化等领域的高通量正渗透膜材料；采用微纳米纤维增强技术，制备出高强度的水质净化PVDF中空纤维超滤膜及膜产品系统；开发出适用于PM2.5监测与防护、工业除尘、室内空气净化等领域的低阻力高精度空气净化膜材料。

成功研发出北斗兼容型全频点高精度OEM板卡，结合北斗中心自主研发的静/动基准卫星导航算法及软件，提供实时厘米级定位服务，具有全部自主知识产权及发明专利，居国内领先水平。

首次制备出发光波长可控超高精度纳米复合材料三维微纳结构（*Adv. Mater.* 发表、*Nature* Highlight 报道）。

首次提出多焦点控制与组装激光 3D 打印方法，实现了可组装的多光束并行 3D 打印（*Appl. Phys. Lett.* 发表）。

成功开发出具有自主知识产权的 3D 打印并联机器人。该款机器人采用熔覆式打印技术，中心独立研发高效打印程序，打印速度达 50mm/s，速度快且精度高，可完成直径为 220mm 的物品制造，理论打印直径 800mm；研发了应用于抓取、焊接的六自由度串联机器人。

在“大面积高质量石墨烯规模化制备”技术研发上取得重大进展，成功吸引资金 2 亿元，组建了重庆墨希科技有限公司。目前石墨烯中试生产线已建成，正在进行试生产。

在“人脸识别”技术研发上取得实质性进展，成功开发的人脸识别边检站自动通关系统已经在新疆边防站应用，将在全疆推广应用。

多项式系统求解 RegularChains 软件程序包荣获国际顶级会议 ACM ISSAC 最佳软件奖；计算机推理中的著名困难问题“多项式因式分解”取得重要进展；信息安全中的格约化算法取得重要突破，并在 ACM ISSAC 2013 会议上展示。

在国内首次研发出双臂全自由度触觉反馈遥操作手术灵巧手肌械耦合控制系统，并在触觉反馈控制及触觉重现技术上实现重大突破；首次开发出植入式微型神经接口芯片及传感系统，将为由脑卒中、脑瘫、脊髓损伤等疾病导致的神经性运动功能障碍的治疗和康复提供革命性的手段。

2013 年，重庆研究院按照“创新为魂、市场为本”的核心价值理念，坚持“走出去、引进来”的科技合作与成果转化工作思路，积极服务地方经济的发展。

加强战略研究与咨询，建立和完善产业发展战略咨询和规划，成立由从事智能信息、先进制造、节能环保研究的专家、企业家、政府官员、经济学家等组成的产业发展咨询委员会，根据国民经济和社会发展的重大需求，提出对策建议。

积极建设中国科学院重庆产业技术创新与育成中心产业园，打造技术集成创新与产业育成基地和高层次创新与创业人才培养基地。建设中国科学院重庆产业技术创新与育成中心。以产业为导向、以平台为支撑、以项目为抓手，以市场化方式运作，联合社会资本的力量，以“政府+科研+资本+产业”四位一体的模式，建成集高新技术企业培育、成果转化、招才引企、创新创业为一体的育成中心。

开展形式多样的成果转移转化，加快科研成果落地。2013 年重庆研究院组织实施了石墨烯材料开发、动态人脸识别、工业机器人制造、专利云建设、库区垃圾渗滤液治理等科研项目，突破了石墨烯规模化制备、超滤膜材料工业化生产、激光车灯等 10 余项关键技术。截至 2013 年底，重庆研究院成立独资、合资企业 10 家，总注册资本 6.645 亿元，重庆研究院占股权 1.375 亿元；与企业共建 2 个联合实验室。

努力整合资源、加强院地合作，不断推动地方产业升级。进一步强化与地方政府的合作。持续开展“智能工业设计入园进企千家行”活动，深入区县开展入园进企 20 余次，与近 300 余家企业负责人进行面对面交流，实地服务企业 60 余家，举办“智能工业设计”培训班，培训 40 余名高新技术企业主负责人、技术总工，通过深化工业设计，提升当地企业产品竞争力。

在国际合作方面，2013 年重庆研究院与美国伊利诺伊大学、新加坡国立大学，通过人员互派、定期视频会议研讨等方式，大力开展深度神经网络的联合研究，获得多媒体领域顶级国际会议（ACM Multimedia）最佳论文，研究成果在领域内获得广泛认可，同年重庆研究院进入中科院战略性先导专项，负责“公共安全视频深度解析”课题的研究工作；重庆研究院与美国生物工程院院士勒布教授联合开发遥操作微创腹腔镜手术机器人，其主要研究内容已作为重庆市“151”科技重大专项“重庆市机器人产业”的重要实施内容。此外，重庆研究院还大力实施海外人才引进计划，聘请“海外人才招聘大使”，负责在美国、加拿大等国家进行有针对性的海外招聘宣传和前期沟通，吸引高层次人才加盟；先后赴美国、加拿大、英国、法国、德国、澳大利亚、新西兰、俄罗斯、乌克兰等国家开展人才招聘引进活动，与来自英国剑桥大学、法国巴黎第六大学、德国慕尼黑大学、澳大利亚墨尔本大学、澳大利亚国立大学、昆士兰大学、新西兰奥克兰大学、乌克兰国家科学院等100余名海外高层次人才达成引进意向。

（撰稿：唐祖全　关媛媛　审稿：袁家虎）

昆明动物研究所

副 所 长：姚永刚（主持工作）
地　　址：云南省昆明市教场东路32号
邮政编码：650223
电　　话：0871-65130513
传　　真：0871-65130513
电子信箱：zhanggq@mail. kiz. ac. cn
网　　址：http://www. kiz. cas. cn

中国科学院昆明动物研究所（以下简称“昆明动物所”）成立于1959年4月，其前身为昆虫研究所紫胶站，1963年改名为中国科学院西南动物研究所，1970年划归云南省后改名为云南省动物研究所，1978年重归中国科学院，恢复原所名。

围绕“一三五”发展规划，昆明动物所确定了立足西南及东南亚丰富的生物多样性资源，突出区域特色、国家战略需求和科学前沿，将研究所建成特色鲜明的国际著名研究机构的战略定位，凝练了“重大疾病灵长类新型动物模型创制与新药研究”、“基因组进化的理论突破”、“家养动物及其野生近缘种基因资源发掘”三个重点突破方向。

现昆明动物所有学科研究团组31个；有遗传资源与进化国家重点实验室、中国科学院和云南省动物模型与人类疾病机理重点实验室、中国科学院与云南省共建的“动物生殖生物学重点实验室”和“畜禽分子生物学重点实验室”；中国科学院-德国马普青年科学家小组2个；中国科学院-英国东安格里亚大学生态学与环境保护中心、与香港中文大学联合共建“生物资源与疾病分子机理联合实验室”、非法人研究单元“中国科学院昆明灵长类研究中心”；中国科学院生命条形码南方中心；中国科学院-云南省人民政府西南生物多样性实验室；昆明国家生物产业基地实验动物中心；中国科学院昆明生物多样性大型仪器区域中心等联合共建的研究平台；无量山黑冠长臂猿监测站和昭通大山包野生动物野外观测站2个野外台站。

中国科学院与云南省合作共建的“昆明动物博物馆”，馆藏各类动物标本69万余号，是我国热带、亚热带动物种类、数量收藏最多的标本馆；图书馆有中、外文科技藏书3.8万册，中外文科技期刊16万余册。100万以上大型仪器装备总值8000余万元。

截至2013年底，昆明动物所共有在编职工334人。其中科技人员165人、科技支撑人员110人，包括中国科学院院士1人、第三世界科学院院士1人、研究员及正高级工程技术人员31人、副研究员及高级工程技术人员42人。

有国家海外高层次人才引进计划（“千人计划”）入选者1人，“青年千人计划”入选者3人；中国科学院“百人计划”入选者18人（新增1人），中国科学院“引进杰出技术人才”1人，“西部之光”人才入选者82人（新增8人）；国家杰出青年科学基金获得者10人（新增3人）；云南省高端科技人才10人（新增2人），云南省引进海外高层次人才13人（新增3人）；云南省中青年学术和技术带头人12人，后备人选9人（新增1人）；昆明市学术和技术带头人后备人选3人（新增1人）。

昆明动物所是1980年国务院学位委员会批准的博士、硕士学位授予权单位之一，现设有动物学、遗传学、细胞生物学、神经生物学4个专业二级学科博士研究生培养点，动物学、遗传学、细胞生物学、神经生物学、生物化学与分子生物学5个专业二级学科硕士研究生培养点，并设有生物学专业一级学科博士后流动站，现有在学研究生330人（其中硕士生176人、博士生154人）、在站博士后29人。

2013年，昆明动物所共有在研项目401项（包括新增项目129项）。其中，主持国家重大科技专项课题4项，国家重点基础研究发展计划

（973 计划）项目 2 项（新增 2 项）、主持课题 15 项（新增 5 项），国家高技术研究发展计划（863 计划）课题 1 项，国家科技基础性工作专项 3 项；主持国家自然科学基金创新群体 1 项（新增 1 项），重大项目 1 项，重点项目 3 项，NSFC-云南省联合基金重点项目 8 项（新增 3 项），优秀实验室项目 1 项，重大研究计划 6 项（新增 3 项），国际合作与交流项目 4 项（新增 1 项），国家杰出青年科学基金项目 5 项（新增 3 项），国家优秀青年科学基金项目 3 项（新增 3 项），面上项目 68 项（新增 13 项），青年项目 28 项（新增 12 项）；主持中国科学院战略性先导科技专项 1 项（新增 1 项）、课题 8 项，主持中国科学院重点部署项目 2 项（新增 2 项）、课题 1 项（新增 1 项），院重要方向项目 12 项，院生命科学领域基础前沿研究专项 2 项，院生物局战略生物资源的保存与可持续利用专项 2 项，院特支项目 1 项（新增 1 项），院生命科学领域优秀青年科技专项 2 项，院地合作项目 5 项。

2013 年，昆明动物所“一三五”进展取得实效。在“重大疾病灵长类新型动物模型创制与新药研究”方向，抗抑郁 I 类新天然药物奥生乐赛特胶囊 I 期临床已结束，并在人体药代学试验和药物耐受递增剂量试验进展良好。HIV-1 感染北平顶猴模型、帕金森氏病（PD）和老年痴呆症（AD）猕猴模型、乳腺癌树鼩模型进展良好。成功引繁建立了实验动物北平顶猴的实验种群；树鼩实验动物化取得进展，并对于其基础生物学资料开展全面的收集和研究。“基于生物生存策略的有毒动物中药功能成分定向挖掘技术体系”成果荣获 2013 年度国家技术发明奖二等奖，通过该成果，研究所获得 800 多种具有自主知识产权的新结构活性多肽与蛋白，并获发明专利 30 项。在“基因组进化的理论突破”方向，完成了高质量的树鼩全基因组测序及比较基因组分析，阐明了其系统分类地位和相关生物学特征的遗传基础，尤其是树鼩用于若干重要疾病如 HBV、HCV 感染以及抑郁症模型创建的遗传学基础。该研究将能推动树鼩应用于生物医药的系统研究，并在《自然·通讯》杂志上发表。在“家养动物及其野生近缘种基因资源发掘”方向，从全基因组层次上阐述了家犬的起源和人工选择，并首次将其演化历史和人类的近期演化联系起来，研究发表在 *Nature Communications*，该文章被 *The Scientist*、*National Geographic*、*Asian Scientist*、*Live Science* 等杂志评价；针对野猪和地方品种猪基因组分析获得窝产仔数性状的调控基因。在猪生产验证发现，单个基因座位平均能提高窝产仔数约 1 头，两两基因组合平均能提高 2～3 头。该研究对猪育种业具有重要的应用价值，已申请发明专利 12 项，正在申请国际专利。

2013 年，研究所共发表论文 300 篇，其中 SCI（含 EI）论文 273 篇，其中，五年 IF>9 以上的论文 21 篇，1 篇 *Science*，1 篇 *Nature Biotechnology*，1 篇 *Ecology Letters*，2 篇 *PNAS*，申请专利 47 项，授权专利 21 项。

2013 年，研究所获国家科学技术奖技术发明奖二等奖 1 项，云南省科学技术奖自然科学奖 3 项，科技进步奖 1 项。

2013 年，昆明动物所共有 49 批 72 人次前往 18 个国家和地区进行交流合作。接待国外来访学者 76 人次。新获院“外国专家特聘研究员计划”资助 1 项；院发展中国家访问学者计划 3 项；新签对外合作协议 2 项；新争取国际合作项目 4 项。目前全职外籍人员 8 人，其中学科负责人 3 人，高层次技术人才 1 人，博士后 3 人。培养外籍博士研究生 9 人，其中 3 人获得“中科院-第三世界科学院院长奖学金”资助 3 人。

昆明动物所是云南省动物学会、云南省昆虫学会、云南省细胞与生物学会、云南省免疫学会的挂靠单位，负责编辑出版动物学核心刊物《动物学研究》，该刊物入选“2013 中国最具国际影响力学术期刊”。

（撰稿：廖雷青　张刚强　审稿：郝建勋）

昆明植物研究所

所　　长：李德铢

地　　址：云南省昆明市盘龙区蓝黑路 132 号

邮政编码：650201

电　　话：0871-65223080

传　　真：0871-65223094

电子信箱：kibpub@mail. kib. ac. cn
网　　址：http://www. kib. cas. cn

中国科学院昆明植物研究所（以下简称“昆明植物所”）位于云南省昆明市黑龙潭风景区，其前身是成立于1938年的云南省农林植物研究所，1950年4月隶属中国科学院并更名为中国科学院植物分类研究所昆明工作站，1959年4月由国家科委批准成为中国科学院昆明植物所。

昆明植物所以“原本山川极命草木”为所训，旨在认识植物、利用植物、造福于民。确定了创新2020期间研究所“一三五”发展目标和任务。一个定位为：立足我国西南，面向东南亚和喜马拉雅，通过多学科的创新和集成，为植物科学发展、国家和区域生物多样性保护、生物资源持续利用和生物产业发展做出重大贡献。三个重大突破目标是：引领“iFlora研究计划”、新药创制研发、植物核心种质资源与功能基因组学研究。五个重点培育方向目标是：植物分类学与生物地理、植物化学与天然产物、植物功能基因组学与种质资源、民族植物学与生物技术、保护园艺学与引种驯化。

为进一步推进昆明植物所“一三五”目标任务的实施，昆明植物所领导干部和广大科技人员认真学习国家和院有关文件，客观全面地分析和总结了研究所创新以来的工作，以积极推进和组织实施“创新2020”和“一三五”规划，进一步落实相关保障措施与重大举措等情况，确保了研究所“一三五”组织实施方案的顺利执行。本年度已完成了“国家重点保护野生植物鉴定信息平台”的建设，访问网址为：http://www. iFlora. cn/；出版了两期iFlora研究专辑；已完成我国维管属植物1300属3000余种60 000个DNA条形码标准数据库的建设和iFlora部分科属志的编研。在新药创制方面，奥生乐赛特及其系列衍生物已获得中国专利授，已申请国际专利并在43个国家地区注册实施，现已获得欧盟24国、俄罗斯、加拿大、日本、韩国、澳大利亚、新西兰、新加坡、以色列、南非、香港、澳门等33国和地区专利授权，现已顺利完成I期临床试验；治疗呼吸道疾病的天然药物5类新药“灯台叶总生物碱原料药及胶囊”，该项目研究工作目前顺利完成I期临床试验。重点部署了“高含量虾青素工程番茄的种质创新”的重大突破项目，研究成果已申报虾青素工程番茄转化的专利和快繁技术的专利。

研究所“三室一库两园”的科技布局，即：植物化学与西部植物资源持续利用国家重点实验室、中国科学院东亚植物多样性与生物地理学重点实验室、昆明植物所资源植物与生物技术重点实验室、中国西南野生生物种质资源库、昆明植物园和丽江高山植物园。中国科学院青藏高原研究所昆明部在此挂靠。与世界混农林业研究中心共建“国际山地生态系统研究中心”、与英国爱丁堡植物园共建“保护生物学联合实验室”。与浙江海盐县共建海盐工程中心。

研究所设立公共技术服务中心，包括植物化学分析测试中心、分子生物学实验中心、天然药物活性筛选中心；设科技信息中心，承担中国科学院昆明超算分中心和昆明储存分中心的重要工作，是中国科学院高级别灾备中心之一；还建有园林园艺中心、种质资源保藏中心、植物标本馆、丽江森林生态系统定位研究站、图书馆和种子博物馆。

截至2013年底，昆明植物所共有在职职工519人。其中科技人员364人、科技支撑人员124人，包括中国科学院院士2人、研究员及正高级工程技术人员59人、副研究员及高级工程技术人员104人。

共有国家海外高层次人才引进计划（“千人计划”）入选者4人（新增1人），其中“青年千人计划”入选者3人（新增1人）；中国科学院“百人计划”入选者23人，“西部之光”人才入选者102人次（新增9人）；国家杰出青年科学基金获得者8人。

昆明植物所是1979年国务院学位委员会批准的博士、硕士学位授予权单位之一，2006年增列药物化学二级学科博士培养点，2009年植物学和药物化学通过院级评审，列为中国科学院重点学科；2011年增列生物学和药学2个一级学科，在现有基础上增加了生物化学与分子生物学以及药理学2个新的博士研究生招生的二级学科。至此，昆明植物所共有生物学和药学2个一级学科博士培养点，植物学、生物化学与分子生物学、药物化学和药理学4个二级学科博士培养点，一个一级学科中药学硕士培养点，4个学术型和3个专业学位培养点，并设有生物学一级学科博士后流动站，目前涵盖植物学、微生物学、生物化学与分子生物学、药物化学等二级学科门类。共有在学研究生350人（其中硕士生161人、博士生172人其中留学生17人）、在站博士后20人。

2013年，共申报纵向项目276项，涉及40多个项目类型。共获立项资助108项。新争取国家各级科研计划课题合同总经费12822.61万元，到位经费6433.35万元。其中，国家自然科学基金项目获49项资助，总经费3212万元；科技部课题13项，合同总经费7400.79万元；国家其他部委课题1个，合同总经费59万元；科学院课题15项，合同总经费812.82万元；云南省科技厅课题13项，合同总经费520万元；环保厅课题3个，合同总经费250万元；林业厅（局）项目4个，合同总经费220万元，其他零星纵向合作10项348万元。其中150万元以上的国家级大型科研任务课题12个，合同总经费7804.91万元，占全年度合同总经费的61%。

2013年，昆明植物所共有国家部委在研大项目（课题）39项（包括新增项目13项）。其中，承担国家重大科技专项课题4项（新增3项），新增主持国家重大科学研究计划项目1项；承担（或参加）国家重点基础研究发展计划（973计划）4项（新增2项）；参加国家高技术研究发展计划（863计划）课题1项（在研）；承担国家科技支撑计划项目1项（新增）和课题1项（在研）；承担科技基础性工作专项重点项目2项（新增1项）和课题1项；承担国家对发展中国家科技援助项目1项；承担国家自然科学基金（NSFC）重大国际合作研究项目3项（新增1项）、NSFC-云南省联合基金重点项目11项（新增3项），在研承担国家自然科学基金重点项目3项、国家杰出青年基金项目2项；承担中国科学院重点部署项目课题2项（新增1项），在研承担中国科学院创新团队国际合作伙伴计划项目1项、中国科学院西部行动计划项目1项。

2013年，获云南省奖成果共6项，其中杰出贡献奖1项，自然科学奖一等奖2项，二等奖1项，三等奖1项，以第三完成单位获科技进步奖特等奖1项。李德铢荣获云南省杰出贡献奖；香茶菜属植物二萜及其抗癌活性研究荣获云南省科学技术奖自然科学类一等奖；植物化学防御物质与新农药先导物的研究荣获云南省科学技术奖自然科学类一等奖；西南山地生物多样性对全球变化的响应和适应荣获云南省科学技术奖自然科学类二等奖；植物和微生物来源的若干天然产物及其生物合成荣获云南省科学技术奖自然科学类三等奖；光损伤性皮肤病防治体系的创建及应用荣获云南省科技进步奖特等奖。研究所作为第一单位发表的SCI论文共有255篇；合作发表的SCI论文153篇；作为第一单位发表的中文论文34篇；合作发表的中文论文51篇；主办期刊发表的论文88篇；出版论著1本；授权专利目录28项；申请专利目录49项。

2013年，昆明植物所进一步完善技术合同管理，理顺横向项目与科技成果产业化管理流程，深化企业合作，推进成果转化，实现新增技术合同63份，新增合同金额3595万元，年度到位经费1652万元，合同金额连续两年保持60%以上的速度增长。

依托研究所的技术和成果转让，通过成效统计，2013年度为地方经济创产值约10.6亿元，利税2.9亿元，社会效益可折合约4.4亿元，研究所与地方的科技合作项目产生的经济和社会效益呈逐年稳步增长态势。

2013年，昆明植物所因公出访共计67个团组110人；接收国外学者来访325人；聘任在所全职工作外国专家12人；新招收留学生7人，联合培养外籍博士生4人；举办国际会议5次；组织中外植物学联合考察8次；新签国际合作项目协议11项，国际学术交流协议7项。

昆明植物所是云南省植物学会的挂靠单位，该学会通过了云南省民政厅首次对学术性社会团体的等级评估，获得了4A级学会称号。主办的学术期刊有《植物分类与资源学报》、《应用天然产物》（*Natural Products & Bioprospecting*，NPB）和《真菌多样性》（*Fungal Diversity*，FD）。

（撰稿：葛　蕾　钱　洁　审稿：甘烦远）

西双版纳热带植物园

主　　任：陈　进
地　　址：云南省西双版纳自治州勐腊县勐仑镇
邮政编码：666303
电　　话：0691-8715071
传　　真：0691-8715070
电子信箱：office@xtbg.org.cn
网　　址：http://www.xtbg.ac.cn

中国科学院西双版纳热带植物园于1959年1月创建，1970年7月经国务院批准更名为云南省热带植物研究所。1978年3月经国务院批准更名为中国科学院云南热带植物研究所。1987年1月中科院云南热带植物研究所的植物群落室与昆明分院生态室合并成立中科院昆明生态研究所，其余部分为昆明植物研究所所辖的西双版纳热带植物园。1996年9月经中编办批准，昆明植物研究所所辖的西双版纳热带植物园与昆明生态研究所合并为中科院的独立研究机构——中国科学院西双版纳热带植物园，沿用现名。2011年7月荣膺国家5A级旅游景区。2013年6月成为中国植物园联盟理事长单位。

版纳植物园是集科学研究、物种保存、科普教育为一体的综合性研究机构和国内外知名的风景名胜区，占地面积约1125hm^2，收集活植物13000余种，建有植物专类园38个，保存一片面积约250hm^{2}的原始热带雨林，是我国面积最大、收集物种最丰富、植物专类园最多的植物园。与50多个国家（地区、国际组织）有着广泛的交流与合作，其国际影响不断扩大。现已成为“国家知识创新基地”、“国家环保科普基地”、“全国科学普及教育基地”、“全国青少年科技教育基地”、“国家5A级旅游景区”、“全国文明单位”等。

版纳植物园的定位是：立足云南热带、亚热带，面向我国西南地区和东南亚国家，以森林生态学、资源植物学和保护生物学为主要研究方向，开展科学研究、物种保存和科普教育，促进生物多样性保护和可持续发展。到2020年，把版纳植物园建设成为世界一流植物园和高水平植物多样性保护与生态学研究发展基地。

“一三五”专项推进有力。2013年各攻关团队取得较好成绩，一些重大成果已显现端倪，发表SCI文章70余篇，在西双版纳、老挝、缅甸等地推广种植星油藤5万余亩，成功获得高产的小桐子转基因株系，促花增果专有技术已申请PCT。“环境友好型胶园建设”工程得到地方各级部门的认可与高度重视。率先提出西双版纳植物“零灭绝”保护计划并引起强烈反响。

版纳植物园设有中科院热带森林生态学重点实验室、中科院热带植物资源可持续利用重点实验室、综合保护中心。建有西双版纳热带雨林生态系统研究站、哀牢山森林生态系统研究站两个国家级野外台站，还建有所级公共技术服务中心、标本与种质保存中心、元江干热河谷生态站等支撑系统；热带植物标本馆现有植物标本正号152511号，全部数字化上网，野生热带植物种质资源库现保存有种子数1290种8107份。

截至2013年底，全园共有在职职工361人（含项目聘用人员22人）。其中科技人员122人、科技支撑人员124人，包括研究员及正高级工程技术人员34人、副研究员及高级工程技术人员52人；全园进入创新岗位193人。

共有国家海外高层次人才引进计划（“千人计划”）入选者1人，“青年千人计划”入选者1人（新增1人）；中科院“百人计划”入选者8人（新增1人），“西部之光”人才入选者56人（新增7人）；国家杰出青年科学基金获得者1人。中科院青年创新促进会会员5人（新增2人）。

版纳植物园现设有生态学专业一级学科博士、硕士研究生培养点，植物学专业二级学科博士、硕士研究生培养点，并设有生物学专业一级学科博士后流动站，有在学研究生234人，其中硕士生145人（外籍8人）、博士生89人（外籍13人）、在站博士后12人（外籍8人）。

2013年，全园共有在研项目259项（包括新增项目71项）。其中，承担（或参加）国家重大科学研究计划项目课题1项（新增1项），主持（或承担）国家科技基础性工作专项2项；主持（或承担）面上项目39项（新增11项）、国家自然科学基金重大研究计划重点项目1项（新增1项）；主持（或承担）中国科学院战略性先导科技专项课题6项，主持（或承担）院重点部署项目1项（新增1项）；承担重点国际合作项目2项（新增1项）；承担院地合作项目10项（新增3项）。

2013年，全园发表论文201篇，其中SCI（EI）刊物论文150篇，累计影响因子485.71，属于Q1的论文88篇，第一作者单位论文93篇。先后在*PNAS*、*Trends in Ecology & Evolution*、*Plant Cell*等上发表论文。余迪求研究员带领的研究团队通过对WRKY家族成员介导的抗逆信号调控网络的研究，先后在*PNAS*、*Plant Cell*等上发表论文，形成了*WRKY*基因抗逆研究的系统成果。生物多样性研究组Richard Corlett研究员在*Trends in Ecology & Evolution*上发表综述文章，讨论植物对气候变化的响应。生态进化研究组YannSurget-Groba研究员以过去在热带美洲的研究数据，利用现代分子技术讨论物种快速分化种间基因交流，研究成果发表在*Molecular Ecology*。植物地理研究组Ferry Slik研究员揭示热带亚洲大树数量导致热带亚洲森林地上生物量明显高于地球其他热带地区，该成果发表于*Global Ecology & Biogeography*。秦瑞敏、郑玉龙在导师的指导下，以《增强竞争能力进化假说、先天的竞争优势和新武器假说协同作用促进飞机草成功入侵》为题在*New Phytologist*上发表研究论文。共申请专利12项，授权专利9项。版纳植物园形象标识（LOGO）、星油藤获注册商标7个。两项成果“*WRKY*基因调控植物抗逆境性状建成的分子机制研究”、“中国西南榕树与榕小蜂协同进化研究”分别获云南省自然科学奖二等奖。

2013年，院地合作与成果转化工作稳步推进。与地方企业共建1万亩环境友好型橡胶园试验示范基地等项目顺利推进。与西双版纳州旅游局、云南福临生物药业有限公司等合作，获得利税1903万元，产生社会效益9952万元。投资建立的西双版纳雨林制药有限责任公司，有在职员工52人，2013年产值达1220.55万元。

2013年，高层次人才引进工作取得成效，国际合作稳步推进，学术交流丰富多彩。Eben Goodale副研究员入选中组部“千人计划”（青年项目）。与缅甸环境保护与林业部、泰国清迈皇后植物园签署科技合作备忘录。举办7个国际会议和国际培训班，XTBG Seminar举行40场中英文专题报告会。全年出访人员56人次，来访人员150余人次。

2013年，科普活动成效显著，逐步形成科普与旅游良性互动机制。全年入园60多万人次。以“探秘热带雨林”为主题的科学探索冬夏令营和以“亲近热带雨林”为主题的自然体验营活动再次爆满，有25批次约1130人参与活动。全年围绕元旦、春节等固定节假日开展科普活动13次，参与者4.5万多人。获得科普活动项目经费134万元。荣获“国家环保科普基地”称号。

物种保育能力进一步增强，植物科学数据收集规范。全年共引种1157种次。新定名植物名称345种，新增植物名称280种。完成2327种号植物物候观测和914种号、4290株植物生长量数据的采集工作。藤本园如期建成并对游客开放。

2013年，积极争取基本建设项目的支持，基本建设工作稳步推进。完成2014年园部引种温室与隔离苗圃维修改造、园区道路修缮等项目申报，争取到财政部2014年基本建设修缮项目支持2130万元。“3H”工程流动公寓建设项目稳步推进，10月施工单位进场。科研及辅助用房维修改造项目进展顺利。昆明分部新址取得新园区土地证。

2013年，由国家林业局、住房和城乡建设部、中国科学院联合组建的中国植物园联盟成立。6月6日在北京召开中国植物园联盟建设启动会议，中科院院长、党组书记白春礼，副院长施尔畏，副院长张亚平，国家林业局局长赵树丛，住房和城乡建设部总工程师陈重和中科院院士许智宏等出席会议。白春礼、赵树丛和陈重为“中国植物园联盟”揭牌。会议通过联盟章程，成立了联盟组织机构。9月召开联盟第一次理事长会议，确定了联盟的发展规划和年度工作计划。联盟秘书处人员编制已经落实，联盟运行经费已经到位。

2013年，景东亚热带植物园筹建工作进展顺利。版纳植物园正式批准成立“景东亚热带植物园”建制，启动一期苗圃建设、苗木储备和物种收集工作。

版纳植物园是云南生态学会挂靠单位。2013年《雨林故事》完成第11期“水的信仰”、第12期“蝙蝠的故事”专题，实现网上发行。

（撰稿：黄加元　万金鹏　审稿：李宏伟）

地球化学研究所

所　　长：胡瑞忠

地　　址：贵州省贵阳市南明区观水路46号

邮政编码：550002

电　　话：0851-5891962

传　　真：0851-5891721

电子信箱：huruizhong@vip.gyig.ac.cn

网　　址：http://www.gyig.ac.cn

地球化学研究所（以下简称“地化所”）成立于1966年2月，主体由中国科学院地质研究所的相关人员从北京搬迁至贵阳组建。

2013年，地化所牢牢把握研究所战略定位，全面推进“一三五”规划和“创新2020”的实施。加强基础研究，注重原始创新，增强竞争力和可持续发展能力；加强集成创新研究，形成“基础研究-技术研发-成果示范”为一体的完整创新价值链，提升解决国家和地方重大需求问题的能力；强化优势，突出特色，力争在固体矿产资源与喀斯特生态环境等研究领域形成不可替代性。实现建立在PI制基础上以解决资源环境领域重大科技问题为主线的团队科研组织形式；初步建立了符合当代科技创新规律、以重大成果产出为导向的科技评价体系。并根据学科发展态势和地化所的研究基础，将原规划的重点培育方向“境外矿产资源及其与我国成矿作用的对比”并入突破Ⅰ（华南陆块陆内成矿作用）和突破Ⅱ（深部矿产资源预测示范）之中，新设立重点培养方向“地球化学基础理论和方法”，以加强非传统同位素示踪、微区微量元素—同位素组成测试方法和实验地球化学等方面的研究。

地化所现设有矿床地球化学国家重点实验室、环境地球化学国家重点实验室、地球内部物质高温高压实验室和月球与行星科学研究中心等4个研究机构。截至2013年12月底有在编职工343人，其中，中国科学院院士2人，研究员64人，正高级工程师2人，具博士学位人员178人，具硕士学位人员37人。专业技术人员中，具博士学位人员占68%，正高级职称人员占26%。

共有中国科学院“百人计划”入选者19人（新增2人），“西部之光”人才入选者70人（新增8人）；国家杰出青年科学基金获得者5人；“中国科学院青年创新促进会”会员8人（新增2人）。新增中青年科技创新领军人才1人、国家百千万人才工程人选1人、中国科学院西部学者突出贡献奖1人。

地球化学研究所是我国首批博士、硕士学位授权单位，也是我国首批博士后流动站建站单位。现有地质学（矿物学岩石学矿床学、地球化学）、环境科学与工程（环境科学、环境工程）2个一级学科博士、硕士培养点，地质工程和环境工程2个全日制专业学位硕士培养点，以及地质学和环境科学与工程2个博士后流动站。截至2013年底，共有在读研究生292人（其中硕士生146人、博士生146人）、在站博士后45人。

2013年，地化所共有在研项目455项（包括新增项目120项）。其中，主持国家重点基础研究发展计划（973计划）项目2项，课题3项，主持国家高技术研究发展计划（863计划）课题1项，科技惠民计划1项、国家自然科学基金项目113项，主持中国科学院战略性先导科技专项子课题10项、重要方向项目3项、国际合作项目4项、院地合作项目5项等。

2013年新增的主要项目除国家自然科学基金项目37项外，主要包括973项目2项，科技惠民计划项目1项，院修购专项1项，院人才项目8项，横向项目20项，地方科技部门下达项目28项等。

2013年，地化所共发表论文341篇，其中SCI论文194篇，CSCD论文及其他147篇，出版专著4部，授权专利及软件著作权18项；“湖泊底泥污染控制理论技术与应用”获得国家科技进步奖二等奖。

2013 年 2 月，中国科学院正式批准（科发人教字〔2013〕15 号），“中国科学院贵州现代资源技术研究与成果转化中心”（简称“贵州中心”）成立。2013 年 6 月，中科院贵州中心（贵州科技创新园）建设项目正式开工建设，预计 2014 年底将全面完工。作为“贵州中心”的 5 个分中心之一的“矿产资源高效清洁综合利用工程技术中心”的建立，为拓展地化所的研究方向，服务国家和社会需求，保障研究所可持续发展奠定了良好基础。

2013 年，完成喀斯特环境不同土地利用条件下水－碳通量模拟试验场、酸性矿山废水（AMD）原位微生物修复治理动态观测平台等野外实验平台建设。在已有技术平台的基础上，加强有特色的测试和实验平台建设，如低含量 PGE 和 Re-Os 同位素、单个流体包裹体成分、成矿模拟实验、非传统同位素、计算地球化学等。加强了超低含量 PGE 分析前处理实验室、纳米地球化学实验室和 LA-ICP-MS 实验室建设，进一步改进了 PGE 分析前处理实验装置，提高了超低含量 PGE 分析精度，安装运行的扫描探针/原子力显微镜（SPM/AFM）可以开展样品表面纳米至微米尺度三维形貌结构等性质测定，推动了纳米地球化学的相关研究。基本建成了有特色的分析测试和实验模拟平台，为科研工作提供了有力支撑。

2013 年，月球（行星）表面环境与资源利用技术研究平台前四期均得到了国家批准立项，项目 I 期建设内容已顺利完成，初步实现基本物性测量和空间作用过程模拟功能。高水平技术平台的建设，为地化所承担“嫦娥工程”和火星探测等国家重大任务打下坚实基础，大大增强了地化所在月球与行星科学研究领域的竞争力。

2013 年，地化所国际科技合作活跃，共派出 89 人次的科研人员前往英国、加拿大、美国等 20 余个国家和地区进行学术交流与合作研究；邀请来自澳大利亚、美国、法国等 20 余个国家的 74 位国外专家到所访问及合作研究。

2013 年地化所成功主持或共同主持了“第六届全国成矿理论与找矿方法学术讨论会”（桂林）、“生态系统野外站联盟会议暨中国生态系统研究网络（CERN）第二十次工作会议”、“第七届全国环境化学大会”等，并积极参加各类国际学术活动，科技人员在国际学术界的地位明显提升。刘丛强研究员担任国际 SCI 期刊 *Chemical Geology* 编委，胡瑞忠研究员担任国际矿床成因协会中国国家委员会副主席及国际经济地质学会会士，冯新斌研究员担任国际 SCI 期刊 *Environmental Toxicology and Chemistry*、*Journal of Environmental Sciences* 编委和亚太地区环境地球化学与健康执行委员会委员，刘再华研究员担任国际水文地质学家协会地下水与气候变化委员会共同主席和国际 SCI 期刊 *Journal of Cave and Karst Sciences* 编委。

地化所是中国矿物岩石地球化学学会及中国科学报贵州记者站的挂靠单位，主办有 *Chinese Journal of Geochemistry*、《矿物学报》、《矿物岩石地球化学通报》和《地球与环境》四种学术刊物。

（撰稿：吴惠明　陈娟弘　审稿：胡瑞忠）

西安光学精密机械研究所

所　　长：赵　卫
地　　址：陕西省西安市高新区新型工业园信息大道 17 号
邮政编码：710119
电　　话：029-88887711，029-88887717
传　　真：029-88887711
电子信箱：office@opt. ac. cn
网　　址：http://www. opt. ac. cn

中国科学院西安光学精密机械研究所（以下简称“西安光机所”）于 1962 年 3 月由中国科学院所属原子能研究所大部、陕西分院光学研究所、机械研究所、自动化研究所合并组建而成。

西安光机所研究领域包括空间光学、光电工程、基础光学，主要研究方向包括高分辨可见光空间信息获取和光学遥感技术研究、干涉光谱成像理论与技术研究、高速光电信息获取与处理技术研究、瞬态光学与光子学理论与技术研究。设有瞬态光学与光子技术国家重点实验室、中国科学院超快诊断技术重点实验室、中国科学院光谱成像技术重点实验室、空间光学应用研究室、月球与深空探测技术研究室、光电跟踪与测量技术研究室等研究室与技术支撑系统。

2013年，西安光机所顺利完成行政领导班子换届，新一届领导班子认真推进创新2020及“一三五”规划，面向国际前沿与国家战略需求，本着“特色、优势、不可替代”的发展思路，加强前瞻性研究和新学科建设，组建起一批方向新、模式新、体制机制新的研究单元，新成立3个研究室、7个研究中心，强化了重点学科专业化发展，强化了创新与前沿技术研究。研究所以“高的空间、时间、光谱分辨与灵敏探测”和“快的信息获取、传输、交换、利用”为学科方向，在光子学和光子技术应用研究方面，形成了从理论、材料、器件到集成的完整学科链，支撑与推进光电技术与工程的创新发展与突破，2020年实现向光子技术与光子工程的转变。

西安光机所坚持以高层次人才引进与培养统领人才队伍建设工作，依托国家和院（省）人才引进政策，凝聚了一批海内外杰出人才。截至2013年底，在职职工856人。其中科技人员670人、科技支撑人员87人，包括中国科学院院士1人，国际欧亚科学院院士1人，研究员及正高级工程技术人员85人、副研究员及高级工程技术人员188人。全所进入创新岗位768人。共有国家海外高层次人才引进计划（“千人计划”）入选者6人（新增3人），“青年千人计划”入选者1人；中国科学院“百人计划”入选者13人（新增2人），“西部之光”人才入选者42人（新增13人）；国家杰出青年科学基金获得者1人。李学龙研究员荣获中科院青年科学家奖、中国青年科技奖和陈嘉庚青年科学奖，刘雪明研究员入选国家“百千万人才工程”并获评国家“有突出贡献中青年专家”、薛彬博士荣获中科院卢嘉锡青年人才奖。

西安光机所是1981年国务院学位委员会批准的博士、硕士学位授予权单位之一，现设有物理学（光学、等离子体物理专业）、光学工程、电子科学与技术（物理电子学、微电子学与固体电子学专业）、信息与通信工程（通信与信息系统、信号与信息处理专业）一级学科博士及硕士培养点；另有材料科学与工程（材料物理与化学专业）、控制科学与工程（控制理论与控制工程专业）一级学科硕士培养点以及光学工程、电子与通信工程、控制工程、材料工程硕士专业学位培养点，设有物理学（光学专业）、光学工程博士后流动站。2013年在学研究生424人（其中硕士生231人、博士生193人）、在站博士后15人。获中科院大学招生工作先进单位，李晋芳同志荣获“中科院优秀教育管理干部”。

2013年，西安光机所共有在研项目451项（新增248项）。其中，承担国家重大科技专项课题18项（新增8项）、主持（或承担）国家重点基础研究发展计划（973计划）和国家重大科学研究计划4项，承担（或参加）课题4项，主持（或承担）国家高技术研究发展计划（863计划）51项（新增27项）；主持（或承担）国家自然科学基金重点项目5项（新增2项）、面上项目32项（新增4项）、青年科学基金项目33项（新增10项）、承担中国科学院战略性先导科技专项课题4项，主持（或承担）院重点部署项目4项（新增1项），（科技部、国家自然科学基金委、财政部和院）重大仪器研制项目9项；承担重点国际合作项目2项（新增1项）承担院地合作项目9项（新增1项）。

2013年西安光机所为探月工程“嫦娥三号”任务研制的全景相机成功拍摄着陆器照片，标志着任务圆满成功；与国家天文台共同研制的月基光学望远镜实现月基光学天文观测，开创了世界探月史上的先河。研制的箭载、船载摄像机再次成功应用于载人航天工程；研制的光纤陀螺测量仪在我国海南空间环境垂直探测实验中表现优秀，圆满完成了火箭姿态跟踪与测量任务。“环境与灾害监测预报小卫星星座A.B卫星”获国家科技进步奖二等奖。“特殊模式光场与微粒相互作用研究”及“系列特殊功能光子晶体光纤的优化设计、研发及其在可控光延迟中的应用研究”获陕西省科学技术奖二等奖。一项目获军队科技进步奖二等奖。全年发表论文534篇，被SCI收录224篇，被EI收录465篇，CPCI收录74篇；其中*Optics Express*、*Applied physics Letter*

等一区期刊的文章有60余篇，3篇论文被ESI评为高被引论文。申请专利297项，其中发明专利163项（含国防专利15项），外观专利2项；授权160项，其中发明专利42项，实用专利116项，软件著作权登记2项。

西安光机所以创新驱动发展，探索和尝试成果转移转化新模式，不断推进产学研工作。2013年成功转移转化专利成果10项，孵化了10家企业。2013年研究所投资企业产值超过2亿元，纳税上千万元，新设企业吸引社会投资1160万元，就业人数1400余人；发起设立了西北第一支光电科技领域的天使基金，已成功投资西安光机所的9个高科技企业；打造了多位一体的光电信息产业孵化器（3.0版），与西安市高新区共建光电孵化协同创新工程示范基地。不仅提供物理空间、创业培训、政策环境，还提供投资服务、贴身孵化、研发支撑。形成了视野国际化、运营市场化、领域专业化的孵化器发展模式。

在党建与创新文化方面，西安光机所紧密围绕中心任务，认真组织党的群众路线教育实践活动，坚持面向职工群众、面向创新发展，着力解决职工群众反映的“四风”突出问题，着力解决研究所创新发展的制约因素与瓶颈问题，活动历时5个月，圆满结束，得到了中科院第五督导组及分院领导的肯定。

2013年，国务委员王勇、中央国家机关工委副书记李智勇、全国人大常委会原副委员长蒋正华、科技部副部长曹建林等领导来所视察，对研究所为国家科技事业发展以及在科研成果转移转化中取得的成绩给予充分肯定。

2013年接待来访外宾17批47人次，出访18批33人次。承担的“用于环境监测和大型土木与土木技术结构评价的分布式光纤传感器及其与通信网络的融合技术”国际合作项目申请专利多项，已授权专利13项，其中国际专利2项，国内发明专利11项，项目组在国内外重要学术期刊、国际会议发表论文38篇，其中SCI、EI检索38篇，该项目2013年12月结题，中科院创新团队国际合作伙伴计划“物质光子特征信息获取与处理”运行良好，创新团队合作发表论文30多篇，申请发明专利十余项，培养研究生十余人。

西安光机所是中国光学学会所属高速摄影与光子学专业委员会、纤维光学和集成光学专业委员会、陕西省光学学会的挂靠单位，编辑出版国家一级学术期刊《光子学报》。

（撰稿：张岗峰　陈桂萍　审稿：马彩文）

国家授时中心

主　　任：郭　际
地　　址：陕西省西安市临潼区书院东路3号
邮政编码：710600
电　　话：029-83890326
传　　真：029-83890196
电子信箱：office@ntsc. ac. cn
网　　址：http://www. ntsc. ac. cn

中国科学院国家授时中心（以下简称“国家授时中心”）成立于1966年，当时命名为中国科学院陕西天文台，2001年3月27日，经中央机构编制委员会办公室批准改为现名。

国家授时中心承担着我国标准时间频率的产生、保持和发播任务。科研工作定位是以时间服务为本，开展与授时相关的研究，保证和满足国家日益发展对不同精度特别是高精度授时的需求，为国民经济持续发展、国防建设、国家安全等提供全方位、多层次、多手段、先进方便的授时服务；从国家战略需求出发，瞄准本学科前沿，开展高性能原子时、高精度时间传递与同步、授时新技术与新手段、高精度时间频率测量与控制、时间尺度和授时理论与方法、导航与通信、时间用户系统设计和开发等方面的研究工作，使我国在授时服务、时间频率研究领域整体跻身于世界先进行列，使国家授时中心成为我国较完善的、独立自主的时间频率研究和服务中心。

2013年，国家授时中心围绕中科院“创新2020”规划纲要，积极推进“一三五”规划的组织实施，立足时间频率与卫星导航领域，瞄准该领域世界科技前沿，面向国家时频体系建设和卫星导航系统重大专项建设及战略需求，开展基础应用研究、关键技术攻关和系统集成。全面启动和实施3个重点突破，重点突破1：巩固和发展授时服务系统，时间基准保持达到国际领先水平；重点突破2：卫星导航试验与评估系统建设的各项科研任务进展顺利，西安试验场区和洛南试验场区基建工作全面开工建设；重点突破3：高性能原子钟是国家战略资源，在量子频标研究方面冷原子研究和锶原子光频标研制均取得重要进展，持续提供重大创新性理论和技术成果。5个重点培育方向“亚纳秒级时间频传递”、“新型星载原子钟”、“脉冲星计划与深空导航研究”、“GNSS兼容互操作”，以及“卫星导航系统实时精密定轨定位技术”研究工作都顺利推进，取得了较好的成效。

国家授时中心主要研究单元有量子频标研究室、守时理论与方法研究室、高精度时间传递与精密测定轨研究室、时间频率测量与控制研究室、授时方法与技术研究室、时间用户系统研究室、导航与通信研究室、时间频率基准实验室和授时部，拥有时间频率基准、精密导航定位与定时技术2个中国科学院重点实验室。主要下属单位有国家授时中心授时部。

国家授时中心所拥有的长短波授时系统是国家不可或缺的基础性技术工程和社会公益设施，被列为由国家财政部专项运行维护费支持的国家重大科学技术设施之一。短波授时台（BPM），每天24h连续不断地以4个频率交替发播标准时频信号，覆盖半径3000km，授时精度毫秒量级；长波授时台（BPL），每天24h发播高精度长波时频信号，覆盖我国中部大部分地区和近海海域，授时精度为微秒量级；网络授时系统年服务200多亿人次。

截至2013年底，国家授时中心有在职职工430人。其中科技人员240人、科技支撑人员163人，包括研究员及正高级工程技术人员20人、副研究员及高级工程技术人员50人。有中科院“百人计划”入选者5人（新增1人），中科院“西部之光”人才入选者19人（新增5人），国家青年拔尖人才1人（新增1人），国家“百千万人才工程”国家级人选1人，国家杰出青年科学基金获得者1人。

国家授时中心是1982年国务院学位委员会批准的博士、硕士学位授予权单位之一。现有信息与通信工程1个一级学科博士生培养点；天体测量与天体力学、测试计量技术及仪器2个专业二级学科博士研究生培养点；天体测量与天体力学、测试计量技术及仪器、通信与信息系统、仪器仪表工程、电子与通信工程5个专业二级学科硕士研究生培养点；设有1个天文学专业一级学科博士后流动站。在学研究生143人（其中，硕士生74人、博士生69人）、在站博士后3人。

2013年，国家授时中心有在研项目93项（包括2012年新增项目24项）。其中，承担国家自然科学基金重点项目1项、面上项目7项（新增1项）、国家杰出青年科学基金1项，承担国家自然科学基金重大研究计划培育项目2项（新增2项），承担院重点部署课题2项，国家自然科学基金委重大仪器研究项目1项，中科院装备研制项目2项（新增1项），中科院修缮购置专项3项（新增3项），与成都天奥电子股份有限公司联合承担科技部国家重大科学仪器设备开发专项1项（新增），以及卫星导航重大专项建设及关键技术攻关任务多项。

2013年，国家授时中心在确保常规授时发播工作的同时又多次执行重大授时保障任务，其中包括“神州十号”载人飞船的发射回收任务，任务期间实现了零阻断；在守时工作方面，根据国际权度局公布的数据，国家授时中心所保持的独立原子时TA（NTSC）中长期稳定度指标综合评定排名在全球第四（共72个实验室），所保持的地方协调世界时UTC（NTSC）与国际协调世界时UTC的偏差小于20ns；对国际原子时TAI计算贡献的6.2%权重全球排名第四。

2013年，国家授时中心共发表学术论文98篇，出版学术著作1部。申请专利20项，授权发明专利14项，软件著作权登记90件，科技成果登记3项，获陕西省科学技术奖2项，获军队科技进步奖6项，获中国人民解放军总装备部和国家国防科技工业局共同授予“北斗二号卫星工程建设突出贡献奖”。

2013年，国家授时中心积极推动科研成果转化和产业化。由企业投资2000万元在河南商丘建立的BPC低频时码发播台发播运行连续可靠，全年发播低频时码信号超过7695小时，合作企业的终端产品开发已逐渐形成完整的产业链。用户终端设备研制成果显著，承担了各种军民用户系统时间同步方案设计和技术研发工作，在定位设备、信号发生器、长短波接收机、精密天文钟等方面取得了显著成果。中心现有控股企业有骊天物业发展有限责任公司；参股企业西安爱乐电子科技有限责任公司。

2013 年，国家授时中心与国际权度局、法国巴黎天文台、德国波茨坦地学中心、美国麻省理工学院、日本信息与通信技术研究所、澳大利亚计量研究所、德国物理技术研究院等重要时频研究单位开展了多方面合作。参加各类国际学术活动 18 次，全年出访 62 人次，国外专家来访 38 人次。

国家授时中心是国际电信联盟（ITU）科学业务组 ITU-R7A 国内对口组单位、中国天文学会时间专业委员会负责单位、中国 GPS 技术应用协会授时与时间专业委员会负责单位、陕西省天文学会的挂靠单位；编辑出版的刊物有《时间频率学报》、《时间频率公报》。2013 年 10 月负责组织承办了“2013 年全国时间频率学术交流会”。

（撰稿：郇维国　宫勇敏　审稿：张首刚）

地球环境研究所

所　　长：曹军骥
地　　址：陕西省西安市高新区沣惠南路 10 号
邮政编码：710075
电　　话：029-88320990
传　　真：029-88320456
电子信箱：suoban@ieecas. cn
网　　址：http://www. ieexa. cas. cn

中国科学院地球环境研究所（以下简称“地环所”）成立于1999 年，是在1985 年建立的中国科学院黄土与第四纪地质研究室基础上升格而成，并于1999 年进入中国科学院知识创新工程试点。

地环所是从事地球科学基础研究的研究机构，定位于区域和全球不同时间尺度气候和环境变化过程、规律、机制、趋势与对策研究，旨在发展亚洲季风-干旱环境变化理论，探索气溶胶与同位素等环境示踪新方法，在国际地球环境科学前沿做出创新性科学贡献，为我国西部经济社会可持续发展和生态环境修复提供基础性、战略性和前瞻性科学建议，将研究所建设成为国际一流的大陆环境变化科学研究中心和高水平人才培养基地。

2013 年，地环所根据中国科学院党组的部署，结合院“创新 2020”战略规划及研究所“十二五”发展规划，进一步落实研究所一个定位、二个重大突破、三个重点培育方向及落实了“一二三”目标的若干保障措施与重大举措。

地环所现拥有 1 个黄土与第四纪地质国家重点实验室、1 个陕西省加速器质谱技术及应用重点实验室和 1 个陕西省环境保护大气细粒子重点实验室，有古环境研究室、现代环境研究室、粉尘与环境研究室、生态环境研究室和加速器质谱中心 5 个研究单元。同时有共建的 3 个中外联合研究中心：中瑞树轮研究中心、中美加速器质谱中心和中美气溶胶实验室。

2013 年，地环所与美国 TSI 公司和美国明尼苏达大学颗粒技术实验室（PTL）联合共建了 IEE-TSI-PTL 气溶胶实验室（JLITP），该实验室是 TSI 公司与国内研究机构正式建立的第一家联合实验室，旨在打造高水平气溶胶成果产出、先进气溶胶技术研发与高级别人才培养的长期交流平台与中心基地，以尽快促进我国气溶胶研究的蓬勃发展与进步。

地环所拥有先进的高精度实验设施及装置。大型仪器设备 3MV 加速器质谱仪（AMS）是长寿命放射性核素高灵敏度分析测量的一个重要工具，在地球科学、考古学、生命科学、材料科学等基础研究和应用研究中得到广泛应用，并为经济社会发展和国防安全提供科学服务。

截至 2013 年底，地环所共有在职职工 115 人。其中科技人员 71 人、科技支撑人员 29 人，包括中国科学院院士 2 人、发展中国家科学院院士 1 人、研究员及正高级工程技术人员 28 人、副研究员及高级工程技术人员 25 人。人才队伍中国家“千人计划”入选者3人（新增1人），国家杰出青年科学基金获得者6人（新增1人），国家百千万人才工程入选者2人（新增1人），中科院“百人计划”入选者8人，“西部之光”人才入选者30人（新增4人）。

地环所是1990年国务院学位委员会批准硕士学位授权单位、1994年国务院学位委员会批准博士学位授权单位，现设有第四纪地质学二级学科和环境科学二级学科博士研究生、硕士研究生培养点以及环境工程二级学科硕士研究生培养点，并设有地质学专业一级学科博士后流动站，共有在学研究生108人（硕士生54人、博士生54人）、在站博士后13人。

2013年，地环所共有在研项目124项（新增48项）。其中，主持国家重点基础研究发展计划（973计划）和国家重大科学研究计划项目2项、承担（或参加）973课题6项，主持国家自然科学基金重大研究计划1项（课题3项），主持国家科技基础性工作专项1项；主持国家自然科学基金重大国际合作项目1项、重点项目2项、面上项目24项（新增5项）、青年科学基金项目28项（新增8项），国家优秀重点实验室专项1项，国家杰出青年科学基金项目3项（新增1项）；主持（或承担）中国科学院战略性先导科技专项课题10项，主持（或承担）院重点部署项目1项、承担课题4项；承担院地合作项目5项（新增4项）。

2013年地环所公开发表各类研究论文298篇，其中SCI收录200篇（署名第一著作单位88篇），CSCD期刊94篇；组织SCI期刊专期3期，中文核心期刊1期；申请及授权国家实用新型专利1项。

2013年8月15日，*Nature*出版社的*Scientific Reports*刊发了地环所科研团队与其国际合作者的研究成果*New Evidence for Early Presence of Hominids in North China*。该成果围绕泥河湾盆地是否存在更早的古人类遗址和动物群以及泥河湾古湖形成的年代最早可上溯到何时这一科学问题，通过磁性地层学研究，给出了上沙嘴遗址的准确年代，为早期人类早在170万年前已在我国北方繁衍生息提供了新的证据，并被*Nature*出版社选为当月的研究亮点（journal highlights）。

地环所利用^{10}Be首次确认了B/M地磁极性转换记录在S_7古土壤层（而不是L_8）与海洋MIS19阶段一致，解决了海陆B/M界线不同步的学术争议，为黄土序列提供了可靠的时间标尺；获得了第一条最近80万年高分辨率黄土^{10}Be浓度序列及其示踪的全球地磁场漂移事件曲线。

2013年地环所在新技术、新方法和新环境代用指标的探索方面取得多项进展。基于石英的ESR信号强度和结晶度对亚洲粉尘源进行了示踪研究，揭示了亚洲粉尘的三个终极来源：西昆仑和南天山、中亚山系和蒙古高原和青藏高原东北缘山系；发现青藏高原东北部湖泊和土壤中二醚四醚生物标志物的ACE和BIT指标分别与盐度和水分含量正相关，可用来恢复古盐度和古湿度；建立了TOR方法测量土壤和沉积物中黑碳组分的分析程序，并获得了黄土高原黑碳的空间分布；建立了微克量级碘的AMS测试新方法，开展了黄土地层中^{129}I化学形态研究，为利用^{129}I测年奠定了基础。

在开展基础研究的同时，地环所面向国家和地方需求，进行现代环境的常年监测和评价，以期为环境治理工作提供科学依据和新手段。如系统开展了我国14个大城市大气CO_2化石源排放的^{14}C示踪研究，基于对青海湖长期监测的研究，指出中国降雨模式正发生重大变化，中央电视台进行系列报道。通过国际合作，率先开展了日本福岛核事故释放的^{129}I在海水中分布规律的研究等。

地环所坚持“走出去、引进来”的国际合作思路，积极开展实质性的国际科技合作与交流，努力提升我国地学领域的国际话语权。中美重大国际合作项目“亚洲季风-干旱环境演化与青藏高原北部的生长”圆满完成2013年度西藏、青海野外科学考察任务。全年出访90人次，来访60人次。举办国际会议2个，海峡两岸会议1个，签署合作协议5个。1人当选美国地球物理学联合会（AGU）会士，1人荣获国际空气污染控制杰出成就奖（国际空气污染领域最高奖，是1955年设立奖项以来亚洲第一位获此殊荣的学者）；10人次在国际组织任职，24人次在国际学术期刊任职。

地环所主办并在国内外公开发行 CSCD 核心期刊《地球环境学报》。

（撰稿：张　义　康贸易　审稿：刘晓东）

近代物理研究所

所　　长：肖国青
地　　址：甘肃省兰州市城关区南昌路 509 号
邮政编码：730000
电　　话：0931－4969220
传　　真：0931－4969800
电子信箱：office@impcas.ac.cn
网　　址：http://www.impcas.ac.cn

中国科学院近代物理研究所（以下简称“近代物理所”）是根据 1956 年周总理的指示在兰州设立的原子核科学研究基地，其前身为 1957 年成立的中国科学院兰州物理研究室，1962 年与二机部“613 工程处”合并，使用现名至今。

近代物理所的定位是重离子科学和先进核能技术研究，目标是建成在国际上有重大影响的重离子科学研究中心和国际先进核裂变能技术研发中心。主要研究方向有：先进加速器技术研究、原子核物理、强子物理、核天体物理、核化学与放射化学、ADS 散裂靶研究、先进反应堆研究、高离化态原子物理、高能量密度物理、重离子治癌研究、重离子辐照材料研究、辐照生物效应研究、核辐射探测器及核电子学研制等。

近代物理所建有兰州重离子加速器国家实验室，中科院重离子束辐射生物医学重点实验室、中科院高精度核谱学重点实验室、甘肃省重离子束辐射生物医学重点实验室、与甘肃省科学院联合共建的甘肃省微生物资源开发利用重点实验室等。与中科院上海应用物理研究所、中国原子能科学研究院、北京大学、南京大学、上海交通大学等单位成立了 RIBLL 合作组，开展核反应和核结构性质研究，成为大科学装置开放合作的典范。建有兰州重离子研究装置，包括 1.5m 扇聚焦回旋加速器、分离扇回旋加速器、兰州重离子加速器冷却储存环、放射性束流线以及若干实验终端；拥有 320kV 高电荷态离子综合研究平台、大功率电子加速器等重要科研设施及装置。

截至 2013 年底，近代物理所共有在职职工 891 人。其中科技人员 766 人，包括中国科学院院士 2 人、中国工程院院士 1 人、研究员及正高级工程技术人员 74 人、副研究员及高级工程技术人员 209 人。现有中国科学院“百人计划”入选者 22 人（新增 2 人），“西部之光”人才入选者 83 人（新增 9 人），973 项目首席科学家 3 人，“百千万工程领军人才”入选者 4 人，国家杰出青年科学基金获得者 7 人。

近代物理所是 1981 年国务院学位委员会批准的博士、硕士学位授予权单位之一。现设有物理学、核科学与技术 2 个专业一级学科和生物物理学专业二级学科博士研究生培养点；物理学、核科学与技术 2 个专业一级学科和生物物理学、材料学、控制理论与控制工程 3 个二级学科硕士研究生培养点；材料工程、控制工程、核能与核技术工程、生物工程 4 个工程硕士培养点；并设有物理学、核科学与技术 2 个专业一级学科博士后流动站。共有在学研究生 296 人（其中硕士生 138 人、博士生 158 人）、在站博士后 4 人。

2013 年，研究所进一步落实“一三五”规划，“创新 2020”各项任务进展良好。加速器驱动次临界系统（ADS）关键技术超导直线加速器、重金属散裂靶、先进核能材料和燃料研发等均取得重要突破。超导直线加速器完成了 560keV RFQ 样机的束流加载试验，实现了 10MeV 的连续束流，是国际上近 10 年来唯一实现 10mA 连续波质子束的 RFQ 加速器；完成了 162.5MHz 超导腔体的垂直和水平测试，技术指标达到世界领先水平；完成了国内第一个低 beta 超导加速单元的装配和离线测试，性能超过设计指标。与金属所联合研制了一种新型结构的 SIMP 钢，已炼制 500kg，可能作为核能装置候选结构材料。原子核质量精确测量方面，精确测定了 ^{45}Cr 核的质量，取得了国际领先的成果，原子质量评估中心已移交近代物理所管理。成功合成了缺中子新核素 ^{205}Ac，并首次测量到该核素的 α 衰变能量和半衰期；成功实现了对宇宙大爆炸 BBN 中 $^{6}Li(p, \gamma)^{7}Be$ 天体物理 S 因子的测量，发现了新的实验现象。利用 microRNA 增加细胞辐射敏感性研究取得新进展，首次报道了 miR-185 通过靶向调控关键的 DNA 损伤传感因子 ATR 增强电离辐射诱导的细胞凋亡及增殖抑制等效应。先进离子加速器技术研发、极端条件重离子物理和空间辐射生物效应研究等均取得阶段性成果和进展。兰州重离子加速器装置全年开机 7896 小时，为 180 项各类实验提供了束流。

2013 年，发表 SCI 收录论文数 388 篇，其中：国际期刊论文 345 篇，国内期刊 43 篇，国际会议邀请报告 25 篇；获得发明专利授权 7 件、软件著作权 2 项、实用新型专利授权 11 项。作为参与单位获得国家科学技术进步奖一等奖 1 项。

2013 年，近代物理所共有在研项目 436 项（新增项目 98 项）。其中，主持国家重点基础研究发展计划（973 计划）3 项、承担课题 15 项，主持（或承担）国家科技基础性工作专项 5 项（新增 2 项）；主持国家自然科学基金创新群体 1 项、优秀青年科学基金项目 1 项（新增）、重点项目 1 项、面上项目 38 项（新增 11 项），国家自然科学基金重大研究计划重点支持项目 3 项，培育项目 3 项（新增 1 项）；主持重大国际合作研究交流项目 1 项；主持联合基金重点支持项目 6 项（新增 2 项）、培育项目 13 项（新增 4 项）；主持中国科学院战略性先导科技专项 1 项、承担课题 24 项，主持（或承担）中国科学院重点部署项目 1 项、课题 3 项（新增 1 项）；主持科技部重大仪器研制项目课题 3 项，财政部大型仪器设备修购专项 4 项（新增 2 项）；承担重点国际合作项目 1 项；承担院地合作项目 8 项。

产业化各项工作进展良好：医用重离子加速器完成所有物理设计、工艺设计及关键工艺和样机的试制，以及大部分设备的批量加工和部分设备的测试；医用重离子加速器测试调试中心基本建成并投入使用；推广种植甜高粱 10.5 万亩，实现了可观的综合效益；生产合格核孔膜约 92000m^2；研发了 DG-0.8 型电子加速器新样机，完成 DG-1.5 和 DG-2.5 样机的调试。新成立武威科近新发技术有限责任公司；申报并获批甘肃省发改委“甘肃省辐照诱变育种工程实验室”、甘肃省科技厅“重离子生物育种工程技术研究中心”。产业化工作获得中国产学研合作创新成果奖。

2013 年，近代物理所与美国、德国、瑞士、意大利及韩国的有关科研单位签署了 5 项国际科技合作备忘录。全年共组织召开 7 次国际会议，国外（境外）学者来访 490 人次，出访 258 人次。聘请了 4 名国外专家为客座研究员，执行两项国家外专局重点引智项目，两项高端人才项目，12 项中科院外国专家特聘研究员项目，两项发展中国家访问学者计划。

近代物理所是全国核反应学会、甘肃省物理学会、甘肃省核学会的挂靠单位；主办《原子核物理评论》、《高能物理与核物理》的核物理部分、《中国科学院近代物理研究所和兰州重离子加速器国家实验室年报》（英文版），与中科院高能物理所联合主办《中国物理 C》。

（撰稿：岳海奎　尹经敏　审稿：肖国青）

兰州化学物理研究所

所　　长：夏春谷
地　　址：甘肃省兰州市天水中路 18 号
邮政编码：730000
电　　话：0931-4968009，0931-4968026
传　　真：0931-8277088
电子信箱：office@licp. cas. cn
网　　址：http://www. licp. cas. cn

中国科学院兰州化学物理研究所（以下简称“兰州化物所”）始建于 1958 年 6 月，其前身是中科院石油研究所兰州分所，1962 年 6 月启用现名。

兰州化物所战略定位是“西部资源与能源化学和新材料高技术创新研究基地”，主要开展资源与能源、新材料、生态与健康等领域的基础研究、应用研究和战略高技术研究工作，力争将研究所建成具有“一流成果、一流管理、一流环境、一流人才”，特色鲜明、国内不可替代并具有可持续发展能力的国立研究机构。

2013 年，研究所加强对“一三五”规划的保障，围绕“一三五”规划，配置人、财、物资源，发挥研究所学术委员会作用，对“一三五”规划的实施开展多次督促和检查。继续加强科研平台、人才队伍、基建资产财务、公共事务和质量、计量与科研生产保障体系建设，积极推进信息化建设，贯彻落实安全保密保卫政策和规章制度，体制机制改革与创新取得实质性进展。

兰州化物所拥有 2 个国家重点实验室、1 个国家工程中心、1 个中科院与甘肃省共建重点实验室和 4 个所级科研单元，分别是：羰基合成与选择氧化国家重点实验室、固体润滑国家重点实验室；精细石油化工中间体国家工程研究中心（甘肃省污染物减排与环境控制工程实验室）；中科院西北特色植物资源化学重点实验室（甘肃省天然药物重点实验室）；先进润滑与防护材料研究发展中心、绿色化学研究发展中心、环境材料与生态化学研究发展中心、清洁能源化学与材料实验室。此外，研究所还与青岛市人民政府、崂山区人民政府联合共建了“兰州化物所青岛研发中心”；与江苏省盱眙县人民政府共建了“兰州化物所盱眙凹土应用技术研发中心”；与苏州纳米所联合共建了“纳米催化材料与技术联合实验室”。

截至 2013 年底，兰州化物所科研设备总值 32504 万元，其中单价 50 万元以上设备 120 台，总值 16454 万元。

截至 2013 年底，兰州化物所共有在职职工 583 人。其中科技人员 479 人，包括中国科学院院士 1 人、中国工程院院士 1 人、研究员及正高级工程技术人员 97 人、副研究员及高级工程技术人员 168 人。

共有首批“万人计划”入选者 3 人、“青年千人计划”入选者 1 人；中国科学院“百人计划”入选者 26 人（新增 2 人），“西部之光”人才入选者 41 人（新增 11 人）；国家杰出青年基金获得者 6 人。

兰州化物所是 1981 年国务院学位委员会批准的首批硕士学位授予权单位之一。现设有物理化学、分析化学和有机化学 3 个专业一级学科博（硕）士研究生培养点，材料学专业二级学科博（硕）士研究生培养点，工业催化、材料工程、化学工程、制药工程 4 个二级学科硕士研究生培养点，并设有化学专业一级学科博士后流动站，共有在学研究生 313 人（其中博士生 169 人、硕士生 144 人）、在站博士后 12 人。

2013 年，兰州化物所共有在研项目 308 项（包括新增项目 208 项）。其中，承担国家重大科技专项课题 2 项，主持国家重点基础研究发展计划（973 计划）1 项（新增 1 项）、承担或参加课题 7 项（新增 2 项），承担国家高技术研究发展计划（863 计划）项目 2 项（新增 1 项）；主持国家自然科学基金重点项目 1 项、面上项目 29 项（新增 16 项）、国家杰出青年科学基金项目 2 项；主持和承担中国科学院战略性先导科技专项课题 2 项，主持院重点部署项目 1 项、（国家自然科学基金委和院）重大仪器研制项目 3 项；承担重点国际合作项目 4 项（新增 2 项）；承担院地合作项目 15 项；承担中央组织部“万人计划”1 项（新增 1 项）。

科研工作取得重要进展。与企业合作，在山东菏泽设计建成了国际上首套从甲醇经三聚甲醛合成聚甲氧基二甲醚的全流程年产 1 万吨规模工业试验装置，2013 年 7 月 26 日通过全流程试验，实现了连续平稳运行，之后企业转入试生产阶段。完成异丁烷催化脱氢制低碳烯烃流化床 10 万吨级成套技术工艺包编制，形成成套工业技术，目前在建三套 10 万吨的生产线。在战略高技术用系列润滑和防护先进材料方面，发展了一类性能优良的润滑与防冷焊材料，解决了空间机动平台连接解锁机构与分离装置的黏着冷焊和润滑问题；研制了 2 种结构可控的多层复合润滑薄膜材料和 1 种强韧性硬质抗真空冷焊薄膜材料，保障了“神舟十号”飞船与“天宫一号”交会对接和分离再对接任务的顺利实施。在西北特色药食两用植物资源高值化利用关键技术及质量控制标准方面，开展了分离分析新材料与新方法、中药化学成分的发现与表征、植物资源高值化研究与开发工作，建设了“100 吨天然活性物质分离制备工业化示范平台”。采用分子氧为氧化剂，在国际上首次实现了铑催化的 C-H 偶联环化反应。通过在 3D 打印树脂中加入引发剂实现了引发剂集成型 3D 打印（i3DP），实现了多种表面功能化以满足各种应用需求，有望在仿生、生物医学、柔性电子等领域开展实际应用。

全年发表科技论文688篇，其中国外论文492篇，国内196篇。影响因子大于3的论文225篇，大于5的93篇。2012年度兰州化物所发表SCIE、EI核心科技论文数量在国内研究机构分别排名10和12。科研人员参与编写英文专著13部。全年申请发明专利100件，授权中国发明专利34件。获国家技术发明奖二等奖（专用项目）1项、甘肃省科技进步奖一等奖1项。

院地合作及科技成果转移转化取得可喜成效。与金川公司联合开展了镍电解阳极液净化除铜及铜渣直付的技术难题研究；建成医药中间体3-羟基羧酸酯的百吨中试平台；在宁夏固原设计了一条自动化全封闭马铃薯淀粉加工分离汁水提取蛋白生产线。与义乌市人民政府共建了“兰州化物所义乌功能材料中心”。

积极开展国际交流合作。与美国乔治华盛顿大学、罗地亚（中国）投资有限公司、沙特科技院、Master Dynamic Ltd、马来西亚The W Clay Industries Sdn Bhd公司、日本学术振兴会分别开展了实质性的科技合作；引进“青年千人计划”入选者海外人才1名；所内40多位科技骨干赴国外参加国际学术会议、进行学术访问与交流，包括第五届世界摩擦学大会、第二届国际绿色化学会议等，30多位国外专家应邀来所作学术报告。

兰州化物所是甘肃省化学会的挂靠单位；负责编辑出版《摩擦学学报》、《分子催化》、《分析测试技术与仪器》3种国内核心学术期刊。

（撰稿：张长春　张慧玲　审稿：夏春谷）

寒区旱区环境与工程研究所

所　　长：马　巍
地　　址：甘肃省兰州市东岗西路320号
邮政编码：730000
电　　话：0931-4967558
传　　真：0931-8273894
电子信箱：wangjd@lzb.ac.cn
网　　址：http://www.careeri.cas.cn

中国科学院寒区旱区环境与工程研究所（简称“寒旱所”）是1999年6月在中国科学院知识创新工程试点工作中，由1958年成立的原兰州冰川冻土研究所、兰州沙漠研究和1959年成立的原兰州高原大气物理研究所整合而成，是2007年进入中国科学院综合配套改革试点的单位，是中国科学院首批进入“创新2020”的单位。

寒旱所是我国专门从事干旱沙漠、高寒、极地环境与工程研究的国家级研究机构，是“西北资源环境与可持续发展研究基地”的核心组成部分。寒旱所开展的科学任务主要包括以下三类：开展冰川、冻土、沙漠与沙漠化、高原大气、寒旱区水土资源、脆弱生态与农业等领域的系统研究；在深刻理解人地关系的基础上，探索自然资源利用、生态环境的保护和建设与社会经济发展的优化模式；建立和完善区域可持续和协调发展的理论与技术体系，为国家西部大开发的战略需求提供基础理论和关键技术。寒旱所瞄准21世纪国家发展的战略目标和学科发展的国际前沿，针对国家加快西部地区发展的重大决策和西北地区生态环境建设面临的重大科学问题开展西北地区特殊自然条件下环境与工程的基础性、战略性和前瞻性研究，为国家解决西北地区在资源、环境、重大工程和社会经济等领域的重大问题提供科学依据，为西部地区可持续发展提供技术支撑。

针对中国科学院“创新2020”和“一三五”规划整体部署，寒旱所以7大优势学科（冰冻圈与全球变化、冻土与寒区工程、沙漠与沙漠化、高原大气、寒旱区水土资源与利用、生态与农业、遥感与信息科学）为基础，以青藏高原、北方干旱区和内陆河流域为重点研究区域，部署了一个定位：以探索寒区旱区陆地表层系统的过程、尺度、格局及其相互关系为基础，开展环境与全球变化及区域可持续发展研究；三个突破：“高亚洲冰冻圈变化与影响”、“荒漠-绿洲水热过程研究与生态恢复技术示范”、“重大冻土工程稳定性机理及关键技术”；五个重点培育方向：“全球变化与寒旱区环境演变”、“内陆河流域生态-水文集成研究”、“寒旱区重大工程的科学问题和关键技术与示范”、“寒旱区生态恢复的技术体系与优化模式”、“寒旱区多源遥感数据同化与信息综合集成”。寒旱所重点加强了研究模式的探索和创新，继续探索适合资源环境研究特点的“所本部（实验室为主）+野外台站+试验示范区”的分布式管理模式，形成了相对完整的科技布局和监测、研究、试验、示范有序衔接的整体格局。

寒旱所重组与建设了7个研究室，包括冻土与寒区工程研究室、冰冻圈与全球变化研究室、沙漠与沙漠化研究室、高原大气物理研究室、寒旱区水土资源研究室、生态与农业研究室、遥感与地理信息研究室。设有2个国家重点实验室、3个院重点实验室和2个所级重点实验室，包括冻土工程国家重点实验室（国家级）、冰冻圈科学国家重点实验室（国家级）、中国科学院沙漠与沙漠化重点实验室（院级）、中国科学院寒旱区陆面过程与气候变化实验室（院级）、中国科学院内陆河流域生态与水文重点实验室（院级）、极端环境生物抗逆机理与生物技术实验室、寒旱区遥感与信息资源实验室。寒旱所建有野外站16个，其中国家级野外台站5个，分别是天山冰川试验研究站、沙坡头沙漠试验研究站、临泽内陆河流域研究站、奈曼沙漠化研究站和青藏高原冰冻圈观测研究站；中国科学院生态网络站3个，分别为沙坡头沙漠试验研究站、奈曼沙漠化研究站、临泽内陆河流域研究站；中国科学院特殊环境站3个，分别为天山冰川试验研究站、青藏高原冰冻圈观测研究站、平凉雷电与雹暴观测实验站；院地合作重点站一个，为皋兰生态与农业综合试验站。寒旱所与省内外共建合作，建立了多个工程技术研究中心，如甘肃省风沙灾害防治工程技术研究中心、甘肃省资源环境科学数据工程技术研究中心、宁夏六盘山区特色农业工程技术研究中心等。研究所科研支持平台涵盖了寒旱区科学大数据中心、所级公共技术服务中心、编辑图书室、标本室等多个部门。

截至2013年底，寒旱所共有在编职工645人，其中科技人员347人，科技支撑人员160人，包括中国科学院院士4人、第三世界科学院院士1人、研究员及正高级工程技术人员93人、副研究员及高级工程技术人员146人；全所进入创新岗位人员473人。

共有中国科学院“百人计划”入选者34人，“西部之光”人才入选者81人，国家杰出青年科学基金获得者14人。

截至2013年底，研究所获国家自然科学基金委优秀青年基金获得者2人，重大基础发展规划（973计划）项目首席科学家8人，国家基金委“创新群体”2个，入选国家百千万人才工程7人，全国优秀百篇博士论文获得者6人。

寒旱所是1984年国务院学位委员会批准的博士学位授予权单位之一，1979年国务院学位委员会批准的硕士学位授予权单位之一。现设有自然地理学、人文地理学、地图与地理信息系统、大气物理学与大气环境、生态学和岩土工程、气象学7个专业一级学科博士研究生培养点，自然地理学、人文地理学、地图与地理信息系统、气象学、大气物理学与大气环境、生态学、岩土工程、环境工程、生物工程、环境工程、寒区工程与环境、防灾减灾工程及防护工程12个专业一级（或二级）学科硕士研究生培养点，并设有自然地理学、生态学2个专业一级学科博士后流动站。截至2013年底，共有在读研究生439人，其中硕士生187人、博士生252人，在站博士后72人。

2013年，寒旱所共有在研项目764项（包括新增项目319项）。其中，主持国家重点基础研究发展计划（973计划）项目7项（新增1项），主持科技部科技支撑计划项目6项；主持国家自然科学基金项目462项（新增89项），承担国家自然科学基金重大研究计划重点项目8项，承担国际合作项目4项，承担院重点部署项目5项、战略性先导科技专项A类8项，B类2项。其中，成功申报国家超级973项目“冰冻圈变化及其影响研究”，正在执行国家973项目“干旱区绿洲化、荒漠化过程及其对人类活动、气候变化的响应与调控”、“北半球冰冻圈变化及其对气候环境的影响与适应”、“黄河上游沙漠宽谷段风沙水沙过程及调控机理”、“青藏高原重大冻土工程的基础研究”、“植物固沙的生态-水文过程、机理及调控”、“青藏高原沙漠化对全球变化的响应”。

2013年申报国家自然科学基金各类项目中共有58项获得资助，资助总额达3356万元。我所还组织了甘肃省科技厅科技计划项目的申报，寒旱所共有7个项目获得资助，总经费134万元。

2013年度寒旱所共有4项成果获省内外科学技术奖励。其中，由拓万全研究员为第一完成人主持完成的“风沙-水沙相互作用过程与机理”获得甘肃省自然科学奖一等奖。由郄秀书研究员为第一完成人主持完成的“雷暴及其雷电过程的观测和理论研究”获得甘肃省自然科学奖二等奖。由肖洪浪研究员为第一完成人主持完成的“民勤沙漠化防治与生态修复技术集成试验示范研究”获得甘肃省科技进步奖二等奖。由李忠勤研究员主持完成的“中国天山北坡冰川积雪及其气候变化响应研究”获新疆维吾尔自治区科技进步奖一等奖。

2013年度全年共授权专利56项，其中发明专利9项，实用新型专利47项，授权计算机软件著作权7项，国家标准1项。

2013年度全所共发表论文602篇，其中SCI 152篇，SCIE 66篇，EI 25篇，会议论文12篇。共出版专（译）著4部。

寒旱所还积极加强国际交流与合作，不断提高国际影响力。进入创新以来我所已与20多个国家和地区的科研机构和高等院校以及国际组织建立了合作交流关系，开展了合作研究。在国际交流与合作方面，中日、中美和中欧合作是重头戏。交流形式主要是国际会议、合作研究。这些活动促进了我所与国外同行的学术交流，提高了学术研究水平，拓展了对外争取资金的渠道，宣传了我所在寒区旱区环境与工程科研方面取得的成就。

寒旱所是中国科学院减灾中心西北分中心、中国气象学会大气物理专业委员会雷电物理监测与防护分会、中国地理学会冰川冻土分会、中国地理学会沙漠分会、联合国环境规划署（UNEP）“国际沙漠化治理研究与培训中心”等单位的挂靠单位；负责编辑出版《寒旱区科学》（英文版）、《冰川冻土》、《高原气象》、《中国沙漠》等学术期刊。其中，《冰川冻土》期刊连续两次入选“中国最具国际影响力学术期刊”。

（撰稿：陈治理　王进东　审稿：马　巍）

青海盐湖研究所

副 所 长：段东平（主持工作）
地　　址：青海省西宁市新宁路18号
邮政编码：810008
电　　话：0971-6303490
传　　真：0971-6306002
电子信箱：wangyy@isl.ac.cn
网　　址：http://www.isl.ac.cn

中国科学院青海盐湖研究所（以下简称“青海盐湖所”）建立于1965年，是以中国科学院西北化学研究所为基础，与北京化学研究所、兰州地质研究所等单位的盐湖专业组合并搬迁组建而成。1966年6月，经国家科委批准，与在西宁毗邻组建的化工部盐湖化工综合利用研究所合并，隶属中国科学院。

青海盐湖所是资源环境类的公益性研究所，2002年成为中国科学院知识创新工程试点单位之一，是我国唯一专门从事盐湖资源环境科学应用基础研究、盐湖资源综合开发利用、培养盐湖科研高级人才的国家级科研机构，致力于攻克制约我国盐湖资源综合开发利用的关键技术，为盐湖资源的可持续发展提供科学基础，使我国盐湖科技走在世界前列。

2013年我所新一届领导班子上任，全所以“四个率先”统揽改革创新发展大局，扎实推进“创新2020”相关工作和实施“一三五”规划，使我所的整体工作呈现出良好的发展势头。

青海盐湖所设有中国科学院盐湖资源与化学重点实验室、盐湖地质与环境实验室和盐湖资源综合利用工程研究中心3个研究平台，盐湖化学分析测试部和盐湖资源环境信息中心2个支撑平台。

青海盐湖所设有科技陈列室和图书阅览室，有以下大型仪器设备：电感耦合等离子体质谱仪、低真空扫描电子显微镜、气体稳定同位素质谱仪、气相色谱质谱联用仪、激光粒度分析仪、傅里叶变换红外光谱仪、X-射线衍射仪、X-射线荧光光谱仪、原子吸收光谱仪、原子吸收光谱仪、全谱直读等离子体光谱仪、热电离同位素质谱仪、元素分析仪、X-射线单晶衍射仪、释光测年仪、原子吸收光谱仪。

截至2013年底，青海盐湖所共有在职职工259人。其中科技人员207人、科技支撑人员23人，包括中国科学院院士1人，研究员及正高级工程技术人员28人、副研究员及高级工程技术人员48人。

中国科学院“百人计划”入选者5人，“西部之光”人才入选者19人（新增6人）。

青海盐湖所是1981年国务院学位委员会批准的硕士学位授予权单位之一，1997年国务院学位委员会批准的博士学位授予权单位之一。现设有化学、地质学2个专业一级学科博士研究生培养点，化学、地质学、化学工程与技术3个专业一级学科硕士研究生培养点，并设有化学、地质学2个专业一级学科博士后流动站。共有在学研究生111人（其中硕士生81人、博士生30人）、在站博士后6人。

2013年，青海盐湖所认真学习深刻领会国家和中国科学院有关科技发展的政策法规、发展纲要，不论是在申请国家项目、与企业深度合作方面，还是在科研平台的建设方面都取得了重大进展。

在战略规划和制度建设方面：2013年3月26日，青海盐湖所新一届领导班子宣布后，全所的科研单元和工作进行了新的布局调整，根据学科特点部分调整了研究室科研团队，与三个研究单元和两个支撑部门负责人签署了责任书。

5—6月份，组织全所科研人员对青海盐湖所“一三五”规划进行了认真研讨并重新进行了调整，由2个重大突破、3个重点培育调整为4个重大突破和6个重点培育项目，所里与项目负责人分别签署了任务书，科研管理处制定了相应的管理办法。另外为了有效地促进这些项目，4个重大突破项目每个项目所里配套支持100万元，6个重点培育项目每个项目所里配套支持50万元。全所研究队伍进行了调整，由原来分散的PI制调整为由核心研究员领导的大团队模式。

在科研项目申请方面：2013年，继续鼓励科研人员申请各类国家项目和地方政府项目，并与企业积极开展合作。获资助最多的仍然来自国家自然科学基金和青海省科技厅。截至11月底的纵向科研项目争取及获批情况如下：

国家自然科学基金，申请项目41项，获批9项，其中面上基金2项，青年基金7项，资助金额343万元。

2013年向青海省科技厅申请项目48项，获批项目11项，资助金额470万元。

2013年中国科学院机关改革后，原来的业务局整合为前沿局、重大任务局和科发局。青海盐湖所历史上第一次承担院重大任务局第一批重大任务，资助金额1000万元，其中盐湖所作为主持单位，获得经费300万元。本年度申报了2014年度修缮购置项目，获批210万元。

落实白春礼院长与青海骆惠宁书记、郝鹏省长工作会谈精神，聚焦青海盐湖与油气资源综合利用，举办盐湖和油气资源技术对接会，院11个单位与青海省12家企业签署科技合作协议，有7个项目签订了技术开发合同。

在研究所自主部署项目方面，今年科研处协助学术委员会完成了青海盐湖所历史上第一次青年引导基金的管理制度的制定和第一批项目的申请和立项工作。共申请项目48项，立项33项，金额390万元。

在科研产出方面，今年发明专利的申请量较以前有大幅增长，今年申请发明专利58项，授权14项，SCI 51篇，EI 22篇，中文核心36篇，获青海省科技进步奖二等奖1项，青海省自然科学优秀论文奖二等奖3项、三等奖3项。

在青海盐湖所努力下，青海省与国家自然科学基金委员会成立的联合基金确定为“柴达木盆地盐湖化工联合基金”，目前已经确定由国家基金委和青海省自2013年起各自分5年分别出资5000万元，共1亿元资助青海省盐湖综合开发利用过程中的基金科研问题的攻关。这为青海盐湖所的科研发展提供了又一个机会，将对青海盐湖所科研工作起到重要的推动作用。

在国际合作方面，随着与云天化合作开发项目的结束，双方进一步合作进展缓慢，我所先后几次致函云天化拟与其商谈下一步合作事宜，均没有得到回应。下半年与开元集团的合作加快，12月份签署了战略合作协议并签署第一份合作合同，目前我所科研人员已经进场，正在进行相关科研实验，与伊朗的合作也在进行中。本年度出访32人次，来访7人次，均比往年有所减少。

青海盐湖所新一届领导班子上任后，大力加强了研究所学术氛围的建设工作。自8月份设立“盐湖科技论坛”以来，至12月份已邀请所内外科研人员、政府科研主管部门专家等做了5场10个精彩报告，研究所的学术氛围得到扭转并日渐浓厚，为青海盐湖所中长期发展奠定了良好的文化基础。

青海盐湖所是青海省化学会的挂靠单位。编辑出版科技期刊《盐湖研究》。

（撰稿：党小刚　白　花　审稿：王永晏）

西北高原生物研究所

所　　长：张怀刚
地　　址：青海省西宁市新宁路23号
邮政编码：810008
电　　话：0971-6143530
传　　真：0971-6143282
电子信箱：nwipb@nwipb. cas. cn
网　　址：http://www. nwipb. cas. cn

中国科学院西北高原生物研究所（以下简称“西北高原所”）成立于1962年，是以从事青藏高原生物科学研究（包括基础理论、应用基础和应用开发研究）为主的公益性综合研究所，其前身是中国科学院青海分院生物研究所。

西北高原所的战略定位是针对青藏高原生态环境和区域经济社会持续发展面临的重要问题，开展生态环境保护与建设、生物资源持续高效利用研究，为青藏高原生态安全和区域经济社会持续发展提供科学依据和技术支撑，推动区域经济社会持续发展。根据国家和地方中长期科技发展规划，围绕国际前沿科学问题和青藏高原生物资源与生态环境重大战略需求，开展高原生态学、特色生物资源学、高原生态农业3个重点领域方向基础性和前瞻性的战略研究以及应用研究。

西北高原所现有区域可持续发展学科团组、藏药现代化学科团组、高原生物适应进化机制与分子育种学科团组、青藏高原生物资源持续利用学科团组、高寒草地对全球变化的响应学科团组5个学科团组，以这5个学科团组为单位，集中科研力量，优化资源配置，稳步推进研究所“一二三”规划的实施和“创新2020”相关目标任务的完成，促进重大科技成果产出。

西北高原所现有3个研究中心、4个野外台站、2个院重点实验室（新增1个）、5个省级重点实验室（新增1个）、2个工程研究中心和3个支撑机构，分别为高原生态学研究中心、特色生物资源研究中心、高原生态农业研究中心；中国科学院海北高寒草甸生态系统实验站、三江源草地生态系统观测研究站、平安生态农业实验站和武威绿洲现代生态农业试验站；中国科学院高原生物适应与进化重点实验室、中国科学院藏药研究重点实验室（新增）；青海省寒区区域恢复生态学重点实验室、青海省青藏高原特色生物资源研究重点实验室、青海省藏药药理学和安全性评价研究重点实验室、青海省作物分子育种重点实验室和青海省藏药研究重点实验室（新增）；青藏高原特色生物资源工程研究中心、中科院西北高原生物所湖州高原生物资源产业化创新中心；青藏高原生物标本馆、所级公共技术服务中心（分析测试中心）、信息与学报编辑室。

截至2013年底，西北高原所共有在职职工195人。其中科技人员131人、科技支撑人员30人，科技管理人员20人，包括中国科学院院士1人、研究员及正高级工程技术人员32人、副研究员及高级工程技术人员49人。共有中国科学院“百人计划”入选者11人（新增1人），“西部之光”人才培养计划入选者33人（新增3人），西部博士专项27人（新增4人）。

西北高原所是1991年、1981年国务院学位委员会批准的博士、硕士学位授予权单位之一，现设有生态学、生物学2个一级学科博士研究生培养点，生态学、植物学、动物学、中药学4个专业硕士研究生培养点。设有生物学、生态学（新增）一级学科博士后流动站，共有在学研究生143人（其中硕士生80人、博士生63人）、在站博士后8人（新增2人）。

2013年，西北高原所共有在研项目157项（包括新增项目65项）。其中，参加国家重点基础研究发展计划（973计划）项目课题1项；主持（或承担）科技支撑计划项目7项；主持（或承担）国家星火计划项目3项（新增1项）；主持国家自然科学基金重点项目1项、面上项目22项（新增3项），青年科学基金项目10项（新增6项），国际（地区）合作与交流项目2项（新增2项）；主持（或承担）中国科学院战略性先导科技专项课题4项，主持院重点部署项目1项（新增1项）；承担院地合作项目15项（新增8项）。

2013年度申报国家科学技术奖、院杰出科技成就奖和青海省科学技术奖励。其中，“冬虫夏草生物资源高效利用高新技术产业化”（排名第三）获青海省科技进步奖二等奖；登记成果9项，审定新品种2个，其中国审品种1个；发表研究论文221篇，其中SCI（E）84篇，CSCD 110篇；出版专著7部，申请专利44项，授权8项。

西北高原所2013年申报中国科学院院地合作项目14项，与地方政府、科研院所和企业的合作进行的项目24项（新增8项）。西北高原所独自企业1个，即青海中科高原生物科技发展有限公司，参股企业1个，即青海唐古拉药业有限公司。据不完全统计，2013年与地方和企业合作实现销售收入49237.5万元。

2013年国际合作产出SCI文章8篇。2013年获准国家自然基金委外国青年学者研究基金项目2项，院“外国专家特聘研究员”、“外籍青年科学家计划”项目3项，国家外专局项目5项。申报2014年各类国际合作项目10项，其中院国际合作局对外合作重点项目2项，院外籍青年科学家计划项目3项；国家外专局项目5项。全年共派出因公出访交流人员7批7人次，来访项目11批23人，组织外国专家学术报告10场20个报告，签订国际合作协议1项。与美、英、德、日本、俄、瑞士、韩国、新西兰等国知名学术机构的科学家和研究人员合作，开展青藏高原生物多样性、全球变化生态学、动物生态学、植物系统分类学、流感病毒学、中药学等领域的合作与交流。

主办的《兽类学报》被列为中国科技核心期刊。

（撰稿：王文娟　杨勇刚　审稿：王　萍）

新疆理化技术研究所

所　　长：李　晓

地　　址：新疆维吾尔自治区乌鲁木齐市北京南路40号附1号

邮政编码：830011

电　　话：0991-3835823

传　　真：0991-3838957

电子信箱：lhszhb@ms.xjb.ac.cn

网　　址：http://www.xjb.ac.cn

中国科学院新疆理化技术研究所（以下简称“新疆理化所”），于2002年3月28日，在原中国科学院新疆物理研究所和新疆化学研究所（均于1961年成立）的基础上整合成立。

新疆理化所定位：紧紧围绕国家和新疆战略需求，坚持以科技创新为中心，以提高关键技术创新和系统集成能力为主线，在创新体系建设中以对国家和区域经济社会发展作出有显示度的贡献为目标，基于研究所原有基础，强化具有特色的植物资源、多语种信息技术，以及功能材料与器件等领域的维药现代化、维哈柯文信息处理、敏感材料与器件等学科方向的建设，继续保持不可替代的地位；同时，肩负“创新科技、建设边疆”的历史使命，继续发挥“桥头堡”和成果转移转化基地的重要作用，围绕新疆社会经济发展需求，发挥科学院整体优势，培育新的学科增长点，为新疆跨越式发展和长治久安起到科技支撑和骨干引领作用。发展成为具有国内特色鲜明和中亚有影响力的研究机构。

新疆理化所紧紧围绕“创新2020”，深入实施研究所“一二四”规划，在“一二四”规划组织实施工作领导小组及全体员工的共同努力下，2013年，研究所“一二四”规划工作均完成和部分超额完成了分类考核评价体系中年度考核指标，初步形成“疆内成网、东西成扇”的发展战略格局，研究所“一二四”执行情况成绩喜人。具体体现为：双语教学示范应用覆盖天山南北，民族药研究立足新疆走向中亚，环境污染处理技术落地克拉玛依，物联网技术助力祖国边境封控，辐射效应评估技术服务航天工程，温度传感器由空天向海洋拓展。为“十二五”规划目标的完成奠定了坚实基础，为全面推动研究所跨越发展开创了新局面，为国家和新疆的社会经济发展作出了重要贡献，研究所整体风貌焕然一新，一个开放有活力、朝气蓬勃的研究所正逐渐被科技界和社会认可。

新疆理化所现设有资源化学、材料物理与化学、多语种信息技术、环境科学与技术 4 个研究室。建设了特种热、压敏研发平台、维吾尔药活性筛选技术平台、辐射效应评估技术平台、多语种软件测试平台、光电功能材料研发平台、药用植物组培与生物育种等科技平台，以及大型仪器分析测试中心、辐照中心、信息情报中心 3 个技术支撑平台。已在维吾尔药现代化、敏感材料与元器件、多语种信息技术、辐射物理等领域，形成了独具特色的优势，发挥着骨干引领的作用。

研究所现有“中国科学院干旱区植物资源化学重点实验室”、“中国科学院特殊环境功能材料与器件重点实验室”、“民族药关键技术及工艺国家地方联合工程研究中心”，省部共建“新疆特有药用资源利用国家重点实验室培育基地”，以及“新疆植物资源化学重点实验室”、“新疆电子信息材料与器件重点实验室”2 个省级重点实验室和新疆精细化工工程技术中心；与中亚地区及我国东部有关研究机构共建了“中亚地区可食植物功能成分联合实验室”，“民族语音文字信息联合实验室”；与新疆公安消防总队成立了“火灾科学与消防工程合作实验室”。

2013 年，中科院“发展中国家科教合作拓展工程”首批启动 5 家之一的“中亚药物研发中心”正式获批，已在乌兹别克斯坦建设运行；钴源试验场通过现场检查并获得环保部发放的《辐射安全许可证》。

截至 2013 年底，新疆理化所共有在职职工 301 人。其中科技人员 245 人、科技支撑人员 31 人，包括研究员及正高级工程技术人员 31 人、副研究员及高级工程技术人员 93 人。共有国家海外高层次人才引进计划（“千人计划”）入选者 4 人（新增 3 人）；中国科学院“百人计划”入选者 17 人（新增 2 人），“西部之光”人才入选者 117 人（新增 14 人）；国家杰出青年科学基金获得者 1 人，国家级“新世纪百千万人才工程”候选人 1 名。

新疆理化所是 1987 年国务院学位委员会批准的硕士学位授予权单位之一，2004 年经国务院学位委员会批准增列博士培养点，现设有化学、电子科学与技术 2 个专业一级学科博士研究生培养点，无机化学、有机化学、物理化学、药物化学、材料物理与化学、物理电子学、微电子学与固体电子学、计算机应用技术 8 个专业一级（或二级）学科硕士研究生培养点，并设有化学、电子科学与技术 2 个专业一级学科博士后流动站。共有在学研究生 206 人（其中硕士生 122 人、博士生 84 人）、在站博士后 15 人。

2013 年，新疆理化所共有在研项目 552 项（包括新增项目 182 项）。其中，承担国家重点基础研究发展计划（973 计划）项目 1 项（新增 1 项）、承担（或参加）课题 6 项（新增 3 项），主持（或承担）国家高技术研究发展计划（863 计划）项目 3 项（新增 1 项），主持国家自然科学基金面上项目 10 项（新增 3 项）、国家杰出青年科学基金项目 1 项、国家自然科学基金国际合作重点项目 1 项、国家自然科学基金-新疆联合基金 9 项（新增 4 项）；承担中国科学院战略性先导科技专项课题 1 项，主持（或承担）院重点部署课题 1 项（新增 1 项）、院仪器研制项目 7 项（新增 2 项）；承担院地合作项目 8 项。

2013 年，申请发明专利 97 项（含国际专利 2 项），授权发明专利 53 项（含国际专利 2 项），申报并获批准软件著作权 8 项，制定地方标准 6 项；发表各类科技论文 161 篇，其中 SCI 收录 79 篇、EI 收录 23 篇。

“新疆双语教学软件平台关键技术研发与应用”等 3 项成果获新疆维吾尔自治区 2013 年度科技进步奖一等奖，“鹰嘴豆功能因子研究与开发”获自治区科技进步奖二等奖。潘世烈研究员荣获“第十三届中国青年科技奖”和 2013 年度“中国科学院青年科学家奖”。

2013 年，按照中国科学院“走出去发展战略”和研究所发展的实际需要，扎实推进院海外研究机构“中亚药物研发中心”的建设工作，在乌兹别克斯坦注册独立研究机构的工作已取得实质进展。因科研和研究生培养业绩突出，研究所聘请的塔吉克斯坦专家玉素甫·努热力耶夫（Nuraliev Yusuf）荣获2013年度“中国天山奖”。

全年出访人员38人次，来访34人次，国际合作项目立项8项，签订国际科技合作协议10项，为研究所人才的引进和培养、科研能力提升等发挥了积极作用。

2013年，研究所更加重视科研工作与新疆经济社会发展中重大科技需求的结合，成为新疆物联网产业联盟理事长单位，新疆煤化工产业技术创新战略联盟、新疆石化下游产业技术创新战略联盟理事单位，作为理事长单位正在推进新疆电子信息产业技术创新战略联盟的成立工作。

新疆理化所是新疆物理、化学、自动化、生物化学、核学会的理事长挂靠单位。

（撰稿：池景慧　冯　涛　审稿：李　晓）

新疆生态与地理研究所

所　　长：陈　曦
地　　址：新疆维吾尔自治区乌鲁木齐市北京南路818号
邮政编码：830011
电　　话：0991-7885307，0991-7885507
传　　真：0991-7885300
电子信箱：hpjiang@ms. xjb. ac. cn，xjgi@ms. xjb. ac. cn
网　　址：http://www. egi. ac. cn

中国科学院新疆生态与地理研究所（以下简称“新疆生地所”）成立于1998年7月7日，由中国科学院新疆生物土壤沙漠研究所（1961年成立）和中国科学院新疆地理研究所（1965年成立）合并而成。

2013年，研究所围绕“一三五”规划的制定，即立足新疆，面向中亚，放眼世界干旱区，在新疆新增百亿方水资源的关键技术及应用、中亚成矿域地质成矿机理与斑岩矿探测、中亚干旱区千万平方公里生态监测与生态系统管理三个研究领域实现重大突破。重点培养新疆城镇生态建设与工矿区生态修复、干旱区污染修复与废弃物利用、干旱区生物多样性保育与流域生态农业模式、特殊功能基因发掘与新品种培育、新疆自然灾害预警与应急管理五个研究方向。

新疆生地所建有荒漠与绿洲国家重点实验室，中科院干旱区生物地理与生物资源重点实验室，国家荒漠-绿洲生态建设工程技术研究中心，中科院与自治区政府共建的中科院新疆矿产资源研究中心；新建中国科学院中亚生态与环境研究中心，与美国加州大学河滨分校、美国内华达大学共建了国际干旱区生态研究中心，日本静冈大学共建了中日干旱区生态研究中心，与德国国防大学、澳大利亚科工组织、中亚五国，以及毛里塔尼亚、卢旺达共建了干旱区水与生态研究中心，在国际上建立了6个研究基地。

新疆生地所现有9个野外台站，即新疆阜康荒漠生态系统国家野外科学观测研究站、新疆阿克苏农田生态系统国家野外科学观测研究站、新疆策勒荒漠草地生态系统国家野外科学观测研究站（上述3个为国家野外观测站）、中国科学院吐鲁番沙漠（植物园）研究站、中国科学院塔克拉玛干沙漠特殊环境研究站、巴音布鲁克草原生态站、莫索湾沙漠研究站、木垒野生动物生态监测实验站、伊犁河流域生态系统研究站。另有文献信息中心、标本馆等科研支撑平台。

截至2013年底，新疆生地所共有在职职工370人。其中科技人员335人、科技支撑人员69人，包括研究员及正高级工程技术人员68人、副研究员及高级工程技术人员86人。共有国家海外高层次人才引进计划（“千人计划”）入选者2人（新增2人），千人计划“新疆项目”入选者3人（新增3人）；中国科学院“百人计划”入选者14人（新增2人），“西部之光”人才入选者57人（新增32人）。

新疆生地所是1983年国务院学位委员会批准的博士、硕士学位授予权单位之一，现设有地理学、生态学2个专业一级学科博士研究生培养点，有自然地理学、人文地理学、地图学与地理信息系统、植物学、生态学5个二级学科博士研究生培养点，有自然地理学、人文地理学、地图学与地理信息系统、植物学、生态学、环境科学、水土保持与荒漠化防治、环境工程、测绘工程、生物工程10个专业一级（或二级）学科硕士研究生培养点，并设有地理学、生物学、生态学3个专业一级学科博士后流动站，共有在学研究生379人（其中硕士生210人、博士生169人）、在站博士后41人（其中与工作站联合招收6人）。

2013年，新疆生态与地理研究所共有在研项目371项（包括新增项目139项）。其中，主持国家重点基础研究发展计划（973计划）项目2项、承担（或参加）课题21项（新增3项）；主持（或承担）国家高技术研究发展计划（863计划）课题2项（新增1项）；主持（或承担）国家科技基础性工作专项2项；主持国家科技支撑项目1项、承担（或参加）课题12项（新增4项）；主持科技部成果转化项目1项；主持和承担国家级其他类型项目5项；主持（或承担）国家自然科学基金重点项目4项（新增2项）、面上项目42项（新增15项，其中1项为科普基金）、青年基金项目45项（新增13项，其中1项为国外青年基金项目）、新疆联合基金优秀青年基金3项（新增1项），国家自然科学基金重大研究计划重点课题1项，主持（或承担）中国科学院战略性先导科技专项课题7项；主持（或承担）院重点部署项目7项（新增4项）；承担院“西部之光”项目53项（新增27项）；承担院其他各类项目39项（新增7项）；承担自治区及其他省部级项目35项（新增16项）；承担重点国际合作项目22项（新增4项）；承担院地合作项目57项（新增32项）；青年千人计划新疆项目2项；研究所自主部署项目9项（新增6项）。

2013年，新疆生地所共有6项科技成果通过鉴定。“多元示矿信息提取分析与大型矿集区预测技术应用研究”，建成了新疆及中亚数据及功能最全的地质矿产数据库，建立了新疆优势矿产中典型矿床的找矿模型。“荒漠肉苁蓉高产稳产规模化种植技术研发与示范”攻克了荒漠肉苁蓉接种率低产量低的技术关键，提出了规模化种植荒漠肉苁蓉高产稳产的配套技术、种植模式和生产技术规程。“塔克拉玛干沙漠南缘主要优势植物的逆境适应策略与可持续管理途径”系统阐明了极端干旱区主要有优势植物不同生长发育阶段的水分适应机制和响应机理，为绿洲外围植物种群扩大与植被修复途径研究提供了科学依据；“塔里木河流域生态用水调控与管理技术及应用”通过本系统的调度保证了塔里木河下游断流近30年的363km河道恢复，拯救了两岸濒临死亡的胡杨林近27万亩。“新疆城镇产业布局分析与决策支持系统研发及应用研究”创建了新疆城镇产业布局分析与决策的理论框架与技术体系；创建了新疆鄯善城镇产业布局分析与决策支持系统并成功示范应用。“中国天山北坡冰川积雪及其气候变化响应研究”（第二完成单位）揭示了冰川对气候变化的响应规律和机理；建立了适合于大陆型冰川的观测规范和研究方法，为其他冰川研究提供了指导和参照。

全年发表论文563篇，其中SCI论文196篇，出版学术专著5部，申请专利34项，授权专利32项。获自治区科技进步奖6项，其中一等奖3项，二等奖2项，三等奖1项。

2013年度，新疆生地所国际交流与合作总量为165批414人次，其中派遣出访94批194人次，接待来访71批220人次，交流国别涉及42个国家和地区。出访中，中亚43%，非洲4%；来访中，中亚32%，非洲8%。组织召开了8个国际和双边学术研讨会，派出人员参加了29个国际学术会议。

新签署3项国际合作协议，新建中外联合研究单元1个，即中国科学院中亚生态与环境研究中心。中国科学院中亚生态与环境研究中心项目将分别与哈萨克斯坦农业部、吉尔吉斯斯坦科学院和塔吉克斯坦科学院的相关院所合作建立哈萨克斯坦、吉尔吉斯斯坦和塔吉克斯坦分中心，新疆生地所是该中心建设的主要承担单位。项目自2013年10月启动以来，中心已完成了管理制度设计、组织机构建设、中心和野外台站基础设施建设等大部分工作。

至今为止，研究所已审核通过了15项“研究所青年人才国外培养计划”，3项执行完毕，3项正在执行，2013年新批准的有9项。2013年度，新引进2位外国专家特聘研究员，2位发展中国家青年科学家。接受CAS-TWAS奖学金计划来访一人。外国专家特聘研究员David Blank教授获新疆“天山奖”荣誉称号。

新疆生地所是新疆土壤肥料学会、新疆地理学会、新疆植物学会、新疆科学探险协会、新疆自然资源学会的挂靠单位；承办的英文刊物有《干旱区科学》（*Journal of Arid Land*），是新疆第一个SCI学术刊物；中文刊物有《干旱区研究》和《干旱区地理》，以及同名在国内发行的维文版刊物；拥有国家甲级水文水资源调查评价资质证书、国家乙级环评资格证书、国家乙级测绘资质证书、国家乙级旅游规划设计资质证书、乙级土地定级估价证书、农林行业（营造林）乙级工程设计证书。

（撰稿：张向军　蒋慧萍　审稿：陈　曦）

学校及公共支撑单位

中国科学院大学

校　　长：白春礼（兼）

地　　址：北京市石景山区玉泉路19号（甲）

邮政编码：100049

电　　话：010-88256030

传　　真：010-88256006

电子信箱：po@ucas.ac.cn

网　　址：http://www.ucas.ac.cn

中国科学院大学（以下简称“国科大”）是国家教育部正式批准成立的一所以研究生教育为主的科教融合、独具特色的新型高等学校。国科大的前身是中国科学院研究生院，成立于1978年，是经党中央国务院批准创办的新中国第一所研究生院，培养了我国的第一个理学博士、第一个工学博士、第一个女博士、第一个双学位博士。

依托中国科学院各研究所的高水平科研优势和高层次人才资源，国科大形成了由京内4个校区、京外5个教育基地和分布全国的117个研究所组成的“大学校”。学校实行“院所融合的领导体制、师资队伍、管理制度、培养体系”；完善了在集中教学校区完成为期一年的课程教学、进入研究所跟随导师在科研实践中开展课题研究并完成学位论文的“两段式”培养模式；形成了以国科大为核心和平台、以研究所为基础和延伸的完整教育体系。2013年，国科大在学研究生达4.12万余名，其中博士生占50%，累计授予109882名研究生硕士、博士学位，年度学位授予人数首次突破一万名。

国科大拥有门类齐全的学科体系。2013年，国科大共有博士学位授权一级学科点39个，分布在教育学、理学、工学、农学、医学、管理学6个学科门类；硕士学位授权一级学科53个，分布在哲学、经济学、法学、教育学、文学、理学、工学、农学、医学、管理学10个学科门类，覆盖了54个一级学科。此外，国科大还拥有工程、工商管理、应用统计、应用心理、翻译、农业推广、药学、工程管理8类专业学位授权点。

国科大拥有一支由院系和研究所师资组成的高水平导师队伍，拥有学生开展科研实践的一流科研环境。到2013年，指导教师共计12 658名，其中博士生导师6185名。分布在各研究所的3个国家实验室、84个国家重点实验室、163个中国科学院重点实验室、41个国家工程研究中心（实验室），以及众多国家级前沿科研项目，为学生培养提供了宏大的科研实践平台。

2013年，国科大毕业研究生9595人，其中全日制研究生9119人（博士生4752人、硕士生4367人）、非计划招收在职人员攻读研究生学位毕业476人（博士生4人、硕士生472人）；其中来华留学研究生毕业19人。招收全日制研究生13847人（博士生6061人、硕士生7786人）、非计划招收在职人员攻读学位研究生622人（同等学力博士4人、同等学力硕士55人、专业学位硕士生563人）；其中招收来华留学研究生292人。在校研究生43591人，其中全日制研究生41216人（博士生20 492人、硕士生20 724人）、非计划招收在职人员攻读研究生学位2375人（博士生51人、硕士生2324人）；其中478人为在校来华留学研究生。

2013年，国科大与香港城市大学签署联合培养博士研究生协议；成功申请“爱因斯坦讲席教授计划项目”4项、“外国专家特聘研究员计划项目”5项。2013年，国科大共有153名学生被国家高水平大学公派研究生项目录取；有75名学生入选中欧联合培养博士研究生计划；10名学生赴美参加第九届国际学生论坛；9名学生入选国科大与格里菲斯大学联合培养博士生项目；25位学生获得2013年“国科大——必和必拓”奖学金。

为进一步推进中国科学院优质教育资源，继

续实施“科教结合协同育人计划”。2013年，共举办10期暑期学校和65个夏令营，来自全国300余所高校的6400余名大学生参加活动；43个研究所分别与36所高校举办了61期“菁英班”，有2072名本科生参加，实现从本科阶段开始联合培养高层次人才；2013年举办了19个不同学科的学术论坛，共计2400余名大学生参加。

2013年，国科大校部图书馆馆藏图书35万余册及多种电子文献资源。中文数据库包括中文期刊数据库3个（中文电子期刊20 313种）、中文图书数据库2个（中文电子图书166万册）、中文学位论文数据库2个（中文学位论文215万余篇）。外文期刊17 272种（订购期刊6631种、集成OA期刊9957种、借助国家平台开通期刊684种）、外文图书数据库4个（外文电子图书36 756册）、外文工具书数据库2个（外文电子工具书864册）、外文学位论文数据库1个（外文学位论文41万余篇）、外文会议录数据库3个。另有二次文献数据库16个、工具事实型数据库5个、多媒体数据库2个。

2012—2013学年，北京集中教学校区共开设课程1672门，其中秋季学期707门，春季学期710门，夏季学期255门。另外，开设文献阅读课12门，高级强化课100门，系列讲座116门。2012—2013学年参加公共必修课程学习的博士研究生1421人次；261名学生参加“跨学科课程兼修计划”学习。2013—2014学年共计6169位一年级全日制硕士生参加集中教学的学习。依托北京集中教学校区的17个教学实验室，2012—2013学年共开设实验课47门，选课人数1848人次。截至2013年底，视频课程资源累计2309门，通过“空中课堂”累计发布视频课程1165门，用户数累计16万人，访问量552万余人次。课程网站日访问量5100人次，累计总访问量463万余人次。2013年度，按学科对课程进行团组式督导/察135门；评选出2012—2013学年校级优秀课程57门、院系优秀课程76门、夏季学期优秀教学组织单位6个和夏季学期课程特别奖4门。完成4门精品课程的遴选立项。2013年，进一步加强课程组织，完善教学评估，推进教材建设，共出版研究生教材3本。

2013年，国科大继续发挥学校的办学优势，整合中国科学院的科技与人才资源，不断完善和深化培训教学改革，切实提高培训实效，开发培育品牌培训产品，整合并建设培训平台，开展有特色的培训和继续教育工作。2013年，面向社会各阶层举办各类培训班91个，培训对象包括科研院所领导、课题组长、科技中小型企业领导、高层管理人员、专业技术人员等12 329人次。

国科大设有数学科学学院、物理学院、化学与化工学院、材料科学与光电技术学院、地球科学学院、资源与环境学院、生命科学学院、计算机与控制学院、电子电器与通信工程学院、管理学院、人文学院、外语系、工程管理与信息技术学院和中丹学院等直属院系，以及中国科学院虚拟经济与数据科学研究中心、科技资源管理研究中心和中科院国家创新与发展战略研究会等研究机构。2013年，聘请席南华、高鸿钧、万立骏、李树深、朱日祥、傅伯杰、李国杰、吴一戎、康乐院士担任国科大基础学院院长。2013年，102个研究所提交了设置专业院系的申报，中国科学院大学上海药学院、微电子学院、深圳先进技术学院等已获批准并正式成立。2013年9月，国科大雁栖湖校区西区正式投入使用，数学科学学院等10个院系的3200余名学生入驻雁栖湖校区学习生活。

2013年，国科大校部有在职职工776人。其中教学科研人员398人，包括中国科学院院士3人、教授140人、副教授159人；管理支撑人员378人。有“中国科学院百人计划入选者”30人；“国家杰出青年科学基金项目获得者”4人，“优秀青年科学基金获得者”1人，“海外高层次人才引进计划入选者”3人。设有物理学等9个专业一级学科博士后流动站，有在站博士后126人。

2013年，国科大校部共有在研项目1052项（包括新增项目318项）。其中，主持国家重大科技专项课题1项、专题3项，主持国家重点基础研究发展计划（973计划）专项1项（新增1项）、课题3项、专题16项（新增5项），主持国家高技术研究发展计划（863计划）项目1项，主持国家科技支撑项目课题1项，主持国家公益性行业专项课题4项（新增3项），主持科技部国际合作项目1项；主持国家杰出青年科学基金项目3项（新增1项），国家自然科学基金重点项目8项，国家自然科学基金面上项目111项（新增45项），国家自然科学基金青年基金55项（新增25项），国家自然科学基金重点国际合作项目1项；主持中国科学院战略性先导科技专项课题1项、子课题8项，中国科学院海外创新团队项目2项（新增1项）；主持国家社会科学基金重大项目2项，国家社会科学基金一般项目12项（新增5项）。2013年，共申请专利36项，获专利授权21项，其中发明专利授权16项；软件著作权登记5项。国科大2012年度发表SCIE论文283篇，EI论文122篇，CPCI-S论文91篇，中国科技论文与引文数据库论文173篇。国科大主办有《中国科学院大学学报》、《自然辩证法通讯》、《管理评论》和《工程研究》4个公开发行的学术期刊以及内部刊物《国科大》。

（撰稿：李　莉　张怡然　审稿：王　颖）

中国科学技术大学

校　　长：侯建国

地　　址：安徽省合肥市金寨路96号

邮政编码：230026

电　　话：0551-63602184

传　　真：0551-63631760

电子信箱：tzliu@ustc.edu.cn

网　　址：http://www.ustc.edu.cn

中国科学技术大学（以下简称“中国科大”）1958年9月创建于北京，1970年迁至安徽合肥，是中国科学院所属的一所以前沿科学和高新技术为主、兼有特色管理和人文学科的综合性全国重点大学。

截至2013年底，中国科大有专职教研人员1594人。其中中国科学院和中国工程院院士41人，发展中国家科学院院士14人，教授（含研究员、教授级高级工程师）552人，副教授（含副研究员、高级工程师、高级实验师）656人，博士生导师535人，教育部长江学者37人，国家杰出青年基金获得者94人，国家“千人计划”入选者38人、“青年千人计划”入选者89人，中科院“百人计划”139人，国家级教学名师7人。

现有15个学院、30个系，设有研究生院，以及苏州研究院、上海研究院、中国科大先进技术研究院。有数学、物理学、力学、天文学、生物科学、化学共6个国家理科基础科学研究和教学人才培养基地和1个国家生命科学与技术人才培养基地，8个一级学科国家重点学科，4个二级学科国家重点学科，2个国家重点培育学科，18个安徽省一级学科重点学科。建有国家同步辐射实验室、合肥微尺度物质科学国家实验室（筹）、稳态强磁场科学中心、火灾科学国家重点实验室、核探测与核电子学国家重点实验室、语音及语言信息处理国家工程实验室、国家高性能计算中心（合肥）、安徽蒙城地球物理国家野外科学观测研究站等国家级科研机构和45个院省部级重点科研机构。

现有本科生7270人，博士研究生2796人，硕士研究生9187人。

学校拥有资产总值12.7亿元的先进教学科研仪器设备，图书馆藏书220万册，已建成国内一流水平的校园计算机网络和若干高水平科研、教学公共实验中心。

2013年，中国科大继续坚持“全院办校、所系结合”的方针，坚持“规模适度、特色鲜明、结构合理、质量优异”，坚持“学术优先、以人为本、科学管理、协调发展”，坚持“数量服从质量和有质量的发展战略”，围绕中国科学院“创新2020”和“一三五”规划，凝心聚力、务实创新，基本完成了世界一流大学建设“三步走”战略规划“第一步走”的既定目标，即到2013年建校55周年时，成为国内一流大学，人才培养质量、学科建设水平、人均科研产出、国际论文质量等核心指标均居国内高校前列，在国际前沿领域、国家战略需求、区域经济发展等方面做出重要贡献。

2013年，中国科大面向国家战略需求，加快985、211工程建设，在“985工程”建设阶段评审（2010—2013）中获得全A的总体评价；量子信息与量子科技前沿协同创新中心成为首批

14个国家“2011协同创新中心”之一；先进技术研究院各项工作稳步推进，园区建设进展迅速，首批研究生已经入住；量子通信“京沪干线”建设正式启动，国家“十二五”重大基础设施——未来网络试验设施等一批科技创新平台正在积极申报立项；已培育、遴选100多个先进技术项目，共建了20多家联合研发中心，孵化了20多家创新企业；东西校区连接工程金寨路下穿通道正式竣工，实现了学校东、西校区实体连接的愿望。

在人才培养方面，坚持科教结合，把实现“因材施教、个性化培养”作为教育教学改革的抓手，全面修订并实施新的本科培养方案，新方案按照知识结构分层重构课程体系，为个性化培养创造有利条件，已实现百分百满足本科生自主选择专业的需求。积极推进“科技英才班”各项工作，英才班在学人数达到在校本科生数的15%，目前已有485人顺利毕业，国内外深造率达94.6%。夏季学期已成为个性化培养的有效手段和重要平台，开设课程96门，选修人数达3738人次。继续实施博士生质量工程，研究生培养质量稳步提升，5篇论文入选全国百篇优博，名列全国第三，百篇优博论文总数已达45篇。

通过少年班、创新试点班、保送生、自主招生等形式录取了一大批优质生源，生源质量继续保持全国高校前列，2013年招收本科生1856人。积极创新研究生招生形式，“走出去”、“请进来”，通过举办科学家报告团、暑期夏令营、招生宣讲会等活动，生源质量稳步提升。2013年招收博士研究生995人，硕士研究生3446人。全年累计授予博士学位722人，硕士学位2642人，普通本科学士学位1734人；毕业生初次就业率为93.8%，本科毕业生出国率为30.8%，国内外深造率为75.9%。培养博士后472人。

在师资队伍建设方面，深入实施“人才强校”战略，新增中国科学院院士2人，新聘兼职两院院士5人，两院院士总数达到了41人；新增“长江学者”3人、“国家杰青”8人，“国家优青”12人、“百人计划”8人；新增“青年千人计划”19人，在前五批国家“青年千人计划”评选中，共有89人入选，名列全国高校第一。截至目前，学校的两院院士、“长江学者”、“国家杰青”、“千人计划”、“青年千人计划”、“百人计划”等高层次人才占教师总数的24%。

在学科平台建设方面，有数学、物理、化学、材料、工程、地学、生物/生化、临床医学、环境/生态、计算机10个学科进入ESI世界前1%学科领域，其中数学、物理、化学、材料、地学、工程6个学科论文篇均被引次数超过世界平均水平，数量名列全国高校第二位；物理、化学、材料、工程4个学科在篇均被引次数超过世界平均水平的同时，也进入ESI世界前1‰，数量名列全国高校第一位。在教育部第三轮学科评估中，14个国家重点（培育）学科均进入全国前十，9个学科进入全国前五，其中物理学、地球物理学名列全国第一，天文学、核科学与技术、科学技术史、安全科学与工程名列全国第二位。2013年新增2个国家级科研平台和7个省部级科研平台。

在科学研究方面，据中国科学技术信息研究所统计，学校SCI论文篇均引用率、“表现不俗”论文比例等均位居C9高校第一。根据英国自然出版集团的统计数据，学校在*Nature*及其子刊上发表研究论文37篇，自然出版指数为15.11，连续三年位列全球前一百，高校第一。2013年，国家自然科学基金面上项目和青年基金项目批准率位居国内主要高校首位。两项成果分别入选年度中国十大科技进展和国际物理学重大进展；与中科院物理研究所共同获得国家自然科学奖一等奖1项，国家自然科学奖二等奖、国家科学技术进步奖一等奖各1项；获得中国分析测试协会科学技术特等奖1项；两位教授分别获得安徽省重大科技成就奖和何梁何利科技成就奖。全年申请专利436件，获得授权专利264件。

在国际交流方面，构建“大外事”工作格局，加强与世界一流大学和著名科研机构的实质性合作。成功举办了“一流大学建设系列研讨会——2013暨中国大学校长联谊会”，并与欧、美、澳高校联盟签署了《合肥宣言》，进一步深化与国外名校的合作与交流。2013年，学生和教师赴海外进行学习和交流的人数大幅增长，签署海外合作协议18项，169名本科生参加海外名校交流项目，95名研究生赴国外进行联合培养和攻读博士学位，550名研究生参加境内外的国际会议。

2013 年，中国科大有参股控股企业 22 家，提供就业岗位约 6700 个，年度参控股企业总销售收入 58.92 亿元，利税总额 10.44 亿元，其中缴纳各类税金 3.9 亿元。

中国科大是中国物理学会同步辐射专业委员会、中国自动化学会仿真专业委员会等 24 个学会的挂靠单位。主办的学术刊物有《中国科学技术大学学报》、《火灾科学学报》、《低温物理学报》、《化学物理学报》、《实验力学》、*Cellular & Molecular Immunology* 等。

（撰稿：刘天卓　牟　玲　审稿：陈晓剑）

中国科学院计算机网络信息中心

主　　任：黄向阳
地　　址：北京市中关村南四街 4 号
邮政编码：100190
电　　话：010-58812020
传　　真：010-58812020
电子信箱：support@cnic.cn
网　　址：http://www.cnic.cn

中国科学院计算机网络信息中心（以下简称“网络中心”）成立于 1995 年 3 月，是中国科学院信息化持续建设、运行与服务的支撑单位，国家互联网基础资源的运行管理机构，先进网络与高端应用技术的研发基地，国内外先进科技网络的重要组成部分。

网络中心以中国科技网的发展、e-Science 的环境建设与应用示范、ARP 的运行维护和应用支持、中国互联网基础资源的管理等为支撑服务的主要方向，结合中国科学院信息化应用的需要，组织其他重点项目的建设。主要围绕着先进网络基础设施建设、高效能超级计算机基础设施建设、海量数据应用环境、管理信息化应用支撑环境、国家互联网基础资源服务环境推动信息化支撑环境的发展；围绕着创新信息化增值服务、创新知识服务推动信息化服务的发展；围绕着互联网技术研究与创新、先进计算技术的研究创新推动技术创新和引领领域发展。

现有 7 个业务部门和 2 个支撑部门，7 个业务部门包括：中国科技网网络中心、科学数据中心、超级计算中心、e-Science 应用推进总体组、ARP 运行支持中心、网络科普教育中心和中国互联网络信息中心（CNNIC）。2 个支撑部门包括：整体运维支撑中心和期刊编辑部。同时，面向中心成立了对外投资管理的资产经营公司北京中科北龙科技有限责任公司，负责科技成果转移转化，下设北龙中网（北京）科技有限责任公司、北京北龙超级云计算有限责任公司、北龙泽达（北京）数据科技有限公司、北京北龙云海网络数据科技有限责任公司、北京中科希望软件股份有限公司、北京中科互联优势数据科技有限公司。

截至 2013 年底，网络中心共有在职职工 739 人，研究生及以上学历人员 437 人，其中研究和工程技术人员 674 人、科技支撑人员 20 人，中国科学院“百人计划”入选者 1 人，研究员及正高级工程技术人员 22 人、副研究员及高级工程技术人员 187 人。

网络中心现有计算机科学与技术一级学科博士培养点，下设计算机系统结构、计算机软件与理论、计算机应用技术 3 个二级学科，同时拥有计算机技术和软件工程全日制专业硕士培养点，在学研究生 167 人，其中博士生 32 人，硕士生 135 人，博士后 1 人。

2013 年，网络中心共有在研项目 207 项（包括新增项目 94 项）。其中 973 计划项目（课题）3 项，863 计划项目（课题）5 项（新增 3 项），国家自然科学基金项目（2 课题）21 项（新增 14 项），国家支撑计划项目 5 项（新增 2 项），国家科技基础条件平台项目（课题）3 项（新增 1 项），国际合作项目 1 项，国家发改委项目（课题）22 项（新增 7 项），财政部修购专项项目 2 项（新增 2 项），国家其他项目（课题）7 项（新增 2 项）；承担院知识创新重要方向项目 2 项（新增 1 项），院先导专项课题 5 项，院信息化专项项目 43 项（新增 15 项），院其他项目 12 项（新增 8 项）；与地方和单位合作项目 42 项（新增 23 项），所级项目 33 项（新增 16

项）。

网络中心紧密围绕国家重大需求开展科研工作，以科研信息化和管理信息化手段助推中国科学院“创新2020”发展战略的实施。中国科技网与中国电信互联出口带宽升级至5.6G，与中国联通出口带宽升级至5G，与中国教育网新开通一条10G互联线路，互联出口合计达到32G。中国科技网推出通行证、团队文档库、科信即时通信工具、组织通讯录等多项“科研在线”服务。院邮件系统邮箱用户总数超过19万；通行证用户数突破25万人；会议服务平台在全院研究所覆盖率超过90%；院邮件系统、团队文档库、组织通讯录、科信即时通信工具实现互通。超级计算中心组织成立中国“超级计算创新联盟”，自主研发大气海洋可视化模块和飞机流场数值模拟软件在领域内得到应用，与国家电网合作实现新突破。科学数据中心开通5项云服务，完成国家自然科学基金委运维项目及网络中心ITIL运维服务平台建设。科学数据存储总量为2.3PB，科学数据库全年下载量235TB、访问量超过1400万人次。中国科学院网站再获佳绩。中文网站被评为“中国快速发展型政务网站”，英文网站被评为“中国政府网站外文版国际化程度优秀奖”。网络科普教育中心开展网络科普云服务模式和技术研发，初步完成网络化科学传播平台功能升级，研发科普云桌面、云应用、云空间、云门户等相关服务，支持32个科研机构和团队开展网络科普工作；云门户（中国科普博览）共新增科技专题12期，原创新闻心解98期，新增152个原创科普视频，网络化科学传播平台访问量持续提升，日均访问量达186万，全年累计页面访问量67 890万，其中中国科普博览日均访问量达到22.8万，全年累计页面访问量8322万。e-Science应用推进总体组致力于网络中心信息化基础资源和技术力量的有机整合与集成，为科研创新工作提供高质量、高水平的信息化支撑服务。CNNIC坚持不断地提升以国家域名为代表的各项服务水平。截至2013年底，国家CN域名注册总量达到10825330个，中文域名注册总量为274553个，中国反钓鱼网站联盟累积处理钓鱼网站66296个。配合工信部开展《防范治理黑客地下产业链专项行动方案》，加强了对钓鱼网站的检测与研判，启动“国家物联网标识管理公共服务平台”。

积极推进院地合作工作，网络中心签订横向收入合同440余份，较2012年增长56.54%。网络中心牵头筹建了超级计算创新联盟，并与吉林省计算中心、中国科学院长春分院联合共建吉林省-中国科学院超级计算中心，申请的大数据应用服务技术北京市工程实验室获批。控股企业申请的互联网域名系统北京市工程研究中心获批。网络中心获中国科学院北京分院第三届技术转移工作组织奖。

2013年，网络中心共举办9项国际会议，包括第46届ICANN大会、第九届IEEE e-Science国际会议、第36届APNIC会议、中国-东南亚互联网基础资源战略合作会。国际合作方面继续巩固与美国国家超级计算应用中心、德国于利希超级计算中心等欧美领先科研机构原合作关系，组织院内外专家团赴美第二届中美德科研信息化研讨会；全年出访人员共228人次，来访人数达到了1300人次。网络中心代表继续保持在国际科学理事会世界数据科学委员会、环太平洋网格应用与中间件联盟、APNIC、APIRA、IETF、APTLD等国际组织任职。

网络中心是国际科学数据委员会（CODATA）中国委员会秘书处、中国科学院科学数据库办公室的挂靠单位；编辑和出版《中国科学院信息化工作动态》、《科研信息化技术与应用》。

（撰稿：李超杰　审稿：陈　浩）

中国科学院国家科学图书馆（筹）

主　　任：张晓林
地　　址：北京市中关村北四环西路33号
邮政编码：100190
电　　话：010-82626684
传　　真：010-82626600
电子信箱：office@mail.las.ac.cn
网　　址：http://www.las.ac.cn

中国科学院国家科学图书馆（筹）（以下简称“国科图”）为中科院直属事业法人单位，负责全院文献情报服务的组织、管理和协调，负责全院科技文献资源保障体系建设，负责全院公共文献信息服务的建设和管理，下设中国科学院兰州文献情报中心、中国科学院成都文献情报中心和中国科学院武汉文献情报中心3个二级事业法人单位，负责相应领域战略情报研究和科技信息服务，协同组织所在区域的科技信息服务工作。

国科图立足科学院、面向全国，主要为自然科学、边缘交叉科学和高技术领域的科技自主创新提供文献信息保障、战略情报研究服务、公共信息服务平台支撑和科学交流与传播服务，同时通过国家科技文献平台和开展共建共享为国家创新体系其他领域的科研机构提供信息服务。

截至2013年底，国科图共有职工617人，其中专业技术人员488人。现设有图书馆学、情报学硕博士研究生培养点，设有图书馆学、情报学博士后流动站，共有在学研究生158人（其中硕士生97人、博士生61人）、在站博士后3名。

2013年，国科图聚焦服务成效和创新贡献，持续夯实基础业务服务成效，重点落实“一三五”建设任务，各个方面工作取得了新的进展。

2013年，继续夯实到所到课题组到用户个人的科研信息支持服务，加强推进全院研究所文献情报工作向知识服务的转型发展。学科馆员到所培训656场次，提供各类咨询服务6.6万人次，提供学科情报250多份。全年完成查新检索6979项。继续实施“研究所情报分析可持续服务能力建设”和“研究所群组集成知识平台可持续服务能力建设”项目，一期全部结题、二期进展顺利、三期建设全面启动。协助47个研究所建立学科情报服务机制和团队，产出学科领域态势发展分析、专利技术趋势分析、竞争与合作分析等研究报告141份，编辑21种主题动态监测快报308期，得到所领导和科研团队的广泛认可和高度评价。已协助60个研究所在课题组、实验室建立350多个群组知识平台，并开始服务于先导专项、973、863等重要项目。继续完善“科技态势分析素质”课程，新开设“科研数据管理信息素质教育”课程，共完成502课时。为培养广大研究生利用开放数据和开放工具进行创新的能力，组织首次“科研教育开放信息创新应用大赛”，创新信息服务模式和人才教育模式，共评出优秀作品27项。

发挥国家科学思想库组成部分的建设性作用，产出系列重要产品。

完成《国际重要科技信息专报》36期，特刊16期；完成《科学研究动态监测快报》13个专辑共282期。承担中科院碳排放、纳米、低阶煤、空间科学卫星、页岩气、海洋和信息科技等先导专项战略情报服务；与科技部、基金委、发改委能源局、总装载人航天办公室等合作开展战略情报服务。加强对重大问题挖掘分析，提交有分量的专题报告20余份，8份被中办国办采用，其中“俄罗斯国家级科学院系统重组改革正式启动”、“关于国家科研计划资助项目发表论文实施开放获取的建议”获国务院领导批示。启动科技决策知识服务系统建设，积极支撑科学院国家思想库体系建设。正式出版《科技全球：资源配置与流动》、《十年决策-主要国家（地区）宏观科技政策研究》、《国立科研机构管理模式研究》、《2013科学发展报告》、《材料发展报告》、《中国工业生物技术白皮书》、《国际科学技术前沿报告2013》、《科学结构地图2012》等报告。

持续保障科研文献需求的高水平满足率，积极组织和集成开放信息资源。共引进网络数据库155个，全院研究所可共享的全文电子资源中，外文现刊17 997种，外文图书45 948卷/册，外文学位论文414 772篇，中文电子图书在全院开通13万多种。全院电子资源全文下载4032万篇，原文传递服务11.4万篇。全面启动“开放获取期刊采集服务体系”、“开放课件采集与服务系统”、“开放社会经济信息采集与服务系统”建设，持续建设“综合科技信息集成登记系统”、“重要会议开放资源采集与服务系统”，共登记10 800条综合资源，采集组织31 000篇会议论文、10 000条社会经济信息资源、49 000个国内外高质量课件，以及超过2000种OA期刊，并逐步开始在中科院多个研究所、各类信息平台得到利用。

引领推动科技信息服务新模式。继续巩固发展国内唯一的国外现期数字科技文献长期保存系统，争取到科技部批准由中国科学院文献情报中心牵头建设国家数字科技文献长期保存体系。作为SCOAP3国际指导组和技术工作组的中国代表及中国国家联络点，协调组织国内图书馆参与SCOAP3，2013年由NSTL代表中国正式参加SCOAP3并全额资助相关费用。中科院机构知识库体系继续高速发展，覆盖103家研究所，存储科技成果52万余份，累计下载超过1411万篇次，已成为全球科研机构中最大的、使用最为活跃的科研成果共享系统。入选国家知识产权局“2013年知识产权分析评议服务示范创建机构”。

持续深化服务区域科技、经济发展。正式成立有17家省科院参加的“全国科学院联盟文献情报分会”，与14家省科院签订战略合作协议并挂牌成立文献情报共享服务站，基础服务全面覆盖，并与部分省科院联合开展行业发展态势、区域科技与经济发展战略等分析，开始与省科院协同建立科技战略研究中心。中科院文献情报中心积极布局与区域创新体系的建制性合作，完成或启动多项高层次战略研究。中科院文献情报中心（北京）完成“中关村高端人才基础情况评估研究”课题研究，与海淀园、天津、唐山签订合作协议，与中创春雨科技孵化公司合作开展面向科技创新和创业早期项目的知识服务与咨询。兰州文献情报中心重点推进与甘、青、宁、新等省（自治区）的地方政府、企事业单位的建制化合作，承担金川公司“金川镍钴新材料产业发展路线图及循环经济发展战略研究”，与乌鲁木齐经济技术开发区管委会、青海省科技厅建立合作关系。成都文献情报中心深化面向技术转移与区域创新的信息平台建设，包括“中国科学院（四川）科技成果转化信息服务平台建设”、“四川省工业企业技术创新成果信息平台”等，与地方共建了“天府生命科技园信息中心”、“中国科技城技术转移信息中心”等。武汉文献情报中心协同湖北育成中心共同推动生物城信息中心、产业技术分析中心的有效运作。与武汉高科医疗器械园、中国光谷激光产业基地等产业园达成情报咨询服务合作协议，完成《湖北省公共技术服务平台建设模式和运行机制研究》、《湖北省激光产业发展规划》等多份高水平分析报告。

全年共组织或承接各类科学文化传播活动290余场，直接受众超过6万人，效果良好。承办“2013中科院科技创新年度系列巡展”，在北京、西安进行实体巡展，在成都、兰州、武汉、上海、广州等地进行图片巡展，直接受众达50多万人次。“科学文化传播平台”正式上线运行。“院士文库”已收集112位院士资源到馆。荣获2013年“全国科技周”优秀组织奖，入选2013年北京市科普先进集体。

中科院档案馆完成职能定位和运行机制调整，成为院办公厅直接领导的管理型非法人单元。馆藏档案数字化项目及二期进馆档案数字化试点工作都完成预期任务。

国科图是中国科学院现代化研究中心、全国科学技术名词审定委员会事务中心、中国图书馆学会专业图书馆分会、中国科学院自然科学期刊编辑研究会、中国科学院科学传播研究中心的挂靠单位。总分馆主办的科技期刊有《图书情报工作》、《现代图书情报工作》、《化学进展》、《电子政务》、《中国生物工程杂志》、《高科技与产业化》、《科学观察》、《中国文献情报（英文刊）》、《中国科技期刊研究》、《黄金科学技术》、《世界科技研究与发展》、《天然气地球科学》、《地球科学进展》、《天然产物研究与开发》、《遥感技术与应用》、《长江流域资源与环境》和《中国数学文摘》共17种。

（撰稿：刘峻明　吕秋培　审稿：张晓林）

新闻出版单位

中国科学报社

社　　长：陈　鹏
地　　址：北京市海淀区中关村南一条乙3号
邮政编码：100190
电　　话：010-62580800
传　　真：010-62580899
电子信箱：bangongshi@stimes. cn
网　　址：http://www. csd. cas. cn

中国科学报社成立于1959年1月，是中国科学院所属唯一经国家新闻出版广电总局批准的新闻媒体单位，具有主办报纸和期刊的特许出版权和发行权、记者和记者站的管理权、广告经营权和新闻类网站的主办权等。

中国科学报社现有媒体包括两报（《中国科学报》、《网络报》），两刊（《科学新闻》、《科学新生活》），一网（科学网）。报社主要媒体《中国科学报》前身是1959年1月1日正式出版的《科学报》，1989年更名为《中国科学报》，1999年1月1日更名为《科学时报》，2012年1月1日复名为《中国科学报》。《中国科学报》由中国科学院、中国工程院、国家自然科学基金委员会和中国科学技术协会四家单位共同主办，其中中国科学技术协会为2013年新加入。目前，《中国科学报》出版刊期为一周五刊，周一至周四每刊八版、周五二十版，彩色印刷，面向全国发行。

截至2013年底，报社在职职工183人，其中采编人员143人；职工中研究生及以上学历人员72人，具有高级职称31人，中级及以下职称100人。报社在全国28个省（自治区、直辖市）建有记者站，在国内近百所高校建有大学工作站。

加强报道策划，形成新闻品牌。2013年，中国科学报社以报道策划为重心，紧贴科技热点，推出一批社会效应强、传播效果好的品牌报道，在宣传中科院中心工作、正确引导社会舆论方面发挥了应有的作用。1月1日，《中国科学报》继2012年元旦推出百版特刊后，再度推出44版的大容量元旦特刊，形成具有延续性的品牌效应；3月推出10天40个版面的全国两会特刊，其中“高端访谈”栏目采访省部级领导10位，腾讯网专题页面访问量超过4亿次，创历史新高；4月策划制作了20个版的SARS十年特刊，集合报刊网力量发起了一场SARS与新发病毒H7N9相关的讨论，正确引导社会舆论；芦山地震发生后，《中国科学报》密切跟踪中科院救灾工作进展，围绕科学救灾、地震解读和震后重建推出系列报道，宣传中科院救灾工作成绩，为抗震救灾贡献自己的独特力量；习近平总书记到中科院考察后，《中国科学报》第一时间围绕习总书记对中国科学院定位的最新指示，刊发系列新闻和评论，准确定义和理解习总书记讲话精神，引导我国科技事业朝着正确的方向发展。

科学网2013年加强了对网络报道新思路的探索。1月推出专题，首次采用摄像直播的形式报道雾霾天气的实时变化，并邀请专家从空气污染的治理和立法两个方面与网友进行在线交流与讨论；紧跟国外重大新闻消息展开编译工作，10月针对2013年诺贝尔奖揭晓的消息第一时间做了编译报道；11月举办“中国最惨博士后”在线访谈，新闻当事人王天旭博士本人与李小文院士等嘉宾和网友就中西方不同的教育制度等内容展开讨论，引起网友强烈反响。此外，科学网2013年还加强了基金频道建设，成为科研人员了解科学基金评审情况的重要平台；充分挖掘专家资源，启动了院士专家信息库和图片库的建设；与《中国科学报》统筹策划，谋求报网融合，并完成了《中国科学报》的电子版收费系统改造。2013年，科学网用户数量首次突破百万。

《科学新闻》杂志2013年与美国科学促进

会进一步加强合作，提高了内容的权威性，杂志知名度也得到较大提升。根据媒体环境变化趋势，《科学新闻》2013年开始探索自办发行、刊期调整等符合未来发展需求的新发展路径。

《科学新生活》2013年紧扣时代脉搏，加强了选题策划，3月推出的“15院士倡议向生命负责”报道，迅速成为网络热门话题，并引起央视、人民网等主流媒体的关注和持续报道，受到诸多院士好评。此外，《科学新生活》杂志2013年还完成了杂志提价和封面改版。

关注新媒体建设，开拓新型传播渠道。2013年3月，报社官方微博全新改版，在继续推广报社新闻产品的同时，扩展传播内容，以报纸最擅长的科技领域为主线，快速传播科学、教育、文化新闻，同时配合报社活动进行网上推广，成为报社通过新媒体手段拓展影响力的重要平台。截至12月31日，微博总共发布7395条，平均每天24.2条。此外，报社官方微信也于12月28日全新上线。

2013年8月，《科学新生活》上线了中国第一娱乐APP“星生活”，集“明星访谈”、“娱乐八卦”、“星座星愿”、“明星店铺”于一体，特别是每日更新关于最新娱乐事件的综合报道，受到受众的欢迎。

提升活动层级，扩大社会影响。2013年1月，报社举办“科学之夜”盛典，集中发布“两院院士评选中国、世界十大科技进展新闻”、“青年科学之星评选”、“2012中国科学年度新闻人物评选”等品牌活动评选结果。十一届全国政协副主席王志珍、中国科学院院长白春礼、中国工程院院长周济，与中国科学院副院长李静海、詹文龙、阴和俊、张亚平，中国记协党组书记翟惠生等多位领导出席，人民日报头版显要位置刊发活动信息，中央电视台新闻30分节目对活动进行报道，人民网、新浪网等各大媒体纷纷转载，社会效益明显。

2013年，报社凝聚力量，下力气打大仗，除“科学之夜”外，报社传统的“创新中国论坛”、“中国生物技术与产业发展论坛”启动会等大会，以及博客大赛、校园行等大活动都再提层级，社会效益显著。

部署群众路线教育实践活动，加强党的建设。报社严格按照中央要求和院党组、京区党委的部署，在京区督导组的指导下，聚焦“四风”问题，紧紧围绕“为民、务实、清廉”主题，按照“照镜子、正衣冠、洗洗澡、治治病”的总要求，精心组织、扎实推进、认真整改、建章立制，立足报社实际，坚持将教育实践活动与学习贯彻党的十八大、十八届三中全会精神密切结合，与中国科学院“创新2020”、“一三五规划”及“四个率先”的要求密切结合，与报社领导班子自身建设及报社的改革发展密切结合，务求通过教育实践活动促进“四风”问题的整改，促进报社事业发展，并取得初步成效。

深化体制机制改革，奠定长远发展基础。报社2013年进一步改革体制机制，继续推动社属企业投资体系建设，正常运行北京科学网科技有限责任公司，并启动策划依托《网络报》的公司化全媒体平台；完成了领导班子换届，并根据事业发展需要，重新梳理了部门设置，进一步理顺了各项工作流程。此外，报社2013年还对年久失修的办公楼进行了装修改造，重新规划调整了办公和休闲空间，改善了员工工作环境，为报社未来长远发展奠定了良好基础。

（撰稿：保婷婷　邹丽媛　审稿：刘峰松）

其　他　机　构

行政管理局

局　　长：顾　全
地　　址：北京市海淀区中关村南三街15号
邮政编码：100086
电　　话：010-62571850
传　　真：010-62560929
电子信箱：office@caseab.ac.cn
网　　址：http://www.caseab.ac.cn

中国科学院行政管理局（以下简称“行管局”）成立于1955年，是中国科学院机关职能部门。1991年，中科院进行机构改革后，行管局成为院直属事业单位。

行管局承担着中科院京区科研后勤保障和公共事务管理工作，肩负着落实中科院后勤支撑体系规划、实施中科院“3H工程”的历史新使命，为建成“三位一体”中科院和实现“四个率先”计划提供有力的后勤支撑。目前，行管局已组建成立中科院科技物业、学前教育和专家公寓三大后勤联盟，形成了置业物业、学前教育、生活服务、科学文化传播、新技术产业园区支撑五大产业板块，并大力推进中科院附属实验学校建设，为助力研究所科技创新、改善科研人员生活环境以及维护地区和谐稳定均发挥着重要作用。

行管局现有9个职能部门、1个下属单位和8个控股公司。截至2013年底，共有在职员工1369人，其中管理人员67人，服务和支撑保障人员1302人。

2013年，行管局在中科院党组的关怀和支持下，按照“搭建知识创新服务平台，打造行政后勤管理旗舰”的远景目标，在局“一三五”规划和“十二五再造一个行管局”的发展目标的指引下，认真秉承“一心为人民，全力谋发展”的指导思想，大力弘扬“志存高远、自强不息”的工作传统和“高效做事、低调做人”的工作作风，攻坚克难，奋勇拼搏，圆满完成中科院后勤支撑保障各项任务，同时，事业发展再次取得新的成就。

一、领导班子和人才队伍建设

2013年，行管局党政领导班子继续以打造“学习型、实干型、服务型、清廉型”班子为目标，将党的群众路线教育实践活动始终贯彻于班子的各项建设之中，自觉与党中央、院党组保持高度一致。不断加强政治理论和业务知识学习，不断强化高效务实、勤政廉洁的工作作风，不断加大班子成员轮岗交流和密切联系群众的工作力度，不断提升班子整体的凝聚力和战斗力。顺利完成个别领导职务调整、班子成员分工调整以及2名后备干部考核选拔工作。

2013年，行管局完成年度人才支持计划认定及编制动态管理人员考评工作，各类人才达到261人，占在职职工人数的20%，进入事业编制动态管理岗位272人。组织全局9个单位、49个岗位竞聘工作，其中职员岗位9人、专业技术岗位29人（高级职称3人）、工勤岗位11人。全年开展各类培训累计3538人次，其中管理类1384人次，技能类1965人次，考取职称类39人次、执业资格49人次、学历教育18人次，为全局的可持续发展做好人才储备。

二、经济运行和产业发展

（一）经济运行健康稳定

2013年，行管局不断加快产业发展速度和主体产业链打造力度，全局收入支出继续呈现出良性增长的态势，各产业板块圆满完成既定经济指标，职工人均收入继续保持着15%的增长速度。

（二）产业发展取得突破

1. 物业置业。2013年，北京科住物业管理有限公司进一步提升品牌实力，位列中国物业百强榜第58名，比2012年前进10名。新增物业管理项目16个，新增服务面积58万m^2。目前在管科研机构项目50多个，服务中科院系统内40多家单位，服务面积达400多万m^2。

2. 学前教育。2013年，北京中科启元教育科技投资有限公司（中科院幼儿园）进一步完善模块化、差异化运行机制，新签幼儿园21所。京内强化保障能力、提升品质，京外搭建合作平台、构建体系。目前，共兴办幼儿园50多所，在园幼儿达8000余名，其中中科院系统内职工子女1500多名。

3. 生活服务。2013年，北京中科生活服务有限公司继续强化企业管理，努力开拓市场，已形成公寓宾馆、客运交通、生活服务为主业的多元化服务体系，为京区科研人员和社区居民提供优质的生活后勤服务。

三、后勤支撑体系建设

2013年，行管局加快推进中科院后勤支撑体系建设，先后成立了中科院科技物业、学前教育、专家公寓三大联盟，通过建立资源共享、优势互补、互惠互利、共同发展的工作机制和协同发展平台，集成各成员单位的资源和优势，为后勤支撑科技创新发挥了更大的作用。指导中科院系统内各区域后勤支撑体系的规范化建设，开展后勤工作的理论探索与研究，为建立健全具有中科院特色的现代后勤制度和后勤支撑体系提供了决策参考。2013年，行管局承办了中科院后勤服务与管理精品培训班，在全院范围内开展了为期半年、共分四个阶段的后勤理论与业务培训，全院近80家单位、394人次参加了培训，培训效果满意率达99%，有力提升了中科院后勤管理和服务工作的整体水平。

四、京区“3H工程”和院地合作

（一）“Housing”工程

2013年，行管局启动建设中科院京区第2个“3H工程”人才公寓项目——中关村北二条人才周转公寓。中关村青年人才公寓项目已按施工进度建设到地上5层；科学园南里人才公寓项目的前期工作基本完成，取得市规委项目选址意见书，完成了可研和施工图设计；中关村东区改造北部一期工程得到了北京市和国管局的文件批复。

（二）“Home”工程

2013年，行管局积极协调有关方面，尽全力解决了中科院系统内450多名职工孩子入园和135名科研骨干孩子入学转学的难题。同时，为有效解决长期以来困扰广大科研人员子女上学难的顽疾，行管局与朝阳区、海淀区政府经过多次的沟通协调，最终于年底签署了院地合作办学的战略框架协议，积极筹建中科院附属实验学校，包括小学部和中学部，填补了中科院京区单位同高等院校相比缺少职工子女义务教育服务的空白。

（三）“Healthing”工程

2013年，行管局与海淀区政府卫生部门深化合作，取得了实质性的突破。以中关村医院为试点，充分发挥中科院综合资源和地方医疗资源的优势，共同建设以法人治理结构为主，集医疗门诊、康复保健、学术研究为一体的定向服务中科院系统的综合型医院。目前，双方就合作原则、合作模式、工作思路达成了共识，下一步将签署合作协议和实施方案。

五、党建及党群工作

2013年，行管局党委认真开展党的群众路线教育实践活动，把“牢记宗旨、强化责任、转变作风、创新为民”作为基本目标，始终贯穿“照镜子、正衣冠、洗洗澡、治治病”的总要求，以处级以上党员领导干部为重点，认真聚焦“四风”问题，打牢学习教育和查摆问题两个基础，切实抓好整改落实和建章立制两个关键，扎实有效推进活动的各个环节工作，取得了实实在在的成效。同时，以深入学习贯彻党的十八大和十八届三中全会精神、习近平总书记视察中国科学院的重要讲话精神等内容为主线，全年共组织5次局党委中心组学习扩大会、10余次支部书记座谈交流会以及系列主题活动，包括：“学习十八大”专题讲座、“我与十八大”征文活动、“聚焦献力”主题实践活动、“学习建功”知识竞赛等。进一步提升局党委的政治核心作用、党支部的战斗堡垒作用，进一步发挥党员的先锋模范带动作用，为推进中科院“3H工程”

等重大后勤保障任务保驾护航。

2013年，行管局召开四届四次职工代表大会，进一步完善职代会制度，充分发挥民主参与和民主监督的作用。及时传达局情动态，认真答复代表提案，保持沟通渠道顺畅。积极关心职工工作生活，建设行管局职工食堂，大力帮扶特困职工，评选一线职工先进个人和先进工会小组，开展“全民健身日”活动、职工趣味运动会以及各类体育赛事，加大职工子女高等教育经费奖励力度。2013年，行管局荣获全国教科文卫系统“模范职工之家”称号、中科院基层工会财务工作特等奖和工会工作二等奖。

六、纪监审工作

2013年，行管局认真学习贯彻党的十八大和十八届三中全会精神、十八届中央纪委二次全会精神，坚持“标本兼治、综合治理、惩防并举、注重预防”的工作方针，以健全廉洁从业风险防控机制为抓手，深入推进惩治和预防腐败体系建设。从严监督检查局属各单位、各部门对中央“八项规定”和院党组“12项要求”的贯彻落实情况，成立工作领导小组，设立举报电话和邮箱，工作取得实效。进一步加大对基建工程建设、资产运营管理、大宗设备物资采购以及投资企业经营管理等重点领域的管控力度，进一步夯实内部审计工作。邀请北京市人民检察院党组成员、反贪局局长朱小芹同志作反腐倡廉专题讲座，组织开展“反腐倡廉，早圆中国梦”主题学习报告会等系列活动。

七、院士专家联系工作

2013年，行管局积极协调组织数学院、物理所、化学所、遥感所、地质所、自动化所、软件所、自然科学史所、植物所、声学所等多家单位的10余名院士专家走进人大附中、中关村中学、中关村一、三、四小等中关村地区知名的中小学校，开展自然科学名家讲坛、科普系列教育等活动，得到了学校数千名师生的热烈欢迎和高度赞誉。

八、公共事务管理和协调

2013年，行管局继续深入推进中科院京区后勤公共事务管理与协调工作。一是完成投资修购专项资金8100多万元，实施中关村地区电气改造及供热系统改造、奥运村科技园西区供电系统改造等项目；同时，投资315万元对科研区和生活区进行了涉及气电暖、房屋、道路等方面的、共计55项的大中修改造，进一步提升广大科技人员的居住环境和生活品质；二是协调中关村街道投入资金792万元对中关村地区院所周边进行了市政市容改造；三是与海淀区政法委共建区域维稳平台，与各执法部门联合开展执法行动20余次，深入推进安全社区、卫生社区与和谐社区建设；四是与北京军区预备役防化团二营联合成立防化应急分队，组织多人参加预备役部队训练，为协助海淀区政府执行特殊时期、特殊场所的安保执勤任务，为中科院京区单位提供专业安全生产等方面奠定了良好的基础。

（撰稿：蒙　俊　翟秋翌　审稿：廖方宇）

青岛疗养院

院　　长：万述鉴
地　　址：山东省青岛市南区珠海路1号
邮政编码：266071
电　　话：0532-85967888
传　　真：0532-85968780
电子信箱：swan@public.qd.sd.cn
网　　址：http://www.zylhotel.com

中国科学院青岛疗养院始建于1956年，原址有青岛栖霞路12号、15号两处院落，郭沫若先生曾来休养过，时称中国科学院青岛休养所，隶属中国科学院海洋研究所代管。“文化大革命”前后，海洋研究所将栖霞路12号改为海洋所同位素实验室及职工宿舍使用，休养所停办。1978年5月18日，邓小平同志亲自圈阅了中国科学院《关于恢复中国科学院青岛疗养所和建立庐山疗养所的请示》（〔78〕科发计字0713号文），遂改为中国科学院直属事业单位。1983年改称中国科学院青岛疗养院。继之，中科院批准在青岛选址、征地（辛家庄）扩建新院；但几经波折，功亏一篑，1988年在即将开工建设之际，遭遇国家政策性全面压缩基建项目，终以“缓建”告结。

1992年，青岛市政府土地管理局以青土管字（1992）第49号文《关于收回科学院青岛疗养院征而未用土地的通知》拟“收回”新址土地。面对危局，时任副院长万述鉴抓住机遇，锐意进取，在科学院没有任何资金投入的情况下，果断提出“自行集资扩建新的疗养院”意见。1993年，中科院正式批复了《关于集资扩建中国科学院青岛疗养院协议书》。嗣后，历尽七年坎坷、磨难、曲折之路，1999年5月，疗养院新址竣工并投入使用。同年，根据中国科学院领导指示，将栖霞路15号旧址全部移交中国科学院海洋研究所管理使用。

新建青岛疗养院位于青岛市东部政治、经济、文化、商贸中心地带，园区占地100亩，康复中心楼高15层，建筑面积15000m^2，绿化面积达19000m^2；拥有海景山景标准间、商务间、普通套房、豪华套房等277套，客房硬件设施在青岛三星级酒店中名列首位，有会议室、餐厅、无柱多功能厅、商务中心等服务设施，还有能停放百余辆机动车的大型停车场及中心花园及灯光网球场，是一座闹中取静的田园式三星级涉外宾馆，是我国广大科技工作者温馨的家园，也是中国科学院后勤单位对外服务的窗口。

青岛疗养院与致远楼宾馆为一个单位两块牌子，设八部一室（总经理办公室、人事部、前厅部、客房部、餐饮部、财务部、保安部、工程部、营销部）。截至2013年底，有事业编在职职工7人，合同制员工百余人，其中中级技术职称6人、高级技术工人8人、中级技术工人20人。

青岛疗养院的经营方针是自力更生、艰苦奋斗、创新创业；经营方式：既为中国科学院服务，又面向社会赢利。为迎接2008青岛奥帆赛，疗养院曾自筹资金1000万元停业装修，2007年6月全新投入使用。2007年获得山东省卫生厅颁发的“餐饮业卫生信誉度A级单位”称号并保持至今，2009年获得青岛市卫生局卫生监管局颁发的“公共场所卫生信誉度A级单位”称号2013年通过了审核继续保持；自2008年连续六年竞标取得“财政部党政机关事业单位出差和会议定点饭店”资质后，2013年又竞得“山东省财政厅2014—2015年党政机关事业单位会议定点饭店”资质。

2013年青岛疗养院自筹资金投资160万元更新大楼全部窗户为新型节能窗、投资40万元重新排序、更换大楼管道层全部管道，最大限度有效利用空间，做成几个客房用品仓库；更新了所有空调泵密封设备、更换了冷却塔填料等，采取了系列有效节能措施；根据青岛季节性用工明显的特点，同莱芜市钢城福德饮食服务公司签订了人员季节置换协议并招聘实习生及短期工，多途径解决招聘难、费用高的问题，使各项费用支出有了较大幅度下降。

2013年成功接待了中科院办公厅会议、沈阳分院会议，青岛海洋所会议、化学所会议、国科院属单位投资企业财务决算报表会审会，中科创嘉会议及院所局科技干部休养团、软件所老干部疗养团等，为参会、休养的科技工作者提供了热情周到服务，获得一致好评。同时积极开拓社会市场，广揽客源、积极联系各地旅行社及会议公司700多家，截至年底与53家网络订房公司签订合作协议。

2013年青岛疗养院提出自筹资金对大楼全面装修并加建610m^{2}的建设规划，经院条财局批准，并通过青岛市规划局选址审查、建筑设计方案（在《青岛日报》）公示、专家评议、审批等程序，取得了建筑规划许可证，拟于2014年10月开工建设。

2013年尽管受到大楼多部位连续施工等诸多不利因素影响，但青岛疗养院全体员工团结一心实现了营业收入850万元，经营净利润为8.2万元，上交国家税金90.60万元。

（撰稿：张建华　李　霞　审稿：万述鉴）

庐山疗养院

院　　长：张纪文

地　　址：江西省庐山芦林52号

邮政编码：332900

电　　话：0792-8282529，0792-8281940

传　　真：0792-8281412
电子信箱：hanpokoubinguan@sina.com
网　　址：http://www.hpkbg.com

中国科学院庐山疗养院组建于1978年6月6日，其前身是著名的地质学家李四光先生的工作站。1970年修庐山山南公路时，民工烧火做饭为不慎失火，将工作站烧毁。1978年6月经邓小平、李先念、汪东兴、纪登奎、王震、谷牧等中央领导批示同意，在原址重建。1985年5月9日经中国科学院批准，更名为中国科学院庐山疗养院。2005年经中科院院长办公会研究决定，将疗养院定位为“中科院科技骨干休养基地和小型学术会议中心”。

截至2013年底，庐山疗养院共有在职职工26人，管理岗位8人，技术岗位1人，工人17人；设有办公室、营销部、客房部、餐饮部、后勤部等管理机构。

庐山疗养院坐落在环境优美的芦林湖畔，与著名的含鄱口景区相邻，是游览五老峰、三叠泉、三宝树、毛主席旧居景点的好住处，并且是到含鄱口观日出、观鄱阳湖的最佳住处。疗养院内布局独特，为花园式庭院格局，环境典雅、舒适、宁静、空气清新。院内有天然矿泉水，经国家有关部门鉴定，该矿泉水含有10多种对人体有益的微量元素，尤其对心脑血管病人有显著疗效。

庐山疗养院园区面积有20000m^2，有四栋别墅疗养楼，拥有观景套房、豪华标间、豪华单间、普通标间等130套，设有宴会厅、小餐厅、贵宾厅、各式包厢，还配有大、小会议室数间等其他配套设施。

中国科学院围绕年初制定的工作目标，以市场为导向、细化管理为手段，稳抓经营和管理，克服各种不利因素，顺利地完成任务指标，取得了历年来最好的成绩。

2013年，庐山疗养院共接待客人6821人次，其中中科院客人占总人次的56%，各网站客人占总人次的20%，其他客人占总人次的24%，每批疗养团和会议对中国科学院周到、细致的服务感到十分的满意，在离开疗养院时纷纷留下热情洋溢的感言。2013年预算收入500.28万元，预算执行率为100%。实现经营收入248万元。

庐山疗养院热忱欢迎院内外的专家学者来院主办各类会议，同时欢迎各种形式的度假、休闲活动。

（撰稿：曹俊升　刘　莉　审稿：梅庐溪）

院直接投资的控股企业

中国科学院国有资产经营有限责任公司

董 事 长：2013 年 5 月 8 日前为施尔畏，其后为邓麦村

总 经 理：王 津

地　　址：北京市海淀区北四环西路 9 号银谷大厦 702

邮政编码：100190

电　　话：010-62800118

传　　真：010-62800120

电子信箱：casholdings@rose.cashq.ac.cn

网　　址：http://www.casholdings.com.cn

经国务院批准，中国科学院国有资产经营有限责任公司（以下简称国科控股）于 2002 年 4 月 12 日注册成立，代表唯一出资人——中国科学院统一管理院、所两级的经营性国有资产。国科控股统一负责对院属全资、控股、参股企业有关经营性国有资产依法行使出资人权利，承担相应的保值增值责任；根据《中国科学院章程》，对中国科学院所属事业单位占用的经营性国有资产的营运行使监管权。受中国科学院委托，代管中国科学院青岛疗养院、庐山疗养院和科技促进经济基金委员会；负责中国科学院联想学院日常组织管理工作。

国科控股主体业务划分为持股企业运营管理、私募股权基金投资与战略性直接投资、院属事业单位经营性国有资产监管三大板块，致力于成为国内优秀、国际知名、有鲜明科技特色的国有资产控股经营公司。

国科控股第四届董事会由 8 人组成，邓麦村任董事长，王津任执行董事；第四届监事会由 5 人组成，李志刚任监事会主席；经营班子由 8 人组成，王津任总经理；中共中国科学院企业党组由 7 人组成，王津任书记。截至 2013 年底，国科控股共有在册员工 30 人，兼职及返聘 2 人，设有综合管理部、财务与稽核部、股权管理部、资产营运部、资产监管部及中共中国科学院企业党组办公室等 6 个部门。

截至 2013 年底，国科控股注册资本 51 亿元，资产总额为 133 亿元，净资产 131 亿元。国科控股持股企业共 30 家（不包括 3 家以公司制形式设立的股权投资基金），其中全资和控股企业 20 家（表 13）。

表 13　国科控股持股企业及股权比例情况（截至 2013 年底）

序号		公司名称	成立日期	股权比例/%
全资及控股企业	1	联想控股有限公司	1984-11-09	36
	2	中科实业集团（控股）有限公司	1993-06-08	67.5
	3	东方科学仪器进出口集团有限公司	1983-10-22	48.01
	4	中国科技出版传媒集团有限公司	2005-06-21	100
	5	中国科技产业投资管理有限公司	1987-10-17	60.67
	6	北京中科科仪股份有限公司	2000-12-28	50.68
	7	北京中科院软件中心有限公司	2001-09-17	65.25
	8	中科院建筑设计研究院有限公司	2001-10-24	51
	9	北京中科资源有限公司	2001-12-07	45.92
	10	中国科学院沈阳计算技术研究所有限公司	2001-06-25	60

续表

序号		公司名称	成立日期	股权比例/%
全资及控股企业	11	中国科学院沈阳科学仪器股份有限公司	2001-04-18	48.79
	12	中科院南京天文仪器有限公司	2001-11-28	60
	13	中科院广州化学有限公司	2001-12-21	65
	14	中科院广州电子技术有限公司	2001-12-30	87.92
	15	中国科学院成都有机化学有限公司	2001-06-08	65
	16	中科院成都信息技术股份有限公司	2001-06-26	47.88
	17	中科院科技服务有限公司	2002-12-25	65
	18	上海碧科清洁能源技术有限公司	2009-01-21	51
	19	深圳中科院知识产权投资有限公司	2009-02-03	85.70
	20	国科嘉和（北京）投资管理有限公司	2011-08-24	41.00
参股企业	21	北京中科普惠科技发展有限公司	2002-12-02	25
	22	北京东方阳光国梦科技服务有限公司	2002-01-28	30
	23	北京中科创嘉人力资源咨询有限公司	2002-07-03	30
	24	北京中科院国际学术交流中心有限公司	2001-12-18	20
	25	北京中科国金工程管理咨询有限公司	2002-06-25	5.99
	26	北京中生可利检验医学技术有限责任公司	2006-10-13	33.33
	27	沈阳高精数控技术有限公司	2005-01-28	27.1
	28	长春国科彩晶光电有限公司	2004-11-01	35
	29	中国技术交易所有限公司	2009-08-08	10.71
	30	中国科技出版传媒股份有限公司	1999-04-15	0.91

2013 年，国科控股围绕“持续提升管理，推动资源整合，促进企业创新”工作主题，进一步夯实公司本部和控股企业管理基础，务实开展控股企业战略协同和资源整合，积极推动企业创新发展，进一步优化资产配置、强化资本运营，进一步完善国有资产监管体系，各项重点工作有序推进。各持股企业积极应对行业市场环境变化，调整企业战略和策略，扎实推进经营管理工作，提高管理水平和经营质量，努力实现年度经营目标。

（一）2013 年全院企业经营情况

经预统计，2013 年全院纳入统计范围的 430 家院、所投资企业营业收入 2934 亿元，同比增长 8.9%；利润总额 121 亿元，同比增长 25.0%；资产总额 3058 亿元，同比增长 14.0%；院经营性国有资产权益 230 亿元，同比增长 10.9%。其中，国科控股持股企业实现营业收入 2544 亿元，同比增长 7.0%；利润总额 85 亿元，同比增长 26.3%；资产总额 2258 亿元，同比增长 9.8%；国科控股权益 112 亿元，同比增长 11.2%。截至 2013 年底，院、所两级投资企业中共有 22 家上市公司。

（二）持续提升公司本部和控股企业的运营管理水平

系统梳理和优化国科控股核心业务管理流程 40 余个，制定和修订完善核心管理制度 10 余个，为编制《国科控股管理大纲》，进一步提升国科控股本部的系统管理水平和服务支撑能力奠定了坚实基础。以“强化整改，注重实效”为原则完成了 8 家控股企业的财务诊断与稽核，启动中科资源、广州电子、南京天仪 3 家企业内控体系建设项目，验收中科设计、中科集团 2 家企业的内控建设项目。截至 2013 年底，国科控股共推动 11 家控股企业实施内控体系建设，已完成 5 家项目验收，有效地提升了控股企业财务管理和企业内控水平。

（三）优化国科控股资产配置提高运营水平

整合、修订原有制度，制定国科控股《投资管理暂行办法》，进一步优化管理流程，完善基金投资管理信息系统，持续提升资本运营水平。基本形成由直接股权投资、私募股权基金（VC/PE）投资、固定收益类投资及间歇性资金运营等构成的合理资产配置，资产质量稳步提高，股权投资基金已退出部分收益良好，信托等中短期现金资产运营总收益及平均收益率均创历史新高。国科控股参与的基金累计对 18 项中国科学院相关项目进行投资，总投资 5 亿元，国科控股以风险投资助推科技成果转化和产业化的作用开始显现。

（四）有效推进控股企业战略协同和资源整合

完成北京科仪与成都唯实的产权和业务重组，国科控股向北京科仪转让所持成都唯实的全部股权，成都唯实成为北京科仪的子公司，两家公司的战略协同从业务层面提升到产权整合层面，初步形成优势互补、共同发展的双赢格局。广州电子与北京科仪的真空专用电源开发、生产合作取得重要进展，2013 年广州电子的真空专用电源进入批量供货阶段，成为广州电子新的主营业务增长点；同时，广州电子在特种电源领域的研发优势和技术积累也将逐步成为北京科仪产品升级和业务拓展强有力的支撑力量。

（五）积极促进院、所企业以创新驱动发展

2013 年，国科控股正式启动“控股企业技术创新引导基金”，首批共支持 11 项新产品、技术研发项目，带动 11 家控股企业加大创新投入，将对控股企业提升技术与产品创新能力产生积极的推动作用。积极探索中国科学院“创新链与产业链有效嫁接”的途径和举措，通过企业调研以及与有关单位深入研讨，提出了面向特定产业重大需求创建由院、所企业主导的若干领域技术创新与产业化联盟的工作思路和初步方案，对研究所优秀投资企业开展专项调研，积极开展研究所投资的创新型企业典型研究，为中国科学院培育更多具有较强行业影响力的“联想式企业”出谋助力。

（六）进一步完善研究所国有资产监管体系

依托企业经营年报数据库建立不良企业预警机制，定期分析风险指标并预警提示，初步建立了中国科学院不良企业清理常态化机制。积极促进建立以研究所资产管理公司为主体的国有资产监管组织体系，2013 年研究所新设资产管理公司 5 家，总数达到 44 家，资产管理公司在国有资产管理、创业孵化以及资本运作中的专业化管理作用日益凸显。积极推进国有资产监管信息系统建设，大力加强国有资产监管人才队伍建设，2013 年共培训 50 余家研究所的 140 余名学员。

（七）持续强化企业人才队伍建设

继续加大人才引进力度，2013 年控股企业人才引进基金支持 15 家企业引进经营管理和研发核心人才 34 人。人才引进基金已累计支持 17 家控股企业，引进人才共 61 人，有力地支持了控股企业的人才队伍建设，提升了企业核心竞争力。

依托中国科学院联想学院，实施了全院企业公司治理及财务培训、控股企业高管特训班、中层实训班、研究所国资监管培训等 9 个培训项目，培训学员 672 人次。在系统总结中国科学院联想学院五年工作的基础上，结合“创新链与产业链的有效嫁接”，制订了 2014—2016 年培训规划，中国科学院联想学院突出案例、强调实操的培训课程和师资体系基本形成。

（八）着力解决转制企业发展的深层次历史遗留问题

多年来，国科控股始终将解决转制企业历史遗留问题视为自己的历史责任，投入大量人力财力资源，尽心竭力解决了困扰转制企业发展、涉及员工切身利益的一系列历史遗留问题，为企业健康发展营造了日益优良的内部环境。2013 年首次召开了相关企业董事长等高层领导参会的转制企业历史遗留问题专项研讨会，建立了解决历史遗留问题工作常态机制。

推动和支持广州 2 家企业转制前事业编制退休职工进入属地医保体系，截至 2013 年底，已有 285 人加入医保体系，占该类人员的 75%，取得重要的阶段性成果。推动和指导各企业结合实际情况建立和规范员工补充养老制度，7家企业建立了惠及全体员工的企业年金制度，6家企业建立了商业补充养老保险制度，充分体现了企业对员工的社会责任。

（九）深入开展党的群众路线教育实践活动

国科控股本部和各控股企业严格按照中央和院党组要求，以“求真、务实”精神深入开展了党的群众路线教育实践活动，使员工最关注的“四风问题”得到有效整治，各企业领导班子建设进一步加强。

国科控股本部及各控股企业领导班子在活动中表现出高度的政治责任感和党性原则，边学边改，真抓实干，不走过场，活动成效得到了员工的普遍认可和督导组的一致好评。党的群众路线教育实践活动有效促进了企业改革创新发展，活动中形成的作风转变长效机制，必将对国科控股企业健康持续发展产生长远而积极的影响。

（撰稿：周　湧　刘尚贤　审稿：王　琪）

联想控股股份有限公司

董 事 长：柳传志
总　　裁：朱立南
地　　址：北京市海淀区科学院南路2号融科资讯中心A座10层
邮政编码：100190
电　　话：010-62509999
传　　真：010-62501056
网　　址：http://www.legendholdings.com.cn

联想控股股份有限公司（以下简称“联想控股”）于1984年由中国科学院计算技术研究所投资20万元人民币，柳传志等11名科研人员创办。经过30年的发展，联想控股从单一IT领域，到多元化，到大型综合企业，历经三个跨越式成长阶段。2013年，联想控股综合营业额2440亿元，总资产2070亿元。目前，联想控股员工总数约为59445人（含国际员工7752人）。

联想控股目前股东为中国科学院国有资产经营有限责任公司、北京联持志远管理咨询中心、中国泛海控股集团有限公司、联想控股股份有限公司的管理层和员工。

联想控股先后打造出联想集团（Lenovo）（HK0992）、神州数码（HK0861）、君联资本（原联想投资）、弘毅投资和融科智地等在多个行业内领先的企业，并培养出多位领军人物和大批优秀人才。联想控股对企业机制体制有着深刻的理解，创造性地设计了公司治理结构，高度重视并充分发挥人的作用，为员工创造事业舞台，极大地激发了企业活力；同时，运用多年从事实业与投资所积累的对企业管理规律的认识、优秀的企业文化和良好的品牌声誉，正致力于打造出更多的卓越企业，实现产业报国的理想。

2010年，联想控股制定了中期发展战略：通过购、建核心资产，实现跨越性增长，2014—2016年成为上市的控股公司。

为了实现中期战略目标，目前联想控股采用母子公司的组织结构，业务布局包括核心资产运营、资产管理、“联想之星”孵化器投资三大板块。其中，核心资产运营是联想控股实现中期战略目标的支柱业务，包括IT、房地产、消费与现代服务、化工新材料、现代农业五大行业，它与资产管理板块（含君联资本、弘毅投资）、“联想之星”孵化器投资板块形成良好的互动。资产管理板块将持续创造现金流，为核心资产的运营和孵化器的投资提供资金保障；与此同时，资产管理还扮演了核心资产项目储备库的重要角色。

核心资产运营是联想控股实现中期战略目标的支柱业务，通过战略投资的方式，在具备长期发展潜力的行业，投资或建立有远大目标的企业，搭建更有利的资源平台，不断培育和提升企业竞争力，实现其更长远的发展，使之成为行业领先企业。

目前，联想控股的核心资产运营涉及IT、房地产、消费与现代服务、化工新材料、现代农业五大领域。成员企业包括：联想集团（Lenovo）、融科智地、丰联集团、苏州星恒、增益供应链、安信颐和、神州租车、弘基企业、联保投资集团有限公司、拉卡拉、正奇金融、联泓集团、佳沃集团等企业。

联想集团（HKSE：992，ADR：LNVGY）是联想控股旗下专事个人科技产品的成员企业，2012/2013财年的营业额达340亿美元，是全球最大的个人电脑厂商，其客户遍布全球160多个国家。凭借创新的产品、高效的供应链和强大的战略执行，联想专注于为全球用户提供卓越的个人电脑和移动互联网产品。

融科智地是联想控股旗下专事房地产业务的成员企业，专注于住宅开发和为企业客户服务（办公楼宇量身定制、产业园区等）两大业务领域，立志成为中国房地产行业中最具实力和品牌吸引力、基业长青的公司，为人们创造美好的生活和工作环境。

联想控股看好消费与现代服务领域的长期增长，主要关注金融服务、消费性服务、生产性服务以及消费品领域。目前已投资/创建了丰联集团、苏州星恒、增益供应链、安信颐和、神州租车、弘基企业、联保投资集团、拉卡拉、正奇金融等企业。

联泓集团有限公司是联想控股旗下专事精细化工和化工新材料产业运营的成员企业，关注具有发展前景的新型化工产业，致力于打造有规模、有影响力、具有综合竞争力的化工产业集群。目前拥有神达化工、昊达化学、中银电化、郭庄矿业、联泓化工销售5家子公司和常州研发中心。

佳沃集团是联想控股旗下专事现代农业领域投资和相关业务运营的成员企业。公司致力于整合全球优质资源，引领和推动中国现代农业的发展，为消费者提供安全高品质的农产品和食品，并最终成为值得信赖的领先品牌、受人尊敬的国际化企业。

资产管理板块包括资金管理、基金投资、少数股权投资及投后管理、法务支持四大职能。资金管理职能包括公司总体融资和资金配备，以及母子公司日常资金管理；基金投资职能包括对旗下君联资本和弘毅投资及其他基金的投资和日常管理；少数股权投资职能为联想控股直接从事的财务性投资及投后管理工作；法务支持职能是为联想控股各类业务的法律规范性提供专业支持。

君联资本是核心业务定位于初创期风险投资和扩展期成长投资的专业投资公司，是中国创业投资领域的第一梯队。2012年2月从“联想投资”更名为君联资本。目前，君联资本共管理五期美元基金、两期人民币基金，资金规模合计逾130亿元人民币。截至2013年底，君联资本注资企业近200家，其中21家分别在美国纽交所、纳斯达克、香港联交所等上市，另有13家公司通过并购方式实现退出。

弘毅投资是一家专事股权投资及管理业务的公司，目前已成为中国股权投资行业的领先品牌，打造出一批优秀企业，并在全球PE界建立了良好声誉。目前，弘毅投资共管理五期美元基金、两期人民币基金和一期人民币夹层基金，管理资金总规模超过460亿元人民币。弘毅投资已先后投资70多家国有企业、民营企业和海外公司，培育了一批行业领先企业。

“联想之星”孵化器投资通过“创业培训、天使投资、开放平台”三位一体的创新模式，积极推动高科技成果产业化和早期科技企业的孵化，在科技成果转化的问题上寻求实质性突破，解决科技创业所面临的人才、资金、资源等困难。

经过30年的发展，联想控股在四个方面进行了不懈探索，取得了一定的突破。其一，率先走出了一条具有中国特色的科研院所高科技产业化道路，不论是联想集团“贸-工-技”实践，还是联想控股后来开展的风险投资以及“联想之星”，都在积极推动中国科技企业的更大发展；其二，立足中国本土市场，在与国际PC巨头的竞争中一举胜出，带动了一大批民族IT企业的发展。之后，联想集团国际化的成功，为中国企业“走出去”树立了信心，积累了宝贵经验；其三，成功实施了国有高科技企业股份制改造，使员工成为企业的主人，为公司的长远发展奠定了坚实的基础，也为中国科研院所高科技企业的机制改革探索了一条道路；其四，总结出了以“管理三要素”为核心的企业管理规律，形成了联想的核心竞争力，培养出了一批领军人物，在多个行业里取得了领先地位。

联想控股始终为成为一家“值得信赖并受人尊重”的企业而努力，将企业社会责任纳入公司战略的高度，力所能及地积极投身社会公益事业，重点在“扶助创业”、“支持教育”、“弘扬正气”等领域系统规划并长期投入。同时，联想控股积极鼓励和倡导员工参与社会公益活动，以实际行动履行社会责任，回报社会。联想控股坚信，通过持之以恒的努力，“做好人、做好事、为社会做出好样子”的精神将在联想人中代代相传。

联想控股以产业报国为己任，致力于成为一家值得信赖并受人尊重，在多个行业拥有领先企业，在世界范围内具有影响力的国际化控股公司。目前，联想控股正朝着这一愿景不断进发。

（撰稿：王　谡　审稿：居劲松）

中科实业集团（控股）有限公司

董 事 长：周小宁
总　　裁：张国宏
地　　址：北京市海淀区苏州街3号大恒科技大厦南座15层
邮政编码：100080
电　　话：010-82569888
传　　真：010-82569875
电子信箱：mud@csh.com.cn
网　　址：http://www.csh.com.cn

一、基本情况介绍

中科实业集团（控股）有限公司（以下简称“中科集团”）是中国科学院所属的大型高科技企业集团，成立于1993年，原名中科实业集团公司。1997年底，中科实业集团公司更名为中科实业集团（控股）公司。2008年6月6日，中科实业集团（控股）公司完成整体改制，名称变更为中科实业集团（控股）有限公司，成立了首届股东会、董事会、监事会。

中科集团秉承“安全、发展、富裕”的经营理念，突出主导产业，大力发展环保产业，积极开辟新领域，投资新项目。目前中科集团在新材料、环保产业、房地产开发与管理、光机电一体化及IT等领域拥有十余家具有相当规模的大型高技术企业。截至2013年底，中科集团的总资产规模约80亿元人民币，员工总数5733人（注：持股企业人员口径）。2013年度，中科集团积极进取，开拓创新，取得了良好的经营业绩，全年实现营业收入42.44亿元。

二、企业发展情况

（一）管理情况

2013年是中科集团“产、投、融三位一体”战略布局的第一年，中科集团秉承“安全、发展、富裕”经营理念，遵循稳中求进的总思路，坚持“突出主导产业，大力发展环保产业”的经营方针，克服各种不利因素影响，整体经营有序、发展稳定、业绩良好，同时，融资平台建设、技术创新、系统能力建设、人才队伍建设等工作取得较大突破和进展，是稳中有进的一年。

重点发展环保产业。环保板块加强自身能力建设，合理配置人力资源，建立有效的激励机制，提高运营管理水平，加强建设管控能力，深度挖掘项目效益，重视技术创新，实现了稳步发展。

融资平台建设取得新进展。中科集团通过优化融资结构，续发短期债券，发行信托；探索开展类金融业务，设立合伙制企业基金平台；完善资金管理的操作模式和风险管控机制，提升了资金管理效益，基本形成产业与融资双轮驱动的格局，实现产、投、融的良性循环。

启动战略规划管理咨询项目。为了更好适应内外部环境的变化，抓住机遇，中科集团启动发展战略规划管理咨询项目。组织召开内部战略规划需求分析会，明确战略咨询的目标、内容和时间，开展了战略规划管理前期工作，完成阶段性成果。

人才队伍建设取得较大进展。中科集团加大专业化高端人才的引进和培养力度，聘请1名教授级高工担任总工程师并兼任运营管理部总经理；引进技术中心主任、物资管理部和工程管理部总经理各1名，引进电厂高管人员2名充实到建设项目中。同时，强化内部人才梯队建设，从内部提升1名中层干部为总裁助理，提升4名年轻员工为中层管理干部。通过专业化中高端人才的引进和培养，强化骨干专业人才队伍建设，为公司系统能力提升奠定了坚实的人力资源基础。

重视人才培养，积蓄发展力量。中科集团加大培训培养力度，提高培训频率，在培训项目数量、培训课程次数、接受培训人次等方面都有一定的增长。中科集团组织高管人员积极参加中科院、国科控股的所级领导干部和高管特训班，内部先后进行了《领导艺术与管理能力提升》《团队拓展训练》《高效经理人的七个习惯》等内训课程，为中科集团人才队伍建设提供良好保障。

开展社会公益活动，成立“环保发展基金”。为了促进国家环保事业的发展和优秀人才的成长，中科集团向中科院研究生教育基金会捐赠100万元，成立“环保发展基金”。环保发展基金有两个用途：一是奖励国科大资源环境相关专业的优秀学生，鼓励其勤奋学习、创新进取；二是促进环保行业学术交流和学术研究，每年举办一次环境保护论坛，面向国科大及国内高校资源环境相关专业学生，通过征集学术论文的形式选拔学生，进行学术研讨和交流并奖励论坛优秀论文获得者。已完成了2013年度奖学金评奖，并向14名获奖学生颁发了奖学金。

积极开展党建及反腐倡廉工作。中科集团党委以加强企业文化建设为主线，以支持、服务、保障企业经营工作为目标，深入贯彻落实十八大精神，以廉洁从业风险防控为抓手，开展以为民、务实、清廉为主要内容的党的群众路线教育实践活动，为中科集团持续健康发展提供有力的思想和组织保障。

（二）技术创新、经营管理及子公司情况

技术创新成效显著。中科集团基于已建成的2个生活垃圾焚烧发电厂和所拥有的生活垃圾焚烧发电成套技术，开展了多个层面的技术创新。通过对现有技术和设备存在的缺陷不断改进，提升了环保指标，提高了经营效益。如慈溪中科烟气净化改造，已完成了第一台（#2）脱酸系统的改造，试验结果表明改造后的系统彻底解决了脱酸系统内黏壁积灰的问题；慈溪中科对锅炉连排水入热网管道的改造，年节约标煤1500余t，年效益达106万元；宁波中科对锅炉给水泵进行变频改造，使厂用电率下降0.3%，年节约厂用电30万kWh，折标准煤280t。同时，科研课题及知识产权申报取得突破性进展，成功申报国科控股技术创新引导基金50万元；承担“十二五”863课题研发相关工作；获得1个尾气脱酸系统实用新型专利授权证书，另有2项餐厨垃圾处理专利已经递交申请文件。

2013年，中科集团主导产业经营情况如下：

（1）新材料板块受经济形势影响业绩下降，仍保持行业龙头地位

北京中科三环高技术股份有限公司着重加强新产品开发、技术创新和知识产权工作力度，推动公司产品继续向国际高端市场发展；进一步提升稀土永磁产品的技术水平，加快推进产业升级，巩固在稀土永磁领域的龙头地位。

北京中科用通减振技术有限公司进入国家铁路采购供应系统，在神朔铁路25t既有线改造试验段、中南通道30t试验段、朔黄铁路试验段等4个项目上实现实质性的突破。

（2）房地产板块按计划完成各项目建设、销售和回款，实现赢利

北京中关村科学城建设股份有限公司按计划完成各项目的开发建设、销售和回款。云谷园（原中科创新园）项目一期工程约10.1万m^2，主结构已封顶；项目二期工程完成规划许可证审批、施工证审批和总包招投标，完成地下二层结构施工。同时，完成紫金新干线项目二期商品房的销售。

（3）环保板块稳健发展

2013年是模拟独立运行的第一年，也是苦练内功、强身健体的一年，环保板块整体呈现出良好的发展态势，超额完成了净资产收益指标。

宁波中科绿色电力有限公司全年处理生活垃圾约30.69万t，处理污泥约1.05万t，发电量约1亿kWh。流化床改为炉排炉工程前期工作取得政府审批文件，具备了开工条件，工程将于2014年开工，此举为宁波中科的可持续发展提供了新的空间。

慈溪中科众茂环保热电有限公司全年处理生活垃圾约50.86万t，发电量约1.28亿kWh，供热10.4万t。供热市场获得了较大的拓展，优化了收入结构，提高了盈利能力。

汾阳中科渊昌再生能源有限公司按计划推进工程建设节点，完成厂内建筑、安装等工程，于

2014年4月底进入联合调试。

北京润宇环保工程有限公司完成北控环保锅顶山咨询服务项目、宁波中科#1炉技改项目；重点引进并二次开发蒸汽多层式污泥干化机技术，等待时机加强市场拓展；完成高新技术企业资质认证。

绵阳中科绵投环境服务有限公司于2013年11月8日注册成立，采用循环经济产业园模式建设。现已确定垃圾焚烧发电项目的建设规模以及一期工程建设内容，确定了污泥处理、餐厨垃圾处理、医疗废弃物处置项目的工艺路线，前期工作和工程准备工作取得阶段性进展。

晋城中科绿色能源有限公司于2013年10月24日注册成立，项目选址已确定在泽州县巴公镇靳庄村西北，目前已完成晋城项目“小型化”的初步设计路线。

（4）光通讯板块业绩略有下降，仍处于同业领先水平

上海中科股份有限公司继续围绕光通讯无源和有源器件及精密机械配套件的研发、生产和销售开展工作，培养核心竞争力，市场竞争力不断增强，业绩高于同业平均水平。

（5）其他业务板块按计划开展经营工作

北京中科天宁环保科技股份有限公司（以下简称中科天宁）在股权投资及管理、贸易业务开展等方面均取得进展。中科基业（北京）投资股份有限公司是中科天宁在2011年投资的公司，连续两年取得优秀的业绩。2013年度，中科基业经营管理的物业面积达到5.7万m^2。

中国大恒（集团）有限公司、成都地奥制药集团有限公司等其他持股企业经营稳定，盈利状况良好。

2014年，将是中科集团发展进程中十分重要的一年。我们将继续秉承“安全、发展、富裕”的理念，沿着稳中求进的总思路，创造价值、发现价值、挖掘价值，战略上积极进取，战术上稳扎稳打，加强企业的系统能力建设，稳步推进各项工作，谋求更大的发展，加快推进“产、投、融三位一体”战略目标的实现。

（撰稿：史云峰　母　丹　审稿：张国宏）

东方科学仪器进出口集团有限公司

董 事 长：王　戈

总　　裁：魏　伟

地　　址：北京市海淀区阜成路67号银都大厦十四层

邮政编码：100142

电　　话：010-68725599（总机）

传　　真：010-68726610

电子信箱：osic@osic.com.cn

网　　址：http://www.osic.com.cn

东方科学仪器进出口集团有限公司（以下简称“东方科仪”，英文简称OSIC）成立于1980年，是由中国科学院控股的大型专业外贸企业。经过30多年的经营发展，公司由单纯的代理进出口贸易发展成为集进出口代理和招标业务、高科技产品出口和项目承包业务、科技租赁业务、国内代理分销和运营业务、投资理财和资本运营业务五大板块为一体的大型技工贸集团公司。截至2013年底，公司所属控股、参股企业24家，共有员工717人，其中大专以上学历者约占97%。

东方科仪的定位是：“以人为本，科学管理。以客户需求为导向，立足中国科学院，面向全国以“政、产、学、研”为核心的广泛客户，提供以进出口服务为核心，辅以招标、代理销售、成套出口、科技租赁、物流配送、实业运营、咨询等综合多元化服务，将实业经营和资本运营手段相结合，把公司建设成为“一业为主，相关多元”发展的企业集团，并成为中国科技进出口及综合服务领域的领导者”。

2013年，集团全体员工围绕“巩固基础，布局创新，健全班子，完善机制”的工作思路和年初制定的各项指标，团结协作、开拓进取，通过大家的努力，公司取得了较好的经营业绩，主要经营指标完成全年预算任务，多项任务指标创集团历史的最好成绩。2013年集团完成进出

口总额超过 7 亿美元，销售总额超过 50 亿元人民币。

在进出口代理及招标业务板块，作为集团在西南地区核心业务扩张的重要举措，2013 年 6 月国科博润公司正式成立。公司制定了围绕高校采购项目进行重点突破的方针，积极开拓和巩固了四川、贵州市场；为了加强业务单元协同机制，提高效能、整合、共享区域资源，2013 年集团搭建了成都和广州两个合署办公平台，运用新的运营模式充分发挥集团军作用和协同优势，共同提高整体效益；在报关、物流领域完成了嘉盛行物流公司的工商迁址、海关报关业务资质申请以及组织机构的搭建等基础筹建工作。集团所属国际招标公司按照三年战略规划中“区域扩张、专业经营、稳步增长、重点突破”的要求，着力推进业务发展、强化内部管理。2013 年招标业务全年共执行采购项目 520 个。公司积极开拓新市场，在北京市、高校和其他中央单位的国家招标业务方面成功开拓了新的用户。在公司资质建设方面，取得了国家发改委中央投资项目招标代理资质的预备级资质；完成了财政部政府采购甲级资质延续的工作。在地域扩张方面，完成了成都分公司的注册。2013 年招标公司实现净利润连续三年持续高速增长的良好经营业绩。

在高科技产品出口及项目承包板块，2013 年 12 月 18 日，由东方科仪作为项目总承包人的泰国燃料乙醇工程（以下简称 UBE1 期项目）圆满通过竣工验收顺利投产，泰王国诗琳通公主亲自主持了项目落成典礼。基于 UBBE 一期的顺利完工以及设备运行状况良好，中、泰双方又签署了 2、3 期的合作备忘录，为东方科仪酒精生产成套设备出口业务在泰国乃至周边东盟国家继续推广奠定了良好的基础。

在科技租赁板块，围绕“巩固基础、完善流程、有效覆盖、重点突破”的年度工作主题及十项重点任务展开各项工作，全面启动业务流程管理项目，不断优化 CRM 的使用，逐步完善数据分析体系，市场营销管理框架更加清晰完善。

在国内代理分销和实业运营板块，公司的相关科学仪器设备全国代理分销、技术服务、系统集成等业务继续居于国内领先水平，市场占有率名列前茅。在电子测试仪器、科学仪器、实验室设备、试剂以及系统集成增值服务等领域建立了全国性的销售网络，共设有 27 个分公司和办事处，客户遍及全中国，并通过与分销伙伴的紧密合作，为客户提供专业、方便、快捷的本地化服务。

战略管理与机制建设方面，2013 年，集团三年发展战略规划经董事会讨论通过并正式发布实施，对公司的各项经营管理工作起到了很好的指导作用；在医药及生命科学领域以及资本运营板块成功实现了重点布局，为下一步的发展打下了良好的基础；进一步建立健全激励与约束机制，改革员工绩效薪酬体系，通过加大差异化激励，提高员工工作积极性，提高公司的核心竞争能力。

业务创新方面，2013 年 2 月份成立了国科恒泰（北京）医疗科技有限公司，并在 5 个月时间里完成了调研、立项、公司注册、办公场地选址和装修、管理团队组建和人员招聘、相关业务合作谈判和签约、医疗器械经营许可证的申请等筹备工作。通过搭建 IT 平台，规范业务流程，探索、建立、完善公司商业模式，建立公司分库体系，积极开拓新的业务项目等工作的开展，目前已初步形成较为完整、规范的医疗器械物流平台，开业首年就取得了优异的经营业绩。

人才培养方面，通过加强人才的梯队建设和合理储备充实了一线业务团队，为公司的发展注入了新鲜血液；实行部门导师培养制，通过专业培训、参观学习、工作实践、座谈交流、定期考核对新员工进行二次选拔，以确保新进入人员具有较高的综合素质；根据业务发展需求和员工的知识结构组织开展中高层管理人员、新员工入职以及业务人员相关专业知识的培训，全面提升企业内部管理水平和员工的专业技能。

党群工作方面，2013 年，集团党委按照中央和上级党组织的统一安排和部署，在认真做好各项日常工作的同时，深入开展党的群众路线教育实践活动，按照“照镜子、正衣冠、洗洗澡、治治病”的总要求，把贯彻落实中央八项规定和院党组“12 项要求”作为切入点，聚焦“四风”认真查摆自身存在的问题，着力解决群众反映强烈的突出问题，打牢学习教育和查摆问题两个基础，抓住整改落实和建章立制两个关键，扎实有序地推进教育实践活动各个环节的工作，取得了实实在在的成效；2013 年公司担任了京区党委协作五片片长单位，按照京区党委的统一部署和要求，全年组织片区内 14 家单位开展各种相关活动共计 20 余次，活动的组织工作得到了京区党委及片区单位的一致好评，获得协作片共青团工作优秀奖称号；2013 年，公司对外宣传工作有了明显改善和加强。

（撰稿：金长琳　马　洁　审稿：闫海燕）

中国科技出版传媒集团有限公司

董 事 长：柳建尧

总　　裁：柳建尧

地　　址：北京市东城区东黄城根北街 16 号

邮政编码：100717

电　　话：010-64002238

传　　真：010-64002238

电子信箱：sunhonglei@mail. sciencep. com

网　　址：http://www. cspg. cn

中国科技出版传媒集团有限公司（以下简称“集团”）是我国最大的综合性科技出版机构，经国务院批准于 2011 年 7 月 19 日正式成立，是国家三大出版传媒集团之一。集团是依托原中国科学出版集团组建而成，旗下拥有科学出版社、龙门书局等著名出版品牌。集团的主要业务包括组织所属单位出版物的出版、发行、印刷、复制、进出口相关业务；经营、管理所属单位的经营性国有资产（含国有股权）。集团成员单位包括中国科技出版传媒股份有限公司（以下简称“股份公司”）、北京中科印刷有限公司（以下简称“中科印刷”）、嘉田文化发展有限公司（以下简称“嘉田文化”）。截至 2013 年底，集团共有在职职工 2100 人。

按照集团成立大会上中央领导的指示，集团的发展要大胆探索，勇于创新，加快整合出版资源，加快产业转型升级，加快国际化的经营步伐，努力把集团打造成具有行业领导力、核心竞争力、国际竞争力的国家大型骨干出版集团，建设成为支撑学术研究、提升创新能力的重要平台。

2013 年，集团及各持股公司运营态势良好。截至年底，集团合并总资产为 25. 84 亿元，同比增长 10. 5%；集团营业总收入 14. 49 亿元，同比增长 2. 2%；归属于母公司的净利润 1. 75 亿元，同比增长 12. 2%；归属于母公司的所有者权益 14. 93 亿元，同比增长 13. 3%；资产负债率 33. 04%，同比下降 1. 34%。较好地实现了国有资产的保值增值。

2013 年，股份公司上市工作进展顺利。3 月底，公司向证监会上报了反馈意见回复、年报材料、财务专项核查等各项材料，为实现上市目标做好了基础性工作；7 月份再次完成上市申报补充更新工作，完成了合规证明、尽职调查等各项工作，为上市工作做好了准备。

2013 年，集团获得中国出版政府奖多个奖项，出版品牌影响力进一步提升。股份公司出版的《创新 2050：科学技术与中国的未来》、《中国出土壁画全集》和《干涉型光纤传感用光电子器件技术》3 种（套）图书荣获第三届中国出版政府奖图书正式奖；*Principles of Multiscale Modeling*（《多尺度模型的基本原理》）和《中医湿病证治学（第 2 版）》荣获中国出版政府奖图书提名奖；《科学世界》和《科学通报》荣获第三届中国出版政府奖期刊正式奖；股份公司林鹏董事长荣获第三届中国出版政府奖优秀出版人物奖。此外，《地理学方法论》、《干涉型光纤传感用光电子器件技术》、《大气颗粒物与区域复合污染》、《中国东北中生代昆虫化石珍品》和《吐蕃时代考古新发现及其研究》5 种图书入选“第四届三个一百原创出版工程”。《有机电子学》入选第四届中华优秀出版物奖提名奖。

2013 年，集团重大项目建设再获佳绩。股份公司的《中国高等植物彩色图鉴（中英对照版）（5 卷）》、《海河流域水循环演变机理与水资源高效利用》、《信息化与工业化两化融合研究与应用》和《地球观测与导航技术》4 个项目获得 2013 年度国家出版基金资助；股份公司“互动科普”数字化传播平台项目获财政部文化产业发展专项资金支持；“中国植物在线”、“数字科普工场”和“学术期刊全流程数字出版示范工程”3个项目入选国家新闻出版广电总局改革发展项目库。

此外，51个项目获得国家科学技术学术著作出版基金资助；9个项目获得社科基金后期资助；9个项目入选“十二五”国家重点规划增补项目；178种教材被列入高等职业“十二五”国家级规划教材。

2013年，“走出去”工作成效显著。集团版权输出98项，新增合作公司32家，实现版税收入467万元。股份公司出版“走出去”图书29种；1个项目获批国务院新闻办“走出去”图书翻译资助，资助额达48万元。《世界遗产遥感图集：中国卷》等4种图书被评选为第十二届输出版、引进版优秀图书。

期刊杂志业务加快创新。期刊集群建设有所突破，“地球与环境科学信息网（EES）”上线运行，集聚了161种期刊、345种图书、157位专家、131个重点实验室的相关学术内容和信息。《科学世界》杂志原创文章以接近50%的页码占有比例持续上升，品牌影响力有所提升。《中国国家旅游》广告及营销商务收入同比增长67%。

2013年，集团推动中科印刷股权社会化工作取得重大进展。根据院党组、院企业党组推动企业股权社会化的指示精神，在国科控股的领导下，集团积极稳妥推进中科印刷股权社会化工作。一方面，在原定方案条件发生重大变化的情况下，协调相关各方，按原增资扩股协议精神，商定新的资产重组方案并获国科控股的原则同意，已经董事会审议通过并开始实施；另一方面，支持中科印刷启动产业转型升级工作，指导其厂区改造和商标、包装项目的可行性研究。

2013年，加快数字化转型与产业升级步伐。股份公司成立了数据库资源部，加快数据库资源集聚与产品创新，一方面，与万方数据公司开展战略合作，加快数字出版产品开发；另一方面，与院植物所建立全面合作关系，集聚图书、期刊、数据库多元化内容资源，开启了与科研院所合作的新模式。

2013年，集团加强战略研究和分析，加快开拓新媒体业务与新增长点。一是嘉田公司《两天一夜》旅游节目上线，收视率进入国内同类节目前十位，网络收视率进入同类节目前三名；二是与绵阳市政府合作，提出绵阳国际科技文化产业园建设构想，获得地方政府认可，已签署战略合作协议。

2013年集团加强自身建设，积极推进各项工作。一是集团成立内控体系建设工作小组，对内控现状评价及现行制度的梳理，编写完成内控手册；二是成立企业年金工作小组，制订了集团企业年金方案，经董事会审议通过，并报国科控股批复后实施；三是完成了集团网站改版建设工作。

2013年，集团上下认真学习，加强党的组织建设工作。按院党组和京区党委部署，集团党组认真组织群众路线教育实践活动，组织召开了集团控股、持股企业主要领导座谈会和集团部门负责人、业务骨干座谈会；在广泛征求意见的基础上，撰写了集团领导班子对照检查材料，召开专题民主生活会，制订整改方案，对促进集团工作和改进领导班子工作作风起到了较好的作用。同时，配合京区党委督导组，抓好股份公司和中科印刷等单位的群众路线教育实践活动。此外，集团党组还认真组织集团及控股企业学习十八届三中全会精神，学习和落实院党建工作和反腐倡廉、廉洁从业的一系列文件和规定。

2014年，集团将按照“全面提升素质，持续深化改革，加强服务监管，加快产业创新”的工作思路，继续深化改革，大胆探索，勇于创新，为把集团打造成中国科技出版“旗舰”而继续努力！

（撰稿：王贻社　孙红磊　审稿：刘培文）

中国科技产业投资管理有限公司

董 事 长：王　津

总 经 理：孙　华

地　　址：北京市海淀区北四环西路58号理想国际大厦1606室

邮政编码：100080

电　　话：010-82607629

传　　真：010-62137930 转 802
电子信箱：casim@casim. cn
网　　址：http://www. casim. cn

中国科技产业投资管理有限公司（以下简称“国科投资”）的前身是 1987 年设立的国家经济贸易委员会、中国科学院科技促进经济发展基金会，1993 年名称变更为中国科技促进经济投资公司，2006 年 1 月改制为有限责任公司，并更名为中国科技产业投资管理有限公司。中国科学院国有资产经营有限责任公司是国科投资第一大股东，国务院国有资产监督管理委员会、星星集团有限公司和北京国科才俊咨询有限公司为参股股东。公司设置投资分析部、证券投资部、投资银行部、投后管理部、投资者关系管理部 5 个业务部门及财务部、综合部 2 个支持部门。

截至 2013 年底，国科投资在册员工 32 人，其中具有博士学位 2 人、硕士学位 18 人；高级专业技术职称 10 人，中级专业技术职称 8 人；员工平均年龄 35 岁。

国科投资主要从事私募股权基金管理和投资银行业务。公司目前管理了国科瑞华和国科瑞祺两支私募股权投资基金，并受托管理了中科院研究生教育基金会部分资产。

2013 年国科投资顺利完成了董事会的换届工作。在新一届董事会和经营班子的领导下，国科投资按照“坚持精品路线，努力完成任务”的工作方针有序地开展工作。由国科投资担任基金管理人的国科瑞华基金管理团队完成了年初确定的投资任务；比较完满地完成了首个项目的退出，实现 11.4 倍的投资回报；顺利完成基金第三次出资缴付工作，并取得投资人的一致同意，将基金投资期延长一年；完成基金的首次收益分配，得到了各方的认可。由国科投资担任基金管理人的国科瑞祺基金投资的首个项目向中国证监会报送了 IPO 申请材料，投后管理工作也取得了一定进展。2013 年国科投资与国科大签署协议，将受托管理的捐赠基金管理期限延长三年，并捐款 150 万元支持国科大学生创业，这是公司首次大手笔关注社会责任。

2013 年国科投资引进星星集团有限公司作为战略投资人，将公司注册资本增加至 1 亿元人民币，公司的股权结构更符合公司今后发展的需要。为了推动公司业务迈上新的台阶，公司改变了业务组织模式，以组为单位分行业进行深入研究和业务拓展。2013 年公司进一步加强了团队建设，通过引进新员工和员工职称评定等工作优化了员工队伍。通过组织多次业务培训，全面提升了员工的专业技能，为公司下一步筹备新基金做好了相应的准备。

（撰稿：王红姝　审稿：孙　华）

北京中科科仪股份有限公司

董 事 长：张永明
总　　裁：陈　静
地　　址：北京市海淀区中关村北二条 13 号
邮政编码：100190
电　　话：010-82548182
传　　真：010-62564613
电子信箱：zcb@kyky. com. cn
网　　址：http://www. kyky. com. cn

北京中科科仪股份有限公司（简称“中科科仪”）始建于 1958 年，其前身是主要服务于中国科学院和国家重大工程的中国科学院北京科学仪器研制中心（原中国科学院科学仪器厂），曾在“两弹一星”、“正负电子对撞机”的研制和核工业的发展中作出了卓著贡献，并成功研制出我国第一台扫描电子显微镜、第一台商品化氦质谱检漏仪、第一台涡轮分子泵和第一台通过国家级鉴定的射频心脏消融仪。2000 年 12 月 28 日，原北京科学仪器研制中心实现整体转改制，成立北京中科科仪技术发展有限责任公司，成为一家集科学仪器研制、开发、生产和经营为一体的综合性高新技术企业。2011 年 12 月 16 日，完成股份制改造，整体变更为北京中科科仪股份有限公司，以公司治理结构完善、主营业务突出的现代高科技企业形象，进入了全新的历史发展时期。截至 2013 年 12 月 31 日，中科科仪在职员工 368 人。

2013 年，在“攻坚克难、实现突破、求真务实、健康发展”的总体战略方针指引下，全体科仪人爱岗敬业、团结协作、攻坚克难，各项工作取得了突破性进展。2013 年度公司实现营业收入 2.55 亿元，净利润 3060 万元。

2013 年，面对严峻的市场环境，公司坚持以市场为导向配置资源，以市场反馈信息来引导研、产、销活动，全力促进销售龙头作用的发挥。营销工作围绕日常监控、制度建设、产品管理、价格管理、合同管理及宣传管理等方面，重点推进了公司营销管理和市场工作的逐步系统化、模块化。通过一系列市场营销、开拓拉动的举措，公司分子泵、检漏仪等真空标品在重点行业、重点区域、重点客户、重点产品等方面均取得了一系列突破。此外，真空工程环模业务成为公司新的业务增长点，实现新增合同额 970 万元，光热镀膜线签订 1960 万元的大订单。电镜业务打破区域销售，着手建立了分销体系，逐步成为电镜产品解决方案供应商。医疗业务政府采购中标业绩在行业内名列前茅。

2013 年，公司承担的科技重大专项取得突破进展。国家科技重大专项“磁悬浮分子泵系列产品开发与产业化”项目完成小批量磁浮泵的试用及销售，通过 CE 认证，为批量生产、批量应用打下坚实基础；国家重大科学仪器设备开发专项“场发射枪扫描电子显微镜开发与工程化”取得重大进展，完成第一代场发射扫描电子显微镜的电子枪、透镜的设计加工；国家重大科学仪器设备开发专项“深紫外激光光发射电子显微镜工程化”进展顺利，完成技术路线专家评审，即将进行总体调试。加快新产品开发及转化速度，完成多款分子泵、检漏仪新品的研发项目，并成功推向市场，实现批量销售；真空工程在大科学工程上取得突破，完成了神光 III 的装配调试工作，顺利实现项目的阶段目标；电镜自动样品台，以及电镜分子泵系统改进等项目取得突破进展。加强知识产权工作，共完成软件著作权登记 2 项，申请专利数 11 项，获得专利授权 12 项，不断加大自主知识产权保护力度。2013 年，公司还作为中宣部七家“创新驱动发展典型”之一，接受新华社、人民日报等 8 家官方媒体新闻记者的集中采访，并从 2014 年 1 月 13 日开始陆续报道了公司长期依靠科技创新引领企业发展，成为国内真空行业领军者的成功经验。这些报道成为激励科仪人坚持走自主创新道路，振兴民族产业的强大动力。

2013 年，公司重点推进了战略措施的年度细化和全面落实。根据经营环境变化，对公司定位提出全新阐述，明确应对市场波动的战略措施。根据战略发展需要，进行了以营销组织调整为主要内容的组织结构调整，进一步释放业务活力。在国科控股统一领导下，取得在资本层面发展的重大突破，成功并购整合成都唯实，标志着科仪和唯实携手走进新的历史发展时期，为实现“发展成为在真空领域有国际竞争力的产业集团”的战略目标奠定了基础。公司园区建设工作迈出突破性步伐，2013 年成功取得北京市规委核准的项目一期规划意见书。

2013 年，内部管理持续提升，确保企业高效运营。加强目标管理，不断建立和完善以重业绩质量为中心的目标考核体系；强化过程管控，逐步建立面向业务的财务管理体系，加强财务精细化管理，强化公司资金管理，最大限度保证了现金流；实行全面预算管理，强化内部控制，全年销售费用、管理费用、专项支出均控制在预算范围内的同时，实现了收益增长目标；加强生产管控，通过降低采购成本、减少库存和资金占用、盘活再利用、使用承兑汇票等方式，着力降低生产成本，提高运营效率，实现全年制造费用同比去年下降 9%；持续推进精益管理，重点推动作业标准化工作，全面开展“精益改善、挖潜增效”及 QC 活动，充分发挥广大员工的智慧和力量；成功完成 OA 系统建设并顺利投入使用，公司进入移动办公时代，信息化建设取得突破进展，管理效率得到明显提升；不断建立和健全公司各项规章制度，持续加强内控体系建设。

公司始终将人才视作科仪发展的决定性因素，2013 年，在岗员工平均年龄 36.4 岁，研究生、本科学历员工所占比例持续上升，人员结构不断优化。2013 年，公司共有三人获得国科控股第四批、第五批人才引进基金，高端人才的引进为公司发展带来了空前的活力。

2013 年，公司党委积极开展党的群众路线教育实践活动。按照院党组、京区党委党的群众路线教育实践活动安排部署，经营班子高度重视，积极部署，扎实完成了教育实践活动各环节工作。并以此活动为契机，集中解决了一批“四风”方面的突出问题，不断改进工作作风，激发群众热情和创造活力，以活动推动各项业务工作发展。党委加强对工会、共青团和妇委会工作的指导和监督，举办了“展风采、促健康”职工运动会、参观联想集团、“凝聚女工力量，争做科仪巾帼”等丰富多彩的特色活动，既丰富了员工文化生活，增进了交流与友谊，又营造出勇于创新的良好氛围，提升了团队凝聚力与向心力。

（撰稿：郭晓玲　许　晶　审稿：陈　静）

北京中科院软件中心有限公司

董 事 长：索继栓
总 经 理：奉旭辉
地　　址：北京市海淀区中关村南四街四号4号楼南楼
邮政编码：100190
电　　话：010-62587492
传　　真：010-62649248
电子信箱：market@sec.ac.cn
网　　址：http://www.sec.ac.cn

北京中科院软件中心有限公司（以下简称“软件中心”）成立于1986年，前身为中国科学院北京软件工程研制中心，是由原国家科委筹备，在原国家计委的支持下，以北京大学与美国联合培养的100名软件工程专业研究生为基础成立的软件产业基地，是国内最早引入软件工程的机构之一。2001年9月在中国科学院知识创新工程中作为应用型研究机构成为首批转制单位。

软件中心的业务涉及行业信息化、系统集成、IT运维服务、嵌入式软件、互联网和移动互联网的应用服务等领域，科技成果和软件产品已广泛运用于电力、电信、医疗健康、信息安全、智能家居、移动互联等众多行业和领域。公司本部设有市场发展部、系统集成部、IT服务部、物业经营服务部、综合部和财务部等部门，旗下拥有中科三方网络技术有限公司、北京凯思昊鹏软件工程技术有限公司、北京思元软件有限公司等多家控股、参股公司。

软件中心始终致力于自主产品研发和技术创新，长期承担着国家“核高基”重大专项、国家高技术研究发展计划（863计划）、国家科技支撑计划等多项国家级科研课题，拥有一大批自主知识产权和专利，获得了十余项国家和省部级科技进步奖，在市场及业务拓展、人才储备、产品及项目资源等多个层面拥有深厚的积淀。

软件中心现有员工400多人，研发人员占72%。2013年，公司进一步强化人才强企战略，围绕全年经营目标不断构建和优化人才队伍结构，其中引进高端专家型人才1名，部门级管理及技术总监3名，招收优秀应届毕业生多名，为公司发展提供了人才资源保障。公司还积极利用各种渠道，提升人才价值，2013年获得多个人才基金项目支持，多人入选国家和省市级专家库。

2013年，在软件中心董事会的坚强领导和支持下，经营班子带领公司全体员工积极应对各项困难与挑战，凝心聚力，攻坚克难，全面超额完成年度经营任务。2013年，软件中心积极整合优质资源，提升企业综合实力，使业务范围得到不断拓展，在横向业务开拓和纵向课题申报及实施方面齐头并进，不断发挥和放大自身优势，实现多点突破，相继承接和延续了一批重要项目；公司承担的863项目、国家科技支撑计划项目均取得创新性成果，科技成果转移转化工作正在进行之中。同时，公司继续加强与中科院系统内单位的合作，利用技术优势和良好的合作基础，承接了多家院内单位的项目，为公司多领域可持续发展奠定了基础。

2013年，软件中心充分利用技术积累和中科院品牌优势，深入挖掘市场渠道，销售空气净化器产品；作为北京电信云家庭计划的合作伙伴，生产的SEC OTT TV机顶盒产品进入销售阶段。

2013年在北京分院的支持下，软件中心与秦皇岛经济技术开发区合作建设“秦皇岛中科三方网络技术有限公司”，全面完成各项指标，得到北京分院和当地政府的肯定和支持。

2013年，软件中心通过多种举措，全面提升市场开发能力和协同作战能力，以适应公司经营规模快速发展的需要，各板块发挥合力，大市场作用初见成效。在战略规划方面，围绕老年人医疗健康、文化产业和科技及政府等领域进行了充分论证，为做好下一步战略规划做好了充分的准备。

软件中心现为中国软件行业协会副理事长单位，拥有国家高新技术企业资质、ISO质量管理体系和信息安全管理体系认证、“双软”企业认证，计算机信息系统集成资质；已登记159项软件著作权、20项注册商标，拥有2项授权发明专利。

展望未来，软件中心全体员工将继续秉承“创新、融合、发展、共赢”的理念，积极进取，团结务实，为不断提升软件中心的核心竞争力而努力工作。

（撰稿：李　静　张文卉　审稿：奉旭辉）

中科院建筑设计研究院有限公司

董 事 长：王全新
地　　址：北京市海淀区中关村北一街4号
邮政编码：100190
电　　话：010-62565107
传　　真：010-62550658
电子信箱：liuchg@adcas.cn
网　　址：http://www.adcas.cn

中科院建筑设计研究院有限公司（以下简称“中科院设计院”）前身为成立于1951年的中国科学院北京建筑设计研究院，是直属于中国科学院的唯一一家建筑设计及研究机构。2001年整体转制为公司，更名为“中科建筑设计研究院有限责任公司”，2008年2月启用现名。

中科院设计院拥有建筑行业建筑工程甲级、市政公用行业（热力）甲级资质、城乡规划编制乙级资质。目前有员工共634人，其中工程技术人员539人（高级以上职称93人，中级技术人员103人，一级注册建筑师38人、一级注册结构工程师22人、水暖电热力一级注册工程师31人）。除总部外，中科院设计院在广东、浙江、辽宁、四川、河南、上海、陕西、江苏、安徽、重庆、福建、天津设有分公司。

中科院设计院致力于提供建筑行业全专业设计总承包业务，能够实现全过程全专业的设计服务，包括小区规划、建筑设计、市政设计、园林景观设计、光环境设计、公共艺术（雕塑及VI标识等）设计、室内装饰装修设计（含配饰及家具选型）、智能化系统设计、节能减排咨询等。

作为国家级的建筑设计研究院，中科院设计院擅长大型科研、教育、文化、居住、办公、医疗、体育类建筑设计，完成了多项国家级大型项目的建筑设计，创作设计了一批具有社会影响力的建筑精品，如中科院文献情报中心（中国国家科学图书馆）、北京正负电子对撞机工程、国家天文台、LAMOST天文望远镜项目、中科院研究生院怀柔校区、中国农业大学烟台校区、法国巴黎中国文化中心、泰国中国文化中心、中国驻埃塞俄比亚大使馆、中国驻贝宁大使馆、中国驻巴西圣保罗总领事馆、北京基督教丰台堂和朝阳堂、中国人民银行重点库、天津于家堡金融区、鄂尔多斯市委党校、苏家坨经济适用房、郑州隆福国际项目、郑州金印现代城项目北京京东商城总部基地项目、北京及上海万科城市花园等十余项万科住宅项目、北京阜内大街历史文化保护区的保护规划等。

中科院设计院建筑创作水平在国内名列前茅，曾获得国家级奖励10余项，省部级奖励70余项。近年来，设计方案多次在国际、国内竞赛和投标中得奖、中选。1998—2013年，在第5届到第19届首都建筑设计汇报展中，有14个项目获得17个奖项；在第11届到17届北京市优秀工程评选中有13个项目获奖，其中3项为一等奖；同期还获得部级优秀勘察设计奖5项，其中1项为一等奖。另外，“中国科学院文献情报中心”荣获全国优秀工程设计最高奖项“金奖”、部级优秀勘察设计奖一等奖；国家动物博物馆及中科院动物研究所科研实验楼、标本楼荣获全国优秀工程勘察设计银奖、全国优秀勘察设计行业建筑工程二等奖；中国科学院文献情报中心、九寨沟国际大酒店分别荣获“中国建筑学会建国60周年建筑创作大奖”；LAMOST天文望远镜项目获2010年十七届首都规划汇报展优秀奖，2011年北京市第十五届优秀建筑设计公共建筑二等奖；天津万科假日风景花园住宅、北京万科紫台家园、万科四季花城获得2006年、2008年、2009年詹天佑大奖优秀住宅小区金奖及双节双优杯住宅方案竞赛金奖；郑州隆福国际项目荣获2009年全国人居经典建筑规划设计方案竞赛建筑金奖；中科院遥感卫星地面站科研楼荣获“2013年全国优秀工程勘察设计行业奖公共建筑三等奖”；郑州金印现代城荣获“2013全国人居经典建筑规划设计方案竞赛建筑、环境双金奖”。

中科院设计院被国家评为首批“全国建筑设计行业诚信单位”，被中国建筑学会评为“当代中国建筑设计百家名院”，被地产界评为“北京地产十佳建筑设计机构”，被北京市评为“北京地区工程勘察设计行业诚信单位（建筑设计）”，被住建部中国建筑文化中心评为“中国最具影响力建筑设计机构”，获得万科集团最佳设计合作伙伴奖，并成为沿海集团的策略联盟——指定设计合作伙伴。

60年来，中科院设计院始终坚持履行社会责任，重视社会效益。如在革命老区江西兴国县捐资建设“中科兴国希望小学”。汶川地震后，公司派专家到灾区做建筑安全鉴定，为灾后重建提供科学依据，并设计了北川抗震纪念园、央企办公区、十几所学校及医院等项目。在2008及2009年，参与奥运会残奥会环境建设工作及北京市对口援建新疆和田地区设计工作，受到北京市的表彰。2011年，中科院设计院在成立60周年之际，捐资设立了“中科院设计院志愿者基金”，面向全国高校，倡导“奉献、友爱、互助、进步”的青年志愿者精神，培养志愿者队伍。志愿者基金至今已经陆续资助了中科院研究生院、清华大学、天津大学等5所高校。资助的项目包括“爱心行动”科院学子创新型支教、“关爱农民工子女圆梦逐梦行动”、“心心幼儿园关爱活动”等18项活动。中科院设计院将持续注资志愿者基金，让基金与设计院共同成长。

中科院设计院是北京市高新技术企业，是北京市科委首批认定的“北京市设计创新中心”单位，特别注重国际学术交流及合作设计，依托中国科学院的专业科研院所，与美国Perkins Eastman建筑设计事务所、英国BDP建筑设计事务所、法国安东尼·贝叙建筑设计公司、西班牙BIY建筑师事务所等国际知名建筑师事务所签订了长期合作协议，具有丰富的国际合作经验，赢得了良好声誉。

中科院设计院设计专家团队相信物理环境对生活、工作及学习质量有重大的影响，而设计是关键。专业化的团队能够密切关注擅长专业领域的发展趋势，保持在创新中的领先地位。秉承“尽责、规范、协作、发展”的院训，精心设计，诚信守约，追求精品，锐意创新，充分利用实力和优势为业主提供无边界的服务。

（撰稿：谢　琨　刘晨光　审稿：辛力军）

北京中科资源有限公司

董 事 长：张　平
总　　裁：郭　强
地　　址：北京市海淀区中关村南三街6号
邮政编码：100190
电　　话：010-82648282
传　　真：010-62545879
电子信箱：postmaste@zkzy.com.cn
网　　址：http://www.zkzy.com.cn

北京中科资源有限公司是中国科学院控股的国有企业，成立于2001年12月7日，是由原中国科学院科技物资中心整体转制设立的有限责任公司。2013年底，公司注册资本9200万元，总资产6亿元，净资产3.3亿元，2013年实现营业收入6.5亿元，利润2885万元。公司主营业务涉及技术开发、技术服务；货物进出口、技术进出口、代理进出口；批发预包装食品；销售保健食品；销售家用电器、金属材料、日用品、机械设备、五金交电、电子产品；普通货运；出租商业用房。公司拥有北京恒源小额贷款有限公司、云南中科本草科技有限公司、南京中科电机有限公司、新疆中科传感有限责任公司、北京中科新视界科技有限公司5家参股企业和北京中科喀斯玛科技孵化器有限公司1家高技术控股企业。公司设有总裁办公室、人力资源部、资产财务部、行政办公室四个职能部门；大厦运营中心、生活区物业经营部、延庆项目部、仓储物流中心、网络运营中心5个服务支撑部门，电视购物事业部、空调事业部、铜材经营部、铝材经营部、礼品与采购服务经营部等经营部门，并在上海、长沙等地设立办事处。2013年底公司拥有在职职工157人，其中各类专业技术人员45人。

北京中科资源有限公司的前身最早可以追溯到1949年11月中国科学院成立之初的办公厅器材处，20世纪50年代为保障和实施国家十二年科技规划任务的需求，升格为中国科学院器材局；60年代相应职能划归为中国科学院新技术局；60年代中期划归国防科工委领导，为保证“两弹一星”任务特殊材料设备的需求，被国务院和中央军委授予中国科学院军工O四单位代号；70年代初复归中国科学院，70年代末更名为中国科学院技术条件与进出口局；80年代先后更名为中国科学院物资局、中国科学院技术条件局；90年代更名为中国科学院科技物资中心；2001年整体转制为公司。历史上公司的前身曾为中国科技事业的发展作出贡献，一直承担着中国科学院所属机构的科研、生产、开发、基建所需的各类物资材料器材和进口物资设备的采购、仓储和供应业务。

公司以建设无店铺销售体系为抓手，通过“建平台、树品牌”统筹原有业务并拓展新的业务领域和方向，以“实现共赢发展，成就优质生活”为核心价值观，以“促进科技产品市场化，彻底打通科技创新价值链的最后一公里；实现科技服务产业化，优质高效便捷服务科技创新最后一百米”为愿景，以“成为民用科技产品的专业代理商，成为科研办公耗材的专业供应与服务商，成为独具特色和有一定影响力的现代商贸服务企业”为目标，矢志不渝地践行“让科技成就你我”的伟大使命。

公司努力为中国科技产品市场化和科技服务产业化搭建服务平台、提供优质服务，与中国科学院及相关科研机构、高等院校合作建立“喀斯玛”无店铺体系平台，代理销售民用高科技产品，让科技创新的成果从实验室进入市场；提供优质规范的科研、办公耗材采购等服务，让科研耗材及办公用品通过高效规范的平台和优质便捷的服务从市场进入实验室，让先进的服务成就科研机构的高效工作；让科技成就你我，实现共赢发展。

2013年是公司新时期发展战略落地的开局之年。公司完成了喀斯玛中科商城产品销售、喀斯玛科苑商城科研耗材采购两个平台基础建设。公司与中科院京区若干研究所和京外分院签订合作协议，组织相关所的管理人员进行了多次的探讨，生化试剂商城的运行服务模式得到了研究所和供应商的认可，并且得到了中科院相关部门的肯定。2013年“喀斯玛·科苑商城”生化试剂采购平台入网供应商囊括西格玛、凯杰、英潍捷基三巨头达到81家，入网研究所涵盖京区和京外分院达到20多家，平台上线产品SKU超过200万，取得了良好的发展。“喀斯玛·中科商城”科技产品市场化平台合作企业包括联想集团、南京中科等达到36家，平台上线产品380多种，保健品项目与内蒙古自治区盐务管理局系统达成合作，商城产品旗舰店保健品专柜入驻食盐放心店。同时，公司对科技成果转移转化信息服务平台建设工作也取得一定进展，形成工作框架。以电视购物、三方网购和礼品采购服务为代表的无店铺业务取得较大进展，再次突破历史最好水平。电视购物业务通过争取媒体资源、增加新品投放和加强渠道开拓这三个有效措施，提升销售规模，实现快速发展；在核心商品方面销售40万台，较2012年增长4倍；在核心渠道方面，在行业四大购物频道上海东方、湖南快乐购、优购物和家有购物的销售规模均排名前三，成为四大电视台的核心A级供应商。全面渠道覆盖、强大销售规模、国际商品资源和高效运营团队，让公司已成为电视购物行业中的旗帜和标杆。传统业务部门，如空调业务积极调整业务结构，销售渠道由传统分销向终端客户转变，销售产品由家用向商用尝试，业务模式由卖产品向工程服务转变，逐步减小对高成本低回报运营的批发渠道的投入，不断丰富产品结构，增加多联机产品，以提供个性化方案或服务赢得市场和客户资源。铜材业务以工程招投标为主要销售模式并紧密贴近无店铺销售模式，在阿里巴巴网上建立起了自己的销售领域，尝试B2B销售模式。铝材业务努力开发高端客户并为其高端产品加工提供增值服务。2013年，公司无店铺销售方式产生的收入已占公司整体收入的八成，产生的利润占整体经营利润的九成以上，无店铺销售方式已成为公司的主要利润来源，无店铺销售业务已成为公司的核心业务及未来发展方向。

在未来10年里，公司将立足中科院，放眼全中国，聚焦商贸流通服务，坚持科技特色，依托于中国科学院的科技产品资源和科研服务需求，服务知识创新工程和科技成果转移转化事业；以科技产品市场化和科技服务产业化为导向，构建无店铺营销体系，加强平台和品牌建设；以电视、网络、电话等平台开展无店铺销售为经营特色，以现代物流、电子商务、科技产品、科研物资和地产管理为主要经营方向；整合社会商业资源，大力开展无店铺销售，服务终端客户，建设具有较大经营规模、较高经济效益、较强创新水平、较好发展能力以及股东放心、员工满意并独具特色的综合性现代商贸服务企业。

（撰稿：王　安　审稿：张　平）

中国科学院沈阳计算技术研究所有限公司

董 事 长：郭锐锋
地　　址：辽宁省沈阳市浑南新区南屏东路16号
邮政编码：110168
电　　话：024-24696180
传　　真：024-24696179
电子信箱：pengxt@sict.ac.cn
网　　址：http://www.sict.ac.cn

中国科学院沈阳计算技术研究所有限公司创建于1958年8月30日。其前身是辽宁电子技术研究所。1960年7月在原计算机专业的基础上，成立中国科学院辽宁分院计算技术研究所，1962年12月与辽宁物理研究所、吉林大学计算数学研究所的主要部分合并为中国科学院东北计算中心，1967年10月划归国防科委第15研究院领导，1970年7月重归中国科学院，1972年8月更名为中国科学院沈阳计算技术研究所，2001年6月整体转制为高技术企业。

中国科学院沈阳计算技术研究所有限公司（以下简称“沈阳计算公司”）主要从事IT技术服务和数控与先进制造相关技术研发与产业化工作，相关技术和产品已广泛服务于涵盖电力、数控机床与机械、工业自动化、安监环保等城市公共事业、企业融合通信、健康养老等多个行业。

沈阳计算公司拥有高档数控国家工程研究中心、数控控制总线技术国家地方联合工程实验室等3个国家级创新平台，以及辽宁省IP通信工程技术研究中心、辽宁省环境污染监控工程技术研究中心及辽宁省远程医疗信息工程技术研究中心等；与中国科技大学共建有联合通信实验室；是全国机械电气系统标准化技术委员会安全控制系统分技术委员会、中科院数控技术创新联盟、《小型微型计算机系统》核心期刊、辽宁省计算机学会等机构的依托单位；是中国科学院大学的博士、硕士培养单位，并设有国家级博士后工作站。公司主要投资企业有沈阳高精数控技术有限公司等。

2013年，沈阳计算公司承担国家科技重大专项（01、04、07专项）、973项目、国家重大科学仪器设备开发专项等在研科技项目44项。本年度验收科技项目10项、成果鉴定5项、申请专利37件，授权专利31件；申请软件著作权10项，授权7项；申请软件产品登记2项。

相关成果和个人在不同领域荣获嘉奖，其中，“工业以太网数控系统实时与非实时系统内核数据同步方法”获第十五届中国专利优秀奖；“辽宁电网应急指挥平台”获辽宁省科技进步奖三等奖；“三维应用运行服务平台”获沈阳市科技进步奖二等奖、国产“龙芯”的系列化数控装置LT-GJ400/L”获第八届“中国芯”最具创新应用产品、“基于国产“龙芯”CPU芯片的系列化数控系统”获2013年中国产学研合作创新成果奖。

2013年，沈阳计算公司共有在职员工410人，其中高级技术人员135人，具有博士学历16人，硕士学历98人。公司目前培养在学研究生291人，在站博士后6人。2013年，公司有2人获得沈阳市优秀专家、1人获辽宁省青年科技奖、5人新入选辽宁省百千万人才工程。

2013年，沈阳计算公司完成了董事会和经营班子的换届工作，新一届领导班子为公司进一步发展注入新的活力。在新老班子的共同努力下，公司完成了既定工作目标和主要经营指标。数控与先进制造主营业务及时调整战略，苦练内功、坚持技术创新，承受住了中国机床行业转型升级的严峻考验，在逆境中保持了平稳发展；电力主营业务继续夯实现有市场基础，通过开展技术创新，拓宽产品范围和市场区域并集中力量抓大项目和重点项目，为东北电网两化融合和节能减排工作提供了技术支撑；围绕IT技术服务与网络通信方向，致力于提供完善的行业解决方案和服务，重点推进了IMS接入设备与技术的开发、广播新媒体互动平台、安监日常监管和应急指挥产品、环境空气质量预警平台、城市水务系统、健康养老平台及诊疗设备等的开发和产业化应用等工作。

2013年，沈阳计算公司还围绕企业发展战略规划，进行了组织机构的优化调整及资源的整合，加强了内控体系和绩效考核与激励机制的建设，进一步加快转变，保证公司持续健康的发展。

2013年，沈阳计算公司党委深入开展党的群众路线教育实践活动，落实中央八项规定和院党组十二项要求；召开了党的群众路线教育实践活动专题民主生活会，通过查摆，找准制约发展的症结所在，通过批评和自我批评，达到统一思想，加强团结，相互监督，共同提高的目的；本年还完成了公司党委的换届工作。

在上级党组指导下，公司党委充分发挥党组织政治核心、保证监督作用，从思想、组织、作风等方面加强党建工作，为公司科学发展提供了坚强有力的保障。

（撰稿：彭晓彤　审稿：郭锐锋）

沈阳科学仪器股份有限公司

董 事 长：雷震霖
总 经 理：李昌龙
地　　址：辽宁省沈阳市浑南新区新源街1号
邮政编码：110179
电　　话：024-23826801
传　　真：024-23826800
电子信箱：sales@sky.ac.cn
网　　址：http://www.sky.ac.cn

中国科学院沈阳科学仪器股份有限公司（以下简称“沈阳科仪”或“公司”）创建于1958年，前身为中国科学院沈阳科学仪器研制中心，2001年4月整体转制为“沈阳中科仪技术发展有限责任公司”，2002年12月更名为“中国科学院沈阳科学仪器研制中心有限公司”，2011年12月整体变更设立为股份有限公司，公司名称为“中国科学院沈阳科学仪器股份有限公司”。

沈阳科仪以“引领真空技术、支撑科技创新、促进产业发展”为使命，以“成为客户首选的真空设备解决方案提供商”为战略愿景，面向工业与科研领域，以薄膜制备设备、生产晶体生长炉、太阳能光伏PECVD设备、真空部件等产品为主，是我国集成电路装备和高档科学仪器的研制、生产基地。截至2013年底，沈阳科仪员工总数312人，其中高级职称人员90人，本科以上学历152人，逐步建设一支综合素质高，创新能力强的科技人才队伍。

公司引进北京国科鼎鑫投资中心和日扬电子科技（上海）有限公司作为战略投资者。2013年4月28日完成工商变更，公司注册资本由5500万增至6200万，其中国科占48.79%，自然人占43.95%。控股子公司——拓荆公司对战投公司正进行资产审计与评估。2013年9月1日由中国科学院沈阳科学仪器股份有限公司出资，整合上海日扬Pump维修团队及场地、设备成立子公司——上海上凯仪真空技术有限公司。

2013年在外部经济环境恶劣的情况下，公司缺乏强有力的核心竞争力，经营业绩有所下滑，最终未能完成预算指标。2013年10月，公司战略规划工作在高层领导的带领下，在战略管理委员会、各事业部参与下形成未来5年公司总体战略规划，从而为公司长远发展指明了方向。

全年共申8项发明专利，3项PCT申请。获得专利授权3项，全部为发明专利。蓝宝石单晶炉被评为国家重点新产品，罗茨干泵获得沈阳市专利奖二等奖，公司获批辽宁省创新型中小企业。

完成国家真空仪器装置工程技术研究中心年度总结和年报工作组织召开了2013年度工程实验室年会、中国真空学会真空冶金专业委员会、真空工程委员会、真空咨询工作委员会、《真空》杂志社编委会联席会议及第三届真空高层研讨会，举办了沈阳真空行业高层新春联谊会。

国家科技重大专项项目方面："90—65nm等离子体增强化学气相沉积设备研发与应用"由拓荆公司承担的项目完成了批量生产型12in PECVD设备样机的研制，即将在中芯国际北京B2厂40nm生产线进行采购需求验证，同时实现了12in PECVD设备在TSV方面的拓展应用。"干泵及系列真空阀门产品开发与产业化"项目已完成6种干泵、3种阀门产品的批量化工作，已获得320台套的应用（其中干泵80套）。"建立黑色金属零部件表面处理及清洗试验线"课题已完成首批黑色金属零件清洗及清洁度检测工作，正在进行平台实物采购和平台搭建；"防腐真空集成系统开发与示范应用"课题完成了可研报告、预算书和任务合同书的申报，并已获得国家科技部的正式批复。

内部管理方面：公司出台《沈阳科仪公司降低成本奖励实施办法（试行）》降低成本，公司各部门总计申报成本节约652.66万元，目前已完成589.676万元，总计完成率为90.35%；公司对"三重一大"事项进行严格审核，及时上报重大事项信息披露报告；完成现金收入和现金付款的内部控制，保证公司资金的安全、高效运用；聘请会计师事务所对公司财务报表、公司项目进行严格审计；进一步完善制度和流程，加强公司内部控制；实现集中平台采购，比质比价采购，引入新采购供货资源；确定核心骨干工资指导线，修订KPI业绩考核方案；实施营销承包方案、研发奖励政策；通过多种招聘渠道，选聘外籍、高校特殊专家。

党工团工作方面：公司党委开展党的群众路线教育实践活动，通过制订方案、召开意见征集会等形式，总结班子成员和其他领导干部在形式主义、官僚主义、享乐主义、奢靡之风方面存在的问题和表现，提出切实可行的整改意见；组织召开股份有限公司第一次代表大会，会议听取、审议并一致通过了上一届党委工作报告和纪委工作报告，差额选举产生了中国科学院沈阳科学仪器股份有限公司第一届委员会和纪律检查委员会；按照上级党组织要求，按时保质地部署学习宣贯十八大、十八届三中全会精神；工会布置撰写2012—2013年度职工模范之家建家考核自评材料和先进事迹，总结两年来工会各方面取得的成绩，并连续荣获省直模范职工之家；成功申报李昌龙同志为辽宁省五一劳动奖章获得者，成功申报雷震霖同志为全运会火炬手。

离退休管理方面：公司始终关心离退休人员的生活待遇，解决离退休人员的实际生活困难，始终做到在政治上尊重老同志，思想上关心老同志，生活上照顾老同志。公司党委、工会定期看望离退休老员工，并多次组织离退休员工体检、旅游。

（撰稿：谭国威　白　璐　审稿：李昌龙）

南京天文仪器有限公司

董 事 长： 王　永

总 经 理： 王　永

地　　址： 江苏省南京市玄武区花园路6-10号

邮政编码： 210042

电　　话： 025-85482007

传　　真： 025-85411830

电子信箱： office@nairc.ac.cn

网　　址： http://www.nairc.com

中科院南京天文仪器有限公司（NAIRC）（以下简称“南京天仪”）是中科院直属的科技型企业。其前身为1958年12月成立的中国科学院南京天文仪器厂，1991年10月更名为中国科学院南京天文仪器研制中心。2001年11月28日根据国家和中科院科技体制改革政策整体转制为科学院控股企业，成立南京中科天文仪器有限公司，2013年1月8日更名为“中科院南京天文仪器有限公司”。

公司注册资本3856万元，法人资产2.46亿元，占地面积167亩，总建筑面积8.9万平方米。下设耐尔思、天富、物业公司等3个全资或控股子公司。

南京天仪是以研制大中型天文仪器为主，兼研制和生产其他光机电、计算机一体化仪器、设备的技术研发基地，主要研制生产三大类产品：大精专仪器设备：大型天文专业仪器、空间观测仪器、大气环境监测仪器、大中型系列平行光管、军用光电仪器、光学制品、轻量化主镜、高精度大口径光学冷加工、离轴非球面光学加工、大中型转台等；天文科普仪器设备：天文科普望远镜、天文圆顶、光学天象仪系列产品、数字天象仪、天幕、大型异型金属幕、球幕影院、古典天文仪器模型及产品等；专用电子产品：系列圆光栅编码器、系列燃气灶具电子脉冲点火控制装置等。

在公司三大业务板块中，大精专仪器板块依然是公司营业收入的绝对主力，凭借几十年的技术积累和市场开拓，目前发展势头良好。

截至2013年底，南京天仪共有在职职工237人，其中科技人员116人，包括中国工程院士1人，副高级以上专业技术人员45人。现设有天体物理、天文技术与方法专业学科研究生培养点。

2013年，南京天仪努力开拓、求真务实、力求创新，紧紧围绕三大板块，继续坚持“以市场需求为导向，以技术优势为核心，以用户要求为中心，以深化改革为动力，以提升效益为目标”的指导思想，积极开拓市场，强化生产管理，加强队伍建设，试点创新模式，完善内部管理，全面完成了全年经营目标，各项工作都取得较好的成果。

南京天仪不断加强知识产权保护。全年专利获批和受理共18项，其中，获国家知识产权局授权的发明专利3项，实用新型8项，获授权软件著作权4项。

南京天仪继续加大产品研发力度。2013年，南京天仪研制的“超长焦距真空平行光管”和“1米口径车载激光雷达望远镜”获认“江苏省高新技术产品”，“50米焦距真空平行光管技术开发和设备研制”被列入“南京市2013年度科技发展计划—应用技术研究与开发计划”。

南京天仪高度重视创新平台建设。2013年，南京天仪顺利将“江苏省（中科）光电仪器设计与制造工程技术研究中心”正式落户公司。

南京天仪注重内控体系建设。建设以“项目管理”为中心，“预算管理”和“合同管理”为手段，“资金管理”和“成本费用管理”为内容，强化“外协管理”和“资产管理”，辅以其他模块的内控体系。

2013年，南京天仪下属子公司中，全资子公司耐尔思公司成功开发出小型通用磨镜机，并形成定型产品，整体业务运营良好，发展取得全新突破，全面超额完成董事会制定的年度经营指标。

在提升公司实力的同时，南京天仪始终坚持构建和谐企业环境。2013年顺利完成董事会、监事会和经营层换届工作；围绕经营生产目标，扎实开展党的群众路线教育实践活动及各种全民活动，加强企业文化建设，营造了稳定的良好氛围，促进公司健康持续发展。

（撰稿：朱　慧　郑　曾　审稿：王　永）

广州化学有限公司

董 事 长：廖　兵

总 经 理：胡美龙

地　　址：广东省广州市天河区兴科路368号

邮政编码：510650

电　　话：020-85231230

传　　真：020-85231119

电子信箱：xuanchuan@gic.ac.cn

网　　址：http://www.gic.ac.cn

中科院广州化学有限公司（以下简称“广州化学”），前身为中国科学院广州化学研究所，成立于1958年10月，于2001年12月整体转制为由中国科学院直接控股的有限责任公司。

经过转制10余年的发展，广州化学已经成为集科研、研究生教育、绿色化工和新材料产品生产与销售、化工产品技术检测以及化工行业高新技术服务于一体的国家高新技术企业，为国家知识产权试点单位，目前已经形成了四大业务板块：化工产品板块、化灌工程板块、化学化工产品检测板块、技术服务板块；拥有3家子公司：中科院广州化灌工程有限公司（国家高新技术企业）、广州中科检测技术服务有限公司、海南中科翔新材料科技有限公司。广州化学的主要业务领域涉及：建材化学品、胶黏剂、电子化学品、有机新材料以及化学灌浆和防水材料等产品的研发、生产和销售；建筑、水利、交通、矿山、电力、地质灾害治理、文物保护等领域的化灌工程施工；以及化学化工产品成分分析、二噁英检测、环境监测、材料性能测试、环境可靠性测试、危废鉴定、再生资源鉴定等测试技术服务及咨询服务等。

广州化学本部位于广州市天河区，毗邻华南植物园，园区面积为27万m^2（400亩），在广东省韶关南雄精细化工园投资建设的材料生产基地面积为6.67万m^2（100亩）。公司设有财务部、南雄材料生产基地、营销中心、采购部、科技发展部、技术服务部、研发技术一部、研发技术二部、研发技术三部、研发技术四部、综合办公室、人力资源部、物业管理部、网络信息中心等经营管理机构。现有中国科学院纤维素化学重点实验室、中国科学院佛山功能高分子材料与精细化学品研发中心、广东省电子有机聚合物材料重点实验室、广东省化学灌浆工程技术研究开发中心、广州市电子信息聚合物行业工程技术研究中心、与茂名市共建茂名石化技术转移服务平台、与湛江市共建湛江公共安全及化学化工检测平台、与韶关市共建中科院韶关精细化工与有机新材料研究院等省部级和地方研发机构。

截至2013年底，广州化学共有员工218人，其中研究员17人、副研究员及高级工程师14人。作为国家化学学科重要的高级人才培养基地，广州化学有博士生导师9人，硕士生导师16人，现有2个博士生招生专业（有机化学、高分子化学与物理）和5个硕士生招生专业（有机化学、高分子化学与物理、应用化学、化学工程、材料工程），共有在读研究生78人，其中博士研究生31人、硕士研究生47人；2013年毕业博士研究生12人、硕士研究生13人。2013年广州化学有1名导师获得“中国科学院朱李月华优秀导师奖”，2名研究生获得国家奖学金。广州化学负责主编的专业学术期刊《广州化学》和《纤维素科学与技术》在国内外公开发行。

2013年，广州化学各项经营指标稳步增长，实现营业收入2.22亿元，同比增长2.46%；利润总额1472万元，归属于母公司所有者的净利润1018万元，同比增长2.62%。

2013年，广州化学承担在研纵向项目69项，其中新增19项，新增纵向项目经费约597万元；申请并获得国家自然科学基金1项，发表科技论文90篇，其中SCI收录48篇；申请国家发明专利130项，获得授权发明专利62项；签订各类横向技术合作合同10个，合同额408万元，到款92万元。2013年，广州化学继续深化院地合作，积极推进与广东省、海南省和浙江省等地方的科技合作。

2013年，根据广州化学中长期战略发展总体规划，广州化学的各项研发、生产、经营工作稳步进行。2013年，广州化学南雄材料生产基地（南雄基地）顺利完成了公用设备及生产设备的安装工作，经过各项产品的成功试产后将产品的生产全部搬迁至南雄基地。建成后的南雄基地生产效率与自动化程度得到了大幅提高，南雄基地的建成为广州化学的规模化、产业化发展提供全面的保障。2013年在中共中央关于在全党深入开展党的群众路线教育实践活动的意见以及中科院党组、广州分院党组和国科控股企业党组等上级党组织的要求，在广州分院党的群众路线教育实践活动督导组的具体指导下，广州化学顺利开展了党的群众路线教育实践活动工作。广州化学在开展党的群众路线教育实践活动中兼顾了转制单位、企业的特点，把深入开展党的群众路线教育实践活动作为促进企业持续、健康、快速发展，提升企业核心竞争力的契机，并与公司中长期发展战略规划结合起来，真正实现了党的群众路线教育实践活动与各项工作两手抓、两不误、两促进，取得了明显的实效，获得了广大职工群众和上级党组织的一致好评。2013 年，广州化学实施了营销、研发、生产和管理支撑体系的薪酬改革，推动各项工作向前发展。同时积极、稳妥推进原事业编制职工的医疗改革，为退休职工建立社会基本医疗保险和公司补充医疗报销相结合的医疗制度，大力推动转制前退休的事业编制职工加入广州市城镇职工医疗保险，截至 2013 年底，已有 120 多人、占比近 60% 的退休职工自愿完成了参保工作。2013 年广东省召开全省扶贫开发工作会议，广州化学扶贫工作组被评为扶贫开发“双到”工作优秀单位。广州化学不断推进企业文化建设，加大了对生活园区改造和景观整治的投入，开展形式多样的职工文体娱乐活动，充分展现公司广大员工积极向上的精神风貌，坚定公司健康发展的信心。

2014 年，广州化学将继续坚持“以人为本，和谐共赢”的核心理念，发扬“协同、创新、进取、求精”的企业精神，秉承“为客户创造价值”的经营理念，努力实现公司价值的最大化。

（撰稿：申智慧　臧　丹　审稿：廖　兵）

广州电子技术有限公司

董 事 长：李耀棠
总 经 理：黄　劲
地　　址：广东省广州市先烈中路 100 号大院 23 栋
邮政编码：510070
电　　话：020-87682806
传　　真：020-87683247
电子信箱：keji@giet.ac.cn
网　　址：http://www.giet.ac.cn

中科院广州电子技术有限公司（以下简称“广州电子公司”）创建于 1970 年，前身为广东省 701 研究所，1978 年划归中国科学院，更名为中国科学院广州电子技术研究所，2001 年 12 月整体改制为有限责任公司，更名为中科院广州电子技术有限公司。

广州电子公司是国有控股有限责任公司，设有 5 个事业部、1 个销售部和 4 个职能部门，即先进制造事业部、特种电源事业部、嵌入式电子产品事业部、系统集成与工程事业部、多媒体事业部、销售部、综合办公室、企业发展部、资产财务部和后勤服务中心，主要产品和业务有 3D 打印机及服务、多媒体核心版、分子泵电源、光纤感温传感系统、系统集成等。

截至 2013 年 12 月 31 日，广州电子公司有在职职工 290 人（含子公司），其中科技人员 155 人，包括研究员 3 人、副研究员 1 人，高级工程师 20 人，高级实验师 1 人。

广州电子公司是华南地区知名 3D 打印机制造企业，先后承担了多项省、市 3D 打印科研项目。2013 年，广东省 3D 打印技术及装备工程实验室、广东省增材制造工程实验室落户广州电子公司。

2013 年 6 月 6 日，中共中央政治局委员、广东省委书记胡春华在中国科学院广州分院和广东省科学院调研期间，在广东省委常委、秘书长、办公厅主任林木声和副省长陈云贤的陪同下，到中科院广州电子技术有限公司视察 3D 打印技术实验室，了解 3D 打印技术、设备研发和应用情况。

广州电子公司通过了 ISO9001 质量体系认证，并获得高新技术企业认定，现具有计算机信息系统集成三级资质证书、广东省安全技术防范设计施工维修资格证、软件企业认定证书、信用等级“AAA”证书、“重合同守信用”证书。

2013 年，广州电子公司完成营业业务收入 8345 万元，同比增长 5%，利润总额 457 万元，同比上年增长 21%。全年获得实用新型专利授权 2 件。

广州电子公司现有投资企业 2 个，其中持股企业 1 个、控股企业 1 个。

广州晶体科技有限公司（简称“广晶科技”）广晶科技成立于 2001 年 7 月，广州电子公司持股比例为 49%，主要从事人造金刚石工具开发及生产，产品有锯片、磨轮、钻头、树脂砂轮四个系列，广泛用于石材、陶瓷、玻璃、宝玉石、硬质合金加工。2013年，广晶科技实现收入1593万元，同比下降3.5%，利润-6.9万元，亏损有所收窄。

广州智诚科技有限公司（简称“智诚科技”）智诚科技成立于1998年，是广州电子公司全资控股子公司，主要从事计算机网络信息系统工程监理、技术设计咨询、技术服务业务。2013年完成营业收入301万元，同比下降28.5%，利润4.3万元，同比下降82%。

（撰稿：陈　晖　审稿：李耀棠）

成都有机化学有限公司

董 事 长：熊成东
总 经 理：倪宏志
地　　址：四川省成都市一环路南二段16号
邮政编码：610041
电　　话：028-85222143
传　　真：028-85223978
电子信箱：bgs@cioc.ac.cn
网　　址：http://www.cioc.ac.cn

中国科学院成都有机化学有限公司前身为成立于1958年的中国科学院成都有机化学研究所，于2001年6月8日整体转制为由中国科学院控股的有限公司。转制后的公司以中国科学院成都有机化学研究所40多年来积累的雄厚科技实力为基础，致力于“科技成果转化和规模产业化”，在催化技术与绿色过程、手性技术与有机中间体、功能高分子材料、碳纳米管材料等领域形成了较高的创新水平和突出的应用特色，已成为以精细化工和新材料领域的技术创新和产业发展为重点的高新技术企业。公司生产的产品涉及手性药物中间体、工业催化剂、碳纳米管材料、功能高分子材料、皮革化工材料以及气体净化设备、能源环保工程等。

公司拥有一支高素质的员工队伍，公司现有员工328人，其中，科技及产业化人员占80%，具有副高以上职称科技人员100余人，其中研究员40人，博士生导师21人，员工中具有博士学位和硕士学位科技人员达106名，获国务院政府特殊津贴40余人，“西部之光”人才30人，四川省学术技术带头人8人，四川省突出贡献优秀专家4人。

公司具有较强的科技创新能力和科研成果产业化能力，是国家科技部认定的国家高技术研究发展计划成果产业化（863）基地，拥有手性药物国家工程研究中心、中国科学院皮革化工材料工程技术研究中心、不对称合成与手性技术四川省重点实验室、四川省企业技术中心、四川省节能及清洁生产催化工程技术研究中心等国家和省部级技术研发平台、中国科学院成都分院分析测试中心。公司先后获得国家及省部级科技成果奖100余项，申请发明专利近500件，获得国家或国际授权的发明专利170余件（其中美国专利4件）。

公司现设有综合管理部、企业发展部、研发中心、财务部、市场营销部、催化剂产品事业部、纳米碳材料产品事业部、有机中间体产品事业部、新产品事业部等9个部门。公司还在东部沿海地区建立了3个分中心（常州分中心、嘉兴分中心和台州分中心）。公司拥有4家全资或控股高新技术企业。

公司在成都市大邑工业集中发展区建有产业园区，产业园区的总建筑面积达到2万多平方米，包括研发大楼、工程化验证平台、生产车间、仓储库房、综合办公及配套设施等，已初步形成集研究开发、工程化验证、中试放大、产品生产营销等为一体的综合性产业平台。

公司是我国化学学科重要的高级人才培养基地，现设有有机化学、物理化学、分析化学、高分子化学与物理、应用化学、化学工程专业学位6个硕士点，有机化学、应用化学、高分子化学与物理3个博士点，1个化学博士后科研流动站，2013年招收研究生56名，其中博士29名，硕士27名，毕业研究生34名，其中博士18名，硕士16名。目前公司在读研究生160名，其中博士生90名，硕士生70名。在站博士后4名。

公司编辑出版《合成化学》学术刊物，向国内外公开发行，《合成化学》进入中文核心期刊及中国科技核心期刊。

2013 年，公司全力以赴实践以发展产业为目标的战略转型，通过打造本部新兴产业为切入点积极进行组织构架调整适应公司产业战略，以经营目标考核强化经营团队和全体员工的责任，以市场能力提升和技术创新驱动公司产业加快发展，2013 年公司营业收入实现较大幅度增长并首次突破亿元大关，同比增长 27.2%，其中公司本部产业收入增长迅猛，同比增长 221%。公司总体收入构成的格局也发生较明显变化，公司的产品销售收入比重已占总收入的 75%，2013 年公司有 3 个单一产品的销售额同时突破了 1000 万元。

2013 年，公司通过了质量（GB/T19001—2008/ISO9001：2008）和环境（GB/T24001—2004/ISO14001：2004）管理体系认证。

2013 年，公司获得国家自然科学基金项目 4 项，四川省科技厅、四川省经信委等各类地方项目 13 项，申请专利 30 件，获得授权专利 9 件，专利转让 10 件。

公司研究人员的研究项目“有机小分子和金属不对称催化体系及其协同效应研究”获得了 2013 年度国家自然科学奖二等奖。

公司开展了以“创业创新”为主题的企业文化建设，以执行力建设、制度建设和团队精神为核心，以企业文化活动为抓手，打造企业和谐发展的良好氛围。

（撰稿：陈　勇　刘澧莹　审稿：熊成东）

成都信息技术股份有限公司

董 事 长：王晓宇
总 经 理：付忠良
地　　址：四川省成都市人民南路四段 9 号
邮政编码：610041
电　　话：028-85217501
传　　真：028-85229357
电子信箱：bgs@casit.com.cn
网　　址：http://www.casit.com.cn

中科院成都信息技术股份有限公司（简称“中科信息公司”）是由创立于 1958 年的中国科学院成都计算机应用研究所于 2001 年 6 月整体转制而来，是由中国科学院控股的高科技企业。1958 年成立时，命名为中科院四川分院数学所；1960 年更名为中科院四川分院计算所；1962 年更名为西南电子所计算站；1968 年更名为总字 821 部队西南计算站；1971 年更名为四川省计算站；1978 年更名为中科院成都计算站；1981 年更名为中科院成都计算机应用研究所；2001 年 6 月，整体转制为四川中科院信息技术有限公司；2005 年 1 月更名为中科院成都信息技术有限公司；2013 年 4 月更名为中科院成都信息技术股份有限公司。

中科信息公司是中国软件行业协会理事单位、四川省计算机学会理事长单位。公司以高速机器视觉、智能分析技术为核心，为政府、烟草、油气、特种印刷等行业提供信息化整体解决方案、智能化工程和相关产品与技术服务。在计算机软件工程、办公自动化、工业计算机应用等领域具有较高的创新水平和突出的应用特色。公司以“服务客户、成就员工、回报股东、贡献社会”为使命，以科技创新为动力，聚焦行业信息化建设，努力成为我国软件产业内有突出贡献、受人尊敬的高科技股份企业（集团）。

公司现有员工 380 人，其中博士占 3.16%，硕士占 21.84%，本科占 60.79%，平均年龄 33.5 岁。公司下设工业计算机应用事业部、图像视觉事业部、办公自动化事业部、软件与通信事业部、油气信息化事业部、智能工程事业部等业务部门，另设有公司办公室、人力资源部、市场部、企业管理部、财务管理部、研发中心、自动推理实验室、物业管理中心等管理和支撑部门，控股成都中科石油工程技术股份有限公司。公司还拥有计算机软件与理论、软件工程博士学位授予点，计算机软件与理论、计算机应用技术、计算机技术、软件工程、应用数学硕士学位授予点和计算机科学与技术博士后科研流动站。

公司面向电子政务、烟草、特种印刷、石油行业提供信息化整体解决方案，产品线不断丰富，业务规模逐步扩大，盈利能力不断提升，经营实力得到增强。在2013年实现营业收入2.02亿元，净利润3521万元，年末资产总额为4.8亿元。继2013年3月圆满完成全国“两会”服务任务后，公司又成功地完成了43项各类省级大会选举服务任务，以“万无一失”的出色表现再次证明了数字会议系统“第一品牌”的实力。在烟草农、工、商传统行业市场进行的新产品拓展不断取得突破，基于机器视觉技术的印钞检测产品在客户认可度和行业影响力方面持续提升，油田和油气信息化系统及设备在行业内推广顺利。

公司在2013年顺利通过了四川省企业技术中心认证，一批新技术产品获得客户高度认可或得到推广：卷烟产品研发管理系统在河南烟草企业得到推广，在川渝中烟开展了应用升级；卷烟辅料跟踪系统开发成功并投入使用；医学虚拟仿真培训系统获得首批用户订单；医疗消毒模拟教学系统样机制成；烟叶物流“数字化”仓储系统获省烟草公司科技奖项；基层选举系统、身份登记与验证系统初步成型；视频侦查和智能视频检测产品取得进展。公司全年获得专利授权5项（其中发明2项，实用新型3项），软件著作授权11项。

2013年4月，公司整体变更为股份有限公司，修订完善了一系列基本管理制度，适时调整和新设了个别管理部门，按照新的会计政策强化了项目管理，推行了规范的物资采购制度，完成了中国质量认证中心“质量-环境-职业健康安全”三标体系的融合与认证。这些措施对有效控制运营风险，提升公司整体的项目实施能力和盈利水平起到了极大的促进作用，促进了公司总体绩效提升和管理规范化。

公司在2013年获得国科控股人才基金引进人才2名，1人入选四川省学术技术带头人后备人选，获得西部之光人才培养计划项目3项。不断加大培训投入，创新培训模式，开展了管理、技能、安全、资格认证、专业技术等多方面的培训，大大提升了人才队伍综合素质和技能。公司承担的国家自然科学基金项目通过中期验收，973项目进展顺利。发表学术论文34篇，其中SCI收录6篇，EI收录7篇，杨路研究员参与撰写的专著由德国斯普林格（Springer-Verlag）出版社出版。

（撰稿：吴琳琳　尹邦明　审稿：付忠良）

成都中科唯实仪器有限责任公司

董 事 长：董成生
总 经 理：陈　静
地　　址：四川省成都市高新区科园南一路7号
邮政编码：610041
电　　话：028-85121820
传　　真：028-85121830
电子信箱：zjlbgs@cdzkws.com
网　　址：http://www.cdzkws.com

成都中科唯实仪器有限责任公司（以下简称“成都唯实”）成立于2001年10月16日。其前身是中国科学院成都科学仪器研制中心，始创于1959年9月。

成都唯实位于成都市高新区科园南一路七号，占地五十亩。是一个以科研试制、技术开发、生产经营为一体的高新技术企业。成都唯实致力于提供优质的真空控制、检测仪器、非标真空设备、光机电一体化设备，以卓越的产品和服务为客户创造价值。以技术创新为手段，以产品专业化、规模化生产为基础，努力发展成为国内仪器设备，特别是在真空领域具有竞争力的生产、服务型企业。

2013年公司科研生产经营工作较上年取得稳步的发展，内部管理水平得到新的提高，基本上完成了年初董事会提出并经股东会审议批准的经营目标。

目前，成都唯实设有综合办公室、财务管理部、物业管理部、质量管理部、技术开发部、真空事业部、智能器具事业部、光电设备事业部、机加事业部共9个部门。截至2013年底，成都唯实有在岗职工188人，其中：公司中高层管理干部26人；工程技术人员55人；工人108人。具有专业技术职称的人员47人，其中：高级职称 14 人、中级职称 23 人、初级职称 10 人。

2013 年是公司发展战略规划第二阶段的开局之年，在国科控股的领导和支持下，顺利完成了成都唯实同北京科仪的资产整合，公司控股股东由国科控股变更为北京科仪，同时完成了规范公司自然人持股工作。

2013 年成都唯实在与北京科仪合作的基础上进一步加强了公司战略管理工作，深入推进成都唯实业务发展战略规划的实施。真空业务以标准产品为基础，以非标产品为补充的发展格局初步形成，真空业务发展的基础进一步增强；光电设备业务从内部管理入手，完善生产组织方式和员工绩效考核办法，进一步激发员工的工作积极性，工作效率有了进一步提高，保证了全年生产任务的顺利完成；利用收购重庆建林公司资产、增加气阀产品的品种，扩大了气阀业务用户的范围，通过同外部企业合作、研制自动组装机和检测设备，较大幅度提高了生产效率。

2013 年成都唯实以加强预算管理为核心，进一步强化对事业部和各职能部门执行预算过程的监督与管理，修订完善了相关的管理办法，进一步完善了对事业部经营管理团队的绩效考核办法。以经营管理目标为导向，全面预算管理为手段，日常经营行为有规范，既有激励又有约束的事业部经营管理机制和职能部门工作绩效考核机制更加完善。

2013 年成都唯实获得国科控股人才基金引进人才 1 名，获得西部之光人才培养计划项目 1 项，完成了四川省重大科技成果转化工程示范项目 1 项。2013 年共申请实用新型专利 3 项，新申请软件著作权 2 项，新获得授权 6 项。截至 2013 年底，公司共获得 1 项发明专利授权、7 项实用新型专利授权和 7 项软件著作权登记，其中：光电产品 2 项，真空相关技术 11 项，气阀 2 项。

成都唯实按照成都市政府关于建筑工程建设的相关规定，通过比选和公开招标，选定了三期科研、生产用房的设计单位、监理单位和施工单位。施工单位于 2012 年 5 月进场施工，2013 年 6 月完成了工程竣工验收。目前该工程项目已正式投入使用。

（撰稿：谢　刚　杨文晴　审稿：吕亚东）

中科院科技服务有限公司

董 事 长：伊　兵
总 经 理：赵红岩
地　　址：北京市西城区三里河路 52 号
邮政编码：100864
电　　话：010-62578611，68597915
传　　真：010-62578665
电子信箱：zhengjun@cashq. ac. cn
网　　址：http://www. zkfw. com. cn

中科院科技服务有限公司（以下简称“中科服务公司”）是 2002 年 12 月 25 日由中国科学院机关服务中心（局）整体转制而成的现代服务企业，主要以为中国科学院机关后勤服务、餐饮经营、物业服务、宾馆接待等为主营业务。截至 2013 年底，公司共有职工 414 人。

2013 年，公司领导班子在公司董事会的正确指导下，紧密围绕公司发展战略，始终坚持“战略导向，目标拉动，规范管理、考核激励”的工作思路，有序开展各项工作；严格执行公司决策程序，进一步凝练公司发展战略目标，重点推进绩效管理体系的建设，全面完成 ISO9001：2008 质量体系认证工作；继续深化落实动态监管工作，继续做好企务公开工作和后备干部队伍建设工作，关注职工利益诉求，职工队伍总体稳定。公司党委坚持“围绕中心、服务大局”的工作原则，做好党群工作的顶层设计；从制度建设、预防与教育入手，做好反腐倡廉工作，营造风清气正的工作氛围。

公司继续高度重视院机关后勤服务业务，通过质量体系认证重新梳理了制度流程，通过加强员工培训工作，使机关服务工作质量和管理水平有明显提高，按照要求完成了院重大活动服务保障任务，积极配合机关完成维修改造任务。餐饮分公司积极开拓市场，加强内部管理和巡检工作，取得了良好的经营成绩。物业分公司努力提高经营服务质量，受到甲方和业主的肯定；重视开源节流和成本控制，经营质量明显提高。客座公寓积极拓展业务渠道、开源节流、合理控制各项费用，超额完成了年度经营目标。

（撰稿：邓 月 审稿：岳爱国）

上海碧科清洁能源技术有限公司

董 事 长：孙予罕
总 经 理：张小莽
地 址：上海市浦东新区浦建路76号由由国际广场2301-2303
邮政编码：200127
电 话：021-61060100
传 真：021-61060086
电子信箱：contact@cecc-tech. com

上海碧科清洁能源技术有限公司（以下简称“上海碧科”）成立于2009年1月，是由中国科学院与英国碧辟（BP）公司共同出资设立的有限责任公司。公司注册资本为1.62亿元，其中中方持有上海碧科股权的51%，英方持股49%。上海碧科是一家专注于清洁能源产业链、具有自主知识产权创新技术的工程化和商业化公司。

上海碧科设有技术、工程、业务拓展与项目开发等部门和知识产权与法务、投融资战略、内控与财务、人事行政管理等支持部门，实施项目驱动的矩阵式管理机制。截至2013年底，共有从业人员46名，其中中科院派遣2名，英国碧辟派遣4名，社会招聘40名。公司员工中拥有硕士及以上学历者占57%。

2013年是上海碧科实现其技术商业化战略目标至关重要、也是卓有成效的一年。在董事会的指导下，上海碧科围绕“国际化天然气产业链业务开发+集成化技术开发”的核心优势，实施“以石化产品市场和技术商业化解决方案为手段，为客户提供廉价资源（天然气或煤等）利用的产品和服务”的业务模式。

过去的一年上海碧科业务开发发展有了明显起色：搭建了跨太平洋的天然气-烯烃产业链架构——设立北美泛太平洋能源公司和大连西中岛甲醇储备公司，北美天然气制甲醇项目开发在工业用地获取、政府和社会支持、融资渠道确立等方面取得实质性进展。上海碧科历经了一年以上的技术高速发展时期，其自主开发的产业链核心技术C-MTX经百吨级中试验证取得预期结果，万吨级中试装置设计改建已经完工，且具备自主完成催化剂放大的能力；顺利完成了丁二烯技术中试所需的催化剂放大和反应器设计，锁定了千吨级中试合作伙伴。

基于全球能源发展趋势和能源组合结构的不断变化，上海碧科旨在将高环保、高储备、低价格的合成气转化为高附加值的炼油产品。公司将充分发挥自身独有的双方股东的优势，即中科院的技术研发优势及其国际影响力、碧辟公司的全球油气资源优势和市场开发应用能力，有效衔接国内和国际市场，为技术资源和市场应用搭建桥梁。公司不断强化自身的技术工程和商业化能力，以商业化的成功带动工程化和核心技术的开发推广。

2014年是上海碧科从创业初期的成长模式转向未来盈利模式的关键一年。上海碧科将在其新型天然气-烯烃产业链开发中发挥自身优势，推进项目快速发展，并顺利引进战略投资者，将项目做大做实，在清洁能源发展的道路上迈出坚实的一步；完成其自有产业链核心技术C-MTX和丁二烯技术的万吨级或千吨级中式，兑现技术商业化能力；通过战略合作和自身建设，进一步提高工程技术能力和商业能力；完善公司组织架构和内部机制、强化知识产权管理、建立有效的员工激励机制、确立卓越的企业文化和企业核心竞争力。

（撰稿：王国平 审稿：张小莽）

深圳中科院知识产权投资有限公司

董 事 长：索继栓
总 经 理：李 K
地 址：广东省深圳市南山区高新南环路

29 号留学生创业大厦 2308 室
邮政编码：518057
电　　话：0755-86350111
传　　真：0755-86350180
电子信箱：info@caship. ac. cn
网　　址：http://www. caship. ac. cn

深圳中科院知识产权投资有限公司（以下简称“深圳 IP”）成立于 2009 年 2 月，由国科控股投资在深圳注册成立。公司依托中国科学院研究院所和重大研发项目的知识产权全流程服务，成为中国科学院知识产权创造、应用、保护和运营管理的服务平台；通过建立与社会有机结合的知识产权运营模式，促进科技创新成果的知识产权化和高效的转移转化，成为知识产权运营价值链的专业化、市场化的系统服务商和系统集成商。

深圳 IP 下设运营部、信息部、代理部、财务部与综合部五个部门。截至 2013 年底，深圳 IP 有在职职工 27 名，其中硕士及以上学历 12 名，本科 14 名，大专 1 名，具备知识产权、理工、法律、管理等行业背景。

深圳 IP 的主营业务为知识产权全流程服务、专利许可与转让、专利投资运营、待上市企业知识产权尽职调查与无形资产包装等。通过承接院所、院控股/持股企业和社会企业委托的知识产权服务，从前端的专利调研入手，通过深入的专利分析与规划，优化专利质量，实现后续专利许可、转让、拍卖等专利交易。截至 2013 年底，深圳 IP 服务中国科学院研究院所近 40 家；服务中国科学院参股、持股企业 20 余家；并与数百家社会企业对接，实现知识产权服务与运营；共许可/转让院属专利近 140 项，完成重大项目知识产权全流程服务项目 3 个。

2013 年，深圳 IP 在深圳先进院全民低成本健康项目、苏州医工所 PET-CT、激光工聚焦项目、理化所大型低温制冷系统项目、微电子所 02 专项、长春光机所新型角度传感器项目、成都信息技术有限公司上市前知识产权风险梳理项目等重大项目中取得了突破性进展。

深圳 IP 进一步建设并完善了中科院知识产权全流程服务与运营云平台——专利智能检索平台、专题数据库平台、智能分析和预警平台、知识产权管理体系标准及管理平台、交易平台、投资平台、培训平台以及中科院知识产权专员与企业交流平台，并已在广州健康院、天津工生所等院所投入试点使用。

继续在物理所、长春应化所、微电子所、软件所等项目中开展专利运营工作，储备专利包 4 个，包括激光器专利包、激光显示专利包、物联网专利包、液态金属专利包，共计专利 108 件。对中科院拟终止专利的运营提出建设性方案，并积极筹建第二代照明光源专利池，开展 LED/OLED 专利运营。

2013 年共主办知识产权各类培训 6 场，对研究院所及企业的知识产权工作人员就知识产权基础知识、专利的价值、专利侵权分析与回避设计、商标基础、科技创新与知识产权管理、知识产权运营等内容进行了培训与交流。

深圳 IP 相继获得国家技术转移示范机构、国家首批知识产权分析评议服务示范创建机构、国家向国外申请专利资助第三方检索机构、国家科技部火炬计划深圳市科技服务体系建设成员单位、南山区高层次创新型人才实训基地等荣誉称号。

深圳 IP 坚持党支部与工会活动相结合，多方联合，共建公司“敬、静、净、竞”的企业文化，依托内部报刊《CASIP 风采》，通过文化宣传、交流培训、文体活动、公益活动、节日庆典等一系列方式推进企业文化落地，将通过企业文化建设增强团队凝聚力，发挥创新精神，实现员工价值升华与企业蓬勃发展的有机统一。

（撰稿：龚一闻　李棱梅　审稿：李　K）

国科嘉和（北京）投资管理有限公司

董 事 长：王　琪
总 经 理：王　琪
地　　址：北京市东城区东直门南大街 11 号中汇广场 B 座 18 层 1803 室
邮政编码：100007

电　　话：010-57636588
传　　真：010-57636599

国科嘉和（北京）投资管理有限公司成立于2011年8月，是由中国科学院国有资产管理经营有限责任公司（以下简称“国科控股”）作为发起人设立的投资管理公司，主要通过管理私募股权投资基金的方式促进中小高技术企业的产业化发展，以及科研成果的转移转化工作。

过去十多年，中国多层次资本市场体系正逐步完善，创业投资相关的政策法规也在逐步健全，为创业投资机构的发展创造了良好的条件。正是在这种大的历史背景下，国科控股作为主要发起人联合国内知名大型企业集团、政府基金等有限合伙人，发起设立国科鼎鑫基金，国科嘉和（北京）投资管理有限公司为国科鼎鑫基金的执行事务合伙人，管理人。

国科嘉和（北京）投资管理有限公司通过发展创业投资，立足中科院有效开展资源整合和资本营运，实现资本和技术的高效结合，推动产业升级换代，促进院内外高技术企业的社会化、规模化发展，对国家创新体系的建设和落实中科院的战略定位具有重要的意义。

截至2013年底，公司员工总数15人。

国科嘉和（北京）投资管理有限公司受国科鼎鑫基金委托负责管理基金日常运作和投资管理，重点聚焦四个行业：电子信息、新能源、节能减排、生命科学。偏重于早期的企业项目。投资规模每一笔投资的规模为500—5000万人民币；一个项目的累计投资总额不超过10000万人民币；不追求控股，持股通常在10%—35%。投资的地理区域面向全国。

（撰稿：蒋占娟　审稿：王　戈）

2013年底院设非法人单元列表

序号	院设非法人单元名称	依托单位	主管部门
1	中国科学院档案馆	文献情报中心	办公厅
2	中国科学院大科学装置理论物理研究中心	高能物理研究所	前沿科学与教育局
3	中国科学院上海临床研究中心	上海生命科学研究院	前沿科学与教育局
4	中国科学院上海超导中心	上海微系统与信息技术研究所	前沿科学与教育局
5	中国科学院上海植物逆境生物学研究中心	上海生命科学研究院	前沿科学与教育局
6	中国科学院广州天然气水合物研究中心	广州能源研究所	前沿科学与教育局
7	中国科学院第二军医大学转化医学研究院	上海生命科学研究院	前沿科学与教育局
8	中国科学院气候变化研究中心	大气物理研究所	前沿科学与教育局
9	中国科学院分子科学中心	化学研究所	前沿科学与教育局
10	中国科学院卡弗里理论物理研究所	理论物理研究所	前沿科学与教育局
11	中国科学院北京生命科学研究院	遗传与发育生物学研究所	前沿科学与教育局
12	中国科学院北京转化医学研究院	生物物理研究所	前沿科学与教育局
13	中国科学院四川转化医学研究医院	成都生物研究所	前沿科学与教育局
14	中国科学院生物与化学交叉研究中心	上海有机化学研究所、上海药物研究所	前沿科学与教育局
15	中国科学院先进轨道交通力学研究中心	力学研究所	前沿科学与教育局
16	中国科学院国家数学与交叉科学中心	数学与系统科学研究院	前沿科学与教育局
17	中国科学院政府行政管理系统分析研究中心	数学与系统科学研究院	前沿科学与教育局
18	中国科学院珠江三角洲环境污染与控制研究中心	广州地球化学研究所	前沿科学与教育局
19	中国科学院资源环境科学数据中心	地理科学与资源研究所	前沿科学与教育局
20	中国科学院预测科学研究中心	数学与系统科学研究院	前沿科学与教育局
21	中国科学院虚拟经济与数据科学研究中心	中国科学院大学	前沿科学与教育局
22	中国科学院晨兴数学中心	数学与系统科学研究院	前沿科学与教育局
23	中国科学院减灾中心	大气物理研究所	前沿科学与教育局
24	中国科学院蛋白质科学中心	北京中心依托生物物理研究所；上海中心依托上海生命科学研究院	前沿科学与教育局
25	中国科学院量子技术与应用研究中心	中国科学技术大学	前沿科学与教育局
26	中国科学院湿地研究中心	东北地理与农业生态研究所	前沿科学与教育局
27	中国科学院强磁场科学中心	合肥物质科学研究院	前沿科学与教育局
28	中国科学院新疆矿产资源研究中心	新疆生态与地理研究所	前沿科学与教育局
29	中国科学院磁约束等离子体物理理论研究中心	合肥物质科学研究院	前沿科学与教育局

续表

序号	院设非法人单元名称	依托单位	主管部门
30	中国科学院02专项光刻机关键部件研发任务管理办公室	光电研究院	重大科技任务局
31	中国科学院月球与深空探测总体部	国家天文台	重大科技任务局
32	中国科学院北方粳稻分子育种联合研究中心	遗传与发育生物学研究所	重大科技任务局
33	中国科学院加速器驱动次临界嬗变系统研究中心	近代物理研究所	重大科技任务局
34	中国科学院低阶煤利用先导专项管理中心	山西煤炭化学研究所	重大科技任务局
35	中国科学院国家空间科学中心	空间科学与应用研究中心	重大科技任务局
36	中国科学院钍基熔盐核能系统研究中心	上海应用物理研究所	重大科技任务局
37	中国科学院空间目标与碎片观测研究中心	紫金山天文台	重大科技任务局
38	中国科学院空间环境研究预报中心	空间科学与应用研究中心	重大科技任务局
39	中国科学院空间科学与应用总体部	空间应用工程与技术中心	重大科技任务局
40	中国科学院核能安全技术研究所	合肥物质科学研究院	重大科技任务局
41	中国科学院浮空器系统研究发展中心	光电研究院	重大科技任务局
42	中国科学院微小卫星联合实验室	上海高等研究院	重大科技任务局
43	中国科学院新一代信息技术先导研究中心	信息工程研究所	重大科技任务局
44	中国科学院大庆油田有限责任公司油气勘探联合研究中心	地质与地球物理研究所	科技促进发展局
45	中国科学院大连科技创新园	沈阳分院	科技促进发展局
46	中国科学院上海生物医学工程研究中心	上海生命科学研究院	科技促进发展局
47	中国科学院上海产业技术创新与育成中心	上海高等研究院	科技促进发展局
48	中国科学院上海技术转移中心	上海分院	科技促进发展局
49	中国科学院上海辰山植物科学研究中心	上海生命科学研究院	科技促进发展局
50	中国科学院上海浦东科技园	上海分院	科技促进发展局
51	中国科学院山东综合技术转化中心	沈阳分院	科技促进发展局
52	中国科学院广州生物医药产业技术创新与育成中心	广州生物医药与健康研究院	科技促进发展局
53	中国科学院广州产业技术创新与育成中心	广州分院	科技促进发展局
54	中国科学院广州技术转移中心	广州分院	科技促进发展局
55	中国科学院天津产业技术创新与育成中心	天津工业生物技术研究所	科技促进发展局
56	中国科学院云计算产业技术创新与育成中心	广州分院	科技促进发展局
57	中国科学院内蒙古草业研究中心	植物研究所	科技促进发展局
58	中国科学院水资源研究中心	地理科学与资源研究所	科技促进发展局
59	中国科学院长春技术转移中心	长春分院	科技促进发展局
60	中国科学院可持续发展研究中心	地理科学与资源研究所	科技促进发展局

续表

序号	院设非法人单元名称	依托单位	主管部门
61	中国科学院东南资源环境综合研究中心	南京分院	科技促进发展局
62	中国科学院北京技术转移中心	北京分院（筹）	科技促进发展局
63	中国科学院电子设计自动化软件中心	微电子研究所	科技促进发展局
64	中国科学院电动汽车研发中心	深圳先进技术研究院	科技促进发展局
65	中国科学院兰州技术转移中心	兰州分院	科技促进发展局
66	中国科学院半导体照明研发中心	半导体研究所	科技促进发展局
67	中国科学院宁波产业技术创新与育成中心	宁波材料技术与工程研究所	科技促进发展局
68	中国科学院台州应用技术研发与产业化中心	上海分院	科技促进发展局
69	中国科学院地理信息产业发展中心	地理科学与资源研究所	科技促进发展局
70	中国科学院扬州应用技术研发与产业化中心	南京分院	科技促进发展局
71	中国科学院成都技术转移中心	成都分院	科技促进发展局
72	中国科学院合肥技术转移中心	合肥物质科学研究院	科技促进发展局
73	中国科学院安徽产业技术创新与育成中心	合肥物质科学研究院	科技促进发展局
74	中国科学院农业政策研究中心	地理科学与资源研究所	科技促进发展局
75	中国科学院苏州生物医学工程与生物医药产业化基地	苏州生物医学工程技术研究所	科技促进发展局
76	中国科学院苏州产业技术创新与育成中心	苏州纳米技术与纳米仿生研究所	科技促进发展局
77	中国科学院吴中生物医药研发中心	上海药物研究所	科技促进发展局
78	中国科学院佛山产业技术创新与育成中心	广州分院	科技促进发展局
79	中国科学院沈阳技术转移中心	沈阳分院	科技促进发展局
80	中国科学院沈阳科技创新园	沈阳分院	科技促进发展局
81	中国科学院青岛产业技术创新与育成中心	青岛生物能源与过程研究所	科技促进发展局
82	中国科学院杭州科技园	上海分院	科技促进发展局
83	中国科学院昆明灵长类研究中心	昆明动物研究所	科技促进发展局
84	中国科学院知识产权研究与培训中心	科技政策与管理科学研究所	科技促进发展局
85	中国科学院知识产权信息服务中心	文献情报中心	科技促进发展局
86	中国科学院物联网研究发展中心	微电子研究所	科技促进发展局
87	中国科学院金华科技园	上海分院	科技促进发展局
88	中国科学院河南产业技术创新与育成中心	合肥物质科学研究院	科技促进发展局
89	中国科学院南京高新技术研发及产业化中心	南京分院	科技促进发展局
90	中国科学院贵州现代资源技术研究与成果转化中心	昆明分院	科技促进发展局
91	中国科学院哈尔滨产业技术创新与育成中心	长春分院	科技促进发展局
92	中国科学院重庆产业技术创新与育成中心	重庆绿色智能技术研究院	科技促进发展局
93	中国科学院泰州应用技术研发及产业化中心	南京分院	科技促进发展局

续表

序号	院设非法人单元名称	依托单位	主管部门
94	中国科学院唐山高新技术研究与转化中心	北京分院（筹）	科技促进发展局
95	中国科学院烟台海岸带生物产业技术创新与育成中心	烟台海岸带研究所	科技促进发展局
96	中国科学院海西育成中心	福建物质结构研究所	科技促进发展局
97	中国科学院能源动力研究中心	工程热物理研究所	科技促进发展局
98	中国科学院黄金技术应用研究中心	地质与地球物理研究所	科技促进发展局
99	中国科学院常州先进制造技术研发与产业化中心	南京分院	科技促进发展局
100	中国科学院银川科技创新与产业育成中心	西安分院	科技促进发展局
101	中国科学院清洁能源技术发展中心	上海高等研究院	科技促进发展局
102	中国科学院深圳现代产业技术创新和育成中心	深圳先进技术研究院	科技促进发展局
103	中国科学院绿色农业技术集成与发展中心	动物研究所	科技促进发展局
104	中国科学院厦门产业技术创新与育成中心	城市环境研究所	科技促进发展局
105	中国科学院湖北产业技术创新与育成中心	武汉分院	科技促进发展局
106	中国科学院湖州应用技术研究与产业化中心	上海分院	科技促进发展局
107	中国科学院湖南技术转移中心	武汉分院	科技促进发展局
108	中国科学院微系统技术研究发展中心	上海高等研究院	科技促进发展局
109	中国科学院新农村信息化研究中心	合肥物质科学研究院	科技促进发展局
110	中国科学院嘉兴应用技术研究与转化中心	上海分院	科技促进发展局
111	中国科学院西北生物农业中心	西安分院	科技促进发展局
112	中国科学院上海交叉学科研究中心	上海分院	发展规划局
113	中国科学院中国现代化研究中心	文献情报中心	发展规划局
114	中国科学院传统工艺与文物科技研究中心	自然科学史研究所	发展规划局
115	中国科学院自然与社会交叉科学研究中心	科技政策与管理科学研究所	发展规划局
116	中国科学院创新发展研究中心	科技政策与管理科学研究所	发展规划局
117	中国科学院战略研究中心	科技政策与管理科学研究所	发展规划局
118	中国科学院管理创新与评估研究中心	科技政策与管理科学研究所	发展规划局
119	中国科学院科学传播研究中心	文献情报中心	科学传播局
120	中国科学院科学新闻中心	计算机网络信息中心	科学传播局

(G-2682.01)
ISBN 978-7-03-042401-3